普通高等院校土建类专业特色教材

土木工程材料

（第2版）

何廷树　王福川　主编

中国建材工业出版社

图书在版编目（CIP）数据

土木工程材料/何廷树，王福川主编．—2版．—北京：中国建材工业出版社，2013.1（2014.9重印）
普通高等院校土建类专业特色教材
ISBN 978-7-5160-0379-4

Ⅰ.①土…　Ⅱ.①何…②王…　Ⅲ.①土木工程-建筑材料-高等学校-教材　Ⅳ.①TU5

中国版本图书馆CIP数据核字（2013）第011140号

内 容 简 介

土木工程材料是土建类多个专业的必修基础课，主要介绍土木工程常用的水泥、混凝土、墙体材料、金属材料、砌体材料等的技术性质、配制原理及相关应用技术等，其内容与工程实际联系相当紧密。第2版更新了所涉及的技术标准规范，摒弃了陈旧、过时的内容，更贴近行业发展的现状，也更贴近教学之需。

土木工程材料（第2版）
何廷树　王福川　主编

出版发行：中国建材工业出版社
地　　址：北京市西城区车公庄大街6号
邮　　编：100044
经　　销：全国各地新华书店
印　　刷：北京雁林吉兆印刷有限公司
开　　本：787mm×1092mm　1/16
印　　张：23
字　　数：564千字
版　　次：2013年1月第2版
印　　次：2014年9月第2次
定　　价：50.00元

本社网址：www.jccbs.com.cn　　微信公众号：zgjcgycbs
本书如出现印装质量问题，由我社发行部负责调换。联系电话：(010)88386906

第2版前言

本教材第一版于2001年3月正式出版发行，十多年来，历经多次重印。2012年，应中国建材工业出版社之约，全体参编人员共同努力，在第一版基础上，主要从以下几方面进行了修订：

1. 变更了编写体系，使之更为精炼，更贴近教学之需；

2. 全面更新了所涉及的技术标准、规范（截止2012年），使之更贴近现代工程技术的要求；

3. 推陈出新，摒弃了已经陈旧、过时的技术内容，如石油沥青油毡、膨胀水泥、防水混凝土等。

本版教材由何廷树、王福川主编，尚建丽、伍勇华任副主编。参加编写的有何廷树（第1章、第5章、第8章8.1～8.6节、第10章）、王福川（第2章、第3章）、尚建丽（第6章6.2～6.5、6.8节）、伍勇华（第6章6.1、6.6～6.7节、第12章12.1）、李国新（第7章7.1～7.4节）、宋学锋（第4章4.3节、第11章11.1节）、詹美洲（第11章11.2、11.3节）、胡延燕（第9章）、陈畅（第8章8.7、8.8节）、陈筝（第12章12.2、12.3节）、何娟（第7章7.5、7.6节）、王艳（第4章4.1、4.2节）。试验部分参编人员为张林绪（试验七、九、十）、杨晓东（试验二、六、八）、南峰（试验三～五）、金瑞灵（试验一）。伍勇华负责全书插图审校并修正。

编　者

2012年10月

第 1 版前言

本教材依据国家土木工程专业指导委员会制定的《土木工程材料教学大纲》编写，适用于土木工程各专业（含函授、夜大、自学考试等）教学之用。

为了增强教材的系统性、实用性，在教材编写体系上作了新的尝试，即按土木工程应用材料的类别归纳为五篇："混凝土""砌体材料""金属材料""高分子材料"和"功能性材料"。第六篇为常用土木工程材料试验。教材内容一方面力求讲清楚基本理论，另一方面着力于理论与工程实践相结合，为培养学生独立分析的能力、解决工程实际问题的能力打下良好的基础。文字上注意深入浅出，言简意赅。

为了适应多种形式办学的需要，在编写过程中充分注意到方便自学的特点：在每章标题下面给出了该章学习内容的提要；每章末给出了适量的复习思考题；书末详细给出了 10 个常用土木工程材料试验的内容（所用仪器、试验方法、步骤及试验结果计算等）。

本教材采用国家最新技术标准和规范，并在内容上注意推陈出新，力求介绍新材料，淘汰过时的教学内容。本书由西安建筑科技大学王福川主编，韩少华、尚建丽、何廷树为副主编。耿维恕主审。王福川、韩少华负责全书统稿。各章编写人员如下：王福川（绪论、第一篇第一章、第三章）；韩少华（第一篇第二章、第二篇第二章、第三章）；尚建丽（第一篇第四章、第二篇第一章）；何廷树（第四篇第一章、第三章）；詹美州（第一篇第五章、第六章，第五篇第三章）；伍勇华（第四篇第二章、第五篇第一章、第二章）；郭刚（第三篇第一章、第二章）；张林绪（第六篇）。

由于编者水平所限，不妥之处在所难免，谨请批评指正。

编　者

2001 年 2 月

目　录

中国建材工业出版社
China Building Materials Press

第1章 绪 论

1.1 土木工程材料的概念和分类

材料是土木建筑工程的物质基础，任何建（构）筑物都是用材料按一定的比例和要求构筑而成的。土木工程材料是指修建房屋、道路、铁路、桥梁、隧道、河道、港口、市政卫生工程等所用的一切材料。它包括土、木、砖、瓦、石、石灰、石膏、水泥、砂浆、混凝土、陶瓷、玻璃、钢材、沥青、塑料、橡胶、纤维，以及绝热、吸声、装饰材料等。土木工程材料的品种、质量不仅直接关系到工程的使用功能和耐用年限，而且也制约着工程设计和施工方法。一种新材料的出现，往往可加速结构形式的更新、设计方法的改进，以及施工技术的革新和提高。

土木工程材料种类繁多、性能各异、用途不同，为便于区分和使用，工程中常从不同的角度出发，按不同的原则对其进行分类。

按材料来源分类，可分为天然材料（如土、木、石等）及人工材料（如混凝土、钢材、塑料等）。

按材料的功能分类，可分为结构材料和功能材料。结构材料是具有承重、传力作用的材料，如用于建造建（构）筑物的基础、梁、柱所用材料。功能材料是指具有其他偏重于某一功能的材料，如围护材料、防水材料、装饰材料、绝热材料、吸声材料等。

按材料用途分类，可分为建筑结构材料、桥梁结构材料、水工结构材料、路面结构材料、建筑墙体材料、建筑装饰材料、建筑防水材料、建筑保温材料等。

按材料的组成物质及基本化学成分分类，可分为无机材料、有机材料和复合材料三大类，各大类材料又可进行更细分类，如表1-1所示。

表1-1 常用土木工程材料按组成物质及基本化学成分分类

<table>
<tr><td rowspan="7">无机材料</td><td rowspan="2">金属材料</td><td>黑色金属</td><td colspan="2">钢、铁、不锈钢</td></tr>
<tr><td>有色金属</td><td colspan="2">铝、铜及其合金</td></tr>
<tr><td rowspan="5">非金属材料</td><td>天然石材</td><td colspan="2">花岗岩、石灰岩、砂岩、大理岩等</td></tr>
<tr><td>烧土及熔融制品</td><td colspan="2">烧结砖、烧结瓦、陶瓷、玻璃、铸石等</td></tr>
<tr><td rowspan="2">无机胶凝材料</td><td>气硬性胶凝材料</td><td>石灰、石膏、菱苦土、水玻璃</td></tr>
<tr><td>水硬性胶凝材料</td><td>硅酸盐水泥、铝酸盐水泥、硫铝酸盐水泥等</td></tr>
<tr><td>无机人造石材</td><td colspan="2">砂浆、混凝土及各种硅酸盐制品</td></tr>
<tr><td rowspan="3">有机材料</td><td colspan="2">植物材料</td><td colspan="2">木材、竹材、农作物秸秆、天然纤维、天然橡胶等</td></tr>
<tr><td colspan="2">沥青材料</td><td colspan="2">石油沥青、煤沥青及沥青制品</td></tr>
<tr><td colspan="2">合成高分子材料</td><td colspan="2">塑料、合成纤维、合成橡胶、涂料、胶粘剂、化学外加剂等</td></tr>
<tr><td>复合材料</td><td colspan="4">金属-非金属复合材料、非金属-金属复合材料、有机-无机复合材料、无机-有机复合材料等</td></tr>
</table>

1.2 土木工程材料在工程中的地位及发展梗概

1.2.1 土木工程材料在工程中的地位

材料是土木工程建（构）筑物的物质基础，当然也是其质量基础。正确选择、使用合格的各种材料，是保证土木工程质量的关键。很多建（构）筑物的病害和工程质量事故都与土木工程材料的质量有关。材料选择不当，质量不符合要求，建筑物的正常使用功能、安全性及耐久性就不可能得到保证。

在土木工程造价中，材料费所占比例很大，一般在50%甚至60%以上，并且随着建筑级别和档次的提高，材料所占比例也不断增大。因此，在实际工程中，材料的选择、使用及管理对工程造价影响很大。对于量大、体重的建筑材料，应注重就地取材，就地使用，尽量减少运输费用。通过认真学习并熟练掌握有关土木工程材料的知识，可以帮助我们优化选择、正确使用各种材料，充分利用材料的各种功能，在保证建筑工程质量的前提下，降低工程成本，使土木工程行业成为国民经济发展中的绿色产业。

材料的种类及性能特征是决定土木建筑结构设计形式和施工方法的主要因素。先进的结构形式和施工技术的出现，无不以先进的土木工程材料的使用为物质基础。因此，材料性能的改进、新材料的使用、材料应用技术的进步直接促进了土木工程技术的进步，例如，钢材和水泥的性能改进及大量使用，取代了过去的土、木、砖、石，使得钢筋混凝土结构和钢结构成为了现代土木工程的最主要结构形式；混凝土化学外加剂，特别是高效减水剂的发明与广泛应用，才有了今天大量使用的商品泵送混凝土、流态混凝土及高强高性能混凝土；现代玻璃、陶瓷、塑料、涂料等新型建筑材料的广泛应用，才使得现代建筑物的装修形式多种多样，外表绚丽多彩。

1.2.2 土木工程材料的发展梗概

土木工程材料的发展是一个悠久而又缓慢的过程，它是随着人类的进化而发展起来的。在人类创造文明的历史长河中，材料扮演了重要的角色，从旧石器时代、新石器时代、青铜器时代、铁器时代、钢铁时代等历史时期的划分，可以看到材料对人类发展进步所起到的里程碑式的作用。

原始人混沌未开，栖居洞穴，这种形成天然洞穴的岩石，就是最初的建筑材料。在与自然界长期的斗争中，人类为了生存和发展，走出天然洞穴，学会了制造工具，开始使用土、石、草、木、藤等作建筑材料建造半地穴式的棚屋，遮风避雨。以后，随着人类的进步，对建筑物有了更高的要求，建筑材料就从简单的利用逐渐过渡到发明和创造，到公元前10世纪前后，人类学会了用黏土烧制砖瓦，用岩石烧制石灰、石膏，标志着建筑材料进入了初步的生产阶段。砖瓦的出现，带来了建筑的革新，于是地球上有了村庄和城市，人类有了西方的古希腊和古罗马文明，东方的中华文明。我国秦朝和汉朝时期，砖瓦生产已很发达，砖瓦建筑已很先进，故有“秦砖汉瓦”之称。砖结构、砖木结构的建筑持续了漫长的时间，直到18世纪欧洲工业革命后，建筑材料才又进入了一个新的发展阶段，波特兰水泥、钢材、混凝土等建筑材料的发明和广泛应用，使建筑业和建筑技术发生了革命性的变化，钢筋混凝土结构、钢结构的房屋、桥梁等建（构）筑物的大规模修建，使得建筑业和建筑技术进入了新的、更高的现代发展时期。

现代土木工程中，尽管传统的土、石等材料仍在基础工程中广泛使用，砖瓦、木材等传统材料在工程的某些方面的应用也较为普遍，但是，这些传统的材料在现代土木建筑工程中已不再占主导地位，取而代之的是水泥、钢材、混凝土等材料的大量使用。同时，新型合金材料、各种人工合成有机材料、各种复合材料等在土木工程中也占有重要地位。

“环保、生态、绿色、健康”已成为21世纪人们生活的主题概念。其中“绿色”成为人们现代生活的主要追求。因此，大力发展应用绿色建筑材料，是现代土木工程材料的重要发展方向。我们应增强环保意识，在建筑材料的生产、选择和使用过程中，要注重节约资源、节约能源，大力提倡使用节能利废的建筑材料，选择使用可循环利用或易于降解，对地球环境负荷小，有利于人类健康，有利于促进循环经济的发展及土木工程领域科技进步的材料。

1.3 土木工程材料的技术标准

标准就是对某项技术实行统一执行的要求。技术标准主要包括：基础标准、产品标准、方法标准、安全标准和卫生标准等。土木工程材料涉及的主要是产品标准和方法标准。生产单位按照标准生产合格产品，使用单位按照标准对材料进行选择、验收及施工安装。

1.3.1 土木工程材料技术标准的分类

按照技术标准的约束性，可将其分为强制性标准和推荐性标准两种类型。凡是涉及工程建设的质量、安全、卫生方面的标准，以及国家需要控制的其他建设工程、产品及产品的生产和储运方面的标准，均为需要强制性执行的强制性标准。强制性标准以外的标准为推荐性标准。

按照使用范围，目前我国现行常用的标准有四大类型。

1. 国家标准

国家标准是由国家标准化主管机构批准、颁布，在全国范围内统一执行的标准。国家标准由专业标准化技术委员会或国务院有关主管部门提出草案，报国家标准化主管部门或由其他委托的部门审批、颁布。

强制性国家标准的代号为GB，推荐性标准的代号为GB/T。工程建设方面的国家标准代号为GBJ。

2. 行业标准

行业标准是由行业标准化主管部门或行业标准化组织批准、颁布，在某行业内统一执行的标准。行业标准也分为强制性标准和推荐性标准（标准号后加“/T”）。我国与土木工程材料相关的几个行业的标准代号如表1-2所示。

表1-2 几个行业的标准代号

行业名称	建工行业	冶金行业	石化行业	交通行业	建材行业	铁路行业
标准代号	JG	YB	SH	JT	JC	TB

3. 地方标准

地方标准是由省、自治区、直辖市标准化主管部门颁布，在当地执行的标准。制定和实施地方标准，主要因为各地具有不同的特色和条件，如自然和生态环境、资源情况、科技与生产水平、地方产品特色及民族和地方习俗等。地方标准代号由“DB”加上省、自治区、直辖市行政区划代码的前两位数字组成（推荐性标准加“/T”）。

4. 企业标准

企业标准是由企业批准颁布的标准，主要用作企业组织生产的依据。当有统一产品的高一级标准时，企业标准技术指标应高于高一级标准（如国家标准）的相应技术指标。企业标准的代号“Q”为分子，分母为企业代号，可用汉语拼音的大写字母或阿拉伯数字或两者兼用所组成。

1.3.2 土木工程材料技术标准的组成

标准的组成，除代号外，还有标准颁布顺序号、颁布年代、标准名称。一个完整的标准如图 1-1 所示。

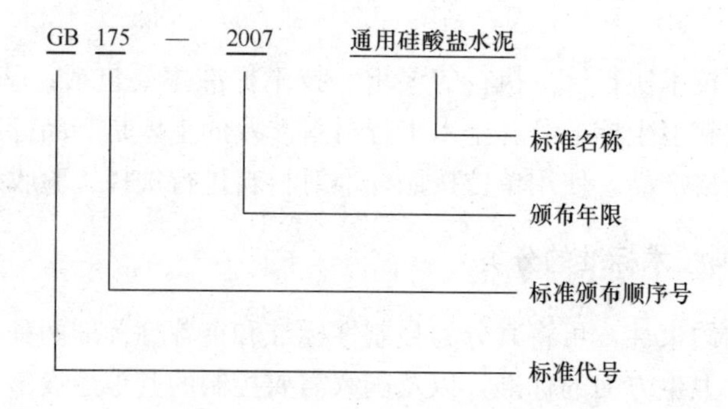

图 1-1 技术标准的表示方法

除了以上四种标准外，工程中使用的其他技术标准还有国际标准（ISO）、美国国家标准（ASTM）、英国标准（BS）、德国工业标准（DIN）、日本工业标准（JIS）、法国标准（NF）等。

1.4 土木工程材料课程的主要内容及学习任务

1.4.1 主要内容

本教材除介绍了土木工程材料的基本性质以外，还重点介绍了当前常用的土木工程材料，如无机胶凝材料，水泥混凝土，金属材料，沥青混凝土，木材，砂浆，砖、石、砌块、墙板等砌体材料，塑料、涂料、胶粘剂等高分子材料，防水、保温、隔声、装饰等功能材料。因此，本课程的学习内容多，所涉及的材料庞杂；既有材料的组成、结构、性能等方面的基础理论，又有材料的生产、工程应用、性能检测和评定方面的应用知识。为使学生更好地掌握所学材料的组成、结构、性能、用途和它们之间的相互关系，以及主要材料的技术性能指标和检验、评定方法，将本课程的学习任务分为理论课学习和试验课学习两部分。

1.4.2 理论课学习任务

本课程的理论课学习，以掌握常用土木工程材料的性能和用途为主，并掌握主要材料的技术指标、相应标准及检测方法。为此，必须了解主要材料的生产，以及它们的组成、结构、性能和用途及其相互关系；特别是水泥混凝土，不但要了解上述知识，还要了解其质量控制与评定的方法。

本课程还要求学生掌握常用土木工程材料的主要品种、规格型号，工程实践中的选择、应用、储运和管理等方面知识。

1.4.3 试验课学习任务

土木工程材料在使用前，必须依据相应标准，经具有相关资质的试验室检验合格后方可使用；现场配制材料，需经相关试验室确定合适配比及操作方法，并经检验性能合格后，方可按此配比及操作方法进行配制和使用。材料在使用过程中，也要按规定抽样检测，以检验材料在使用周期内质量是否稳定，性能是否合格。在工程竣工验收中，还要对工程实体的质量进行检验评定。因此，土木工程材料的性能检测，是一项经常化的技术性很强的工作，它包含在建筑施工的各个环节中。

本课程的试验课学习，主要分为验证性试验和综合性试验两部分。验证性试验主要是学习有关材料的质量检验、评定方法；综合性试验主要是要求学生应用已学的理论知识，根据工程的实际要求，选择、配制相应材料，并检测材料的性能。通过试验课，一方面加深学生对所学理论知识的深入理解，掌握相关材料性能的检测和评定方法；另一方面培养学生的实践技能、动手能力，为今后从事土木工程实践工作打下坚实的基础。

第2章　土木工程材料的基本性质

建造楼房、桥梁、隧道、电站等建筑、构筑物，将用到多种性质各异的土木工程材料。这些材料常按其所起主要作用而命名，并应具备不同的技术性质，如：

结构材料——强度、变形性、表观密度等；

构造材料——强度、表观密度、外观等；

绝热材料——导热性、热容量、吸水率、表观密度等；

防水材料——抗渗性、感温性、变形性等；

地面材料——耐磨性、抗滑性等；

装饰材料——尺寸偏差、光泽、色差、耐候性等；

耐热材料——耐热性、强度等；

耐腐蚀材料——耐腐蚀性、密实度等；

特种材料——使用上的特种要求。

所有土木工程材料均应具有良好的耐久性，即长期处于一定使用条件（环境、荷载等）下，性能无显著劣化现象。

材料性能是材料内在因素（化学成分、矿物成分、结构、构造等）的客观表现，是设计取值的依据，施工质量的基础。材料的基本性质是指处于不同使用条件和使用环境时，通常必须考虑的基本的、共有的性质。作为合格的土木工程技术人员，必须正确掌握土木工程材料的基本性质，以便科学地选择材料，使用材料。

2.1　材料的基本物理性质

2.1.1　密度

密度是材料在绝对密实状态下，单位体积的质量，可按下式计算：

$$\rho = \frac{m}{V} \tag{2-1}$$

式中，ρ——密度，g/cm^3或kg/m^3；

m——干燥材料的质量，g或kg；

V——材料在绝对密实状态下的体积，cm^3或m^3。

材料在绝对密实状态下的体积是指不包括材料内部孔隙在内的体积，在土木工程材料中，除钢材、玻璃等少数材料内部孔隙极少外，大多数材料内部均存在孔隙。

为测定有孔材料的绝对密实体积，应把材料磨成细粉，干燥后用密度瓶测定其体积。材料磨得越细，测得的数值越接近于材料的真实体积。密度是材料物质结构的反映，凡单成分材料往往具有确定的密度值。

密度是材料的基本物理性质之一，与材料的其他性质存在着密切的相关关系。同时，将材料的密度与标准大气压下4℃时纯水的密度之比，称为材料的比重，无单位，但其数值与材料的密度（单位：g/cm^3）基本相等。

2.1.2 表观密度、堆积密度

表观密度是材料在自然状态下，单位体积的质量，也称容重。表观密度可按下式计算：

$$\rho_0 = \frac{m}{V_0} \tag{2-2}$$

式中，ρ_0——表观密度，g/cm^3 或 kg/m^3；

m——材料的质量，g或kg；

V_0——材料在自然状态下的体积，cm^3 或 m^3。

材料在自然状态下的体积又叫做表观体积，是指包括内部孔隙在内的体积，即密实体积和内部孔隙体积之和，如图2-1所示。

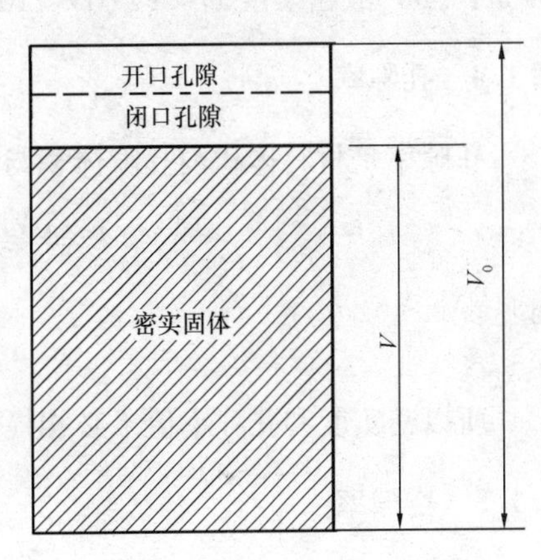

图2-1 材料体积组成示意图

规则形状材料的体积可用量具测量、计算而得。不规则形状材料体积可按阿基米德原理测定，或直接用体积仪测定。

一般情况下，材料的表观密度是指材料在干燥状态下的干表观密度。当材料含水时，其质量和表观体积都会发生变化，所以湿表观密度不等于干表观密度。依据材料含水状态的不同，如绝干（烘干至恒重）、风干（气干）、含水（未饱和）、吸水饱和等，可分别将表观密度称为干表观密度、气干表观密度、湿表观密度、饱和表观密度等。对于大多数无机非金属材料，气干表观密度和干表观密度的数值比较接近。这些材料吸湿或吸水后，体积变化甚小，一般可忽略不计。对于木材等轻质材料，由于吸湿和吸水性强，体积胀大，不同含水状态（包括气干状态）的表观密度数值差别较大，必须精确测定。

砂、石子等散粒材料的体积按自然堆积体积（V'）计算，单位堆积体积的质量，称为堆积密度（ρ'）。若以振实体积计算，则称紧密堆积密度。

散粒材料的颗粒内部或多或少存在着孔隙，颗粒与颗粒之间又存在空隙，所以对散粒材料而言，有密度、表观密度和堆积密度三个物理量，应加以区别。

在土木工程中，凡计算材料用量和构件自重、进行配料计算、确定堆放空间及组织运输时，必须掌握材料的密度、表观密度及堆积密度等数据。表观密度与材料的其他性质（如强度、吸水性、导热性等）也存在着密切的关系。

几种常用材料的密度、表观密度及其孔隙率的数值见表2-1。

表2-1 几种常用材料的密度、表观密度及孔隙率

材料	密度（g/cm^3）	表观密度（kg/m^3）	孔隙率（%）
花岗岩	2.6～2.9	2500～2800	0.5～3.0

续表

材料	密度（g/cm³）	表观密度（kg/m³）	孔隙率（%）
普通砖	2.5～2.8	1500～1800	30～40
普通混凝土	—	2300～2500	5～10
松木	1.55	380～700	55～75
建筑钢材	7.85	7850	0

2.1.3 密实度

密实度是材料体积内固体物质所充实的程度。密实度可按下式计算：

$$D=\frac{V}{V_0}=\frac{\rho_0}{\rho} \tag{2-3}$$

对于绝对密实材料，因 $\rho_0=\rho$，故密实度 $D=1$ 或 100%；对于大多数土木工程材料，因 $\rho_0<\rho$，故密实度 $D<1$ 或 $D<100\%$。

2.1.4 孔隙率

孔隙率是材料体积内孔隙体积与材料总体积（自然状态体积）的比率，可按下式计算：

$$P=\frac{V_0-V}{V_0}=1-\frac{V}{V_0}=1-\frac{\rho_0}{\rho} \tag{2-4}$$

可见：

$$P+D=1 \tag{2-5}$$

所以密实度和孔隙率值不必相提并论，通常以孔隙率表征材料的密实程度。

2.1.5 空隙率

空隙率是指砂、石子等散粒材料的堆积体积（V'）中，颗粒间空隙（表观体积与堆积体积之差）所占的比率，它以 P' 表示，可按下式计算：

$$P'=\frac{V'-V_0}{V'}=1-\frac{V_0}{V'}=1-\frac{\rho'}{\rho_0} \tag{2-6}$$

空隙率考虑的是散粒材料颗粒之间的空隙，而颗粒本身的孔隙率，则是颗粒内部的孔隙体积与颗粒外形所包含体积之比。

2.2 材料的力学性质

2.2.1 强度

材料的强度是材料在应力作用下抵抗破坏的能力。通常，材料内部的应力多由外力（荷载）作用而引起，随着外力增加，应力也随之增大，直至应力超过材料内部质点所能抵抗的极限，即强度极限，材料发生破坏。

根据外力作用方式，材料强度有抗拉、抗压、抗剪、抗弯（抗折）强度等，如图 2-2 所示。

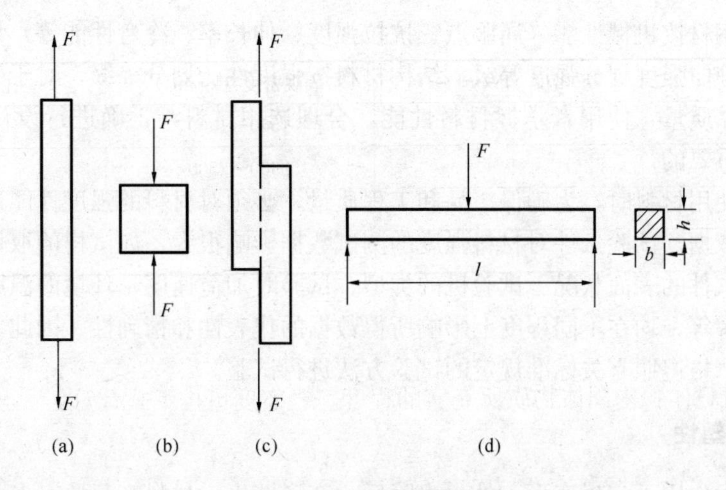

图 2-2 外力作用示意图

(a) 抗拉；(b) 抗压；(c) 抗剪；(d) 抗弯

在工程上，通常采用破坏试验法对材料的强度进行实测。将事先制作的试件安放在材料试验机上，施加外力（荷载），直至破坏，根据试件尺寸和破坏时的荷载值，计算材料的强度。

材料的抗拉、抗压及抗剪强度可按下式计算：

$$f=\frac{F_{\max}}{A} \tag{2-7}$$

式中，f——材料的极限强度，MPa；

$F_{\max}$——材料破坏时最大荷载，N；

A——试件受力面积，mm^2。

材料的抗弯强度与试件受力情况、截面形状及支承条件有关。一般试验方法是将条形试件（梁）放在两支点上，中间作用一集中荷载。对矩形截面的试件，抗弯强度可按下式计算：

$$f_{\mathrm{m}}=\frac{3F_{\max}l}{2bh^2} \tag{2-8}$$

式中，f_{m}——材料的抗弯极限强度，MPa；

$F_{\max}$——弯曲破坏时的最大集中荷载，N；

l——两支点的间距，mm；

b，h——分别为受弯试件截面的宽和高，mm。

材料的强度主要取决于材料的组成和结构。不同种类的材料，强度差别甚大，即使同类材料，强度也有不少差异。不同的受力形式，不同的受力方向，强度也不相同。强度是结构材料性能研究的主要内容。

为便于材料的生产和使用，结构材料均按强度值划分不同强度等级，并且强度等级一般作为结构材料产品质量等级标准，如烧结普通砖按抗压强度分为 MU30、MU25、MU20、MU15 等五个强度等级；普通水泥按抗压强度和抗折强度分为 42.5、52.5 等四个强度等级；普通混凝土有 C10、C15、C20、C25、C30、C35、C40、C45、C50、C55…C100 等 19 个强度等级；建筑钢材按机械性能（屈服点、抗拉强度、伸长率、冷弯性能等）划分牌号；结构用木材按弦向静曲强度划分强度等级。结构材料按强度性能划分等级，对于生产者控制生产工艺，保证产品质量，使用者掌握材料性能，合理选用材料，正确进行设计，精心组织施工，都是十分重要的。

在生产和使用材料时，为确保产品和工程质量，必须对材料的强度性能进行测试，作为出厂或验收的依据。试验条件对材料强度的测试数据影响很大，如试样的取样方法、试件的形状和尺寸、试件的表面状况、试验机的类型、试验时加荷速度、环境的温度和湿度，以及试验数据的取舍等，均在不同程度上影响所得数据的代表性和精确性。因此，对于各种土木工程材料必须严格遵照有关标准规定的试验方法进行试验。

2.2.2 弹性和塑性

材料在外力作用下产生变形，外力去除后，变形消失，材料恢复原有形状的性能称为弹性。如图 2-3 所示，当施加荷载至 A，产生的弹性变形为 Oa，荷载卸除，变形恢复至 O 点。这种性能称为完全弹性。弹性变形与荷载成正比关系，即 OA 为一直线。荷载与变形之比，或应力与应变之比，即 $\tan\varphi$，称为材料的弹性模量。

如材料在外力作用下产生变形，外力去除，有一部分变形不能恢复，这种性质称为塑性，不能恢复的变形，称为塑性变形。如图 2-3，当施加荷载超过 A 点，材料产生明显的塑性变形，至 B 点，ab 即为塑性变形，荷载卸除，变形恢复至 O' 点，OO' 为永久变形。对理想的弹塑性材料，$OA /\!/ O'B$，$OO'=ab$，建筑用低碳钢接近于理想的弹塑性材料，如荷载在 A 点以下，则接近于理想的弹性材料。许多建筑材料的荷载变形图如图 2-4 所示，材料受力后并不产生明显的塑性变形，但荷载变形关系呈曲线形，当荷载卸除，变形恢复至 O'，OO' 为不可恢复的塑性变形或永久变形。混凝土的受力变形具有这种性质。

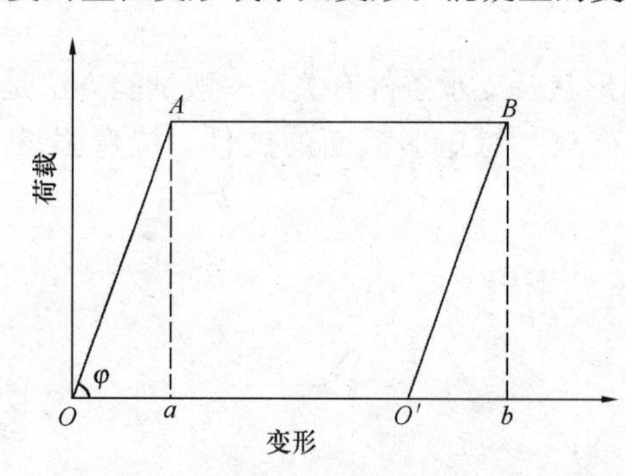

图 2-3 材料的弹性和塑性变形曲线

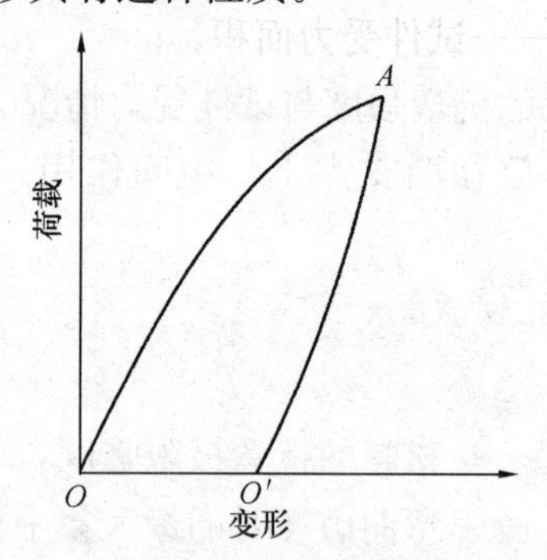

图 2-4 材料的弹塑性变形曲线

弹性和塑性有时作为描述材料变形性质的形容词，如弹性材料、塑性材料、弹塑性材料。材料受力变形的机理也比较复杂，实际材料的受力变形过程和性质与理想模型有一定差距。

2.2.3 脆性和韧性

材料受力达到一定程度时，并无明显的变形即发生突然破坏，材料的这种性质称为脆性。脆性材料的变形曲线如图 2-5 所示。大部分无机非金属材料均属脆性材料，如天然石材，烧结普通砖、陶瓷、玻璃、普通混凝土、砂浆等。脆性材料的另一特点是抗压强度高而抗拉、抗折强度低。在工程中使用时，应注意发挥这类材料的特性。

材料在冲击或动力荷载作用下，能吸收较大能量而不破坏的性能，称为韧性或冲击韧性。韧性以试件破坏时单位面积所消耗的功表示，可按下式计算：

$$a_K = \frac{W_K}{A} \tag{2-9}$$

式中，a_K ——材料的冲击韧性，J/mm^2；

W_K ——试件破坏时所消耗的功，J；

A ——试件净截面积，mm^2。

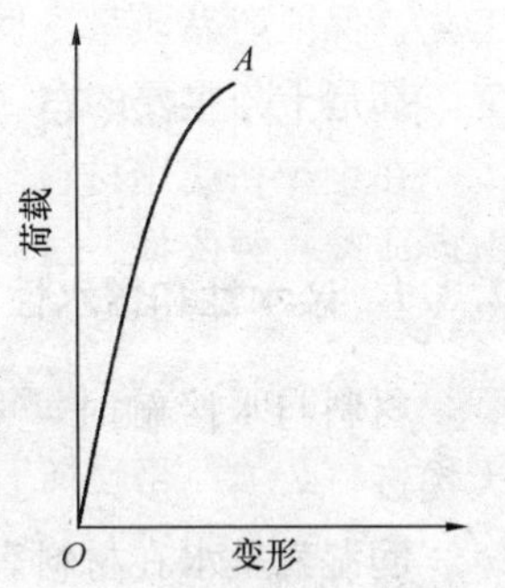

图 2-5　脆性材料的变形曲线

脆性材料的另一特性是冲击韧性低。钢材和木材的韧性较高。钢材的抗拉和抗压强度均高，而木材的顺纹抗拉强度和抗弯强度则高于顺纹抗压强度。钢材、木材的这种特性，使它们适于用作受拉或受弯的受力构件。

对于用作轨道、吊车梁及地面、路面等材料，有时需考虑材料的韧性。

2.2.4　硬度和耐磨性

1. 硬度

硬度是材料表面的坚硬程度，是抵抗其他物体刻划、压入其表面的能力。通常用刻划法，回弹法和压入法测定材料的硬度。

刻划法用于天然矿物硬度的划分，按滑石、石膏、方解石、萤石、磷灰石、长石、石英、黄玉、刚玉、金刚石等从软至硬的顺序，分为 10 个硬度等级。

回弹法用于测定混凝土表面硬度，并间接推算混凝土的强度；也用于测定陶瓷、砖、砂浆、塑料、橡胶、金属等的表面硬度并间接推算其强度。

压入法用于测定金属（包括建筑钢材）、木材等的硬度。

一般说，硬度大的材料耐磨性较强，但不易加工。在工程中，常利用材料硬度与强度间的关系，间接测定材料的强度。

2. 耐磨性

耐磨性是材料表面抵抗磨损的能力。材料的耐磨性用磨耗率表示，可按下式计算：

$$Q_{ab} = \frac{m_1 - m_2}{m_1} \times 100\% \tag{2-10}$$

式中，Q_{ab} ——材料的磨损率，%；

m_1 ——试件磨耗前的质量，g；

m_2 ——试件磨耗后的质量，g。

对颗粒状石料，磨耗试验在洛杉矶磨耗试验机上进行，即以一定规格级配的石料装入带钢球的金属磨耗鼓内，旋转一定转数后，筛除石料磨损部分，以石料质量损失的百分率表示。

对制品材料，耐磨试验是用一定形状的试件，经磨头在一定摩擦行程后，检查试件表面质量损失程度来评定的。磨头在试件表面的运行方式有往复式及回转式。

材料的耐磨性与材料组成、结构以及强度、硬度等有关。

在路面工程、建筑物地面、楼梯踏步等部位的材料，应适当考虑硬度和耐磨性。

2.3 材料与水有关的性质

2.3.1 亲水性和憎水性

材料与水接触时，根据材料表面被水润湿的情况，分为亲水性材料和憎水性材料两大类。

润湿就是水在材料表面上被吸附的过程，它与材料本身的性质有关。如材料分子与水分子间的相互作用力大于水分子之间的作用力，则材料表面能被水润湿。此时，在材料、水与空气的三相交点处，沿水滴表面所引切线与材料表面所成的夹角——润湿角 θ，当 $\theta<90°$［如图 2-6(a)所示］，这种材料属于亲水性材料。润湿角 θ 愈小，说明润湿性愈好，亲水性愈强。如材料分子与水分子间的相互作用力小于水分子之间的作用力，则材料表面不能被水润湿，此时，润湿角 $\theta>90°$［如图 2-6(b)］所示，这种材料属于憎水性材料。

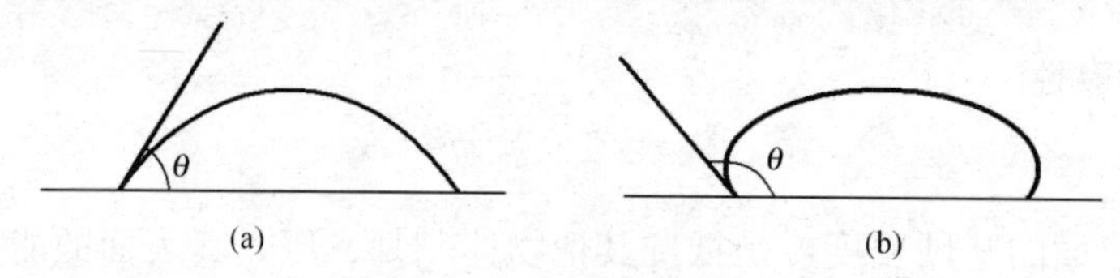

图 2-6 材料的润湿角

(a) 亲水材料；(b) 憎水材料

在亲水性材料的毛细管中，由于水分子间的相互作用力小于水分子与孔壁材料分子间的相互作用力，水在毛细管内形成凹形液面并上升到一定高度或浸润到一定深度，即所谓毛细管作用。在憎水性材料的毛细管中，水在毛细管内形成凸形液面，水在毛细管内下降或被排斥。

大多数土木工程材料，如天然石材、砖瓦、陶瓷、玻璃、混凝土、钢材、木材等都属于亲水性材料。憎水性材料有沥青、石蜡、某些高分子材料。憎水性材料不仅可作防水材料，还可用于处理亲水性材料的表面，以降低材料的吸水性，提高材料的防水、防潮性能。

2.3.2 吸水性和吸湿性

1. 吸水性

材料能在水中吸水的性质，称为材料的吸水性，其大小用吸水率表示。质量吸水率可按下式计算：

$$W=\frac{m_1-m}{m}\times 100\% \tag{2-11}$$

式中，W ——材料的质量吸水率，%；

m ——材料干燥状态下（吸水前）的质量，g；

m_1 ——材料吸水饱和后质量，g。

体积吸水率可接下式计算（水的密度按1.0计）：

$$W_0=\frac{m_1-m}{V_0}\times100\% \qquad (2\text{-}12)$$

式中，W_0——材料的体积吸水率，%；

V_0——材料在自然状态下的体积，即表观体积，cm^3；

m_1-m——所吸水质量，g，在数值上与所吸水的体积（cm^3）基本相等。

由式（2-11）和式（2-12）可得：

$$W_0=W\cdot\rho_0 \qquad (2\text{-}13)$$

如材料孔隙内全部充水，可得$W_0=P$，实际上，由于各种原因，通常$W_0<P$。材料的饱水系数可写为：

$$K_W=W_0/P \qquad (2\text{-}14)$$

饱水系数说明材料孔隙内被水充满的程度。饱水系数的大小可用来判断材料的其他性能。

通常所说的吸水率，是指材料的质量吸水率。

材料内粗大的连通孔隙或空腔，所吸水分在空气中不能保持，仅能润湿孔壁表面；封闭或微细的孔隙，水分则难以浸入，所以材料中所吸水分仅占孔隙的一部分。

2. 吸湿性

材料不但能在水中吸水，也能在空气中吸收水汽，吸入量随空气中湿度的大小而变化。材料在潮湿空气中吸收水分的性质称为吸湿性。材料中所含水分与空气湿度相平衡时的含水率称为平衡含水率。材料含水率是材料含水质量与材料的干质量之比，可按下式计算：

$$W'=\frac{m'-m}{m}\times100\% \qquad (2\text{-}15)$$

式中，W'——材料的含水率，%；

m——材料干燥状态下的质量，g；

m'——材料吸湿状态下的质量，g。

由式（2-15）可得：

$$m'=(1+W')m \qquad (2\text{-}16)$$

式（2-16）是根据材料干质量和含水率计算材料吸湿状态下质量的公式。而根据材料吸湿状态下质量和含水率计算材料干燥状态下质量的公式则可写为：

$$m=\frac{m'}{1+W'} \qquad (2\text{-}17)$$

式（2-16）和式（2-17）是材料用量计算中常用的两个公式。

水在材料中，无论是吸水饱和或含水未饱和，对材料的各项性质往往有不良的影响，它使材料的表观密度提高、强度降低、导热性增大，体积有所膨胀，如水分遭受冰冻，会因冻胀而进一步导致材料的破坏。木材等植物纤维质材料，在潮湿状态下，易遭腐朽。

2.3.3 耐水性

随着水分浸入材料内部的毛细孔，由于水的作用，减弱了材料内部质点的联结，使强度有所降低。材料在吸水饱和状态下，不发生破坏，强度也不显著降低的性能，称为材料的耐水性。耐水性的高低，用软化系数表示：

$$K_R = f_1/f_0 \tag{2-18}$$

式中，K_R ——材料的软化系数；

f_0 ——材料在干燥状态下的强度，MPa；

f_1 ——材料在吸水饱和状态下的强度，MPa。

各种不同土木工程材料的耐水性差别很大，软化系数的波动范围为 0～1。钢、玻璃、沥青等材料的软化系数基本为 1；密实石材的软化系数接近于 1；未经处理的生土材料的软化系数为 0。

对经常受潮或位于水中的工程，材料的软化系数应不低于 0.75。软化系数在 0.85 以上的材料，可以认为是耐水的。

2.3.4 抗冻性

材料吸水后，在负温下，水在材料毛细孔内冻结成冰，此时体积膨胀（约膨胀 9%），冰的冻胀压力造成材料的内应力，会使材料遭到局部破坏。随着冻结和融解的循环进行，材料的破坏作用逐步加剧，这种破坏称为冻融破坏。

抗冻性是指材料在吸水饱和状态下，能经受反复冻融作用而不破坏、强度无显著降低的性能。抗冻性以试件在冻融后的质量损失、动弹性模量（或强度）降低不超过一定限度时所能经受的冻融循环次数表示，称抗冻等级（或抗冻标号）。

如混凝土的抗冻等级可分为 F50、F100、F150、F200 等，按材料所处部位和当地气候条件适当选定。

材料饱水系数 K_W ，可以在一定程度上估计材料的抗冻性。K_W <0.85 时，由于有相当一部分孔隙未被水充满，未充水孔隙可缓解水冻结时的冰胀压力，材料的破坏作用较小，所以材料比较抗冻。

材料的抗冻性与材料的强度、孔结构、耐水性和吸水饱和程度有关。

抗冻性虽是抵抗冻融循环作用的性能，但经常作为无机非金属材料抵抗大气物理作用的一种耐久性指标。抗冻性良好的材料，对于抵抗温度变化、干湿交替等风化作用的能力也强。所以，对处于温暖地区的土木工程，虽无冰冻作用，为抵抗大气的风化作用，确保其耐久性，对材料往往也提出一定的抗冻性要求。

2.3.5 抗渗性

抗渗性是材料在压力水作用下抵抗水渗透的性能。渗透是水在压力作用下通过材料内部毛细孔的迁移过程，与材料内部的孔结构直接有关。绝对密实的材料，如钢材，实际上是不透水的。

材料的抗渗性可用渗透系数表示，可按下式计算：

$$K = \frac{Qd}{AtH} \tag{2-19}$$

式中，K ——渗透系数，$cm^3/(cm^2 \cdot h)$；

Q ——渗水量，cm^3；

A ——渗水面积，cm^2；

d ——试件厚度，cm；

H ——静水压力水头，cm；

t ——渗水时间，h。

抗渗性的另一种表示方法是试件能承受逐步增高的最大水压力而不渗透的能力，通称材料的抗渗等级，如混凝土的抗渗等级分为 P4、P6、P8、P10 等，表示试件能承受逐步增高至 0.4MPa、0.6MPa、0.8MPa、1.0MPa 等的水压而不渗透。

地下工程、容器结构、压力管道等受水压作用的材料均要求具有一定的抗渗等级。各种防水材料对抗渗性也有一定要求。

2.4 材料的热工性质

2.4.1 导热性

当材料两面存在温度差时，热量从材料一面通过材料传导至另一面的性质，称为材料的导热性。导热性用导热系数表示。导热系数的计算式如式（2-20）：

$$\lambda = \frac{Qd}{FZ(t_2 - t_1)} \tag{2-20}$$

式中，λ ——导热系数，W/(m·K)；

Q ——传导的热量，J；

d ——材料厚度，m；

F ——热传导面积，m^2；

Z ——热传导时间，h；

$t_2 - t_1$ ——材料两面温度差，K。

在物理意义上，导热系数为单位厚度的材料，两面温度差为 1K 时，在单位时间内通过单位面积的热量。

几种典型材料的导热系数如表 2-2。

表 2-2　几种典型材料的导热系数

材　料	导热系数 [W/(m·K)]	材　料	导热系数 [W/(m·K)]
铜	370	松木（横纹）	0.15
钢	55	泡沫塑料	0.03
花岗岩	2.9	冰	2.20
普通混凝土	1.8	水	0.60
烧结普通砖	0.55	密闭空气	0.025

材料的热传导是分子热运动的结果，所以导热系数由材料的物质结构决定。金属材料的导热系数远高于非金属材料的导热系数。对于非金属材料，导热系数与材料孔结构有很大关系。由于材料孔隙内的密闭空气的导热系数很小[λ=0.025W/(m·K)]，所以导热系数随孔隙率增大而减小。孔隙的大小和连通程度对导热系数也有影响。材料吸水、受潮或遭冰冻

后，导热系数会大大提高，因水和冰的导热系数较高[$\lambda=0.60$ 和 $2.20W/(m \cdot K)$]。所以，绝热材料在设计、安装时，应采取适当措施，防止材料受潮，如设置防水层、防潮层、隔蒸汽层等，使绝热材料经常处在干燥状态。

随着温度提高，无机非金属材料的导热系数有所提高。

2.4.2 热容量和比热

材料在受热时吸收热量，冷却时放出热量的性质称为材料的热容性。单位质量材料温度升高或降低 1K 所吸收或放出的热量称为热容量系数或比热。比热的计算式如式（2-21）：

$$C=\frac{Q}{m(t_2-t_1)} \tag{2-21}$$

式中，C——材料的比热，J/(g·K)；

Q——材料吸收或放出的热量，J；

m——材料质量，g；

(t_2-t_1)——材料受热或冷却前后的温差，K。

几种典型材料的比热见表 2-3。

表 2-3 几种典型材料的比热

材　料	比热 [J/(g·K)]	材　料	比热 [J/(g·K)]
铜	0.38	松木（横纹）	1.63
钢	0.46	泡沫塑料	1.30
花岗岩	0.80	冰	2.05
普通混凝土	0.88	水	4.19
烧结普通砖	0.84	密闭空气	1.00

比热与材料质量的乘积，称为材料的热容量值，它表示材料温度升高或降低 1K 所吸收或放出的热量。材料的热容量值对保持建筑物内部温度稳定有很大意义，热容量值较大的材料或部件，能在热流变动或采暖、空调工作不均衡时，缓和室内的温度波动。

2.4.3 热阻和传热系数

热阻是材料层（墙体或其他围护结构）抵抗热流通过的能力，热阻的计算式如式（2-22）：

$$R=d/\lambda \tag{2-22}$$

式中，R——材料层热阻，$m^2 \cdot K/W$；

d——材料层厚度，m；

λ——材料的导热系数，W/(m·K)。

为提高围护结构的保温效能，改善建筑物的热工性能，应选用导热系数较小的材料，以增加热阻，而不宜加大材料层厚度。加大厚度，意味着材料用量增加，随之带来一系列不良的后果。

热阻的倒数 1/R 称为材料层（墙体或其他围护结构）的传热系数。传热系数是指材料两面温度差为1K时，在单位时间内通过单位面积的热量。

2.5 材料的耐久性

所谓耐久性，是泛指材料在使用条件下，受各种内在或外来因素作用，能长期不破坏、不失去原有性能、仍能正常使用的性质。

材料在建筑物使用过程中，除材料内在原因使其组成、结构和性能发生变化以外，尚受到使用条件和各种自然因素的作用。这些作用可概括为物理作用、机械作用、化学作用和生物作用。

（1）物理作用。包括温度和湿度的交替变化，即冷热、干湿、冻融等循环作用，在这些作用的影响下，材料发生膨胀、收缩，或产生内应力，长期的反复循环作用，使材料逐渐破坏。在寒冷地区，冻融循环作用，对材料的破坏最为明显。

（2）机械作用。包括使用荷载的持续作用会造成材料结构变化，交变荷载会引起材料疲劳，冲击、磨损、磨耗等会劣化材料性能。

（3）化学作用。包括大气、土壤、水以及使用条件下酸、碱、盐等液体或有害气体对材料的侵蚀作用。

（4）生物作用。包括菌类、昆虫等的作用而使材料腐朽、蛀蚀而破坏。

一般情况下，天然石材、砖瓦、陶瓷、混凝土、砂浆等暴露在大气中，主要受到大气的物理作用；当材料处于水中或水位变化区时，还受到环境水的化学侵蚀作用或冻融循环作用。金属材料在大气或潮湿条件下易遭锈蚀——电化学作用。木材及植物纤维质材料，常因腐朽、虫蚀而遭到破坏。沥青及高分子材料在阳光、空气及热的作用下，会逐渐老化、变质而破坏。

耐久性是材料的一种综合性质，其破坏的作用及其影响因素往往比较复杂。材料的抗冻性、抗风化性、抗老化性、耐化学侵蚀性等均属于耐久性的范围。材料的强度（长期强度、疲劳强度等）、抗渗性、耐磨性等与材料的耐久性也有密切关系。

为提高材料的耐久性，可根据材料特点和使用情况采取相应的措施，除从材料本身组成、结构上设法外，还应提高材料对外界作用的抵抗能力（如提高密实度、防腐处理、化学浸渍等）；用其他材料保护主体材料（覆面、抹灰、喷刷涂料等），也可设法减轻侵蚀介质对材料的破坏作用（降低湿度、排除侵蚀性物质、通风、疏导等）。

提高材料的耐久性，对保证工程长期正常使用，减少维护费用，延长使用年限，节约社会财富，具有很重要的意义。

2.6 材料的组成、结构及其对材料性能的影响

2.6.1 材料的组成

按所研究的层次，材料的组成分化学组成、矿物组成和配料组成（配合比）。

1. 化学组成

构成材料的物质，无不由一定的化学成分（原子、分子或化合物）组成。化学组成是材

料性质的基础。石灰岩、石灰、石膏等材料的化学组成比较单一。这些材料的化学成分决定了石灰岩、石灰、石膏的基本特性。而花岗岩、水泥、木材、沥青等材料的化学成分比较复杂，有时难以凭简单的化学组成理解或说明材料的性质。

2. 矿物组成

矿物组成是材料中天然或人造矿物的成分及比例关系。如花岗岩主要由石英、长石、云母等天然矿物组成；普通水泥主要由硅酸盐矿物和一部分铝酸盐矿物组成。矿物组成直接影响无机非金属材料的性质。

3. 配料组成

混凝土、砂浆等人工复合材料由各种原材料配合而成，原材料的品质及配合比直接影响这种材料的性质。

材料组成对材料性质的影响十分复杂，需要结合材料的本质及特点进行具体的研究。

2.6.2 材料的结构

1. 微观结构

材料的微观结构是指原子结构、晶体结构及缺陷等。晶体结构的特点为内部质点按一定规则排列，使晶体具有一定的几何形状和物理性质，反之则称为无定形或玻璃体结构。化学成分相同，而晶体结构不同的材料，其性质差异可能很大，如石墨和金刚石，石英和石英玻璃。

常用X射线衍射分析、差热分析、红外光谱分析、扫描电镜分析、电子探针微区分析等方法检测材料的组成和微观结构。

2. 宏观结构

指肉眼或普通光学显微镜可见的材料内部结构。各种材料的宏观结构可分为：

（1）聚集结构

由各种不同组成和尺寸的颗粒聚集而成，如花岗岩、陶瓷、混凝土、砂浆等。

（2）孔结构

材料的孔隙率、孔隙尺寸（孔径）、孔的结构形状、连通或封闭程度、孔的分布特征等，统称为材料的孔结构。材料中孔隙尺寸变化范围很大，根据孔径大小，又将孔结构分为微孔结构和多孔结构两种，它们可以是天然形成，也可以是有意识人为形成。

微孔结构是指材料中天然或人为形成的大量微细孔隙的孔结构，如天然软木、混凝土、石膏制品、轻质砖、硅藻土绝热材料等，都具有不同的微孔结构。

多孔结构是指材料内部天然或人为形成的大量肉眼可见孔隙的孔结构，一般是孔隙率很高的材料具有的结构，如天然浮石、加气混凝土、泡沫混凝土、泡沫玻璃等，都具有不同的多孔结构。

材料的孔结构对其性质的影响很大。同种材料，凡孔隙率低、孔径小、分布均匀者，材料的强度较高；凡孔隙率大、孔径小而多封闭者，吸水性小，抗渗和抗冻性高，抗化学侵蚀性强，导热性小。空隙率大，且粗孔多、连通孔多的材料，强度低，耐久性差，绝热性差。

材料的孔结构除测算其孔隙率外，还用压汞法、气体吸附法、光学显微镜等测定孔径尺寸和分布特征。

（3）纤维结构

木材、竹材、矿物棉、玻璃纤维、石棉等材料所特有的结构。具有纤维结构的材料性质存在明显的方向性。

(4) 片状或层状结构

胶合板、层压板、纤维增强塑料等人工材料，以及个别天然石材——片麻岩、板岩，属于这类材料。具有片状或层状结构的材料性质也有明显的方向性。

(5) 散粒状结构

土、砂、膨胀蛭石、膨胀珍珠岩等材料按散粒状使用。不少散粒材料（包括粉料）作为土木工程材料的原料或配料使用。

复习思考题

1. 试解释下列名词、术语

密度；表观密度；堆积密度；孔隙率；空隙率；脆性材料；韧性材料；亲水性；憎水性；吸湿性；吸水性；软化系数；饱水系数；抗渗性；抗冻性

2. 工程上常用的材料强度有哪几种？分别写出其计算公式？

3. 影响材料强度测试结果的试验条件因素有哪些？

4. 材料冻融破坏的原因是什么？饱水系数与抗冻性有何关系？

5. 评价材料热工性能的常用参数有哪几个？欲保持房屋内温度的稳定并减少热损失，其围护结构应选择什么样的建筑材料？

6. 试分析材料的孔隙率和孔隙构造（尺寸大小、封闭与否、形状、分布）对强度、吸水性、抗冻性、抗渗性以及导热性的影响。

7. 有一块烧结普通砖，在潮湿状态下重2750g，经测定含水率为10%，砖的尺寸为240mm×115mm×53mm，经干燥并磨成细粉，用排水法测得绝对密实体积为926cm^3。试计算该砖的密度、干表观密度、孔隙率和密实度。若将该砖浸水饱和后重2900g，试计算该砖的质量吸水率、体积吸水率和饱水系数。并判断该砖抗冻性的优劣。

8. 已知某卵石的密度为2.65g/cm^3，表观密度为2.61g/cm^3，堆积密度为1680kg/m^3，求此石子的孔隙率和空隙率？

第3章 无机胶凝材料

3.1 概述

无机胶凝材料是指当其与水或水溶液拌合后，所形成的塑性浆体经过一系列的物理、化学反应，能逐渐凝结硬化并形成具有一定强度的石状体的无机粉末材料。

按照硬化条件的不同，无机胶凝材料可分为气硬性胶凝材料和水硬性胶凝材料。前者是指只能在空气中凝结硬化，也只能在空气中保持和发展其强度的胶凝材料（如石膏、石灰等）；后者是指不仅能在空气中凝结硬化，而且能更好地在水中硬化、保持并发展其强度的胶凝材料（如水泥）。

将无机胶凝材料区分为气硬性和水硬性，有着重要的实用意义：气硬性胶凝材料一般只适用于地上或干燥环境，不宜用于潮湿环境，更不可用于水中；而水硬性胶凝材料则不仅可用于地上工程而且适用于水中或潮湿环境中的工程。

早在公元初期人们就开始认识到在石灰中掺入火山灰，不仅强度高，而且能抵抗水的浸析。古罗马“庞贝”城的遗址以及著名的罗马圣庙等都是用石灰、火山灰材料砌筑而成的。随着生产的发展，人们认识的深化，到1796年出现了用含有一定比例黏土成分的石灰石煅烧而成的“罗马水泥”。由于这种具有特定成分的石灰石很少，所以人们开始研究用石灰石和黏土配制、煅烧水泥，这就是最早的硅酸盐水泥。1824年英国泥瓦工约瑟夫·阿斯普丁(Joseph Aspdin) 首先取得了生产硅酸盐水泥的专利权。由于这种硅酸盐水泥的颜色酷似英国一种在建筑业享有盛名的“波特兰”石的颜色而命名为波特兰水泥，我国称为硅酸盐水泥。波特兰水泥的出现，对工程建设起了巨大的推动作用，引起了工程设计、施工技术等领域的重大变革，为各国科学家所瞩目。他们进一步运用物理的、化学的方法，并采用现代测试手段研究了水泥的矿物组成及水化机理，开发了一系列新的水泥新品种，发展了新的水泥生产工艺。

水泥有很多品种。通常按其用途及性能可分为通用水泥、专用水泥和特性水泥。通用水泥是一般土木建筑工程中通常采用的水泥；专用水泥是专门用途的水泥，常以所用工程的名称命名，如道路硅酸盐水泥、砌筑水泥等；特性水泥是某种性能比较突出的水泥，如快硬硅酸盐水泥、低热矿渣硅酸盐水泥等。按水泥的主要水硬性矿物可分为：硅酸盐水泥、铝酸盐水泥、硫铝酸盐水泥、铁铝酸盐水泥等。

通用硅酸盐水泥是以硅酸盐水泥熟料和适量石膏，及规定的混合材料制成的水硬性胶凝材料。

所谓硅酸盐水泥熟料，是由主要含 CaO、SiO_2、Al_2O_3、Fe_2O_3 的原料，按适当比例磨成细粉烧至部分熔融所得以硅酸钙为主要矿物成分的水硬性胶凝物质。其中硅酸钙矿物含量（质量分数）不小于66%，氧化钙和氧化硅的质量比不小于2.0 。

我国国家标准 GB 175—2007《通用硅酸盐水泥》对其技术要求等作出了详细规定。

通用硅酸盐水泥按其熟料粉磨时掺入的混合材料的品种和掺量分为六个品种：硅酸盐水泥、普通硅酸盐水泥、矿渣硅酸盐水泥、火山灰质硅酸盐水泥、粉煤灰硅酸盐水泥和复合硅酸盐水泥。

水泥是最重要的土木工程材料之一，它的品质优劣直接关系到混凝土的性能和工程质量的优劣。水泥技术的发展，在土木工程中起着举足轻重的作用。

3.2 硅酸盐水泥（代号P·Ⅰ及P·Ⅱ）

硅酸盐水泥按混合材料的品种和掺量分为两个型号：不掺混合材料的为 P·I 型硅酸盐水泥；在硅酸盐水泥熟料粉磨时掺加不超过水泥质量 5%的石灰石或粒化高炉矿渣的为 P·II 型硅酸盐水泥。

3.2.1 硅酸盐水泥的原料及生产

生产硅酸盐水泥的原料主要是石灰质和黏土质两类原料。石灰质的原料有石灰岩、白垩、石灰质凝灰岩等，它主要提供 CaO，每生产 1t 熟料，需用石灰岩 1.1～1.3t；用作黏土质的原料有各类黏土、黄土等，它主要提供 SiO_2、Al_2O_3 和 Fe_2O_3，每吨熟料用量为 0.3～0.4t。为了补充铁质及改善煅烧条件，还可加入适量铁粉、萤石等。

生产水泥的基本工序是：先将原材料破碎并按其化学成分配料后，在球磨机中研磨成生料，然后入窑进行煅烧得到水泥熟料，最后将熟料配以适量的石膏（加或不加混合材料）在球磨机中研磨至一定细度，即得到硅酸盐水泥成品。所以生产水泥的基本工序可以概括为“两磨一烧”（如图 3-1 所示）。

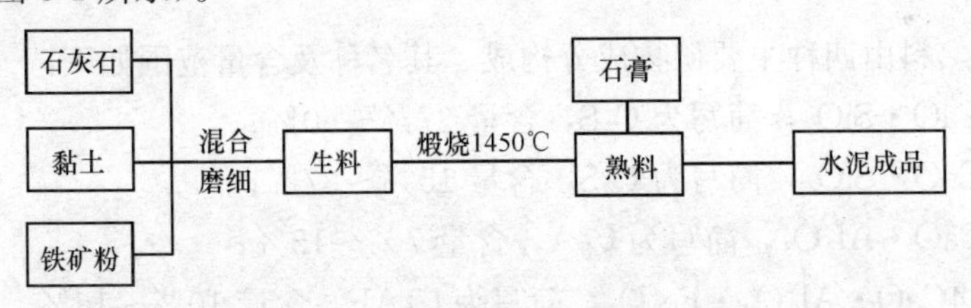

图 3-1 P·Ⅰ型硅酸盐水泥生产工序

按煅烧水泥所用窑的类型可分为回转窑（旋窑）和立窑。回转窑用于现代化的大中型水泥厂；立窑则用于地方小型水泥厂。回转窑的产量高，产品质量好；立窑设备简单，投资少，但煅烧不易均匀，产品质量不如回转窑。

生料在煅烧过程中，经历干燥、预热、分解、烧成、冷却阶段，发生了一系列物理化学变化：

100～200℃左右，生料被加热，水分蒸发；

300～500℃左右，生料被预热；

500～800℃，黏土质矿物中的高岭石脱水分解为无定形的 SiO_2、Al_2O_3 等，有机物燃尽；

800～1300℃，碳酸钙分解出 CaO，并开始与黏土分解出的 SiO_2、Al_2O_3、Fe_2O_3 发生固相反应。随着温度的继续升高，固相反应加速进行，并逐步形成硅酸二钙 $2CaO \cdot SiO_2$、

铝酸三钙 $3CaO \cdot Al_2O_3$ 及铁铝酸四钙 $4CaO \cdot Al_2O_3 \cdot Fe_2O_3$。当温度达到 1300℃时，固相反应完成，物料中仅剩一部分 CaO 未与其他氧化物化合；

当温度从 1300℃升到 1450℃，这时 $3CaO \cdot Al_2O_3$ 及 $4CaO \cdot Al_2O_3 \cdot Fe_2O_3$ 已烧至部分熔融状态，出现液相，将所剩 CaO 和 $2CaO \cdot SiO_2$ 溶解，$2CaO \cdot SiO_2$ 在液相中吸收 CaO 形成硅酸盐水泥的最重要矿物硅酸三钙 $3CaO \cdot SiO_2$。这一过程是煅烧水泥的关键，必须达到足够的温度并停留适当长的时间，使充分形成 $3CaO \cdot SiO_2$。否则，熟料中将残存较多的游离态 CaO 而影响水泥的质量；

烧成的水泥熟料经迅速冷却即可堆存备用。

随着科学技术的发展，水泥的生产工艺产生了重大改变，50 年代出现的悬浮预热窑、70 年代开发的窑外分解技术均是传统回转窑生产工艺的重大革新。因为物料在回转窑内呈堆积态分布于窑的底部，热气流从料层表面流过，与物料的换热面积小，传热效率低，预热效果差。同时，在分解带的物料从料层内部分解出的二氧化碳向外扩散的面积小，阻力大、速度慢，从而增加了碳酸盐分解的困难，降低了分解速度。在回转窑窑尾，竖向装设悬浮预热器及分解炉，使固体物料逐级和上升热气流悬浮换热，从根本上改变了物料预热、分解过程的传热状态，变堆积态传热为悬浮态传热，使物料与热气流的接触面积大幅度增加，传热效率可提高若干倍，加之燃料与预热后的粉料均匀混合，瞬间燃烧，直接传热，使碳酸盐分解速度极大提高，如此，不仅可使回转窑长度大为缩短，而且可使产量成倍增加，因而，悬浮预热、窑外分解技术是世界各国竞相发展的新的水泥生产工艺技术。我国已研制成功日产万吨熟料、技术水平达世界领先水平的自动化生产线。

3.2.2 硅酸盐水泥熟料的矿物组成及矿物成分的水化反应

1. *矿物组成*

硅酸盐水泥熟料由四种主要矿物成分构成，其名称及含量范围如下：

硅酸三钙 $3CaO \cdot SiO_2$，简写为 C_3S，含量 37%～60%；

硅酸二钙 $2CaO \cdot SiO_2$，简写为 C_2S，含量 15%～37%；

铝酸三钙 $3CaO \cdot Al_2O_3$，简写为 C_3A，含量 7%～15%；

铁铝酸四钙 $4CaO \cdot Al_2O_3 \cdot Fe_2O_3$，简写为 C_4AF，含量 10%～18%。

其中硅酸钙含量为 70%以上，而 $C_3A + C_4AF$ 仅占 18%～25%。

除四种主要矿物成分外，水泥中尚含有少量游离 CaO、MgO，以及 SO_3 和碱（K_2O、Na_2O），这些成分均为有害成分，国家标准中有严格限制。

2. *矿物成分的水化反应*

工程中使用水泥时，首先要用水拌合。水泥颗粒与水接触，熟料矿物立即与水产生水化反应并放出一定热量。

$$\underset{\text{硅酸三钙}}{2(3CaO \cdot SiO_2)} + 6H_2O = \underset{\text{水化硅酸钙}}{3CaO \cdot 2SiO_2 \cdot 3H_2O} + \underset{\text{氢氧化钙}}{3Ca(OH)_2}$$

$$\underset{\text{硅酸二钙}}{2(2CaO \cdot SiO_2)} + 4H_2O = 3CaO \cdot 2SiO_2 \cdot 3H_2O + Ca(OH)_2$$

$$\underset{\text{铝酸三钙}}{3CaO \cdot Al_2O_3} + 6H_2O = \underset{\text{水化铝酸三钙}}{3CaO \cdot Al_2O_3 \cdot 6H_2O}$$

$$4CaO \cdot Al_2O_3 \cdot Fe_2O_3 + 7H_2O = 3CaO \cdot Al_2O_3 \cdot 6H_2O + CaO \cdot Fe_2O_3 \cdot H_2O$$

铁铝酸四钙　　　　　　　　　　　　　　　　　　　　　　　　水化铁酸钙

在上述水化反应进行的同时，水泥熟料磨细时掺入的石膏也参与了化学反应：

$$3(CaSO_4 \cdot 2H_2O) + 3CaO \cdot Al_2O_3 \cdot 6H_2O + 19H_2O = 3CaO \cdot Al_2O_3 \cdot 3CaSO_4 \cdot 31H_2O$$

二水石膏　　　　　　　　　　　　　　　　　　　　　　水化硫铝酸钙（钙矾石）

不同矿物成分的水化特点是不同的。

硅酸三钙的水化反应速度很快，水化放热量较高。生成的水化硅酸钙几乎不溶解于水，而立即以胶体微粒析出，并逐渐凝聚而成凝胶体，称为托勃莫来石凝胶。生成的氢氧化钙在溶液中很快达到饱和，呈六方晶体析出。硅酸三钙的迅速水化，使得水泥的强度很快增长。它是决定水泥强度高低（尤其是早期强度）最重要的矿物。硅酸三钙在28d内通常可水化70%左右。

硅酸二钙与水反应的速度慢得多，约为C_3S的1/20，水化放热量很少，早期强度很低，但在后期稳定增长，大约一年左右可接近C_3S的强度。

铝酸三钙与水反应的速度最快，水化放热量最多，但强度值不高，增长也甚微。

铁铝酸四钙与水反应的速度较快，水化放热量少，强度值高于C_3A，但后期增长甚少。

表3-1、表3-2分别列出了不同熟料矿物的强度值和水化放热量。

表3-1　水泥熟料单矿物的强度（20℃，相对湿度90%以上）

矿物名称	抗压强度（MPa）				
	3d	7d	28d	90d	180d
C_3S	29.6	32.0	49.6	55.6	62.6
C_2S	1.4	2.2	4.6	19.4	28.6
C_3A	6.0	5.2	4.0	8.0	8.0
C_4AF	15.4	16.8	18.6	16.6	19.6

表3-2　水泥熟料单矿物的水化热

水化时间（d）	水化热（J/0.01g）			
	C_3S	C_2S	C_3A	C_4AF
3	4.1	0.75	7.1	1.21
7	4.6	0.79	7.86	1.84
28	4.8	1.84	7.86	2.0
90	5.1	2.3	8.45	2.0
180	5.1	2.2	9.13	3.05
360	5.7	2.59	—	—

综上所述，硅酸盐水泥水化后的主要水化产物有：水化硅酸钙和水化铁酸钙凝胶；氢氧化钙、水化铝酸钙和水化硫铝酸钙（钙矾石）晶体。在充分水化的水泥石中，水化硅酸钙凝胶约占70%，$Ca(OH)_2$约占20%～25%。由于各矿物单独水化时所表现出的特性不同，所以改变各矿物的相对比例，水泥的性质将产生相应变化，所谓不同品种的硅酸盐水泥，即为所含四种矿物成分比例不同的水泥，如提高C_2S和C_4AF的含量可以制得水化热很低的低热硅酸盐水泥；提高C_3S、C_3A的含量可以制得快硬硅酸盐水泥。

3.2.3 硅酸盐水泥的凝结硬化

水泥加水拌合后，成为塑性水泥浆，将水泥浆逐渐变稠失去塑性，但尚不具有强度的过程，称为水泥的“凝结”。随后产生明显的强度并逐渐变成坚硬的人造石——水泥石，这一过程称为水泥的“硬化”。凝结和硬化是人为划分的，实际上是一个连续的复杂的物理化学变化过程。

硅酸盐水泥的凝结硬化过程自从1882年雷·查特理（Le Chatelier）首先提出水泥凝结硬化理论以来，已经有了很大发展。目前一般看法如下：

如图3-2所示：当水泥拌合水后，在水泥颗粒表面即发生水化反应，水化产物立即溶于水中。这时，水泥颗粒又暴露出一层新的表面，水化反应继续进行。由于各种水化产物溶解度很小，水化产物的生成速度大于水化产物向溶液中扩散速度，所以很快使水泥颗粒周围液相中的水化产物浓度达到饱和或过饱和状态，并从溶液中析出，成为高度分散的凝胶体（图3-2b)。随着水化作用继续进行，凝胶体不断增加，游离水分不断减少，水泥浆逐渐失去塑性，即出现凝结现象。但此时尚不具有强度[图3-2(c)]。随着水化产物的不断增加，水泥颗粒之间的毛细孔不断被填实，加之水化产物中的氢氧化钙晶体、水化铝酸钙晶体不断贯穿于水化硅酸钙等凝胶体之中，逐渐形成了具有一定强度的水泥石，从而进入了硬化阶段[图3-2(d)]。水化产物的进一步增加，水分的不断丧失，使水泥石的强度不断发展。

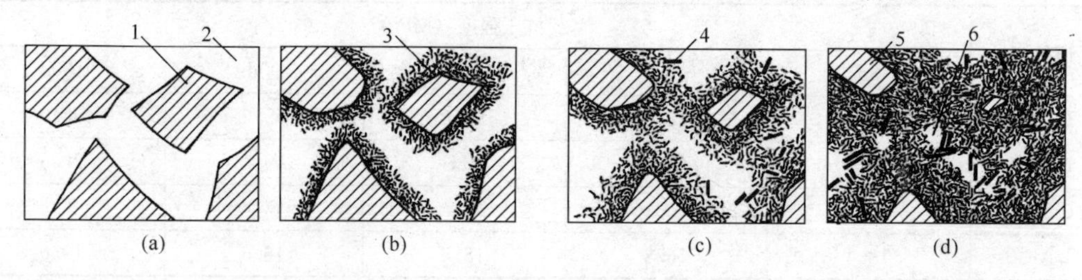

图3-2 水泥凝结硬化过程示意图

(a) 分散在水中未水化水泥颗粒；(b) 水泥颗粒表面形成水化物膜层；
(c) 膜层长大并互相连接（凝结）；(d) 水化物进一步增多并填充毛细孔（硬化）
1—水泥颗粒；2—水分；3—凝胶；4—晶体；5—未水化水泥颗粒内核；6—毛细孔

实际上，水泥的水化过程很慢，较粗水泥颗粒的内部很难完全水化。因此，硬化后的水泥石是由晶体、胶体、未完全水化颗粒、游离水及气孔等组成的不均质体。

3.2.4 影响水泥凝结硬化的主要因素

1. *矿物组成*

水泥的矿物组成是影响水泥凝结硬化的最重要内在因素。如前所述，不同矿物成分单独和水起反应时所表现出来的特点是不同的，如C_3A水化速率最快，放热量最大而强度不高；C_2S水化速率最慢，放热量最少，早期强度低，后期强度增长迅速。因此，改变水泥的矿物组成，其凝结硬化情况将产生明显变化。

2. *石膏*

石膏是作为水泥缓凝剂掺入水泥的。实践表明：不掺石膏的水泥，由于C_3A的迅速水化将导致水泥的不正常急速凝结（即瞬凝），使水泥不能正常使用。石膏起缓凝作用的机理可解释为：水泥水化时，石膏能很快与铝酸三钙作用生成水化硫铝酸钙（钙矾石），钙矾石很难溶解于水，它沉淀在水泥颗粒表面上形成保护膜，从而阻碍了铝酸三钙的水化反应，控制了水泥的水化反应速度，延缓了凝结时间。

水泥中石膏掺量必须严格控制，适宜的石膏掺量主要取决于水泥中 C_3A 的含量和石膏中 SO_3 的含量，同时与水泥细度及熟料中 SO_3 含量有关。石膏掺量一般为水泥质量的3%～5%。石膏掺入量过多，将引起水泥石的膨胀性破坏（详见水泥的体积安定性）。

3. 水泥细度

在矿物组成相同的条件下，水泥的细度越细，与水接触时水化反应表面积越大，水化反应产物增长较快，凝结硬化加速，水化热较多。

4. 环境温度、湿度

提高温度可以使水泥水化反应加速，强度增长加快；相反，温度降低，则水化反应减慢，强度增长变缓。当降到0℃以下，水泥的水化反应基本停止，强度不仅不增长，甚至会因水结冰而导致水泥石结构破坏。实际工程中，常通过蒸汽养护来加速水泥制品的凝结硬化过程。但高温养护往往导致水泥后期强度增长缓慢，甚至下降。

水的存在是水泥水化反应的必备条件。当环境十分干燥时，水泥中的水分将很快蒸发，以致水泥不能充分水化，硬化也将停止；反之，水泥的水化将得以充分进行，强度正常增长。

所以，水泥混凝土在浇筑后的一段时间里，应十分注意保温保湿养护。

5. 时间（龄期）

水泥的凝结硬化是随时间延长而渐进的过程，与此同时，强度不断增长。只要温度、湿度适宜，水泥强度的增长可持续若干年。强度增长的规律，在水泥拌合水后的几天内增长最为迅速，如水化7d的强度常可达到28d强度的70%左右，28d以后强度增长则明显减缓。

3.2.5 硅酸盐水泥的技术性质

硅酸盐水泥的技术性质是水泥应用的理论基础。国家标准《通用硅酸盐水泥》GB 175—2007对其技术性质中的细度、凝结时间、体积安定性和强度等均作了明确规定。

1. 细度

水泥颗粒的粗细程度对水泥的使用有重要影响。水泥颗粒粒径一般在7～200μm范围内，颗粒愈细，与水起反应的表面积就愈大，水化反应进行愈快、愈充分，早期强度和后期强度都较高。一般认为，水泥粒径在40μm以下的颗粒才具有较高的活性，大于100μm的活性就很小了。但水泥颗粒过细，将使研磨水泥的能耗大量增加，需水性增大，储存时活性下降过快，若在空气中硬化时，收缩值也会增大。

水泥的细度可用比表面积或0.080mm或0.045mm方孔筛的筛余量（未通过部分占试样总量的百分率）表示。硅酸盐水泥与普通硅酸盐水泥的细度用比表面积表示，其他通用硅酸盐水泥的细度用筛余量表示。所谓比表面积是指单位质量水泥颗粒表面积的总和（m^2/kg 或 cm^2/g）。硅酸盐水泥的比表面积应大于 $300m^2/kg$，一般常为 $317～350m^2/kg$。

一般出厂水泥如符合国家标准的要求，使用单位可不检验水泥的细度（选择性指标）。

2. 标准稠度需水量

国家标准规定检验水泥的凝结时间和体积安定性时需用“标准稠度”的水泥净浆。“标准稠度”是使用水泥标准稠度测定仪测定的，人为规定的稠度。将水泥净浆达到标准稠度时的用水量与水泥质量的百分比叫做水泥标准稠度需水量，硅酸盐水泥的标准稠度用水量一般在21%～28%之间。

影响标准稠度需用水量的因素有矿物成分、细度、混合材料种类及掺量等。熟料矿物中C_3A需水性最大，C_2S需水性最小。水泥越细，比表面积愈大，需水量越大。生产水泥时掺入需水性大的粉煤灰、沸石等混合材料，将使需水量明显增大。

3. 凝结时间

凝结时间分初凝时间和终凝时间。初凝时间为标准稠度的水泥净浆从加水拌全至净浆

开始失去可塑性所需的时间；终凝时间为标准稠度的净浆从加水拌合至完全失去可塑性并开始产生强度所需的时间。为使混凝土或砂浆有充分的时间进行搅拌、运输、浇捣和砌筑，水泥的初凝时间不能过短。当施工完毕，则要求尽快硬化，增长强度，故终凝时间不能太长。

国家标准规定，水泥的凝结时间是以标准稠度的水泥净浆，在规定温度及湿度环境下用水泥净浆凝结时间测定仪测定。硅酸盐水泥的初凝时间不得早于45min，终凝时间不得迟于6h30min。实际上，硅酸盐水泥的初凝时间多为1～3h，终凝时间多为3～4h。

影响水泥凝结时间的因素主要有：①矿物组成，熟料中C_3A含量高，石膏掺量不足，使水泥快凝；②细度，水泥的细度越细，凝结愈快；③水灰比，其愈小，凝结时的温度愈高，凝结愈快；④混合材料种类及掺量，种类不同，凝结时间会有所变化，增大掺量，将延迟凝结时间。

4. 体积安定性

水泥体积安定性是水泥浆硬化后因体积膨胀而产生变形的性质。它是评定水泥质量的重要指标之一，也是保证混凝土工程质量的必备条件。体积安定性不良的水泥不得应用于工程中，否则将导致严重后果。

造成水泥体积安定性不良的原因，主要是由于熟料中所含游离氧化钙（f-CaO）过多。当熟料中所含氧化镁过多或掺入石膏过量时，也会导致安定性不良。熟料中所含游离氧化钙或氧化镁都是过烧的，结构致密，水化很慢，加之被熟料中其他成分所包裹，使得在水泥已经硬化后才进行熟化：

$$CaO + H_2O = Ca(OH)_2$$

$$MgO + H_2O = Mg(OH)_2$$

这时体积膨胀97%以上，从而引起不均匀体积膨胀，使水泥石开裂。当石膏掺量过多时，在水泥硬化后，残余石膏与固态水化铝酸钙继续反应生成高硫型水化硫铝酸钙（钙矾石），体积增大约1.5倍，从而导致水泥石开裂。

国家标准规定，水泥的体积安定性用雷氏法或试饼沸煮法检验。当用雷氏法检验时，标准稠度水泥净浆试件沸煮3h后膨胀值不超过5mm为体积安定性合格；当用试饼沸煮法检验时，标准稠度水泥净浆试饼沸煮4h后，经肉眼观察未发现裂纹，用直尺检查没有弯曲为体积安定性合格，反之为不合格。当用这两种方法检验结果相矛盾时，以雷氏法结论为准。

上述两种方法均是通过沸煮加速游离氧化钙水化而检验安定性的，所以只能检查游离氧

化钙所引起的水泥安定性不良问题。水泥中的氧化镁只有在压蒸条件下才能加速熟化，过量石膏的危害则需长期浸在常温水中才能发现，所以检查氧化镁、石膏导致安定性不良问题应分别采取压蒸法和长期浸水法。国家标准对通用硅酸盐水泥中的氧化镁含量和三氧化硫含量有严格规定，不合格的不得出厂，以确保出厂水泥安定性合格，水泥使用单位一般可以不复检氧化镁和三氧化硫含量。

5. 强度

强度是评价硅酸盐水泥质量的又一个重要指标。强度除受到水泥矿物组成、细度、石膏掺量、龄期、环境温度和湿度的影响外，还与加水量、试验条件（搅拌时间、振捣程度等）、试验方法有关。

我国采用以水泥胶砂强度评定水泥强度的方法，所用砂子的规格和品质也将直接影响评定结果。国家标准《通用硅酸盐水泥》（GB 175—2007）和《水泥胶砂强度检验方法（ISO法）》（GB/T 17671—1999）规定，检验水泥强度所用胶砂的水泥和标准砂按1∶3混合，加入规定数量的水，按规定方法制成标准试件，在(20±1)℃的水中养护，测定其3d和28d的强度。按照测定结果，将硅酸盐水泥分为42.5、42.5R、52.5、52.5R、62.5、62.5R六个强度等级。各等级硅酸盐水泥在不同龄期的强度最低值列于表3-3。

表3-3　硅酸盐水泥各龄期的强度要求（GB 175—2007）

强度等级	抗压强度（MPa）		抗折强度（MPa）	
	3d	28d	3d	28d
42.5	17.0	42.5	3.5	6.5
42.5R	22.0	42.5	4.0	6.5
52.5	23.0	52.5	4.0	7.0
52.5R	27.0	52.5	5.0	7.0
62.5	28.0	62.5	5.0	8.0
62.5R	32.0	62.5	5.5	8.0

注：表中R表示早强型，其他为普通型。

6. 水化热

水泥矿物在水化反应中放出的热量称为水化热。大部分的水化热是在水化初期（7d内）放出的，以后逐渐减少。

水泥水化热的大小及放热的快慢，主要取决于熟料的矿物组成和水泥细度。通常水泥强度等级越高，水化热越大。凡对水泥起促凝作用的因素（如掺早强剂$CaCl_2$等）均可提高早期水化热。反之，凡能延缓水化作用的因素（如掺混合材或缓凝剂）均可降低早期水化热。

水泥的这种放热特性直接关系到工程应用。对大体积混凝土工程（水坝、大型设备基础等），由于水化热积聚在内部不易散发而使混凝土内部温度过高（可达80℃），导致内外温差过大，产生明显的温度应力，使混凝土表面产生裂缝。因此，大体积混凝土工程应用低热水泥或减少水泥用量。反之，对采用蓄热法施工的冬期混凝土工程，水泥的水化热则有助于水泥的水化反应和提高早期强度，所以是有利的。

除上述技术性质之外，在进行混凝土配合比计算及储运水泥时，还需要了解水泥的密度和堆积密度。硅酸盐水泥的密度为3.10～3.15 g/cm³；堆积密度因堆积的松紧程度而异，常为1000～1700 kg/m³。

3.2.6 水泥石的腐蚀

水泥石在外界侵蚀性介质（软水，含酸、苛性碱、盐的水溶液等）作用下，结构受到破坏、强度降低的现象称为水泥石的腐蚀。它是外界因素（侵蚀性介质）通过水泥石中某些组分（氢氧化钙、水化铝酸钙等）而起到破坏作用的，既有物理作用，也有化学作用和物理化学作用。按水泥石的腐蚀机理分类，可将腐蚀分为三种类型。

1. 溶出性软水侵蚀

雨水、雪水以及多数的河水和湖水均属于软水。当水泥石与这些水长期接触时，水泥石中的氢氧化钙将逐渐溶解。在静水及无水压的情况下，由于周围的水易为氢氧化钙所饱和，使溶解作用中止，这时溶出仅限于表层，危害不大。但在流动水及压力水作用下，氢氧化钙将不断溶解流失，一方面使水泥石变得疏松，另一方面也使水泥石的碱度降低。而水泥水化产物（水化硅酸钙、水化铝酸钙等）只有在一定的碱度环境中才能稳定存在，所以氢氧化钙的不断溶出又导致了其他水化产物的分解溶蚀，最终使水泥石破坏。

当环境水为硬水时，其中含有较多重碳酸盐（钙盐和镁盐等），由于同离子效应的缘故，氢氧化钙的溶解将受到抑制，从而减轻了侵蚀作用。重碳酸盐还可以与氢氧化钙起反应，生成几乎不溶解于水的碳酸钙：

$$Ca(HCO_3)_2 + Ca(OH)_2 = 2CaCO_3 + 2H_2O$$

生成的碳酸钙积聚在水泥石的孔隙中，形成了致密保护层，阻止了外界水的侵入和内部氢氧化钙的扩散析出。

将与软水接触的混凝土预先在空气中放置一定时间，使水泥石中的氢氧化钙与空气中的二氧化碳、水作用，形成碳酸钙外壳，可减轻软水腐蚀。

2. 溶解性化学腐蚀

溶解于水中的酸类和盐类可以与水泥石中的氢氧化钙起置换反应，生成易溶性盐或无胶结能力的物质，使水泥石结构破坏。最常见的是碳酸、盐酸及镁盐的侵蚀。

（1）碳酸水的腐蚀。雨水、泉水及地下水中常含有一些游离的碳酸，当含量超过一定量时，将对水泥石产生破坏作用，其反应历程如下：

$$Ca(OH)_2 + CO_2 + H_2O = CaCO_3 + 2H_2O$$

$$CaCO_3 + CO_2 + H_2O = Ca(HCO_3)_2$$

生成的碳酸氢钙易溶于水。若水中含有较多的碳酸，并超过平衡浓度，则上式将向右进行，因而水泥石中的氢氧化钙，通过转变为碳酸氢钙而溶失，进而导致其他水泥水化产物的分解，使水泥石结构破坏，低于平衡浓度的碳酸并不起侵蚀作用。

环境水中所含游离碳酸越多、水温越高，侵蚀越严重。

（2）盐酸等一般酸的腐蚀。工业废水、地下水等常含有盐酸、硝酸、氢氟酸以及醋酸、蚁酸等有机酸，它们均可与水泥石中的氢氧化钙反应，生成易溶物，如：

$$2HCl + Ca(OH)_2 = CaCl_2\text{(易溶)} + 2H_2O$$

（3）镁盐的腐蚀。海水及地下水中常含有氯化镁等镁盐，它们可与水泥石中的氢氧化钙起置换反应生成易溶的氯化钙、无胶结能力的氢氧化镁。

$$MgCl_2 + Ca(OH)_2 = CaCl_2\text{(易溶)} + Mg(OH)_2$$

3. 膨胀性化学腐蚀

当水泥石与含硫酸或硫酸盐的水接触时，可以产生膨胀性化学腐蚀。其反应历程为：

$$H_2SO_4 + Ca(OH)_2 = CaSO_4 \cdot 2H_2O$$

生成的二水石膏在水泥石孔隙中结晶产生膨胀，也可以和水泥石中的水化铝酸钙反应生成膨胀性更大的水化硫铝酸钙（钙矾石）。

$$3(CaSO_4 \cdot 2H_2O) + 3CaO \cdot Al_2O_3 \cdot 6H_2O + 19H_2O = 3CaO \cdot Al_2O_3 \cdot 3CaSO_4 \cdot 31H_2O$$

图 3-3 水化硫铝酸钙针状晶体

生成的水化硫铝酸钙，由于含有大量的结晶水，体积膨胀 1.5 倍左右，对水泥石具有严重破坏作用。水化硫铝酸钙呈针状结晶（图 3-3），故常称为“水泥杆菌”。

硫酸镁、硫酸钠等硫酸盐均可产生上述腐蚀。

4. 分解性腐蚀

当铝酸盐含量高的硅酸盐水泥遇到钾、钠苛性强碱作用时，水化铝酸钙会被腐蚀，生成易溶于水的铝酸盐。

$$3CaO \cdot Al_2O_3 . 6H_2O + 6\ NaOH = 3Na_2O \cdot Al_2O_3 + 3Ca(OH)_2 + 6H_2O$$

上述反应会使水泥石构成组分水化铝酸钙分解，从而导致水泥石破坏。

同时，当水泥石被氢氧化钠溶液浸透后又在空气中干燥时，氢氧化钠可被空气中的 CO_2 碳化生成具有膨胀性的碳酸钠结晶而胀裂水泥石。

$$2\ NaOH + CO_2 = Na_2CO_3 + H_2O$$

因此，钾、钠苛性碱的腐蚀既是分解腐蚀，又是膨胀腐蚀。

实际上水泥石的腐蚀是一个极为复杂的物理化学过程，很少是单一类型的腐蚀，往往是几种腐蚀同时发生，互相影响。

综上所述，水泥石腐蚀的主要原因是：侵蚀性介质以液相形式与水泥石接触并具有一定的浓度和数量；水泥石中存在有引起腐蚀的组分氢氧化钙和水化铝酸钙；水泥石本身结构不密实，有一些可供侵蚀性介质渗入的毛细通道。因此，欲防止或减轻水泥石的腐蚀，可采取如下措施：

① 根据环境条件合理选用水泥品种。如对软水腐蚀严重的工程可选用水化产物中含氢氧化钙少的水泥；对硫酸盐腐蚀严重的工程可选用含铝酸钙少的抗硫酸盐水泥（铝酸三钙含量低于 5%）。水泥中掺入活性混合材料可以有效地提高其耐腐蚀能力。

② 提高混凝土的密实度，减少侵蚀性介质渗入水泥石内部的通道，可以有效地减轻腐蚀。

③ 在混凝土的外表面加覆盖层，隔离侵蚀性介质与水泥石接触。如在混凝土表面粘贴花岗岩板、耐酸瓷砖，喷涂沥青质或合成树脂涂料等。对腐蚀严重的工程，还可以采用聚合物混凝土等耐腐蚀性强的材料代替普通混凝土。

3.3 掺混合材料的硅酸盐水泥

3.3.1 水泥用混合材料

在生产硅酸盐水泥的过程中，为了改善水泥的性质，调节水泥性能而加入水泥中的人工或天然矿物材料，称为水泥混合材料。

混合材料磨成细粉加水拌合后，本身不能发生水化反应，但在石灰、石膏或水泥水化产物氢氧化钙的激发作用下，在常温下可与水发生水化反应，生成具有水硬性的水化产物，这种性质最早发现于火山爆发产生的火山灰，故称之为火山灰活性，具有火山灰活性的混合材，称之为做火山灰质混合材。

水泥混合材料按其活性不同，可分为活性混合材料和非活性混合材料（也称为惰性混合材料，填充性混合材料）两大类。

1. 非活性混合材料

属于非活性混合材料的有磨细石英砂、石灰石、黏土、缓冷矿渣等。它们掺入水泥中，不与水泥成分起化学反应或化学反应很弱，主要起填充作用，可调节水泥强度，降低水化热及增加水泥产量等。

2. 活性混合材料

常用活性混合材料有粒化高炉矿渣、火山灰质混合材料和粉煤灰等。其主要化学成分为活性氧化硅和活性氧化铝。这些活性材料本身难于产生水化反应，无胶凝性。但在氢氧化钙或石膏等溶液中，它们却能产生明显的水化反应，形成水化硅酸钙和水化铝酸钙：

$$x\,Ca(OH)_2 + SiO_2 + m\,H_2O \longrightarrow x\,CaO \cdot SiO_2 \cdot n\,H_2O$$

$$y\,Ca(OH)_2 + Al_2O_3 + m\,H_2O \longrightarrow y\,CaO \cdot Al_2O_3 \cdot n\,H_2O$$

水泥熟料水化反应会产生大量氢氧化钙，熟料中也含有石膏，因此具备了使活性混合材料发挥活性的条件，常将氢氧化钙、石膏称为活性混合材料的“激发剂”。激发剂浓度越高，激发作用越大，混合材料活性发挥越充分。

（1）粒化高炉矿渣。高炉矿渣是高炉炼铁时所排出的以硅酸钙和铝酸钙为主要成分的熔融物，经淬冷成粒后即为粒化高炉矿渣。它的主要化学成分为 CaO、SiO_2、Al_2O_3、MgO 和 Fe_2O_3 等。通常 CaO、SiO_2 和 Al_2O_3 占 90%以上。高炉矿渣的活性在很大程度上取决于各化学成分的比例和内部结构形态，而内部结构形态与熔融矿渣的冷却条件直接相关：当缓慢冷却时 SiO_2 等形成晶体，活性极小，属非活性混合材料；当采用水、压缩空气等对熔融矿渣进行快速冷却时，则可形成玻璃态结构，并呈疏松颗粒，火山灰活性强；同时，粒化高炉矿渣由于含有一定的 β 硅酸二钙和铝酸钙，又具有一定的弱自硬性。

（2）粉煤灰。粉煤灰是火力发电厂煤粉燃烧后从烟气中收集下来的粉状物。粒径为 1～50μm，呈玻璃质的实心或空心球状颗粒。就其化学成分及形成条件看，应属于火山灰质混合材料中的火山玻璃质类。SiO_2 及 Al_2O_3 含量愈高、含碳量愈低、细度愈细的粉煤灰活性愈好。

粉煤灰的排放量极大，它已成为水泥行业和预拌混凝土行业的重要原材料之一。国家标准《用于水泥和混凝土中的粉煤灰》（GB/T 1596－2005）规定用作水泥混合材料的粉煤灰的品质指标为：$SO_3 \leqslant 3.5\%$；烧失量 $\leqslant 8.0\%$；强度活性指数 $\geqslant 70\%$ 等。

（3）其他火山灰质混合材料。除粒化高炉矿渣及粉煤灰以外，用作水泥活性混合材的其他天然或人工的火山灰质材料还有很多，按其化学成分及矿物结构可分为三类：含水硅酸质混合材料（如硅藻土、硅藻石、蛋白石等），其主要活性成分为无定形的含水硅酸（$SiO_2 \cdot nH_2O$）；火山玻璃质混合材料（如火山灰、硅灰、凝灰岩、浮石等），其主要活性成分为玻

璃质的 SiO_2 和 Al_2O_3；烧黏土质混合材料（如烧黏土、烧页岩、煤矸石、煤渣、煤灰等），其主要活性成分为偏高岭石分解出来的活性 SiO_2 和 Al_2O_3。

3.3.2 普通硅酸盐水泥（代号 P·O）

普通硅酸盐水泥简称普通水泥。它是一种由硅酸盐水泥熟料、6%～20%混合材料、适量石膏（水泥中 SO_3 含量不得超过 3.5%）共同磨细而制成的水硬性胶凝材料。国家标准《通用硅酸盐水泥》（GB175—2007）规定：活性混合材料的最大掺量不得超过水泥质量的 20%；非活性混合材料的最大掺量不得超过水泥质量的 8%。

普通水泥分为 42.5、42.5R、52.5、52.5R 四个强度等级。各强度等级水泥在不同龄期的强度要求见表 3-4。

表 3-4 普通硅酸盐水泥各龄期的强度要求（GB 175—2007）

强度等级	抗压强度（MPa）		抗折强度（MPa）	
	3d	28d	3d	28d
42.5	17.0	42.5	3.5	6.5
42.5R	22.0	42.5	4.0	6.5
52.5	23.0	52.5	4.0	7.0
52.5R	27.0	52.5	5.0	7.0

注：表中 R 为早强型。

普通水泥的终凝时间不得迟于 10h，初凝时间、安定性及细度的要求与硅酸盐水泥相同。

由于普通硅酸盐水泥中的混合材料掺量较少，故矿物组成与硅酸盐水泥的变化不大，基本性能特点与硅酸盐水泥相近。普通水泥是土木工程中应用最为广泛的水泥品种。

3.3.3 矿渣硅酸盐水泥（代号 P·S）

矿渣硅酸盐水泥简称矿渣水泥。它是一种由硅酸盐水泥熟料和粒化高炉矿渣、适量石膏共同磨细而成的水硬性胶凝材料。国家标准《通用硅酸盐水泥》（GB175—2007）规定：矿渣水泥中粒化高炉矿渣掺量按质量百分比计为 20%～70%。当矿渣掺量为 20%～50%时，该矿渣硅酸盐水泥的代号为 P·S·A；当矿渣掺量为 50%～70%时，该矿渣硅酸盐水泥的代号为 P·S·B。为了改善水泥性能，允许用粉煤灰、石灰石等活性或非活性混合材料或窑灰中的一种材料代替部分矿渣，但代替数量不得超过水泥质量的 8%。替代后水泥中粒化高炉矿渣不得少于 20%。在矿渣水泥中，石膏既起调节凝结时间的作用，又起硫酸盐激发剂的作用，所以原则上石膏掺量比普通水泥多（水泥中 SO_3 含量不得超过 4.0%）。

矿渣水泥分为 32.5、32.5R、42.5、42.5R、52.5、52.5R 六个强度等级。各强度等级不同龄期的强度要求列于表 3-5，对凝结时间、安定性的要求与普通硅酸盐水泥相同。细度指标为 0.080mm 方孔筛筛余量不超过 10%。

表 3-5　矿渣水泥、火山灰质水泥、粉煤灰水泥及复合水泥的强度要求（GB 175—2007）

强度等级	抗压强度（MPa）		抗折强度（MPa）	
	3d	28d	3d	28d
32.5	10.0	32.5	2.5	5.5
32.5R	15.0	32.5	3.5	5.5
42.5	15.0	42.5	3.5	6.5
42.5R	19.0	42.5	4.0	6.5
52.5	21.0	52.5	4.0	7.0
52.5R	23.0	52.5	4.5	7.0

注：表中 R 为早强型。

1. 矿渣水泥的水化历程

矿渣水泥的水化历程较硅酸盐水泥复杂。水泥拌合水后，水泥熟料矿物首先与水反应生成水化硅酸钙、氢氧化钙、水化铝酸钙等水化产物。其中氢氧化钙和掺入水泥中的部分石膏分别作为矿渣的碱性激发剂和硫酸盐激发剂，与矿渣中的活性氧化硅、氧化铝反应，生成水化硅酸钙和水化硫铝酸钙等水化产物。由电子显微镜观察可知，纤维状的水化硅酸钙和水化硫铝酸钙是硬化矿渣水泥的主要成分，而且较为致密。

2. 矿渣水泥的主要性能特点

（1）具有较强的抗软水、抗硫酸盐腐蚀的能力。由于矿渣水泥中掺加了大量矿渣，熟料量相对减少，C_3S、C_3A 的含量也相对减少，因而水化产生的氢氧化钙及水化铝酸三钙就少，加之和矿渣中活性氧化硅、氧化铝的二次反应又消耗掉部分氢氧化钙和水化铝酸钙，所以矿渣水泥中所含的可产生腐蚀的因素大为减弱，从而具有较强的抗软水、抗硫酸盐腐蚀的能力。适用于腐蚀作用较强的水工、海港及地下建筑工程。

但是，由于粒化高炉矿渣磨细后具有很多尖锐的棱角，标准稠度用水量较大，保水能力较差，成型后易泌水，形成较多的毛细通道、粗大孔隙及水囊，所以抗冻性、抗渗性差，干缩性大，养护不当，易产生裂纹。

（2）早期强度低，后期强度增进率大。由于矿渣水泥中熟料含量显著减少，所以凝结硬化速度明显减慢，早期强度较低。但当熟料矿物成分的水化反应进行一定时间后，其水化产物与矿渣中活性 SiO_2、Al_2O_3 开始反应，所以矿渣水泥后期强度增进率较大，最后甚至超过同强度等级普通水泥的强度。表 3-6 列出了硅酸盐水泥与矿渣硅酸盐水泥的相对抗压强度。

矿渣水泥对温湿度的变化反应比较敏感，需要较长时间的潮湿养护。采用蒸汽养护可以取得比硅酸盐水泥更为明显的效果。所以，矿渣水泥最适用于蒸汽养护生产预制构件，而不适用于要求早强或低温条件下施工的工程。

表 3-6　硅酸盐水泥和矿渣水泥的相对抗压强度

水泥	7d	28d	90d	365d
硅酸盐水泥	66	100	119	135
矿渣水泥	50	90	114	144

注：以硅酸盐水泥 28d 抗压强度为 100。

（3）水化放热量少，放热速度慢。这主要是由于熟料含量减少之故，适用于大体积混凝土工程。

(4) 具有较好的耐热性能。由于矿渣水泥硬化后 $Ca(OH)_2$ 含量低，矿渣又是水泥的耐火掺料，所以矿渣水泥具有较好的耐热性，适用于工业窑炉及高温车间的受热部位。

矿渣水泥是应用较为广泛的通用水泥品种之一，掌握其性能特点，正确运用，可以收到更好的效果。

3.3.4 火山灰质硅酸盐水泥（代号 P·P）

火山灰质硅酸盐水泥简称火山灰水泥。它是一种由硅酸盐水泥熟料、火山灰质混合材料和适量石膏（水泥中 SO_3 含量不得超过 3.5%）磨细制成的水硬性胶凝材料。国家标准《通用硅酸盐水泥》(GB 175—2007) 规定：火山灰水泥中火山灰质混合材料掺加量，按水泥质量百分比计为 20%～40%。

火山灰水泥强度等级划分及其各龄期的强度要求同矿渣水泥（表 3-5)。细度、凝结时间、安定性的要求与矿渣硅酸盐水泥相同。水化历程与矿渣水泥相似。

火山灰水泥的性能特点及应用可简述如下：

(1) 由于该水泥中熟料含量明显减少，加上二次反应消耗部分氢氧化钙，所以具有较好的抗软水腐蚀能力。抗硫酸盐腐蚀的能力与所掺火山灰质混合材料中的活性氧化铝含量有关：氧化铝含量少，在硫酸盐水溶液中的稳定性较好；氧化铝含量高则抗硫酸盐腐蚀能力较差。

火山灰水泥密度比硅酸盐水泥小，一般为 2.70～3.10g/cm^3，混合材掺量大，水化生成的水化硅酸钙凝胶体较多，水泥石较致密，因而抗渗性较好。所以，这种水泥适用于要求抗渗、抗软水腐蚀的工程中。

(2) 火山灰水泥凝结硬化较慢，早期强度低，但后期增进率大，可以赶上甚至超过相同强度等级普通水泥的强度。

蒸汽养护等湿热处理措施可以取得十分明显的增强效果，但低温硬化强度发展极慢。所以这种水泥适合于蒸汽养护而不适于冬期施工，也不宜用于早期强度要求较高的工程。

(3) 水化热少，放热速度慢，故适用于大体积混凝土工程。

(4) 需水量大，加之水化产物中晶体产物较少[$Ca(OH)_2$、C_3AH_6 等]而凝胶体水化产物较多（水化硅酸钙)，在干燥环境中凝胶体易失水干缩，所以这种水泥干缩率大，易裂，不宜用于干燥环境中，宜用于水中及地下工程。

3.3.5 粉煤灰硅酸盐水泥（代号 P·F）

粉煤灰硅酸盐水泥简称粉煤灰水泥。它是一种由硅酸盐水泥熟料和粉煤灰及适量石膏（水泥中 SO_3 含量不得超过 3.5%）磨细而成的水硬性胶凝材料，国家标准《通用硅酸盐水泥》(GB 175—2007) 规定：粉煤灰水泥中粉煤灰掺量按质量百分比计为 20%～40%。

粉煤灰水泥的强度等级划分及各龄期强度要求与矿渣水泥相同（见表 3-5)。细度、凝结时间及安定性的要求同矿渣硅酸盐水泥。

从粉煤灰的化学成分和形成条件看，它属于火山灰质材料，含活性氧化硅、氧化铝的玻璃球（空心或实心)，是与氢氧化钙反应产生胶凝性的主要相。这些玻璃球表面致密，内部表面积比不规则形状的火山灰混合材小得多，所以粉煤灰水泥除具有矿渣水泥、火山灰水泥一些共同特性外，尚有以下特点：

（1）结构致密，水化慢，早期强度增长慢于矿渣水泥和火山灰水泥，但后期可以赶上。

（2）吸水性小，标准稠度需水量低，所以干缩率小，抗裂性较好。但致密的球形颗粒保水性较差，易泌水。

3.3.6 复合硅酸盐水泥（代号 P·C）

复合硅酸盐水泥是由硅酸盐水泥熟料，两种或两种以上规定的混合材料、适量石膏（水泥中 SO_3 含量不得超过 3.5%）磨细制成的水硬性胶凝材料，简称复合水泥。国家标准《通用硅酸盐水泥》（GB 175—2007）规定：该水泥中混合材料（活性的或非活性的）总掺量按水泥质量百分比应大于 20%，不超过 50%（允许含 8%及以下的窑灰）。

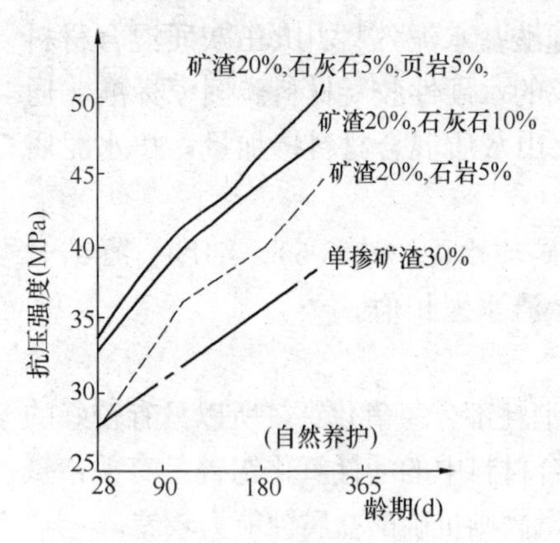

图 3-4 复合硅酸盐水泥的性能

复合水泥是一种新型的通用水泥，复合水泥与矿渣水泥、粉煤灰水泥、火山灰水泥的区别是复合水泥必须掺加两种或两种以上的混合材料，后三种水泥主要是单掺混合材料，在规定的小范围内允许混合材料复掺。

复合水泥的强度等级划分及各龄期强度要求如表 3-5 所列。细度、凝结时间及安定性的要求同矿渣硅酸盐水泥。

大量试验证明，采用复掺两种以上混合材料的水泥性能较单掺混合材料的水泥性能具有明显的优越性（见图 3-4 所示）。

3.4 铝酸盐水泥

铝酸盐水泥是以石灰岩和矾土为主要原料，配制成适当成分的生料，烧至全部或部分熔融所得以铝酸钙为主要矿物的熟料，经磨细而成的水硬性胶凝材料，代号 CA。

3.4.1 铝酸盐水泥的主要矿物成分

铝酸盐水泥以铝酸钙为主要矿物成分，具体矿物有：

1. 铝酸一钙（$CaO \cdot Al_2O_3$，简写 CA），它是铝酸盐水泥中最主要的矿物，其特点是凝结不快，而硬化迅速，为铝酸盐水泥强度的主要来源。

2. 二铝酸一钙（$CaO \cdot 2Al_2O_3$，简写 CA_2），其特点是凝结硬化慢，后期强度较高，但早期强度却较低。其次还有少量凝结迅速而强度不高的七铝酸十二钙（$12CaO \cdot 7Al_2O_3$，简写 $C_{12}A_7$）以及胶凝性极差的铝方柱石（$2CaO \cdot Al_2O_3 \cdot SiO_2$，简写 C_2AS）。一般认为铝酸盐水泥中氧化硅的含量应控制在 9%～10%以下，以免形成过多的铝方柱石，降低铝酸盐水泥的早强性能。

除上述铝酸盐矿物之外，铝酸盐水泥有时还会有少量硅酸二钙存在。

3.4.2 铝酸盐水泥的水化反应及水化产物

铝酸一钙的水化反应随温度的不同可形成性能差异很大的水化产物。

当温度低于20℃时，水化生成十水铝酸一钙：

$$CaO \cdot Al_2O_3 + 10H_2O \longrightarrow \underset{(\text{水化铝酸钙},CAH_{10})}{CaO \cdot Al_2O_3 \cdot 10H_2O}$$

当温度在20～30℃时，水化生成八水铝酸二钙和铝胶：

$$2(CaO \cdot Al_2O_3) + 11H_2O \longrightarrow \underset{(\text{水化铝酸二钙},C_2AH_8)}{2CaO \cdot Al_2O_3 \cdot 8H_2O} + \underset{(\text{铝胶})}{Al_2O_3 \cdot 3H_2O}$$

当温度高于30℃时，生成六水铝酸三钙和铝胶：

$$3(CaO \cdot Al_2O_3) + 12H_2O \longrightarrow 3CaO \cdot Al_2O_3 \cdot 6H_2O + 2(Al_2O_3 \cdot 3H_2O)$$

由于C_3AH_6属立方晶系，基本上是等尺寸的晶体，又常有较多的晶体缺陷，故强度较低，因而铝酸盐水泥不宜在高于30℃的条件下养护。

在较低温度下形成的CAH_{10}或C_2AH_8均属六方晶系，其晶体呈片状或针状，互相交错攀附，重叠结合，形成牢固的结晶连生体，加之铝胶填充于晶体骨架的空隙，从而形成了十分致密的结构，使水泥石具有很高的强度。

铝酸盐水泥水化产物的结合水量可达水泥质量的50%，远高于硅酸盐水泥水化产物的结合水量（约25%左右），而这种结合水呈固相，这是铝酸盐水泥石结构致密的原因之一。

3.4.3 铝酸盐水泥的技术性能

铝酸盐水泥通常呈黄或褐色，也有呈灰色的。密度3.00～3.20g/cm^3，堆积密度约1000～1300kg/m^3，紧密状态时为1000～1800kg/m^3。

1. 化学组成

铝酸盐水泥按Al_2O_3含量分为四类，如表3-7所示。

表3-7　铝酸盐水泥按Al_2O_3含量分类（%）（GB 201—2000）

类型	Al_2O_3	SiO_2	Fe_2O_3	$R_2O(Na_2O+0.658K_2O)$	S	Cl
CA-50	≥50，<60	≤8.0	≤2.5	≤0.4	≤0.1	≤0.1
CA-60	≥60，<68	≤5.0	≤2.0			
CA-70	≥68，<77	≤1.0	≤0.7			
CA-80	≥77	≤0.5	≤0.5			

表中数据表明，铝酸盐水泥水化时几乎不析出$Ca(OH)_2$，加之低钙水化铝酸盐结构致密，故具有较强的抗硫酸盐、酸类腐蚀的性能。但当量碱R_2O含量超标将使该性能下降，所以，R_2O超标的铝酸盐水泥为废品。

2. 物理性能

（1）细度。比表面积不小于300m^2/kg或0.045mm筛余不大于20%。

（2）凝结时间。按GB 201—2000的规定，当标准试杆在水泥和标准砂的质量比为1∶1的胶砂中沉入深度达到距底板5～7mm时的胶砂稠度称为标准稠度，此时的用水量称为该种水泥的标准稠度用水量。用标准稠度的胶砂测得的凝结时间应符合如下要求：CA-50、CA-70、CA-80铝酸盐水泥的初凝时间应不早于30min，终凝时间应不迟于6h；CA-60铝酸盐水泥的初凝时间应不早于60min，终凝时间应不迟于18h。

（3）强度。各类型铝酸盐水泥的不同龄期强度值不得低于表3-8的规定。

表中数据表明铝酸盐水泥，由于矿物成分中含有快凝组分 $C_{12}A_7$ 和快硬组分 CA，其强度特征为早强快硬。水化放热量较高，且集中在早期放出。

3. 铝酸盐水泥受到高温作用时，由于产生了固相反应，烧结结合代替了水化结合，因而具有良好的耐高温性能，如受 900℃高温作用后仍具有初始强度的 70％，1300℃时尚有初始强度的 53％，所以铝酸盐水泥是配制不定形耐火材料的重要胶凝材料。

表 3-8　铝酸盐水泥的强度要求（GB 201—2000）

类　型	抗压强度（MPa）				抗折强度（MPa）			
	6h	1d	3d	28d	6h	1d	3d	28d
CA-50	20	40	50		3.0	5.5	6.5	
CA-60		20	45	85		2.5	5.0	10.0
CA-70		30	40			5.0	6.0	
CA-80		25	30			4.0	5.0	

3.4.4　铝酸盐水泥在工程中的应用

上述技术性质表明，铝酸盐水泥主要用于不定形耐火材料、抗硫酸盐等侵蚀、冬季施工、抢修工程等，也是配制膨胀水泥、自应力水泥等新型建材的掺合料。

土木工程中应用较多的铝酸盐水泥是 CA-50，使用时应注意以下问题：

1. CA-50 一般不应与硅酸盐水泥、石灰等能析出 $Ca(OH)_2$ 的胶凝材料混用，否则将产生闪凝现象（浆体瞬间失去流动性以致无法施工）。闪凝导致水化反应不能充分进行，使强度降低。产生闪凝的原因，主要是 $Ca(OH)_2$ 加速了 CA-50 的凝结以及硅酸盐水泥中起缓凝作用的石膏被铝酸盐水泥所消耗而失去了缓凝作用。

2. CA-50 的最佳硬化温度为 15℃，一般不应超过 25℃，否则将形成强度低、易被腐蚀的水化铝酸三钙。这一点在夏季施工中应特别注意，必须采取相应的降温措施。

3. CA-50 不得用于受碱腐蚀的工程中。因为碱金属的碳酸盐会与 CAH_{10} 或 C_2AH_8 反应：

$$K_2CO_3 + CaO \cdot Al_2O_3 \cdot 10H_2O = CaCO_3 + K_2O \cdot Al_2O_3 + 10H_2O$$

$$2K_2CO_3 + 2CaO \cdot Al_2O_3 \cdot 8H_2O = 2CaCO_3 + K_2O \cdot Al_2O_3 + 2KOH + 7H_2O$$

生成的 KOH 或 NaOH 能再与水泥中的 Al_2O_3 反应生成钾、钠等的铝酸盐。另一方面空气中的 CO_2 再与 $K_2O \cdot Al_2O_3$ 等铝酸盐反应，进一步产生 K_2CO_3：

$$K_2O \cdot Al_2O_3 + CO_2 = K_2CO_3 + Al_2O_3$$

这样就使上述反应循环进行而导致了腐蚀。

4. 铝酸盐水泥后期强度下降较大，特别在湿热条件下下降更为严重，使用时应按最低稳定强度设计。

CA-50 铝酸盐水泥混凝土最低稳定强度值以试件脱模后放入 50±2℃水中养护，取龄期为 7d 和 14d 强度值之低者来确定。

长期强度下降的原因是：CAH_{10} 和 C_2AH_8 都是亚稳定晶体，随着时间的推移要逐渐转

化为比较稳定的 C_3AH_6，该转化过程随着环境温度的上升而加速：

$$3(CaO \cdot Al_2O_3 \cdot 10H_2O) \longrightarrow 3CaO \cdot Al_2O_3 \cdot 6H_2O + 2(Al_2O_3 \cdot 3H_2O) + 18H_2O$$

分子量	1014	378	312	324
密度（g/cm^3）	1.72～1.78	2.52～2.53	2.40	1.00

上式说明，单位体积的 CAH_{10} 转化为 C_3AH_6 后，由于密度大为增加，固相体积缩小到原体积的 48.9%，同时析出原体积 56.8%的水，从而使孔隙率大为增加，而且转化生成物 C_3AH_6 本身的强度较低，所以导致了强度的降低。因此，铝酸盐水泥一般不能用于长期使用的结构工程中。

3.5 其他品种水泥

3.5.1 道路硅酸盐水泥（代号 P·R）

道路硅酸盐水泥简称道路水泥，主要用于水泥混凝土路面等对耐磨、抗干缩等性能要求较高的工程中。

道路水泥系由道路硅酸盐水泥孰料、0～10%活性混合材料和适量的石膏磨细制成的水硬性胶凝材料。所谓道路硅酸盐水泥熟料是以硅酸钙为主要成分和较多量的铁铝酸钙的硅酸盐水泥熟料，其 $C_3A \leqslant 5\%$，$C_4AF \geqslant 16.0\%$，游离 $CaO \leqslant 1.0\%$。

水泥混凝土路面工程要求道路水泥具有较高的抗弯折强度、良好的耐磨性（磨耗量≤$3.00kg/m^2$）和较小的干缩率（干缩率≤0.10%）。此外早期强度也应较高。按 3d 和 28d 抗折和抗压强度分为 32.5、42.5 和 52.5 三个强度等级。

我国标准《道路硅酸盐水泥》（GB 13693—2005）对其技术指标有详细规定，如 MgO 含量≤5.0%，SO_3 含量≤3.5%，烧失量≤3.0%，比表面积 300～450m^2/kg，安定性合格，初凝时间≥1.5h，终凝时间≤10h。

3.5.2 中低热水泥

港口、码头、大坝等水工构筑物、大型设备基础以及高层建筑物的基础筏板等的混凝土工程多为厚大体积且连续浇筑的混凝土工程。为了防止由于水泥水化放热而导致混凝土内外温差过大，从而出现温度应力裂缝，这类工程所用水泥的水化热往往受到严格限制，即应采用中低热水泥。

中低热水泥是中热硅酸盐水泥、低热硅酸盐水泥和低热矿渣硅酸盐水泥的总称。凡以适当成分的硅酸盐水泥熟料，加入适量石膏，磨细制成的具有中等水化热的水硬性胶凝材料，称为中热硅酸盐水泥（简称中热水泥）；凡以适当成分的硅酸盐水泥熟料，加入 20%～60%的矿渣（允许用不超过混合材总量 50%的磷渣或粉煤灰代替部分矿渣）、适量石膏，磨细制成的具有低水化热的水硬性胶凝材料，称为低热矿渣硅酸盐水泥（简称低热水泥）。

生产中低热水泥时，应限制熟料中的铝酸三钙含量（中热水泥熟料应不超过 6%；低热矿渣水泥熟料应不超过 8%）和硅酸三钙含量（中热水泥应不超过 55%）。

限制铝酸三钙和硅酸三钙的含量主要是为了降低水化放热速率和放热量，此外，铝酸三钙含量减少也有利于减小水泥的干缩并提高抗硫酸盐的性能。

我国标准《中热硅酸盐水泥　低热硅酸盐水泥　低热矿渣硅酸盐水泥》（GB 200—2003）对其技术指标作出了具体规定。

3.5.3　白色硅酸盐水泥与彩色硅酸盐水泥

以适当成分的生料烧至部分熔融，所得以硅酸钙为主要成分，氧化铁含量极少的熟料为白色硅酸盐水泥熟料。由白色硅酸盐水泥熟料加入适量石膏及0～10%的石灰石或窑灰，磨细制成的水硬性胶凝材料称为白色硅酸盐水泥，简称白水泥。

生产白水泥的技术关键是严格限制着色氧化物（Fe_2O_3、MnO、Cr_2O_3、TiO_2 等）的含量，如当白水泥中的 Fe_2O_3 含量从3%～4%降低为0.35%～0.4%时，其颜色将从硅酸盐水泥的暗灰色变为白兼淡绿色。

1. 生产白水泥的主要技术要求

（1）精选原料，限制着色氧化物含量。如采用纯净的高岭土、石英砂、石灰石，用作缓凝组分的石膏，采用洁白的雪花石膏或优质纤维石膏等。生产白水泥不得掺用铁粉。

（2）为了避免在水泥生产过程中混入着色氧化物，研磨水泥生料及熟料时，一般不用钢质衬板和研磨体。煅烧水泥时常用重油或煤气作燃料。当用煤作燃料时，应严格限制煤的灰分含量，一般小于7%。

（3）将煅烧好的熟料进行洒水漂白或加入 $CaCl_2$ 还原剂，使熟料中 Fe_2O_3 还原为颜色较浅的 Fe_3O_4 或 FeO。

（4）适当提高粉磨细度也可提高白度。

2. 白水泥的技术性质

由于白水泥的基本矿物组成为硅酸钙，所以主要技术性质如细度、凝结时间、体积安定性等与普通水泥相同。强度等级分为32.5、42.5和52.5。其白度值应不低于8.7。

我国制定有专门国家标准《白色硅酸盐水泥》（GB 2015—2005）。

3. 彩色硅酸盐水泥

彩色硅酸盐水泥简称彩色水泥。它是用白水泥熟料，适量石膏和耐碱矿物颜料共同磨细而制成的。也可以在白水泥生料中加入适当金属氧化物作着色剂，在一定燃烧气氛中直接烧成彩色水泥熟料，如加入适量CaO并在还原焰中烧成可制得浅黄色水泥熟料，但这种方法工艺复杂，生产较难控制，所以国内外极少采用。

掺入的矿物颜料不应对水泥起有害作用，常用的有氧化铁（红、黄、褐、黑色）、氧化锰（褐、黑色）、氧化铬（绿色）、群青（蓝色）、赭石（赭色）等。

深色调的彩色水泥可在普通硅酸盐水泥中掺入适当颜料而制得。

白水泥和彩色水泥在建筑装修中应用甚广，如制作彩色水磨石、镶贴浅色调的饰面砖、锦砖、玻璃马赛克以及制作水刷石、斩假石、弹涂、水泥花砖等。

3.5.4　快硬硫铝酸盐水泥

以低品位矾土（如 Al_2O_3 含量为50%～60%）、石灰石和石膏为原料，配制成适当成分的生料，煅烧成以无水硫铝酸钙［3（$CaO \cdot Al_2O_3$）·$CaSO_4$］和β型硅酸二钙为主要矿物的熟料，加入约10%的石膏磨细制得的水泥称为快硬硫铝酸盐水泥，也称超早强水泥。

该水泥的水化反应产物主要是钙矾石 $3CaO \cdot Al_2O_3 \cdot 3CaSO_4 \cdot 31H_2O$ 和氢氧化铝胶

体。它们是由无水硫铝酸钙和石膏反应而形成的。硅酸二钙水化形成水化硅酸钙和氢氧化钙，其中的氢氧化钙和氢氧化铝与石膏反应也可形成钙矾石。氢氧化铝胶体、水化硅酸钙凝胶填塞于钙矾石晶体骨架的空间，形成十分致密的体系，因此这种水泥不仅早期强度高，而且具有良好的抗冻性、抗渗性。

随着石膏掺量的增多，快硬硫铝酸盐水泥具有微膨胀的性能，其膨胀量的大小，可通过调节石膏掺量予以控制。

快硬硫铝酸盐水泥的初凝时间为0.5～1.0h，终凝时间1.0～1.5h，初凝与终凝时间比较接近，有时初凝时间甚至只有几分钟，必要时可加入缓凝剂调节。缓凝剂可导致早期强度降低，但24h后强度有明显提高。

快硬硫铝酸盐水泥12h的强度可达28d强度的50%～70%，通常以3d强度确定其强度等级。由于C_2S的存在，缓慢水化，后期强度仍有稳定增长。

由于主要水化产物钙矾石在150℃以上开始脱水，强度大幅度下降，故这种水泥耐热性较差。水化产物中氢氧化钙极少，使其具有较好的抗腐蚀能力。

由于快硬硫铝酸盐水泥具有快凝、快硬、水化热大、微膨胀等特点。因此宜用于紧急抢修、冬期施工、喷锚支护、抗渗、浇灌装配式构件接头以及混凝土预制构件生产中。

3.6 水泥在土木工程中的应用

水泥在砂浆和混凝土中起胶结作用。正确选择水泥品种、严格质量验收、妥善运输与储存等是保证工程质量、杜绝质量事故的重要措施。

3.6.1 水泥品种的选择原则

不同品种水泥具有不同的性能特点（见表3-9），深入理解这些特点是正确选择水泥品种的基础。

表3-9 通用水泥的特性及强度等级

项目	硅酸盐水泥	普通硅酸盐水泥	矿渣硅酸盐水泥	火山灰质硅酸盐水泥	粉煤灰硅酸盐水泥	复合硅酸盐水泥
密度（g/cm^3）	3.0～3.15	3.0～3.15	2.8～3.1	2.8～3.1	2.8～3.1	2.8～3.1
堆积密度（kg/m^3）	1000～1600	1000～1600	1000～1200	1000～1200	1000～1200	1000～1200
强度等级、类型	42.5、42.5R 52.5、52.5R 62.5、62.5R	42.5、42.5R 52.5、52.5R	32.5、32.5R 42.5、42.5R 52.5、52.5R	32.5、32.5R 42.5、42.5R 52.5、52.5R	32.5、32.5R 42.5、42.5R 52.5、52.5R	32.5、32.5R 42.5、42.5R 52.5、52.5R
主要成分	以硅酸盐水泥熟料为主，不掺或掺加不超过5%的混合材料	硅酸盐水泥熟料，>5%且≤20%的混合材料	硅酸盐水泥熟料，>20%且≤70%的粒化高炉矿渣	硅酸盐水泥熟料，>20%且≤40%的火山灰质混合材料	硅酸盐水泥熟料，>20%且≤40%的粉煤灰	硅酸盐水泥熟料，>20%且≤50%的不少于两种混合材料

续表

项　目	硅酸盐水泥	普通硅酸盐水泥	矿渣硅酸盐水泥	火山灰质硅酸盐水泥	粉煤灰硅酸盐水泥	复合硅酸盐水泥
特性	1. 硬化快，强度高 2. 水化热较高 3. 抗冻性较好 4. 耐热性较差 5. 耐腐蚀性较差	1. 早期强度较高 2. 水化热较高 3. 抗冻性较好 4. 耐热性较差 5. 耐腐蚀性较差	1. 硬化慢，早期强度低，后期强度增长较快 2. 水化热较低 3. 抗冻性差，易碳化 4. 耐腐蚀性较好 5. 耐热性较好 6. 对温度、湿度变化较为敏感	抗渗性较好，其他同矿渣水泥（耐热性不及矿渣水泥）	干缩性较小，抗裂性较好，其他同矿渣水泥	3d 龄期强度高于矿渣水泥，其他同矿渣水泥

1. 按环境条件选择水泥品种

环境条件主要包括环境的温度以及所含侵蚀性介质的种类、数量等。如当混凝土所处环境具有较强的侵蚀性介质时，应优先选用矿渣水泥、火山灰质水泥、粉煤灰水泥和复合水泥，而不应使用硅酸盐水泥和普通水泥。若侵蚀性介质强烈时（如硫酸盐含量较高），可选用具有优良抗侵蚀性的特种水泥（如抗硫酸盐硅酸盐水泥）。

2. 按工程特点选择水泥品种

大体积混凝土工程如大坝、大型设备基础等，应选用水化热低、水化放热速度慢的掺混合材料的硅酸盐水泥，或专用的中热硅酸盐水泥、低热矿渣硅酸盐水泥，不得使用硅酸盐水泥等。有早强要求的紧急工程、有抗冻要求的工程应选用硅酸盐水泥、普通硅酸盐水泥，而不应选用矿渣水泥、火山灰水泥及粉煤灰水泥等。

承受高温作用的混凝土工程（工业窑炉及基础等）不应使用硅酸盐水泥。这是因为，用硅酸盐水泥拌制的混凝土受热至 250～300℃时，水化物开始脱水（水化硅酸盐 160℃时即开始脱水），水泥收缩，强度开始下降。当受热温度达 400～600℃时，强度明显下降，700～1000℃时强度严重下降，甚至完全破坏。水化产物氢氧化钙在 547℃以上将脱水分解成氧化钙，如果受到潮湿和水的作用，又将引起氧化钙熟化生成氢氧化钙而膨胀，破坏水泥石结构。这类混凝土应选用矿渣水泥或铝酸盐水泥，若温度不高也可使用普通水泥等。

快速施工、紧急抢修等特殊工程可选用快硬硅酸盐水泥、快凝快硬硅酸盐水泥或快硬硫铝酸盐水泥。

修补、堵漏、防水及自应力钢筋混凝土压力管等应选用膨胀水泥或自应力水泥。

3. 按混凝土所处部位选择水泥品种

经常遭受水冲刷的混凝土、水位变化区的外部混凝土、构筑物的溢流面部位混凝土等，应优先选用硅酸盐水泥、普通硅酸盐水泥或中热硅酸盐水泥，避免采用火山灰水泥等。

位于水中和地下部位的混凝土、采取蒸汽养护等湿热处理的混凝土应优先采用矿渣硅酸盐水泥、火山灰质硅酸盐水泥或粉煤灰硅酸盐水泥等。

水泥强度等级的选择原则是：高强度等级水泥适用于配制高强度等级的混凝土或早强混

凝土；低强度等级水泥适宜于配制低强度等级的混凝土或砌筑砂浆。因为水泥强度等级愈高，其强度增长愈快，强度值也愈高，抗冻性、耐磨性愈强，所以土木工程中重要的钢筋混凝土结构、预应力结构均采用 42.5 级及以上的水泥。

3.6.2 水泥的验收

水泥出厂前是按同品种、同强度等级编号的。每一编号为一取样单位，取样应有代表性，可连续取，也可从 20 个以上不同部位取等量样品，总量至少 12kg。

水泥编号按水泥厂年产量规定，如年产量为 60～120 万 t 的，不超过 1000t 为一编号，产量越少，编号单位的水泥量越小。

水泥供货分散装和袋装两种。散装水泥用专用运输车辆运输，以“吨”为计量单位，袋装水泥以“吨”或“袋”为计量单位，每袋水泥质量 50kg，偏差不得低于 49.5kg。散装水泥平均堆积密度为 1450kg/m^3；袋装压实水泥的堆积密度为 1600kg/ m^3。

用户所订水泥到货后应认真验收。

1. 根据供货单位的发货明细表或入库通知单及质量合格证，分别核对水泥包装上所注明的工厂名称、水泥品质、名称、代号和强度等级、“立窑”或“旋窑”生产、包装日期、产品编号等是否相符。

2. 数量验收

袋装水泥按袋计数验收，随机抽取 20 袋，其总质量应不少于 1000kg。

3. 外观质量验收

外观质量验收主要检查受潮变质情况。

(1) 棚车到货的水泥，验收时应检查车内有无漏雨情况；敞车到货的水泥应检查有无受潮现象。受潮水泥应单独堆放并做好记录。

观察袋装水泥受潮现象的方法，首先检查纸袋是否因受潮而变色、发霉，然后用手按压纸袋，凭手感判断袋内水泥是否结块。

包装袋破损者应记录情况并作妥善处理，如重包装等。

(2) 散装水泥到货，应先检查车、船的密封效果，以便判断是否受潮。

(3) 中转仓库应妥善保管水泥质量证明文件，以备用户查询。

3.6.3 水泥的运输与储存

水泥的运输和储存，主要是防止受潮，不同品种、强度等级和出厂日期的水泥应分别储运，不得混杂，避免错用并应考虑先存先用，不可储存过久。

水泥是水硬性胶凝材料，在储运过程中不可避免地要吸收空气中的水分而受潮结块，丧失胶凝活性，使强度大为降低。水泥强度等级越高，细度越细，吸湿受潮性严重，活性损失越快。在正常储存条件下，经 3 个月后，水泥强度约降低 10%～25%；储存 6 个月降低 25%～40%。

储存水泥的库房必须干燥，库房地面应高出室外地面 30cm。若地面有良好的防潮层并以水泥砂浆抹面，可直接储存水泥；否则应用木料垫离地面 20cm。袋装水泥堆垛不宜过高，一般为 10 袋，如储存时间短，包装袋质量好可堆至 15 袋。袋装水泥垛一般应离开墙壁和窗户 30cm 以上。水泥垛应设立标示牌，注明生产工厂、品种、强度等级、出厂日期等。应尽量缩短水泥的储存期：通用水泥不宜超过3个月；铝酸盐水泥不宜超过2个月；快硬水泥不宜超过1个月，否则应重新测定强度，按实测强度使用。

露天临时储存袋装水泥，应选择地势高、排水良好的场地，并应认真上盖下垫，以防止水泥受潮。

散装水泥应按品种、强度等级及出厂日期分库存放，储存应密封良好、严格防潮。

3.6.4 水泥受潮程度的鉴别与处理

水泥受潮是难以避免的。受潮程度不同，强度降低程度不同，应区别情况恰当处置。

(1) 水泥无结块、结粒情况，测定其烧失量小于5%，说明水泥尚未受潮，可按原强度等级使用。

(2) 水泥有结成小粒的情况，但手捏可成粉末状，烧失量在4%～6%，说明水泥开始受潮，强度损失不大，约在一个强度等级内。应将水泥粒压成粉末或适当增加搅拌时间，可用到强度要求低的工程中（一般降低15%～20%的活性）。

(3) 水泥已部分结成硬块或外部结成硬块内部尚有粉末状，烧失量6%～8%，这表明水泥已严重受潮，强度约损失50%左右。应筛除硬块，可压碎的压成粉末，多用于抹面砂浆等非受力部位。

(4) 结块坚硬，无粉末状，烧失量大于8%，该水泥活性已丧失殆尽，不能按胶凝材料使用而只能重新粉磨后用作混合材料。

3.6.5 水泥质量的仲裁

由于水泥品质不合格而导致工程事故的例子是屡见不鲜的，轻者加固修补，重者推倒重建，甚至造成重大生命财产损失。

凡凝结时间、安定性、强度、MgO、SO_3、氯离子、不溶物、烧失量中的任一项不符合规定时称为不合格品。不合格品不得出厂。

当用户需要时，生产者应在水泥发出之日起7d内寄发除28d强度以外的各项检测结果。试验报告内容应包括相应水泥标准所规定的各项技术要求的试验结果（含细度），助磨剂、石膏、混合材料的名称和掺量也应写明。28d强度试验结果应在水泥发出之日起32d内补报。

交货时水泥的质量验收可抽取实物试样以其检验结果为验收依据，也可用水泥厂同编号水泥的检验报告为验收依据。

当以抽取实物试样的检验结果为依据时，买卖双方应在发货前或交货地共同取样和签封。取样按规定方法进行，试样数量为20kg并缩分为二等份。一份由卖方保存40d，一份由买方按国家标准进行检验。在40d以内，买方检验认为产品质量不符合标准要求而卖方又有异议时，则双方应将卖方保存的另一份试样送省级或省级以上国家认可的水泥质量监督检验机构进行仲裁检验。安定性仲裁检验时，应在取样之日起10d以内完成。

当以水泥厂同编号水泥的检验报告为验收依据时，在发货前或交货时买方在同编号水泥中抽取试样，双方共同签封后保存三个月，或认可卖方在同编号水泥中自行取样，签封并保存三个月。在三个月内，买方对水泥质量有疑问时，则买卖双方应将签封的试样送省级或省级以上国家认可的水泥质量监督检验机构进行仲裁检验。

3.7 气硬性胶凝材料

除混凝土生产中需要使用水泥作为胶结材料外，还有许多土木工程材料的生产中都离不开无机胶凝材料，如砌体结构中的砂浆，各种免烧墙体块体、板体材料及无机装饰材料中的胶结材料，基础处理中用到的灰土、三合土等。土木工程材料生产中用到的无机胶凝材料，除各种水泥等水硬性胶凝材料外，还有各种气硬性胶凝材料，如石灰、石膏、水玻璃、菱苦土（镁质胶凝材料）等，其中石灰、石膏是最常用的气硬性胶凝材料。

3.7.1 石灰

石灰是使用最早的气硬性胶凝材料之一。由于生产石灰的原料广泛，工艺简单，成本低廉，所以至今仍被广泛应用于土木工程中。

1. *石灰的原料及生产*

生产石灰的主要原料是以碳酸钙（$CaCO_3$）为主要成分的天然岩石——石灰岩。除天然原料外，还可以利用化学工业副产品，如：用碳化钙（CaC_2）制取乙炔时所产生的电石碴，其主要成分是氢氧化钙，即消石灰（或称熟石灰）；或者用氨碱法制碱所得的残渣，其主要成分为碳酸钙。

将石灰岩进行煅烧，即可得到以氧化钙（CaO）为主要成分的生石灰，其分解反应如下：

$$CaCO_3 \xrightarrow{900℃} \underset{(生石灰)}{CaO} + CO_2 \uparrow$$

生石灰呈白色或灰色，按生石灰的加工情况分为建筑生石灰（块）和建筑生石灰粉。由于石灰岩中常含有一些碳酸镁 $MgCO_3$，因而生石灰中还含有次要成分氧化镁（MgO）。根据 MgO 含量的多少，生石灰被分为钙质石灰（MgO 含量≤5%）和镁质石灰（MgO 含量>5%）。生石灰质量的好坏与其氧化钙和氧化镁的含量有很大关系。建材行业标准《建筑生石灰》（JC/T 479—2013）按氧化钙和氧化镁含量将钙质生石灰划分为三个等级，镁质生石灰分为两个等级（表 3-10）。另外，生石灰的质量还与煅烧条件（煅烧温度和煅烧时间）有直接关系，碳酸钙适宜的分解温度为 900℃左右，实际生产中，为加速分解过程，煅烧温度常提高到 1000～1100℃。煅烧过程对石灰质量的主要影响是：煅烧温度过低或煅烧时间不足，将使生石灰中残留有未分解的石灰岩核心，这部分石灰称为欠火石灰，欠火石灰降低了生石灰的有效成分含量，使质量等级降低；若煅烧温度过高或煅烧时间过久，将产生过火石，过火石灰的特征是质地密实，表面常为黏土杂质融化形成的玻璃质薄膜所包覆，故熟化很慢，使用这种生石灰时，要注意正确的熟化方法，以免对建筑物造成危害。

表 3-10 建筑生石灰技术指标（JC/T 479—2013）

项目		钙质生石灰			镁质生石灰	
		CL90	CL85	CL75	ML85	ML80
CaO+MgO 含量不小于，(%)		90	85	75	85	80
CO_2 含量不小于，(%)		4	7	12	7	7
石灰粉细度	0.2mm 筛筛余不大于，(%)	2	2	2	2	7
	90μm 筛筛余不大于，(%)	7	7	7	7	2
生石灰产浆量不小于（$dm^3/10kg$）		26	26	26	—	—
SO_3 含量不大于，(%)		2	2	2	2	2

碳酸镁分解温度较碳酸钙低（600～650℃），更易烧成致密而不易熟化的氧化镁，使石灰活性降低，质量变差。故采用碳酸镁含量高的白云质石灰岩做原料时，须适当降低煅烧温度。

2. 生石灰的熟化

土木工程中使用块状生石灰，应先将生石灰加水，使之熟化成消石灰粉或石灰膏之后再使用。

(1) 熟化过程及其特点

块状生石加水后，即迅速水化生产熟石灰氢氧化钙，并放出大量热量，这个过程称为生石灰的熟化。其反应式如下：

$$CaO + H_2O \longrightarrow Ca(OH)_2 + 64.8kJ$$

上述过程有两个显著特点：

1）放热量大。生石灰熟化时最初1h放出的热量是半水石膏水化1h放出热量的10倍，是普通硅酸盐水泥水化1d放出热量的9倍。因此，生石灰具有强烈的水化能力，其放热量、放热速度都比其他胶凝材料大的多。

2）体积增大。成分较纯并煅烧适宜的生石灰，熟化成熟石灰后，体积可增大1～2.5倍。

(2) 熟化方法

1）喷淋消化法。生石灰中均匀加入70%左右的水（理论值为31.2%）便得到颗粒细小、分散的消石灰粉。工地调制消石灰粉时，常采用喷淋消化法，即每堆放0.5m高的生石灰块，淋60%～80%的水，再堆放再淋，使之成粉且不结团为止。

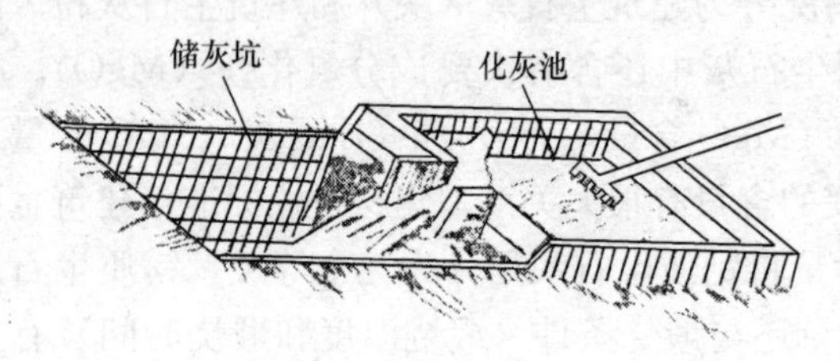

图3-5 石灰熟化示意图

2）灰池熟化法。调制石灰浆常在化灰池和储灰坑中进行，见图3-5。其方法是将块状生石灰和水加入化灰池中熟化，熟化时应控制温度，防止过高过低。如果温度过高而水量又不足，易使形成的Ca（OH）$_2$凝聚在CaO周围，妨碍继续熟化，若温度达547℃时，熟化反应还会逆向进行，Ca（OH）$_2$又分解为CaO和H_2O。对于熟化慢的石灰，加水应少而慢，保持较高温度，促使熟化较快完成。熟化后的浆体和部分未熟化的细颗粒通过筛网流入储灰坑中，而大块的欠火石灰和过火石灰块则予以清除。为了进一步消除过火石灰在使用中造成的危害（因为过火石灰熟化很慢，若石灰已经硬化，过火石灰再开始熟化，使得原体积膨胀，引起隆起或开裂），石灰浆应在储灰坑中“陈伏”1～2周。“陈伏”期间，石灰浆表面应保持一层水分，与空气隔绝，以免石灰浆表面碳化。

石灰浆在储灰坑中沉淀并除去上层水分后，称为石灰膏。1kg石灰块可熟化成表观密度为1300～1400kg/m^{3}的石灰膏1.5～3L。

3. 熟石灰的硬化

石灰浆在空气中逐渐硬化，是由下面两个同时进行的过程来完成的。

(1) 结晶过程

石灰浆中的主要成分是Ca（OH）$_2$和H_2O，随着游离水的蒸发，氢氧化钙逐渐从饱和溶液中结晶出来。

（2）碳化过程

结晶出来的氢氧化钙与空气中的二氧化碳化合生成碳酸钙晶体，释放出水分并被蒸发：

$$Ca(OH)_2 + CO_2 + n\,H_2O = CaCO_3 + (n+1)H_2O$$

碳化过程实际是二氧化碳与水形成碳酸，然后与氢氧化钙反应生成碳酸钙硬壳的过程。这个过程不但受空气中 CO_2 浓度影响，而且与材料含水多少有关：若材料处于干燥状态，则这种碳化反应几乎停止。其次，碳化作用发生后，由于形成的碳酸钙硬壳阻碍水分进一步向外蒸发及 CO_2 进一步向内渗透，所以，这种硬化过程十分缓慢。石灰浆体硬化后，表层为碳酸钙晶体，内部为 $Ca(OH)_2$ 晶体，硬化后的石灰是由两种不同晶体组成的。

4. *石灰的技术性质*

根据我国建材行业标准《建筑消石灰》（JC/T 481—2013）规定，将消石灰分为钙质消石灰（MgO 含量＜5%）、镁质消石灰（MgO 含量≥5%，并按它们的技术指标分级，主要技术指标见表 3-11。

石灰作为胶凝材料，其技术性质如下：

（1）可塑性好

生石灰熟化为石灰浆时，能形成颗粒极细（直径约为 1μm）的呈胶体分散状态的氢氧化钙粒子，表面吸附一层厚的水膜，使其可塑性明显改善。利用这一性质，在水泥砂浆中掺入一定量的石灰膏，可使砂浆的可塑性显著提高。

（2）硬化慢、强度低

从石灰浆体的硬化过程中可以看出，由于空气中二氧化碳稀薄（一般达 0.03%），碳化甚为缓慢。同时，硬化后强度也不高，灰砂比为 1∶3 的石灰砂浆 28d 抗压强度通常只有 0.2～0.5MPa。

表 3-11　建筑消石灰的技术指标（JC/T 481—2013）

项目		钙质消石灰粉			镁质消石灰粉	
		HCL990	HCL85	HCL75	HML85	HML80
CaO+MgO 含量不小于，（%）		90	85	80	85	80
游离水含量不大于，（%）		2	2	2	2	2
体积安定性		合格	合格	合格	合格	合格
细度	0.90μm 筛筛余不大于，（%）	7	7	7	7	7
	0.2mm 筛筛余不大于，（%）	2	2	2	2	2
SO_3 含量不大于，（%）		2	2	2	2	2

注：CaO+MgO 含量为扣除游离水和结合水后的含量。

(3) 耐水性差

若石灰浆体尚未硬化，就处于潮湿环境中，由于石灰浆中的水分不能蒸发，则其硬化停止；若已硬化的石灰，长期受潮或受水浸泡，则由于 $Ca(OH)_2$ 不断溶于水，会使已硬化的石灰强度降低甚至溃散。因此石灰不宜用于潮湿环境及易受水浸泡的部位。

(4) 收缩大

石灰浆体硬化过程中要蒸发大量水分而引起显著收缩，所以除调成石灰乳作薄层涂刷外，不宜单独使用。工程应用时，常在石灰中掺入砂、麻刀、纸筋等材料，以减少收缩并增加抗拉强度。

5. *石灰的应用*

我国使用石灰已有数千年的历史，主要用途如下：

(1) 拌制灰土或三合土

所谓灰土是将消石灰粉和黏土按一定比例拌合均匀、夯实而成。石灰常用比例为灰土总重的10%～30%，即一九灰土、二八灰土及三七灰土。石灰用量过高，往往导致强度和耐水性的降低。若将消石灰粉、黏土和骨料（砂、碎砖块、炉渣等）按一定比例混合均匀并夯实，即为三合土。灰土和三合土广泛用作建筑物的基础、路面或地面的垫层，它的强度和耐水性远远高出石灰或黏土。其原因可能是黏土颗粒表面的少量活性氧化硅、氧化铝与石灰之间产生了化学反应，生成了水化硅酸钙和水化铝酸钙等水硬性矿物的缘故。石灰改善了黏土的可塑性，在强力夯打之下，紧密度提高也是其强度和耐水性改善的原因之一。

(2) 配制混合砂浆和石灰砂浆

熟化并“陈伏”好的石灰膏和水泥、砂配制而成的砂浆叫做混合砂浆，它是目前用量最大、用途最广的砌筑砂浆；石灰膏和砂配制而成的砂浆叫做石灰砂浆，石灰膏和麻刀或纸筋配制成的膏体叫做麻刀灰或纸筋灰，它们广泛用于内墙、天棚的抹面工程中。

随着科学技术的发展，在建筑工程中已大量应用磨细生石灰（将块状生石灰破碎、磨细并包装成袋的生石灰粉）代替石灰膏和消石灰粉配制灰土或砂浆，其主要优点如下：

①由于磨细生石灰具有很高的细度（0.080mm 筛的筛余量小于 20%），比表面积大，与块状生石灰相比，水化反应速度可提高 30～50 倍，所以只需“陈伏”1～2 天即可应用，不仅提高了工效，而且节约了场地，改善了环境。

②石灰中的少量欠火石灰被磨细，提高了石灰的利用率。

③将石灰的熟化过程与硬化过程合二而一，熟化过程中所放热量又可加速硬化过程，在从一定程度上克服了石灰硬化缓慢的缺点。

但是，磨细生石灰需经机械设备加工，成本有所提高，也不宜久存。

(3) 生产硅酸盐制品

石灰是生产硅酸盐混凝土及其制品的主要原料之一。

以石灰和硅质材料（如石英砂、粉煤灰、矿渣等）为原料，加水拌合，经成型、蒸压处理等工序而成的建筑材料统称为蒸压硅酸盐制品。

随着墙体材料改革的不断推进，硅酸盐砖、硅酸盐混凝土砌块及其他硅酸盐制品在墙体砌筑材料中应用逐渐增加。

6. *石灰的储存和运输*

块状生石灰放置太久，会吸收空气中水分自动熟化成石灰粉，再与空气中二氧化碳作用形成碳酸钙而失去胶凝能力。所以储存生石灰，不但要防止受潮，而且不宜久存，最好运到后即熟化成石灰浆，变储存期为“陈伏”期。另外，生石灰受潮熟化要放出大量的热，且体积膨胀，所以，储存和运输生石灰时，应注意安全。

3.7.2 石膏

石膏作为胶凝材料有着悠久的历史。石膏制品（如石膏板等）具有质轻、强度较高、绝热、防火、美观、易于加工等优良性质，因此受到了普遍重视并得到迅速发展。

1. *石膏的原料*

生产石膏胶凝材料的原料有天然二水石膏、天然无水石膏和化工石膏等。

(1) 天然二水石膏

天然二水石膏（即天然石膏矿，又称软石膏或生石膏）的主要成分为含两个结晶水的硫酸钙（$CaSO_4 \cdot 2H_2O$），其中 CaO 占 32.56%，SO_3 占 46.51%，H_2O 占 20.93%。

按 GB/T 5483—2008《天然石膏》的规定，天然二水石膏依二水石膏含量多少划分为五等，其等级划分及主要用途见表 3-12。

表 3-12 石膏的分级与用途（GB/T 5483—2008）

等级	品位，（质量分数）/%	主要用途
特级	≥95	医用、模型
一级	≥85	筑制品
二级	≥75	
三级	≥65	水泥工业原料
四级	≥55	

(2) 天然无水石膏

天然无水石膏是以无水硫酸钙（$CaSO_4$）为主要成分的沉积岩，又称硬石膏，它结晶紧密，质地较硬，仅用于生产无水石膏水泥。

(3) 化工石膏

除天然石膏外，在化工生产中产生的一些含有 $CaSO_4 \cdot 2H_2O$ 或 $CaSO_4 \cdot 2H_2O$ 与 $CaSO_4$ 的废渣或副产品，称之为化工石膏，如火电厂烟气脱硫产生的脱硫石膏，使用磷灰石制造磷酸过程中产生的磷石膏，使用萤石制造氟化氢过程中产生的氟石膏等。化学石膏也是石膏生产的重要原料，利用化工石膏时应注意添加适量石灰石或石灰中和其中的酸性成分后再使用。使用化工石膏作为建筑石膏的原料，可扩大石膏的来源，变废为宝，达到综合利用工业固体废弃物的目的。

2. *石膏胶凝材料（熟石膏）的生产*

石膏胶凝材料的生产，通常是将二水石膏在不同压力和温度下煅烧或压蒸，再经磨细制得的。同一原料，煅烧条件不同，得到的石膏品种不同，其结构、性质也不同。生产过程中的反应式如下：

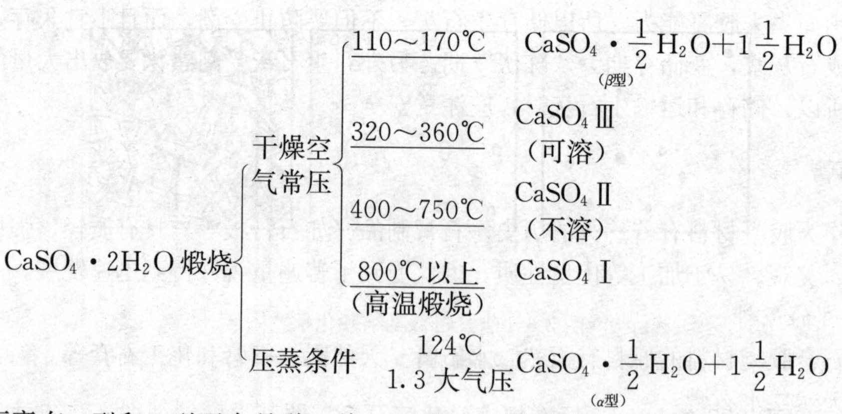

半水石膏有α型和β型两个品种。将α型半水石膏磨细得到的石膏粉，称为高强度石膏。将β型半水石膏磨细得到的石膏粉，称为建筑石膏。如粉磨的更细则称为模型石膏。α型和β型半水石膏在微观结构上相似，但作为胶凝材料，其宏观性质相差很大。高强度石膏晶体粗大，比表面积小，调成可塑性浆体时需水量（35%～45%）只是建筑石膏需水量的一半。所以高强度石膏硬化后密实而强度高，可用于室内高级抹灰、装饰制品和石膏板的原料。掺入防水剂，可制成高强度防水石膏，用于潮湿环境中。

由上述看到，在干燥空气常压条件下继续升温煅烧，各温度下呈现出不同的无水石膏，其性质由可溶过渡到不溶。对于不溶的石膏（硬石膏），掺入适量激发剂（如石灰等）混合磨细即得无水石膏水泥，其强度可达5～30MPa，用于制造石膏板和其他制品及灰浆等。

石膏品种繁多，建筑上应用最广的仍为建筑石膏。因此，本节主要介绍建筑石膏的性质及应用。

3. 建筑石膏的水化、硬化

建筑石膏加水后成为可塑性浆体，经过一系列物理化学变化，逐渐发展成为坚硬的固体。建筑石膏加水后很快溶解并进行水化反应：

$$CaSO_4 \cdot \frac{1}{2}H_2O + 1\frac{1}{2}H_2O \xlongequal{} CaSO_4 \cdot 2H_2O$$

因为水化反应的生成物二水石膏在溶液中的溶解度（20℃为2.05g/L溶液）比半水石膏的溶解度（20℃为8.16g/L溶液）小得多，因此，对二水石膏来说溶液就成了过饱和溶液。所以，二水石膏以胶体微粒迅速自水析出。由于二水石膏的析出，破坏了半水石膏溶解的平衡状态，使半水石膏进一步溶解和水化，以补偿由于二水石膏析晶在溶液中减少的$CaSO_4$含量。如此循环进行，直到半水石膏安全水化为止。浆体中的自由水分因水化和蒸发而逐渐减少，二水石膏胶体微粒数量则不断增加，而这些微粒比原来的半水石膏粒子要小得多，微粒总表面积增加，需要更多水分包裹，所以，浆体稠度逐渐增大，以致失去可塑性，这个过程称为凝结。其后，胶体微粒逐渐凝聚成为晶体，晶体不断长大，并彼此连生、交错，形成结晶结构网，浆体固化，强度不断增大，直至完全干燥，这个过程称为硬化（见图3-6）。

4. 建筑石膏的技术性质

(1) 建筑石膏的技术标准

纯净的建筑石膏为白色粉末，密度为2.60～2.75g/cm³，堆积密度为800～1000kg/m³。

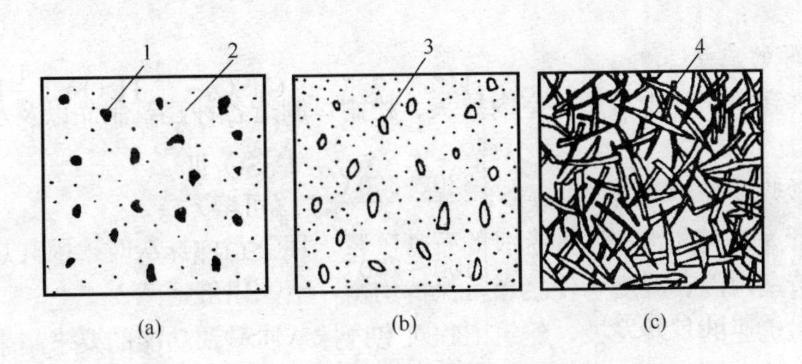

图 3-6 建筑石膏凝结硬化示意图

1—半水石膏；2—二水石膏胶体微粒；3—二水石膏晶体；4—交错晶体

《建筑石膏》（GB 9776—2008）标准规定：建筑石膏按照其强度、细度、凝结时间分为三个等级，见表 3-13。

表 3-13 建筑石膏的物理力学性能要求（GB 9776—2008）

物理力学性能		3.0 级	2.0 级	1.6 级
2h 强度（MPa）	抗折强度≥	3.0	2.0	1.6
	抗压强度≥	6.0	4.0	3.0
细度	0.2mm 方孔筛筛余（%）≤	10.0	10.0	10.0
凝结时间（min）	初凝时间≥	3		
	终凝时间≤	30		

（2）建筑石膏的技术性质

建筑石膏具有如下技术性质：

1）凝结硬化快。建筑石膏加水拌合后的数分钟内，便开始失去可塑性，这对成型带来一定的困难。如要降低它的凝结硬化速度，可掺入缓凝剂，使半水石膏溶解度降低，或者降低其溶解速度，使水化过程延长。常用的缓凝剂是硼砂、柠檬酸、亚硫酸盐纸浆废液、动物胶（骨胶、皮胶）等，其中硼砂缓凝剂效果较好，用量为石膏质量的 0.1%～0.5%。

2）微膨胀性。建筑石膏浆体在凝结硬化初期体积产生微膨胀（膨胀量约为 0.5%～1%），这一性质使石膏胶凝材料在使用中不会产生裂纹。因此建筑石膏装饰制品，形体饱满密实，表面光滑细腻。

3）多孔性。建筑石膏水化时理论需水量为石膏质量的 18.6%，为了使石膏浆体具有必要的可塑性，往往要加入 60%～80%的水，这些多余的自由水蒸发后留下许多孔隙，（约占总体积的 50%～60%），因此，石膏制品具有表观密度小、绝热性好、吸声性强等优点。但它的强度较低，吸水率较大，抗渗性差。

4）防火性。建筑石膏硬化后的主要成分是 $CaSO_4 \cdot 2H_2O$，它含有 21%左右的结晶水。当受到高温作用时，结晶水开始脱出，并在表面上产生一层水蒸气幕，阻止了火势蔓延，起到了防火作用。

5）耐水性、抗冻性差。建筑石膏硬化后具有很强的吸湿性，在潮湿条件下，晶体粒子间的粘结力减弱，强度显著降低；遇水则因二水石膏晶体溶解而引起破坏；吸水受冻后，将因孔隙中水分结冰而崩裂。所以建筑石膏的耐水性、抗冻性都较差。

5. 建筑石膏的应用

建筑石膏在建筑工程中可用作室内抹灰、粉刷、制造各种建筑制品以及水泥原料中的缓凝剂和激发剂。

(1) 石膏砂浆及粉刷石膏

以建筑石膏为基料加水、砂拌合成的石膏砂浆，用于室内抹灰时，因其热容量大、吸湿性大、能够调节室内温、湿度，使之经常保持均衡，给人以舒适感。

随着我国建筑业的日益发展，建筑工程对室内抹灰质量及功能的要求越来越高。粉刷石膏就是在石膏中掺加可优化抹灰性能的辅助材料及外加剂等配制而成的一种新型内墙抹灰材料。按用途可分为：面层粉刷石膏（M），底层粉刷石膏（D）和保温层粉刷石膏（W）三类。这种新型抹灰材料既具有建筑石膏快硬早强、粘结力强、体积稳定性好、吸湿、吸音、防火、光滑、洁白美观的优点，又从根本上克服了水泥砂浆易产生的裂缝、空鼓现象，不仅可在水泥砂浆和混合砂浆上罩面，也可在混凝土墙、板、天棚等光滑基底上罩面，质密细腻，省工、省时，工效高。

(2) 建筑石膏制品

建筑石膏除了作抹灰材料外，还可制作石膏制品，如石膏板、石膏砌块，它们有着广阔的应用前景。

1) 石膏板

①石膏板的生产。石膏板是以建筑石膏为主要原料经制浆、浇注、凝固、切断、烘干而制成的一种轻质板材。其辅助材料有发泡剂、促凝剂、缓凝剂、纤维类物质等。

发泡剂的作用是可减轻材料的质量，提高绝热性能。

纤维类物质的作用是增加板材的抗折强度，增加弹性和抗裂性。

②石膏板的种类。目前我国生产的石膏板有以下几类：

A. 纸面石膏板。纸面石膏板是以建筑石膏为主要原料，掺入纤维增强材料和外加剂构成芯材，并与护面纸牢固地结合在一起的建筑板材。分为普通型、耐水型、耐火型、耐水耐火型。其规格尺寸为长度 1500～3660mm，宽度 900～1220mm，厚度 9～25.0mm。形状有矩形棱边（代号 J）、45°倒角棱边（代号 D）、楔形棱边（代号 C）、半圆形棱边（B）、圆形棱边（代号 Y）。见图 3-7。

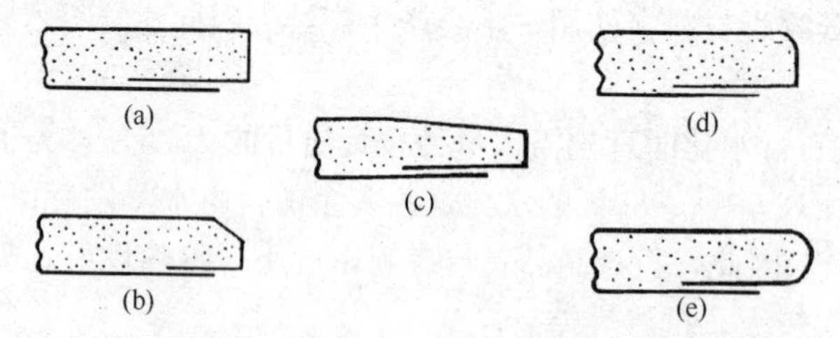

图 3-7 纸面石膏板棱边形状示意图

(a) 矩形棱边；(b) 45°倒角棱边；(c) 楔形棱边；(d) 半圆形棱边；(e) 圆形棱边

《纸面石膏板》（GB/T 9775—2008）对纸面石膏板的技术要求有外观质量、尺寸偏差、吸水率、面密度 、断裂荷载、护面纸与石膏芯的粘结、抗冲击性等内容。

B. 空心石膏条板。它是以建筑石膏为主要原料，加水搅拌、浇注、捣实、凝固、抽芯、脱模、烘干制成的一种条板，长度 2500～3000mm，宽度 450～600mm，厚度 60～100mm，

7～9 个孔，孔洞率 30%～40%。为提高条板的抗折强度，可因地制宜地加入石膏质量的 0.5%～4%的纤维材料，为降低条板质量，可加入占石膏体积的 85%～100%轻质填料。

C. 装饰石膏板。装饰石膏板是以建筑石膏为主要原料，掺入适量纤维增强材料和外加剂，与水一起搅拌成均匀的料浆，经浇注成型，干燥而成的不带护面纸的装饰板材。形状为正方形，其棱边有直角型和倒角型。规格有 500mm×500mm×9mm，600mm×600mm×11mm 两种。《装饰石膏板》(JC/T 799—2007) 根据板材正面形状和防潮性能的不同，其分类及代号见表 3-14。

表 3-14　装饰石膏板 (JC/T 799—2007)

分　类	普　通　板			防　潮　板		
代　号	平板	孔板	浮雕板	平板	孔板	浮雕板
	P	K	D	FP	FK	FD

由于装饰石膏板是浇注成型，选用不同的模具，可以获得不同花纹图案的板材。在板材上打孔，可使板材同时兼有吸音、防火、装饰多种功能，为公共建筑物顶棚、墙面的理想装饰材料。

D. 嵌装式装饰石膏板。它是将装饰石膏板材的背面四边加厚，并带有嵌装企口的一种板材。板材正面可为平面、穿孔或浮雕图案（代号 QZ）见图 3-8。

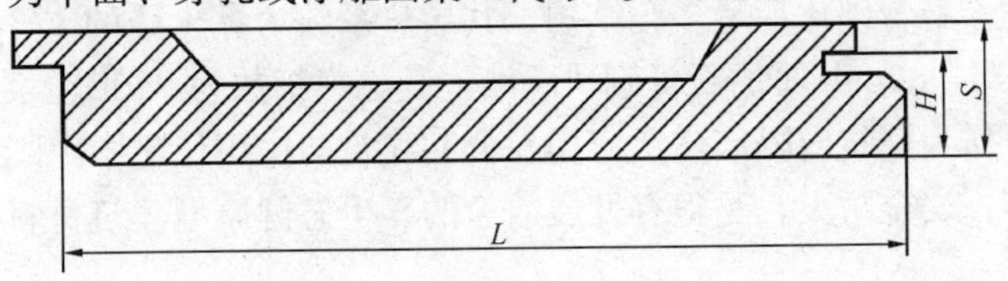

图 3-8　嵌装式装饰石膏板

L—板材边长；S—加厚厚度；H—铺设高度（板面与龙骨安装面间距离）

以带有一定数量穿孔洞的嵌装式石膏板为面板，在背面复合吸声材料，使其具有一定吸声特性的板材，称作嵌装式吸声石膏板（代号 QS）。

③石膏板的特性与应用

A. 质轻、强度较高。石膏板的表观密度较小，一般只有 900kg/m^3，用它作墙体可减少建筑物自重，有利于建筑物抗震。例如：厚度为 20mm 的复合石膏板，每平方米墙重只有 30～40kg，是砖墙质量的 1/5。纸面石膏板的抗弯强度可达 8MPa 左右，能满足做隔墙和饰面的要求。

B. 尺寸稳定、装饰性好。石膏板的变形很小，因此板的尺寸稳定。装饰石膏板因本身具有的浮雕等图案起到装饰效果。

C. 具有调节室内湿度的功能。由于石膏板的孔隙率大、开口孔隙多，所以透水和透气性较高，当室内湿度大时，石膏板可以吸湿；当空气干燥时，石膏板又可放出一部分水分，起到了调节室内湿度的作用。

另外，调整石膏板的厚度、孔洞大小、孔洞距离、空气层厚度，可制成适应不同频率的吸声板，用于影剧院、礼堂等公共场所的墙面、天花板，兼有吸声及装饰的双重功能。

石膏板的最大缺点是耐水性差，其软化系数只有 0.2～0.3，若用于外墙和浴室等潮湿环境中时，可掺入各种防水剂，或者在石膏板表面用经过化学处理的防水纸粘贴，涂刷防水涂料，以提高耐水性。

2）石膏砌块

随着我国墙体材料革新的不断深入，石膏砌块作为轻质建筑砌块品种之一，其功能优异，施工方便，节能节土，防火隔热，保护环境，符合当代绿色建筑发展趋势，是墙体材料中性能独特、别具一格的绿色建材制品。

石膏砌块是以建筑石膏粉加水拌合，经浇注成型，凝结硬化而成的一种轻质墙体材料，根据所用原料和生产工艺不同，石膏建筑砌块分为石膏实心砌块、石膏空心砌块和轻质石膏砌块三种类型。

石膏砌块的特性及应用：

①质轻、易施工。用于轻型非承重隔墙的石膏砌块，体积密度为800～1100kg/m^3，能有效减轻建筑物自重，并增加房屋有效使用面积。石膏砌块外形尺寸稳定，表面平整光滑，具有锯、刨、钉、钻、开挖沟槽，预埋管线等良好的加工性。可直接采用砌筑方法，简便快捷，施工效率高。

②优良的防火性。石膏砌块与纸面石膏板、纤维石膏板墙体相比，厚度相当时，其防火等级远大于其墙体的防火等级；为不燃建筑材料。

③保温隔声性。石膏硬化后呈多孔结构，其导热系数为黏土砖的1/3，普通水泥混凝土的1/5和石材的1/6，80mm厚的石膏砌块隔墙，其隔声指数为34dB。

石膏砌块主要作为建筑内隔墙广泛应用在公共建筑与民用住宅中，既显示了它的优良特性，又对人体无害，安全防火，是很有发展前途的、生态健康型建筑材料。

3.7.3 水玻璃

水玻璃俗称泡花碱，由碱金属氧化物和二氧化硅组成，属可溶性的硅酸盐类。其化学式为$R_2O \cdot nSiO_2$，式中R_2O为碱金属氧化物，n为二氧化硅和R_2O分子的比值$\left(即\ n=\frac{SiO_2}{R_2O}\right)$，也称为水玻璃模数。

根据碱金属氧化物的不同，水玻璃有硅酸钠水玻璃（$Na_2O \cdot nSiO_2$）、硅酸钾水玻璃（$K_2O \cdot nSiO_2$）、硅酸锂水玻璃（$Li_2O \cdot nSiO_2$）等品种，由于钾、锂等碱金属盐类价格较贵，相应的水玻璃生产较少，最常用的是硅酸钠水玻璃。

根据水玻璃模数的不同，又分为“碱性”水玻璃（$n<3$）和“中性”水玻璃（$n\geqslant 3$）。实际上中性水玻璃和碱性水玻璃的溶液都呈明显的碱性反应。

1. 水玻璃的生产

生产水玻璃的方法分为湿法和干法两种。

湿法生产硅酸钠水玻璃是将石英砂和苛性钠溶液在压蒸釜内用蒸汽加热，直接反应而成。干法生产硅酸钠水玻璃是将石英砂和碳酸钠磨细拌匀，在熔炉内于1300～1400℃温度下熔化而生成的，其反应式为：

$$Na_2CO_3 + nSiO_2 \longrightarrow Na_2O \cdot nSiO_2 + CO_2 \uparrow$$

按水玻璃的状态不同可分为：

（1）固体水玻璃。它是由熔炉中排出的熔融态硅酸钠冷却而得。

（2）液体水玻璃。它是由固体水玻璃溶解于水而得。固体水玻璃在水中溶解的难易随模数而定。n 为1时，能溶解于常温的水中；n 增大，则只能在热水中溶解；当 n 大于3时，要在0.4MPa大气压以上的蒸汽中才能溶解。常见水玻璃模数在1.5～3.7之间。

液体水玻璃因所含杂质的不同，而呈青灰色、黄绿色，以无色透明的液体为佳。

水玻璃在水溶液中的含量（或称浓度），可用密度表示，它与水玻璃的粘结力呈现以下规律：同一模数的液体水玻璃，其浓度愈稠，密度愈大，则粘性愈大，粘结力愈强；不同模数的液体水玻璃，模数高的，其胶体组分（SiO_2）相对增多，粘结力随之增加。

水玻璃在水溶液中的含量除用密度 ρ（g/cm^3）表示外，还可用波美度Be°表示，二者之间的关系式为：$\rho=\frac{145}{145-Be^{\circ}}$。

2. 水玻璃的硬化

液体水玻璃在空气中吸收二氧化碳，形成无定形硅酸凝胶，随着水分的蒸发，无定形硅酸凝胶脱水形成氧化硅，逐渐干燥硬化。

$$Na_2O\cdot nSiO_2+mH_2O+CO_2 = Na_2CO_3+nSiO_2\cdot mH_2O$$

由于空气中 CO_2 浓度较低，这个过程进行得很慢，为了加速硬化，常加入氟硅酸钠 Na_2SiF_6 作为促硬剂，促使硅酸凝胶加速析出，其反应为：

$$2[Na_2O\cdot nSiO_2]+mH_2O+Na_2SiF_6 = (2n+1)SiO_2\cdot mH_2O+6NaF$$

硅酸凝胶（$SiO_2\cdot mH_2O$）脱水变成固体氧化硅。

$$SiO_2\cdot mH_2O = SiO_2+mH_2O$$

氟硅酸钠的适宜用量为水玻璃质量的12%～15%，如果用量小于12%，不但硬化速度缓慢，强度降低，而且未经反应的玻璃易溶于水，因而耐水性差。但如用量超过15%，又会引起凝结过速，造成施工困难。

3. 水玻璃的技术性质

（1）粘结力强

水玻璃硬化后具有较高的粘结强度、抗拉强度和抗压强度，如水玻璃胶泥，其抗拉强度大于2.5MPa；水玻璃砂浆和水玻璃混凝土的抗压强度不小于15MPa和20MPa。另外，水玻璃硬化析出的硅酸凝胶还有堵塞毛细孔隙而防止水分渗透的作用。

（2）耐酸性好

硬化后的水玻璃，其主要成分是 SiO_2，所以它能抵抗大多数无机酸和有机酸的侵蚀，尤其是在强氧化性酸中仍有较高的化学稳定性。但不耐碱性介质侵蚀。

（3）耐热性高

水玻璃硬化后形成 SiO_2 空间网状骨架，高温下强度并不降低，甚至有所增加，因此具有优异的耐热性。若以铸石粉为填料，配制的水玻璃胶泥，耐热度可达900～1100℃，利用这一性质，选择不同的耐热骨料，可配制不同耐热度的水玻璃耐热混凝土。

4. 水玻璃的应用

水玻璃在建筑工程中有多种用途：

（1）涂刷材料表面

直接将液体水玻璃涂刷在建筑物表面，可显著提高其抗风化能力，提高建筑物耐久性。

如用密度为1.35g/cm^{3}左右的液体水玻璃浸渍或涂刷黏土砖、硅酸盐制品、水泥混凝土等多孔材料，可使材料的密实度、强度、抗渗性、耐水性均得到提高。这是因为水玻璃与材料中的Ca（OH）$_2$作用生成硅酸钙胶体、填充了制品的孔隙，从而使制品致密，反应式为：

$$Na_2O \cdot nSiO_2 + Ca(OH)_2 = Na_2O(n-1)SiO_2 + CaO \cdot SiO_2 + H_2O$$

同时硅酸钠本身硬化所析出的硅酸凝胶也有利于保护材料。

但需注意，不能用它涂刷或浸渍石膏制品，因为硅酸钠与硫酸钙发生反应可生成Na_2SO_4，并在制品孔隙中结晶膨胀，导致制品破坏。

（2）加固土壤

将模数为2.5～3的液体水玻璃和氯化钙溶液通过金属管交替向地层压入，两种溶液发生化学反应：

$$Na_2O \cdot nSiO_2 + CaCl_2 + xH_2O = 2NaCl + nSiO_2 \cdot (x-1)H_2O + Ca(OH)_2$$

析出的硅酸胶体，将土壤颗粒包裹并填充其空隙。硅酸胶体作为一种吸水膨胀的冻状凝胶，因吸收地下水而经常处于膨胀状态，阻止水分渗透并使土壤固结。用这种方法加固的砂土，抗压强度可达3～6MPa。

（3）配制防水剂

以水玻璃为基料，加入两种、三种或四种矾可配制不同防水剂，称为二矾、三矾或四矾防水剂。例如：四矾防水剂是以蓝矾（五水硫酸铜）、明矾（十二水硫铝酸钾，又叫钾铝矾）、红矾（重铬酸钾）和紫矾（十二水硫酸铬钾，又称铬矾）各1份，溶于60份的沸水中，降温至50℃，投入400份水玻璃溶液中，搅拌均匀而成的。这种防水剂凝结迅速，一般不超过1min，适用于堵塞漏洞、缝隙等局部抢修。由于凝结过速，不宜调配水泥防水砂浆用作屋面或地面的刚性防水层。

（4）配制水玻璃矿渣砂浆，修补砖墙裂缝

将液体水玻璃、粒化高炉矿渣粉、砂和氟硅酸钠按一定比例（见表3-15）配成砂浆，直接压入砖墙裂缝，可起到粘结和增强的作用。掺入的矿渣粉不仅起填充和减少砂浆收缩的作用，还能与水玻璃起化学反应，增加砂浆强度。使用时，先将砂和矿渣粉拌合均匀，再将促硬剂加入60℃左右温水化成糊状，然后倒入液体水玻璃中拌合。氟硅酸钠促硬剂有毒，操作时应做好安全防护。

（5）配制耐酸砂浆、耐酸混凝土

用水玻璃作为胶凝材料，选择耐酸骨料，可配制满足耐酸工程要求的耐酸砂浆、耐酸混凝土等。

表3-15 水玻璃矿渣砂浆配合比

液体水玻璃性能		配合比（各材料质量比）			氟硅酸钠占液体水玻璃质量的百分数（%）
模数	密度（g/cm^3）	液体水玻璃	矿渣粉	砂	
2.3	1.52	1.5	1	2	8
3.36	1.36	1.15	1	2	15

3.7.4 镁质胶凝材料

镁质胶凝材料一般指苛性苦土（主要成分是MgO）和苛性白云石（主要成分是MgO和

$CaCO_3$）。

1. 原料及生产

（1）原料

苛性苦土的主要原料是天然菱镁矿，主要成分是 $MgCO_3$，常含一些黏土、氧化硅等杂质。苛性白云石的主要原料是天然白云石，同样，也含有一些铁、硅、铝、锰等氧化物杂质。我国菱镁矿蕴藏量丰富，白云石矿较之菱镁矿储量更大，分布更广，是发展镁质胶凝材料的重要资源。

除上述两种主要原料外，还有蛇纹石（主要成分是 $3MgO \cdot 2SiO_2 \cdot 2H_2O$）。也可利用冶炼轻质镁合金的熔渣制造苛性苦土。

（2）生产

镁质胶凝材料一般是将菱镁矿或天然白云石经煅烧磨细而制成的。其细度为 4900 孔/cm^2 筛的筛余量不大于 25%。

碳酸镁一般在 400℃开始分解，600～650℃时分解反应剧烈。实际生产时，煅烧温度约为 800～850℃。煅烧反应式如下：

$$MgCO_3 \xrightarrow{800 \sim 850℃} \underset{\text{(苛性苦土)}}{MgO} + CO_2 \uparrow$$

在生产苛性白云石时，应使白云石矿中的 $MgCO_3$ 充分分解而又避免其中的 $CaCO_3$ 分解，所以，一般煅烧温度以控制在 650～750℃为宜。这时所得的镁质胶凝材料主要是活性 MgO 和惰性 $CaCO_3$。在上述温度范围内，白云石的分解分两步进行，首先是复盐分解，紧接着是碳酸镁的分解：

$$CaMg(CO_3)_2 \rightarrow MgCO_3 + CaCO_3$$
$$\hookrightarrow MgO + CO_2 \uparrow$$

上述煅烧过程中，要避免温度过高，否则，分解出的 CaO 对镁质胶凝材料的性能将产生不良影响。

煅烧适当的苛性苦土经磨细是白色或浅黄色粉末，苛性白云石为白色粉末，其密度为 3.1～3.4g/cm^3，堆积密度为 800～900kg/m^3。

镁质胶凝材料中的 MgO 的水化速度与煅烧温度有关。煅烧温度低时，MgO 的晶格大，晶粒间空隙大，内比表面积大、水化反应迅速，但水化最终形成结构强度却很低；煅烧温度高时，则晶粒之间密实，水化速度也显著降低。

2. 苛性苦土的水化、硬化

试验证明，以氯化镁水溶液来调制 MgO 时，可以加速其水化反应，并且能形成新的水化产物氧氯化镁水化物（$xMgO \cdot yMgCl_2 \cdot zH_2O$），其各化合物比例随 $MgO/MgCl_2$ 分子数之比的变化而改变。若用水调制 MgO 时，由于 MgO 水化放出大量热而使水变成蒸汽，导致强度下降甚至结构开裂。

水化反应如下：

$$xMgO + yMgCl_2 \cdot zH_2O \longrightarrow xMgO \cdot y\,MgCl_2 \cdot zH_2O$$
$$MgO + H_2O \longrightarrow Mg(OH)_2$$

水化产物中 x、y、z 的大小与煅烧温度、$MgCl_2$ 溶液用量、初始配比、养护条件有关。

浆体呈弱碱性，pH 值 7.5～8.5，水化产物呈针状结晶，彼此机械咬合，并相互连生、长大，形成致密的结构，使浆体凝结硬化。

镁质胶凝材料在20℃以上时，具有硬化快、强度高的特点。当环境温度降低时，其水化速度明显变慢，早期强度大幅度下降。如环境温度低于15℃，其1d强度仅为28d强度的10%左右，温度低于5℃时，其1d强度几乎为零。

3. 苛性苦土的应用

建筑工程中最早使用的苛性苦土产品是木屑板，它是将苛性苦土、木屑、颜料及其他填料干拌均匀，再与配制好的氯化镁溶液拌合，经压制而成的窗台板、门窗框、楼梯扶手等。若用膨胀珍珠岩代替木屑则可制成轻质、阻燃型的室内装饰板材。

氯化镁作为拌合溶液，其用量必须控制，用量过多，浆体凝结硬化过快，收缩大甚至产生裂缝；用量过少，硬化太慢，强度降低。氯化镁（以 $MgCl_2 \cdot 6H_2O$ 计）与苛性苦土的适宜质量比为0.55～0.6。

苛性苦土制品的最大缺点是耐水性差，硬化后易吸潮返卤，其原因是硬化产物具有较高的溶解度，遇水会溶解。为提高耐水性，可采用外加剂，或改用硫酸镁作为拌合水溶液，降低吸湿性、改进耐水性。利用矿物掺合活料中的活性 SiO_2、Al_2O_3 能与 $Mg(OH)_2$ 反应生成水化硅酸镁，也可提高其耐水性。

以苛性苦土为胶结料，以中碱玻璃纤维等为增强材料，添加改性剂可制成通风管材、轻质内隔墙板、玻纤平板等。

苛性白云石的性质、用途与苛性苦土相似。

镁质胶凝材料运输和储存时应避免受潮，也不可久存。

用氯盐类溶液拌合的镁质胶凝材料对钢材有强烈的腐蚀作用。因此在制品中不能配量钢筋。

复习思考题

1. 试解释下列名词、术语

胶凝材料；水硬性胶凝材料；气硬性胶凝材料；标准稠度用水量；比表面积；硅酸盐水泥熟料；P·O42.5R；C_3S；C_2S

2. 如何从生产硅酸盐水泥的原料及其在煅烧过程中所发生的变化说明硅酸盐水泥的矿物组成？

3. 硅酸盐水泥的矿物成分在水化反应中各表现出什么特性？形成了哪些主要水化产物？

4. 水泥的细度对水泥应用有什么影响？是不是细度越细越好？水泥细度用什么方法测定？国家规定的指标是多少？

5. 为什么要测定水泥的标准稠度用水量？

6. 何谓水泥的体积安定性？水泥体积安定性不良的原因是什么？这些因素为什么会导致安定性不良？

7. 水泥体积安定性用什么方法检测？用该方法检测安定性不合格的水泥，表明是哪一种因素引起的？

8. 某水泥经检测表明安定性不合格，该水泥存放一段时间再进行检测时安定性合格了，试解释这一现象。

9. 限制水泥的初凝时间不得过短、终凝时间不得过长对水泥在混凝土工程中的应用有什么意义？

10. 如何确定硅酸盐水泥的强度等级？六种通用水泥各划分为哪几个强度等级、型号？为什么以28d抗压强度的最低值来命名强度等级？

11. 确定水泥强度等级，为什么要用标准砂？为什么要用规定的灰砂比、水灰比并在标准的条件下养护？

12. 生产硅酸盐水泥时为什么必须加一定量的石膏？石膏的加入量主要依什么因素而变化？若石膏加入量过多将会出现什么问题？已经硬化的水泥（或混凝土）遇到石膏（含石膏的水、汽、骨料等）又会出现什么问题？

13. 现有甲、乙两厂生产的硅酸盐水泥熟料，其矿物成分如下表所列，试估计和比较这两厂所生产的硅酸盐水泥在强度增长特点和水化放热等性质方面有何差别并简述其理由。

生产厂	熟料矿物成分（%）			
	C_3S	C_2S	C_3A	C_4AF
甲厂	56	17	12	15
乙厂	42	35	7	16

14. 按规定方法作普通硅酸盐水泥的强度等级测定试验，在抗折试验机和压力试验机上的试验结果如下表所列，试确定其强度等级（提示：注意计算规则，按规定取舍数据）。

抗折破坏荷载（N）		抗压破坏荷载（kN）	
3d	28d	3d	28d
1250	2900	24	75
		29	70
1540	3050	29	71
		28	68
1500	2750	27	69
		26	70

15. 何谓硅酸盐水泥的腐蚀？水泥的腐蚀和水泥的体积安定性有什么不同？

16. 简述产生溶出性腐蚀、生成易溶物腐蚀和硫酸盐腐蚀的历程及后果。

17. 欲防止水泥腐蚀，可采用哪几种措施？

18. 何谓水泥的活性混合材料和非活性混合材料？它们各使水泥的性质发生了什么变化？

19. 何谓普通水泥？矿渣水泥？火山灰质水泥？粉煤灰水泥和复合水泥？

20. 掺混合材的水泥与硅酸盐水泥相比，在性能上有些什么特点？为什么会出现这些特点？

21. 铝酸盐水泥的主要矿物成分、水化产物是什么？具有什么主要特性？

22. 在工程中应用铝酸盐水泥时，应注意哪几个问题？为什么？

23. 什么是白水泥和彩色水泥？在建筑装修工程中，如何应用白水泥和彩色水泥？

24. 何谓道路硅酸盐水泥、中热硅酸盐水泥和低热矿渣硅酸盐水泥？应用如何？

25. 现有下列工程和构件生产任务，试分别选用合理的水泥品种，并说明选用理由。(1) 现浇楼板、梁、柱工程，冬季施工；(2) 紧急抢修工程；(3) 大体积混凝土工程（如大型高炉基础、大坝工程等)；(4) 有硫酸盐腐蚀的地下工程；(5) 采用蒸汽养护的混凝土预制构件；(6) 海港码头及海洋混凝土工程；(7) 工业窑炉及其他有耐热要求的混凝土工程。

26. 如何鉴别水泥受潮程度？对于储存期较长的水泥为什么必须重新测定其强度等级而不能按出厂强度等级使用？

27. 石灰石、生石灰、熟石灰、硬化后石灰的化学成分各是什么？

28. 过火石灰、欠火石灰对石灰的性能有什么影响？如何消除？

29. 生石灰和消石灰粉等级划分的依据是什么？

30. 生石灰熟化时，在贮灰坑中进行“陈伏”的目的是什么？磨细生石灰是否可不经“陈伏”直接使用？为什么？

31. 石灰浆体在空气中的硬化过程是怎样的？为使硬化加快，使硬化环境中的湿度增大，有利于 CO_2 与 H_2O 形成碳酸，从而促进碳化过程，这种说法是否正确？

32. 石灰与石膏相比，技术性质有何异同？石灰在土木工程中都有哪些用途？

33. 石灰本身不耐水，但灰土却可用于基础垫层等潮湿环境，为什么？

34. 生石灰储存过久，从成分到性能上会发生什么变化？

35. 从建筑石膏的凝结过程及硬化产物分析石膏属于气硬性胶凝材料的原因？

36. 建筑石膏有哪些技术性质？从凝结硬化过程简述多孔性，耐水性。

37. 石膏板的种类、特征及用途都有哪些？

38. 水玻璃的化学组成是什么？何谓水玻璃的模数？水玻璃的模数和密度对水玻璃的黏性有何影响？

39. 硬化后水玻璃具有哪些性质？在工程中有何用途？

40. 苛性苦土硬化有哪些特殊性？如何改善？

第4章　骨料与矿物掺合料

所谓骨料，是指均匀分布于混凝土的胶凝材料之中，起填充、支撑或改性作用的颗粒状材料。骨料是混凝土的重要组成部分，一般占混凝土材料总质量的70%～80%，它在混凝土中除起骨架作用以外，还具有减小混凝土收缩、提高混凝土弹性模量、改善混凝土耐久性等作用。

按来源不同，将骨料分为天然骨料、人造骨料和工业灰渣骨料三类。按颗粒尺寸大小不同，将骨料分为细骨料和粗骨料两类。普通混凝土多采用天然砂、石作骨料。

现代混凝土很少是仅由水泥、砂、石、水构成的四组分混凝土，绝大多数是由水泥、砂、石、水、化学外加剂和矿物掺合料构成的六组分混凝土。矿物掺合料被称为混凝土的第六组分，是拌制混凝土过程中掺入的无机粉体矿物质材料。矿物掺合料在混凝土中广泛使用，不仅可以有效地改善混凝土性能，特别是耐久性能，降低混凝土成本，而且可以大量消耗各种工业固体无机矿物质废弃物，变废为宝，有效利用资源，减少固体废弃物堆存造成的环境污染。

本章主要介绍普通混凝土常用砂、石骨料及粉煤灰、粒化高炉矿渣粉等矿物掺合料的品种、分类、分级、主要技术性能及其在混凝土工程中的应用。

4.1　细骨料

将颗粒粒径在0.15mm至4.75mm范围内的骨料称为细骨料，它包括天然砂、人工砂和工业灰渣砂。

天然砂是由天然岩石长期风化、水流搬运等自然条件作用而形成的岩石颗粒。按产源，天然砂可分为河砂、湖砂、山砂和海砂。由于受水流的长期冲刷作用，河砂、湖砂和海砂颗粒比较圆滑、坚硬、洁净。海砂内含有贝壳碎片及可溶性氯盐、硫酸盐等有害物质，一般情况下不直接使用，故配制普通混凝土采用河砂、湖砂最好。山砂是岩体风化后在山涧堆积下来的岩石碎屑，颗粒多棱角，表面粗糙，容易含较多黏土及有机物等杂质，品质较差。

人工砂是将天然岩石用机器破碎、筛分后制成的，符合细骨料尺寸规定的颗粒，其棱角多，片状颗粒多，且石粉多，成本较高，所配混凝土的和易性较差，但强度常高于天然砂混凝土。

工业灰渣砂是指颗粒尺寸在细骨料规定范围内的炉渣、矿渣和某些矿山尾矿，经试验合格后，可代替或部分代替天然岩石砂使用。在混凝土中使用工业灰渣砂，不但有利于资源综合利用，而且有利于减少工业灰渣堆存对环境的污染，保护生态环境。

《建设用砂》(GB/T 14684—2011) 标准将人工砂和工业灰渣砂统一划归为机制砂。

砂的性质对所配制混凝土的性能影响很大。为了保证混凝土的质量，要求所用砂具有稳定的物理性能、稳定的化学性能（不与水泥发生有害反应）、尽可能少的有害杂质含量、坚固耐久、良好的粒形及颗粒级配等。根据《建设用砂》(GB/T 14684—2011)，砂按技术要求分为Ⅰ类、Ⅱ类、Ⅲ类三个类别，每个类别的物理、化学性质都有具体规定。

4.1.1 砂的物理性质

1. 表观密度、堆积密度、空隙率

砂子的表观密度（ρ_{0s}）与矿物成分有关，一般常用的是石英河砂，其变动范围为2.60～2.70g/cm³。ρ_{0s}大的砂结构致密，吸水率小。如ρ_{0s}为2.46g/cm³、2.54g/cm³、2.62g/cm³、2.70g/cm³时，其吸水率分别为6.0%、3.5%、2.0%、1.0%。

砂子的堆积密度（ρ'_{0s}）与砂子堆积的松紧程度和含水状态有关，其大小可以粗略地反映砂子的空隙率大小。干燥状态下砂的堆积密度为1350～1650kg/m³，一般可取1450kg/m³。

砂子空隙率（P'）的大小与其粒形、级配及含水率等有关。表面形状扁平或带有棱角的颗粒含量多，级配不良者，其空隙率较大。一般混凝土用砂的空隙率为40%～50%，级配良好的砂的空隙率可减小到35%～37%。细砂、特细砂的空隙率往往比中砂大，有时可高达52%。

2. 砂的含水状态与湿胀特性

一般情况下，砂子不是绝对干燥的，或多或少地含有水分，砂子的含水情况有如图4-1所示的几种状态。

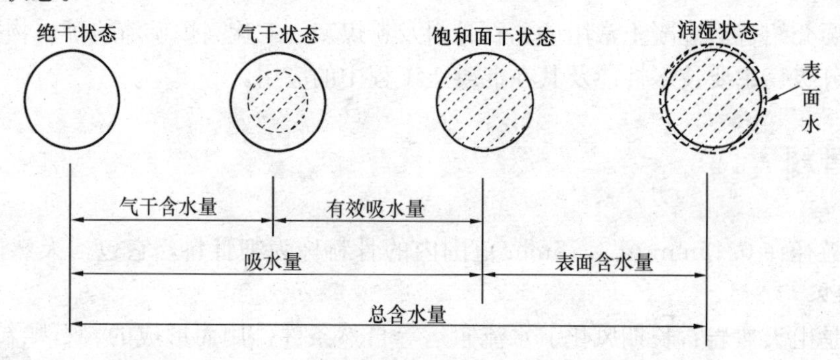

图4-1 砂石含水状态图

干燥状态，又叫绝干状态，砂的含水率接近或等于零。

气干状态，是指砂子含有与大气湿度平衡的水分，砂子的含水率与大气的湿度大小有关。

饱和面干状态，是指砂子表面干燥而颗粒内部的孔隙含水饱和的状态。骨料在饱和面干状态时的含水率称为饱和面干吸水率。饱和面干砂既不从混凝土拌合物中吸取水分，也不给拌合料带入额外水分。因此在计算混凝土各项材料的配合比时，按理应以饱和面干的砂子为准。但是实际工程中计算混凝土配合比时一般以干燥骨料为基准，而一些大型水利工程常以饱和面干为准。

润湿状态，是指砂子不仅颗粒内部孔隙的含水量达到饱和，而且颗粒表面还附着一层自由水的状态。

砂子处于润湿状态时，其颗粒表面吸附有一层水膜。开始时，随着砂子含水率增大，水膜厚度增加，使砂子颗粒的体积增大，加之水膜的吸附作用导致颗粒滑动困难，小颗粒难以滑移填充大颗粒之间的空隙，使砂子空隙率增大，最终导致砂子的堆体积随含水率增大而膨胀，这种现象称为砂的湿胀特性。砂子的湿胀量取决于砂的含水率和其细度，一般情况下，当砂含水率为5%～9%时，湿胀量可高达20%～25%。但是，当砂子的湿胀量达到最大后，若含水率继续增大，砂子颗粒表面的自由水过多，则水分会发生迁移流动，反而会使颗粒表面吸附的水膜减薄，同时水分流动会增大颗粒间的滑动，有助于小颗粒滑移填充大颗粒间的空隙，提高砂子颗粒的紧密堆积，最终导致砂子的堆体积又重新缩小。

在工程应用中，按体积比例配料时，砂的湿胀现象需加以注意。

4.1.2 砂的表面特征及颗粒形状

砂的表面特性主要指其表面的粗糙程度及孔隙特征等，这些特性将影响砂子与水泥石之间的粘结性能，从而影响混凝土拌合物的和易性、混凝土的强度，尤其是抗弯强度，这对于高强混凝土更为明显。机制砂的颗粒多具有棱角，表面粗糙，与水泥粘结较好；河砂、海砂长期受水的冲刷作用，颗粒多呈圆形，表面光滑，与水泥的粘结较差。因而在水泥用量和水用量相同的情况下，前者拌制的混凝土流动性较差，但强度较高，而后者则反之。

4.1.3 砂的粗细程度及颗粒级配

砂的粗细程度和颗粒级配对混凝土拌合物及硬化混凝土的性能有很大影响，它们是评定砂质量的重要指标，在配制混凝土时，二者应同时予以考虑。

1. *砂的粗细程度*

砂的粗细程度，也即细度，是指不同大小砂粒混合在一起的总体粗细程度，通常用细度模数表示。根据细度模数大小，将砂子分为粗砂、中砂、细砂、特细砂等。在混凝土中砂子的表面需要由水泥浆包裹，砂子的总表面积越小越节约水泥，所以混凝土对砂的一个基本要求就是颗粒的总表面积要小，从节约水泥的角度讲，砂子应尽可能粗。但是，砂子若过粗，又会使颗粒间难以相互嵌固，使混凝土内部结构难以形成稳定的相互嵌固堆聚结构，从而造成许多不良现象。因此配制混凝土用砂不宜过细，也不宜过粗，一般以中砂为宜。

砂的细度模数和颗粒级配情况可以通过砂的筛分试验测定。筛分试验应用方孔筛，砂的公称粒径、砂筛筛孔的公称直径和方孔筛筛孔的边长如表4-1（普通混凝土用砂、石质量及检验方法标准JGJ 52—2006）所示。

表4-1 砂的公称粒径、砂筛筛孔的公称直径和方孔筛筛孔边长尺寸

砂的公称粒径	5.00mm	2.50mm	1.25mm	630μm	315μm	160μm	80μm
砂筛筛孔的公称直径	5.00mm	2.50mm	1.25mm	630μm	315μm	160μm	80μm
方孔筛筛孔边长	4.75mm	2.36mm	1.18mm	600μm	300μm	150μm	75μm

筛分试验采用具有代表性的，通过9.50mm方孔筛的筛下烘干砂样，所用方孔筛为孔径逐级递减1/2的组合标准筛套筛（孔径分别是4.75mm，2.36mm，1.18mm，600μm，300μm，150μm）。筛分后计算出分计筛余百分率“a”——每级筛网上余留砂质量与试样总质量之比，以及累计筛余百分率“A”（简称累计筛余率）——某级筛子及其以上各级筛的分计筛余百分率a之和，计算方法见表4-2。

表 4-2　累计筛余百分率与分计筛余百分率的关系

公称粒径	筛孔尺寸	分计筛余（%）	累计筛余（%）
5mm	4.75mm	a_1	$A_1=a_1$
2.5mm	2.36mm	a_2	$A_2=a_1+a_2$
1.25mm	1.18mm	a_3	$A_3=a_1+a_2+a_3$
630μm	600μm	a_4	$A_4=a_1+a_2+a_3+a_4$
315μm	300μm	a_5	$A_5=a_1+a_2+a_3+a_4+a_5$
160μm	150μm	a_6	$A_6=a_1+a_2+a_3+a_4+a_5+a_6$

根据下式计算砂的细度模数 M_x：

$$M_x=\frac{(A_2+A_3+A_4+A_5+A_6)-5A_1}{100-A_1} \tag{4-1}$$

砂的细度模数 M_x 越大，表示砂越粗。将 $M_x=3.1\sim3.7$ 时的砂定义为粗砂；将 $M_x=2.3\sim3.0$ 时的砂定义为中砂；将 $M_x=1.6\sim2.2$ 时的砂定义为细砂；将 $M_x=0.7\sim1.5$ 时的砂定义为特细砂。

2. *砂的颗粒级配*

砂的颗粒级配是指不同大小颗粒和数量比例的砂子的组合或搭配情况。砂子的级配良好，表明颗粒大小及比例搭配合理，可以达到较小颗粒填充较大颗粒间的空隙，通过逐级填充使砂子达到最紧密堆积（见图 4-2），减小砂子的空隙率，不但可以节约水泥用量，而且可以提高混凝土性能。若砂子级配不好，颗粒大小接近，则无法形成相互填充空隙，则砂子空隙率较大，需要更多的水泥浆来填充，同时颗粒堆聚结构也不稳定，容易产生崩离现象。

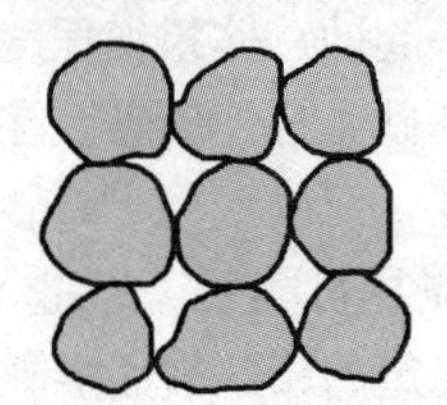
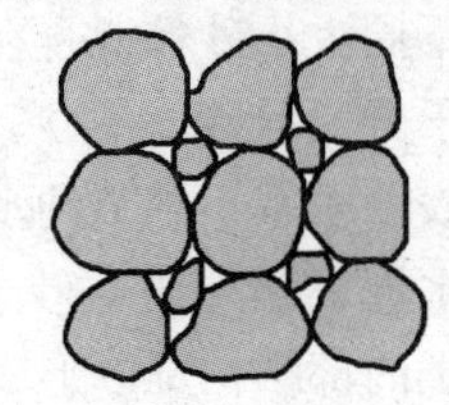
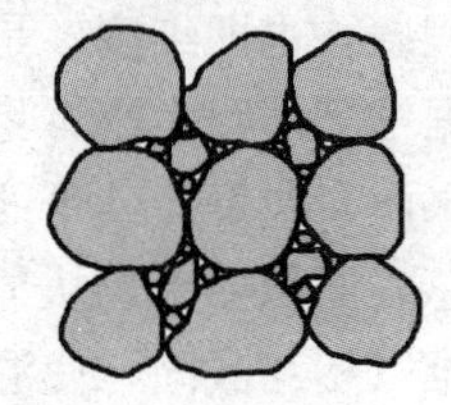

图 4-2　骨料的颗粒级配及紧密堆积

砂的颗粒级配常用级配区表示。根据筛分试验结果，将砂的合理级配以 600μm 级的累计筛余率为准，划分为三个级配区，分别称为 1、2、3 区，见表 4-3。任何一种砂，只要其累计筛余 $A_1\sim A_6$ 分别分布在某同一级配区的相应累计筛余率的范围内，即为级配合理，符合级配要求。具体评定时，除 4.75mm 和 600μm 级外，其他级的累计筛余率允许稍有超出，但超出总量不得大于 5%。由表中数值可见，在三个级配区内，只有 600μm 级的累计筛余率是不重叠的，故称其为控制粒级，控制粒级使任何一个砂样只能处于某一级配区内，避免出现同属两个级配区的现象。

表 4-3　砂的颗粒级配区范围

公称粒径	筛孔尺寸	累计筛余量（%）		
		1 区	2 区	3 区
10mm	9.50mm	0	0	0
5mm	4.75mm	10～0	10～0	10～0

续表

公称粒径	筛孔尺寸	累计筛余量（%）		
		1区	2区	3区
2.5mm	2.36mm	35～5	25～0	15～0
1.25mm	1.18mm	65～35	50～10	25～0
630μm	600μm	85～71	70～41	40～16
315μm	300μm	95～80	92～70	85～55
160μm	150μm	100～90	100～90	100～90

注：1区人工砂中150μm筛孔的累计筛余率可以放宽至97%～85%；2区人工砂中150μm筛孔的累计筛余率可以放宽至94%～80%；3区人工砂中150μm筛孔的累计筛余率可以放宽至94%～75%。

评定砂的颗粒级配，也可采用作图法，以筛孔直径为横坐标，以累计筛余率为纵坐标，将表4-3规定的各级配区相应累积筛余率的范围标注在图上形成级配区域，也称为砂子的1、2、3级配区的筛分曲线，如图4-3所示。然后，把某种砂的累计筛余率A_1～A_6在图上依次描点连线，若所连折线都在某一级配区的累计筛余率范围内，即为级配合理。

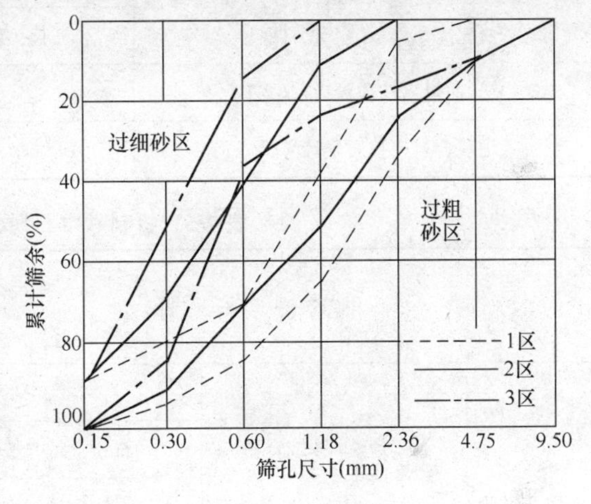

图4-3　砂的级配曲线图

采用不同级配区的砂配制混凝土时，宜选用不同的砂率（砂的质量与砂石总量之比）：1区砂偏粗，保水能力差，适合配制水泥用量较多的和低流动性混凝土，这时选用的砂率也稍大；2区砂为常用砂，其粗细适中，级配良好，工艺性能较好；3区砂偏细，配置的混凝土粘聚性大，保水性好，使用不当易增加混凝土的干缩量，产生裂纹，故选用的砂率应稍小。

4.1.4　砂中的有害杂质

为保证混凝土的质量，必须对骨料中有害杂质严加限制。砂中常含有黏土、淤泥、有机物、碎云母片、轻物质、氯盐、硫化物、硫酸盐等。

黏附在天然砂颗粒表面的黏土、淤泥，或混杂在砂子中的泥块，会影响砂与水泥的粘结，降低混凝土的性能，这些黏土、淤泥或泥块为砂的有害成分，一般用含泥量或泥块含量表示。将砂中粒径小于0.075mm的黏土、淤泥、尘埃含量称为砂的含泥量。将砂中粒径大于1.18mm，经水浸洗、手捏后粒径小于0.6mm的颗粒含量，称为砂的泥块含量。

含泥量超过一定限度时，将影响混凝土拌合物和易性，降低混凝土强度，增大干缩，降低抗冻性和耐磨性等性能。当砂中混杂有泥块时，会形成混凝土中的薄弱部分，也会严重降低凝土质量。因此，砂的含泥量和泥块含量是现场经常检验项目，严格控制其含量，对于高强混凝土或有抗冻、抗渗、抗腐蚀方面要求时，更应对砂中含泥量与泥块含量加以严格限制。

机制砂生产过程中会产生一定量的石粉，并混入砂中。石粉的粒径虽小于 0.075mm，但与天然砂中的泥土成分不同，粒径分布也不一样，它对混凝土性能的影响与含泥量也不完全相同。机制砂中适量的石粉对混凝土质量是有益的，主要是可以改善混凝土拌合物的工作性能。此外，由于石粉主要是由 0.040～0.075mm 的微粒组成，它能在细骨料间隙中嵌固填充，因而还可提高混凝土的密实性。

根据《建设用砂》(GB/T 14684－2011) 标准规定，不同类别的天然砂，其含泥量和泥块含量有不同的要求（见表 4-4）；不同类别的机制砂，其石粉含量和泥块含量，也有不同的要求（见表 4-5）。

表 4-4　天然砂的含泥量和泥块含量要求

项　目	指　标		
	Ⅰ 类	Ⅱ 类	Ⅲ 类
含泥量（按质量计）(%)	≤1.0	≤3.0	≤5.0
泥块含量（按质量计）(%)	0	≤1.0	≤2.0

表 4-5　机制砂中石粉含量和泥块含量要求

项　目			指　标		
			Ⅰ类	Ⅱ类	Ⅲ类
亚甲蓝试验	MB 值≤1.4 或合格	MB 值	≤0.5	≤1.0	≤1.4 或合格
		石粉含量（按质量计）(%)	≤10.0		
		泥块含量（按质量计）(%)	0	≤1.0	≤2.0
	MB 值>1.4 或不合格	石粉含量（按质量计）(%)	≤1.0	≤3.0	≤5.0
		泥块含量（按质量计）(%)	0	≤1.0	≤2.0

注：MB 值≤1.4 或合格时的指标根据使用地区或用途的不同，可在试验验证的基础上，由供需双方协商确定。

云母是层状构造，层片断面是光滑平面。云母含量多时会使混凝土内部出现大量胶结的软弱面，呈不连通的“裂缝”状，减小混凝土胶结能力，显著降低抗拉强度。砂中云母含量超过 2%时，混凝土的需水量几乎呈直线增加，使抗冻性、抗渗性和耐磨性明显降低。对有抗冻、抗渗要求的混凝土用砂，其云母含量应从严控制。我国砂矿床中云母含量的地理分布，大致是西部高于东部，北部高于南部。

砂中轻物质，一般指表观密度小于 2.0g/cm³ 的物质，如煤粒、贝壳、软岩粒等。它们都会引起钢筋腐蚀或混凝土表面因膨胀而剥离破坏。

当混凝土中的游离氯离子超过一定量时，会引发混凝土结构中的钢筋锈蚀，因此应控制骨料中氯离子含量。砂中硫酸盐含量大，易引起混凝土中水泥石的膨胀性腐蚀。

云母、轻物质、有机物、含硫物质、含氯离子的物质均是砂子的有害杂质，为保证混凝土的质量，需对它们严加限制。根据《建设用砂》(GB/T 14684－2011) 标准规定，不同类别的砂子对其中的上述有害杂质的限量要求如表 4-6 所示。

表 4-6 砂中有害杂质含量

项　目	指标		
	Ⅰ类	Ⅱ类	Ⅲ类
云母（按质量计）（%）⩽	1.0	2.0	2.0
轻物质（按质量计）（%）⩽	1.0	1.0	1.0
有机物（比色法）	合格	合格	合格
硫化物及硫酸盐（按 SO_3 质量计）（%）⩽	0.5	0.5	0.5
氯化物（按氯离子质量计）（%）⩽	0.01	0.02	0.06

除上面介绍的砂中有害杂质外，混凝土用砂中还不能含有活性二氧硅，以避免混凝土产生碱-骨料膨胀裂缝。《建设用砂》（GB/T 14684—2011）中规定混凝土用砂经碱-骨料反应试验后，由该砂制备的试件应无裂缝、酥裂、胶体外溢等现象，在规定的试验龄期膨胀率应小于 0.1%。若产生了这些现象，则表明砂子具有碱活性，这种砂子叫做碱活性骨料。

4.1.5 砂的坚固性

砂的坚固性是指砂子在气候或其他物理因素作用下抵抗破坏的能力，其与砂子对应的原岩的节理、孔隙率、孔径分布、孔结构及其吸水能力等因素有关。砂的坚固性通常用硫酸钠溶液浸泡法检测，它是将砂试样在饱和硫酸钠溶液中浸泡 20h，再在一定温度条件下烘 4h 为一个循环，经 5 次循环后，依据其质量损失来评定其类别（见表 4-7）。

表 4-7 砂的坚固性指标（GB/T 14684—2011）

项　目	指　标		
	Ⅰ类	Ⅱ类	Ⅲ类
质量损失（%）	⩽8		⩽10

机制砂除了要满足表 4-7 中的规定外，压碎指标还应满足表 4-8 中的规定。

表 4-8 机制砂的压碎指标（GB/T 14684－2011）

类　别	指　标		
	Ⅰ类	Ⅱ类	Ⅲ类
单级最大压碎指标（%）	⩽20	⩽25	⩽30

4.2 粗骨料

将颗粒粒径大于 4.75mm 的骨料称之为粗骨料。

如图 4-4 所示，按密度将粗骨料分为重骨料、普通骨料和轻骨料三类。按来源将粗骨料分为天然骨料、人造骨料和工业废渣骨料三类。天然骨料中的天然岩石粗骨料，有卵石和碎石两种，其应用最为广泛，它们常用于配制密度为 2400kg/m^3 左右的普通混凝土。

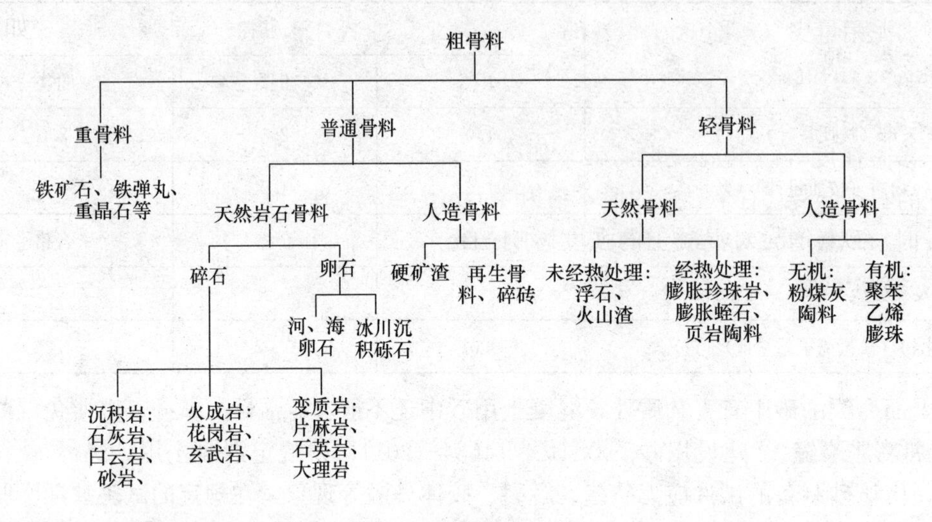

图 4-4　粗骨料构成图

卵石即砾石，是岩石经多年的风化、冰川活动、岩石破碎，被水流冲刷、搬运，在湖、河、海等水域或特定地域沉积的，外形浑圆、光洁、大小不等的石粒，按产源又分为河卵石、海卵石和山卵石。碎石是将坚硬的天然大块岩体（原岩）经爆破、机械破碎、过筛而得的，表面粗糙、多棱角的石粒。

石子的质量对所配置混凝土拌合物的和易性、物理力学性能以及耐久性有重要影响。而石子的质量优劣，与原岩的成分、组织和自身的级配、形状等关系密切。大部分火成岩（如花岗岩）、致密变质岩（如片麻岩）以及沉积岩中的石灰岩都是优良的粗骨料原岩；而沉积岩中的页岩、砂岩等属较差的岩种。

4.2.1　粗骨料的表观密度、吸水率、空隙率

石子的表观密度（ρ_{0g}）大，表明其结构致密，孔隙率小，吸水率也小，耐久性好。石子的表观密度 ρ_{0g} 多为 2.55～2.90g/cm^3。ρ_{0g}＜2.55g/cm^3 的往往质地差，孔隙、层理较明显。一般情况下，石子的吸水率 W_g＜3%，并且其与表观密度密切相关（见图 4-5）。与砂子的情况类似，石子的空隙率（P_0）大小与其颗粒形状、级配情况有关，一般在 37%～44%范围内。

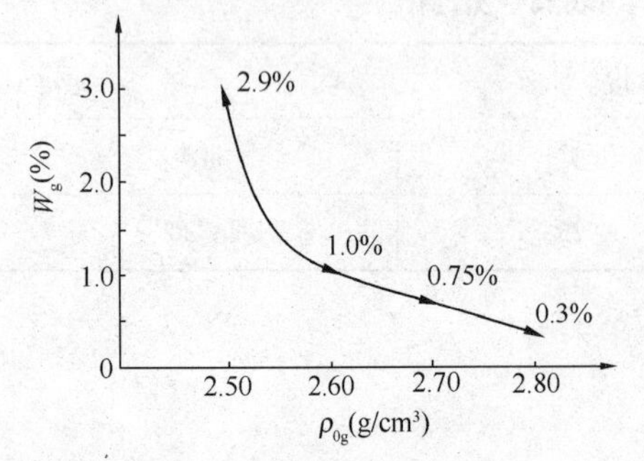

图 4-5　石子的表观密度与吸水率的关系

4.2.2　石子的最大粒径及颗粒级配

1. 最大粒径

石子各粒级的公称粒径上限称为石子的最大粒径（D_{max}）。当骨料粒径增大时，其表面积随之减小，保证一定厚度润滑层所需的水泥浆或砂浆的数量也相应减少，即混凝土用水量及水泥用量都可以减少。因此，石子的粒径（D_{max}）应在条件允许情

况下，尽量选用大些，这样在混凝土和易性和水泥用量一定的情况下，因减少了用水量，可提高混凝土强度。但是，单从石子大小对混凝土强度的影响来说，最佳的 D_{max} 取决于混凝土的水泥用量。

对于水泥用量少（<240kg/m³）的“贫混凝土”而言，采用大石子是有利的，如水泥用量 200kg/m³ 的混凝土，采用 D_{max}≥80mm 的石子，有利于提高混凝土强度。水工等低水泥用量的大体积混凝土常选用 D_{max} 大的石子。

对于普通强度等级的混凝土而言，如图 4-6 所示，选用连续级配的石子，D_{max} 有个合适的值，约为 40mm。当 D_{max} 小于 40mm 时，D_{max} 增大对混凝土的强度影响是正效应。但是当 D_{max} 大于 40mm 后，D_{max} 增大对混凝土强度的影响则表现为负效应。D_{max} 超过合适值后，随着 D_{max} 继续增大，产生负效应的原因主要是：石子本身内部缺陷增多影响混凝土强度；石子与水泥砂浆粘结面积减小影响混凝土强度；大石子下侧易形成水膜、气囊空腔，混凝土硬化后这些地方为微裂缝集中区域，从而影响混凝土强度。

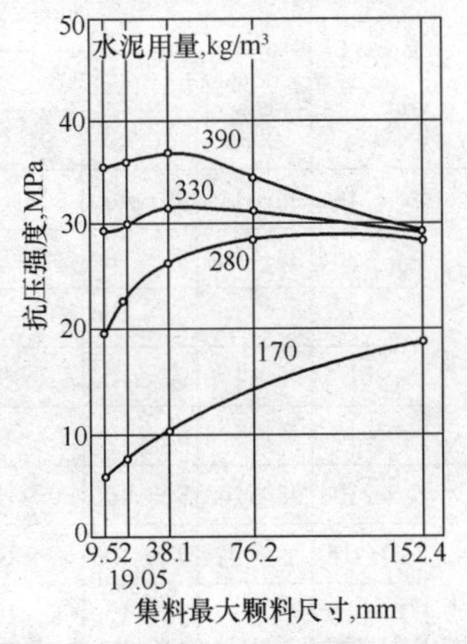

图 4-6 D_{max} 对混凝土 28d 抗压强度的影响

对于高强混凝土而言，为了减少石子本身缺陷、降低石子下侧因气囊造成的微裂缝、提高水泥砂浆与石子的粘结面积和粘结力，采用较小石子对混凝土强度有利，一般要求 D_{max} 小于 20～25mm。

确定最佳 D_{max} 时，除了考虑石子大小对混凝土强度的影响外，还要考虑它对混凝土的浇灌成型质量的影响，故选用 D_{max} 还必须考虑结构的截面尺寸、钢筋间距、施工条件等，《混凝土结构工程施工质量验收规范》（GB 50204—2002）中规定，D_{max} 不得超过结构截面最小尺寸的 1/4 和钢筋最小净间距的 3/4；对混凝土实心板，D_{max} 不宜超过板厚的 1/3，且不得超过 40mm。目前混凝土施工多为泵送混凝土，如果 D_{max} 选用过大，施工过程会出现堵泵的情况。

2. 颗粒级配

石子的颗粒级配表示构成粗骨料的不同粒径颗粒之间的相互比例关系。它是混凝土材料科学中重要的一个技术问题。石子颗粒级配的优劣，关系到混凝土拌合物的流动性、离析泌水特性，以及水泥用量、混凝土强度、耐久性等。

连续级配是指骨料颗粒的尺寸由小到大连续分级，其中每一级骨料都占适当的比例。一般天然河卵石属于连续级配。连续级配骨料配制的混凝土一般和易性好，不易发生离析、泌水，是最常用的骨料。单粒级级配是指石子颗粒粒径处于其一区间，通过不同单粒级骨料以适当比例组合，可以配成各种不同的连续级配骨料。

石子的级配也是通过筛分试验确定的。石子筛分试验应采用方孔筛，标准的石子筛孔径尺寸为 2.36、4.75、9.50、16.0、19.0、26.5、31.5、37.5、53.0、63.0、75.0、90.0mm 等 12 个，依次组合而成。石子的公称粒径、石筛筛孔的公称直径和方孔筛筛孔边长关系如表 4-9（普通混凝土用砂、石质量及检验方法标准 JGJ 52—2006）所示。

按《建设用卵石、碎石》（GB/T 14685—2011）规定，石子分为连续级配与单粒级两种级配形式，其颗粒级配应符合表 4-10 的要求。

表 4-9　石子的公称粒径、石筛筛孔的公称直径和方孔筛筛孔边长尺寸（JGJ 52—2006）

石子的公称粒径（mm）	100.0	80.0	63.0	50.0	40.0	31.5	25.0	20.0	16.0	10.0	5.00	2.50
筛孔的公称直径（mm）	100.0	80.0	63.0	50.0	40.0	31.5	25.0	20.0	16.0	10.0	5.00	2.50
方孔筛筛孔边长（mm）	90.0	75.0	63.0	53.0	37.5	31.5	26.5	19.0	16.0	9.5	4.75	2.36

表 4-10　碎石和卵石的颗粒级配的范围（GB/T 14685—2011）

公称粒径（mm）		累计筛余百分率（%）方孔筛（mm）											
		2.36	4.75	9.50	16.0	19.0	26.5	31.5	37.5	53.0	63.0	75.0	90.0
连续粒级	5～16	95～100	85～100	30～60	0～10	0							
	5～20	95～100	90～100	40～80	—	0～10	0						
	5～25	95～100	90～100	—	30～70	—	0～5	0					
	5～31.5	95～100	90～100	70～90	—	15～45	—	0～5	0				
	5～40	—	95～100	70～90	—	30～65	—	—	0～5	0			
单粒粒级	5～10	95～100	80～100	0～15	0								
	10～16		95～100	80～100	0～15								
	10～20		95～100	85～100		0～15	0						
	16～25			95～100	55～70	25～40	0～10						
	16～31.5		95～100		85～100			0～10	0				
	20～40			95～100		80～100			0～10	0			
	40～80					95～100			70～100		30～60	0～10	0

4.2.3　石子的颗粒形状及表面特征

石子颗粒形状，大致分为浑圆形、不规则弧面形、扁平形和细长形。混凝土用粗骨料的颗粒形状以三维长度相等为好，比较理想的粒形是近似球形或立方体形，而三维尺寸相差较大的针、片状颗粒的质量较差。所谓针状颗粒，是其长轴长度大于平均颗粒粒径 2.4 倍的颗粒；片状颗粒，是颗粒厚度小于平均粒径 0.4 倍的颗粒。

石子中含有的针、片状颗粒不仅影响混凝土的和易性、密实度和强度（特别是降低抗拉强度），同时会影响混凝土的耐久性。如针、片状颗粒含量达到 25%时，混凝土坍落度减小、抗渗性能降低均较显著。《建设用卵石、碎石》（GB/T 14685—2011）标准，对石子中针、片状颗粒含量有限制要求（见表 4-11）。

表 4-11　混凝土用粗骨料的针、片状颗粒含量要求（GB/T 14685—2011）

项　　目	指　　标		
	Ⅰ类	Ⅱ类	Ⅲ类
针、片状颗粒（按质量计）（%）	≤5	≤10	≤15

石子表面特征，主要指颗粒表面平整、粗糙程度及表面孔隙特征等。碎石表面常为断裂面结构，其微结构或是呈贝壳状断面，或小的翻卷薄片，或沿节理面断开的平坦面，或光滑断面，或黏附黏土物质等。卵石表面结构，微观上也有贝壳断口面、刻蚀或溶蚀坑、风蚀

坑、节理薄片、翻卷薄片、溶蚀与沉淀的 SiO_2 覆盖层等。相比较，卵石表面宏观上是光滑的，细观上仍为凹凸不平。

石子表面特征主要影响骨料与水泥石之间的粘结、吸附、啮合、内摩擦等性能，从而影响混凝土的强度，尤以对抗弯强度影响最大。这方面对高强混凝土影响更为显著。碎石表面粗糙并且有吸附、啮合水泥浆的孔隙特征，使混凝土中石子界面粘结力较强；卵石表面圆滑光洁处比例大，石子与水泥浆粘结力较差，但拌合物易流变，和易性好。当混凝土 W/C 较小时，碎石混凝土比相同配合比的卵石混凝土的强度约高 10%，故强度等级较高的混凝土，宜使用碎石作为粗骨料。

4.2.4 石子的有害杂质

混凝土用卵石和碎石中不应混有草根、树叶、树枝、塑料、煤块、炉渣等杂物，泥、黏土块、有机物、硫化物及硫酸盐等有害物质对混凝土的危害与砂子的相同。《建设用卵石、碎石》(GB/T 14685—2011) 规定，混凝土用石子的有害物质限量应符合表 4-12 的要求。

表 4-12 混凝土用卵石和碎石中泥、泥块和有害物质含量要求

项目	指标		
	Ⅰ类	Ⅱ类	Ⅲ类
含泥量（按质量计）(%)	≤0.5	≤1.0	≤1.5
泥块含量（按质量计）(%)	0	≤0.2	≤0.5
有机物（比色法）	合格	合格	合格
硫化物及硫酸盐（按 SO_3 质量计）(%)	≤0.5	≤1.0	≤1.0

除上面介绍的粗骨料中有害物质外，混凝土用粗骨料中还不能含有活性二氧化硅（如蛋白石、玉髓等）或碳酸镁成分（如白云石质石灰岩，方解石质石灰岩中的白云石等），因为这些成分可在一定条件下与水泥中的碱产生化学反应，形成的产物膨胀而破坏已硬化的混凝土。《建设用卵石、碎石》(GB/T 14685—2011) 中规定混凝土用粗骨料经碱-骨料反应试验后，由该石破碎后制备的试件应无裂缝、酥裂、胶体外溢等现象，在规定的试验龄期膨胀率应小于 0.1%。若产生了这些现象，则表明石子具有碱活性，这种石子叫做碱活性骨料。

4.2.5 强度及坚固性

1. 强度

为了保证混凝土的强度，石子必须具有足够的强度。石子强度的检验方法有两种：直接测定石子对应的原岩立方体（或圆柱体）抗压强度，或间接测定石子的压碎指标。

石子对应的原岩抗压强度，是将原岩制成 50mm×50mm×50mm 的立方体（或直径与高均为 50mm 的圆柱体）试件，在浸水饱和状态下测得的抗压强度值。一般情况下，火成岩的抗压强度不宜小于 80MPa，变质岩的不宜小于 60MPa，水成岩的不宜小于 30MPa，并且石子对应原岩抗压强度与混凝土的设计强度等级之比一般应不小于 1.2。

压碎指标是表示石子抵抗压碎的能力，以间接的推测其相应的强度。特别是对石子中存在的软弱颗粒分辨力较好。混凝土工程中常用这种方法来检验石子强度。测定石子压碎指标值时，是将风干后粒径在 9.5～19.0mm 之间的一定质量石子，装入规定规格的金属圆筒内，在压力机上加荷到 200kN 并稳荷 5s，卸荷后取出石子，用孔径 2.36mm 的筛子筛出被

压碎的细粒，称取试样的筛余量，用下式计算压碎指标值。

$$\delta_a = \frac{m - m_1}{m} \times 100\%$$

式中，δ_a——压碎指标，%；

m——试样质量，g；

m_1——压碎试验后试样筛余量，g。

压碎指标值越大，说明骨料的强度越小。标准 GB/T 14685—2011 中规定，石子的压碎指标值应符合表 4-13 要求。

表 4-13 碎石或卵石的压碎指标值

项目	指标		
	Ⅰ类	Ⅱ类	Ⅲ类
碎石压碎指标（%）	≤10	≤20	≤30
卵石压碎指标（%）	≤12	≤14	≤16

在选择采石场或对石子强度有严格要求以及对石子质量有争议时，采用岩石抗压强度作评定指标是适宜的。

对岩石的强度、耐久性、化学稳定性、表面特性、破碎后形状、杂质存在可能性等进行比较后认为：花岗岩、正长岩、闪长岩、石灰岩、石英岩、片麻岩、玄武岩、辉绿岩、辉长岩等质地比较好。

2. 坚固性

坚固性是骨料在自然风化和其他物理化学因素作用下抵抗破裂的能力。

石子的坚固性，内因方面与原岩的节理、孔隙率、孔分布、孔结构及吸水能力等有关。外在因素中影响最显著的是孔隙水的冻融膨胀力破坏。

一般使用硫酸盐浸泡法来衡量石子的坚固性。标准 GB/T 14685—2011 中规定采用硫酸盐法检验坚固性，即石子在饱和 Na_2SO_4（>300g/L）溶液中经 5 次浸渍－烘干循环后，其质量损失符合表 4-14 规定。

一般讲，石子愈密实、强度愈高，则吸水率愈小，其坚固性愈好。反之，若石子的矿物结晶粒粗大，结构疏松，矿物成分复杂不均匀，其坚固性就越差。质量损失率>12%的石子，会造成混凝土强度明显降低。

表 4-14 碎石或卵石的压碎指标值

项目	指标		
	Ⅰ类	Ⅱ类	Ⅲ类
质量损失（%）	≤5	≤8	≤12

一般的碎石、卵石都能满足坚固性要求。所以，仅在有怀疑时或选择采石场时才作坚固性检验。

4.3 矿物掺合料

矿物掺合料是指在拌制混凝土过程中，为了节约水泥、改善混凝土性能加入的，具有一定细度的，以硅、铝、钙等的一种或多种氧化物为主要成分的无机矿物粉体材料。绝大多数矿物掺合料在碱性或兼有硫酸盐成分存在的液相条件下，可进行水化反应，生成具有胶凝、固化特性的物质，所以它们又被认为是“第二胶凝材料”或“辅助胶凝材料”。

4.3.1 矿物掺合料的来源、种类及特点

1. *矿物掺合料的来源*

按来源不同，将矿物掺合料分为天然的、人工的和工业废渣三类。

（1）天然矿物掺合料。这类掺合料有：火山灰、凝灰岩磨细粉、硅藻土磨细粉、沸石磨细粉等。

（2）人工矿物掺合料。这类掺合料有：煅烧页岩磨细粉、煅烧黏土磨细粉等。

（3）工业废渣掺合料。这类掺合料有：粉煤灰、硅灰、粒化高炉矿渣磨细粉、钢渣磨细粉、磷渣磨细粉、钛渣磨细粉等。

2. *矿物掺合料的种类*

根据化学反应活性不同，将矿物掺合料分为如下两大类：

（1）惰性掺合料（非活性掺合料）

这类粉体材料掺入混凝土中，在常温下不发生化学反应，仅起微骨料填充作用，如缓冷矿渣粉、石灰石粉、白云石粉、石英粉等。但研究发现，掺入混凝土中的缓冷矿渣粉、石灰石粉及白云石粉仍具有弱的、缓慢的化学活性，石英粉在高温下具有明显的化学活性。

（2）活性掺合料

这类粉体材料掺入混凝土中，在常温下具有化学反应活性。根据水化特性不同，将活性掺合料又分为两类：具有弱自硬性（弱水硬性）的矿物掺合料；具有火山灰活性（潜在水硬性）的矿物掺合料。

1）弱自硬性（弱水硬性）掺合料。这类粉体材料掺入混凝土中，在常温下具有较弱的与水直接发生水化反应的“第一胶凝材料”特性，同时具有较强的“第二胶凝材料”的火山灰活性，即在碱性物质（如水泥水化产物氢氧化钙）或兼有硫酸盐成分存在的液相条件下，可以发生水化反应，生成具有胶凝性质的物质。弱自硬性（弱水硬性）掺合料有水淬粒化高炉矿渣粉、高钙粉煤灰等。

2）火山灰活性掺合料。这类粉体材料掺入混凝土中，在常温下不能直接与水生水化反应，但具有较强的“第二胶凝材料”的火山灰活性特性。这类粉体材料有火山灰、粉煤灰、烧页岩磨细微粉、硅灰、沸石粉等。

3. *矿物掺合料的活性*

矿物掺合料的活性是指在一定条件下能发生水化反应，生成胶凝物质的能力，它包括：弱自硬性、火山灰活性。掺合料的活性大小，直接影响掺合料的掺量，以及添加掺合料混凝土的强度，特别是后期强度和耐久性能。描述矿物掺合料活性的参数有：活性指数（胶砂抗压强度比）、活性率、质量系数等。不同种类的掺合料，其活性表述参数和测定方法不尽相同，但活性指数（胶砂抗压强度比）是简单的、常用的、较为通用的掺合料活性表示方法。

所谓活性指数，是指按照《水泥胶砂强度检测方法（ISO 法）》（GB/T 17671—1999）的规定，采用基准水泥或合同约定水泥、ISO 标准砂，在总胶凝材料及配合比参数不变的情况下，掺合料取代部分水泥的胶砂与纯水泥胶砂的同龄期（7d、28d）抗压强度之比。计算公式如下：

$$活性指数 = \frac{掺合料取代部分水泥的胶砂 7d(或 28d) 抗压强度(MPa)}{纯水泥胶砂的 7d(或 28d) 抗压强度(MPa)} \times 100\%$$

对于粉煤灰等火山灰掺合料，掺合料取代水泥的百分比为30%；对于矿渣粉，掺合料取代水泥的百分比为50%。

活性指数测定方便，结果直接表示掺合料取代水泥之后的强度效能，所以在研究和使用掺合料中，经常通过测定活性指数来判定掺合料的活性大小。

对于火山灰活性掺合料而言，其主要成分通常是 SiO_2 和 Al_2O_3，但是只有呈玻璃态的那部分 SiO_2 和 Al_2O_3 才能在碱性物质或兼有硫酸盐成分存在的条件下，发生水化反应，生成胶凝性物质，所以将玻璃态的 SiO_2 和 Al_2O_3 又叫做活性 SiO_2、活性 Al_2O_3。将活性 SiO_2 和 Al_2O_3 与全部 SiO_2 和 Al_2O_3 之比，称为活性率 K_a，计算公式如下：

$$K_a = \frac{活性SiO_2 + 活性Al_2O_3}{全\ SiO_2 + 全\ Al_2O_3} \times 100\%$$

活性率 K_a 也常用于描述掺合料的活性大小，特别是在研究中使用。通常，将 $K_a \geqslant 25\%$ 者称之为高活性掺合料，$K_a < 20\%$ 者称之为低活性掺合料。

4. 混凝土掺合料与水泥混合材的关系

由混凝土掺合料的分类和特性可知，它与通用硅酸盐水泥的混合材有许多相似或相同之处，如反应机理、活性表述方法及分类依据等。但是，它们也有不同之处，除掺入方式明显不同外，在性能和用途方面的主要不同点如下：

（1）种类不完全相同　一般情况下，能用作水泥混合材的无机粉体材料，都能用作混凝土掺合料，但能用作混凝土掺合料的无机粉体材料，未必一定能用作水泥混合材。

（2）细度不完全相同　一般情况下，细度越大，活性越高。对混凝土掺合料而言，通常综合考虑活性指数和粉磨能耗来确定合适细度，但对于水泥混合材而言，细度过大，可能导致标准稠度需水量增大。因此，同种无机粉体材料，作为掺合料的合适细度，未必是其作为混合材的合适细度。

（3）掺量不同　《通用硅酸盐水泥》（GB 175—2007）标准，为了保证水泥性能，对不同品种通用硅酸盐水泥的混合材掺量均有限量。但是，作为混凝土掺合料，只要能够满足所设计混凝土的性能要求，原则上讲，掺合料的掺量无限量规定。

（4）使用目的不同　掺入水泥混合材是为了改善水泥性能、调节水泥强度、增加水泥品种和产量，掺混合材的水泥必须符合相应水泥性能要求。在混凝土中掺入掺合料，其主要目的可能是：减少水泥用量，降低成本；提高混凝土强度，配制高强混凝土；提高混凝土耐久性，配制高性能混凝土；降低水化热，配制大体积混凝土；纯粹是为了改善混凝土拌合物性能，提高泵送施工效果。

4.3.2 常用矿物掺合料

混凝土掺合料来源广泛，品种较多，但经常使用的掺合料主要有粉煤灰、粒化高炉矿渣粉、硅灰、沸石粉，以及复合掺合料（粒化高炉矿渣、钢渣、炉渣等按一定比例复合而成的磨细微粉）。本节主要介绍前四种单组分掺合料。

1. 粉煤灰

粉煤灰（fly ash 简称 FA）是火力发电厂煤粉燃烧后在除尘器中收集下来的细粉。我国粉煤灰的年排放量达1.5亿t以上。它既是电力工业的副产品，也是重要的矿物资源。

我国早已制定了粉煤灰应用的技术规范。粉煤灰已成为生产墙体材料、水泥、混凝土的重要原材料，在工程回填、筑路工程中用量也很大。综合利用粉煤灰，具有重要的经济效益和环境效益。

未加工的原状粉煤灰，按排放方式分为干排灰和湿排灰；按加工方式分为分选粉煤灰和磨细粉煤灰；按化学成分分为高钙粉煤灰（C类，CaO＞10％）和低钙粉煤灰（F类，CaO≤10％）。

（1）粉煤灰的化学与物相组成

粉煤灰中的主要氧化物成分有：SiO_2、Al_2O_3、Fe_2O_3、CaO，这些成分约占85％左右，其中SiO_2、Al_2O_3、Fe_2O_3三者总和一般超过70％。这些氧化物是粉煤灰的有效成分，对粉煤灰的火山灰活性具有重要影响。烧失量主要反映粉煤灰中未燃尽碳的含量大小，未燃尽碳不但没有火山灰活性，而且会显著增加粉煤灰的需水量，降低粉煤灰对混凝土的强度效能，所以需严格限量。据35个电厂取样测定，粉煤灰的化学成分平均值与普通硅酸盐水泥的比较情况见表4-15。

表4-15　我国部分粉煤灰的化学成分（％）

化学成分	SiO_2	Al_2O_3	Fe_2O_3	CaO	MgO	Na_2O	K_2O	SO_3	烧失量
FA平均值	50.6	27.1	7.1	2.8	1.2	0.5	1.3	0.3	8.2
P·O水泥	21.6	5.1	3.0	63.7	1.7	—	—	2.0	0.4

以高岭石为代表的黏土系矿物，经高温煅烧后的固体产物构成了粉煤灰的主要矿物相。由于杂质的存在，高温炉中的粉煤灰颗粒在熔融之前有一较宽温度范围的矿物玻璃化阶段，加之排放时熔融态快速冷却，故粉煤灰中的矿物相主要是以硅、铝氧化物为主要成分的玻璃体，而结晶矿物莫来石、α-石英等则含量很少。含有大量玻璃态的SiO_2、Al_2O_3是粉煤灰具有火山灰活性的根本原因。

（2）粉煤灰的物理性能

分选粉煤灰颗粒主要是球形玻璃微珠（图4-7），有实心微珠和空心微珠两类，一般前者多，后者少，这类粉煤灰需水量小。磨细粉煤灰颗粒多呈棱角形貌，需水量比大。

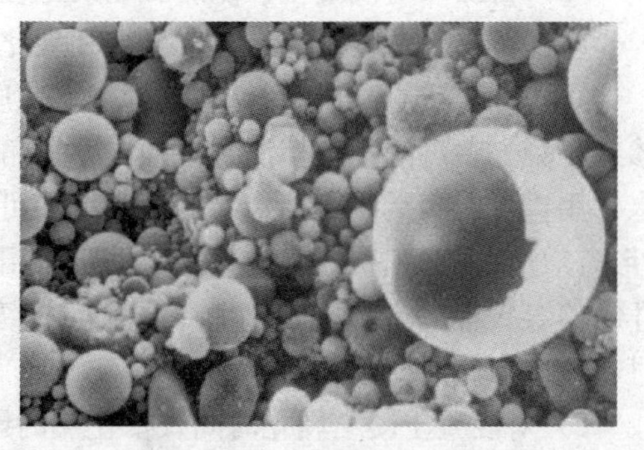

图4-7　粉煤灰颗粒形貌图

粉煤灰的化学成分和矿物构成不同，细度不同，其密度和堆积密度也不一样，密度一般为$\rho=1.95\sim2.5g/cm^3$，堆积密度$\rho'_0=550\sim800kg/m^3$。粉煤灰的密度和堆积密度均比水泥的小。

粉煤灰的颜色在浅灰到灰黑之间。这主要与含碳量有关，含碳量低，呈浅灰色，品质好；含碳量高，呈黑色，品质差。

（3）粉煤灰的化学活性

粉煤灰属火山灰质材料，具有火山灰活性。粉煤灰掺入混凝土中，在常温、有水条件下，可与水泥水化产物$Ca(OH)_2$发生反应，生成水化硅酸钙、水化铝酸钙等胶凝性物质。

粉煤灰的火山灰活性主要与SiO_2、Al_2O_3、Fe_2O_3的含量、玻璃相含量、细度等有关。当粉煤灰中含碳量<8%时，碳含量对水泥的水化硬化无明显副作用。

粉煤灰的二次水化反应，在常温下进行得很慢，但随龄期延长会逐渐加快。一般7d龄期反应程度很小，以后逐渐加速，一直可延续1年时间。这是因为龄期延长，水泥水化反应生成的$Ca(OH)_2$量增多，有助于激发粉煤灰的火山灰活性。因此，粉煤灰的加入对混凝土的中、后期强度贡献大。

(4) 粉煤灰的技术要求

对粉煤灰品质的技术要求因其用途不同而异。《用于水泥和混凝土中的粉煤灰》(GB/T 1596—2005) 规定用于混凝土中的粉煤灰的质量指标应符合表4-16的规定。

表4-16 粉煤灰质量指标 (GB/T 1596—2005)

项目		级别		
		Ⅰ级	Ⅱ级	Ⅲ级
细度 (45μm) 方孔筛筛余 (%), ≤	F类粉煤灰，C类粉煤灰	12.0	25.0	45.0
烧失量 (%), ≤	F类粉煤灰，C类粉煤灰	5.0	8.0	15.0
需水量比 (%), ≤	F类粉煤灰，C类粉煤灰	95	105	115
SO_3 (%), ≤	F类粉煤灰，C类粉煤灰	3.0		
含水量 (%), ≤	F类粉煤灰，C类粉煤灰	1.0		
游离氧化钙含量 (%), ≤	F类粉煤灰	1.0		
	C类粉煤灰	4.0		
安定性 (雷氏夹沸煮后增加距离、mm), ≤	C类粉煤灰	5.0		

注：F类粉煤灰由无烟煤或烟煤煅烧收集的粉煤灰；C类粉煤灰由褐煤或次烟煤煅烧收集的粉煤灰，其氧化钙含量一般大于10%。

(5) 粉煤灰对混凝土性能的影响及工程应用

粉煤灰掺入混凝土中，对拌合物和硬化混凝土的性能具有多方面的影响。

1) 对混凝土拌合物和易性的影响。优质粉煤灰主要是由不同粒径的球形玻璃微珠构成，掺入混凝土中可减小新拌混凝土的内摩擦角和黏滞系数，降低拌合物运动阻力，因而具有减水作用，可提高混凝土拌合物的流动性和可泵性（助泵作用），将粉煤灰的这种作用，叫做“形态效应”。磨细粉煤灰的减水、助泵作用很弱。一般Ⅰ级粉煤灰的减水、助泵作用明显，Ⅱ级粉煤灰有一定的减水、助泵作用，Ⅲ级粉煤灰无减水、助泵作用。Ⅲ级粉煤灰掺量大时，还会降低混凝土的流动性。

2) 对混凝土凝结硬化时间及水化热的影响。粉煤灰掺入混凝土中，由于取代了部分水泥，减少了水泥用量，在同等条件下会使混凝土的凝结硬化时间延长。粉煤灰的掺量低或混凝土养护温度高时，则其延长作用小；粉煤灰掺量大或混凝土养护温度低时，则延长作用明显。由于粉煤灰的早期活性低，所以粉煤灰取代部分水泥后，会使混凝土的水化热减小，水化温峰降低，有助于大体积混凝土防止温度应力裂缝。

3) 对混凝土强度的影响。粉煤灰品质不同，其对混凝土强度的影响规律也不尽相同。一般情况下，掺入粉煤灰取代部分水泥，会使混凝土早期强度有所降低，但后期强度增长较快，并且当掺量不是过大时，粉煤灰混凝土后期强度常可超过纯水泥混凝土的同龄期后期强度，这不仅源于粉煤灰的“二次水化作用”，而且也因为微细粒粉煤灰颗粒的“微骨料填充效应”提高了混凝土的密实度所致。

掺粉煤灰的混凝土强度发展受养护温度的影响较纯水泥混凝土的大。养护温度较低时，粉煤灰混凝土早期强度低，后期强度发展也慢；养护温度高时，掺入粉煤灰对混凝土的早期强度的影响减小，并且后期强度发展迅速。

4）对混凝土耐久性的影响。混凝土中掺入粉煤灰，由于其“形态效应”可减少混凝土拌合水用量，降低水胶比，其“微骨料填充效应”可增大混凝土密实度；粉煤灰取代部分水泥后减少了水泥用量，也就减少了水泥带入的 C_3A 含量和水化生成的 $Ca(OH)_2$ 量，同时粉煤灰“二次水化作用”还会消耗部分 $Ca(OH)_2$。因此，粉煤灰掺入可提高混凝土的抗渗性、抗冻性、抗化学腐蚀性及抗碱骨料反应性。

但是，由于粉煤灰掺入会减少混凝土中 $Ca(OH)_2$ 量，所以粉煤灰混凝土的抗碳化性能会下降，不利于保护混凝土中钢筋。

掺入粉煤灰能降低混凝土的绝热温升，并推迟温峰出现时间。粉煤灰混凝土的自收缩值、早期收缩值、总干燥收缩值与时间的关系与不掺粉煤灰的混凝土基本相似，大致呈对数函数关系。

鉴于粉煤灰对混凝土性能的影响，其广泛应用于配制素混凝土和钢筋混凝土，尤其适合于配制泵送混凝土、大体积混凝土、高性能混凝土、蒸养混凝土，以及地下、水下混凝土等。

2. 粒化高炉矿渣粉

矿渣是炼铁副产品，它是用高炉冶炼生铁时，铁水表面上漂浮的1500℃以上的熔渣。浮渣由排渣口泄出后在空气中缓慢冷却，形成的矿渣叫缓冷渣或重渣，活性很低，破碎后可做骨料使用。浮渣由排渣口泄出时经水淬急冷，形成的疏松、细小颗粒状的矿物材料，即为粒化高炉矿渣，也称水淬矿渣或水渣。

粒化高炉矿渣粉（blast furnace slag powder，简称 SG）是指粒化高炉矿渣经干燥、粉磨（可以添加少量石膏）而成的粉体材料，简称矿渣微粉或矿渣粉。它是水泥、混凝土、硅酸盐制品等建筑材料的重要原材料。

（1）粒化高炉矿渣的化学与物相组成

铁矿石中的非金属矿物，助熔剂（白云石、石灰石）和燃料灰分是矿渣成分的来源。矿渣的主要化学成分是 SiO_2、Al_2O_3、CaO、MgO 等，其中 SiO_2、Al_2O_3、CaO 成分之和一般可达到 90%以上。矿渣粉的化学成分与普通硅酸盐水泥相近，仅 CaO 比水泥稍低，SiO_2 稍高（见表 4-17）。

表 4-17　我国部分矿渣粉的化学成分（%）

化学成分	CaO	SiO_2	Al_2O_3	MgO	MnO	Fe_2O_3	SO_3
矿渣粉	38～46	26～42	7～20	4～13	0.2～1.0	0.2～1.0	1～2
P·O水泥	63.7	21.6	5.1	1.7	—	3.0	2.0

熔融矿渣在急冷过程中矿物无序排列，多呈玻璃体结构。我国大部分水淬矿渣的玻璃化率达 98%以上。除了大量的玻璃体外，矿渣中还含有钙镁铝黄长石和很少量的硅酸一钙及 β 一硅酸二钙等晶体矿物。

（2）粒化高炉矿渣的化学活性

粒化高炉矿渣主要是由含 Si、Al、Ca 的，呈玻璃体结构的氧化物构成，所以经磨细后得到的矿渣微粉具有极高的“二次水化反应”活性；同时由于还含有少量硅酸钙和铝酸钙晶体矿物，所以矿渣微粉还具有的一定的直接与水发生水化反应的弱自硬性。

矿渣微粉的活性取决于其化学成分、矿物组成及细度大小。一般情况下，矿渣中碱性氧化物（CaO、MgO）和中性氧化物（Al_2O_3）含量高，而酸性氧化物（SiO_2）含量低时，矿渣活性较高。矿渣的玻璃化率高，粉磨加工后的细度细，则活性好。粒径大于 45μm 的矿渣粉颗粒很难参与水化反应，因此，用作高强高性能混凝土的矿渣，应粉磨至比表面积达到 400 m^2/kg 以上。综合考虑粉磨能耗和活性，矿渣微粉的细度一般为比表面积 450 m^2/kg 左右。

评价矿渣粉活性的参数有活性指数（胶砂抗压强度比）、碱性系数 M 和质量系数 K。

碱性系数 M 是指矿渣粉中碱性氧化物（氧化钙＋氧化镁）与酸性氧化物（氧化硅）和中性氧化物（氧化铝）之和的比值，计算式如下：

$$M=\frac{CaO\%+MgO\%}{SiO_2\%+Al_2O_3\%}$$

依据 M 大小将矿渣粉分为碱性矿渣（$M>1$）、中性矿渣（$M=1$）、和酸性矿渣（$M<1$）三种。M 值越大，矿渣的活性越好，故碱性矿渣的胶凝性较好。

质量系数 K 是指碱性氧化物（氧化钙＋氧化镁）与中性氧化物（氧化铝）与酸性氧化物（氧化硅＋氧化锰＋氧化钛）的比值，计算式如下：

$$K=\frac{CaO\%+MgO\%+Al_2O_3\%}{SiO_2\%+MnO\%+TiO_2\%}$$

矿渣质量系数 K 越高，矿渣活性越好。一般要求 $K\geqslant1.2$，当 $K>1.6$ 时质量较优。

（3）粒化高炉矿渣粉的技术要求

根据《用于水泥和混凝土中的粒化高炉矿渣粉》（GB/T 18046—2008），其主要质量指标如表 4-18。按活性指数大小将矿渣粉划分为 S105、S95、S75 三个质量等级。

表 4-18　粒化高炉矿渣粉质量指标（GB/T 18046—2008）

项　目		级　别		
		S105	S95	S75
比表面积（m^2/kg）≥		500	400	300
活性指数（%）	7d≥	95	75	55
	28d≥	105	95	75
流动度比（%）≥		95		
密度（g/cm^3）≥		2.80		
含水量（%）≤		1.0		
三氧化硫（%）≤		4.0		
玻璃体含量（%）≥		85		
氯离子（%）≤		0.06		
烧失量（%）≤		3.0		

(4) 粒化高炉矿渣粉对混凝土性能的影响及工程应用

矿渣粉掺入混凝土中，对拌合物和硬化混凝土的性能会产生多方面的影响。

1) 对混凝土拌合物和易性的影响。由于矿渣粉能减小混凝土拌合物的屈服应力，增加粘聚性，因此，在一定程度上可以改善混凝土拌合物的和易性，减小离析泌水。当与减水剂同时掺入混凝土中时，拌合物的流动性明显优于不掺矿粉的混凝土，坍落度损失也有所减小。

2) 对混凝土凝结硬化时间及水化热的影响。矿渣粉取代部分水泥，掺入混凝土后，会延缓混凝土的凝结硬化时间，降低混凝土的绝热温升，推迟温峰出现的时间，同等条件下降低水化热。矿渣粉对混凝土凝结硬化时间和水化热的影响规律与粉煤灰的相似。

3) 对硬化混凝土强度的影响。矿渣粉等级不同，其对混凝土强度的影响规律也有所不同。对 S105 级矿渣粉而言，在掺入量小于 10%～20%时，不仅后期强度提高，而且早期强度也不下降；当掺量超过一定值后，混凝土早期强度略有下降，但后期强度仍高于不掺矿粉的基准混凝土。一般地，再掺量相近的情况下，矿渣粉对混凝土的早期和后期的强度影响效能均高于粉煤灰的效能。

养护温湿度对掺矿渣粉混凝土的强度发展具有重要影响。当温度较低时，不仅影响早期强度，低级别矿渣粉的后期强度也将下降。而提高养护温度，则可加速矿粉的早期水化进程，对强度发展极为有利。

4) 对混凝土耐久性的影响。矿渣粉取代部分水泥掺入混凝土中，由于其“微骨料填充效应”“弱自硬性”及“火山灰活性”，会增大混凝土的密实度、提高水泥石与骨料的界面粘结力，提高后期强度，改善混凝土的孔结构；由于水泥用量的减少，使混凝土中水化铝酸钙和 $Ca(OH)_2$ 含量降低，加之二次水化作用，会进一步使 $Ca(OH)_2$ 含量降低。因此，掺入矿渣粉可提高混凝土的抗渗性、抗冻性、抗化学腐蚀性、抗碱骨料反应性。一般情况下，当掺量相近时，矿渣粉对上述耐久性指标的改善效果高于粉煤灰的。

矿渣粉掺入混凝土中，对混凝土抗碳化性能的影响远低于粉煤灰对抗碳化性能的影响。在一定掺量范围内，矿渣粉会使早龄期的混凝土抗碳化能力有所下降，但对后期混凝土的抗碳化能力影响很小。

鉴于矿渣粉对混凝土性能的影响，其在机场、码头、路桥、水利工程、高层建筑等的素混凝土和钢筋混凝土工程中广泛应用，尤其适合于配制泵送混凝土、大体积混凝土、高强混凝土、高性能混凝土、蒸养混凝土、耐热混凝土、耐磨混凝土等。

3. 硅灰

硅灰（silica fume）是指硅铁合金厂或硅金属厂冶炼硅金属时，高纯度石英、焦炭在 2000℃的高温下，石英被还原成硅—硅金属，同时约有 10%～15%的硅化为蒸汽进入烟道，再与空气中氧发生氧化反应形成 SiO_2，并被收尘器所收集的微细 SiO_2 粉体材料，又叫硅粉、活性硅。

(1) 硅灰的化学与物相组成

硅灰中绝大部分是 SiO_2。因冶炼品种、收尘工艺不同，硅灰有较多种类。从含硅 75%的硅铁（75 硅铁）生产过程中收集的硅灰，其 SiO_2 含量约 88%，是通常使用最多的一种硅灰。从硅金属生产过程中收集的硅灰，其 SiO_2 含量高达 94%以上，是优质硅灰品种。一般生产 1t 75 硅铁约有 0.2～0.45t 硅灰；生产 1t 硅金属，约有 0.6t 硅灰。SiO_2 含量不同，掺入混凝土后的作用也不一样。我国的硅灰资源主要在青海、宁夏等西部地区。

用于混凝土中的硅灰，SiO_2 含量在92%左右，主要是由玻璃相构成，绝大部分是无定形 SiO_2，而 Fe_2O_3、CaO 、SO_3 含量均不超过1%，烧失量平均为2.5%。

（2）硅灰的物理性质

硅灰呈青灰色或银白色，非结晶球形颗粒，表面光滑，密度为2.1～2.3g/cm^3，堆积密度很小，仅为200～300kg/m^3，比表面积平均约200000cm^2/g，是水泥的60～75倍，平均粒径0.1～0.3μm，相当部分为纳米级微粒。

不同混凝土工程，对硅灰品质有不同要求。水利工程对硅灰的品质要求是：SiO_2 含量不小于85%，含水率不大于3%，烧失量不大于6%，0.045mm孔径筛余量不大于10%或比表面积不小于150000cm^2/g，火山灰活性试验必须合格。

（3）硅灰的活性

由于硅灰主要是由玻璃态的 SiO_2 组成，粒度极细，所以硅灰的火山灰活性极高，很容易与水泥水化产物 $Ca(OH)_2$ 和水发生反应，生成水化硅酸钙。硅灰的“微骨料填充效应”和“火山灰活性”都明显高于粉煤灰和矿渣粉的。由于硅灰极易与水泥石和骨料界面上的 $Ca(OH)_2$ 反应生成强度和胶凝性高的水化硅酸钙，所以“界面效应”明显，可大幅度提高水泥石与骨料的界面粘结力。

（4）硅灰对混凝土性能的影响及工程应用

由于硅灰比表面积极大，故不宜多掺，一般为胶凝材料的4%～10%，且需与高效减水剂配合掺用。掺入硅灰后，对混凝土拌合物和硬化混凝土性能会有很大影响。

1）对混凝土拌合物和易性的影响。由于硅灰极细，并且堆积密度很小，掺入混凝土中，很难分散，会增大拌合物需水量，显著增大拌合物的黏性，减小离析、泌水，降低流动性。

2）对混凝土凝结硬化时间及水化热的影响。由于硅灰活性极高，极易与水泥水化产物 $Ca(OH)_2$ 发生二次水化反应，迅速降低液相中 $Ca(OH)_2$ 浓度，进而促进水泥水化。因此，掺入硅灰，同条件下，会缩短混凝土凝结硬化时间，增大水化热。

3）对混凝土强度的影响。混凝土中掺入硅灰，由于其具有极高的火山灰活性，故硅灰可促进水泥水化反应，具有早强作用，可显著提高混凝土早期强度；硅灰具有显著的微粒填充效应和界面效应，同时由于降低了混凝土泌水性，减弱了界面区水膜危害，强化了水泥石与骨料界面的粘结状态，故硅灰可显著提高凝土中、后期强度。

4）对混凝土耐久性的影响。硅灰掺入混凝土中，增大了混凝土的密实度，改善了孔结构，提高了混凝土强度，因而可有效地提高混凝土的各项耐久性指标。

鉴于硅灰对混凝土性能的影响，其广泛用于配制C80及以上高强混凝土、高性能混凝土、抗冲磨混凝土、耐腐蚀混凝土及喷射混凝土等。

4. 沸石粉

沸石粉（zeolite powder or pulverized nature zeolite）是以一定纯度的天然沸石岩为原料，粉磨至规定细度的粉体材料。它是水泥、混凝土、陶粒等建材工业的重要原材料之一。

（1）沸石的化学成分和物相组成

沸石是含水铝硅酸盐的细微结晶矿物。其化学式为：

$$(Na,K)_x \cdot (Mg,Ca,\cdots)_y \cdot [Al_{x+2y}Si_{n-(x+2y)}O_{2y}] \cdot mH_2O$$

我国的天然沸石贮量丰富，常用的是斜发沸石和丝光沸石，二者均属钙型沸石。

沸石为格架状结构矿物，沸石结构中有许多孔穴和孔道，它们通常又被水分子（沸石水）填充。当沸石水脱除后，沸石变成海绵或泡沫状构造，具有强的吸附性能。另外，沸石中含有可溶的硅、铝——即活性 SiO_2、Al_2O_3，结构又极特殊，因此，沸石晶体矿物具有比玻璃体更强的火山灰活性。天然沸石、沸石凝灰岩可在粉磨后直接掺入混凝土中使用。

（2）沸石粉对混凝土性能的影响及工程应用

沸石粉的掺量一般为胶凝材料的10%～15%。

沸石粉的掺入对混凝土拌合物流动性的提高不如粉煤灰和矿渣粉，但对流动性无负面作用；在提高粘聚性和降低离析、泌水方面，不如硅灰的效果，但明显优于粉煤灰和矿渣粉的效果。

磨细沸石粉的细度高于粉煤灰和矿渣粉的细度，但低于硅灰的细度，其火山灰活性高于粉煤灰和矿渣粉的活性，但低于硅灰的活性。因此，沸石粉不影响混凝土的早期强度，对混凝土的整体强度效能及对耐久性的改善作用高于粉煤灰和矿渣粉的，但低于硅灰的。

由于硅灰价格高，故经常使用沸石粉替代硅灰或部分替代硅灰配制高强高性能混凝土。

复习思考题

1. 试解释下列名词、术语

细度模数；颗粒级配；压碎指标；F类粉煤灰；粒化高炉矿渣粉；硅灰；火山灰活性；活性指数

2. 普通混凝土与砌筑砂浆中往往优先选用中砂，原因是什么？

3. 对于混凝土用砂，为什么有细度要求还要有级配要求？

4. 试表述砂的细度模数 M_x 的物理意义。

5. 甲乙两种砂的筛分结果如表所列。试计算二者的细度模数并评定级配。比较之后说明级配与细度模数间的关系。

筛孔尺寸（mm）		5.0	2.5	1.25	0.63	0.315	0.16	<0.16
筛余量（g）	甲	5	35	85	125	120	115	16
	乙	5	45	75	105	150	105	13

6. 砂石骨料在混凝土中可发挥哪些有益作用？使用级配良好的砂或石子作骨料，有什么技术及经济意义？

7. 普通混凝土中使用卵石或碎石，对混凝土性能的影响有何差异？

8. 石子的最大颗径是如何确定的？

9. 石子的强度如何表示？配制混凝土时，对石子强度有什么规定？

10. 砂、石中的含泥量、泥块含量对混凝土性能有何不利影响？天然砂中的含泥量与机制砂中的石粉对混凝土性能的影响如何？

11. 为什么要限制混凝土用砂的氯盐、硫酸盐及硫化物的含量？

12. 什么是石子中的针、片状颗粒？其含量超过规定会对混凝土产生什么影响？

13. 欲配制高强度（如C60以上）混凝土，在选择石子时应考虑哪几项主要技术条件？

14. 用作混凝土的矿物掺合料，应具备什么基本条件？

15. 为什么粒化高炉矿渣粉自身具有一定水硬性？

16. 怎样理解“活性矿物掺合料是水泥混凝土的辅助胶凝材料”。

17. 利用硅粉可以配制出早强和高强混凝土吗？请给予说明。

18. 石英砂与硅灰，二者的主要成分均为 SiO_2，为什么石英砂不能作为第二胶凝材料掺入混凝土使用？

19. 为什么掺加矿物掺合料不但可以改善混凝土的和易性，改变凝结时间、绝热温升和强度增长规律，而且还可以改善混凝土的耐久性？

第5章 化学外加剂

5.1 化学外加剂及表面活性剂概念

在建筑材料中掺用化学物质的历史由来已久，据历史记载，公元258年曹操曾将植物油加入灰土中建造了铜雀台；宋代将糯米汁加入石灰中修建了和洲城墙；清朝乾隆年间曾用糯米汁、牛血、石灰等建造了永定河堤。糯米汁、植物油、牛血等就是古代建筑材料所用的外加剂。

本章介绍的化学外加剂主要是指以水泥作胶凝材料的普通混凝土、砂浆以及水泥净浆所用的外加剂，又统称为混凝土外加剂或化学外加剂，它不包括生产水泥过程中为提高水泥产量或调节水泥某些性能而加入的助磨剂、调凝剂（如石膏）、体积安定剂等。

5.1.1 化学外加剂的概念

所谓化学外加剂或混凝土外加剂是指在混凝土搅拌之前或拌制过程中加入的，用以改变新拌混凝土和（或）硬化混凝土性能的化学物质。掺量一般不大于胶凝材料质量的5%。

混凝土外加剂在我国推广应用已近50年，从最初使用亚硫酸盐纸浆废液减水剂节约水泥，使用松香热聚物引气剂提高混凝土拌合物和易性，发展到今天为改善混凝土的各种性能所使用的近20类几百个品种的外加剂，其已成为除水泥、砂、石、水以外的混凝土不可或缺的第五组分。品种多样、性能优异的各种外加剂的广泛应用，扩大了混凝土的用途，不断地满足了现代建筑技术对混凝土性能和质量提出的越来越高的要求。正确选择和使用不同品种的外加剂，不但可以节约水泥，增加掺合料用量，降低混凝土综合成本，而且可以大幅度提高混凝土的工作性、匀质性、稳定性、强度和耐久性，使混凝土向轻质、高强、耐久、经济、节能、绿色等方向不断发展。因此，化学外加剂的生产和应用技术已成为混凝土向高新技术领域发展的关键技术。随着科学技术的发展，对混凝土性能提出了许多新的要求，如泵送新工艺要求高流动性混凝土，大跨度建筑要求高强、高耐久性混凝土，冬期施工则要求早强混凝土等，通过掺用适当品种的外加剂，均可满足这些要求。因此高性能、多品种混凝土外加剂的开发与应用，是混凝土技术发展史上的重大变革和创新，化学外加剂已被世界各国公认为混凝土必不可少的组分之一。

5.1.2 混凝土外加剂的分类

混凝土外加剂的品种繁多。每种外加剂常常具有一种或多种功能，其化学成分可以是有机物、无机物或二者的复合产品，因而混凝土外加剂有不同的分类方法。

1. 按主要使用功能分类

（1）改善混凝土拌合物流变性能的外加剂，包括各种减水剂、引气剂和泵送剂等；

(2) 调节混凝土凝结时间、力学性能的外加剂，包括缓凝剂、速凝剂和早强剂等；

(3) 改善混凝土耐久性的外加剂，包括引气剂、防水剂和阻锈剂等；

(4) 改善混凝土其他性能的外加剂，包括膨胀剂、防冻剂和着色剂等。

混凝土外加剂按主要功能分类，具有简明、适用的优点，也符合命名原则。当某种外加剂（主要是复合外加剂）具有一种以上的主要功能时，则按其一种以上功能命名。如某种外加剂具有减水作用和早强作用时，为早强减水剂；当某种外加剂具有减水和引气作用时，则称为引气减水剂等。

2. 按化学成分分类

(1) 无机物外加剂。它包括各种无机盐类、一些金属单质和少量氢氧化物等，如早强剂中的 $CaCl_2$ 和 Na_2SO_4，加气剂中的铝粉，防水剂中的氢氧化铝等。

(2) 有机物外加剂。这类外加剂种类多，占混凝土外加剂的绝大部分，其中大部分属于表面活性剂的范畴，有阴离子型、非离子型及高分子型表面活性剂等，如十二烷基苯磺酸钠引气剂、木质素磺酸盐普通减水剂及萘磺酸盐甲醛缩合物高效减水剂等。

(3) 复合外加剂。它是适当的无机物与有机物复合制成的外加剂，往往具有多种功能或使某项性能得到显著改善，这也是“协同效应”在外加剂应用技术中的体现，是外加剂的发展方向之一。

混凝土外加剂按化学成分分类，有利于科学研究工作的开展及新品种的开发。

5.1.3 表面活性剂

化学外加剂中相当部分是有机物质，如减水剂、引气剂、有机早强剂、有机缓凝剂等，而这些有机物质绝大部分为表面活性剂。因此，有必要对表面活性剂相关知识作一介绍。

1. 表面活性剂的定义及分子结构特征

凡能显著降低溶剂（通常指水）表面张力的物质称为表面活性剂，其具有两极构造，一端为易溶于油而难溶于水的碳氢链非极性基团，如脂肪烃基、芳香烃基，另一端为易溶于水而难溶于油的极性基团，如羟基（$-OH$）、羧基（$-COOH$）、磺酸基（$-SO_3Na$）等。表面活性剂分低分子型和聚合物型（高分子型）两类，前者每个分子仅有一个非极性基和一个极性基（如绝大部分引气剂），后者每个分子具有多个非极性基和多个极性基（如减水剂）。表面活性剂分子结构示意如图 5-1 所示。

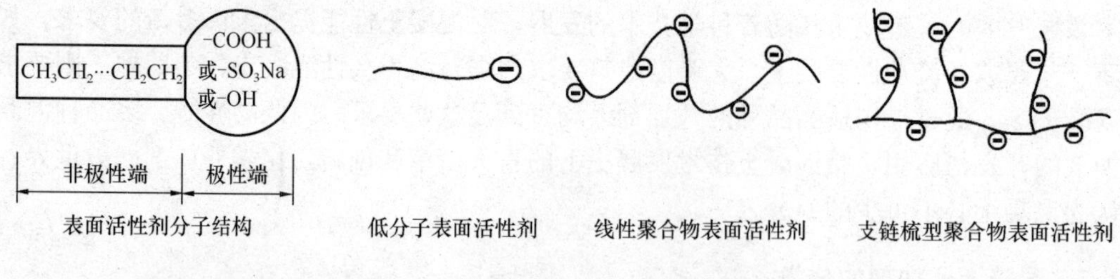

图 5-1 表面活性剂分子结构示意图

2. 表面活性剂的作用

表面活性剂溶于水后，由于两极分子构造，很快从溶液中向界面富集并作定向排列，如图 5-2 所示，形成单分子吸附膜，从而显著降低溶液的表面张力，这种现象称为表面活性。表面活性剂在降低表面张力的同时而起到分散、润湿、乳化、起泡、洗涤等多种作用。

随着表面活性剂浓度的不断增加，界面上富集的表面活性剂分子呈现出饱和状态，多余的表面活性剂分子开始形成亲水基向外、亲油基向里的胶束（见图 5-2），此时表面张力不再降低。图 5-3 示出了表面张力随表面活性剂浓度增加而下降的规律。通常将形成胶束的最低浓度（图 5-3 中的 C 点）称为临界胶束浓度。临界胶束浓度从理论上说明了混凝土减水剂引气剂等存在合适掺量的原因。

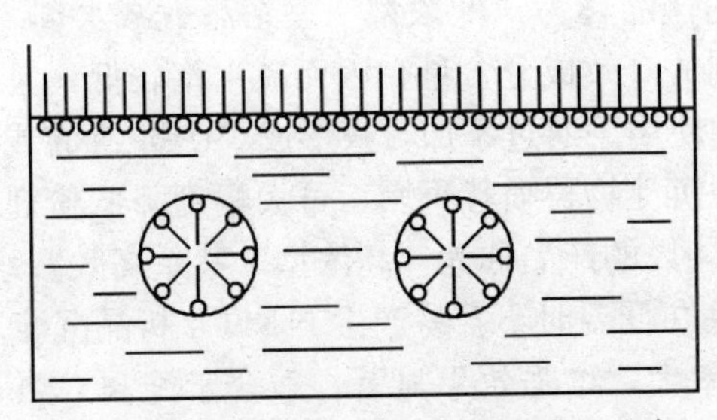

图 5-2　表面活性剂单分子吸附膜及胶束

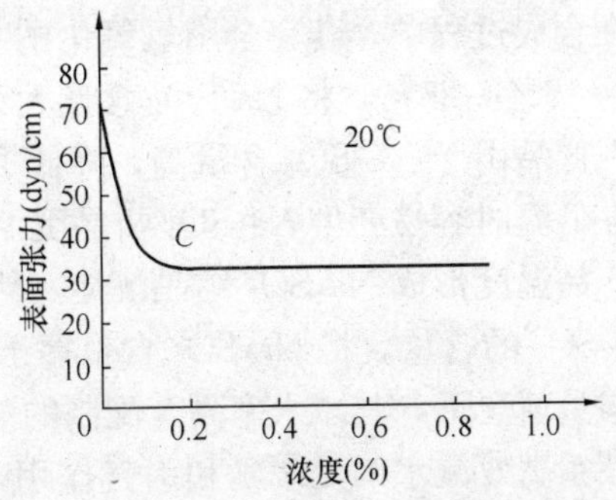

图 5-3　表面活性剂浓度对表面张力的影响

5.2　减水剂

在混凝土拌合物坍落度基本相同的条件下，能减少拌合用水量的外加剂称为混凝土减水剂，它是最常用的一种混凝土外加剂。按照我国混凝土外加剂标准（GB 8076—2008）规定，将减水率等于或大于 8%的减水剂称之为普通减水剂（单组分者又叫塑化剂），减水率等于或大于 14%的减水剂称之为高效减水剂（单组分者又叫超塑化剂），减水率等于或大于 25%，且其他性能符合 GB 8076—2008 标准要求的高效减水剂称为高性能减水剂。

减水剂可以是单组分减水剂，也可以与其他减水剂复配形成复合减水剂。根据减水剂是否具有引气作用或对混凝土凝结时间和强度增长是否有影响，又将其分为引气减水剂、缓凝减水剂和早强减水剂等。

单组分普通减水剂多为天然有机物，单组分高效减水剂除改性木质素磺酸盐外，大都为人工合成的有机高分子聚合物电解质，分子量一般在 1500～100000 范围内。

5.2.1　常用高效减水剂或高性能减水剂

高效减水剂或高性能减水剂种类很多，并且还在进一步扩大。本节主要介绍目前在工程中广泛应用的品种。

1. 萘磺酸盐甲醛缩合物高效减水剂

萘磺酸盐甲醛缩合物是稠环芳烃磺酸盐甲醛缩合物的一种，该种高效减水剂又简称萘系高效减水剂，是一种高分子阴离子型表面活性剂。它是由日本花王石碱公司的服部健一博士于 1962 年首先研制成功，主要成分为 β—萘磺酸钠甲醛缩合物，化学结构通式如下：

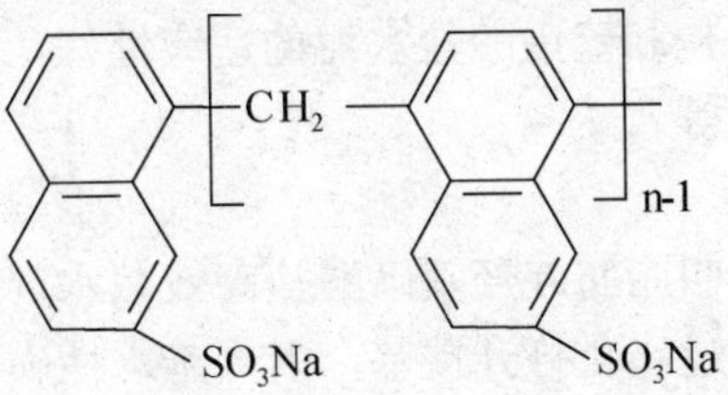

CH_2　　n-1

SO_3Na　　SO_3Na

化学结构式中，n 为聚合度。

萘系高效减水剂以工业萘为主要原料，经浓硫酸磺化、水解、甲醛缩合、氢氧化钠中和即为固含量45%左右的液体减水剂，pH 值 7～9。液体经喷雾干燥，即得棕色粉末产品，按固体计的合适掺量为胶凝材料质量的 0.5%～1.0%，减水率 10%～30%，多在 15%以上。

在合成过程中，若完全用氢氧化钠中和，则生成的萘系高效减水剂中 Na_2SO_4 含量高，一般为 15%～25%。将 Na_2SO_4 含量大于 5%的产品称为“低浓型”萘系高效减水剂。“低浓型”产品由于 Na_2SO_4 含量高，降低了减水剂的有效成分含量，因而减水率较低，且液体产品在低温时容易产生 Na_2SO_4 析晶沉淀而影响使用。通过添加石灰形成 $CaSO_4$ 沉淀或降低液体产品温度形成 Na_2SO_4 结晶沉淀，然后过滤沉淀物再喷雾干燥，可大幅度降低粉剂产品中 Na_2SO_4 的含量。将 Na_2SO_4 含量等于或小于 5%的产品称为“高浓型”萘系高效减水剂，相同掺量情况下，其减水率高，配制的液体产品在低温时不容易产生 Na_2SO_4 析晶沉淀。

萘系高效减水剂无缓凝和引气作用，减水率大，增强效果显著，适合于配制 C80 以下各种塑性、流动性或大流动性混凝土。配制蒸养混凝土时，蒸汽养护前无需延长静停时间。

但是，萘系高效减水剂与水泥适应性一般，所拌混凝土坍落度经时损失大，“低浓型”产品配制的液体外加剂在低温下易产生硫酸钠结晶沉淀，因而限制了它在泵送混凝土中的单独使用。解决的办法可适当增大掺量、与缓凝剂或其他高效减水剂复合使用。

2. 密胺树脂系高效减水剂（水溶性树脂类减水剂）

密胺树脂高效减水剂的全称为磺化三聚氰胺甲醛缩合物，又称为磺化三聚氰胺系高效减水剂或水溶性树脂类减水剂，有固含量 35% 左右的无色或浅黄色液体产品，也有白色粉末产品。它于 1964 年由联邦德国首先研制成功，商品名为“美尔门脱”，而我国研制的 MS 高效减水剂即属此类减水剂。该类减水剂由三聚氰胺、甲醛、亚硫酸钠（或焦亚硫酸钠）按一定比例在一定反应条件下，经磺化、缩聚而成的一种杂环芳烃磺酸盐甲醛缩合物，分子结构式如下：

```
                       N                                         N
                    //   \                                    //   \
HOCH2—HN—C          C—NHCH2—[—O—— CH2NH—C          C—NHCH2—]
                    |        ||                          |        ||        n-1
                    N        N                           N        N
                      \\   /                               \\   /
                        C                                    C
                        |                                    |
                       NH—CH2SO3Na                          NH—CH2SO3Na
```

密胺树脂高效减水剂属阴离子型聚合物电解质，系早强、非引气型减水剂。按固体计的合适掺量为胶凝材料质量的 0.5%～1.0%，相应减水率 15%～30%，略高于萘系高效减水剂；与水泥的适应性和保坍效果与萘系相当，由于价格远高于萘系，故实际工程中应用较少。但是，该类减水剂具有明显的早强、增强作用，ld 强度可提高一倍以上，3d 强度可达到不掺减水剂混凝土 28d 的强度；所配混凝土表面密实、光亮，适合于配制清水混凝土或作为光亮剂的减水组分；对铝酸盐和硫铝酸盐水泥的适应性好，适合于配制耐火混凝土、硫铝酸盐混凝土和铁铝酸盐混凝土等。

3. 脂肪族系高效减水剂

脂肪族系高效减水剂，又叫脂肪族羟基磺酸盐高效减水剂或酮基磺酸盐高效减水剂，它是以羰基化合物为主体，并通过磺化打开羰基，引入亲水性磺酸基团，然后，在碱性条件下与甲醛缩合形成一定分子量大小的，具有一定表面活性作用的脂肪族高分子缩合物。

该类减水剂的主要原料为丙酮、亚硫酸钠或亚硫酸氢钠、甲醛。在碱性水溶液条件下，经磺化、缩合而成，其分子结构式如下：

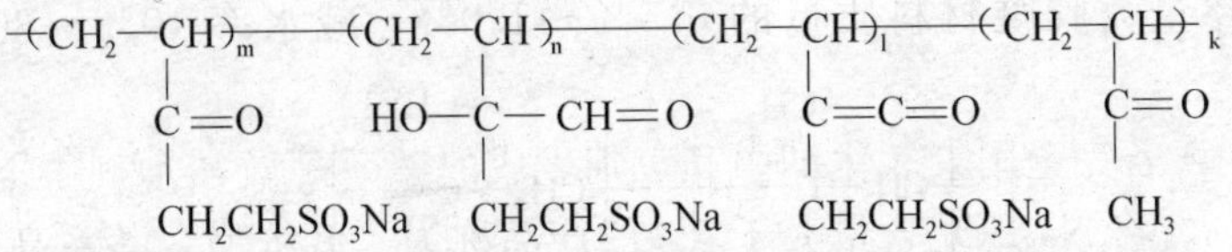

$$\left(CH_2-\underset{\underset{CH_2CH_2SO_3Na}{|}}{\overset{|}{C}}H\right)_m\left(CH_2-CH\right)_n\left(CH_2-CH\right)_l\left(CH_2-CH\right)_k$$

$$C=O \qquad HO-C-CH=O \qquad C=C=O \qquad C=O$$

$$CH_2CH_2SO_3Na \qquad CH_2CH_2SO_3Na \qquad CH_2CH_2SO_3Na \qquad CH_3$$

合成出的脂肪族高效减水剂为固含量35%左右的深紫红色的水溶液，按固体计的合适掺量为胶凝材料质量的0.4%～0.8%，减水率为15%～25%，属早强型非引气减水剂；掺量略低于萘系的，其减水率、与水泥的适应性及保坍性与萘系的相当，但碱含量和硫酸钠含量远低于萘系，配制的液体外加剂在低温下不易结晶沉淀，且价格较低，故性价比高于萘系高效减水剂。

由于该类减水剂颜色深红，拌制的混凝土硬化后表面泛红色，但不影响混凝土的其他性能。通过合成原材料的改变和工艺的调整可明显降低减水剂的颜色，或通过与其他高效减水剂复合使用，也可防治硬化混凝土表面泛红现象。

4. 氨基磺酸盐甲醛缩合物高效减水剂

氨基磺酸盐甲醛缩合物是一种单环芳烃磺酸盐甲醛缩合物减水剂，又称为氨基磺酸盐系高效减水剂，它是以苯酚、对氨基苯磺酸钠为主要原料，通过滴加甲醛，经过水热缩合而成的高分子化合物，其化学结构通式可表示如下：

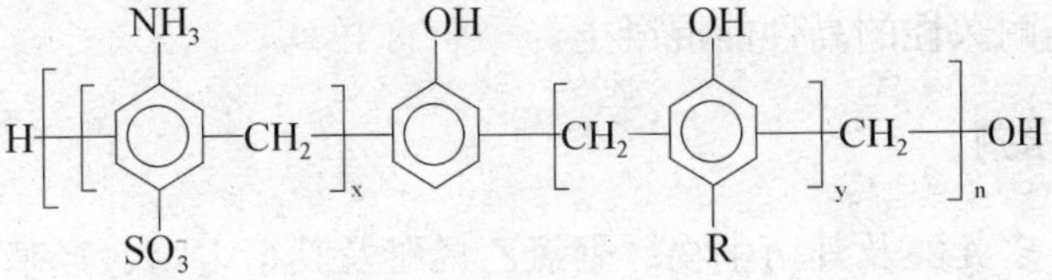

$$H\left[\left[C_6H_2(NH_3)(SO_3^-)-CH_2\right]_x-C_6H_4(OH)-\left[CH_2-C_6H_3(OH)(R)\right]_y-CH_2\right]_n OH$$

R=H，CH_2OH，$CH_2NHC_6H_4SO_3M$，$CH_2C_6H_4OH$

氨基磺酸系高效减水剂多为固含量25%～35%的棕红色液剂产品，pH值8～9。也可经喷雾干燥获得黄褐色粉末产品，但干燥温度低于萘系高效减水剂，因而干燥效率低。

与萘系和密胺树脂系高效减水剂相比，氨基磺酸盐系高效减水剂掺量低，减水率高，按固体计的合适掺量为胶凝材料质量的0.25%～0.55%，减水率为15%～35%；无引气作用，碱含量、硫酸钠含量低，液体产品低温下无结晶沉淀；与水泥适应性好，混凝土拌合物坍落度经时损失小。但是，该类高效减水剂有一定缓凝作用，对掺量敏感，掺量大时混凝土拌合物易离析泌水，因此常与萘系、脂肪族系等高效减水剂复合配制各种复合型外加剂，特别是液体泵送剂或防冻泵送剂。

5. 聚羧酸盐系高效减水剂或高性能减水剂

上述四种高效减水剂，均是通过甲醛合成的高分子缩聚物，而聚羧酸高效减水剂则不同，它是由含羧基的不饱和单体和其他不饱和单体经共聚而成的高分子共聚物，是使混凝土在减水、保坍、增强、减缩及环保等方面具有优异性能的系列减水剂，经常将其称之为高性能减水剂。

生产该类减水剂的主要原料有不饱和羧酸（如：丙烯酸、甲基丙烯酸、马来酸、马来酸酐等）、聚醇或聚醚、聚苯乙烯磺酸盐或酯、丙烯酸酯或丙烯酰胺等。因此，实际的聚羧酸盐系减水剂可由二元、三元、四元等单体共聚而成。由于所选原料不同，分子组成及结构也多种多样，但大多数为梳型结构，其特点是主链较长，带有多个极性较强的活性基团；侧链较短，数量多，其上也带有大量的活性基团。简单的二元酯类聚羧酸高性能减水剂的梳型分子结构可表示如下：

$$-\!\left[CH_2-\overset{\displaystyle CH_3}{\underset{\displaystyle \underset{\displaystyle ONa}{C=O}}{C}}\right]_a\!\!-\!\left[CH_2-\overset{\displaystyle CH_3}{\underset{\displaystyle \underset{\displaystyle \left(CH_2-CH_2-O\right)_n-CH_3}{C=O}}{C}}\right]_b\!\!-$$

聚羧酸高效减水剂多为固含量20%～30%的浅黄色液体，也有经浓缩后固含量很高的液体甚至膏状产品，使用时再用水稀释。该类减水剂分为缓凝型和非缓凝型两大类，有较强的引气作用，碱含量及硫酸盐含量极低；掺量低，减水率高，按固体计的合适掺量为胶凝材料质量的0.15%～0.40%，减水率15%～40%。它是迄今为止开发的高效减水剂中，与水泥适应性及保坍性最好的高效减水剂，其早强、增强效果显著，且具有降低混凝土干缩、明显提高混凝土耐久性的作用。

该类减水剂价格较贵，适合于配制低掺量（0.8%～1.0%）、低碱含量的液体外加剂，多用于拌制高强、高耐久性的高性能混凝土。

5.2.2 常用普通减水剂

木质素磺酸盐、多元醇及其衍生物、聚氯乙烯醚及其衍生物、羟基羧酸盐等均可作为普通减水剂，但是，有的因为价格太高而很少使用，有的因为其他性能更为突出（如缓凝性和引气性）而归属于其他外加剂，故本节主要介绍工程中常用的两大类普通减水剂，即木质素磺酸盐类和糖蜜类减水剂。

1. 木质素磺酸盐类减水剂

木质素磺酸盐类减水剂是亚硫酸盐法生产纸浆的废液，经生物发酵从中提取酒精或香兰素，降低糖分后，再经中和、浓缩、喷雾干燥所得的一种棕黄色粉状物工业副产品，其中木质素磺酸盐含量为60%以上，含糖量低于12%。它包括木质素磺酸钙、木质素磺酸钠、木质素磺酸镁三种类型，简称木钙、木钠和木镁，均为阴离子表面活性剂。

该类减水剂的原料丰富，价格较低，应用普遍。其主要性能特点及在工程中应用的注意事项如下：

（1）合适掺量为胶凝材料质量的0.2%～0.3%，减水率约8%～10%，木钠的减水率略高于木钙，木镁的减水率略低于木钙，但有些水泥对木镁的适应性优于木钙。

（2）木质素磺酸盐类减水剂同时具有引气和缓凝作用，引气量可达2%～3%，缓凝1h～3h，低温下缓凝性更强，木钙的缓凝性大于木钠和木镁。因此，掺木钙减水剂的混凝土浇筑后需要较长时间才能形成一定的结构强度，木钙减水剂一般不宜单独用于有早强要求的混凝土及蒸养混凝土。当用于蒸养混凝土时必须延长静停时间或减少掺量，否则蒸养后混凝土容易产生微裂缝、表面酥松、起鼓及肿胀等质量问题。当自然养护时，日最低气温最好在5℃以上。

(3) 该类减水剂，特别是木钙，由于含有一定量的糖分，故要严格控制掺量，最多不能超过0.5%，否则将产生严重缓凝现象而减水率并不提高。

(4) 在以硬石膏或氟石膏为缓凝成分的水泥中掺用木钙减水剂时，应先作水泥适应性试验。这是因为硬石膏或氟石膏具有较高的表面能，吸附木钙减水剂的能力比C_3A、C_4AF还强，因此，水泥中本来起缓凝作用的石膏被木钙减水剂所"包裹"，使得石膏溶解度降低，水泥颗粒表面不能有效地生成控制水泥水化速度的钙矾石覆盖层而速凝。

该类减水剂常用于一般混凝土工程，尤其适用于泵送混凝土、大体积混凝土、夏季施工等混凝土工程。

2. 糖蜜类减水剂

糖蜜类减水剂是以制糖工业的糖渣废蜜为原料制得的减水剂，有糖稀和糖钙。常用的是糖钙，它是用石灰中和糖渣废蜜而成的非离子表面活性剂，外观呈棕褐色粉末或糊状物，pH值9～10，其有效成分为蔗糖化钙、葡萄糖化钙及果糖化钙。该类减水剂不引气，但由于含有较多糖分，故缓凝性大于木质素磺酸盐类减水剂。

糖钙减水剂的合适掺量为胶凝材料质量的0.2%～0.3%，减水率6%～10%，略低于木钙，缓凝时间一般大于3h，多用作缓凝剂，适用于大体积混凝土及泵送混凝土等工程。它常与早强剂复合使用。

5.2.3 减水剂的作用机理

1. 吸附-分散作用

水泥加水拌合后，由于水泥颗粒间长程范德华力的吸引作用，以及水泥水化初期，铝酸钙颗粒表面荷正电，硅酸钙颗粒表面荷负电，正负电荷的静电吸引作用，使水泥颗粒相互团聚形成絮凝结构，絮团中包含有10%～30%的自由水（见图5-4），从而降低了混凝土拌合物的流动性。当加入适量减水剂后，如图5-5所示，减水剂分子定向吸附于水泥颗粒表面，使水泥颗粒表面带上同种电荷而产生静电斥力。由于减水剂多为聚合物电解质表面活性剂，吸附在水泥颗粒表面还会产生空间位阻斥力，两种斥力的大小因减水剂分子结构不同而异，线型高分子减水剂的位阻斥力远小于具有支链结构的梳型高分子减水剂的。这些斥力使水泥颗粒相互分散，絮凝结构解体，释放出包裹于其中的自由水，从而有效地增大了混凝土拌合物的流动性。

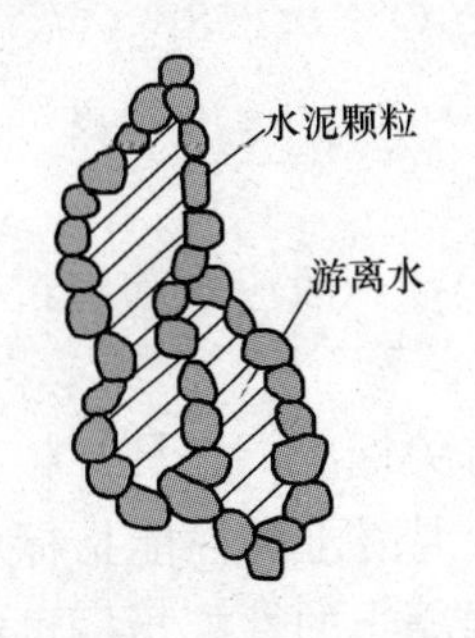

图5-4 水泥浆的絮凝结构

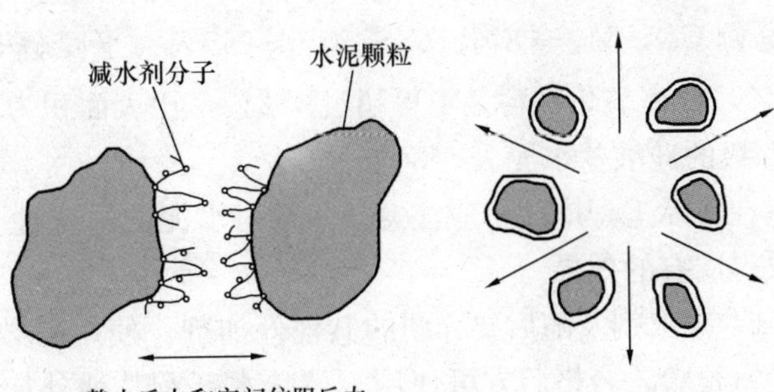

图5-5 减水剂的分散作用示意图

2. 润滑作用

减水剂分子吸附在水泥颗粒表面后，由于极性基团的亲水作用，可使水泥颗粒表面形成一层单分子溶剂化水膜，一方面破坏了絮凝结构，使水泥颗粒充分分散，增大了水泥颗粒与水的接触面积，另一方面提高了水泥颗粒表面的润湿性，对水泥颗粒及骨料颗粒的相对运动起到润滑作用，所以宏观上表现为新拌混凝土流动性增大。

5.2.4 减水剂在工程中的应用

1. 混凝土减水剂一般不含氯盐，不会引起钢筋锈蚀，因此可用于现浇或预制的钢筋混凝土及预应力钢筋混凝土中。

2. 应根据工程特点及使用目的，结合不同减水剂的特点，通过综合技术经济比较，选择减水剂品种。如欲配制高强混凝土或大流动度混凝土可选用高效减水剂或高性能减水剂；欲浇筑大体积混凝土或要求缓凝的混凝土，则可选用木钙、糖钙等普通减水剂等。

为了满足不同工程的不同要求，工程中还可选用适当的复合减水剂，如早强减水剂、引气减水剂以及缓凝减水剂。

3. 在减水剂品种确定后，掺量应根据使用要求、施工条件、混凝土原材料等在合适掺量范围内进行调整。试验表明，掺减水剂混凝土的凝结时间、早期强度、硬化速度受温度影响的程度比不掺减水剂者更为明显。随着木钙、糖钙等普通减水剂掺量增加，混凝土的凝结时间延长，超过合适掺量范围时，强度值随之降低，而减水率增加幅度甚微，有时甚至出现在较长时间内不硬化而影响施工的问题。高效减水剂的过量掺入，减水增强效果虽仍有提高，但往往会伴随有泌水增加等不良现象，而且也提高了工程造价。

4. 减水剂的掺加方法，宜以水溶液掺入，配制减水剂溶液的水必须从混凝土拌合水中扣除。干粉状减水剂不宜直接掺入混凝土中，因减水剂用量很少，干粉遇水易结成块，在混凝土拌合物中分布不均，会降低混凝土的匀质性，若用木钙、糖钙等普通减水剂，甚至会造成局部混凝土长期不凝等工程事故。

5. 同品种减水剂对不同品种的水泥具有不同的效果，这主要是因为不同水泥具有不同的矿物组成、混合材种类及掺量、石膏品种及掺量、含碱量等因素造成的。

试验证明，水泥矿物组成中 C_3A 对减水剂的吸附量远远大于 C_3S、C_2S 对减水剂的吸附量，因此当减水剂掺量不变时，对于 C_3A 含量高的水泥，其减水增强效果降低。为此，《混凝土外加剂》（GB 8076—2008）中规定：检验混凝土外加剂性能时应使用基准水泥。基准水泥为 C_3A 6%～8%、C_3S 50%～55%、当量碱含量（$Na_2O+0.658K_2O$）不得超过1.0%，游离氧化钙含量不得超过 1.2%，比表面积为（320±50）m^2/kg 的强度等级不小于42.5 级的硅酸盐水泥。

在实际工程应用中应注意减水剂对水泥的适应性（相容性），一般应事前经过试验，以便取得应有的效果。

6. 减水剂及随后要介绍的其他外加剂，使用前必须依据有关标准，经具有相应资质的试验室检验，合格后方可使用。掺减水剂及其他外加剂的受检混凝土的性能指标应符合表5-1 的规定，根据用户要求，掺聚羧酸盐系高效减水剂的受检混凝土的性能指标可能尚应符合表 5-2 的规定。

5.3 缓凝剂

缓凝剂是一种能延迟水泥水化反应，从而延长混凝土凝结时间的外加剂。掺入适量缓凝剂的新拌混凝土可在较长时间内保持塑性或流动性，方便运输、浇注，同时对混凝土后期各项性能不会造成不良影响。按性能可分为两种：仅起延长混凝土凝结时间作用的缓凝剂，兼具缓凝和减水作用的缓凝减水剂。

5.3.1 缓凝剂的分类及常用缓凝剂

缓凝剂的主要功能在于延缓水泥的凝结时间，使混凝土拌合物在较长时间内保持塑性或流动性。缓凝剂种类很多，按化学成分分为无机缓凝剂和有机缓凝剂；按缓凝时间长短，分普通缓凝剂和超缓凝剂。

无机缓凝剂包括：磷酸盐（焦磷酸盐、偏磷酸盐和正磷酸盐）、锌盐（氯化锌和碳酸锌）、硫酸铁、硫酸铜、硼酸盐、氟硅酸盐等。

有机缓凝剂包括：羟基羧酸及其盐（柠檬酸、酒石酸、水杨酸、苹果酸、马来酸、葡萄糖酸、葡萄糖酸钠等）、多元醇及其衍生物（丙三醇、山梨醇、聚乙烯醇等）、糖类及碳水化合物（葡萄糖、蔗糖、糖蜜及其衍生物、羧甲基纤维素醚）等。

缓凝减水剂是同时具有减水和缓凝的外加剂，主要有：木质素磺酸盐类、糖蜜类及各种复合型缓凝减水剂。

常用缓凝剂包括木质素磺酸盐类及糖蜜类，特别是木钙和糖钙（见5.1节），本节重点介绍其他几种常用缓凝剂。

1. 常用无机缓凝剂

使用的最广泛的无机缓凝剂是三聚磷酸钠，为白色粉末，无毒，易溶于水，其次是硼砂、六氟硅酸钠和六偏磷酸钠，它们均为白色结晶物质，硼砂和六偏磷酸钠易溶于水，六氟硅酸钠微溶于水。六偏磷酸钠掺量低，合适掺量为胶凝材料质量的0.03%～0.1%，缓凝作用强于其他几种无机缓凝剂。三聚磷酸钠、硼砂和六氟硅酸钠掺量高，合适掺量为胶凝材料质量的0.1%～0.3%。

2. 常用有机缓凝剂

使用最广泛的有机缓凝剂是葡萄糖酸钠，其次是木钙、糖钙、白糖（蔗糖）、柠檬酸等。葡萄糖酸钠和柠檬酸为白色粉末，白糖为结晶颗粒粉末，它们均易溶于水，其掺量一般为胶凝材料质量的0.03%～0.1%。三种缓凝剂中白糖的缓凝性最强，与水泥适应性和保坍效果一般；低掺量的葡萄糖酸钠缓凝性较弱，但随着掺量增大，缓凝性显著增强，该种缓凝剂与水泥适应性和保坍效果好；柠檬酸缓凝性与葡萄糖酸钠相当，对某些水泥的适应性和保坍效果显著。

5.3.2 缓凝剂的作用机理

绝大多数无机缓凝剂为电解质盐类，电离后产生的阴离子与钙离子反应生成难溶物质沉积于水泥颗粒表面，或与水泥颗粒表面反应生成致密难溶薄层，抑制了水分子的渗入，阻碍了水泥正常水化作用的进行，从而起到了缓凝作用。

有机缓凝剂多为多元醇、多羟基醛或羧酸，吸附在水泥颗粒表面后，由于羟基与水分子可以通过氢键缔合，使水泥颗粒表面形成了一层稳定的溶剂化水膜，阻止自由水与水泥颗粒表面直接接触，阻碍水泥正常水化进行，从而起到缓凝作用。

5.3.3 缓凝剂在工程中的应用

1. 使用缓凝剂的目的主要有三点：其一，延长水泥凝结时间，降低混凝土温峰，推迟混凝土温峰出现的时间；其二，控制混凝土坍落度经时损失，使混凝土拌合物在较长时间内保持流动性；其三，缓凝剂与高效减水剂复合使用，通过“协同效应”提高总减水率，提高混凝土耐久性。

2. 由于缓凝剂的缓凝效果随环境温度、掺量的变化而变化，所以应根据使用的环境温度和对缓凝时间的要求正确选择缓凝剂的种类和掺量。

3. 缓凝剂一般不单独使用，经常与其他外加剂复合成缓凝减水剂、泵送剂或其他复合外加剂，一般情况下，随着缓凝剂（或多功能外加剂中的缓凝组分）掺量增加，缓凝作用增强。为避免过度缓凝引起工程事故，粉剂外加剂必须混合均匀，缓凝组分不能有结块、结粒现象，水剂外加剂不能有结晶沉淀现象。

4. 同种缓凝剂的缓凝效果随水泥的种类和成分变化而有所不同，有时还会引起混凝土假凝、急凝现象，因此，使用前应进行与水泥的适应性试验，符合要求后方可使用。

5. 掺缓凝剂或缓凝减水剂的混凝土，其性能指标应符合表5.1的规定。

5.4 引气剂

在混凝土搅拌过程中能引入大量均匀分布、稳定而封闭的微小气泡且能保留在硬化混凝土中的外加剂称为引气剂。引气剂能改善混凝土的和易性，特别是泵送性能，同时提高混凝土的抗冻性和耐久性。

5.4.1 引气剂的种类及常用引气剂

引气剂是表面活性剂，但只有少量表面活性剂可作为混凝土引气剂，因为引气剂不但应具有很强的引气起泡作用，而且气泡要分布均匀、尺寸微小，能保留在硬化混凝土中形成封闭气孔，且对混凝土强度降低较少。

按引气剂在水溶液中的电离性质分为：阴离子型、阳离子型、非离子型和两性型四类。

按化学成分分类，包括：松香类（松香热聚物、松香皂等）、合成阴离子表面活性剂类（十二烷基磺酸钠、十二烷基硫酸钠、十二烷基苯磺酸钠、脂肪醇硫酸钠等）、合成非离子表面活性剂（脂肪醇聚氧乙烯醚、烷基酚聚氧乙烯醚）、木质素磺酸盐类、石油磺酸盐类（主要成分为烷基磺酸盐）、蛋白质盐类（主要成分为羧酸盐和氨基酸盐混合物）、皂角苷类（主要成分为三萜皂苷）。

实际工程中常用的引气剂除木质素磺酸盐类以外，主要有松香类和十二烷基苯磺酸钠。

松香类引气剂包括松香热聚物和松香酸皂。松香热聚物最早出现于美国，称为文沙树脂，它是将松香、石碳酸（苯酚）、硫酸按一定比例投入反应釜，在一定温度和合成条件下生成一种分子量较大的聚合物，再用过量氢氧化钠中和而成的膏状物质。松香酸皂是将松香加入煮沸的氢氧化钠溶液中经搅拌溶解，然后再于膏状松香酸钠中加水而成的一种透明膏状物，含水量约 22%。松香类引气剂按固体计的合适掺量为胶凝材料质量的 0.003%～0.01%，混凝土引气量 3%～5%，减水率 6%～8%，气泡较小，稳定性较好。

十二烷基苯磺酸钠较易合成，工业上可制得高纯度的白色粉末产品，易溶于水，起泡性强，产生的泡沫多，但尺寸较大，稳定性差。合适掺量为胶凝材料质量的 0.005%～0.015%，引气量 4%～5%，减水率约 6%～7%。

随着对混凝土耐久性的要求不断提高，在工程中也越来越多地使用一些性能优异的新品种引气剂，如皂角苷类，其掺量为胶凝材料质量的 0.005%～0.02%，引气量 4%～5%，减水率约 7%～9%，气泡细密，分布均匀，稳定性好。

5.4.2 引气剂的作用

引气剂是表面活性剂，它在气泡表面作定向排列，能显著降低液气界面张力并增加气泡液膜厚度和强度，从而防止小气泡兼并成大气泡，使气泡稳定存在。引气剂所稳定下来的封闭气泡的直径多在 50μm～250μm，按混凝土含气量 3%～5%计（不加引气剂混凝土含气量多为 1%），每立方米混凝土拌合物中约含有数百亿个气泡。由于大量微小、封闭且均匀分布气泡的存在，使混凝土的性能得到明显改善。

1. 改善混凝土拌合物的和易性，提高泵送混凝土的可泵性。微小封闭气泡的存在，犹如混凝土拌合物中有无数个“滚珠”，润滑作用很强，使混凝土流动性明显提高。大量微小气泡使混凝土内聚力增加，减小了水的流动，降低了颗粒下沉，因而增加了混凝土拌合物的黏聚性，减轻了泌水、离析现象。

2. 提高混凝土抗渗、抗冻、抗碳化等耐久性。加入引气剂后，所形成的大量微小封闭气孔切断了渗水通路，提高了混凝土的抗渗能力；气孔能有效地缓解混凝土受冻时的冰胀压力和渗透压力，所以混凝土的抗冻融破坏能力得以显著提高，气孔对膨胀压力的缓解作用也使混凝土抗膨胀性化学腐蚀的能力得到提高；高抗渗性降低了侵蚀性气体和液体的浸入，使得与抗渗性有关的抗碳化、抗化学腐蚀性能均得到提高。

表 5-1 掺外加剂混凝土性能指标（GB 8076—2008）

试验项目		外加剂品种												
		高性能减水剂			高效减水剂		普通减水剂			引气减水剂	泵送剂	早强剂	缓凝剂	引气剂
		早强型	标准型	缓凝型	标准型	缓凝型	早强型	标准型	缓凝型					
减水率(%),不小于		25	25	25	14	14	8	8	8	10	12			6
泌水率比(%),不大于		50	60	70	90	100	95	100	100	70	70	100	100	70
含气量(%)		≤6.0	≤6.0	≤6.0	≤3.0	≤4.5	≤4.0	≤4.0	≤5.5	≥3.0	≤5.5	—	—	≥3.0
凝结时间(min)	初凝	+90～+90	−90～+120	>+90	−90～+120	>+90	+90～+90	−90～+120	>+90	−90～+120	—	−90～+90	>+90	−90～+120
	终凝													
1h 经时变化量	坍落度(mm)	—	≤80	≤60	—	—	—	—	—	—	≤80	—	—	—
	含气量(%)	—	—	—						−1.5～+1.5	—			1.5～+1.5

续表

试验项目		外加剂品种												
		高性能减水剂			高效减水剂		普通减水剂			引气减水剂	泵送剂	早强剂	缓凝剂	引气剂
		早强型	标准型	缓凝型	标准型	缓凝型	早强型	标准型	缓凝型					
抗压强度比(%)，不小于	1d	180	170	—	140	—	135	—	—	—	—	135	—	—
	3d	170	160	—	130	—	130	115	—	115	—	130	—	95
	7d	145	150	140	125	125	110	115	110	110	115	110	100	95
	28d	130	140	130	120	120	100	110	110	100	110	100	100	90
收缩率比(%)，不大于	28d	110	110	110	135	135	135	135	135	135	135	135	135	135
相对耐久性200次(%)，不小于		—	—	—	—	—	—	—	—	80	—	—	—	80

注：① 除含气量外，有中所列数据为掺外加剂混凝土与基准混凝土的差值或比值；

② 凝结时间指标，“—”号表示提前，“+”号表示延缓；

③ 相对耐久性指标一栏中，80表示将28d龄期的掺外加剂混凝土试件冻融循环200次后，动弹性模量保留值≥80%。

表5-2 聚羧酸系高效减水剂的化学性能指标及掺该类高效减水剂的混凝土性能指标（JG/T223—2007）

试验项目		性能指标			
		非缓凝型		缓凝型	
		Ⅰ	Ⅱ	Ⅰ	Ⅱ
甲醛含量（按折固含量计）(%)，不大于		0.05			
氯离子含量（按折固含量计）(%)，不大于		0.6			
总碱量（Na_2O+K_2O）（按折固含量计）(%)，不大于		15			
减水率(%)，不小于		25	18	25	18
泌水率比(%)，不小于		60	70	60	70
含气量(%)		6.0			
1h坍落度保留值(min)，不小于		—		150	
凝结时间差(min)		−90+120		＞+120	
抗压强度比(%)，不小于	1d	170	150	—	
	3d	160	140	155	135
	7d	150	130	145	125
	28d	130	120	130	120
28d收缩率比(%)，不大于		100	120	100	120
对钢筋锈蚀作用		对钢筋无锈蚀作用			

注：① 除含气量外，有中所列数据为掺外加剂混凝土与基准混凝土的差值或比值；

② 凝结时间指标，“—”号表示提前，“+”号表示延缓。

3. 引气剂使混凝土的含气量增加2%～4%，实际受力面积减小，所以掺引气剂的混凝土与不掺者相比，其强度往往有所下降。一般情况下，混凝土含气量提高1%，抗压强度降低4%～5%，抗折强度降低2%～3%。

5.4.3 引气剂在工程中的应用

1. 引气剂一般不单独使用，常与减水剂复配成引气减水剂或泵送剂，用于配制抗冻混凝土、抗渗混凝土、抗腐蚀混凝土、轻骨料混凝土、贫混凝土（水泥用量少）以及有饰面要求的混凝土等；引气剂不适用于强度要求高的混凝土、蒸养混凝土及预应力混凝土。

2. 引气剂（或多功能外加剂中的引气组分）的掺量与混凝土的含气量有关，应根据不同工程所要求的含气量来调整掺量。确定引气剂的掺量还应考虑到水泥的用量及细度、骨料颗粒的大小等因素，因为这些因素都会影响到含气量的大小。掺引气剂的混凝土含气量范围一般为3%～5%。

3. 掺引气剂（或具有引气作用的多功能外加剂）的混凝土必须经过机械搅拌才能引气，其含气量随着搅拌时间的延长而增大，但搅拌时间过长，含气量反而会下降，因此有一合适搅拌时间。另外，振捣时间不宜过长，一般以20s为限，否则含气量也将下降。

4. 引气剂的掺量极少，且多数需热水溶解。为了搅拌均匀，使用时应配成适当浓度的稀溶液使用。对于粉剂外加剂，由于引气组分量少，一定要使用微细粉末状引气剂，并加强搅拌混合，使之均匀。

5. 掺引气剂或引气减水剂混凝土的性能指标应符合表5.1的规定。

5.5 速凝剂与早强剂

5.5.1 速凝剂

速凝剂是能使混凝土迅速凝结硬化的外加剂，它能使混凝土或砂浆在几分钟内就凝结硬化，早期强度明显提高，但通常后期强度有所降低。速凝剂广泛应用于喷射混凝土、灌浆止水混凝土及抢修补强混凝土，在矿山井巷、隧道涵洞、地下硐室等工程中广泛使用。

1. 速凝剂的种类及作用机理

速凝剂的种类很多，按化学成分分类，包括：铝氧熟料加碳酸盐类、硫铝酸盐类、铝酸盐类、水玻璃类及其他类（主要以有机物为主）等。本节简单介绍前四类速凝剂。

（1）铝氧熟料加碳酸盐类。该类速凝剂的主要成分为铝氧熟料、碳酸钠及生石灰，是一种适用于干喷混凝土的固体粉末速凝剂，其碱含量高。合适掺量为胶凝材料质量的3%～5%，混凝土后期强度降低较大，但加入无水石膏可在一定程度上降低碱含量并提高后期强度。

该类速凝剂的作用机理，是因为其主要成分在水泥浆体中发生以下化学反应：

$$Na_2CO_3+CaO+H_2O=\!=\!=CaCO_3+2NaOH$$

$$Na_2CO_3+CaSO_4=\!=\!=CaCO_3+Na_2SO_4$$

$$NaAlO_2+2H_2O=\!=\!=Al(OH)_3+NaOH$$

$$2NaAlO_2+3CaO+7H_2O=\!=\!=3CaO\cdot Al_2O_3\cdot 6H_2O+2NaOH$$

$$2NaAlO_2+3Ca(OH)_2+3CaSO_4+30H_2O=\!=\!=3CaO\cdot Al_2O_3\cdot 3CaSO_4\cdot 32H_2O+2NaOH$$

这些反应消耗了部分石膏，使石膏不足以与 C_3A 反应生成钙矾石起到缓凝作用。C_3A 迅速水化生成水化铝酸钙加速了水泥浆体的凝结，而难溶产物的生成和大量水化热的释放也促进了凝结硬化过程。

(2) 硫铝酸盐类。它是由硫铝酸盐熟料，再与一定的生石灰及氧化锌研磨而成的固体粉末速凝剂，其主要成分为偏铝酸钠、硫酸铝、氧化钙及氧化锌，适用于干喷射混凝土，合适掺量为水泥用量的 3%～5%。该种速凝剂碱含量低，混凝土后期强度降低小。

该类速凝剂的作用机理，是因为其主要成分在水泥浆体中发生以下化学反应：

$$Al_2(SO_4)_3+3CaO+5H_2O = 3(CaSO_4\cdot 2H_2O)+2Al(OH)_3$$

$$NaAlO_2+3CaO+7H_2O = 3CaO\cdot Al_2O_3\cdot 6H_2O+2NaOH$$

$$3CaO\cdot Al_2O_3\cdot 6H_2O+3(CaSO_4\cdot 2H_2O)+20H_2O = 3CaO\cdot Al_2O_3\cdot 3CaSO_4\cdot 32H_2O$$

$Al_2(SO_4)_3$ 和石膏的迅速溶解使水化初期溶液中的硫酸根离子浓度骤增，它与溶液中的铝酸根、氢氧化钙等反应迅速生成微细针柱状钙矾石和中间产物次生石膏，这些新晶体的生成、发育在水泥颗粒之间交叉生成网络状结构而呈现速凝。

(3) 铝酸盐类。它是由氢氧化铝和氢氧化钠经水热合成的一种固含量 60%～65%的液体速凝剂，主要成份为偏铝酸钠，为改善性能可能加入少量硫酸铝、六偏磷酸钠或三乙醇胺等化学物质。该种速凝剂含碱量高，适用于湿喷混凝土，按固含量计的合适掺量为水泥用量的 1.2%～2.0%；所配喷射混凝土回弹量小，后期强度降低小。

该类速凝剂的作用机理与上两种速凝剂的部分作用机理相同，即是偏铝酸钠与氢氧化钙和石膏反应生成了钙矾石，消耗了石膏，减弱了对 C_3A 的缓凝作用，C_3A 迅速水化得以速凝。

(4) 水玻璃类。它是一种液体速凝剂，以水玻璃为主要成分，并加入适量重铬酸钾降低黏度，亚硝酸钠降低冰点，三乙醇胺提高早期强度，其凝结硬化快，所配制的混凝土早期强度高，抗渗性好，但收缩大。因抗渗性好，常用于止水堵漏工程。

该类速凝剂的作用机理是水玻璃与水泥浆中的氢氧化钙反应生成难溶硅酸钙和吸水性很强的二氧化硅胶体。其反应式如下：

$$Na_2O\cdot nSiO_2+Ca(OH)_2+mH_2O = CaSiO_3+(n-1)SiO_2\cdot(m-1)H_2O+2NaOH$$

氢氧化钙的迅速消耗又会进一步促使水泥水化，加速凝结硬化过程。

2. 速凝剂在工程中的应用

(1) 应充分注意速凝剂与水泥的适应性，正确选择速凝剂的种类，并控制好使用条件；同时，掺速凝剂的混凝土（如喷射混凝土）宜选用硅酸盐水泥和普通硅酸盐水泥。

(2) 应根据环境温度、喷射位置、岩面状况、喷射方法等情况，正确选择速凝剂的合适掺量，在满足施工要求的前提下，掺量宜取低限。

(3) 速凝剂掺入混凝土中要搅拌均匀，否则会导致水泥石结构的匀质性、抗渗性差，严重时会发生喷层成片脱落现象。

(4) 对于干喷混凝土，掺入速凝剂后的干混料，停放时间不应超过 20min，否则，干混料会吸湿凝结。

(5) 速凝剂及掺速凝剂的水泥净浆和硬化砂浆的性能应满足 JC 477—2005 标准要求（见表 5-3）。

表 5-3 掺速凝剂水泥净浆和硬化砂浆的性能（JC 477—2005）

产品等级	净浆		砂浆	
	初凝时间（min：s）≤	初凝时间（min：s）≤	1d 抗压强度（MPa）≥	28d 抗压强度比（%）≥
一等品	3：00	8：00	7.0	75
合格品	5：00	12：00	6.0	70

5.5.2 早强剂

能加速混凝土早期强度发展的外加剂称为早强剂。它一般对混凝土的凝结时间无明显影响。对常温或低温条件下（不低于－5℃）养护的混凝土而言，掺入适量早强剂可显著提高其早期强度，或缩短养护时间；对蒸汽养护的混凝土而言，掺入适量早强剂可缩短蒸养周期或降低蒸养温度，达到提高生产效率、节约能耗和降低成本的目的，具有明显的技术经济效果。

1. 早强剂的分类

早强剂的种类很多，按化学成分，可分为以下三大类：

（1）无机系早强剂。它是目前用量最大的早强剂，包括氯盐系（氯化钙、氯化钠、氯化钾、氯化锂、氯化铁、氯化铝等）、硫酸盐系（硫酸钠即芒硝和元明粉、硫酸钾、硫酸钙即石膏、硫酸铝钾即明矾、硫酸铁、硫酸锌、硫代硫酸钠等）、硝酸盐系（硝酸钠、硝酸钙、亚硝酸钠、亚硝酸钙等）、碳酸盐系（碳酸钠、碳酸钾、碳酸锂等）等。

（2）有机系早强剂。包括三乙醇胺、三异丙醇胺、甲酸钙、甲酸钠、乙酸钠等。

（3）复合早强剂。它是由两种或两种以上无机早强剂复合而成，或者由无机早强剂与有机早强剂复合而成，通过不同种类早强剂复合使用的协同效应，提高复合早强剂的综合性能。

2. 常用早强剂及作用机理

下面就工程中常用早强剂的性能及作用机理作一简单介绍。

（1）氯化钙

氯化钙为白色结晶粉末状的无机电解质，常用于配制粉剂早强型外加剂。混凝土中掺入占水泥质量 0.5%～2.0%的氯化钙，可使 ld 强度提到 140%～200%，7d 强度提高 115%～125%。它起早强作用的主要原因是：氯化钙可和水泥中的铝酸三钙反应生成不溶性复盐——水化氯铝酸钙。

$$CaCl_2 + 3CaO \cdot Al_2O_3 + H_2O \longrightarrow 3CaO \cdot Al_2O_3 \cdot 3CaCl_2 \cdot 30H_2O$$

$$\text{或 } 3CaO \cdot Al_2O_3 \cdot CaCl_2 \cdot 10H_2O$$

氯化钙还可与水泥水化产物中的氢氧化钙反应，生产不溶性的氧氯化钙。

$$CaCl_2 + Ca(OH)_2 + H_2O \longrightarrow CaCl_2 \cdot 3Ca(OH)_2 \cdot 12H_2O \text{ 或 } CaCl_2 \cdot Ca(OH)_2 \cdot H_2O$$

由于含有大量化学结合水的水化产物增多，固相比例增高，有助于水泥浆结构的形成而表现出较高的早期强度。另一方面由于上述反应的迅速进行，$Ca(OH)_2$ 数量减少，这也加速了 C_3S 等的水化反应，有利于提高早期强度。

（2）氯化钠

氯化钠为白色结晶物质，易溶于水，常用于配制液体早强型外加剂，合适掺量为水泥用量的0.2%～0.3%，早强效果略低于氯化钙。作用机理是先与水泥水化产生的$Ca(OH)_2$反应生成$CaCl_2$，随后再生成水化氯铝酸钙和氧氯化钙等复盐。

氯化钙和氯化钠虽早强效果好，但所含氯离子会加速钢筋锈蚀。

(3) 硫酸钠

十水硫酸钠($Na_2SO_4 \cdot 10H_2O$)工业品又称芒硝，干燥脱水后的无水硫酸钠，俗名叫元明粉，为白色粉末，易溶于水。硫酸钠的掺量一般为水泥用量的0.5%～2.0%，可使混凝土的早期强度提高50%～100%，但28d的强度往往与不掺硫酸钠者持平甚至稍有下降。芒硝早强效果略优于元明粉。

硫酸钠加入水泥中，可与Ca $(OH)_2$反应生成分散度极高的$CaSO_4 \cdot 2H_2O$：

$$Na_2SO_4+Ca(OH)_2+2H_2O \longrightarrow CaSO_4 \cdot 2H_2O+2NaOH$$

所生成的硫酸钙比生产水泥时加入的石膏的比表面积大得多，所以可以和水泥中的铝酸钙迅速反应生成钙矾石($3CaO \cdot Al_2O_3 \cdot 3CaSO_4 \cdot 32H_2O$)，体积膨胀，使水泥石致密，从而提高了早期强度。另一方面由于$Ca(OH)_2$被消耗，又加速了C_3S、C_2S的水化反应，也有助于早期强度的提高。

(4) 三乙醇胺$N(C_2H_4OH)_3$

三乙醇胺，简写为TEA，为无色或淡黄色透明油状液体，易溶于水，呈碱性。合适掺量为水泥用量的0.03%～0.05%，但单掺时早强效果不太显著，所以实际工程中，常将三乙醇胺与氯化钠、氯化钙、硫酸钠等无机盐复合使用，但蒸养混凝土不宜使用三乙醇胺。

三乙醇胺产生早强作用的机理，目前研究尚不够充分，看法还不一致。一般认为在复合早强剂中它起着催化剂的作用，即可促进无机早强剂对水泥水化的加速作用。

3. 早强剂的复合使用

在实际工程中，为了发挥各种早强剂的协同效应，或者为了获得性价比最优产品，经常将几种早强剂复合使用。有些早强剂，由于性能或价格的原因，单独使用的很少，但常作为复合外加剂的一种早强组分使用，如三乙醇胺、亚硝酸钙、亚硝酸钠、甲酸钙等。特别是亚硝酸盐，由于其不但具有一定的早强功能，而且具有优异的阻锈功能，所以经常与价格便宜的氯盐类早强剂复合使用。亚硝酸钙常用于配制粉剂外加剂，而亚硝酸钠，由于其吸湿性强，但溶解度高，常用于配制液体外加剂。

实践证明，若复合早强剂的组分、比例、掺量选择适当，其早强效果可能达到或超过各组分单独使用时的算术叠加；若早期强度相同，复合早强剂的掺量可比单组分的减小。因此，使用复合早强剂可以取得比单组分早强剂更为显著的技术经济效果。

组分的选择主要考虑工程特点和使用要求。如前所述，对禁止使用氯盐的工程，可配制无氯复合早强剂，如三乙醇胺－硫酸钠（钾）系列；在钢筋混凝土中，为避免钢筋生锈并保证较高的早期强度，可在含氯复合早强剂中掺入阻锈剂亚硝酸钠。

工程中常用复合早强剂的配方如表5-4所示。

4. 早强剂在工程中的应用

凡是希望提高混凝土早期强度、加快施工进度的工程均可使用早强剂，尤其在低温及负温工程、抢修补强工程、预制构件即蒸养混凝土中大量使用。

许多早强剂在增进混凝土早期强度的同时，都伴随有负面影响，如氯盐促使钢筋锈蚀，硫酸钠对锌、铝涂层有腐蚀作用，亚硝酸盐有一定毒性，会对人体和动物产生危害，钾盐和钠盐早强剂会导致碱骨料反应等。因此，工程中使用的早强剂，除应满足表 5-1 中标准规定外，在表 5-5 中，还根据工程特点，给出了不同早强剂掺量限值。

表 5-4 常用复合早强剂的配方

复合早强剂组分	掺量（水泥质量%）
三乙醇胺＋氯化钠	(0.03－0.05)＋0.5
三乙醇胺＋氯化钠＋亚硝酸钠	0.05＋(0.3－0.5)＋(1－2)
硫酸钠＋亚硝酸钠＋氯化钠＋氯化钙	(1－1.5)＋(1－3)＋(0.3－0.5)＋(0.3－0.5)
硫酸钠＋氯化钠	(0.5－1.5)＋(0.3－0.5)
硫酸钠＋亚硝酸钠	(0.5－1.5)＋1.0
硫酸钠＋三乙醇胺	(0.5－1.5)＋0.05
硫酸钠＋二水石膏＋三乙醇胺	(1－1.5)＋2＋0.05
亚硝酸钠＋二水石膏＋三乙醇胺	1.0＋2＋0.05

表 5-5 混凝土早强剂中硫酸钠掺量限值（GB 50119 — 2012）

混凝土种类	使用环境	掺量限值（胶凝材料质量%），不大于
预应力混凝土	干燥环境	1.0
钢筋混凝土	干燥环境	2.0
	潮湿环境	1.5
有饰面要求的混凝土	—	0.8
素混凝土	—	3.0

应用氯盐类、硫酸盐类及亚硝酸盐类等早强剂时应注意以下事项：

（1）应用氯盐注意事项

1）由于氯离子会使钢筋锈蚀，各国的有关标准和规范对氯盐的用量限制日趋严格。按照我国《混凝土质量控制标准》（GB 50164— 2011）规定，不同种类混凝土拌合物中水溶性氯离子具有不同限量，对钢筋混凝土（干燥环境）而言，不得超过水泥质量的 0.3%；对预应力钢筋混凝土而言，不得超过 0.06%。

2）不得掺用氯盐作为早强剂的钢筋混凝土结构包括：预应力混凝土结构，相对湿度大于 80%环境中使用的结构，处于水位升降部位的结构，露天结构或海水中的结构，埋有不同金属的钢筋混凝土结构，与含有酸及碱等侵蚀性介质相接触的结构，环境温度 60℃以上的结构，经蒸养的钢筋混凝土预制构件，薄壁结构，中或重级工作制吊车梁、屋架、锻锤基础等结构，杂散电流区域的钢筋混凝土结构。

3）为了防止氯盐对钢筋的锈蚀作用，工程中常将氯盐与具有阻锈作用的 $NaNO_2$ 复合使用，如 $NaNO_2$ ∶ $CaCl_2$＝1.1～1.3 时可取得良好的早强与阻锈效果。

(2) 应用硫酸钠注意事项

1) 硫酸钠为强电解质盐类，对锌、铝涂层有腐蚀作用，用于受到直流电作用的钢筋混凝土工程中时，若绝缘不良，极易受到直流电的作用而加剧电化学腐蚀。所以，与镀锌钢材或铝、铁相接触部位、有外露钢筋预埋铁件而无防护措施的结构及使用直流电源或使用电气化运输设施的钢筋混凝土结构，禁止掺用含有硫酸钠等强电解质的外加剂。

2) 硫酸钠合适掺量范围为0.5%～2.0%。试验表明，当掺量在3%以下时，不仅有显著的早强作用，而且不影响后期强度。用于钢筋混凝土时，掺量一般应不大于2%；用于预应力钢筋混凝土时，掺量应不大于1%；对有饰面要求的混凝土，由于掺量较高将产生泛霜现象，影响外观效果，所以掺量一般也不大于1%；对与长期处于水中或潮湿环境中的混凝土，较高的硫酸盐掺量，尚有可能与水泥水化产物中的$Ca(OH)_2$、C_3AH_6不断反应生成延迟钙矾石，导致混凝土膨胀性破坏，所以掺量应小于1.5%。

(3) 应用钾盐和钠盐注意事项

当混凝土中含有活性骨料时，当量碱($Na_2O+0.658K_2O$)过量时会使混凝土产生碱骨料反应膨胀破坏，所以应少用、或不用含钾、钠离子的盐类早强剂。

(4) 应用亚硝酸盐注意事项

亚硝酸盐对人体和动物有一定危害，该类早强剂严禁用于饮水工程及与食品相接触的工程。

5.6 膨胀剂

膨胀剂是指与水泥、水拌合后，经水化反应生成钙矾石、或氢氧化钙等氢氧化物、或钙矾石和氢氧化物，从而使混凝土产生一定体积膨胀的外加剂。

5.6.1 常用混凝土膨胀剂

按膨胀源的化学成分分类有：

1. 硫铝酸盐及铝酸盐系膨胀剂。它包括硫铝酸钙膨胀剂(代号CSA)、U型膨胀剂(代号UEA)、铝酸钙膨胀剂(代号AEA)。这些膨胀剂的膨胀源均为钙矾石。

2. 氧化钙系膨胀剂。它的主要成分为生石灰CaO，膨胀源为氢氧化钙$Ca(OH)_2$。

3. 氧化镁系膨胀剂，它的主要成分为MgO，膨胀源为$Mg(OH)_2$。

4. 铁粉系膨胀剂。它的主要成分为Fe_2O_3，膨胀源为氢氧化亚铁$Fe(OH)_2$或氢氧化铁$Fe(OH)_3$。

5. 复合系膨胀剂。它主要是由硫铝酸盐或铝酸盐系膨胀剂复合适量氧化物类膨胀剂(如生石灰、氧化镁、铁粉等)而成，其膨胀源不少于两种成分，如钙矾石与氢氧化钙、钙矾石与氢氧化镁等。

目前以硫铝酸盐类膨胀剂(UEA和AEA)应用较为广泛。生石灰等氧化物类膨胀剂单独使用较少，经常以复合类膨胀剂使用。

5.6.2 膨胀剂的作用

20世纪60年代日本首先研制成功硫铝酸钙膨胀剂(CSA)，其原料为石灰石、矾土和石膏，煅烧而成。1979年我国用天然明矾石($K_2O \cdot 3Al_2O_3 \cdot 4SO_3 \cdot 6H_2O$或$Na_2O \cdot Al_2O_3 \cdot$

$4SO_3 \cdot 6H_2O$)和无水石膏共同粉磨制成了膨胀源为钙矾石 $3CaO \cdot Al_2O_3 \cdot 3CaSO_4 \cdot 31H_2O$ 的明矾石膨胀剂(即 UEA)。1990 年以来，随着我国对混凝土碱骨料反应的日益重视，要求采用低碱含量外加剂的建议被提上日程。为此，对配制膨胀剂的原材料不断更新改进，使含碱量(以 $Na_2O+0.658K_2O$ 计)从明矾石膨胀剂的 2.5%～3.0%，降低到铝酸钙膨胀剂(AEA)的 0.5%以下。因为铝酸钙类膨胀剂是以含碱量很低的凝灰岩(SiO_2 50%～70%、Al_2O_3 10%～20%、Fe_2O_3 3%～5%、CaO 5%～7%、MgO 1%～2%、K_2O 与 Na_2O 微量)类矿物取代明矾石作为主要原料的。

上述两类膨胀剂的膨胀机理是：膨胀剂中的硫酸铝盐或铝酸盐、硫酸钙或无水硫铝酸钙等与水泥水化产物——氢氧化钙等反应生成水化硫铝酸钙(即钙矾石 $C_3A \cdot 3CaSO_4 \cdot 31H_2O$)或水化铝酸钙($CaO \cdot Al_2O_3 \cdot nH_2O$)而产生体积膨胀。

普通混凝土在凝结硬化过程中，常由于水泥水化产生的化学收缩、混凝土失水干缩等原因产生开裂、渗漏而严重降低工程质量。为此，在混凝土中掺入适量膨胀剂，就可以以膨胀剂产生的微量膨胀补偿混凝土体积的收缩，从而防止混凝土收缩裂缝的产生，提高混凝土结构的完整性、抗裂性及抗渗性等。适当加大膨胀剂的掺量，在混凝土受约束条件下，甚至可以产生 0.2～1.0MPa 的自应力。

氧化钙类膨胀剂和氧化镁类膨胀剂是通过氧化钙水化生成氢氧化钙或氧化镁水化生成氢氧化镁而产生膨胀的。由于氧化镁膨胀剂膨胀作用的影响因素复杂、膨胀作用不稳定等原因，我国应用甚少。

5.6.3 膨胀剂的质量标准

当按规定方法检验膨胀剂和掺膨胀剂胶砂的性能时，其性能指标应符合表 5-6 的规定。

表 5-6 混凝土膨胀剂性能指标（GB 23439 — 2009）

项目		Ⅰ型	Ⅱ型
细度	比表面积（m^2/kg）≥	200	
	1.18m 筛筛余（%）≤	0.5	
凝结时间	初凝（min）≥	45	
	终凝（min）≤	600	
限制膨胀率（%）	水中 7d ≥	0.025	0.050
	空气中 21d ≥	−0.020	−0.010
抗压强度（MPa）	7d ≥	20.0	
	28d ≥	40.0	
氧化镁（%）≤		5	
碱含量（%）（选择性指标）≤		0.75	

5.6.4 膨胀剂在工程中应用注意事项

1. 为了满足泵送、防冻等要求，膨胀剂可以和泵送剂、防冻剂等外加剂复合使用。复合外加剂除应符合表 5-6 的技术要求外，尚应符合所复合的外加剂相应规范的技术要求，并注意不同外加剂之间的相容性。

2. 膨胀剂的适用范围

（1）用于配制补偿收缩混凝土。该类混凝土包括：地下、水中、海中、坝工、隧道等构筑物，大体积混凝土，配筋路面和板、屋面和浴厕间防水混凝土，构件补强、渗漏修补混凝土或砂浆，预应力钢筋混凝土等。

（2）用于配制填充用膨胀混凝土。该类混凝土包括：结构后浇带、后浇加强带混凝土，隧洞堵头混凝土等。

（3）用于配制填充用膨胀砂浆。该类砂浆包括：机械设备的底座灌浆砂浆，地脚螺栓的锚固砂浆，梁柱接头、构件补强加固砂浆等。

（4）用于配制自应力混凝土。如常温下使用的自应力钢筋混凝土压力管用混凝土。

3. 为了避免钙矾石、铝酸钙中的结晶水受高温作用时脱出而使膨胀剂失效，硫铝酸钙类膨胀剂和铝酸钙类膨胀剂不得用于长期处于环境温度为80℃以上的工程中。

4. 掺膨胀剂混凝土所用水泥品种应是硅酸盐类的通用水泥，不得用硫铝酸盐水泥和铁铝酸盐水泥。这是因为这两种水泥的强度增长规律和体积变化规律与硅酸盐类水泥明显不同之故。

5. 在配制泵送高性能混凝土时，膨胀剂应与水泥、矿物掺合料一起计入胶凝材料用量。

6. 掺膨胀剂混凝土浇筑以后，为防止出现沉降裂缝，在混凝土终凝前应多次抹压。

7. 掺膨胀剂混凝土的养护应不少于14d，对于墙体等不易保水的结构，拆模时间应不少于7d，冬期施工应不少于14d。

8. 掺膨胀剂混凝土、砂浆的性能要求应符合表5-7规定。

表5-7　掺膨胀剂、混凝土、砂浆性能（GB 50119—2013）

	限制膨胀率（%）	抗压强度（MPa）
补偿收缩混凝土	水中14d≥0.015 水中14d转空气中28d≥−0.030	设计强度不宜低于C25
填充用膨胀混凝土（后浇带、膨胀加强带、接缝	水中14d≥0.025 水中14d转空气中28d≥−0.020	设计强度不宜低于C30
灌浆用膨胀砂浆	竖向限制膨胀率（%）3d≥0.10； 7d≥0.20—	1d≥20；3d≥30；28d≥60 3.0

5.7　复合外加剂—泵送剂和防冻剂

5.7.1　泵送剂

流动性大、黏聚性好的泵送混凝土是现代混凝土的重要标志之一，其广泛推广应用，极大地提高了施工效率，降低了劳动强度，减少了环境污染。在拌制混凝土过程中加入的，能显著提高和改善混凝土拌合物泵送性能的外加剂称为泵送剂。

泵送剂必须使混凝土拌合物在不增加用水量的情况下获得大的流动性，在泵送压力作用下不离析泌水，能有效降低泵送阻力，对商品泵送混凝土而言，还应具有优异的保坍性能；同时，对硬化混凝土性能无不良影响。因此，一种单组分外加剂很难同时满足泵送混凝土对泵送剂的多项性能要求，泵送剂通常是由多种具有不同功能的外加剂复合而成，它是目前工程中使用最广泛、用量最大的复合外加剂。

1. 泵送剂的组成

为满足泵送剂的多项性能要求，泵送剂一般由以下不同功能的外加剂组分组成：

（1）减水剂组分。包括各种高效减水剂和普通减水剂，其主要作用是在保持泵送混凝土大流动性情况下减少用水量，或不增加用水量情况下提高流动性。

（2）缓凝剂组分。包括具有缓凝作用的普通减水剂如木钙、糖钙等，其他有机缓凝剂（常用葡萄糖酸钠、柠檬酸、白糖）和无机盐缓凝剂（常用三聚磷酸钠、六偏磷酸钠）。缓凝剂组分的主要作用是延缓水泥凝结时间，降低混凝土拌合物坍落度经时损失；同时具有降低水泥水化温峰、协同减水效应和增强效应等功能。

（3）引气剂组分。常用的有松香热聚物、松香皂、十二烷基苯磺酸盐等，其主要作用是提高混凝土拌合物的黏聚性，降低泵送阻力，改善泵送性能；同时具有防冻害和提高混凝土耐久性的作用。

（4）其他组分。如果上述三类组分尚不能满足泵送剂的性能要求，则可能还需增添适量增黏剂、保坍剂等其他组分。

2. 泵送剂在工程中的应用注意事项

（1）泵送剂可为粉剂或液体，其品种、掺量应根据混凝土的技术要求、运输距离、泵送高度、环境温度等确定。

（2）掺泵送剂混凝土所用粗骨料的最大粒径，碎石不得大于混凝土输送管内径的 1/3；卵石不得大于输送管内径的 2/5。粗骨料最大粒径不得大于 40mm，当泵送高度超过 50m 时，碎石最大粒径不得大于 25mm，卵石不得大于 30mm。

（3）掺泵送剂混凝土的砂率宜为 36%～46%，一般为 38%～42%；胶凝材料总用量宜为 400～550kg/m^3。

（4）当商品混凝土输送至施工现场，出现坍落度损失过大无法泵送施工时，宜向罐车中补加纯高效减水剂并反向搅拌后泵送，若是补加泵送剂，只能少量，不得过量补加，否则会导致缓凝剂组分和引气剂组分超量，从而引起混凝土凝结时间过度延长、硬化混凝土强度降低等工程事故。

（5）在配制泵送剂时，要注意各组分与所用水泥的适应性；当泵送剂与膨胀剂、防冻剂等外加剂复合使用时，要注意不同外加剂之间的相容性，复合泵送剂除应符合泵送剂的技术要求外，尚应符合所复合的外加剂相应规范的技术要求。

（6）按规定方法检验掺泵送剂混凝土的性能指标应符合表 5-1 的规定。

5.7.2 防冻剂

一般情况下，当混凝土未硬化或硬化之初强度还很低时，若水温降至 0℃以下，不但水泥水化几乎停止，而且水结冰体积膨胀，冰胀应力及未结冰自由水的渗透压力会使水泥石结构遭受破坏，即混凝土遭到冻害。将能使混凝土在负温下硬化，并在规定时间内达到足够防冻强度以避免遭受冻害的外加剂叫防冻剂。由于我国的地域特点，防冻剂在西北、华北、东北地区有着广泛的应用。

凡是能够降低水的冰点，而不影响混凝土其他性能的物质，都可作为防冻剂使用。早强剂可以使混凝土尽快达到防冻临界强度，并且大多数早强剂都具有一定的降低水的冰点作用，所以在气温不太低时（日最低气温为－5℃），在加盖保温层（塑料薄膜、草袋等）的条件下，可以用早强剂或早强减水剂代替防冻剂。

为了充分利用各种组分之间的协同效应，提高综合防冻效果，在实际应用中，很少仅用一种单组分作为防冻剂使用，而经常是几种防冻组分，或早强剂与防冻剂，早强剂、防冻剂与引气剂，早强剂、防冻剂、引气剂与减水剂等多种外加剂（或组分）复合配成防冻剂使用。因此，本书将防冻剂归属为最常用的一种复合外加剂介绍。

1. 常用单组分防冻剂（防冻组分）

（1）无机盐类防冻组分。常用的有氯化钙和氯化钠、硝酸钙和硝酸钠、亚硝酸钙和亚硝酸钠、硫代硫酸钠、碳酸钠（或钾）等。氯盐类和亚硝酸盐类防冻组分，不但能够降低水的冰点，而且具有早强作用，也是常用的早强剂；硝酸盐降低水的冰点作用及阻锈效果低于亚硝酸盐；碳酸盐虽具有良好的降低水的冰点作用和早强作用，但会影响混凝土后期强度。

（2）有机类防冻组分。常用的有三乙醇胺、氨水、尿素、甲醇、乙二醇、乙酸钠等。三乙醇胺既是防冻剂，也是有机早强剂；氨水和尿素具有显著的降低水的冰点作用，防冻效果好，但无早强作用；乙二醇降低冰点作用显著，但价格较贵；甲醇的防冻效果低于乙二醇，但价格便宜；乙酸钠不但防冻效果好，而且具有早强作用。

不同防冻组分的适用范围不同：氯盐和亚硝酸盐类防冻组分的适用范围同此类早强剂；硝酸盐、亚硝酸盐、碳酸盐易引起钢筋的应力腐蚀，故不适用于预应力混凝土以及镀锌钢材、与铝、铁相接触的混凝土工程，而其他非氯盐防冻组分则可以应用；氨水和尿素配制的混凝土会释放氨气，故不适合于室内工程。

2. 复合防冻剂的种类及组成

我国目前使用的防冻剂绝大多数为复合防冻剂，一般可分为以下三类：

（1）普通防冻剂。该类防冻剂无减水剂成分，一般由早强剂组分、防冻剂组分、引气剂组分组成。早强剂组分可加速水泥水化，提高早期强度，使混凝土尽快具有规定的抗冻临界强度；防冻剂组分可使混凝土中的液相在规定的负温条件下不冻结，为负温下水泥的水化反应创造条件；引气剂组分引入大量微小气孔，可缓解冰胀应力和渗透压力。每种组分所起作用不同，它们相互配合，取得比单组分防冻剂更好的防冻效果。

（2）减水防冻剂。该类防冻剂一般由早强剂组分、防冻剂组分、引气剂组分、减水剂组分等组成，根据减水率大小，又分为普通减水防冻剂（减水率不小于8%）和高效减水剂防冻剂（减水率等于或大于14%）。减水剂组分的作用是减少混凝土拌合物的用水量，从而减少了受冻时的含冰量，并能使冰晶粒度细小、分散，降低了水结冰的破坏应力。

（3）防冻泵送剂。该复合外加剂既能使混凝土在负温下硬化，并在规定养护条件下达到预期性能，又能改善混凝土拌合物泵送性能。一般由早强剂组分、防冻剂组分、引气剂组分、减水剂组分、缓凝剂组分及其他可能的助泵组分组成。缓凝剂组分主要是起保坍作用，在满足保坍效果的前提下，尽量减少缓凝剂组分用量。

3. 防冻剂在工程中的应用注意事项

（1）混凝土拌合物中水的冰点降低与防冻剂的液相浓度有关，因此气温越低，防冻剂（或防冻组分）的掺量应适当增大。同时，要控制引气剂组分的掺量，使混凝土拌合物的含气量一般不超过4%。

（2）不同的防冻剂使用的规定温度不同。规定温度相当于日平均气温，如某防冻剂规定使用温度为－10℃，即环境日气温波动范围约为－5～－15℃。

（3）在混凝土中掺用防冻剂的同时，还应注意原材料的选择及养护措施等。如应尽量使用硅酸盐水泥或普通硅酸盐水泥，不宜使用矿渣等掺混合材水泥，禁止使用铝酸盐水泥；当防冻剂中含有较多 Na^+、K^+ 离子时，不得使用活性骨料；在负温条件下养护时不得浇水，外露表面应覆盖等。

（4）当无减水作用的普通防冻剂与泵送剂复合使用时，由于两种外加剂中均可能有引气剂，故一定要试验后再用，以免引气剂超量导致混凝土强度降低。

（5）以粉剂直接加入的防冻剂，如有受潮结块，应磨碎通过 0.64mm 筛孔后方可使用。

（6）掺防冻剂或防冻泵送剂的混凝土性能指标应符合表 5-8、表 5-9 的规定。

表 5-8　掺防冻剂混凝土的性能（JC 475—2004）

试验项目		性能指标					
		一等品			合格品		
减水率（%），不小于		10			—		
泌水率比（%），不大于		80			100		
含气量（%），不小于		2.5			2.0		
凝结时间差（min）	初凝	－150～＋150			－210～＋210		
	终凝						
抗压强度比（%），不小于	规定温度（℃）	－5	－10	－15	－5	－10	－15
	R_{-7}	20	12	10	20	10	8
	R_{28}	100		95	95		90
	R_{-7+28}	95	90	85	90	85	80
	R_{-7+56}	100			100		
28d 收缩率比（%），≤		135					
渗透高度比（%），≤		100					
50 次冻融强度损失率比（%），≤		100					
对钢筋锈蚀作用		应说明对钢筋无锈蚀作用					

注：规定温度为受检混凝土在负温养护时的温度，该温度允许波动范围为±2℃。

表 5-9　掺防冻泵选剂混凝土的性能（JG/T 377—2012）

试验项目		性能指标					
		Ⅰ型			Ⅱ型		
减水率（%），不小于		14			20		
泌水率比（%），不大于		70					
含气量（%），不小于		2.5～5.5					
凝结时间差（min）	初凝	－150～＋210					
	终凝						
坍落度 1h 经时变化量（mm），不大于		80					
抗压强度比（%），不小于	规定温度（℃）	－5	－10	－15	－5	－10	－15
	R_{28}	110	110	110	120	120	120
	R_{-7}	20	14	12	20	14	12
	R_{-7+28}	100	95	90	100	100	100
收缩率比（%），≤		135					
50 次冻融强度损失率比（%），≤		100					

注：1. 除含气量和坍落度 1h 经时变化量外，表中所列数据为受检混凝土与基准混凝土的差值或比值；

2. 凝结时间之差性能指标中的“-”号表示提前，“＋”表示延缓。

复习思考题

1. 试解释下列名词、术语

表面活性剂；表面张力；化学外加剂；减水剂；缓凝剂；引气剂；速凝剂；早强剂；膨胀剂；泵送剂；防冻剂；复合外加剂

2. 在混凝土中掺入减水剂可以取得哪些技术经济效果？试述混凝土减水剂的作用机理。

3. 常用高效减水剂的种类及其性能特点？

4. 工程中使用缓凝剂的目的有哪些？举例说明不同目的对缓凝剂性能有哪些重点要求？

5. 混凝土对引气剂引入的气泡特性有哪些要求？试述引气剂的作用机理。

6. 混凝土膨胀剂有哪些主要类型？试述硫铝酸盐和铝酸盐类膨胀剂的作用机理，以及膨胀剂应用中的重点注意事项。

7. 泵送混凝土对泵送剂有哪些性能要求？试述泵送剂的主要构成组分，以及各组分的作用。

8. 试述防冻剂的作用机理，复合防冻剂的种类，主要构成组分，以及各组分的作用。

9. 在工程中使用氯盐类、硫酸盐类、亚硝酸盐类、易释放氨气类等外加剂时应注意哪些问题？

第6章 混 凝 土

6.1 概述

混凝土是指由胶凝材料、粗细骨料、水及必要时加入的化学外加剂和矿物掺合料等组分按一定配比形成的混合物，开始时具有可塑性，硬化后具有一定强度的具有堆聚状结构的复合材料，又称为人造石材。

虽然混凝土具有抗拉强度低、易开裂、自重大等缺陷，但它具有其他建筑材料不可比拟的优点：可配制成各种不同性能的混凝土；可浇筑成各种形状和尺寸的混凝土建（构）筑物；与钢筋有良好的粘结力；抗压强度高，耐水性、耐火性和耐久性良好；组成材料来源广，价格低，能就地取材。因为混凝土具有上述优点，故使其成为当今土木工程中使用最广、用量最大的建筑材料。

6.1.1 混凝土的分类及组成材料

配制混凝土的胶凝材料可以是有机物、无机物或有机无机复合物。按胶凝材料不同，可分为：树脂混凝土、沥青混凝土、水泥混凝土、石灰混凝土、石膏混凝土、水玻璃混凝土等。

按功能及用途不同，可分为：结构混凝土、装饰混凝土、耐热混凝土、耐酸混凝土、防水混凝土、道路混凝土、水工混凝土等。

按生产和施工方法不同，可分为：泵送混凝土、喷射混凝土、碾压混凝土、离心混凝土、真空脱水混凝土等。

按表观密度不同，可分为：干表观密度大于2800kg/m^3的重混凝土，因具有良好的防射线性能，故也称为防射线混凝土；干表观密度为2000～2800kg/m^3的普通混凝土；干表观密度不大于1950kg/m^3的轻混凝土，包括轻骨料混凝土和多孔混凝土（如加气混凝土及泡沫混凝土等）。

虽然混凝土的种类很多，但目前使用的混凝土多指无机胶凝材料混凝土，特别是水泥混凝土。过去主要使用由水泥、砂、石、水等配制的四组分混凝土，现在大都使用由水泥、砂、石、水、化学外加剂、矿物掺合料等配制的六组分混凝土。

除拌合水以外，混凝土（主要指无机胶凝材料配制的混凝土）的其他组成材料在前几章中已作详细介绍。混凝土拌合水可用饮用水、地表水（河水、湖水等）、地下水（存在于岩石缝隙和土壤空隙中的可以流动的水）、再生水（各种污水经适当再生工艺处理后的水）、混凝土企业设备洗刷水等。水的pH值、不溶物、可溶物、Cl^-、SO_4^{2-}、当量碱（$Na_2O+0.658K_2O$）等含量及放射性会影响混凝土的性能，必须符合相关标准规定方可使用。

6.1.2 混凝土的发展梗概

一般情况下，所谓的混凝土，多指水泥混凝土。广义上的混凝土虽已有几千年的历史，其发展大致经历了五个主要阶段，但真正的水泥混凝土是波特兰水泥发明之后的混凝土，其历史仅为200来年。

（1）波特兰水泥发明之前的混凝土。此阶段混凝土历史悠长，有5000多年前古埃及、古希腊的石灰混凝土；3000多年前中国的煅烧礓石混凝土；2000年前古罗马的石灰-凝灰岩混凝土、石灰-火山灰混凝土；数百年前的罗马混凝土。古代混凝土只用于一些特殊工程，用量少，尚不能作为普通建筑材料广泛使用。

（2）波特兰水泥发明之后的素混凝土。1824年英国人发明了波特兰水泥，即硅酸盐水泥之后，水泥混凝土才逐步成为大众建筑材料得到广泛推广应用。早期工程上使用的混凝土主要是无筋素混凝土。素混凝土的优点是制造工艺方便，坚固耐久，成本及维护费用低；缺点是自重大、性脆、易收缩开裂，抗弯强度低。因此，素混凝土仅能承受压荷载，不能承受弯荷载，这大大限制了它的应用领域和范围。

（3）钢筋混凝土。为了克服素混凝土易收缩开裂，抗弯、抗折强度低的缺陷，1850年法国人将混凝土与钢筋组合形成复合结构材料，发明了钢筋混凝土。与素混凝土相比，钢筋混凝土收缩裂缝明显降低，抗弯、抗折强度显著提高，构件断面大幅度减小。它的发明，使混凝土不仅用于受压构件（柱、墙等），而且广泛用于受弯、受拉构件（梁、板等），极大地拓宽了混凝土的应用领域和范围，使其真正成为用量最大、最广的建筑材料。

（4）预应力混凝土。为了进一步克服钢筋混凝土的收缩裂缝，提高其抗弯、抗拉强度，人们通过放张预拉钢筋，给已具有一定强度的混凝土施加预压应力，发明了预应力混凝土。预应力克服了收缩裂缝，使该种混凝土更为密实，抗弯、抗折强度更高，耐久性更好。它的发明满足了桥梁、高层超高层等建筑对受弯、受拉构件的性能要求。

（5）现代混凝土。该类混凝土，并无明确的界定或定义，通常是指基于六组分构成，或添加有某些特殊增强材料（如纤维、聚合物）的，具有一项或多项优异性能的混凝土。现代混凝土种类很多，如：泵送混凝土、免振捣自密实混凝土、高强超高强混凝土、高性能混凝土、聚合物混凝土、纤维混凝土、智能混凝土、轻质高强混凝土等，其中使用最多、最广的是六组分普通强度等级的泵送混凝土。

本章基于六组分普通混凝土，重点介绍混凝土的性能、质量控制和评定方法及配合比设计。

6.2 混凝土拌合物的性质

凝结硬化以前的混凝土称为混凝土拌合物。硬化后混凝土是否能够均匀密实，与混凝土拌合物是否具有便于进行施工操作而不产生分层离析的性质有很大关系。如混凝土拌合物是否易于拌制均匀；是否易于从搅拌机中卸出；运输过程是否离析泌水；浇注时是否易于填满模板等。这些性质可用和易性（也称工作性）来表示。

6.2.1 混凝土拌合物的和易性

1. 和易性的概念

和易性是指混凝土拌合物易于施工操作（搅拌、运输、浇筑、捣实）并能获得质量均匀、成型密实的性能。和易性是一项综合的技术性质，包括有流动性、黏聚性和保水性等三方面的涵义。

流动性是指混凝土拌合物在自重或施工机械振捣的作用下，能产生流动，并均匀密实地填满模板的性能。流动性的大小主要取决于单位用水量或水泥浆量的多少。单位用水量或水泥浆量多，混凝土拌合物的流动性越大，浇筑时容易填满模板。黏聚性是指混凝土拌合物在施工过程中其组成材料之间有一定的黏聚力，不致产生分层和离析的现象。黏聚性的大小主要取决于细骨料的用量以及水泥浆的稠度等。保水性是指混凝土拌合物在施工过程中，具有一定的保持水分能力，不致产生严重的泌水现象。

混凝土拌合物黏聚性不良时，容易发生分层和离析现象。所谓分层是指混凝土拌合物粗骨料下沉、砂浆或水泥净浆上浮，从而导致混凝土沿垂直方向不均匀的现象，如图 6-1 所示。所谓离析是指混凝土拌合物在运动过程中（压力作用下在泵管中流动，自重或机械振捣作用下在模板中流动），粗骨料、细骨料及水泥浆运动速度不相同，从而导致它们相互分离的现象。分层与离析会使硬化后的混凝土成分不均匀，甚至产生“蜂窝”“麻面”等质量事故。混凝土拌合物保水性不良时容易产生泌水现象，即混凝土拌合物在施工过程中，随着较重的骨料颗粒下沉，水分因密度比骨料小，在毛细管力作用下，沿混凝土中的毛细管通道，向上泌至混凝土拌合物表面，导致拌合物表层部分水灰比大幅度增大或出现一层清水的现象。泌水会在混凝土内部形成通道，使混凝土的密实性变差，降低混凝土的质量。

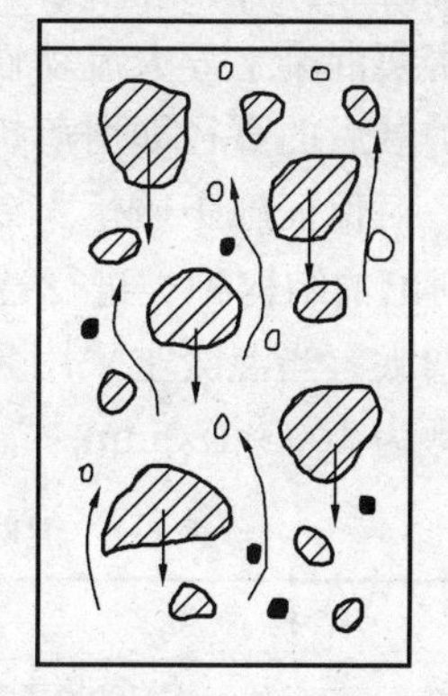
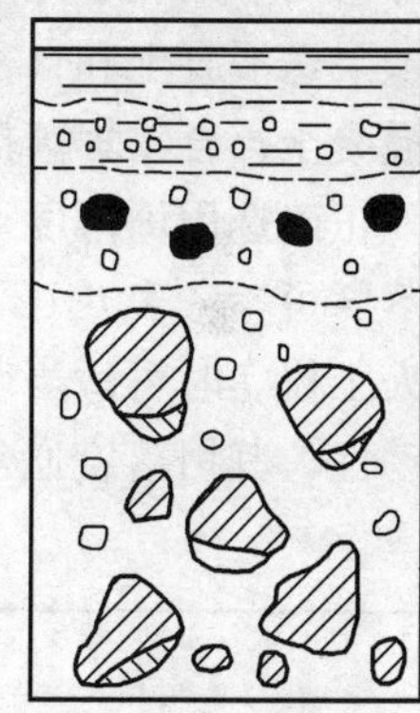

图 6-1　黏聚性不良产生的分层现象

混凝土拌合物的流动性、黏聚性和保水性有其各自的内容，它们三者之间相互联系且又存在着矛盾，如当通过增加水泥浆量提高混凝土流动性的同时，还要考虑水泥浆量不能过多，否则，易引起流浆而导致骨料分离，黏聚性下降。因此，和易性实际上是上述三方面性质在某种具体条件下的矛盾统一。实践证明，拌合物和易性好，混凝土成型过程不易产生质量缺陷，硬化后混凝土质量容易保证。

2. 和易性的测定

和易性的涵义比较复杂，不同类型混凝土有不同的测定方法和评价指标，对骨料最大粒径不大于 40mm，坍落度值不小于 10mm 的混凝土拌合物，通常采用坍落度试验方法来测定混凝土拌合物的流动性，并辅以直观经验来评定黏聚性和保水性。

坍落度试验是将混凝土拌合物按规定方法装入坍落度筒内，装满刮平后，将坍落度筒垂直向上提起，移到混凝土拌合物一侧，混凝土拌合物因自重将会产生坍落现象，然后，量出筒高与坍落后混凝土拌合物试体最高点之间的高度差，用 mm 表示，此值即为混凝土拌合物

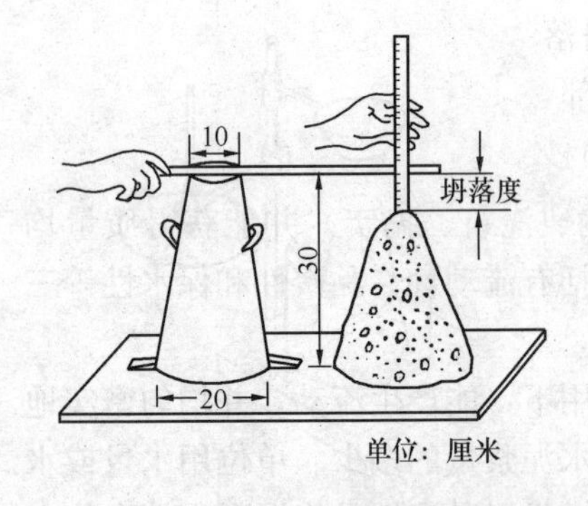

图 6-2　混凝土拌合物坍落度测定

的坍落度值（如图 6-2 所示 ）。可见，坍落度值愈大，表示混凝土拌合物的流动性愈大。

为了同时评定混凝土拌合物的黏聚性和保水性，在测定坍落度时，还应观察下列现象，即用捣棒在已经坍落的混凝土拌合物锥体一侧轻轻敲打，此时，如果锥体呈现整体逐渐下沉，则表示黏聚性良好；如果锥体突然倒坍，部分崩裂或出现离析现象，则表示黏聚性不好。保水性是用混凝土拌合物中浆体析出的程度来评定。在装筒插捣混凝土拌合物过程中以及提起坍落度筒时，如有较多的稀浆从底部析出，部分混凝土也因失浆而骨料外露，则表明此混凝土拌合物的保水性能不好；如提起坍落度筒没有稀浆或仅有少量稀浆从底部析出，则表示此混凝土拌合物保水性良好。

泵送混凝土和自密实混凝土等大流动性混凝土应用日益广泛，对此类混凝土，可通过测量混凝土拌合物坍落扩展后的直径即坍落扩展度来评价流动性。

正确选用坍落度，对保证施工质量、混凝土强度和耐久性以及节约水泥都有重要意义。坍落度可参考表 6-1 列出的结构种类进行选择。表 6-1 中所列为采用机械振捣的坍落度，采用人工捣实时可适当增大。当混凝土采用泵送施工工艺时，则要求混凝土拌合物具有较高的流动性，其坍落度通常为 100～180mm。

表 6-1　混凝土浇筑时的坍落度

结构种类	坍落度（mm）
基础或地面等的垫层，无配筋的大体积结构或配筋稀疏的结构	10～30
板、梁或大型及中型截面的柱子等	30～50
配筋密列的结构（薄壁、斗仓、筒仓、细柱等）	50～70
配筋特密的结构	70～90

按《混凝土质量控制标准》（GB 50164—2011）可对混凝土拌合物的坍落度或坍落扩展度进行等级划分，如表 6-2 和表 6-3 所示。

表 6-2　混凝土拌合物的坍落度等级划分

等级	坍落度（mm）
S_1	10～40
S_2	50～90
S_3	100～150
S_4	160～210
S_5	≥220

表 6-3　混凝土拌合物的扩展度等级划分

等级	扩展直径（mm）
F_1	≤340
F_2	350～410
F_3	420～480
F_4	490～550
F_5	560～620
F_6	≥630

对于坍落度值小于 10mm 的混凝土拌合物（称为干硬性混凝土）而言，需采用维勃稠度试验方法，根据其维勃稠度来评定混凝土拌合物的和易性，见图 6-3 。

试验方法如下：把容器固定于振动台上，将坍落度筒置于容器内。按测定坍落度同样的方法，即将拌合物装满坍落度筒，然后垂直无振动地提起坍落度筒，再将测杆上的透明且水平的圆盘放于混凝土圆台体顶部，放松螺丝，使之轻轻地接触混凝土顶面，同时开动振动台和秒表，在透明圆盘底面被水泥浆布满的瞬间停下秒表，关闭振动台，读出秒表的秒数，即为该混凝土拌合物的维勃稠度值。混凝土拌合物按维勃稠度划分等级见表 6-4。

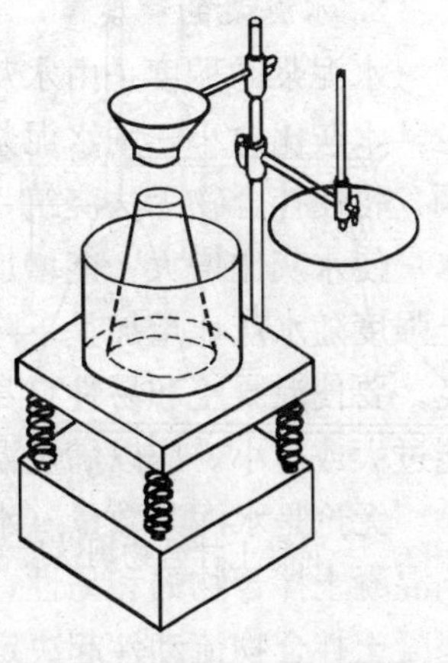

图 6-3　维勃稠度测定

表 6-4　混凝土拌合物的维勃稠度等级划分

等级	维勃稠度（s）
V_0	≥31
V_1	30～21
V_2	20～11
V_3	10～6
V_4	5～3

6.2.2　影响和易性的主要因素

混凝土拌合物在自重或外力作用下产生流动的大小，与许多因素有关，如骨料颗粒间的内摩擦大小、水泥浆流变性能以及包裹骨料颗粒表面的水泥浆厚度等。

1. 水泥浆的数量

水泥浆要填充砂石骨料颗粒间的空隙并在骨料颗粒表面形成润滑层，以降低骨料内摩擦。若水泥浆过少，不能完全填充骨料空隙或包裹骨料表面时，不但保证不了必要的流动性，而且混凝土拌合物易于产生崩坍现象，黏聚性同样变差。因此为了获得规定的流动性，必须保证有足够的水泥浆数量。一般来说，当混凝土拌合物中水泥浆的稠度不变时，单位体积混凝土拌合物内水泥浆量越多，混凝土拌合物流动性越大。但如果水泥浆量过多，容易导致流浆现象出现，反而增大骨料间的内摩擦力，使拌合物黏聚性变差且造成水泥浪费。因此，水泥浆数量的多少与需要填充的砂石间空隙体积及需要包裹的砂石总表面积有关。在混凝土拌合物坍落度值一定时，水泥浆数量与砂率间的关系如图 6-4 所示。

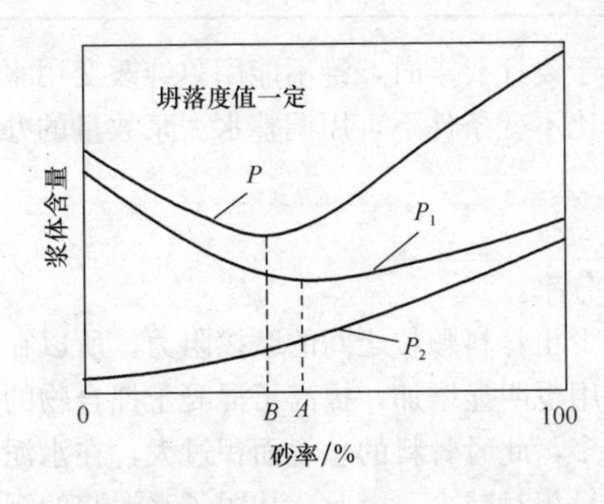

图 6-4　水泥浆数量与砂率关系

图中曲线 P_1 表示填充骨料颗粒间隙所需水泥浆数量与砂率的关系，可见，在砂率（砂与砂石用量之比）适当情况下，砂、石形成的混合物颗粒间空隙达最小，这时所需水泥浆用量也最少。曲线 P_2 为包裹砂石骨料颗粒表面所需的水泥浆用量与砂率的关系，随着砂率的增加，骨料颗粒的总表面增加，所需水泥浆的数量也随之增加。曲线 P 表示所需水泥浆总用量与砂率的关系，由该曲线可以看出，在某一砂率（称最佳砂率）下，为获得指定的流动性，所需水泥浆数量为最小。或者说，当水泥浆数量一定时，在最佳砂率下，可获得最大流动性。

可见，混凝土拌合物中的水泥浆数量的确定原则是，在水灰比不变的情况下，水泥浆数量应以满足填充砂石骨料的间隙并在砂石骨料表面有适当的包裹厚度为宜。

2. 水泥浆的稠度

水泥浆的稠度是由水灰比（水与水泥用量之比）所决定的。水泥用量不变时，用水量越少，水灰比愈小，则水泥浆愈稠，混凝土拌合物的流动性愈小。当水灰比过小时，水泥浆干稠，将使拌合物无法浇筑，导致施工困难，同时，不能保证混凝土硬化后的密实性。增加用水量使水灰比增大，能增加拌合物流动性，但会影响混凝土硬化后的强度。试验证明：混凝土强度随水灰比增加呈下降趋势，且过大的水灰比还会造成混凝土拌合物黏聚性和保水性不良。要使混凝土和易性自身相互协调统一，又要使混凝土和易性与强度协调统一，水灰比不能过大或过小。应以满足混凝土强度和耐久性要求为度。

无论是水泥浆数量（水灰比不变时），还是水泥浆的稀稠（水灰比变化时），都会显著影响混凝土拌合物的和易性，因此，水泥浆是一个最敏感的影响因素。但进一步分析可知，对混凝土拌合物流动性起决定作用的是用水量的多少。因为混凝土水泥用量一定时，用水量改变，水灰比必然改变，若要保证水灰比不变，水泥浆数量必然变化。也即从理论上分析的水泥浆数量和水泥浆稠度的影响，可以通过用水量的变化来反映。根据大量的工程试验证明，当使用确定的材料拌制混凝土时，水泥用量在一定范围内（1m^3 混凝土水泥用量增减不超过50～100kg），达到一定流动性时，所需用水量为一常值。这一试验规律给工程应用带来了极大方便。在配制混凝土拌合物时，当水灰比在 0.40～0.80 范围时，可根据骨料品种、规格及施工要求的坍落度值，按表 6-5 选择每立方米混凝土的用水量。

表 6-5　混凝土的用水量（kg/m^3）

类别	指 标	卵石最大公称粒径（mm）				碎石最大公称粒径（mm）			
		10.0	20.0	31.5	40.0	16.0	20.0	31.5	40.0
坍落度（mm）	10～30	190	170	160	150	200	185	175	165
	35～50	200	180	170	160	210	195	185	175
	55～70	210	190	180	170	220	205	195	185
	75～90	215	195	185	175	230	215	205	195
维勃稠度（s）	16～20	175	160	—	145	180	170	—	155
	11～15	180	165	—	150	185	175	—	160
	5～10	185	170	—	155	190	180	—	165

值得强调的是，当实际施工所测拌合物坍落度小于设计要求时，绝不能用单纯改变用水量的办法来调整混凝土拌合物流动性，应在保持水灰比不变条件下，用调整水泥浆数量的办法调整。

3. 砂率

砂率是指混凝土中砂的质量占砂、石总质量的百分率。

水泥砂浆在混凝土拌合物中起润滑作用，可以减少粗骨料颗粒之间的摩擦阻力，所以在一定砂率范围内，随着砂率的增加，水泥砂浆润滑作用也明显增加，提高了混凝土拌合物的流动性。但砂率过大，即石子用量过少，砂子用量过多，此时骨料的总表面积过大，在水泥浆量不变的情况下，随着骨料总表面积增加，水泥浆量相对减少，由此，减弱了水泥浆的润滑作用，导致混凝土拌合物流动性降低。如果砂率过小，即石子用量过大，砂子用量过少时，水泥砂浆的数量不足以包裹石子表面，在石子之间没有足够的砂浆层，由此，也会减弱水泥砂浆的润滑作用，不但会降低混凝土拌合物的流动性，而且会严重影响其黏聚性和保水性，容易产生离析现象。

因此，在设计混凝土各组成材料质量之间的比例时，为保证拌合物和易性达到要求，应选择合理砂率。合理砂率是指当用水量及水泥用量一定的条件下，能使混凝土拌合物获得最大的流动性而且保持良好的黏聚性和保水性的砂率；或是使混凝土拌合物获得所要求的和易性的前提下，水泥用量最少的砂率，如图 6-5 、图 6-6 所示。

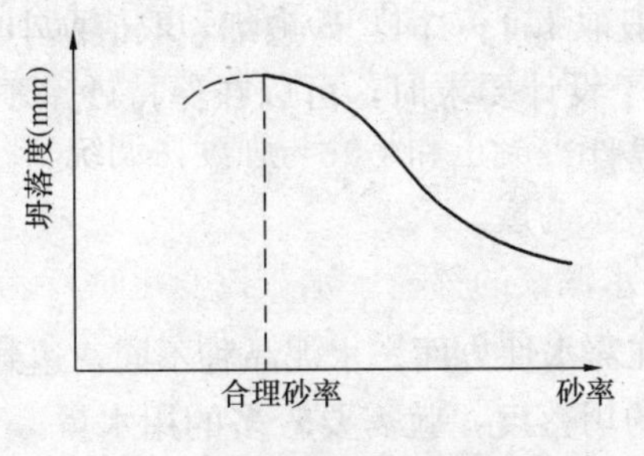

图 6-5 坍落度与砂率的关系

（水和水泥用量一定）

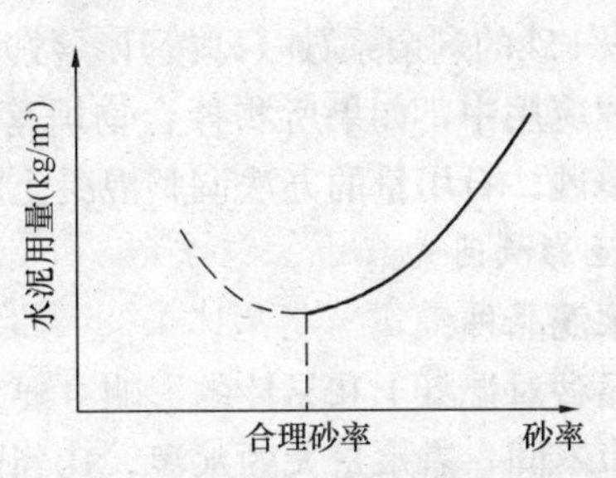

图 6-6 水泥用量与砂率的关系

（达到相同的坍落度）

确定合理砂率，可根据骨料品种、规格及混凝土拌合物的水灰比，参照表 6-6 选用。表内数据是经过大量试验得出的经验数据，对于重要的混凝土工程，应通过试验确定合理砂率。

表 6-6 混凝土砂率选用表（%）

水灰比	卵石最大公称粒径（mm）			碎石最大公称粒径（mm）		
	10.0	20.0	40.0	16.0	20.0	40.0
0.40	26～32	25～31	24～30	30～35	29～34	27～32
0.50	30～35	29～34	28～33	33～38	32～37	30～35
0.60	33～38	32～37	31～36	36～41	35～40	33～38
0.70	36～41	35～40	34～39	39～44	38～43	36～41

注：①本表数值系中砂的选用砂率，对细砂或粗砂，可相应减少或增大砂率；

②采用人工砂配制混凝土时，砂率可适当增大；

③只用一个单粒级粗骨料配制混凝土时，砂率应适当增大。

值得指出的是，表 6-6 所列的砂率是一个范围，工程使用中可以根据情况进行适当调整。如果石子空隙率大，表面粗糙，颗粒间摩擦阻力较大，砂率要适当增大些；如石子级配较好，空隙率较小，粒径较大，应尽量选用较小的砂率，以节省水泥。

另外，砂率也可根据以砂填充石子空隙，并稍有富余，以拨开石子的原则来确定。计算公式如下：

∵
$$V_{0s}=V_{0g}\cdot P'$$

$$\beta_s=\frac{m_{s0}}{m_{g0}+m_{s0}}=\frac{\rho'_{0s}\cdot V_{0s}}{\rho'_{0g}\cdot V_{0g}+\rho'_{0s}\cdot V_{0s}}$$

∴
$$\beta_s=\frac{\rho'_{0s}\cdot V_{0g}\cdot P'}{\rho'_{0g}\cdot V_{0g}+\rho'_{0s}\cdot V_{0g}\cdot P'}=\frac{\rho'_{0s}\cdot P'}{\rho'_{0g}+\rho'_{0s}\cdot P'}$$

考虑拨开系数 β，则
$$\beta_s=\beta\frac{\rho'_{0s}\cdot P'}{\rho'_{0g}+\rho'_{0s}\cdot P'}$$

式中，β_s——砂率，%；

m_{s0}——每立方米混凝土中细骨料（砂）用量，kg；

m_{g0}——每立方米混凝土中粗骨料（石子）用量，kg；

V_{0s}、V_{0g}——分别为 $1m^3$ 混凝土中砂及石子的松散体积，m^3；

ρ'_{0s}、ρ'_{0g}——分别为砂及石子的堆积密度，kg/m^3；

P'——石子的空隙率，%；

β——砂的剩余系数（即拨开系数），一般取 1.1～1.4。砂愈细，取值愈小。

在工程应用中，如果所测拌合物坍落度大于设计要求时，可以在保持砂率不变的条件下，用调整砂、石用量的办法调整混凝土的和易性。

4. 其他影响因素

（1）水泥品种

水泥品种对混凝土和易性的影响主要表现在需水性方面。水泥品种不同，达到标准稠度的需水量也不同，需水量大的水泥，达到同样的坍落度，就需要较多的用水量。一般来说，矿渣水泥和某些火山灰水泥拌制的混凝土拌合物，坍落度值较普通水泥为小，这是因为矿渣、火山灰混合材需水性较大的缘故。

（2）骨料

骨料颗粒形状圆整、表面光滑，混凝土拌合物的流动性较大；颗粒棱角多，表面粗糙，会增加混凝土拌合物的内摩擦力，从而降低混凝土拌合物的流动性。因此，卵石配制的混凝土比碎石混凝土流动性好。

骨料级配好，其空隙率小，填充骨料空隙所需水泥浆少，当水泥浆数量一定时，包裹于骨料表面的水泥浆层较厚，故可改善混凝土拌合物的和易性。

（3）时间和温度

混凝土拌合物随着时间的延长而逐渐变得干稠，和易性变差，其原因是部分水分供水泥水化，部分水分被骨料吸收，另一部分水分蒸发，由于水分减少，混凝土拌合物的流动性变差。图 6-7 是某混凝土拌合物坍落度随时间而变化的规律。从图中曲线变化可以看出，由于该混凝土水灰比较大，水分蒸发相对较多，拌合物坍落度随时间变化比较明显。

随着温度的升高，混凝土拌合物流动性降低，图 6-8 为温度对混凝土拌合物坍落度的影响。从图中可看出，温度每升高 10℃，坍落度约减少 20mm，因此，在施工中为保证混凝土拌合物的和易性，要考虑温度的影响，尤其是夏季施工，应采取相应措施，防止水分蒸发降低拌合物的流动性。

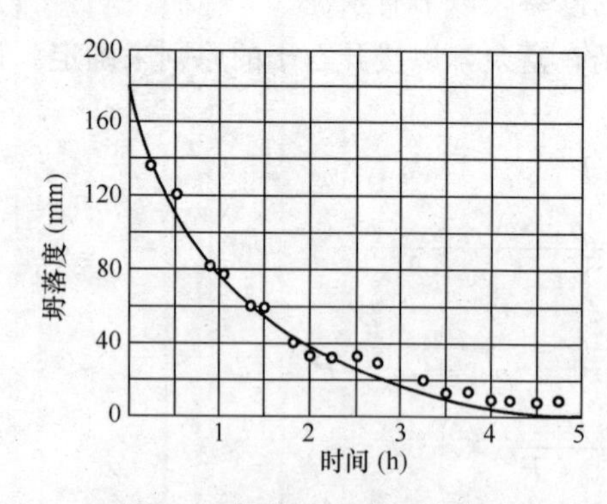

图 6-7 坍落度和时间的关系

（拌合物配比 1∶2∶4∶0.78）

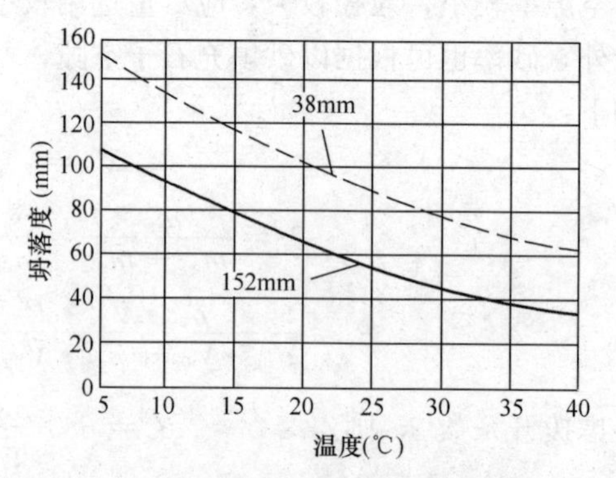

图 6-8 温度对拌合物坍落度的影响

（曲线上数字为骨料最大粒径）

（4）外加剂

为改善混凝土拌合物的流动性，可掺入减水剂、引气剂等外加剂。减水剂掺入后，由于释放了被水泥颗粒束缚的水，使得自由水量增加，因此，混凝土拌合物流动性增大。引气剂的掺入，是因为增加了无数个小的封闭气泡而使混凝土拌合物内骨料颗粒间的摩擦力减小。

6.2.3 改善混凝土和易性的措施

在实际施工中，调整混凝土拌合物和易性时，必须兼顾流动性、黏聚性和保水性的统一，并考虑对混凝土强度、耐久性的影响，综合上述要求，实际调整时可采取如下措施：

1. 提高混凝土流动性的措施

（1）通过试验，采用合理的砂率，以利于提高混凝土质量和节约水泥。

（2）适当采用较粗大的、级配良好的粗、细骨料。

（3）当所测拌合物坍落度小于设计值时，保持水灰比不变，适当增加水泥浆量；坍落度大于设计值时，保持砂率不变，增加砂石用量。

（4）掺化学外加剂（减水剂、引气剂）和矿物掺合料（适量粉煤灰）。

2. 改善混凝土黏聚性和保水性的措施

（1）在合理的砂率范围内，适当增大砂率或掺入粉煤灰等矿物掺合料；

（2）尽量采用连续级配的骨料，避免选用过粗的细骨料；

（3）适当限制粗骨料的最大粒径；

（4）掺化学外加剂（如减水剂、引气剂等）。

6.3 混凝土的强度

混凝土作为土木工程的重要结构材料，必须具有良好的力学性质，以满足结构物设计荷载要求。这个要求主要是通过混凝土强度而体现的。

混凝土强度包括抗压强度、抗拉强度、抗弯（折）强度及与钢筋的粘结强度等。其中混凝土抗压强度最大，约为抗拉强度的10～20倍，且工程上常以混凝土抗压强度评定和控制混凝土质量。

6.3.1 混凝土抗压强度

混凝土抗压强度是指标准试件在压力作用下直至破坏时单位面积所能承受的最大应力。采用标准试验方法测定其强度是为了能使混凝土强度有可比性。按照《普通混凝土力学性能试验方法》（GB/T 50081—2002）规定，将边长为150mm的立方体试件作为标准试件，在标准条件（温度20±2℃，相对湿度95%以上）下，养护至28d龄期，测得的单位面积所能承受的最大应力称为混凝土立方体抗压强度，以f_{cu}表示。

目前，美、日等国采用ϕ150mm×300mm圆柱体为标准试件，所得抗压强度值约等于150mm×150mm×150mm立方体试件抗压强度的0.8倍。由此可见，试件尺寸、形状不同，所得抗压强度值是不同的。

分析其原因：是因为混凝土立方体试件在压力机上受压时，在沿加荷方向发生纵向变形的同时，也按泊松比效应产生横向变形，压力机上下两块钢压板的弹性模量比混凝土大

5～15倍，而泊松比则不大于混凝土的两倍。所以在荷载作用下，钢压板的横向应变小于混凝土的横向应变（指能自由横向变形的情况），这样，在上下压板与试件的上下表面间产生的摩擦力对试件的横向膨胀起着约束作用，因此，对强度有提高作用（图 6-9），愈接近试件端面，这种约束作用就愈大。在距离端面大约 $\frac{\sqrt{3}}{2}a$（a 为试件边长尺寸）的范围以外，约束作用才消失。正是这种约束作用，试件破坏后，其上下部分各呈一较完整的棱锥体，称为环箍效应（图 6-10）。如在压板和试件接触面加润滑剂，则环箍效应大大减小，试件将出现直裂破坏（图 6-11），测出的强度也较低。由于压力机压板对混凝土试件的横向摩擦阻力是沿周界分布的，而试件强度又与面积有关，立方体试件尺寸较大时，周界与面积之比较小，环箍效应的相对作用较小，测得的抗压强度因而偏低；反之，立方体试件尺寸较小时，测得的抗压强度就偏高。另一方面随着试件尺寸增大，存在缺陷的几率也增多，试件中的裂缝、孔隙缺陷将减少受力面积和引起应力集中，因而较大尺寸的试件测得的抗压强度就偏低。

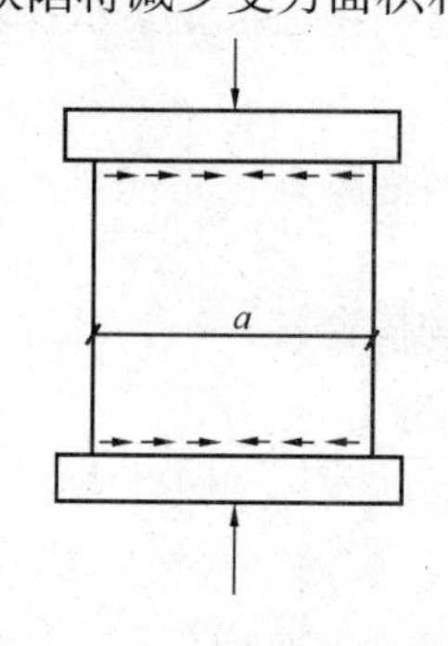

图 6-9　压力机压板约束图

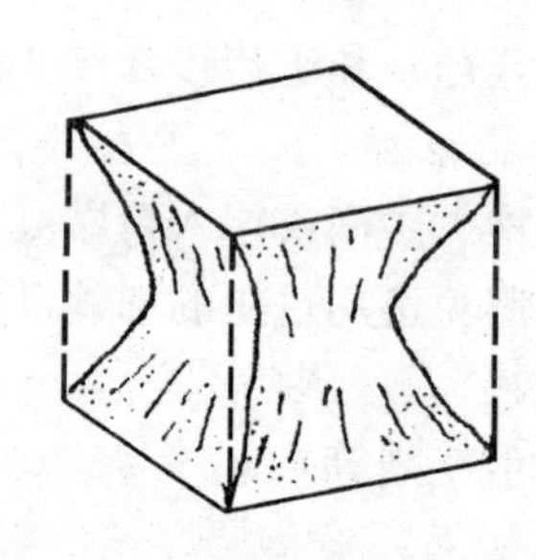

图 6-10　试件破坏残存体图

图 6-11　不受压板约束情况

测试混凝土抗压强度，立方体试件尺寸可按粗骨料最大粒径选择，但在计算抗压强度时，应乘以换算系数，以得到相当于标准试件的试验结果，见表 6-7。

表 6-7　混凝土立方体尺寸选用及换算系数

骨料最大粒径（mm）	试件尺寸（mm）	换算系数
31.5 及以下	100×100×100	0.95
40	150×150×150	1.00
60	200×200×200	1.05

在实际混凝土施工过程中，其养护条件（温度、湿度）不可能与标准条件一样，为了能说明工程中混凝土实际达到的强度，往往把试件放在与工程相同的环境条件下养护，再按所需的龄期进行试验，测得立方体试件抗压强度值作为工地混凝土质量控制的依据。

另外，标准试验方法规定的试验龄期为 28d，由于试验周期长，不能及时预报施工中的混凝土质量状况，也不能据此及时设计和调整混凝土配合比，不利于质量管理和控制。我国已研究制订出在不同温度条件下应用早期加速养护混凝土试件强度推定标准养护 28d 混凝土强度的试验方法，详见《早期推定混凝土强度试验方法标准》（JGJ/T 15—2008）。

6.3.2　混凝土的强度等级

1. *混凝土立方体抗压强度标准值*

用标准方法测得的混凝土立方体抗压强度值是一随机变量，概率统计表明，抗压强度总体服从正态分布。混凝土立方体抗压强度标准值（$f_{cu,k}$）是测得的抗压强度总体分布中的一个值，强度低于该值的百分率不超过5%（图6-12）。

2. 混凝土强度等级

混凝土强度等级是按混凝土立方体抗压强度标准值（$f_{cu,k}$）划分，用符号C与立方体抗压强度标准值（以N/mm^2计）表示，按照《混凝土质量控制标准》（GB 50164—2011）规定，普通混凝土划分为下列强度等级：C10、C15、C20、C25、C30、C35、C40、C45、C50、C55、C60、C65、C70、C75、C80、C85、C90、C95和C100。

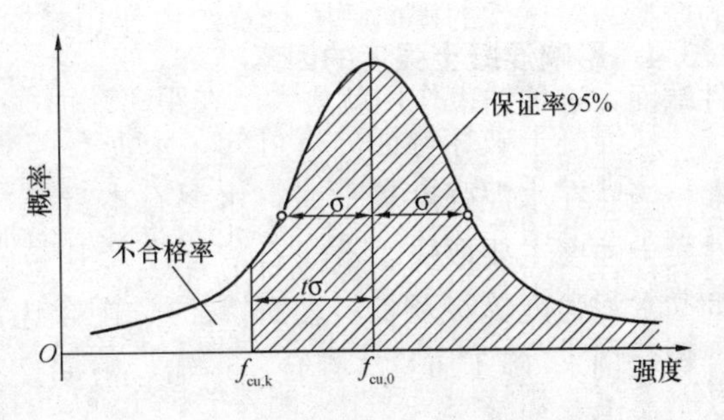

图6-12　混凝土强度总体分布示意图

混凝土强度等级是混凝土结构设计时强度取值的依据，同时，也是混凝土施工中质量控制和验收的重要依据。

不同工程或用于不同部位的混凝土，对其强度等级的要求也不一样。

C10～C15多用于垫层、基础、地坪及受力不大的混凝土结构；

C20～C30多用于一般混凝土结构的梁、板、柱等构件；

C35以上多用于大跨度结构、高层建筑的梁、柱等。

6.3.3　混凝土受力破坏特征

普通混凝土受到外力作用发生破坏的情况可归纳为：其一，骨料破坏而引起混凝土破坏；其二，水泥石破坏引起混凝土破坏；其三，骨料与水泥石界面破坏而引起混凝土破坏。分析上述破坏现象不难看出，第一种破坏情况发生的几率很小，这是因为设计混凝土时，所选用的骨料必须具有足够强度。第二种破坏情况发生的几率较大，因为在不均质的混凝土体系中，力在传递时会因界面缺陷而使水泥石承受较大外力而破坏。但是混凝土受力破坏的最大几率发生在骨料和水泥石的界面，这是因为水泥水化会造成化学收缩，从而引起骨料与水泥石界面上产生分布极不均匀的拉应力，形成界面微裂缝。另外，由于混凝土拌合物成形时的泌水作用，使粗骨料下缘形成水囊，硬化后成为界面裂缝。当混凝土受到外力作用时，界面裂缝就会随之表现出来（图6-13）。

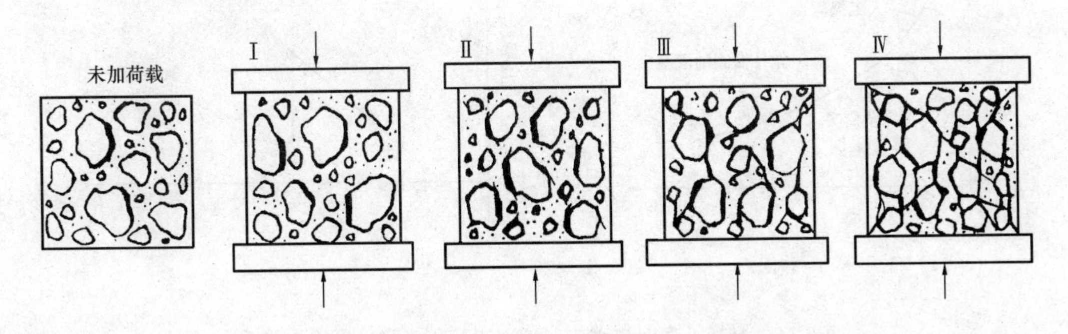

图6-13　混凝土受力后界面裂缝示意图

因此，混凝土所能抵抗破坏的能力也就取决于裂缝的数量、开展的速度、延伸汇合的程度。通常用混凝土强度来表示这种抵抗能力。

6.3.4 影响混凝土强度的因素

从混凝土破坏特征分析可知，水泥石与骨料的界面强度是决定混凝土强度的主要因素。当然在水泥强度较低时，水泥石本身破坏也是常见的破坏形式之一，因此可以得出混凝土强度主要取决于水泥石的强度及其与骨料界面的粘结强度；其次又与原材料的质量（水泥强度等级及骨料表面特征）、配合比设计（水灰比、砂率、骨料级配以及水泥与骨料比例）、施工质量（拌合、运输、龄期、养护温度、湿度）等有关。影响混凝土强度的主要因素如下：

1. 水泥强度和水灰（胶）比

水泥是混凝土中的活性组分，其强度的大小直接影响着混凝土强度的高低。在配合比相同的条件下，水泥强度愈高，则配制的混凝土强度也愈高。水泥强度的波动，会影响混凝土强度的波动。生产中水泥不可避免会在质量上有波动，主要是由于水泥细度，C_3S含量的差异引起的，它主要影响混凝土早期强度，随着时间延长，其影响就不再是重要的了。当所用水泥品种及强度等级相同时，混凝土强度主要取决于水灰（胶）比。一般来说，水灰（胶）比大，强度低，水灰（胶）比小，强度高。这是因为水泥水化时所需的结合水，一般只占水泥质量的23%左右，但在拌制混凝土拌合物时，为了获得必要的流动性，实际加的水远远大于23%，可达水泥质量的40%～60%。即采用的水灰（胶）比较大，混凝土硬化后，多余的水分蒸发或残存在混凝土中形成毛细孔或水泡，大大减少了混凝土抵抗荷载的实际有效断面，而且可能在孔隙周围产生应力集中，使混凝土强度下降。因此，在水泥强度等级相同的情况下，水灰（胶）比愈小，水泥石的强度愈高，与骨料粘结力愈大，混凝土强度就愈高。但应注意的是，如果水灰（胶）比太小，即用水量很少时，拌合物过于干稠，在一定的捣实成型条件下，无法保证成型质量，很难达到密实，混凝土中将出现较多的蜂窝、孔洞，导致混凝土强度和耐久性也将下降。试验证明，混凝土强度是随着水灰（胶）比的增大而降低，近似于双曲线关系，而混凝土强度和灰（胶）水比关系，则呈线性关系（图 6-14）。

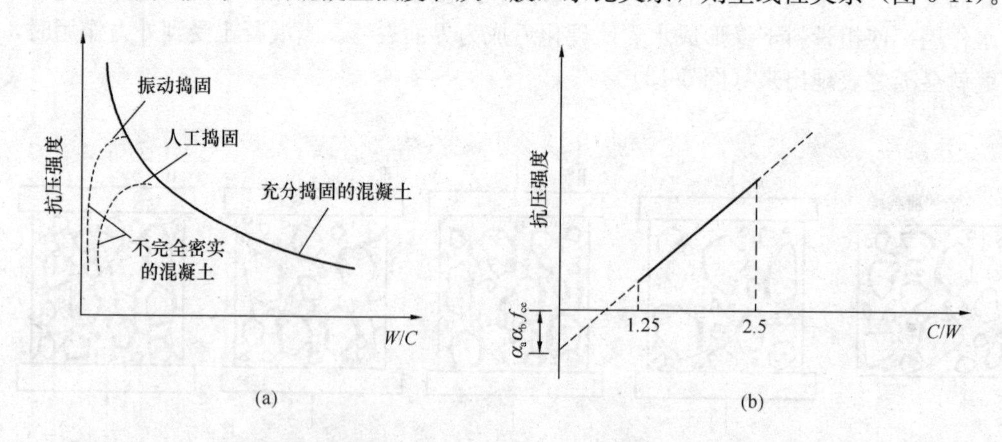

图 6-14 混凝土强度与水灰（胶）比及灰（胶）水比的关系

（a）强度与水灰比关系；（b）强度与灰水比关系

水泥石与骨料的粘结强度还与骨料的表面状况有关。碎石配制混凝土时，在水泥强度等级与水灰（胶）比相同的条件下，比卵石配制的混凝土强度高。为了能定量地反映出水泥强度、水灰（胶）比、骨料性质对混凝土强度的综合影响，根据大量的工程实践经验，并考虑实际应用上的方便，得出混凝土强度的经验公式（也称鲍罗米公式）如下：

$$f_{cu} = \alpha_a f_{ce}(\frac{C}{W} - \alpha_b)$$

式中，f_{cu}——混凝土 28d 抗压强度，MPa。

f_{ce}——水泥 28d 抗压强度实测值，MPa。（水泥厂为了保证水泥出厂的强度等级，其实际强度一般高于其强度等级值。当无法取得水泥实测强度数值时，式中 f_{ce} 值可用水泥强度等级值乘以富余系数 γ_c，代入式中。γ_c 应按各地区实际统计资料确定。）

C/W——灰水比（水泥与水质量比），适用范围为 1.25～2.5 之间。

α_a、α_b——回归系数，与骨料的品种、水泥品种等因素有关。应根据工程所用水泥、骨料，通过试验由建立的灰水比与混凝土强度关系式确定。

若混凝土中掺入矿物掺合料，混凝土强度等级小于 C60，上述混凝土强度公式可采用下列公式计算水胶比：

$$\frac{W}{B} = \frac{\alpha_a f_b}{f_{cu,0} + \alpha_a \alpha_b f_b}$$

式中，W/B——混凝土水胶比；

f_b——胶凝材料（水泥和矿物掺合料）28d 胶砂抗压强度实测值，MPa。

混凝土强度公式中的回归系数（α_a、α_b）宜按工程所使用的原材料，通过试验建立的水胶比与混凝土强度关系式来确定。如果原材料或工艺条件改变了，则 α_a、α_b 系数也会随之改变。对于混凝土用量大的工程，必须结合工地具体条件，通过进行不同水胶比的混凝土强度试验，求出符合当地实际情况的 α_a、α_b 系数，这样既能保证混凝土的质量，又能取得较高的经济效益。

当不具备上述试验统计资料时，可按《普通混凝土配合比设计规程》（JGJ 55—2011）提供的 α_a、α_b 系数取值：

采用碎石：$\alpha_a = 0.53$　$\alpha_b = 0.20$

采用卵石：$\alpha_a = 0.49$　$\alpha_b = 0.13$

利用混凝土强度公式，可根据所用的水泥强度等级和水灰（胶）比估计所配制的混凝土强度，也可根据水泥强度等级和要求的混凝土强度等级来计算应采用的水灰（胶）比。

2. 骨料的品种、质量及数量

（1）骨料的品种　普通混凝土常用粗骨料为碎石或卵石。前述已知，碎石表面粗糙，有利于骨料与水泥砂浆之间的机械啮合力和粘结力的形成，因此，用碎石配制的混凝土比卵石混凝土强度高，这是从界面强度的提高而得出的。大量试验证明，骨料品种对混凝土强度影响是随水灰（胶）比不同而有不同的表现。当水灰（胶）比小于 0.4 时，碎石与水泥砂浆间的粘结力明显高于卵石与水泥砂浆间的粘结力，所配制的混凝土强度，前者比后者高出 38%（图 6-15）。但当水灰（胶）比大于 0.65 时，两者强度差异已不大显著了。这是因为水灰（胶）比大时，决定混凝土强度的主要矛盾由骨料界面强度转化为水泥石强度了。

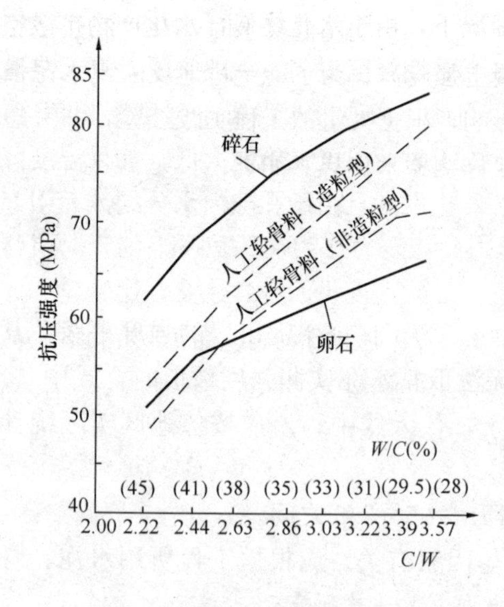

图 6-15 骨料品种与抗压强度关系

（2）骨料的质量 骨料质量对混凝土性能的影响在骨料一节中已涉及，包括有害杂质、针片状颗粒、坚固性、强度等。这里重点论述以下几方面对混凝土强度的影响。

骨料的强度：根据混凝土受力的破坏特征可知，当骨料强度大于水泥石强度，则混凝土强度由界面强度及水泥石强度所支配，在此情况下，骨料强度对混凝土基本没有什么影响；如骨料强度低于水泥石强度，则骨料强度与混凝土强度相关，会使混凝土强度下降；但过强过硬的骨料可能在混凝土因温、湿度变化发生体积变化时，使水泥石受到较大的应力而开裂，反而混凝土强度受到影响。

骨料的粒形：以接近球形或立方形者为好，若使用过多的扁平和细长颗粒，不但会给施工带来不利影响，而且增加了混凝土的孔隙率，扩大了混凝土中骨料的表面积，增加了混凝土的薄弱环节，导致混凝土强度的降低。

骨料的粒径：对于普通混凝土而言，采用适当较大粒径的骨料，对混凝土强度是有利的，但如采用最大粒径过大的骨料则会降低混凝土的强度。这是因为过大的颗粒减少了骨料的表面积，界面粘结强度较小，使混凝土强度降低；另一方面，过大的骨料颗粒限制了水泥石收缩而产生的应力也较大，从而使水泥开裂或水泥石与骨料界面产生微裂缝，也降低粘结强度，导致混凝土后期强度的衰减。但是对于高强混凝土来说，采用较小粒径的骨料较好，因为在骨料强度一定情况下，高强混凝土具有较小的水灰（胶）比，骨料界面强度较高，此时采用小粒径骨料可以增加骨料在混凝土中分布均匀性，进一步增强界面强度，从而提高混凝土强度。

（3）骨料的数量 一般认为混凝土中骨料与水泥质量的比例对混凝土影响是次要因素，但对强度等级大于 C35 的混凝土，该比例的影响却明显地表现出来。在水灰（胶）比相同的条件下，混凝土强度随骨料与水泥质量比的增大而提高。其原因是骨料数量增多、吸水量增大，有效水灰比降低从而使混凝土强度提高；另外，随着骨料相对数量增大，水泥浆数量相对减少，混凝土内部孔隙也随之减少，骨料对混凝土强度所起作用得以更好发挥。

3. 养护温度与湿度

混凝土所处的环境温度和湿度，都会对混凝土强度产生重要的影响，通常称为养护，养护的目的是为了保证水泥水化过程正常进行，从而获得质量良好的混凝土。

（1）温度

混凝土的硬化，原因在于水泥的水化作用。周围环境或养护温度高，水泥水化速度快，早期强度高，混凝土初期强度也高，但值得注意的是，早期养护温度越高，混凝土后期强度的增进率越小。从图 6-16 中看出，以养护温度为 23℃时 28d 混凝土抗压强度为基准，在养护温度 23～49℃（早期 7d 以前）混凝土强度高于养护温度 4～13℃的混凝土强度，但在后期（28d）养护温度高的混凝土强度有所下降。这是由于急速的早期水化会导致水化物分布不均，水泥水化物稠密程度低的区域将会成为水泥石中的薄弱点，从而降低混凝土整体的强度；水泥水化物稠密程度高的区域，包裹在水泥粒子周围的水化物，会妨碍水化反应的继续进行，对后期强度发展不利。而在养护温度较低的情况下，由于水化缓慢，水化产物扩散空间较充分从而使水化物在水泥石中均匀分布，使混凝土后期强度提高。一般来说，夏天浇灌的混凝土要比在秋冬季浇灌的混凝土后期强度为低。因此，从温度对混凝土强度影响角度，夏季混凝土施工，要注意温度不宜过高，冬季混凝土施工时，温度又不能太低，如果温度降至冰点以下，则由于水泥水化停止进行，混凝土强度停止发展且由于孔隙内水分结冰而引起的膨胀（水结冰体积可膨胀约9%）产生相当大的压力，该压力作用在孔隙、毛细管时将使混凝土内部结构遭受破坏，使已获得的强度受到损失。如果温度再回升，冰又开始融化。如此反复冻融时，混凝土内部的微裂缝，还会逐渐增加、扩大，导致混凝土表面开始剥落，甚至完全崩溃，混凝土强度进一步降低，所以应当特别防止混凝土早期受冻（图6-17）。

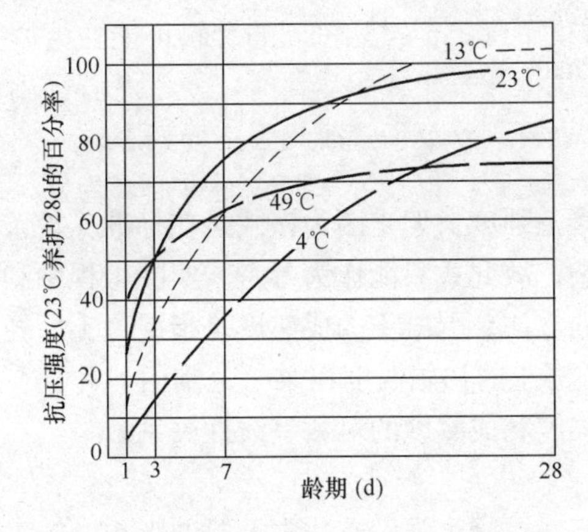

图6-16　混凝土强度与养护温度的关系

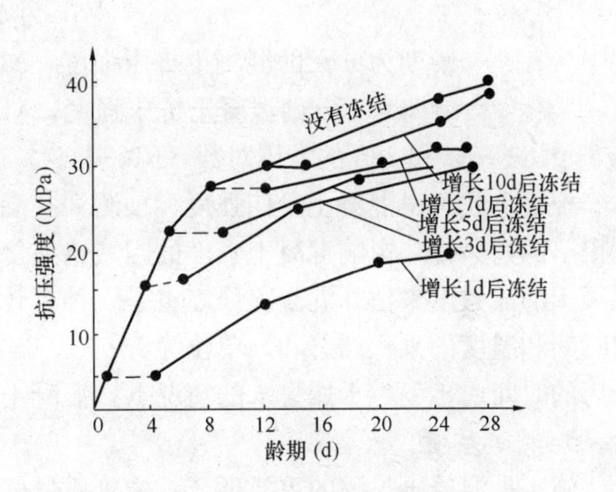

图6-17　混凝土强度与冻结龄期的关系

（2）湿度

水是水泥水化反应的必要条件，因此，周围环境的湿度对混凝土强度能否正常发展有显著影响。湿度不够，混凝土会因失水干燥而影响水泥水化作用的正常进行，甚至停止水化。受干燥作用的时间越早，造成的干缩开裂越严重，结构越疏松，强度受到损失就越大。所以施工过程中应注意保持混凝土凝结硬化所需要的湿度，以利于混凝土强度的正常增长。图6-18是混凝土初期处于潮湿环境中后又在干燥空气中养护，可看出其最终强度比一直在潮湿条件下的强度低得多，因此应当根据水泥品种，在混凝土成型后，保持一定时间的湿润养护环境。《混凝土结构工程施工规范》（GB 50666—2011）规定，混凝土浇筑后应及时进行保湿养护。保湿养护可采用洒水、覆盖、喷涂养护剂等方式。养护方式应根据现场条件、环境温湿度、构件特点、技术要求、施工操作等因素确定。使用硅酸盐水泥、普通水泥和矿渣水泥配制的混凝土，养护时间不应小于7d；采用其他品种水泥时，养护时间应根据水泥性能确定。采用缓凝型外加剂、大掺量矿物掺合料配制的混凝土，不应小于14d。抗渗混凝土、强度等级C60及以上的

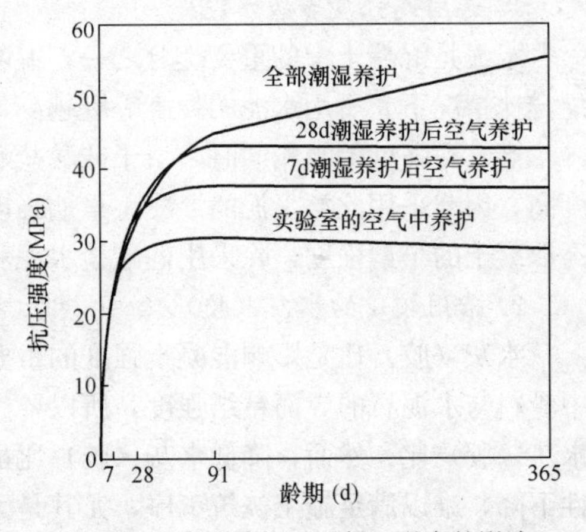

图6-18　潮湿养护对混凝土强度的影响

混凝土，不应小于14d。干燥或炎热气候条件下不得少于21d。大体积混凝土养护时间应根据施工方案确定。尤其是高强混凝土在成型后必须立即采取保湿措施。

4. 龄期

龄期对混凝土强度影响遵循水泥水化历程规律，即随着时间的延长强度也随之增长。最初7～14d内，强度增长较快，28d以后增长较慢。但只要温湿度适宜，其强度仍随龄期增长。因此，在一定条件下养护的混凝土，可根据其早期强度大致估计28d强度。

普通水泥制成的混凝土，在标准养护条件下，其强度的发展，大致与其龄期的常用对数成正比：

$$f_n = f_{28}\frac{\lg n}{\lg 28}$$

式中，f_n——龄期为n天的混凝土抗压强度，MPa；

f_{28}——龄期为28d的混凝土抗压强度，MPa；

$\lg n$、$\lg 28$——n和28d的常用对数（$n \geqslant 3$d）。

根据上式可由混凝土早期强度，预测28d混凝土强度。但是因为该式是在标准养护条件下得出的，另外，影响混凝土强度的因素错综复杂，故此式只能作为参考。实际工程中利用混凝土的成熟度来估算混凝土强度也是一种有效的方法。混凝土的成熟度是指混凝土所经历的时间和温度的乘积的总和，单位为h·℃。当混凝土的初始温度在某一范围内，并且在所经历的时间内不发生干燥失水的情况下，混凝土强度和成熟度的对数呈线性关系。

5. 施工质量

施工是混凝土工程的重要环节，施工质量好坏对混凝土强度有非常重要的影响。施工质量包括配料准确，搅拌均匀，振捣密实，养护适宜等。哪一道工序忽视了规范管理和操作，都会导致混凝土强度的降低。

6.3.5 提高混凝土强度的措施

从影响混凝土强度的因素可以看出，各种影响因素不是独立存在的，改善或提高混凝土强度，需要综合考虑多种因素，如原材料的质量及配合比、施工工艺控制及养护条件等。提高混凝土强度可采取如下措施：

1. 选用高强度等级水泥

水泥是混凝土中的重要组分之一，混凝土强度来源于水泥的活性作用，一般来说，相同配合比情况下，所用水泥的强度等级越高，混凝土的强度越高。

当水泥强度等级相同时，由于硅酸盐水泥和普通水泥早期强度比其他品种水泥的早期强度高，因此采用此类水泥的混凝土早期强度较高。实际工程中，为加快工程进度，常需要提高混凝土的早期强度，除采用硅酸盐水泥和普通水泥外，也可采用快硬早强水泥。

2. 采用较小的水灰（胶）比

水灰（胶）比是影响混凝土强度的重要因素，水灰（胶）比减小，可以显著增加混凝土中骨料与水泥石的界面粘结强度，所以要想提高混凝土强度，理论上讲应尽量降低混凝土中水灰（胶）比。然而，降低水灰（胶）比虽然可以带来强度的提高，同时也必然会引起流动性下降，难以满足施工浇筑工序，尤其是无法实现泵送混凝土施工工艺的要求。随着混凝土科学技术不断发展，通过在混凝土中加入高效减水剂的方法，解决了小水灰（胶）比和大流动性之间的矛盾，使混凝土在保持所需流动性同时，用水量可以大幅度减少，如水胶比小于0.3时，混凝土坍落度仍可达180mm以上。另一方面，混凝土中游离水减少，也减少了混凝土内部孔隙，增加了混凝土密实度，进而提高了混凝土强度。目前，免振自密实混凝土的配制，均可通过外加剂的技术来实现，可见混凝土科学技术所产生的巨大作用。

3. 选择高质量的骨料

骨料分布在混凝土中以其坚硬和强度高发挥着骨架的作用，实践证明，混凝土强度与骨料的质量、粒形、表面性状等密切相关。因此，从混凝土组成材料的内因考虑，除水泥强度和水灰（胶）比外，高质量的骨料对提高混凝土强度也是不容忽视的。随着天然骨料资源的枯竭，开发人工骨料已成为可持续发展的一个趋势，所以，注重选择质量好、性能佳的骨料也是保证混凝土强度的措施。

4. 采用强制式机械搅拌

强制式机械搅拌与自落式搅拌相比，会使混凝土拌合物更易于均匀，特别在拌合低流动性混凝土拌合物时效果更显著。这是因为强制式机械搅拌可以使稠度较大的水泥浆体触变液化，降低了混凝土拌合物各组分在拌合过程中产生的极限剪应力和内部摩阻力，使水和水泥浆体较均匀地分布在拌合物内，达到较好的均匀性。采用合理的搅拌程序（如二次投料等）也可提高搅拌质量，达到混凝土结构形成更密实的目的。

5. 加强振捣

振捣是保证模板内各个部位混凝土密实、均匀，应采用插入式振动棒、平板振动器或附着振动器，必要时可采用人工辅助振捣。在振动作用下，水泥水化生成的胶体由凝胶转化为溶胶，并破坏了各组分颗粒间的粘结力，使内阻大大降低，最后使混凝土拌合物部分或全部液化，排出空气，使混凝土拌合物密实，从而提高混凝土强度。为提高密实成型效果，应采用合理的振动成型制度（包括振捣时间、振动频率、振幅及振动加速度等）及先进的振动设备（如高频振动、变频振动及多向振动设备），以获得最佳振动效果。

随着混凝土科学技术不断发展，从能耗角度考虑，为了节省振动设备产生的能耗，研制开发低水灰（胶）比、高流动性、高密实性的免振混凝土，已成为发展方向。

6. 加强养护

保湿养护是混凝土强度正常发展乃至提高的重要环节，作为影响混凝土强度的外部因素，相关规范已对养护方式及养护时间有明确规定，对于混凝土构件或制品厂，常采用蒸汽养护、蒸压养护等方法。

蒸汽养护就是将成型后的混凝土制品放在100℃以下的常压蒸汽中进行养护。目的是加快混凝土强度发展的速度。混凝土经16～20h的蒸汽养护后，其强度即可达到标准养护条件下28d强度的70%～80%。蒸汽养护的制度为静置－升温－恒温－降温四个养护阶段。混凝土成型后的静置时间不宜少于2h，升温速度不宜超过25℃/h,降温速度不宜超过20℃/h，最高和恒温温度不宜超过65℃。

普通硅酸盐水泥配制的混凝土，经蒸汽养护后，再在标准条件下养护28d的抗压强度，要比一直在标准条件下养护至28d的抗压强度低10%～15%。其原因是高温养护使水泥水化速度加快，但同时过早在水泥颗粒表面形成水化产物凝胶膜层，阻碍了水泥进一步水化，所以强度增长速度反而下降。而矿渣或火山灰硅酸盐水泥配制的混凝土经蒸汽养护后的28d强度，能提高20%～40%。其原因是高温养护加速了活性混合材料与氢氧化钙的化学反应，同时由于溶液中氢氧化钙逐渐减少，又促使水泥颗粒进一步水化，水化生成物较多，强度增长较快，所以能提高混凝土强度。

7. 掺入外加剂、掺合料

混凝土中掺入矿物掺合料和化学外加剂的作用和效果详见本教材第 4 章、第 5 章。

6.3.6 混凝土其他强度

1. 混凝土轴心抗压强度

确定混凝土的强度等级是采用立方体试件，但实际工程中，钢筋混凝土结构形式极少是立方体的，大部分是棱柱体型或圆柱体型。为了使测得的混凝土强度接近于混凝土结构实际情况，在钢筋混凝土结构计算中，计算轴心受压构件（例如柱子、桁架的腹杆等）时，都是采用混凝土的轴心抗压强度 f_{cp} 作为依据。根据《普通混凝土力学性能试验方法》（GB/T 50081—2002）规定，测轴心抗压强度，采用 150mm×150mm×300mm 棱柱体作为标准试件。如有必要，也可以采用非标准尺寸的棱柱体试件，但其高宽比（即 h/a）应在 2～3 的范围内。棱柱体试件是在与立方体相同的条件下制作的，测得的轴心抗压强度 f_{cp} 比同截面的立方体强度值 f_{cu} 小，棱柱体试件高宽比越大，轴心抗压强度越小，但当高宽比达到一定值后，强度就不再降低。因为这时在试件的中间区段已无环箍效应，形成了纯压状态。但是过高的试件在破坏前由于失稳产生较大的附加偏心，又会降低其抗压的试验强度值。关于轴心抗压强度 f_{cp} 与立方体抗压强度 f_{cu} 间的关系，通过许多组棱柱体和立方体试件的强度试验表明：在立方体抗压强度 f_{cu}=10～55MPa 的范围内，f_{cp} 与 f_{cu} 之比约 0.7～0.8。

2. 混凝土抗拉强度

混凝土属脆性材料，直接受拉力作用时，极易开裂，破坏前无明显变形征兆，工程中一般不依靠混凝土抗拉强度。但是，对某些结构（如水池、水塔等）严格控制混凝土裂缝的出现极为重要。因此，抗拉强度对于开裂控制有重要意义，在结构设计中抗拉强度是确定混凝土抗裂度的重要指标。抗拉强度指标不能以试件直接受拉求得，因为外力作用线与试件轴心方向不易调成一致，所以我国采用劈裂抗拉强度试验法间接地得出混凝土的抗拉强度，此强度称为劈裂抗拉强度，简称劈拉强度 f_{ts}（图 6-19）。

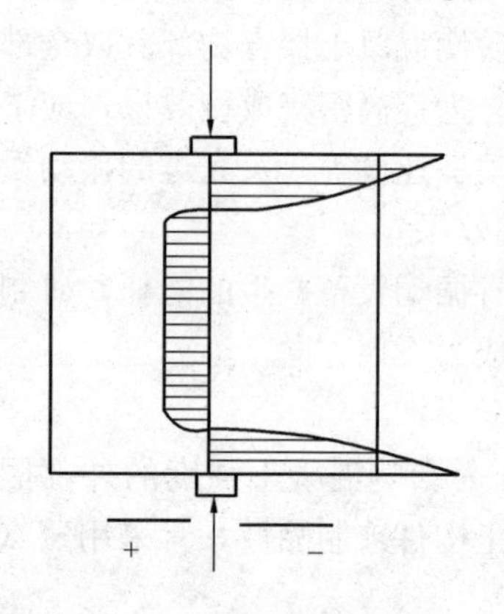

图 6-19 劈裂试验示意

该方法的原理是在试件的两个相对的表面中线上，作用着均匀分布的压力，这样就能在外力作用的竖向平面内产生均布拉伸应力，该应力可以根据弹性理论计算得出。这个方法大大地简化了抗拉试件的制作，并且较正确地反映了试件的抗拉强度。混凝土劈裂抗拉强度应按下式计算：

$$f_{ts}=\frac{2P}{\pi A}=0.637\frac{P}{A}$$

式中，f_{ts}——混凝土劈裂抗拉强度，MPa；

P——破坏荷载，N；

A——试件劈裂面面积，mm^2。

混凝土按劈裂试验所得的抗拉强度 f_{ts} 换算成轴拉试验所得的抗拉强度，应乘以换算系数，该系数可由试验确定。关于劈裂抗拉强度 f_{ts} 与标准立方体抗压强度之间的关系，可用下列经验公式表达：

$$f_{ts}=0.35f_{cu}^{3/4}$$

3. 混凝土抗弯强度

道路路面或机场跑道用混凝土，是以抗弯强度（或称抗折强度）为主要设计指标，而抗压强度作为参考强度指标。因此，抗弯强度在道桥等设计、施工中是很重要的一项技术指标。水泥混凝土的抗弯强度试验是以标准方法制备成 150mm×150mm×550mm 的梁形试件，在标准条件下养护 28d 后，按三分点加荷，测定其抗弯强度（f_{cf}），按下式计算：

$$f_{cf}=\frac{PL}{bh^2}$$

式中，f_{cf}——混凝土抗弯强度，MPa；

P——破坏荷载，N；

L——支座间距，mm；

b——试件截面宽度，mm；

h——试件截面高度，mm；

按照我国《公路水泥混凝土路面设计规范》（JTG D40—2011）规定，不同交通荷载等级要求的水泥混凝土抗弯强度标准值见表 6-8。

表 6-8　路面水泥混凝土抗弯强度标准值

交通荷载分级	极重、特重、重	中等	轻
水泥混凝土抗弯强度标准值（MPa）	≥5.0	4.5	4.0
钢纤维混凝土抗弯强度标准值（MPa）	≥6.0	5.5	5.0

为了保证路面混凝土的耐久性、耐磨性、抗冻性等要求，其抗压强度不应太低，道路混凝土要求的抗弯强度与抗压强度关系经验参考值见表 6-9。

表 6-9　路面水泥混凝土抗弯强度与抗压强度经验参考值

抗弯强度 f_{cf}（MPa）	1.5	2.0	2.5	3.0	3.5	4.0	4.5	5.0	5.5
抗压强度 f_{cu}（MPa）	7	11	15	20	25	30	36	42	49

6.4　混凝土的变形性能

混凝土的变形有非荷载作用下的变形和荷载作用下的变形；非荷载作用下的变形又分为化学收缩、塑性收缩、干湿变形及温度变形；荷载作用下的变形又分为短期荷载和长期荷载作用下的变形。

6.4.1　混凝土在非荷载作用下的变形

1. 化学收缩

混凝土在硬化过程中，由于水泥水化产物的体积小于反应物（水和水泥）的体积，引起混凝土产生的体积收缩，称为化学收缩。其收缩量是随着混凝土龄期的延长而增加，大致与时间的对数成正比。一般在混凝土成型后 40d 内收缩量增加较快，以后逐渐趋向稳定。这种收缩是不可恢复的，可使混凝土内部产生微细裂缝。

2. 塑性收缩

混凝土成型后尚未凝结硬化时属塑性阶段，在此阶段往往由于表面失水而产生收缩，称为塑性收缩。新拌混凝土若表面失水速率超过内部水向表面迁移的速率时，会造成毛细管内部产生负压，因而使浆体中固体粒子间产生一定引力，便产生了收缩，如果引力不均匀作用于混凝土表面，则表面将产生裂纹。

在道路、地坪、楼板等大面积的工程中，塑性收缩是一种常见的收缩，以夏季施工最为普遍。所以，预防塑性收缩开裂的方法是降低混凝土表面失水速率，采取防风、降温、养护等措施。最有效的方法是凝结硬化前保持混凝土表面的湿润，如在表面覆盖塑料膜、喷洒养护剂等。

3. 干湿变形

混凝土的干湿变形主要取决于周围环境湿度的变化，表现为干缩—湿胀。干缩对混凝土影响很大，应予以特别注意。

混凝土处于干燥环境时，首先发生毛细管的游离水蒸发，使毛细管内形成负压，随着空气湿度的降低负压逐渐增大，产生收缩力，导致混凝土整体收缩。当毛细管内水蒸发完后，若继续干燥，还会使吸附在胶体颗粒上的水蒸发，由于分子引力的作用，粒子间距变小，引起胶体收缩，称这种收缩为干燥收缩。

国外学者近年来又提出“自收缩”概念，即混凝土在与外界无水分交换条件下，由于混凝土中水泥矿物成分的水化反应，混凝土内部水分减少、湿度降低而产生的“自生收缩”。

混凝土干缩变形是由表及里逐渐进行的，因而会产生表面收缩大，内部收缩小，导致混凝土表面受到拉力作用。当拉应力超过混凝土的抗拉强度时，混凝土表面就会产生裂缝。此外，混凝土在干缩过程中，骨料并不产生收缩，因而在骨料与水泥石界面上也会产生微裂缝，裂缝的存在，会对混凝土强度、耐久性产生有害作用。

影响混凝土干缩的因素有：

(1) 水泥用量、品种、细度

水泥用量是决定干缩变形大小的主要因素。在水灰比相同的条件下，水泥用量愈大，混凝土干缩变形愈大。水泥品种与细度对混凝土干缩也有很大影响，如火山灰硅酸盐水泥比硅酸盐水泥干缩率大，水泥愈细，干缩率愈大。

(2) 水灰比

相同水泥用量，水灰比大，混凝土内毛细孔数量多，混凝土干缩大。一般来说，用水量若增加1%，混凝土干缩率增加2%～3%。

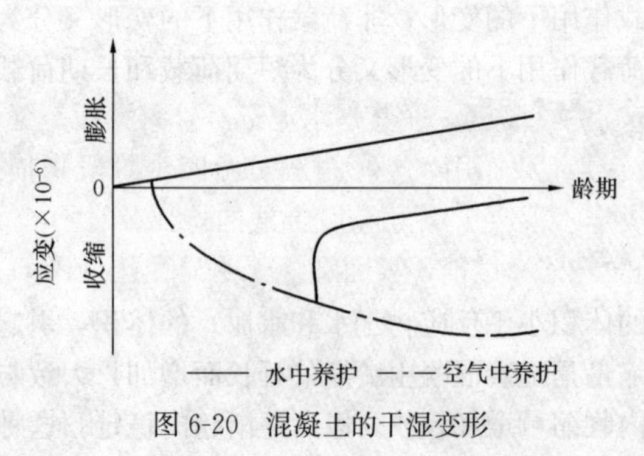

图 6-20 混凝土的干湿变形

(3) 骨料的质量

骨料粒径、级配、含泥量都与混凝土中所用水泥与水的数量有关。混凝土干缩随着骨料质量的提高而减小。

(4) 养护条件

养护湿度高，养护时间长，有利于推迟混凝土干燥收缩的产生和发展，可避免混凝土在早期产生较多的干缩裂纹。

混凝土处在潮湿或水中养护时，与在干

燥空气中养护时的变形是完全不同的。从图6-20可看出，置于水中的混凝土体积不但不收缩而且稍有膨胀。这是由于水泥石中凝胶体颗粒的吸附水膜增厚所致。膨胀值比收缩值小，当空气的相对湿度为70%时，混凝土收缩值为水中膨胀值6倍，相对湿度为50%时为8倍。若将已经干缩的混凝土重新放入水中或潮湿环境中，混凝土体积会重新产生湿胀，但并不能恢复全部的干缩变形。即使长期放在水中仍然有残余变形保留下来，普通混凝土不可恢复的变形约为干缩变形的30%～60%。因此，减少干缩是保证混凝土施工质量的关键一步。

在工程设计中，要充分考虑混凝土干缩变形对结构的影响。通常，混凝土极限干缩值为(50～90)$\times 10^{-5}$之间。实际工程，由于混凝土并非处于完全干燥状态，设计时，采用混凝土线收缩值为（15～20）$\times 10^{-5}$，即每米收缩为0.15～0.2mm。

4. *温度变形*

混凝土具有热胀冷缩的性质，称其变形为温度变形。在一般温度变化范围内，混凝土长度的变化，可用下式求出。

$$\Delta L=\alpha \cdot L \cdot \Delta t$$

式中，ΔL——混凝土长度变化，m；

α——混凝土温度变形系数，$\alpha=1.0\times 10^{-5}/℃$（即温度每升降1℃，每米胀缩0.00001m或0.01mm）。

L——混凝土结构长度，m；

Δt——温差，℃。

温度变形对大体积混凝土工程极为不利。这是因为在混凝土硬化初期，由于水泥水化放出较多的热量，混凝土又是热的不良导体，散热速度慢，聚集在混凝土内部的热量使温度升高，有时可达到50～70℃，造成内部膨胀和外部收缩互相制约，混凝土表面将产生很大拉应力，严重时使混凝土产生开裂。所以大体积混凝土施工时，必须尽量设法减少内外温度差，一方面可采用低热水泥，减少水泥用量，降低内部发热量；另一方面，加强外部混凝土的保温措施，使降温不至于过快，当内部温度开始下降时，又要注意及时调整外部降温速度，可洒水散热。总之，根据具体情况，拟定混凝土升温、降温过程中的措施和方案是保证大体积混凝土工程质量不可忽视的问题。

在纵长的钢筋混凝土结构物中，每隔一段长度，应设置温度伸缩缝及温度钢筋，以减少温度变形造成的危害。

6.4.2 混凝土在荷载作用下的变形

1. *在短期荷载作用下的变形*

（1）混凝土变形特征

如前所述，混凝土结构在形成过程中已存在内部裂缝，尤其是水泥石—骨料界面裂缝难以避免。从混凝土荷载-变形关系看，混凝土受到荷载作用，变形过程可由四个阶段来描述（图6-21混凝土受压变形曲线），这四个阶段决定了混凝土应力-应变曲线的特征。

当荷载到达“比例极限”（约为极限荷载的30%）以前，界面裂缝无明显变化（图6-21第Ⅰ阶段）。此时荷载与变形是直线关系；荷载超过Ⅰ阶段，进入Ⅱ阶段（图6-21第Ⅱ阶段），界面裂缝的数量、长度、宽度逐渐增大，界面借摩阻力继续承担荷载，此时变形增大的速度已超过荷载增大的速度，荷载与变形之间不再是直线关系。当荷载超过极限荷载的

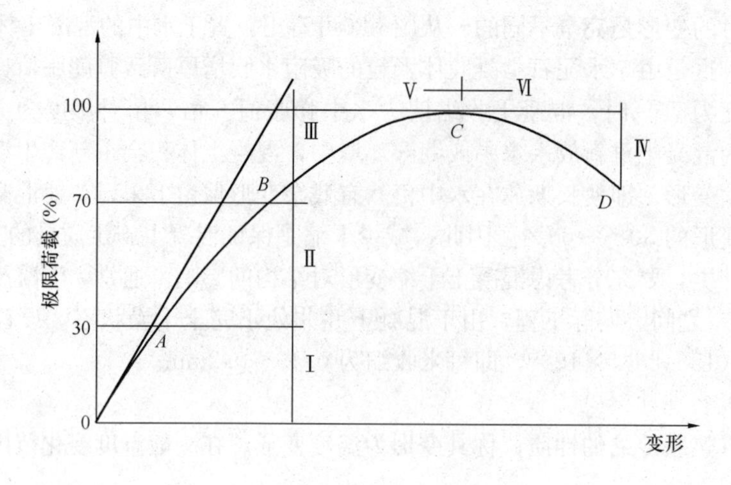

图 6-21　混凝土受压变形曲线

70%～90%时，在界面裂缝继续扩展同时，砂浆开始出现裂缝，并将和相邻界面裂缝连接、汇合。此时变形明显进一步加快，荷载与变形曲线弯向变形轴方向（图 6-21 第Ⅲ阶段），达到极限荷载，裂缝迅速发展，变形迅速增大，荷载-变形曲线下降，混凝土最终破坏。

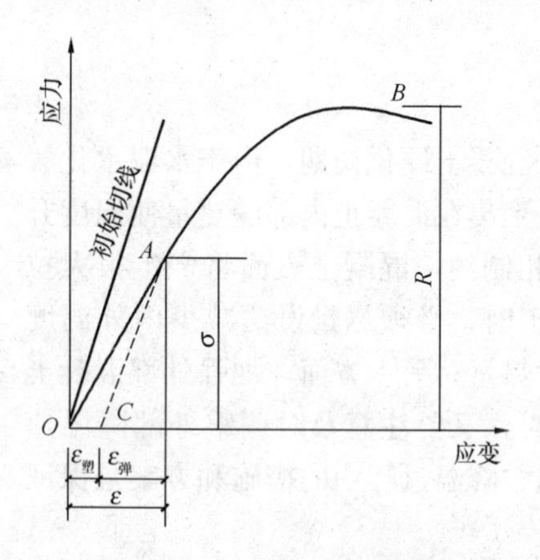

图 6-22　混凝土应力-应变

从上述荷载-变形关系可看出，混凝土不是一种完全的弹性体，也非完全塑性体，而是一种弹塑性体。若在上升段的某一点取应力 σ，对应应变为 ε，则 ε 可以看做包括了卸载后由混凝土弹性变形引起的能恢复的弹性应变 $\varepsilon_{弹}$ 和由混凝土塑性变形引起的剩余的不能恢复的塑性应变 $\varepsilon_{塑}$，从图 6-22 看出，当塑性应变 $\varepsilon_{塑}$ 所占总变形比例愈小时，混凝土的变形愈接近弹性变形。

（2）混凝土静弹性模量

混凝土弹性模量是反映混凝土结构或钢筋混凝土结构刚度大小的重要指标。在计算钢筋混凝土结构的变形、裂缝出现及受力分析时，都须用此指标。但整个受力过程中，混凝土并非完全弹性变形，因此计算混凝土弹性模量对应的应力 σ 与应变 ε 比值成为一个变量，不能简单加以确定。

试验证明，当静压应力取值（0.3～0.5）f_{cp}时，随着重复施力的进行（图 6-23），每次卸荷都残留一部分塑性变形（$\varepsilon_{塑}$），随着重复次数增加，$\varepsilon_{塑}$ 的增量逐渐减少，即 $\varepsilon_{塑}$ 占总变形的比例趋于零，使曲线稳定于 $A'C'$线，此时，$A'C'$线上任一点应力 σ 与应变 ε 的比值趋于常数，在数值上与原点初始切线的 $\tan\alpha$ 相近（图 6-23）。为测定方便、准确，《普通混凝土力学性能试验方法标准》（GB/T 50081—2002）规定，采用 150mm×150mm×300mm 的棱柱试件，试验控制应力为轴心抗压强度的1/3（也可取 0.4f_{cp}作为应力值），经过重复加荷 4～5 次后，测得的应

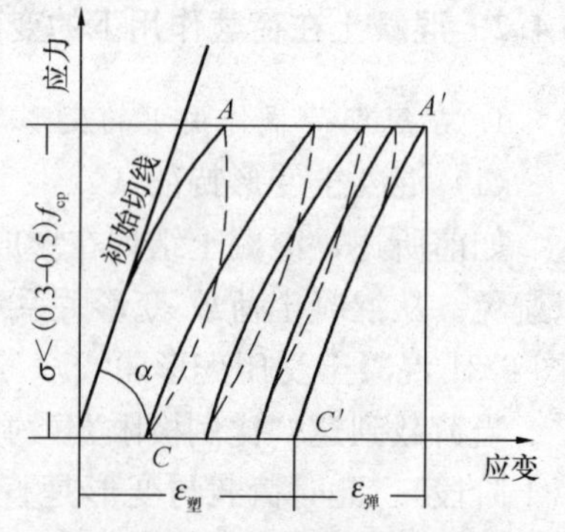

图 6-23　低应力重复荷载的应力-应变关系

力与应变的比值，即混凝土弹性模量，也称割线模量。

混凝土的强度等级越高，弹性模量越高，两者存在一定的相关性。当混凝土强度等级由C10增加到C60时，其弹性模量大致由 1.75×10^4 MPa 增至 3.60×10^4 MPa。

影响混凝土弹性模量的因素有：

1）水泥用量少，水灰比小，粗细骨料用量较多，则混凝土弹性模量大。

2）骨料弹性模量大，混凝土弹性模量大；骨料质量好，级配优良，混凝土弹性模量高。

3）在相同强度情况下，早期养护温度适宜的混凝土具有较大的弹性模量，蒸汽养护混凝土弹性模量较具有相同强度的在标准条件下养护的混凝土弹性模量小。

4）引气混凝土弹性模量较非引气的混凝土低20%～30%。

（3）混凝土动弹性模量

为了检验混凝土在各种因素作用下的内部结构变化情况，配合混凝土快冻试验，需用动弹性模量指标。

混凝土动弹性模量一般以共振法进行测定。其测定原理是使试件在一个可调频率的周期性外力作用下产生受迫振动，如外加的频率等于试件的基频振动频率时，则产生共振，试件的振幅达到最大，将测得的试件基频振动频率 f 代入下式计算动弹性模量 E_d：

$$E_d=13.244\times10^{-4}\times W\times L^3\times f^2/a^4$$

式中，E_d——动弹性模量，MPa；

W——试件质量，kg；

L——试件长度，mm；

a——正方形截面试件的边长，mm；

f——试件横向振动时的基频振动频率，Hz。

在我国北方地区，冬季大量使用除冰盐对道路进行除冰，此时混凝土所遭受的冻融并不是在饱水状态下水的冻融循环，所以，混凝土动弹性模量指标可以用超声法测试。超声波测试仪的频率范围与共振法的频率范围不同，应注意区分。

（4）混凝土抗折弹性模量

道路混凝土是以水泥混凝土板作面层，下设基层所组成，由于路面板直接承受车辆荷载冲击摩擦和反复弯曲作用，在强度方面以抗折强度为控制指标，因此所采用的混凝土弹性模量也应根据抗折试验确定，称为抗折弹性模量。混凝土抗折弹性模量试件制作方法、尺寸及加荷方式均与抗折强度试验相同，并规定用挠度法，取 $P_{0.5}$ 级（即 $0.4f_{cf}$）时割线模量为抗折弹性模量 E_{cf}。

$$E_{cf}=\frac{23FL^3}{1296fJ}\times10^4$$

式中，F——试件的荷载值，N；

f——试件的跨中挠度，mm；

L——支点间距，$L=450$mm；

J——试件截面转动惯量，$J=bh^3/12$，mm^4；

b——试件截面宽度，$b=150$mm；

h——试件截面高度，$h=150$mm。

鉴于抗折弹性模量测试比较费时，难以测准，允许在无条件测试时，可按混凝土计算抗折强度参照表6-10选用，或按下式确定：

$$E_{cf}=1.44f_{cf}^{0.459}\times10^{4}\ (\text{MPa})$$

表 6-10　路面水泥混凝土抗折强度与弹性模量关系

混凝土计算抗折强度 f_{cf}（MPa）	4.0～4.5	4.5～5.5
混凝土抗折弹性模量 E_{cf}（$\times10^4$MPa）	2.7～3.1	2.8～3.5

2. 在长期荷载作用下的变形

混凝土在长期荷载作用下，沿着作用力方向的变形会随时间不断增长，即荷载不变而变形随时间不断增大，一般要延续2～3年才趋于稳定。这种现象称为徐变。图6-24为混凝土应变与加荷时间关系。在加荷瞬间，混凝土产生瞬时变形，随着时间的延长，又产生徐变变形，在荷载作用初期，徐变变形增长较快，以后逐渐变慢且稳定下来。混凝土的最终徐变应变可达（3～15）$\times10^{-4}$，即0.3～1.5mm/m。当变形稳定以后卸载，一部分变形瞬时恢复，其值小于在加荷瞬间产生的瞬时变形。在卸荷后一段时间内变形还会继续恢复，称为徐变恢复。最后残留下来的不能恢复的变形称为残余变形。可见，混凝土的徐变变形往往超过弹性变形的2～3倍，结构设计中忽略是不合适的。

混凝土的徐变是由混凝土中水泥石的徐变所引起的。水泥石的徐变是由于水泥石中的凝胶体在长期荷载作用下的黏性流动，并向毛细孔中移动，同时吸附在凝胶粒子上的吸附水因荷载应力而向毛细孔渗透的结果。从水泥凝结硬化过程可知，随着水泥的逐渐水化，新的凝胶体逐渐填充毛细孔，使毛细孔的相对体积逐渐减少。荷载初期，由于未填满的毛细孔较多，凝胶体较易流动，故徐变增长较快。以后由于内部稳定和水化的进展，毛细孔逐渐减小，徐变发展因而愈来愈慢。

混凝土的徐变受许多因素影响，混凝土在水灰比较大时，徐变较大。水灰比相同时，水泥用量较多的混凝土徐变较大。混凝土所用骨料弹性模量较大时，徐变较小。充分养护，特别是在水中养护的混凝土徐变较小。混凝土的应力越大，徐变越大。

混凝土不论是受压、受拉或受弯时，均有徐变现象。混凝土的徐变对结构物受力影响很大。由于徐变的存在，使结构物内部的应力及变形都会不断产生重分布。例如在计算钢筋混凝土结构时，混凝土的徐变会降低混凝土所承受的应力，而增大钢筋的应力，使结构物中局部集中应力得到缓和。在计算大体积混凝土的温度应力时，必须精确计算徐变变形带来的影响，徐变对大体积混凝土的温度应力起着有利的作用，特别是当温度的变化较慢时，因为温度变形的一部分由徐变变形抵消，从而可以减轻温度变形的破坏作用。值得注意的是，对预应力钢筋混凝土结构，混凝土的徐变将使钢筋的预应力受到损失。

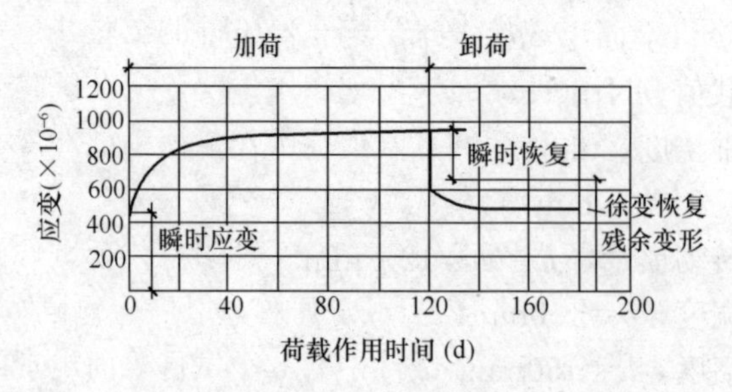

图 6-24　混凝土应变与加荷时间关系

6.5 混凝土的耐久性

混凝土作为量大面广的结构材料，除应满足施工要求的和易性和设计强度等级外，还应满足在不同使用条件下，具有各种长期正常使用的性能。如承受压力水作用时，具有一定的抗渗性能；遭受反复冻融作用时，具有一定的抗冻性能；遭受环境水侵蚀作用时，具有与之相适应的抗侵蚀性能等，这些性能决定着混凝土经久耐用的程度。因此，把混凝土抵抗环境介质作用并长期保持其良好的使用性能的能力称为混凝土的耐久性。

在混凝土结构设计中，往往只重视强度对混凝土结构的影响，忽视环境对结构的作用，以至于混凝土结构在未达到预定的设计使用年限，即出现钢筋锈胀、混凝土剥落劣化等破坏现象，需要大量投资进行修复加固甚至拆除重建，造成资金、能源浪费。

提高混凝土耐久性，对于延长结构寿命，减少修复工作量，提高经济效益具有重要的意义。近年来，随着混凝土结构耐久性设计受到普遍关注，我国混凝土结构设计规范将混凝土结构耐久性设计作为一项重要内容外，混凝土材料耐久性也得到高度重视。

混凝土耐久性是一项综合性能，主要包括抗渗、抗冻、抗化学侵蚀、抗碳化、碱-骨料反应等。

6.5.1 混凝土的抗水渗透性

抗水渗透性是指混凝土具有抵抗压水力而不渗透的性能。例如地下结构物、挡水结构、水塔、压力水管及水坝等，都承受一定压力水作用，必须保证其抗渗能力。抗水渗透性不良，为外界水以及溶于水中的侵蚀性介质的侵入提供了通道，会加速混凝土的化学侵蚀、冻融破坏以及钢筋锈蚀。

1. 抗水渗透性的表示方法

混凝土抗水渗透性有两种表示方法。一是采用平均渗水高度来表示混凝土抗水渗透性，通过渗水高度可以计算相对渗透系数。二是采用逐级施加水压力来测定抗渗等级来表示混凝土抗水渗透性。

(1) 渗水高度法

渗水高度法是以硬化混凝土在恒定水压力和恒定时间测得的平均渗水高度和相对渗透系数来表示。试验时，使水压在24h内恒定控制在（1.2±0.05）MPa，且加压过程不应大于5min，应以达到稳定压力的时间作为试验记录起始时间。在稳压过程中随时观察试件端面的渗水情况，当有某个试件端面出现渗水时，停止该试件的试验并记录时间，并以试件的高度作为该试件的渗水高度。对于试件端面未出现渗水情况，应在试验24h后停止试验，并及时取出试件。以一组6个试件渗水高度的算术平均值作为该组试件渗水高度的测定值。

(2) 逐级加压法

逐级施加水压力测定抗渗等级，是以每组6个试件中有4个试件未出现渗水时的最大水压力乘以10来确定。试验时，水压从0.1 MPa开始，以后应每隔8h增加0.1 MPa水压，并应随时观察试件端面渗水情况。当6个试件中有3个试件表面出现渗水时，或加至规定压力（设计抗渗等级），在8h内6个试件中表面渗水试件少于3个时，可停止试验，并记录此时的水压力。

混凝土的抗渗等级应按下式计算：

$$P = 10H - 1$$

式中，P——混凝土抗渗等级；

H——6个试件中有3个试件渗水时的水压力，MPa。

《混凝土质量控制标准》（GB 50164—2011）将混凝土抗水渗透性能划分为：P4、P6、P8、P10、P12、>P12六个等级，相应表示混凝土能抵抗0.4、0.6、0.8、1.0、1.2及1.2MPa以上的水压力而不渗透。

2. 影响混凝土渗水的因素

混凝土渗水的主要原因是混凝土属多孔结构材料。由于内部孔隙形成连通的渗水通道，这些通道除产生于施工振捣不密实之外，主要来源于水泥浆中多余水分的蒸发而留下的气孔，水泥浆泌水所形成的毛细管孔道以及粗骨料下部聚积的水膜。

（1）水灰（胶）比

混凝土水灰（胶）比的大小，对其抗渗性起决定性作用。这是因为水灰（胶）比越大，形成的渗水通道愈多。试验证明，抗渗性随水灰（胶）比的增加而下降，当水灰（胶）比大于0.6时，抗渗性急剧下降。

（2）骨料的最大粒径

相同水灰比下，骨料最大粒径越大，骨料和水泥浆界面处愈易产生裂隙，骨料下方愈易形成孔穴，渗水通道就愈多，抗渗性就愈差。

（3）水泥品种

水泥品种不同，细度不同，硬化后水泥石孔隙不同，细度越大，孔隙越小，强度越高，则抗渗性越好。

（4）养护条件

在干燥或湿度小的情况下，混凝土早期失水多，易形成收缩裂缝，降低混凝土抗渗性。蒸汽养护的混凝土较潮湿养护混凝土抗渗性差。

（5）外加剂

在混凝土中掺入某些外加剂，如减水剂，可减小水灰比，改善和易性，提高密实性；掺入引气剂，大量均布而封闭的小气泡截断孔隙通道，提高抗渗性。

（6）掺合料

在混凝土中加入掺合料，如掺入适量的优质粉煤灰，可提高混凝土密实度，因而可改善混凝土抗渗性。

总之，混凝土耐久性在很大程度上取决于它的渗透性，提高混凝土抗渗性的关键措施是设法改变混凝土孔隙特征，截断渗水通道或增大密实度。

6.5.2 抗氯离子渗透性

混凝土的抗渗性除压力水作用外，还与溶于水、气中的侵蚀性介质有关。这些侵蚀性介质侵入混凝土的传输途径可以是扩散、渗透和吸收等，所以抗渗透性可以用这些介质在混凝土中的扩散系数、渗透系数或吸收率等参数表示。

扩散是自由分子或离子通过无序运动从高浓度区域到低浓度区域的迁移，其驱动力是浓度差而不是压力差。氯盐和硫酸盐侵入混凝土内部主要是通过溶于混凝土孔隙水中的氯离子和硫酸根离子的扩散而进行的。氯盐环境下混凝土的抗渗性一般用氯离子扩散系数表示。

1. 抗氯离子渗透性的表示方法

抗氯离子渗透性有两种表示方法。

(1) 非稳态快速氯离子迁移系数法（或称 RCM 法）：该方法的原理是将试件的两端分别置于两种溶液之间并施加电位差，上游溶液中含氯盐，在外加电场的驱动下氯离子向混凝土内迁移。经过一定时间后测出氯离子侵入试件中的深度，利用理论公式可以计算得出非稳态快速氯离子迁移系数，简称迁移系数，以此评价混凝土抗氯离子渗透性。按标准规定采用直径为（100±1）mm，高度为（50±2）mm 的圆柱体试件作为标准试件，以标准养护 28d 龄期的试件进行抗氯离子渗透性试验。也可根据设计要求，在 56d 或 84d 进行抗氯离子渗透性试验。抗氯离子渗透性是以 3 个试样的氯离子迁移系数的算术平均值作为该组试件的氯离子迁移系数。

(2) 电通量法

该方法是以美国 ASTM C1202 快速电量测定方法为基础的标准试验方法。这个方法也属于快速电迁移法的范畴，但测定的是通过试件的电量，用 C（库仑值）表示。当电量小于 1000C 时认为抗氯离子渗透性优良。

该方法不适用于测定掺有亚硝酸盐和钢纤维等良导电材料的混凝土。试件仍采用直径为（100±1）mm，高度为（50±2）mm 的圆柱体试件，以标准养护 28d 的试件测得的电通量为准，绘制电流与时间的关系图而获得总电通量。通过将计算的总电通量乘以一个直径为 95mm 的试件和实际试件横截面积的比值来换算成 95mm 试件的电通量。以每组 3 个试件电通量的算术平均值作为电通量测定值：当某一个电通量值与中值的差值超过中值的 15%时，应取其余两个试件的电通量的算术平均值作为该组试件的试验结果。当有两个测值与中值的差值都超过中值的 15%，应取中值作为该组试件电通量的试验结果测定值。

2. 影响混凝土抗氯离子渗透性的因素

影响混凝土抗氯离子渗透性的因素有水灰比、外加剂、骨料种类、水化程度、龄期和养护等。

6.5.3 抗冻性

抗冻性是混凝土在水饱和条件下，能经受多次冻融循环而不破坏，同时也不严重降低强度的性能。反复冻融破坏的原因主要是混凝土内部孔隙中的水结冰膨胀（约 9%）和融解收缩所致。膨胀造成的静水压力，推动未冻水迁移的渗透压力，当这些压力所产生的内应力超过混凝土抗拉强度时，混凝土就会产生裂缝，多次冻融使裂缝不断扩展直至破坏。

在我国北方严寒或寒冷地区，当混凝土处于接触水又受冻的环境下，经反复冻融后，将出现混凝土开裂、脱落，强度下降现象，因此，混凝土应具有较高抗冻性。

1. 抗冻性的表示方法

《普通混凝土长期性能和耐久性能试验方法标准》（GB/ T 50082—2009）对混凝土抗冻性提出三种表示方法。

慢冻法是以测定试件在气冻—水融条件下，以经受的冻融循环次数来表示的混凝土抗冻性能。

快冻法是以测定混凝土试件在水冻—水融的条件下，以经受的快速冻融循环次数来表示的混凝土抗冻性能。

单面冻融法是以检验混凝土试件处于大气环境中且与盐接触的条件下，以能够经受的冻融循环次数来表示的混凝土抗冻性能。

根据我国实际情况，标准提出应以快冻法的抗冻等级作为检验评定混凝土抗冻性的主要指标。

快冻法中混凝土抗冻等级应以相对动弹性模量下降至不低于60%或者质量损失率不超过5%的最大冻融循环次数来确定，并用符号F表示。

《混凝土质量控制标准》（GB 50164—2011）将混凝土划分为以下抗冻等级：F50、F100、F150、F200、F250、F300、F350、F400、>F400九个等级，分别表示混凝土能够承受反复冻融循环次数为50、100、150、200、250、300、350、400和400以上。

2. 影响混凝土抗冻性的因素

（1）水灰（胶）比

水灰（胶）比与密实度成反比，水灰（胶）比愈小、密实度愈大，抵抗冻融破坏的能力越强，抗冻性愈高。水灰（胶）比与孔隙率成正比，水灰（胶）比愈大、孔隙率愈大，当混凝土内开口孔隙率愈多时，水分愈易渗入，静水压力越大，抗冻性越差。

（2）混凝土孔隙充水程度

饱水程度愈高，冻结后产生的冻胀作用就大，抗冻性越差。

（3）引气剂

在混凝土中掺入引气剂，可使混凝土中孔隙成为细小、封闭、均匀的气泡，使水分难以渗入，同时气泡有一定的适应变形能力，对冰冻破坏起一定的缓冲作用。

（4）掺合料

选择适量优质掺合料，可以提高混凝土密实度，减少混凝土中孔隙数量，抗冻性改善。

（5）养护时间

混凝土因水泥的不断水化强度会随龄期不断增加，一方面可使冻结水量减少，另一方面，水中溶解盐浓度随水化深入而增加，冰点随之而降低，抗冻融破坏能力也增强。所以延长冻结前的养护时间对提高混凝土抗冻性是有利的。

总之，提高混凝土抗冻性的最有效途径是掺用引气剂，但引气量以4%～6%为宜，过多会导致混凝土强度下降。此外，还可掺用减水剂、防冻剂等。

6.5.4 抗侵蚀性

抗侵蚀性是指混凝土在含有侵蚀性介质环境中遭受到化学侵蚀、物理作用不破坏的能力。硫酸盐侵蚀是混凝土化学侵蚀中最广泛和最普遍的形式之一。因此混凝土的抗硫酸盐侵蚀性能被认为是评价混凝土耐久性的重要指标。

混凝土的抗硫酸盐侵蚀是测定混凝土试件在干湿交替环境中，以能够经受的最大干湿循环次数来表示的。

抗硫酸盐等级以混凝土抗压强度耐蚀系数下降到不低于75%时的最大干湿循环次数来确定，并以符号KS表示。

《混凝土质量控制标准》（GB 50164—2011）将混凝土划分为以下抗硫酸盐等级：KS30、KS60、KS90、KS120、KS150、>KS150六个等级。

抗硫酸盐侵蚀性主要取决于水泥的抗侵蚀性，其侵蚀机理详见水泥腐蚀一节。特殊情况下混凝土的抗侵蚀性也与所用骨料性质有关，如环境中含有酸性介质时，应采用耐酸性高的骨料（石英岩、花岗岩、安山岩等）；含有强碱性的介质时，应采用耐碱性较高的骨料（石灰岩、白云岩等）。在海岸、海洋工程中海水对混凝土的侵蚀既有化学作用，又有反复干湿的物理作用；且盐分在混凝土内的结晶与聚集，海浪的冲击磨损，海水中氯离子对钢筋的锈蚀等，可见作用是复杂的。

混凝土抗侵蚀性与所用水泥品种、混凝土密实度和孔隙特征有关。提高混凝土抗侵蚀性的措施，主要是合理选择水泥品种、降低水灰比、改善孔结构等。

6.5.5 抗碳化性

抗碳化性是指混凝土能够抵抗空气中的二氧化碳与水泥石中氢氧化钙作用，生成碳酸钙和水的能力。抗碳化又叫抗中性化。

碳化对混凝土耐久性能产生不利的影响，主要表现在影响混凝土中钢筋锈蚀。因为未碳化的混凝土内含有大量氢氧化钙，毛细孔内氢氧化钙水溶液的 pH 值可达到 12.6～13，这种高碱性环境能使混凝土中的钢筋表面生成一层钝化薄膜，从而保护钢筋免于锈蚀。但是碳化使混凝土内碱度降低，钢筋表面钝化膜破坏，从而引起钢筋锈蚀。

碳化是由表及里向混凝土内部逐渐扩散的过程，也是一个时间积累的过程，由于气体在混凝土中扩散规律决定了碳化速度，为防止钢筋锈蚀，从结构设计角度，常设一定厚度的保护层，随着保护层厚度的增加，钢筋混凝土结构使用寿命显著增加，国标混凝土结构设计规范对混凝土结构保护层最小厚度提出了要求。

值得注意的是：不同强度等级混凝土、不同结构部位，混凝土碳化深度随着环境类别而表现不同，当碳化深度超过钢筋的保护层时，由于钢筋锈蚀还会引起体积膨胀，使混凝土保护层开裂或剥落，进而又加速混凝土进一步碳化和钢筋的继续锈蚀，使结构承载力进一步下降。目前规范根据构件类型、强度等级要求对应不同保护层。

碳化还将使碳化层产生一定的收缩，使混凝土表面产生拉应力，如果拉应力超过混凝土抗拉强度，可能会产生表面微细裂缝，观察碳化混凝土的切面，细裂纹的深度与碳化层的深度是一致的。

影响混凝土抗碳化性的因素有：

（1）水灰（胶）比

水灰（胶）比小，水泥石密实，混凝土抗碳化能力高。

（2）水泥品种

掺混合材的水泥由于碱度较硅酸盐水泥低，因而抗碳化能力低于不掺或只掺少量混合材料的硅酸盐水泥。

（3）环境条件

环境条件包括二氧化碳的浓度和相对湿度。一般来说，二氧化碳浓度高，碳化速度快。但碳化反应只有在适量水的存在下才能进行，所以相对湿度对碳化速度影响更显著。相对湿度在 25％以下时碳化停止进行，100％时因为透气性减小，碳化也停止。相对湿度在 50％左右时碳化速度最快。

（4）外加剂

掺用减水剂和引气剂，降低水灰（胶）比，增加混凝土密实度，可提高混凝土抗碳化能力。

(5) 其他

如施工质量、养护、骨料质量及混凝土表面是否有涂层等都对混凝土抗碳化性有一定影响。

6.5.6 碱-骨料反应

碱-骨料反应（alkali aggregate reaction，AAR）是指混凝土中的碱（包括外界渗入的碱）与骨料中的碱活性矿物成分发生化学反应，导致混凝土膨胀开裂的现象。

碱-骨料反应是影响混凝土耐久性的一个重要方面。一旦发生，由于维修困难，费用昂贵，损失巨大，已引起世界各国的高度重视。

1. 碱-骨料反应的分类和特征

岩石类型不同的骨料，其碱活性反应特征也不相同，根据反应特点，碱-骨料反应分为碱-硅酸反应和碱-碳酸盐反应。

(1) 碱-硅酸反应

碱-硅酸反应（alkali silica reaction，ASR）是混凝土中的碱（包括外界渗入的碱）与骨料中活性二氧化硅发生化学反应，导致混凝土膨胀开裂的现象。活性二氧化硅包括蛋白石、玉髓、鳞石英、方石英及流纹岩、安山岩、凝灰岩等岩种中可见到的无定形的 SiO_2 或微晶 SiO_2。碱-硅酸反应的特征是：混凝土表面有无序的网状裂缝；骨料边界有反应环；裂缝及空隙中有硅酸钠（钾）凝胶，失水后粉化。由于能与碱发生反应的活性氧化硅矿物存在较为广泛，因而世界各国各类工程发生的碱骨料反应损坏绝大多数为碱-硅酸反应。

工程中还有一种与上述实质相同的反应，反应特征是：膨胀缓慢且不停顿进行，往往经过 30～50 年之后才出现膨胀及开裂；几乎看不出反应环；凝胶体渗出很少，有些岩石产生显著膨胀却几乎无凝胶体，也称为碱-硅酸反应。

(2) 碱-碳酸盐反应

碱-碳酸盐反应（alkali carbonate reaction，ACR）是混凝土中的碱（包括外界渗入的碱）与碳酸盐骨料中的活性白云石晶体发生化学反应，导致混凝土膨胀开裂的现象。反应特征是：在混凝土的空隙和反应骨料的边界等处无凝胶存在，而有碳酸钙、氢氧化钙及水化硫铝酸钙存在；反应发展迅速，往往在工程建成 2 年就发生严重开裂；其微细裂缝及大膨胀性裂缝等外部特征与 ASR 大体一致，呈花纹形式的图形。

2. 碱骨料反应机理

目前对 AAR 的膨胀机理解释：一是胶体吸水膨胀理论，二是渗透压理论。但是由于反应的类型不同，机理也各不相同。

(1) 碱-硅酸反应机理

混凝土中碱溶液对活性硅酸物质的侵蚀、溶解；溶解状态的 SiO_2 单体或离子，在 OH^- 的催化下，重新聚合成一定大小的 SiO_2 溶胶粒子。在各种电解质金属阳离子的作用下，形成各种结构的碱硅酸凝胶。碱硅酸凝胶吸水膨胀，导致混凝土损坏。可用下述反应式表达：

$$2ROH + nSiO_2 \longrightarrow R_2O \cdot nSiO_2 \cdot aq$$

式中，R——代表碱（K 或 Na）。

（2）碱-碳酸盐反应机理

20世纪60年代初期各国学者比较一致地认为是活性碳酸盐岩石作为骨料与混凝土孔隙中碱液发生了去白云石化反应，生成了水镁石，并伴随膨胀造成的。其反应式为

$$\underset{\text{白云石}}{CaMg(CO_3)_2}+2\ ROH \longrightarrow \underset{\text{水镁石}}{Mg(OH)_2}+\underset{\text{方解石}}{CaCO_3}+\underset{\text{碳酸碱}}{R_2CO_3}$$

在水泥混凝土中，$Ca(OH)_2$ 与碳酸盐反应生成ROH，使去白云石化反应继续进行，如下式所示：

$$R_2CO_3+Ca(OH)_2 \longrightarrow 2ROH+CaCO_3$$

直到去白云石化反应进行到 $Ca(OH)_2$ 或碱活性白云石被消耗完为止。经试验观察，膨胀实质是反应产物中的水镁石与方解石晶体体积之和大于反应前固相体积所致。

3. 碱骨料反应的必要条件

（1）混凝土中必须有相当数量的碱

碱的来源可以是配制混凝土时形成的，即水泥、外加剂、掺合料及拌合水中所含的可溶性碱，也可以是混凝土工程建成后从周围环境侵入的碱。因此混凝土存在一个极限碱含量。1993年12月我国制定了《混凝土碱含量限值标准》(CECS 53：93)，对混凝土碱含量限值，按工程环境和工程结构分类按表6-11进行控制。

表6-11　混凝土碱含量限值（CECS 53：93）

反应类型	环境条件	混凝土最大碱含量（kg/m^3）		
		一般结构工程	重要结构工程	特殊结构工程
碱硅酸反应	干燥环境	不限制	不限制	3.0
	潮湿环境	3.5	3.0	2.0
	含碱环境	3.0	用非活性骨料	

当碱含量大于表中规定的限值，应尽量降低水泥中的碱含量。水泥含碱量一般按 Na_2O 当量计算 $Na_2O+0.658K_2O$。不同国家对水泥含碱量的安全界限不同：美国要求水泥含碱量低于0.6%，英国混凝土协会规定，当混凝土中其他来源的碱小于或等于 $0.2kg/m^3$ 时，水泥含碱量不得大于0.6%。

（2）混凝土中必须有相当数量的碱活性骨料

在碱-硅酸反应中，由于存在着碱-硅酸反应匹配规律，即混凝土在一定含碱量条件下，每种碱活性骨料造成混凝土内部膨胀压力最大的匹配比率不同，因此，必须通过试验加以认识。

（3）混凝土工程的使用环境必须有足够的湿度

有资料介绍，在相对湿度100%条件下有很大膨胀的混凝土柱，在相对湿度50%条件下却未膨胀，重新置于相对湿度100%条件下又继续发生膨胀，这足以说明了碱骨料反应的过程是伴随着环境湿度变化而发展的。

4. 预防混凝土碱骨料反应措施

混凝土碱骨料反应破坏一旦发生，往往没有很好的方法进行治理，直接危害混凝土工程耐久性和安全性，解决的最好方法则是采取有效的预防措施。迄今国际混凝土工程界对预防

碱骨料反应提出了许多措施，我国最新标准《预防混凝土碱骨料反应技术规范》（GB/T 50733—2011）指出以下技术措施：

（1）骨料的选择和控制

从骨料的源头控制是预防混凝土碱骨料反应的关键环节之一，即在选择采料场时必须进行岩石或骨料碱活性的检验，根据检验结果，作出是否采用的抉择。选用非碱活性骨料，无论技术上还是经济上都是最合理的。对于含碱环境中的非重要结构，必要时可以在采取预防措施情况下有条件地采用碱活性骨料。

（2）控制混凝土总碱量

20世纪40～50年代，我国混凝土工程强度级别较低，单方水泥用量较少，在此情况下，只控制水泥含碱量就可以起到预防的作用。但随着混凝土技术的发展，混凝土强度等级不断提高，单方水泥用量增大，加之60～70年代后，使用含碱外加剂增多，配制混凝土时碱的来源已不仅限于水泥，因而预防碱骨料反应必须重视控制混凝土的总碱量。混凝土碱含量应为配合比中各原材料的碱含量之和：其中水泥和外加剂的碱含量可用实测值计算；粉煤灰碱含量可用1/6实测值计算，硅灰和粒化高炉矿渣粉碱含量可用1/2实测值计算；骨料的碱含量可不计入。

（3）掺入掺合料和引气剂

经过大量试验证明，尤其是对于含有硅酸质碱活性骨料的混凝土，掺用掺合料可对碱骨料反应起到有效的抑制作用。这是因为掺合料的介入能降低混凝土内碱离子的浓度；降低混凝土中氢氧化钙含量；降低OH^-离子的浓度；降低水及各种离子移动速度。常用的这类掺合料有粉煤灰、粒化高炉矿渣粉和硅粉。值得注意的是：我国工程中发生碱碳酸盐反应破坏的情况很少，也不易确认，目前尚没有好的预防混凝土碱骨料反应的措施。

掺入适量引气剂使混凝土保持4%～5%的含气量，可容纳一定数量的反应产物，从而缓解碱骨料反应膨胀压力。当掺入大量粉煤灰抑制碱骨料反应时会明显影响混凝土抗冻性和抗碳化性能，掺入引气剂可以改善混凝土抗冻性和抗碳化性能。

6.5.7 提高混凝土耐久性的措施

综上所述，混凝土耐久性内容的综合性，使得混凝土耐久性的改善和提高必须根据混凝土所处环境、条件及对耐久性的要求有所侧重、有的放矢。但是从影响耐久性的众多因素中不难归纳出，提高混凝土的密实度是提高混凝土耐久性的一个重要环节，因此可采取以下措施：

（1）合理选择水泥品种

根据混凝土工程的特点和环境条件，参照有关水泥在工程中应用的原则选用。

（2）控制混凝土中水灰（胶）比及水泥（胶凝材料）用量

水灰（胶）比是决定混凝土密实度的主要因素，它不但影响混凝土的强度，而且也严重影响其耐久性，因此在混凝土配合比设计中必须适当控制水灰（胶）比。

保证足够的水泥（胶凝材料）用量，也是保证混凝土密实性，提高耐久性的一个重要方面。《混凝土结构设计规范》（GB 50010—2010）根据环境类别对混凝土中最大水灰（胶）比作了规定；《普通混凝土配合比设计规程》（JGJ 55—2011）对混凝土中最小水泥（胶凝材料）用量作了规定，见表6-12。

表 6-12 混凝土最大水胶比和最小胶凝材料用量

环境类别	条件	最大水胶比	最小胶凝材料用量（kg/m³）		
			素混凝土	钢筋混凝土	预应力混凝土
一	室内干燥环境	0.60	250	280	300
二 a	室内潮湿环境	0.55	280	300	300
二 b	干湿交替环境	0.50	320		
三 a	严寒和寒冷地区冬季水位变动区环境	0.45	330		
三 b	盐渍土环境	0.40	330		

注：①环境类别一中包括：无侵蚀性静水浸没环境。二 a 中包括：非严寒和非寒冷地区露天环境、非严寒和非寒冷地区与无侵蚀的水接触的环境；严寒和寒冷地区的冰冻线下与无侵蚀的水接触的环境。二 b 中包括：水位频繁变动环境；严寒和寒冷地区的露天环境；严寒和寒冷地区的冰冻线下与无侵蚀性水接触的环境。三 a 中包括：受除冰盐影响的环境；海风环境。三 b 中包括：受除冰盐作用的环境、海岸环境。

② 配制 C15 级及其以下等级的混凝土可不受本表限制。

道路混凝土耐久性要求的最大水灰比及最小水泥用量见表 6-13。

表 6-13 道路混凝土耐久性决定的最大水灰比和最小水泥用量

道路混凝土所处的环境	最大水灰比	最小水泥用量（kg/m³）
公路、城市道路和厂矿道路	0.50	300
机场道面和高速公路	0.46	
冰冻地区冬季施工	0.45	

（3）选用质量良好的砂、石骨料，是保证混凝土耐久性的重要条件。

（4）掺用引气剂或减水剂，对提高抗渗、抗冻等有良好的作用。

（5）加强混凝土质量的生产控制，在混凝土施工中，做好每一个环节（计量、搅拌、运输、浇灌、振捣、养护）的质量管理和质量控制。

6.6 混凝土的质量控制与检验评定

为了确保混凝土的质量，使其具有设计要求的和易性、物理力学性能和耐久性，必须对混凝土生产的全过程进行质量控制，它包括初步控制、生产控制和合格控制。混凝土质量的初步控制包括对原材料的质量检验与控制、混凝土配合比的确定与控制。生产控制是指对混凝土生产和施工过程各工序（计量、搅拌、运输、浇筑、养护等）工艺参数的检验与控制。合格控制（验收）是在交付使用前，根据规定的质量验收标准，对混凝土进行合格性验收，以保证其质量的过程。

由于混凝土结构物主要是用以承受荷载或抵抗其他各种作用力，而且混凝土的其他性能与混凝土强度之间存在着密切的相关关系，混凝土强度在很大程度上反映了混凝土质量的全貌，所以将其作为混凝土质量控制与评定的主要技术参数。

6.6.1 混凝土质量控制

所谓混凝土质量控制，是根据实测混凝土质量特性，将其与质量标准相比较，并对它们之间存在的差异采取相应措施的过程。采取相应措施的目的是力求混凝土质量稳定，即波动于所允许的范围内。

1. 混凝土质量波动规律

由于引起混凝土质量波动的因素很多（原材料质量、施工因素、试验条件等），归纳起来可分为两类：

（1）正常因素

正常因素是指不可避免的正常变化的因素，如砂、石质量的波动，称量时的微小误差，操作人员技术上的微小差异等，这些因素是不可避免的，不易克服的因素，如果我们把主要精力集中在解决这些问题上，收效较小。在施工中，只是由于受正常因素的影响而引起的质量波动，是正常波动。

（2）异常因素

异常因素是指施工中出现的不正常情况，如搅拌混凝土时随意加水，混凝土组成材料称量错误等。这些因素对混凝土质量影响很大，它们是可以避免和克服的因素。受异常因素影响引起的质量波动，是异常波动。

对混凝土质量控制的目的，在于发现和排除异常因素，使质量只受正常因素的影响，质量波动呈正常波动状态。

2. 混凝土的质量检验

混凝土的质量检验包括对组成材料的质量和用料量进行检验、混凝土拌合物质量检验和硬化后混凝土的质量检验。

对混凝土拌合物的质量检验主要是和易性和水灰比的检验。当混凝土拌合物的和易性出现较大波动时，通常是配料出现误差或骨料含水率产生较大波动所致。因此，按规定在搅拌机出口检查和易性是混凝土质量控制的一个重要环节。检验混凝土拌合物的水灰比，可掌握水灰比的波动情况，以便找出原因及时解决。

对硬化后混凝土质量检验，主要是检验混凝土的立方体抗压强度。因为混凝土质量波动直接反映在强度上，通过对混凝土强度的管理就能控制住整个混凝土工程质量。混凝土的强度检验是按规定的时间与数量在浇筑地点抽取具有代表性试样，按标准方法制作试件，养护至规定龄期后，进行强度试验（必要时也可进行其他力学性能及抗渗、抗冻试验等），以评定混凝土质量。

3. 常用的统计量

用数理统计方法对混凝土质量进行控制以及评定混凝土质量时，常用的统计量有：

强度平均值 $\mu_{f_{cu}}$：

$$\mu_{f_{cu}} = \frac{1}{n}\sum_{i=1}^{n} f_{cu,i} \tag{6-1}$$

标准差 σ：

$$\sigma = \sqrt{\frac{\sum_{i=1}^{n}(f_{cu,i} - \mu_{f_{cu}})^2}{n-1}} = \sqrt{\frac{\sum_{i=1}^{n} f_{cu,i}^2 - n\mu_{f_{cu}}^2}{n-1}} \tag{6-2}$$

变异系数 C_v：

$$C_v = \frac{\sigma}{\mu_{f_{cu}}} \tag{6-3}$$

式中，$f_{cu,i}$——统计周期内第 i 组混凝土试件强度，MPa；

　　n——统计周期内相同强度等级的混凝土试件组数。

强度平均值 $\mu_{f_{cu}}$ 可反映混凝土总体强度的平均水平，但不能反映混凝土强度的波动情况。

标准差 σ 是衡量混凝土强度波动性（离散性）大小的指标，此值愈大，说明强度的离散程度愈大，混凝土质量愈不均匀。

变异系数 C_v 也是用来评定混凝土质量均匀性的指标，C_v 愈小说明混凝土质量愈均匀。

4. 混凝土强度分布规律——正态分布

混凝土在正常施工的情况下，许多影响质量的因素都是随机的，因此混凝土强度也应是随机变化的。对某种混凝土经随机取样测定其强度，其数据经整理绘成强度-概率分布曲线，一般均接近正态分布曲线（图 6-25）。

曲线高峰为混凝土平均强度 $\mu_{f_{cu}}$ 的概率。以平均强度为对称轴，左右两边曲线是对称的，表明对称轴两边出现的概率大致相等。强度测定值愈接近平均强度，其出现的概率愈大；离对称轴愈远，即强度测定值愈高或愈低，其出现的概率愈小，并逐渐趋近于零。曲线与横坐标间的面积为概率的总和，等于 100%。

曲线上的拐点与强度平均值的距离为强度的标准差，也称均方差（图 6-25）。σ 愈大，强度分布曲线又矮又宽，说明强度离散程度大，混凝土质量不稳定（图 6-26）。

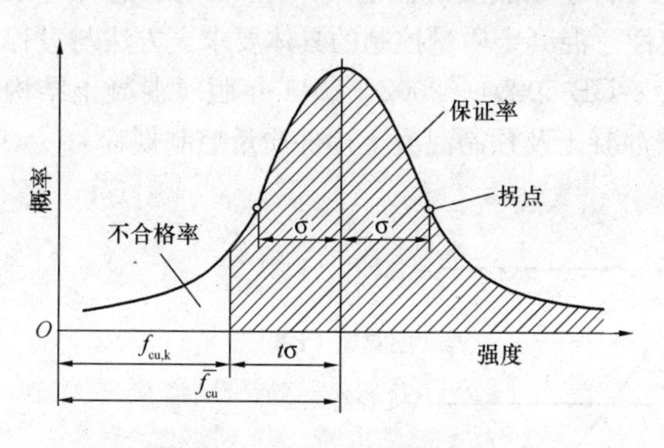

图 6-25　强度正态分布曲线

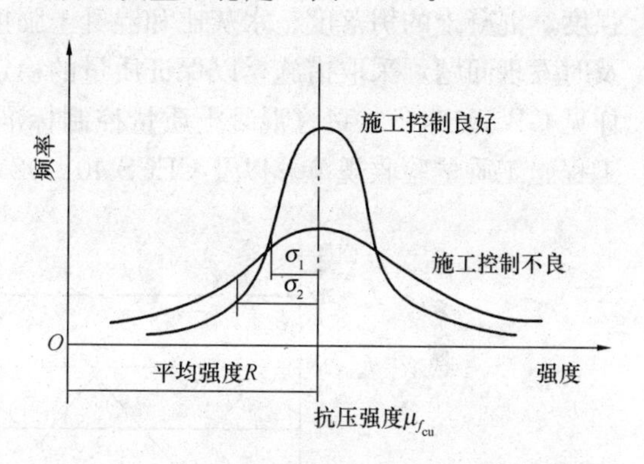

图 6-26　离散程度不同的两条强度分布曲线

5. 强度保证率

强度保证率是指混凝土强度总体分布中，大于和等于设计要求的强度等级标准值 $f_{cu,k}$ 的概率 P。在正态分布曲线上以阴影面积表示，如图 6-25 所示。低于强度等级值所出现的概率即为不合格率（Q）。

如设计要求的强度等级标准值为 $f_{cu,k}$，实际测出的混凝土强度平均值为 $\mu_{f_{cu}}$，则可通过下式求出概率参数（或保证率系数）t，再由表 6-14 查出混凝土强度保证率。

$$t = \frac{f_{cu,k} - \mu_{f_{cu}}}{\sigma} \tag{6-4}$$

表 6-14　不同 t 值对应的保证率 P

$-t$	0.84	1.04	1.28	1.40	1.50	1.60	1.645	2.00	3.00
P（%）	80.0	85.1	90.0	91.9	93.3	94.5	95.0	97.7	99.87

也可以根据保证率系数和标准正态分布曲线方程式，求出强度保证率 P（%）。

$$P=\frac{1}{\sqrt{2\pi}}\int_{t}^{+\infty}\mathrm{e}^{t^2/2}\mathrm{d}t \tag{6-5}$$

6. 混凝土配制强度 $f_{cu,0}$

如设计要求的强度等级标准值为 $f_{cu,k}$，要求强度保证率为 P，则该混凝土的配制强度 $f_{cu,0}$ 可通过如下方法求出。

用 $f_{cu,0}$ 取代式（6-4）中的 $\mu_{f_{cu}}$，并写成下列形式：

$$f_{cu,0}\geqslant f_{cu,k}-t\sigma \tag{6-6}$$

或

$$f_{cu,0}\geqslant\frac{f_{cu,k}}{1+tC_v} \tag{6-7}$$

由上式看出，混凝土配制强度 $f_{cu,0}$ 的大小，决定于设计要求的保证率 P（定出 t 值）及施工质量水平（σ 或 C_v 的大小）。设计要求的保证率愈大，配制强度愈高；施工质量水平愈低（σ 或 C_v 愈大），配制强度愈应提高。

混凝土的强度保证率为95%时，由表6-14查出 $t=-1.645$，代入式（6-6）可得：

$$f_{cu,0}\geqslant f_{cu,k}+1.645\sigma$$

7. 混凝土施工质量控制图

为了便于及时掌握并分析混凝土质量变化情况，常将质量检验得到的各项指标，如水泥强度、混凝土的坍落度、水灰比和混凝土强度等，绘制成质量控制图（图6-27）。这样可以及时发现问题，采取措施，以保证质量的稳定性。混凝土质量控制的具体要求、方法与过程详见 GB 50164—2011《混凝土质量控制标准》、GB 50204—2002，2011年版《混凝土结构工程施工质量验收规范》以及 CECS 40：92《混凝土及预制混凝土构件质量控制规程》。

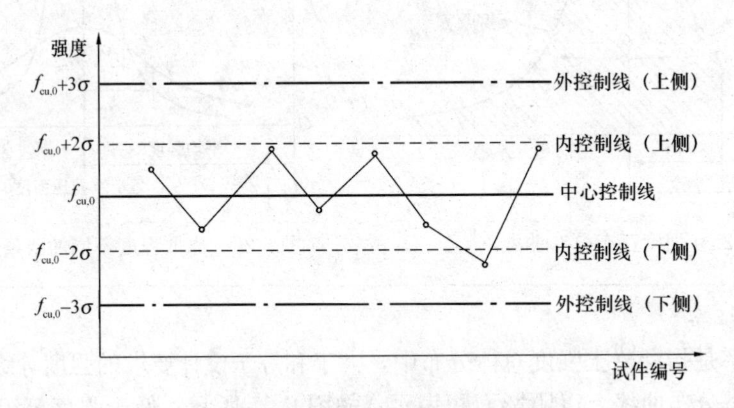

图6-27　混凝土质量控制图

6.6.2　混凝土强度的检验评定

混凝土的强度应分批进行检验评定。一个检验批的混凝土应由强度等级相同、试验龄期相同、生产工艺条件和配合比基本相同的混凝土组成。混凝土试样应按规定的取样频率和数量在浇筑地点随机抽取，并按标准方法成型试件、标准养护及按标准试验方法测试强度。

根据混凝土生产方式及特点不同，其强度检测与评定方法可分为统计方法和非统计方法两类。

1. 统计方法评定

该方法适用于商品混凝土公司、预制混凝土构件厂及采用集中搅拌混凝土的施工单位所生产的混凝土。

由于混凝土的生产条件不同，混凝土强度的稳定性也不尽相同，统计方法评定混凝土强度又分为标准差已知和标准差未知两种方案。

（1）标准差已知方案　当连续生产的混凝土，生产条件在较长时间内保持一致，且同一品种、同一强度等级混凝土的强度变异性保持稳定时，其标准差 σ_0 可以根据前一时期(60～90d)生产累计的强度数据计算确定，并且每 3 个月后重新按上一检验期的强度数据重新计算。采用此方案时，应由连续的三组试件组成一个检验批。

（2）标准差未知方案　当混凝土生产连续性较差，即在生产中无法维持基本相同的生产条件，或生产周期较短无法积累强度数据以资计算标准差。此时，可采用同一检验批混凝土强度数据计算标准差 $S_{f_{cu}}$。采用此方案时，应由不少于 10 组的试件组成一个检验批。

2. 非统计方法评定

对现场搅拌批量不大的混凝土或零星生产的预制构件混凝土，当用于评定的样本容量小于 10 组时，应按非统计方法评定混凝土强度。与统计方法相比，非统计方法对混凝土强度的要求更为严格，它对混凝土质量水平和技术经济效果评定的科学性和准确性较差。因此，在对混凝土强度进行评定时，应尽可能采用统计方法。

不同方法进行混凝土强度评定的具体要求见表 6-15。

表 6-15　混凝土强度评定要求

方法		样本容量	平均值要求	最小值要求
统计方法	标准差已知（σ_0）	$n=3$（连续三组）	$m_{f_{cu}} \geqslant f_{cu,k}+0.7\sigma_0$	$f_{cu,min} \geqslant f_{cu,k}-0.7\sigma_0$ 且需同时满足： $\leqslant$C20 $f_{cu,min} \geqslant 0.85 f_{cu,k}$ $>$C20 $f_{cu,min} \geqslant 0.90 f_{cu,k}$
	标准差未知（$S_{f_{cu}}$）	$n \geqslant 10$	$m_{f_{cu}} \geqslant f_{cu,k}+\lambda_1 S_{f_{cu}}$	$f_{cu,min} \geqslant \lambda_2 f_{cu,k}$
非统计方法		$n<10$	$m_{f_{cu}} \geqslant \lambda_3 f_{cu,k}$	$f_{cu,min} \geqslant \lambda_4 f_{cu,k}$

注：1. 表中 σ_0 和 $S_{f_{cu}}$ 计算值小于 2.5 MPa 时，应取 2.5 MPa；

2. 表中 λ_1、λ_2 和 λ_3、λ_4 的取值分别见表 6-16 和表 6-17。

表 6-16　混凝土强度的合格评定系数

试件组数	10～14	15～19	≥20
λ_1	1.15	1.05	0.95
λ_2	0.90	0.85	0.85

表 6-17　混凝土强度的非统计法合格评定系数

混凝土强度等级	<C60	≥C60
λ_3	1.15	1.10
λ_4	0.95	0.95

3. 混凝土强度的合格性判断

当检验结果能满足上述要求时，则该批混凝土强度判为合格，否则该批混凝土强度为不合格；由不合格混凝土制成的结构和构件，应进行鉴定。对不合格的结构或构件必须及时处理；当对混凝土试件强度的代表性有怀疑时，可采用从结构或构件中钻取芯样的方法或采用非破损检验方法（如回弹法、超声回弹综合法、拨出法等），按有关标准的规定对结构或构件中的混凝土强度进行推定。

6.7 普通混凝土配合比设计

混凝土配合比是指混凝土中各组成材料（水泥、水、砂、石）之间的比例关系。混凝土配合比常用的表示方法有两种：一种是以每立方米混凝土中各种材料用量表示，如水泥 300 kg/m^3，水 180 kg/m^3，砂 690 kg/m^3，石子 1260 kg/m^3；另一种是用单位质量的水泥与各种材料（不包括水）用量的比值及混凝土的水灰比来表示，例如前例可写成：$C:S:G=1:2.3:4.2$，$W/C=0.60$。

混凝土配合比设计的任务，就是将各项材料合理地加以配合，使配制成的混凝土能满足以下四项基本要求，即：设计要求的强度等级；施工要求的和易性；与使用条件相适应的耐久性；尽量节省水泥。混凝土配合比的确定，是混凝土生产、施工的关键环节之一，对于保证混凝土工程质量和节约资源具有重要意义。

在进行混凝土配合比设计时，须事先明确的基本资料有：（1）混凝土的各项技术要求，如混凝土的强度等级、混凝土的耐久性要求（如抗渗等级、抗冻等级等）、混凝土拌合物的坍落度指标等；（2）施工条件，施工质量管理水平及强度标准差；（3）混凝土的特征，混凝土所处的环境；（4）各项原材料的性质及技术指标，如水泥的品种及强度等级、骨料的种类、级配、砂的细度模数、石子最大粒径、各项材料的密度、表观密度等。

在混凝土配合比设计中，水灰比、砂率与单位用水量（即 1m^3 混凝土用水量）是三个重要参数，因为它们与混凝土的各项性能有密切的关系，在混凝土配合比设计中如能正确地确定这三个参数，就能使混凝土满足上述设计要求。

6.7.1 混凝土配合比设计步骤

首先按已选择的原材料性能及对混凝土的技术要求进行初步计算，得出“初步计算配合比”，再通过试验室试拌调整，得出“基准配合比”。然后经过强度复核（如有其他性能要求，应进行相应的检验），定出满足设计和施工要求并比较经济合理的“试验室配合比”。最后根据现场砂、石的实际含水率对试验室配合比进行换算，求出“施工配合比”。

1. 初步计算配合比的确定

（1）配制强度（$f_{cu,0}$）的确定

为使混凝土强度保证率不小于 95%，必须使混凝土的试配强度高于设计强度等级。配制强度按下式计算：

$$f_{cu,0} \geqslant f_{cu,k} + 1.645\sigma$$

式中，$f_{cu,0}$——混凝土配制强度，MPa；

$f_{cu,k}$——混凝土立方体抗压强度标准值，MPa；

σ——混凝土强度标准差，MPa。如施工单位有近期的同一品种、同一强度等级混凝土的强度资料时，σ 可计算求得。如施工单位无历史统计资料时，σ 可按表 6-18 取值。

表 6-18 混凝土强度标准差参考值

混凝土强度等级	≤C20	C25～C45	C50～C55
σ/MPa	4.0	5.0	6.0

(2) 初步确定水灰比（W/C）

根据配制强度 $f_{cu,0}$ 及水泥 28d 实际抗压强度 f_{ce}，利用下式计算，求出水灰比。

$$\frac{W}{C}=\frac{\alpha_a f_{ce}}{f_{cu,0}+\alpha_a\alpha_b f_{ce}} \tag{6-8}$$

式中，α_a、α_b——回归系数，可通过试验求得，如无试验资料可选取如下数值：对碎石混凝土 α_a 取 0.53，α_b 取 0.20；对卵石混凝土 α_a 取 0.49，α_b 取 0.13。

水泥实测 28d 抗压强度 f_{ce} 无实测值时可按式（6-9）计算：

$$f_{ce}=\gamma_c \cdot f_{ce,g} \tag{6-9}$$

式中，$f_{ce,g}$——水泥强度等级值，MPa；

γ_c——富余系数，可按表 6-19 选取。

表 6-19 水泥强度等级富余系数（γ_c）

水泥强度等级值	32.5	42.5	52.5
γ_c	1.12	1.16	1.10

为了保证混凝土的耐久性，由式（6-8）计算的水灰比应小于表 6-12 中规定的最大水灰比值。如果计算的水灰比大于规定的最大水灰比，则取规定的最大水灰比值。

(3) 确定用水量 m_{w0}

干硬性和塑性混凝土的用水量，按施工要求的混凝土拌合物坍落度指标，根据所用骨料的种类和规格由表 6-5 查得。

流动性、大流动性混凝土的用水量，以表 6-5 中坍落度为 90mm 的用水量为基础，按坍落度每增大 20mm 用水量增加 5 kg/m^3 进行计算。

(4) 计算水泥用量 m_{c0}

$$m_{c0}=\frac{m_{w0}}{W/C}$$

为了保证混凝土的耐久性，计算出的水泥用量应大于表 6-12 规定的最小胶凝材料用量，当计算的水泥用量小于规定的最小水泥用量时，则应选取规定的最小水泥用量。

(5) 确定混凝土的砂率 β_s

应当根据混凝土拌合物的和易性，通过试验确定出合理砂率。如无试验资料，可根据骨料品种、规格和水灰比，查表 6-6 选取砂率 β_s。

另外，砂率也可根据下式计算得出：

$$\beta_s=\beta\frac{\rho'_{0s}\cdot P'}{\rho'_{0g}+\rho'_{0s}\cdot P'}$$

式中，β_s——砂率，%；

m_{s0}——每立方米混凝土中细骨料（砂）用量，kg/m^3；

m_{g0}——每立方米混凝土中粗骨料（石子）用量，kg/m^3；

ρ'_{0s}、ρ'_{0g}——分别为砂及石子的堆积密度，kg/m^3；

P'——石子的空隙率，%；

β——砂的剩余系数（即拨开系数），一般取 1.1～1.4。砂愈细，取值愈小。

（6）计算粗、细骨料的用量 m_{s0}、m_{g0}

粗、细骨料的用量可用体积法或质量法求得。

①体积法　假设混凝土拌合物的体积等于各组成材料绝对体积和所含空气体积之和。因此在计算 $1m^3$ 混凝土拌合物的各材料用量时，可列出下式：

$$\frac{m_{c0}}{\rho_c}+\frac{m_{s0}}{\rho_{0s}}+\frac{m_{g0}}{\rho_{0g}}+\frac{m_{w0}}{\rho_w}+0.01\alpha=1 \tag{6-10}$$

已知砂率公式为：

$$\beta_s=\frac{m_{s0}}{m_{g0}+m_{s0}}\times 100\% \tag{6-11}$$

式中，ρ_c——水泥密度，kg/m^3，可取 2900～3100kg/m^3；

ρ_{0g}——粗骨料的表观密度，kg/m^3；

ρ_{0s}——细骨料的表观密度，kg/m^3；

ρ_w——水的密度，kg/m^3，可取 1000 kg/m^3；

α——混凝土的含气量百分数，在不使用引气型外加剂时，α 可取为 1。

②质量法　如果原材料情况比较稳定，所配制混凝土拌合物的表观密度 ρ_{cp} 将接近一个固定值，这就可以先假设一个混凝土拌合物的表观密度 ρ_{cp}，由此列出下式：

$$m_{c0}+m_{g0}+m_{s0}+m_{w0}=\rho_{cp} \tag{6-12}$$

式中，ρ_{cp}——每立方米混凝土拌合物的假设表观密度，kg/m^3；其值可取 2350～2450kg/m^3。

联立式（6-10）和式（6-11）或式（6-11）和式（6-12）可求出 m_{s0} 及 m_{g0}。通过以上六个步骤，可以求出每方混凝土中水泥、砂、石、水的用量，得到初步计算配合比。

以上混凝土配合比计算公式和表格，均以干燥骨料为基准（系指含水率小于 0.5%的细骨料和含水率小于 0.2%的粗骨料），如需以饱和面干骨料为基准进行计算时，应作相应修改。

2. 掺减水剂和矿物掺合料时初步计算配合比的调整

现代混凝土工程中已经广泛应用矿物掺合料及减水剂，混凝土组成成分已经从过去的四组分混凝土变为五组分、六组分混凝土。当掺加矿物掺合料或减水剂时，初步计算配合比中相关参数需要进行适当调整。

（1）掺加减水剂时的调整

若掺减水剂，则混凝土用水量应按下式调整：

$$m_{w0}=m'_{w0}\ (1-\beta)$$

式中，m_{w0}——掺减水剂混凝土每立方米混凝土中的用水量，kg/m^3；

m'_{w0}——未掺减水剂混凝土每立方米混凝土中的用水量，kg/m^3；

β——减水剂的减水率，%。

(2) 掺加矿物掺合料时的调整

①水胶比的确定　掺加矿物掺合料后，胶凝材料多种组成，前述的水灰比（W/C）相应的应表示为水胶比（W/B），即式（6-8）应调整为：

$$\frac{W}{B}=\frac{\alpha_a f_b}{f_{cu,0}+\alpha_a\alpha_b f_b} \tag{6-13}$$

式中，α_a、α_b——回归系数，如无通过试验求得的 α_a、α_b 系数，可选取如下数值：对碎石混凝土 α_a 取 0.53，α_b 取 0.20；对卵石混凝土 α_a 取 0.49，α_b 取 0.13。

f_b——胶凝材料 28d 实际抗压强度 f_b。

式（6-13）中 f_b 无实测值时，可根据粉煤灰影响系数 γ_f 和粒化高炉矿渣粉影响系数 γ_s（见表 6-20），按式（6-14）计算 f_b。

$$f_b=\gamma_f . \gamma_s . f_{ce} \tag{6-14}$$

表 6-20　粉煤灰影响系数（γ_f）和粒化高炉矿渣粉影响系数（γ_s）

掺量	γ_f	γ_s
0	1.00	1.00
10	0.85～0.95	1.00
20	0.75～0.85	0.95～1.00
30	0.65～0.75	0.90～1.00
40	0.55～0.65	0.80～0.90
50	—	0.70～0.85

②胶凝材料用量的确定

根据单位用水量 m_{w0} 和水胶比（W/B）可以通过下式计算出胶凝材料用量。

$$m_{b0}=\frac{m_{w0}}{W/B}$$

每方混凝土中矿物掺合料用量 m_{f0} 和水泥用量 m_{c0} 分别为：

$$m_{f0}=m_{b0} . \beta_f$$

$$m_{c0}=m_{b0}-m_{f0}$$

式中，β_f——矿物掺合料掺量，%。

胶凝材料用量确定后，在计算砂石用量时需考虑矿物掺合料所占体积及质量。

3. 基准配合比的确定

以上求出的混凝土各组成材料用量，是借助于一些经验公式和数据计算出来的，或是利用经验资料查得的，因而不一定完全符合工程实际情况，必须通过试拌调整，直到混凝土拌和物的和易性符合要求为止，然后提出供检验混凝土强度用的基准配合比。以下介绍和易性的调整方法：

按初步计算配合比称取材料进行试拌。将混凝土拌合物搅拌均匀后测定坍落度，并检查其黏聚性和保水性能的好坏。如果坍落度不满足要求，或黏聚性和保水性不良时，应在保持水灰比不变的条件下相应调整用水量或砂率。当坍落度低于设计要求，可保持水灰比不变，增加水泥浆量；如坍落度过大，可在保持砂率不变条件下增加骨料。如出现含砂不足，黏聚性和保水性不良时，可适当增大砂率，反之应减小砂率。每次调整后再试拌，直到符合要求为止。

当试拌调整工作完成后，应测出混凝土拌合物的实际表观密度（ρ_0），并重新计算每立方米混凝土各组成材料用量，得出的配合比为基准配合比。假设试拌调整后各组成材料用量为：$m_{c拌}$、$m_{s拌}$、$m_{g拌}$、$m_{w拌}$，则 $1m^3$ 混凝土的材料用量为：

$$m_{c基}=\frac{m_{c拌}}{m_{c拌}+m_{s拌}+m_{g拌}+m_{w拌}}\times\rho_0$$

$$m_{s基}=\frac{m_{c拌}}{m_{c拌}+m_{s拌}+m_{g拌}+m_{w拌}}\times\rho_0$$

$$m_{m基}=\frac{m_{c拌}}{m_{c拌}+m_{s拌}+m_{g拌}+m_{w拌}}\times\rho_0$$

$$m_{w基}=\frac{m_{c拌}}{m_{c拌}+m_{s拌}+m_{g拌}+m_{w拌}}\times\rho_0$$

式中，$m_{c基}$——基准混凝土的水泥用量，kg/m^3；

$m_{s拌}$——基准混凝土的砂子用量，kg/m^3；

$m_{g拌}$——基准混凝土的石子用量，kg/m^3；

$m_{w拌}$——基准混凝土的用水量，kg/m^3。

4. 试验室配合比的确定

经过和易性调整后得到的基准配合比，还应检验混凝土的强度。一般采用三个配合比。其中一个为基准配合比，另外两个配合比，水灰比宜较基准配合比分别增加和减少 0.05；其用水量与基准配合比基本相同，砂率分别增加或减少 1%。每个配合比制作一组试件，标准养护 28d 试压。在制作混凝土试件时，尚需检验混凝土拌合物的和易性及表观密度，并以此结果作为代表这一配合比的混凝土拌合物的性能。

通过试验，在三个配合比中选出一个既满足强度要求、和易性要求，并且水泥用量最少的配合比作为试验室配合比；也可以绘制出三个配合比的灰水比与强度曲线，求出配制强度 $f_{cu,0}$ 所对应的灰水比，再计算出试验室配合比。

其中用水量（m_w）取基准配合比中的用水量；水泥用量（m_c）以选定出来的灰水比乘以用水量进行计算；粗、细骨料用量（m_g 和 m_s），取基准配合比中的粗、细骨料用量，并按选定的灰水比进行调整。

混凝土配合比通常以每方混凝土中各种材料用量表示，在配合比计算、混凝土试配和配合比调整过程中，每方混凝土中各种材料用量总和的计算值（表观密度计算值 $\rho_{c,c}$）可能与混凝土实测表观密度 $\rho_{c,t}$ 不一致，当两者之差超过表观密度计算值的±2%时，应对每种材料乘以校正系数 δ 进行校正。通过配合比校正，可以使依据配合比计算的混凝土生产方量更为准确。

$$\delta=\frac{\rho_{c,t}}{\rho_{c,c}}$$

式中，$\rho_{c,t}$——混凝土拌合物表观密度实测值，kg/m^3；

$\rho_{c,c}$——混凝土拌合物表观密度计算值，kg/m^3。

5. 施工配合比

试验室配合比是以干燥材料为基准的，而工地存放的砂、石都含有一定水分，并且经常变化，所以应按现场材料的实际含水情况对配合比进行修正，修正后的配合比叫施工配合比。假定工地存放砂的含水率为$a\%$，石子含水率为$b\%$，将试验室配合比换算成为施工配合比，其材料的用量应为：

水泥用量m'_c：　$m'_c=m_c$

砂子用量m'_s：　$m'_s=m_s(1+a\%)$

石子用量m'_g：　$m'_g=m_g(1+b\%)$

水的用量m'_w：　$m'_w=m_w-m_s\times a\%-m_g\times b\%$

6.7.2 普通混凝土配合比设计实例

某工程采用现浇钢筋混凝土梁，最小截面尺寸为300mm，钢筋最小净距为60mm。设计要求强度等级为C25。施工要求混凝土拌合物坍落度为35～50mm。原材料条件：水泥为32.5级复合硅酸盐水泥，密度3.10g/cm^3；砂为中砂，级配合格，表观密度2.60g/cm^3；碎石最大粒径40mm，级配合格，表观密度2.65g/cm^3；水为自来水。采用机械搅拌和振捣成型。

根据结构条件采用最大粒径为40mm的碎石，符合《混凝土结构工程施工及验收规范》(GB 50204)的规定。

1. 初步计算配合比

(1) 确定配制强度$f_{cu,0}$

查表6-18，取$\sigma=4.0$MPa，则

$$f_{cu,0}=f_{cu,k}+1.645\sigma=25+1.645\times5.0=33.2\text{MPa}$$

(2) 确定水灰比W/C

若水泥28d强度实际统计富余系数$\gamma_c=1.12$，则

$$f_{ce}=\gamma_c\times f_{ce,k}=1.12\times32.5=36.4\text{MPa}$$

$$\frac{W}{C}=\frac{\alpha_a f_{ce}}{f_{cu,0}+\alpha_a\alpha_b f_{ce}}=\frac{0.53\times36.4}{33.2+0.53\times0.20\times36.4}=0.52$$

由于此钢筋混凝土梁为室内干燥环境中的构件，查表6-12可知，计算水灰（胶）比为0.52，小于规定的最大水灰（胶）比0.60，故可初步确定水灰比值为0.52。

(3) 确定用水量m_{w0}

参照表6-5，对于中砂，最大粒径为40mm的碎石混凝土，当所需坍落度为35～50mm时，1m^{3}混凝土的用水量可确定为$m_{w0}=175$kg。

(4) 计算水泥用量m_{c0}

$$m_{c0}=\frac{m_{w0}}{W/C}=\frac{175}{0.52}=337\text{kg}$$

查表6-12，对于室内干燥环境的钢筋混凝土的每方最小水泥用量为280kg，故计算所得每方水泥用量337kg符合规定。

(5) 确定砂率β_s

参照表6-6，对于中砂，最大粒径为40mm的碎石，当水灰比为0.52时，砂率值的选用范围，按插入法计算为31%～36%，现取$\beta_s=34\%$。

(6) 计算砂、石用量 m_{s0}，m_{g0}

用体积法计算，由式 6-10 及 6-11 得：

$$\begin{cases}\dfrac{m_{c0}}{3100}+\dfrac{m_{s0}}{2600}+\dfrac{m_{g0}}{2650}+\dfrac{m_{w0}}{1000}+0.01\times1=1\\[2ex]\dfrac{m_{s0}}{m_{g0}+m_{s0}}\times100\%=34\%\end{cases}$$

联立解此二式，求得 $m_{s0}=632\text{kg}$，$m_{g0}=1227\text{kg}$。

该混凝土初步计算配合比为：

$$m_{c0}:m_{s0}:m_{g0}=337:632:1227=1:1.88:3.64$$

$$W/C=0.52$$

2. 确定基准配合比

按照初步计算配合比计算出 15L 混凝土拌合物所需材料的用量：

水泥 0.015×337=5.06kg　　砂子 0.015×632=9.48kg

石子 0.015×1227=18.40kg　　水 0.015×175=2.62 kg

搅拌均匀后做坍落度试验，测得坍落度为 20mm，不符合设计要求。进行调整，增加 5%的水泥浆量，即水泥用量增加到 5.31kg，水用量增加到 2.75kg，测定坍落度为 30mm，粘聚性、保水性均良好。试拌调整后的材料用量为：水泥 5.31kg、水 2.75kg、砂 9.48kg、石子 18.40kg。混凝土拌合物的实测表观密度为 2400kg/m^3，拌制 1m^3 混凝土的用料量为：

$$m_{c基}=\frac{m_{c拌}}{m_{c拌}+m_{s拌}+m_{g拌}+m_{w拌}}\times\rho_0\ \frac{5.31}{5.31+2.75+9.48+18.40}\times2400=355\text{kg}$$

$$m_{s基}=\frac{9.48}{35.94}\times2400=633\text{kg}$$

$$m_{g基}=\frac{18.40}{35.94}\times2400=1229\text{kg}$$

$$m_{w基}=\frac{2.75}{35.94}\times2400=184\text{kg}$$

水泥：砂：碎石：水=355：633：1229：184

3. 确定试验室配合比

配制三种不同水灰比的混凝土，并制作三组试件。一组水灰比为 0.52，另外两组的水灰比分别为 0.47 及 0.57。

试件经标准养护 28d，进行强度试验，得出各配合比混凝土试件强度见表 6-21。

表 6-21　强度试验结果

W/C	C/W	f_{cu}，(MPa)
0.47	2.13	36.1
0.52	1.92	31.9
0.57	1.75	28.6

利用表6-21中三组数据，绘制强度与灰水比关系曲线，如图6-28所示。由图可求出与配制强度33.2MPa相对应的灰水比值为1.98（水灰比为0.51）。符合强度要求的配合比为：

用水量　$m_w=184kg$（与基准配合比相同）；

水泥用量　$m_c=184\times1.98=364kg$；

砂用量　$m_s=633kg$（与基准配合比相同）；

石子用量　$m_g=1229kg$（与基准配合比相同）。

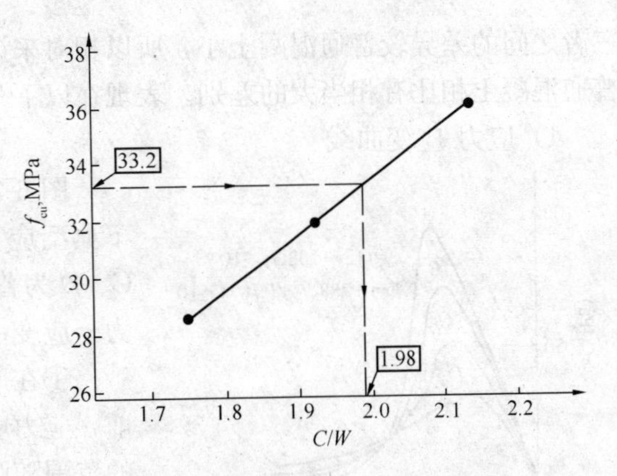

图6-28　实测强度-灰水比关系曲线

4. 确定施工配合比

若施工现场实测砂的含水率为3%，石子含水率为1%，则施工配合比为：

水泥　$m_{c施}=m_c=364kg$

砂子　$m_{s施}=m_s(1+3\%)=633(1+3\%)=652kg$

石子　$m_{g施}=m_g(1+1\%)=1229(1+1\%)=1241kg$

水　$m_{w施}=m_w-m_s\times3\%-m_g\times1\%=184-633\times3\%-1229\times1\%=153kg$

6.8　其他品种混凝土

混凝土品种很多，用处甚广。普通混凝土是用量最大、用处最广的混凝土品种，在此基础上，以下简要介绍其他常用的混凝土。

6.8.1　高强与高性能混凝土

高强与高性能混凝土是普通混凝土发展的必然产物。随着现代化工程结构向大跨、重载、高耸发展以及重大混凝土结构工程在各种严酷环境条件下使用的需要，高强度和高耐久性混凝土日益受到世界范围内的重视和关注。

1. 高强混凝土

高强混凝土是指采用符合国家质量标准的水泥、细骨料、粗骨料、减水剂以及优质的活性矿物掺合料，利用常规制作工艺，制备的强度等级不低于C60的混凝土。

(1) 高强混凝土的特点

高强混凝土致密，强度高，抗渗、抗冻等耐久性指标性能也优于普通混凝土。将其用于工程结构可减小结构断面，增加房屋使用面积和有效空间，减轻地基负荷；如用于预应力钢筋混凝土结构，则可施加更大的预应力和更早地施加预应力，以减小因徐变而导致的预应力损失。但高强混凝土的延性小而脆性大，配制时对原材料质量要求更为严格，混凝土的质量也更容易受到生产、运输、浇筑和养护过程中环境条件的影响。

(2) 高强混凝土的技术性能

高强混凝土的组成中，水泥胶砂强度、水泥浆与骨料之间的界面强度、骨料自身强度这三者之间的差异较普通混凝土小，所以相对来说更接近匀质材料，使得高强混凝土的性能与普通混凝土相比有相当大的差别。表现在以下几个方面：

1）应力-应变曲线

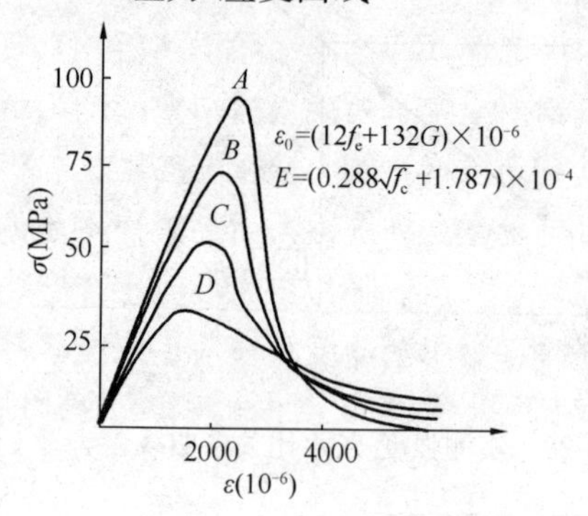

图 6-29　混凝土应力-应变曲线

图 6-29 是不同强度混凝土棱柱体试件在单轴受压下典型应力一应变曲线，其中 A、B 为高强混凝土，C、D 为普通强度混凝土。从图中可见高强混凝土的应力一应变曲线的特点是：

①在应力达到峰值（抗压强度）的 75%～90%以前，应力应变曲线为一直线，即为弹性工作。线性段的范围随强度的提高而增大，而在低强混凝土中，线性段的上限仅为峰值应力的 40%～50%；

②与峰值应力相应的应变 ε_0 随混凝土强度的提高而有增大的趋势；

③到达峰值应力后，高强混凝土的应力一应变曲线骤然下降，表现出很大的脆性；强度愈高，下跌愈陡。

2）早期与后期强度

高强混凝土的水泥用量较大，早期强度发展较快，特别是加入高效减水剂后促进水化，早期强度更高。但早期强度高的混凝土后期强度的增长往往较小，掺高效减水剂的高强混凝土，其后期强度增长幅度要明显低于没有掺外加剂的混凝土（图 6-30）。

3）抗拉强度

混凝土的抗拉强度虽然随着抗压强度的提高而提高，但它们之间的比值却随着强度的增加而降低。高强混凝土的劈拉强度约为立方体抗压强度 f_{cu} 的 1/15～1/18，抗折强度约为 f_{cu} 的 1/8～1/12，而轴拉强度约为 f_{cu} 的 1/20～1/24。在低强混凝土中，这些比值均要大得多。

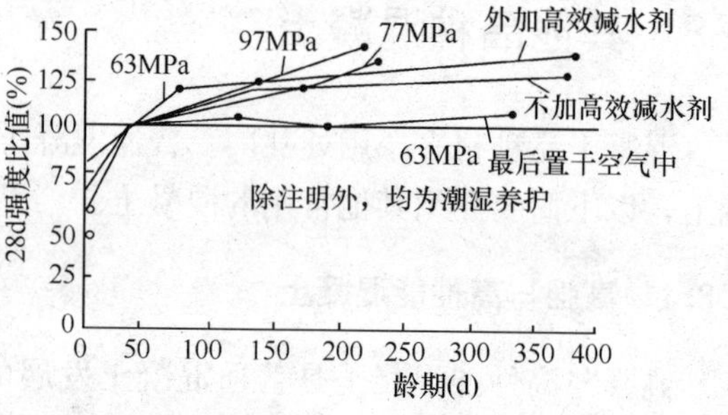

图 6-30　外加剂对强度发展规律的影响

4）收缩

高强混凝土的初期收缩较大，而最终收缩量与普通混凝土大体相同，养护得当，用活性矿物掺合料代替部分水泥可进一步减少混凝土的收缩。

2. 高性能混凝土

高性能混凝土是一种新型高技术混凝土，是在大幅度提高普通混凝土性能的基础上采用现代混凝土技术制作的混凝土，它以耐久性作为设计的主要指标，针对不同用途要求，对下列性能有重点地予以保证：工作性、强度、体积稳定性、经济性。为此，高性能混凝土在配制上的特点是选用优质原材料，低水胶比，并除水泥、水、骨料外，必须掺加足够数量的矿物细掺料和高效外加剂。

（1）高性能混凝土的特点

高性能混凝土孔隙率很低，水化产物中氢氧化钙减少，水化凝胶体增多，界面过渡层厚度小，取向程度下降，水化物结晶颗粒尺寸减小，更接近于水泥石本体水化物的分布，因而耐久性显著提高。

(2) 高性能混凝土的性能

1) 工作性能

对于高性能混凝土，工作性应包括充填性、可泵性和稳定性（即抗泌水和抗离析性）等概念。充填性是混凝土拌合物通过钢筋间隙等狭窄空间流到模板各个角落不被堵塞而均匀填充的性质。高性能混凝土不仅应具有高流动性，而且应具有高抗堵塞能力。在配筋密集、模板形状复杂的情况下，流动性不足的混凝土充填性差，可是，在流动性很大而黏聚性不足的情况下，粗骨料在钢筋等障碍物处被堵塞，充填性不再提高，甚至下降。普通混凝土拌合物的流动性用坍落度反映。而在评价高性能混凝土的工作性时，则用坍落度及坍落扩展度（拌合物坍落稳定时所铺展的直径）表示。在进行工程质量控制时，对已确定原材料和配合比的混凝土拌合物，可参考如图 6-31 所示的情况进行评价。

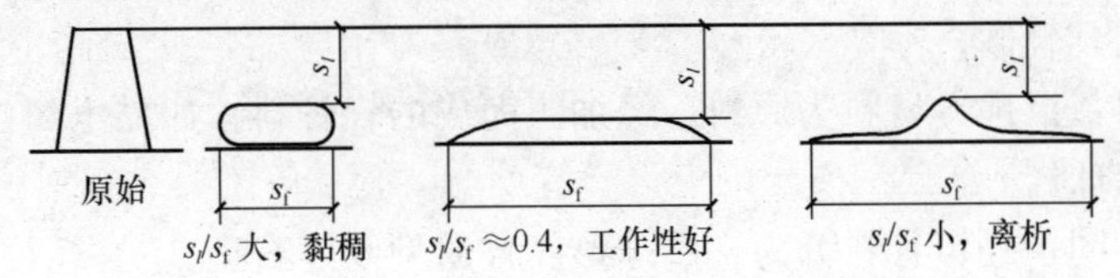

图 6-31　混凝土拌合物工作性的简易评价

2) 耐久性

一般来说，混凝土只要其渗透性很低，就有很好的抵抗水和侵蚀性介质浸入的能力。高性能混凝土由于水胶比很低而具有很低的渗透性，因而其耐久性好。

3) 强度

尽管高性能混凝土的水胶比范围较窄，但其强度范围却很宽。高性能混凝土在原材料和配合比上按耐久性进行设计后，抗压强度仍是检验混凝土质量的重要指标。高性能混凝土在原材料和配合比上的特点与普通混凝土不尽相同，但是影响普通混凝土强度的因素同样影响高性能混凝土。在设计高性能混凝土配合比时，当胶凝材料总量确定后，调整水泥与活性掺合料的比例，即可制成不同强度等级且经济合理的高性能混凝土。

6.8.2　轻混凝土

轻混凝土是指干表观密度不大于 1950kg/m^3 的混凝土。包括轻骨料混凝土、多孔混凝土和大孔混凝土。

1. 轻骨料混凝土

用轻粗骨料、轻细骨料或普通砂和水泥配制成的干表观密度不大于 1950kg/m^3 的混凝土叫轻骨料混凝土。

按细骨料种类，轻骨料混凝土又分为全轻混凝土（粗、细骨料均为轻骨料）和砂轻混凝土（细骨料全部或部分为普通砂）。

轻骨料混凝土由于自重轻，弹性模量低，因而抗震性能好。用它建造的建筑物，在地震荷载作用下，所承受的地震力小，振动波的传递也较慢，且自振周期长，对冲击能量吸收快，减震效果好，所以抗震性能比普通混凝土好。

轻骨料混凝土的导热系数低，保温性能好。表观密度 800～1400kg/m^3 的轻骨料混凝土，其导热系数为0.23～0.52W/(m·K)，与烧结普通砖相比，不仅强度高、整体性好，而且保温性能良好，用它制作墙体，在同等保温要求下，可使墙体减薄40%以上，自重减轻一半以上。由于轻骨料混凝土具有许多优点，其应用范围日益广泛，不仅可作围护结构，也可用作承重结构。特别适用于高层和大跨度结构。

(1) 轻骨料的种类及技术要求

1) 轻骨料的种类

凡是骨料粒径为5mm以上，堆积密度小于1000kg/m³的轻质骨料，称为轻粗骨料；粒径小于5mm，堆积密度小于1200kg/m³的轻骨料，称为轻细骨料（亦称轻砂）。

按来源不同，轻骨料分三类：

①天然轻骨料：为天然的多孔岩石，如浮石、火山渣及其轻砂；

②工业废料轻骨料：以工业废料为原料，经加工而成的轻骨料，如粉煤灰陶粒、膨胀矿渣、自燃煤矸石及其轻砂；

③人造轻骨料：以地方材料为原料，经加工而成的轻骨料，如黏土陶粒、页岩陶粒及其轻砂，以及膨胀珍珠岩。

按颗粒形状不同，轻粗骨料分为：圆球形、普通型及碎石型。

轻骨料的生产有烧胀法和烧结法。

烧胀法是将原料破碎，或者将原料加工成粒，经高温焙烧而使原料膨胀，形成多孔结构。黏土陶粒（圆球型）和页岩陶粒（普通型或圆球型）就是用此法生产出来的。烧结法是将原料加工成粒，通过高温烧结获取多孔骨料，如粉煤灰陶粒（圆球型）。

2) 轻骨料的技术要求

轻骨料的技术要求主要有堆积密度、强度、颗粒级配和吸水率等。此外，抗冻性、体积安定性、有害成分含量也应符合规定。

①堆积密度

轻骨料的堆积密度直接影响所配制的轻骨料混凝土的表观密度和性能。轻粗骨料按堆积密度（单位kg/m³）划分为11个等级：200、300、400、500、600、700、800、900、1000、1100、1200；轻细骨料按堆积密度也可划分为8个等级：500、600、700、800、900、1000、1100、1200。

② 强度

轻粗骨料的强度通常用筒压强度来表示。

$$P_T = P/A$$

式中，P_T——轻粗骨料的筒压强度，MPa；

P——将标准圆筒内的轻粗骨料压入2cm时的压力值，N；

A——标准圆筒底面积$10^4 mm^2$。

③吸水率

轻骨料的吸水率一般都比普通骨料大，显著影响混凝土的和易性、水灰比和强度的发展。在设计轻骨料混凝土配合比时，必须根据轻骨料的1h吸水率计算附加用水量。技术规程对轻骨料1h的吸水率的规定是：轻砂和天然轻骨料的吸水率不作规定，其他轻骨料的吸水率不应大于22%。

④最大粒径和颗粒级配

保温及结构保温轻骨料混凝土用的轻骨料，其最大粒径不宜大于40mm。结构轻骨料混凝土的轻骨料，不宜大于20mm。

⑤软化系数，

人造轻粗骨料和工业废料粗骨料的软化系数不小于0.8；天然轻粗骨料的软化系数不小于0.7。

⑥有害物质含量

轻骨料中严禁混入烧过的石灰石、白云石和硫化铁等体积不稳定的物质。轻骨料的有害物质含量不应大于规范中规定的值。

（2）轻骨料混凝土的分级和分类

轻骨料混凝土的强度等级按立方体抗压强度标准值确定。轻骨料混凝土立方体抗压强度标准值，与普通混凝土相同，也是按标准试验方法测得的具有95%保证率的抗压强度值。轻骨料混凝土的强度等级划分为：LC5.0、LC7.5、LC10、LC15、LC20、LC25、LC30、LC35、LC40、LC45、LC50、LC55、LC60。

轻骨料混凝土按其干表观密度（单位 kg/m^3）分为：自600至1900等14个等级。轻骨料混凝土按其用途分为三大类，其相应的强度等级和表观密度见表6-22。

表6-22　轻粗骨料混凝土按用途分类

类别名称	混凝土强度等级的合理范围	混凝土密度等级的合理范围	用　途
结构保温轻骨料混凝土	LC5.0 LC7.5 LC10 LC15	800～1400	主要用于既承重又保温的围护结构
结构轻骨料混凝土	LC15 LC20 LC25 LC30 LC35 LC40 LC45 LC50	1400～1900	主要用于承重构件或构筑物

（3）轻骨料混凝土的性质

1）和易性

由于轻骨料具有表观密度小、表面粗糙、总表面积大、易吸水等特点，所以加入拌合物中的水量可分为两部分，一部分被骨料吸收，其数量相当于1h的吸水量，这部分水称为附加用水量，其余部分称为净用水量，它使拌合物获得要求的流动性和保证水泥水化的进行。选择流动性时，一般要比普通混凝土拌合物值低10～20mm。这是因为在振捣成型时，吸入骨料的水分会部分释出，而使流动性提高。

2）强度

轻骨料混凝土中的多孔骨料，不仅表面粗糙而且内部有不同尺寸（一般约为0.1～1mm）的孔隙，水和水泥浆能渗入其中，因而骨料颗粒周围的水泥石的水灰比低，强度和密实度提高。渗入孔隙中的水分，当混凝土硬化时，能部分地排出，供水泥石养护，致使水泥石强度不断提高。因而粗骨料与水泥石（即砂浆）之间有很高的粘结强度。当轻骨料混凝土受力破坏时，与普通混凝土不同，裂缝不会首先发生在粘结面上。当轻粗骨料强度高于水泥砂浆强度，轻骨料起骨架作用，破坏时裂缝首先在水泥砂浆中出现；当粗骨料强度低于水泥砂浆强度时，破坏裂缝首先在轻粗骨料中出现。当轻粗骨料强度与水泥砂浆强度相近时，破坏时裂缝几乎在水泥砂浆和粗骨料中同时出现。

与普通混凝土相比轻骨料混凝土强度有如下特点：

①在混凝土中用多孔骨料取代密实骨料时，会导致混凝土强度下降。轻骨料强度愈低，混凝土强度下降愈大，但表观密度可减小。

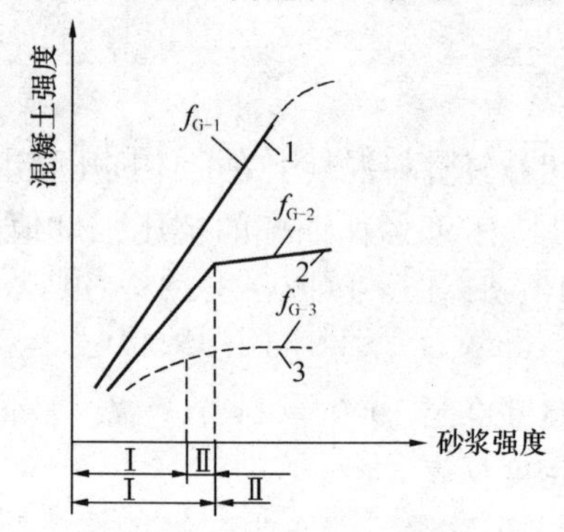

图 6-32　轻骨料强度和砂浆强度对轻骨料混凝土强度的影响

1—花岗岩碎石混凝土；2，3—轻骨料混凝土；3—骨料强度；

Ⅰ—混凝土强度增长区；

Ⅱ—混凝土最高强度区

②轻骨料混凝土强度与水泥砂浆强度之间的关系与普通混凝土不同。普通混凝土强度与砂浆强度成正比，而轻骨料混凝土与砂浆强度的关系是分成两个区段的曲线（图 6-32）。在Ⅰ区段，砂浆强度与混凝土强度呈线性关系，在Ⅱ区段，继续提高砂浆强度，混凝土强度增长已不明显。

③混凝土中轻粗骨料用量对混凝土强度也有很大影响。其影响程度和砂浆强度与骨料强度（筒压强度）的比值有关。砂浆强度高的结构混凝土，增加轻骨料用量，会使其强度明显下降（见图 6-32 中的曲线 2，3）。砂浆强度与轻骨料强度相差不大的结构保温轻骨料混凝土，在一定轻骨料用量下，可达到最高强度（见图 6-32 中曲线 1）。

3）变形性质

轻骨料混凝土的弹性模量一般比同强度等级的普通混凝土低 20%～50%。如在轻骨料混凝土中增加普通砂的含量，可以明显提高其弹性模量。在各种应力作用下轻骨料混凝土的结构变形，超过同样情况下普通混凝土的结构变形的 1.5～2 倍。轻骨料混凝土的收缩变形比普通混凝土大，原因是轻骨料刚性比普通骨料小，阻止水泥石的收缩作用小。在干燥空气中，收缩值随混凝土的配合比和骨料种类不同而异，1m 结构轻骨料混凝土最终收缩值在 0.4～1.0mm 之间，为同强度等级普通混凝土的 1～1.5 倍。

4）导热系数

轻骨料混凝土有良好的绝热性能，当其表观密度为 1000kg/m^3 时，其导热系数为 0.28W/(m·K)；当表观密度为 1800kg/m^3 时，其导热系数为 0.87W/(m·K)，相当于普通黏土砖的导热系数。

5）耐久性

轻骨料混凝土水泥水化充分，水泥石毛细孔少，与同强度等级的普通混凝土相比，抗渗性及抗冻性大为改善，抗渗等级可达 P25，抗冻等级可达 F150。因轻骨料能与水泥石中的氢氧化钙化合生成新的产物，减少了水泥石中的氢氧化钙的含量，从而提高了轻骨料混凝土的抗化学侵蚀能力。

（4）轻骨料混凝土的施工特点

轻骨料混凝土配合比设计可参照《轻骨料混凝土技术规程》（JGJ 51—2002）进行。因轻骨料表观密度小，吸水率大，为了保证轻骨料混凝土的质量，在施工中除遵守有关规定外，尚须做到以下几点：

1）在气温5℃以上的季节施工时，可根据工程需要，对轻骨料进行预湿处理。预湿时间可根据外界气温和来料的自然含水状态确定，一般应提前半天或一天对骨料进行淋水预湿，然后滤去水分进行投料。

2）如掺外加剂，应先将外加剂在有效用水量中溶解均匀，待轻骨料已预湿后，再加含外加剂的水进行搅拌，这样可以避免部分外加剂被吸入骨料内而失去作用。

3）因轻骨料表观密度小，不宜采用自落式混凝土搅拌机搅拌，应采用强制式搅拌机。

4）为减少混凝土拌合物坍落度损失或离析，应尽量缩短运距。拌合物从搅拌机卸料到浇筑入模的延续时间不宜超过45min。

5）轻骨料混凝土拌合物宜采用机械振捣成型。振捣时间以拌合物捣实为准，振捣不宜过长，以防轻骨料上浮。

6）浇筑成型后应及时覆盖并洒水养护，以防止表面失水太快而产生裂纹。采用普通水泥拌制的混凝土养护时间不少于7d；采用火山灰水泥拌制的混凝土养护时间不少于14d。

2. 多孔混凝土

多孔混凝土是一种内部均匀分布细小气孔而无骨料的混凝土。多孔混凝土孔隙率大，体积密度小，导热系数小，有承重及保温功能，可制成墙板、砌块和绝热制品等。制品便于切割、锯解和钉钉，在工业和民用建筑中应用较广。

根据气孔产生的方法不同，多孔混凝土可分为加气混凝土和泡沫混凝土。

加气混凝土是由磨细的硅质材料（石英砂、粉煤灰、矿渣、页岩等）、钙质材料（水泥、石灰等）发气剂（铝粉）和水等，经过搅拌、浇注、发泡、静停、切割和压蒸养护而成（详见本教材第7章）。

泡沫混凝土是将水泥与泡沫拌和后硬化而成的一种多孔混凝土。泡沫是泡沫剂经打泡而成。常用的泡沫剂有松香皂泡沫剂，它是由松香溶入碱溶液中，再与胶液搅拌而成的泡沫剂。泡沫混凝土多采用蒸汽或蒸压养护，这样可以缩短养护时间并提高强度。在泡沫混凝土中掺入粉煤灰、矿渣可以代替部分水泥，有的也可以完全不用水泥，如蒸压泡沫硅酸盐制品就是用粉煤灰、石灰和石膏作为胶凝材料，经蒸压处理而成的一种泡沫混凝土。

6.8.3 功能性混凝土

1. 防水混凝土

普通混凝土由于施工质量差或在凝结硬化过程中的收缩等原因往往不够密实，在压力水作用下会产生渗水现象，如是软水还会进一步产生溶出性腐蚀，导致有抗渗要求的混凝土构筑物不能正常使用，因此应采用防水混凝土。

防水混凝土是通过各种方法提高混凝土自身抗渗性能的混凝土。防水混凝土分为普通防水混凝土、外加剂防水混凝土两类。

(1) 普通防水混凝土

普通防水混凝土是以调整配合比的方法，来提高自身密实度和抗渗性的混凝土。即在保证和易性的前提下减小水灰比，以减小毛细孔的数量和孔径；适当提高水泥用量、砂率和灰砂比，在粗骨料周围形成质量良好的和足够数量的砂浆包裹层，使粗骨料彼此隔离，以阻隔沿粗骨料互相连通的渗水孔网；采用较小的粗骨料以减少沉降孔隙；并保证施工质量以减少施工孔隙。普通防水混凝土施工简便、性能稳定、质量可靠、适用于地上地下一般防水工程。

(2) 外加剂防水混凝土

外加剂防水混凝土是在混凝土拌合物中掺入少量外加剂以提高抗渗性能的混凝土。根据掺入外加剂的种类，分为以下五种：

1) 引气剂防水混凝土

引气剂在混凝土拌合物中形成大量封闭的微小气泡，由于气泡的阻隔作用，使混凝土拌合物中自由水的蒸发路线变得曲折、细小、分散，因而改变了毛细管的数量和特性，减少了混凝土的渗水通路；大量微小气泡存在，使颗粒沉降阻力增加，从而减少了因不均匀沉降造成的孔隙。

2) 减水剂防水混凝土

混凝土掺入减水剂后能提高抗渗性，其原因是：掺入减水剂后在保证一定的和易性前提下，减少用水量，从而减少了混凝土拌合物的游离水数量和水分蒸发后留下的毛细孔数量，提高了混凝土的密实度；加入减水剂后，提高了水泥颗粒的分散度，改变了混凝土内孔的分布情况，并使孔径和孔隙率减小；如掺引气型减水剂，则微小气泡的作用与引气剂相同，有利于提高混凝土的抗渗性。掺减水剂的防水混凝土与坍落度及配合比相同的不掺减水剂的混凝土相比，抗渗等级可提高一倍以上。

3) 三乙醇胺防水混凝土

掺入三乙醇胺可提高混凝土的抗渗性，并有早强和增强作用，特别适用于要求早强的防水混凝土工程。三乙醇胺防水原理：三乙醇胺并不改变水泥的水化产物，只是因能加速水泥水化，使水泥在早期就能生成较多的水化产物，使较多的水分变成结合水，相应地减少了游离水量，从而减少了由于游离水蒸发遗留的毛细孔数量，提高了混凝土的抗渗性。当三乙醇胺和氯化钠、亚硝酸钠复合应用时，在水泥水化过程中生成氯铝酸盐和亚硝酸铝酸盐类络合物并产生体积膨胀，可以堵塞毛细管通道，提高混凝土的密实度。

4) 氯化铁防水混凝土

在混凝土拌合物中掺入适量氯化铁防水剂可配制成具有高密实度、高抗渗性的混凝土。氯化铁防水混凝土的防水原理是：氯化铁防水剂能与水泥水化产物氢氧化钙生成不溶于水的胶体，填充混凝土的孔隙，提高混凝土的密实度，从而提高混凝土的抗渗性。

5) 掺膨胀剂防水混凝土

在水泥中掺加膨胀剂配制防水混凝土，是由于生成钙矾石等膨胀性矿物，从而补偿了混凝土的收缩，减少了混凝土内部的微裂缝，提高了密实度，从而提高了混凝土的抗渗能力，达到防水要求。

防水混凝土施工应一次浇灌完成，尽量不留施工缝，必须留施工缝时，应留企口缝，并设止水带；严格控制原材料质量，尤其是砂、石含泥量要低于规定限值；模板要求不漏浆，板面光洁，可提高混凝土的抗渗能力；适当延长搅拌时间，以保证混凝土拌合物及外加剂搅拌均匀，外加剂必须先用水稀释后加入；采用机械振捣；加强养护，至少 14d；不得过早脱模，以防出现裂缝。

2. 耐热混凝土

普通混凝土不能在高温环境下使用，其原因是：水泥石与骨料的热膨胀系数不同，受热后水泥石与骨料的变形不同，将导致混凝土产生裂缝，强度下降；水泥石中的氢氧化钙在长期高温作用下会分解；石灰岩骨料在高温下也会分解；石英质骨料在高温下晶体转变体积产生膨胀。由于以上原因导致普通混凝土强度显著下降，甚至破坏。

耐热混凝土是能在长期高温（200℃以上，900℃以下）作用下保持使用性能的混凝土。

按所用的胶凝材料可分为：硅酸盐耐热混凝土、铝酸盐耐热混凝土、水玻璃耐热混凝土、磷酸盐耐热混凝土等。耐热粗细骨料有矿渣、耐火黏土砖或烧结黏土砖碎块、安山岩、玄武岩、铝矾土熟料、烧结镁砂等。

耐热混凝土用于有耐热要求的工程，如高炉、焦炉及其他热工设备的基础，烟筒及围护结构等。

3. 耐酸混凝土

普通混凝土是以水泥为胶凝材料的，因而在酸性介质下将受到腐蚀。耐酸混凝土采用耐酸的胶凝材料及耐酸的骨料。常用的胶凝材料为水玻璃、硫磺、沥青等，耐酸骨料有石英砂、石英岩或花岗岩碎石。

目前常用的是水玻璃混凝土，它是由水玻璃、氟硅酸钠（促硬剂）、耐酸粉料（石英粉或铸石粉）及耐酸粗、细骨料按规定比例配制而成。水玻璃混凝土拌合物的坍落度不应大于20mm，硬化后的强度应不小于20MPa。为使水玻璃混凝土表面上未参与反应的水玻璃充分反应，形成一层坚固的致密硅胶层，以抵抗酸的渗入和侵蚀，需用中等浓度的酸作表面酸化处理。在酸作用下，未反应的水玻璃产生如下反应：

$$Na_2O \cdot nSiO_2 + (2n+1)\ H_2O + 2HCl \rightarrow NaCl + nSi(OH)_4$$

耐酸混凝土对一般无机酸（除氢氟酸及热磷酸外）、有机酸（除高级酯肪酸外）有较好的抵抗能力。

6.8.4 大体积混凝土

大体积混凝土为由于结构物实体尺寸较大而需要采取技术措施控制结构内外温差，防止由于温度应力而导致结构开裂的混凝土。在大体积混凝土中，由于水泥水化所放出的热量累积且不易传出，故混凝土内部温度逐渐升高，造成较大的内外温差，加之混凝土早期抗拉强度低，弹性模量小，致使混凝土开裂，影响工程质量。为保证混凝土工程质量，针对大体积混凝土施工，可采取如下的控制措施：

1. 优先采用水化热低的水泥。如中热水泥、低热水泥，矿渣硅酸盐水泥等，或尽量提高矿物掺合料用量，以尽量减小水泥水化热产生的内部热量。为此可以以60d或90d龄期的混凝土强度作为验收的标准。

2. 高温季节浇筑大体积混凝土应采取措施，控制混凝土的入模温度，一般不宜超过30℃，如降低原材料温度，采用地下水或加冰块等。必要时也可以在大体积混凝土内部设置冷却水管以加速散热，以实现控制内外温差不超过25℃的目标。

3. 加强保温、保湿养护。

4. 控制降温速率不宜大于2℃/d。

5. 控制浇筑层厚度和进度，以利散热。

6.8.5 纤维混凝土

纤维混凝土是由普通混凝土和均匀分散于其中的短纤维所组成。纤维按变形性能分为低弹性模量纤维（尼龙纤维、聚丙烯纤维、聚乙烯纤维等）和高弹性模量纤维（钢纤维、玻璃纤维、碳纤维等）。通常纤维的长径比为70～120，掺加的体积率为0.3%～0.8%。纤维在混凝土中起增强作用，可提高混凝土的力学性能，如抗拉、抗弯、冲击韧性，也能有效地改善混凝土的脆性。冲击韧性约为普通混凝土的5～10倍，初裂抗弯强度提高2.5倍，劈裂抗拉强度提高1.4倍。采用低弹性模量纤维时，对混凝土抗拉强度影响不大，但可改善混凝土的冲击韧性；采用高弹性模量纤维时，能显著提高混凝土的抗拉强度，而对抗压强度提高不大。

目前，纤维混凝土主要用于对抗冲击性要求高的工程，如飞机跑道、高速公路、桥面面层等，除此之外，在屋面和墙体也逐渐有所应用。

6.8.6 特细砂混凝土

特细砂混凝土是用细度模数在1.6以下的砂和石子配制的混凝土。特细砂混凝土的性能接近于同强度等级的粗、中砂混凝土，仅耐磨性较差，可用于工业及民用建筑、道路、桥梁及水工建筑等。为保证特细砂混凝土的质量，应控制以下三点：

1. 控制特细砂粒度

细度模数小于0.7，且通过筛孔0.16mm标准筛的量大于30%的砂，不得用来配制混凝土。因砂的粒度过细，不仅水泥用量骤增，而且混凝土强度显著下降。

2. 配制特细砂混凝土宜用低砂率

特细砂比表面积大，空隙率大，为保证混凝土拌合物的和易性，应使砂粒表面水泥浆保持适当的厚度，为了不致过多增加水泥用量，不降低混凝土性能，只有降低砂率。当采用碎石时，最佳砂率为14%～35%；采用卵石时为14%～25%。

3. 混凝土拌合物宜采用低流动性

由于水分吸附于细砂表面，使混凝土拌合物干稠，与相同配合比的粗、中砂混凝土比较，前者坍落度较小，但在振动条件下，两种混凝土的密实成型性能相近。因此特细砂混凝土拌合物的坍落度应小于30mm为宜。

特细砂混凝土施工应注意：搅拌时间应比粗中砂配制的混凝土延长1～2min；宜用机械振捣成型；成型后因表面砂浆多，硬化过程中易产生裂缝，应进行二次抹面；加强早期养护，保持表面湿润，并适当延长养护时间。

6.8.7 聚合物混凝土

普通混凝土已成为最重要的土木工程材料，但在性能上还存在许多不足之处，如抗冻性、抗渗性还不够高，抗拉强度及耐磨性也较低，在酸及某些盐类作用下会遭到破坏等。为了克服上述缺点，可用聚合物代替混凝土中部分或全部水泥。聚合物混凝土包括：聚合物水泥混凝土、聚合物浸渍混凝土及聚合物胶结混凝土。

1. 聚合物水泥混凝土

这种混凝土是在搅拌混凝土拌合物时掺入一定数量（占水泥质量5%～20%）的聚合物而成的。聚合物呈乳液或悬浮液状态（如聚醋酸乙烯酯、天然或合成橡胶等的水分散体）掺入，它们在混凝土硬化过程中固化。聚合物掺量适当，则混凝土的抗弯强度、抗渗性，胶结性能、冲击韧性、耐磨性、干缩性及耐酸性均有明显改善。聚合物水泥混凝土和砂浆主要用于铺设工业厂房和飞机跑道的地面、混凝土和砖砌体的衬面，以及建造水或石油的贮池。

2. 聚合物浸渍混凝土

以已硬化的混凝土为基材，干燥后浸入有机单体，然后用加热辐射的方法使混凝土孔隙内的单体聚合，使混凝土与聚合物形成一个整体。由于聚合物填充了混凝土内部的孔隙，从而增加了混凝土的密实度，提高了水泥石与骨料之间的粘结强度，减少了应力集中，因此混凝土的抗渗性、抗冻性、耐磨性及强度均有明显提高。浸渍混凝土的单体有苯乙烯、甲基丙烯酸甲酯等，它们在混凝土中分别聚合成聚苯乙烯、聚甲基丙烯酸甲酯。与普通混凝土相比，抗压强度提高2～4倍，一般可达150MPa以上。抗拉强度约为抗压强度的1/10。弹性模量约为基材的2倍，徐变较小，吸水率小，抗冻性大大提高。浸渍混凝土适用于要求高强度、高耐久性的特殊构件、特别适用于输送液体的有筋管、无筋管、坑道等。还可用于耐高压的容器，如原子反应堆、液化天然气储罐等。

3. 聚合物胶结混凝土

又称树脂混凝土或塑料混凝土，是用热固性聚合物（环氧、聚酯树脂等）代替水泥石的混凝土。这种混凝土的胶结材料是由液态低聚物、固化剂和粉状填料组成。这种混凝土在常温下即可硬化，加热时可加速硬化。聚合物胶结混凝土具有较高的强度（抗压强度60～100MPa，抗弯强度为20～40MPa）、耐磨性和化学稳定性，并能与其他土木工程材料很好地粘结，但变形较大，耐热性低。其造价虽远高于普通混凝土，但用于制造在有害介质下工作的构件，或者作为这类构件的覆盖层，以及修复石材、混凝土构件（如表面复原、填塞裂缝等）却是极为有效的。

6.8.8 喷射混凝土

喷射混凝土是利用压缩空气的力量将掺加速凝剂的混凝土喷射到岩面或建筑物表面的混凝土。

按混凝土在喷嘴处的状态，喷射混凝土分为干式喷射混凝土和湿式喷射混凝土两种：将水泥、砂、石按一定配合比拌合而成的混合料装入喷射机中，混凝土在“微湿”状态下（水灰比为0.1～0.2）输送至喷嘴处加水加压喷出者，为干式喷射混凝土；将水灰比为0.45～0.50的混凝土拌合物输送至喷嘴处加压者，为湿式喷射混凝土。湿式喷射混凝土施工灰尘小、回弹量少，但若处理不当，混凝土拌合物易在输送管道中凝固和堵塞。

喷射混凝土宜采用普通硅酸盐水泥；粗骨料最大粒径应小于20mm，10mm以上的骨料总量应少于30%，以减少回弹量；不宜采用细砂，以减小混凝土收缩。喷射混凝土抗压强度为25～40MPa，与岩石施工面的粘结力为1～1.5MPa。

喷射混凝土凝结硬化快，1h内产生强度，因此可节省模板，省去支模、浇筑、拆模工序，使混凝土的输送、浇筑和捣固合为一道工序，加快施工进度。此项技术已广泛应用于地下工程和隧道工程。

6.8.9 泵送混凝土

泵送混凝土一词是伴随着混凝土施工技术的发展而提出的，在高层建筑施工中采用高压泵技术，将流动的混凝土拌合物推动着沿管道进行运输和浇灌，因此要求混凝土必须具有优异的可泵性。所谓可泵性，即混凝土拌合物具有顺利通过管道，摩擦阻力小，不离析、不泌水、不阻塞的性质。

泵送混凝土拌合物的坍落度一般要求160～180mm。为使拌合物整体易于输送，粗骨料的最大粒径，碎石不应大于管道内径的1/3，卵石不应大于2/5；细骨料中小于0.315mm的颗粒不应少于15%。

泵送混凝土可一次连续完成水平和垂直运输，效率高，费用低。对于大型钢筋混凝土构筑物（大型设备基础、地下工程等）和高层建筑，尤其是在狭小现场施工的工程，泵送混凝土能有效地发挥作用。

免振自密实混凝土是泵送混凝土的新秀，其拌合物的坍落度可达200mm以上，坍落扩展度可达500mm以上，流动性大且不离析、不泌水，克服了噪声对环境的污染，节约了振捣浇筑的能量，在钢管混凝土等结构中应用广泛。

复习思考题

1. 试解释下列名词、术语

立方体抗压强度标准值；立方体抗压强度；强度等级；轴心抗压强度；劈拉强度；自然养护；蒸汽养护；同条件养护；标准养护；强度保证率；混凝土配合比

2. 什么是混凝土拌合物的和易性？它包含哪些含义？

3. 影响混凝土拌合物和易性的因素是什么？它们是怎样影响的？

4. 如果混凝土拌合物的和易性不符合要求（坍落度过大或过小，黏聚性不良）时，如何进行调整？

5. 结合混凝土破坏特征，阐述影响混凝土强度的主要因素是什么？它们是怎样影响的？

6. 用普通硅酸盐水泥配制的混凝土边长10cm的立方体试件，标养14d的抗压强度为21.6MPa，试估算其28d的抗压强度？

7. 如果实测混凝土抗压强度低于设计要求，应采取哪些措施来提高其强度？

8. 如果混凝土在加荷以前就产生裂缝，试分析裂缝产生的原因？

9. 干缩和徐变对混凝土性能有什么影响？减小混凝土干缩与徐变的措施有哪些？

10. 碳化对混凝土性能有什么影响？碳化带来的最大危害是什么？

11. 采用哪些措施可以提高混凝土的抗渗性？

12. 什么是混凝土的抗冻性？确定抗冻等级的标准及提高抗冻性的措施是什么？

13. 什么是碱—骨料反应？有哪几类？其反应特征有哪些？

14. 碱—骨料反应的必要条件是什么？

15. 何谓混凝土耐久性？如何提高混凝土耐久性？

16. 什么是混凝土的质量控制？它包括哪几个控制？各自的控制内容是什么？

17. 混凝土质量为什么是波动的？波动的规律是什么？用数理统计方法对混凝土质量进行控制时常用的统计量是什么？各个统计量的含义是什么？

18. 如何用质量控制图来控制混凝土的施工质量？

19. 混凝土强度的检验评定如何进行？

20. 在普通混凝土配合比设计中，水灰比、砂率及水泥用量是根据什么原则确定的？

21. 某室内钢筋混凝土梁，要求强度等级为C30，采用42.5级普通水泥（$\rho_c=3.10\mathrm{g/cm^3}$）、卵石（$\rho_{0g}=2670\mathrm{kg/m^3}$、$\rho'_{0g}=1550\mathrm{kg/m^3}$、$D_{max}=40\mathrm{mm}$）、中砂（$\rho_{0s}=2.63$、$\rho'_{0s}=$

1420kg/m^3)。试用绝对体积法求混凝土配合比，并计算 13L 的用料量。

22. 某工程设计要求混凝土强度等级为 C25，施工中共制作标准立方体试件 30 组，各组 28d 抗压强度代表值如下：

试件组编号	1	2	3	4	5	6	7	8	9	10	11	12	13	14	15
f_{cu}(MPa)	26.5	26.0	29.5	27.5	24.0	25.0	26.7	25.2	27.7	29.5	28.1	28.5	25.6	26.5	27.0
试件组编号	16	17	18	19	20	21	22	23	24	25	26	27	28	29	30
f_{cu}(MPa)	24.1	25.3	29.4	27.0	29.3	25.1	26.0	26.7	27.7	28.0	28.2	28.5	26.5	28.5	28.8

试求该批混凝土强度平均值、标准差、强度保证率。

23. 分别用 42.5、52.5 级普通硅酸盐水泥、碎石和河砂配制 C30 级混凝土，求水灰比各为若干？并说明所用水泥强度等的合理性（碎石最大粒径 40mm，混凝土坍落度为 30～50mm）。

24. 某混凝土拌合物经试拌调整满足和易性要求后，各组成材料用量为水泥 3.15kg、水 1.89kg、砂 6.24kg、卵石 12.48kg，实测混凝土拌合物表观密度为 $\rho_{oh}=2450$kg/m^3。试计算每 1m^{3}混凝土的各种材料用量。

25. 如已知混凝土拌合物的表观密度为 2420kg/m^3，配合比为水泥∶砂∶石∶水＝1∶2.39∶4.44∶0.63。求每 1m^{3}混凝土的材料用量？

26. 上题的混凝土配合比为试验室配合比，如砂、石的含水率分别为 2％和 1％，求其施工配合比。

27. 某工地拌合混凝土时，施工配合比为 42.5 级水泥 308kg、砂 700kg、碎石 1260kg、水 127kg。经测定砂的含水率为 4.2％，石子含水率为 1.6％。求该混凝土的试验室配合比。

28. 试验室拌合混凝土，已确定水灰比为 0.6，砂率为 0.36，每 1m^{3}混凝土用水量为 180kg，实测混凝土拌合物的表观密度为 2480kg/m^3，求每 1m^{3}混凝土拌合物各项组成材料用量。

29. 同上题的混凝土配合比，如所用的普通水泥为 42.5 级，采用碎石做粗骨料。试估算此混凝土在标准条件下养护 28d 后的强度等级是哪一级？

30. 采用高强度混凝土的主要优点和不利条件是什么？主要物理力学性能如何？

31. 高强度混凝土如何配制？

32. 简述高性能混凝土的概念及性能。

33. 轻骨料混凝土的物理力学性能与普通混凝土相比较，具有什么特点？

34. 普通硅酸盐水泥和天然砂、石骨料配制的混凝土为什么不能在高温条件下使用？

35. 防水混凝土有哪几种？它们是怎样配制的？

36. 简述耐酸混凝土、特细砂混凝土、大体积混凝土、道路混凝土、聚合物混凝土的概念及配制技术要点？

第7章 砌 体 材 料

砌体结构历史悠久，应用广泛，是非常重要的一种结构型式。构成砌体结构的砌体材料是指砌筑而成的墙体、柱等承重或非承重构件所用的块体材料和砂浆。块体材料主要有砖、砌块、天然石材，也包括各种墙板。这些块体材料通过砂浆粘结成规定尺寸的砌体，使其具有传力、分隔、围护及封闭的功能。

建筑砂浆按照使用性能主要分为砌筑砂浆和抹面砂浆。前者的主要作用是将砖、砌块或墙板等粘结在一起形成砌体，后者是以薄层涂抹在建（构）筑物表面，主要起抹平、美观或保护作用。

按照生产工艺不同，将砖和砌块分为：烧结砖和烧结砌块、蒸压砖和蒸压砌块、免烧免蒸压砖和免烧免蒸压砌块。按照原材料不同，将砖和砌块分为：黏土砖和砌块、页岩砖和砌块、粉煤灰砖和砌块、煤矸石砖和砌块、废渣（尾矿）砖和砌块等。按照外形和孔洞率大小不同，将砖和砌块分为：实心砖、多孔砖和多孔砌块、空心砖和空心砌块等。

砖和砌块的主要区别在于尺寸大小不同，同种类的砖和砌块，砌块尺寸大于砖的尺寸。砌块系列中主规格的长度、宽度或高度应有一项或一项以上分别大于365mm、240mm或115mm。多孔砖和多孔砌块与空心砖和空心砌块的主要区别在于前者的孔洞率小于后者，且前者的孔小而多，后者的孔大而少。

多孔砖、空心砖和砌块，节约原料，自重轻，保温性好；免烧免蒸压砖和砌块，能够节能降耗。因此，使用工业固体废弃物等非黏土作原料，生产各种多孔砖、空心砖和砌块，或者采用免烧免蒸压工艺生产砖和砌块，符合国家发展循环经济、保护环境的产业政策，是砌体（墙体）材料改革的发展方向。

7.1 建筑砂浆

建筑砂浆是由胶凝材料、细骨料、水、外加剂和掺合料拌合而成，开始具有可塑性，硬化后具有强度的建筑材料，可视为细骨料混凝土。在土木工程中，砂浆用量大、使用范围广，它是砌体结构的重要组成部分，也是结构内、外粉刷抹面以及饰面石材、陶瓷砖粘贴施工的常用材料。

按所用胶凝材料不同，建筑砂浆可分为：水泥砂浆、混合砂浆、石灰砂浆、石膏砂浆、聚合物砂浆等。

按用途不同，建筑砂浆可分为：砌筑砂浆、抹面砂浆、装饰砂浆和特种功能砂浆（如保温砂浆、吸声砂浆、防水砂浆、耐酸砂浆等）。

按表观密度不同，建筑砂浆可分为：轻砂浆（表观密度不大于1500kg/m^3）及重砂浆（表观密度大于1500kg/m^3）。

按拌制地点不同，建筑砂浆可分为：现场拌制砂浆和预拌砂浆，后者是由专门厂家生产的砂浆，又分为干混砂浆和湿拌砂浆。预拌砂浆有利于环境保护和资源综合利用，国家鼓励推广使用。

7.1.1 砌筑砂浆

将砖、砌块、石材等块体材料粘结成砌体的砂浆称为砌筑砂浆，它在砌体中起粘结、衬垫和传力作用，是砌体的重要组成部分。

1. *砌筑砂浆的组成材料*

(1) 水泥

水泥是普通砌筑砂浆中的主要胶凝材料。选用水泥时，应满足以下要求：

1) 水泥品种应优先选择通用硅酸盐水泥或砌筑水泥，不同品种的水泥，不得混合使用。

2) 水泥强度等级应体现合理利用资源、节约材料的原则。配制砂浆时应尽量选用低强度等级的通用硅酸盐水泥或砌筑水泥。M15 及以下强度等级的砌筑砂浆宜选用 32.5 级的通用硅酸盐水泥或砌筑水泥；M15 以上强度等级的宜选用 42.5 级通用硅酸盐水泥。

(2) 石灰

为了改善砂浆的和易性和节约水泥，在水泥砂浆中掺入适量石灰膏配制成混合砂浆，用于地上工程的砌体和抹灰工程。掺入混合砂浆中的石灰膏，当使用磨细生石灰粉时，其熟化时间不得少于 2d；当使用块状生石灰时，应用孔径不大于 3mm 的筛网过滤，熟化时间不得少于 7d。化灰池中贮存的石灰膏，应采取措施，防止干燥、冻结和污染。消石灰粉不得直接用于砌筑砂浆中。

(3) 砂

砌砖砂浆宜采用质量符合相关标准要求的中砂，既能满足和易性要求，又节约水泥。砂的含泥量应予以控制，因为含泥量过大，不但会增加砂浆的水泥用量，而且会使砂浆的收缩值增大、耐久性降低。人工砂中石粉含量也应控制，如石粉含量过大，将使砂浆收缩值增大。

(4) 矿物掺合料

为改善砂浆的相关技术性能并节约水泥、石灰，降低工程成本，可在砂浆中掺入适量粉煤灰、粒化高炉矿渣粉等矿物掺合料，掺合料性能应符合现行相关标准要求。

(5) 水

拌制砂浆用水应符合《混凝土用水标准》(JGJ 63－2006) 中的规定。

(6) 其他砂浆改性材料，如各种外加剂、保水增稠材料等。

2. *砌筑砂浆的主要技术性质*

(1) 砂浆拌合物的性质

砂浆拌合物在硬化前应具有良好的和易性。和易性良好的砂浆容易在砖、石表面上铺展均匀，使块材紧密粘结。这样，既便于施工操作，又能提高灰缝的饱满度。砂浆的和易性包括流动性和保水性两方面含义。

1) 流动性。砂浆的流动性又称为稠度，是指砂浆在重力或外力作用下流动变形的能力。砂浆稠度用沉入度表示，用砂浆稠度仪测定，试验方法参阅本教材试验部分。砂浆流动性与胶凝材料的品种和数量，用水量，砂的细度、粒形及级配等因素有关。

砌筑砂浆稠度选择与砌体材料品种、砌体形式及施工时天气情况有关。对于砌筑多孔吸水的块材及干热气候施工时，要求砂浆沉入度大一些；砂筑密实、不吸水的块材及湿冷气候施工时，则要求砂浆沉入度小一些。砌筑砂浆的施工稠度，宜按表 7-1 的规定选用。

表 7-1　砌筑砂浆的施工稠度（JGJ/T 98—2010）

砌 体 种 类	砂浆稠度（mm）
烧结普通砖砌体、粉煤灰砖砌体	70～90
混凝土砖砌块、普通混凝土小型空心砌块砌体、灰砂砖砌体	50～70
烧结多孔砖砌体、烧结空心砖砌体、轻骨料混凝土小型空心砌块砌体、蒸压加气混凝土砌块砌体	60～80
石砌体	30～50

2）保水性。保水性是指砂浆能够保持水分的能力，即砂浆各组成材料不易分层、泌水的性质。新拌砂浆在存放、运输和使用过程中，都必须保持其中水分不致很快流失，才能形成均匀密实的砂浆层，从而保证砌体质量良好。如果砂浆的保水性不良，施工过程中容易出现泌水、分层而不易铺成均匀的浆层，水分也容易被块材吸收，从而使胶凝材料不能充分凝结硬化，最终使砌体强度下降。

砂浆的保水性用分层度或保水率表示，具体测试过程见本教材第 13 章。砌筑砂浆的分层度应不大于 30mm，保水率应不小于 84%，预拌砌筑砂浆保水率应不小于 88%。

（2）砂浆硬化后的性质

砂浆硬化后的主要性质有强度、粘结力、变形性能和抗冻性。

1）砂浆强度。砂浆强度一般是指抗压极限强度，是划分砂浆强度等级的依据。砂浆的强度等级代号是 M，划分为 M5、M7.5、M10、M15、M20、M25、M30 等 7 个等级。砂浆强度等级是以边长为 70.7mm 的立方体试件（3 个试件为一组），在（20±2）℃温度下，相对湿度为 90%的标准养护室中养护 28d 试压而得出的强度代表值来划分的。

砂浆强度主要与水泥用量、水泥强度相关。搅拌时间、养护条件、龄期、保水增稠材料和掺合料的品种、用量等因素也会影响砂浆强度。

2）粘结力。为保证砌体坚固，砂浆必须对砌筑块材有一定的粘结力。砂浆的粘结力主要与砂浆的抗压强度、抗拉强度，以及底面材料的毛糙程度、干净程度、湿润状况（如烧结砖含水率 10%～15%为宜；硅酸盐砖含水率 5%～8%为宜）有关。

3）变形性能。砂浆在承受荷载或温度变化时容易变形。如果变形过大或变形不均匀，将会引起砌体沉陷或出现裂缝，影响砌体质量。若采用轻骨料（如细炉渣）拌制砂浆或掺合料过多，均会使砌体收缩变形过大。

4）抗冻性能。冻融会造成砂浆强度降低，其破坏原理与混凝土冻融相同。当设计有冻融循环要求时，所用砂浆必须进行冻融试验。按质量损失率不大于 5%，抗压强度损失率不大于 25%为指标评定。

3. 砌筑砂浆的配合比设计

砌筑砂浆按设计要求的类别和强度等级来配制。砌筑砂浆的配合比，可以通过计算、试配确定，也可查阅有关资料选择。

砂浆的配合比表示方法，有绝对材料用量表示法及材料相对比例表示法。前一种是给出 1m³ 砂浆中水泥、石灰膏、砂及保水增稠材料的绝对质量；后一种是以水泥质量为基准数

1，依次给出石灰膏质量（Q_D）、砂质量（Q_s）及保水增稠材料质量（Q_p）与水泥质量（Q_c）的比值，即 1∶Q_D/Q_c∶Q_s/Q_c∶Q_p/Q_c。

（1）砂浆配制强度的确定

砂浆与混凝土类似，其强度也是在一定范围内波动的。砌筑砂浆的配制强度应高于设计强度等级，可按下式确定：

$$f_{m,0}=k\cdot f_2 \tag{7-1}$$

式中，$f_{m,0}$——砂浆的试配强度，精确至 0.1MPa；

f_2——砂浆强度等级值，MPa；

k——系数，按表 7-2 取值。

施工现场的砂浆强度标准差 σ，当有统计资料时，统计周期内同一品种砂浆试件的组数 $n\geqslant25$ 时按统计方法计算。根据强度等级、强度标准差及施工水平选取系数 k。

表 7-2　砂浆强度标准差 σ 和 k 值选用表（JGJ/T 98—2010）

强度等级 / 施工水平	强度标准差 σ（MPa）							k
	M5	M7.5	M10	M15	M20	M25	M30	
优良	1.00	1.50	2.00	3.00	4.00	5.00	6.00	1.15
一般	1.25	1.88	2.50	3.75	5.00	6.25	7.50	1.20
较差	1.50	2.25	3.00	4.50	6.00	7.50	9.00	1.25

（2）计算水泥用量

当基层为不吸水材料（如密实的石材）时，可按下式计算水灰比求水泥用量：

$$f_{m,0}=A\cdot f_{ce}\left(\frac{C}{W}-\mathrm{B}\right) \tag{7-2}$$

当基层为吸水材料（如烧结黏土砖）时，砂浆中的水泥用量按下式确定：

$$Q_c=1000(f_{m,0}-\beta)/(\alpha\cdot f_{ce}) \tag{7-3}$$

式中，　Q_c——每 $1m^3$ 砂浆的水泥用量，kg；

$f_{m,0}$——砂浆的配制强度，MPa；

f_{ce}——水泥的实测 28d 抗压强度，精确至 0.1MPa；

α、β、A、B——砂浆的特征系数。$A=0.293$，$B=0.40$；$\alpha=3.03$，$\beta=-15.09$。

当无法取得水泥的 28d 实测抗压强度，并无水泥强度富余系数 γ_c 时，f_{ce} 可直接用水泥强度等级值 $f_{ce,k}$。

当计算出水泥砂浆中的水泥计算用量不足 $200kg/m^3$ 时，应按 $200kg/m^3$ 选用。

（3）计算混合砂浆的石灰膏用量

对于混合砂浆而言，要掺入石灰膏作增塑掺合料，其用量按下式计算：

$$Q_D=Q_A-Q_c \tag{7-4}$$

式中，Q_D——每 $1m^3$ 砂浆的石灰膏用量（稠度为 120mm±5 mm），kg；

Q_c——每 $1m^3$ 砂浆的水泥用量，kg。对于吸水基材，按式（7-3）计算，对于不吸水基材，按式（7-2）计算水灰比求水泥用量；

Q_A——每 $1m^3$ 砂浆中水泥与石灰膏的总量，kg。Q_A 可取 350kg。

当所用石灰膏稠度不是（120±5）mm时，对于不同稠度的石灰膏，可按表7-3进行换算。

表7-3　不同稠度石灰膏的换算系数

石灰膏稠度（mm）	130	120	110	100	90	80	70	60	50	40
换算系数	1.05	1.00	0.99	0.97	0.95	0.93	0.92	0.90	0.88	0.8

（4）确定砂子用量 Q_s

每1m³砂浆中的砂用量，应以干燥状态（含水率小于0.5%）的堆积密度值作为计算值。当含水率大于0.5%时，应考虑砂的含水率对砂堆积体积的影响。

（5）确定用水量 Q_w

每1m³砂浆中的用水量（Q_w），可根据砂浆稠度等要求选用（约210～310kg）。混合砂浆中的用水量，不包括石灰膏中的水；当采用细砂或粗砂时，用水量分别取上限或下限；稠度要求小于70mm时，水量可小于下限；施工现场气候炎热或干燥季节，可酌情增加用水量。

（6）配合比试配、调整与确定

试配时应采用工程中实际使用的材料。混合砂浆搅拌时间不小于120s；预拌砂浆和掺有粉煤灰、外加剂、保水增稠材料等的砂浆，搅拌时间不小于180s。按计算配合比进行试拌，测定拌合物的沉入度和保水率（或分层度）。若不能满足要求，则应调整材料用量，直到符合要求为止；由此得到的即为基准配合比。

检验砂浆强度时至少应采用三个不同的配合比，其中一个为基准配合比，另外两个配合比的水泥用量按基准配合比分别增加和减少10%，在保证沉入度、保水率或分层度合格的条件下，可将用水量或掺合料用量作相应调整。三组配合比分别成型、养护、测定28d强度，由此选定符合配制强度要求的且水泥用量最低的配合比作为砂浆配合比。

砂浆配合比确定后，当原材料有变更时，其配合比必须重新通过试验确定。

（7）水泥砂浆的配合比

水泥砂浆中的水泥、砂子和水的用量，既可通过实验确定，也可按表7-4选取。

表7-4　水泥砂浆配合比选取表（JGJ/T 98—2010）

强度等级	水泥用量 Q_c，(kg/m³)	砂用量 Q_s，(kg/m³)	水用量 Q_w，(kg/m³)
M5	200～230	1m³砂的堆积密度值	270～330
M7.5	230～260		
M10	260～290		
M15	290～330		
M20	340～400		
M25	360～410		
M30	430～480		

4. 砌筑砂浆的配合比设计实例

某烧结普通砖砌筑工程，采用水泥石灰混合砂浆砌筑，要求砂浆的强度等级为M7.5，稠度为70～90mm。原材料为：用复合硅酸盐32.5级水泥，实测28d抗压强度为36.0MPa；

砂用中砂，堆积密度为 1450kg/m³，含水率为 2%；石灰膏的稠度为 120mm。施工水平一般。试计算砂浆的配合比。

（1）确定试配强度 $f_{m.0}$

查表 7-2 可得 k=1.20，则

$$f_{m.0} = kf_2 = 1.20 \times 7.5 = 9.0\ \text{MPa}$$

（2）计算水泥用量 Q_C

由 α=3.03，β=−15.09 得：

$Q_C = 1000(f_{m,0}-\beta)/(\alpha \cdot f_{ce}) = 1000 \times (9.0+15.09)/(3.03 \times 36.0) = 221\text{kg}$

（3）计算石灰膏用量 Q_D

取 Q_A=350kg，则

$$Q_D = Q_A - Q_C = 350 - 221 = 129\text{kg}$$

（4）确定砂子用量 Q_S

$$Q_S = 1450 \times (1+2\%) = 1479\text{kg}$$

（5）确定用水量 Q_W

可选取 280kg，扣除砂中所含的水量，拌合用水量为

$$Q_W = 280 - 1450 \times 2\% = 251\ \text{kg}$$

砂浆的配合比为

$$Q_C : Q_D : Q_S : Q_W = 221 : 129 : 1479 : 251 = 1 : 0.58 : 6.69 : 1.14$$

7.1.2 抹面砂浆

抹面砂浆是以薄层涂抹在建筑物或构筑物表面的砂浆，又称抹灰砂浆。按其功能可分为一般抹面砂浆、装饰抹面砂浆、防水抹面砂浆及其他特种抹面砂浆。按所用材料又分为水泥砂浆、混合砂浆、石灰砂浆等。本教材主要讲解普通抹面砂浆的相关知识。

1. 普通抹面砂浆的组成材料

普通抹面砂浆的功能是抹平表面，光洁美观，包裹并保护基体，免受风雨破坏与液、气相介质的腐蚀，延长使用寿命。同时还兼有保温、调湿功能，是建筑工程中应用最广泛的抹面砂浆品种。其组成材料的特点如下。

（1）胶凝材料。通用硅酸盐水泥的六个品种均可使用。用于底层砂浆的石灰膏需“陈伏”两周以上，用于罩面的石灰膏需“陈伏”一个月以上。所谓陈伏是指使生石灰和水充分反应而消解成消石灰的过程，它可防止由于生石灰消解不充分而在已硬化砂浆墙面中消解膨胀而产生鼓泡的缺陷。

（2）砂子。宜用中砂，或使用中砂与粗砂的混合物。在缺乏中砂、粗砂的地区，可以使用细砂，但不能单独使用粉砂。一般抹灰分三层（或两层）进行，底层、中层用砂的最大粒径为 2.5mm，面层的最大粒径为 1.2mm。

（3）加筋材料。加筋材料包括麻刀、纸筋、纤维等。

（4）胶料。为提高砂浆粘结力，有时还掺加白乳胶等。

2. 普通抹面砂浆的配合比

对于抹面砂浆一般无具体强度要求。但对其流动性、保水性、粘结力却要求很高。通常是选择经验配合比，而不作计算。

表 7-5　常见抹面砂浆配合比参考表

材料	配合比（体积比）	应用范围
石灰：砂	1：2～1：4	用于砖石墙表面（檐口、勒脚、女儿墙以及潮湿房间的墙除外）
石灰：黏土：砂	1：1：4～1：1：8	干燥环境的墙表面
石灰：石膏：砂	1：0.4：2～1：1：3	用于不潮湿房间木质表面
石灰：石膏：砂	1：0.6：2～1：1：3	用于不潮湿房间的墙及顶棚
石灰：石膏：砂	1：2：2～1：2：4	用于不潮湿房间的线脚及其他修饰工程
石灰：水泥：砂	1：0.5：4.5～1：1：5	用于檐口、勒脚、女儿墙外脚以及比较潮湿的部位
水泥：砂	1：3～1：2.5	用于浴室、潮湿车间等墙裙、勒脚等或地面基层
水泥：砂	1：2～1：1.5	用于地面、顶棚或墙面面层
水泥：砂	1：0.5～1：1	用于混凝土地面随时压光
水泥：石膏：砂：锯末	1：1：3：5	用于吸声粉刷
水泥：白石子	1：2～1：1	用于水磨石（打底用1：2.5水泥砂浆）

7.2　烧结砖和烧结砌块

7.2.1　烧结工艺

黏土主要是由铝硅酸盐类岩石（主要是含长石的岩石），经长期风化而成，其主要成分为高岭土，其次尚有少量氧化铁、氧化钛、氧化钾等成分。这些成分赋予了黏土各种性能，其中对于烧结砖和烧结砌块用黏土最为重要的技术性质为可塑性和烧结性。

黏土的可塑性是指黏土加水拌合后，在外力作用下能获得任意形状而不产生裂纹和发生破裂，在外力作用停止后仍能保持已获得形状的性能。

烧结性是黏土经煅烧能获得一定的密度和强度的性能。黏土没有固定的熔点，而是在相当大的温度范围内逐渐软化：在110℃左右脱去自由水；450～850℃时结晶水脱去，此时孔隙率最大；继续升温，黏土中的杂质与黏土形成易熔物质，开始熔化，体积剧烈收缩，孔隙率明显减小，形成的部分液相熔融物逐渐填塞于未熔颗粒之间，使其粘结，制品强度明显增加。一般黏土砖的烧结温度为950～1050℃，如果温度继续升高，则液相熔融物增多，制品将产生显著变形。黏土从开始产生部分液相熔融物到坯体不能自持而显著变形的温度范围称为焙烧间隔。

在焙烧间隔范围内生产的砖称为正火砖。在焙烧温度低于烧结范围时，得到的色浅、敲击时音哑、孔隙率大、强度低、吸水率大、耐久性差的砖称为欠火砖。在焙烧温度高于烧结范围时，得到的色深、敲击时音清脆、强度高、变形性大的砖称为过火砖。当所用黏土搅拌不均、成型不密实、窑温低于烧结范围时，得到的易发生破碎、起壳、掉角、裂纹现象的砖，称为酥砖。

以黏土为原料的烧结砖，在焙烧过程中，若使窑内氧气充足而使坯体在氧化气氛中焙烧，则黏土中的铁元素被氧化成高价的 Fe_2O_3，可制得红砖。若在焙烧的最后阶段浇水闷窑，使窑内燃烧气氛呈还原气氛，砖中的高价氧化铁（Fe_2O_3）被还原为青灰色的低价氧化铁（FeO），即可制得青砖。

烧结砖使用砖窑烧制，砖窑分为间歇窑和连续窑两大类。间歇窑有围窑、半地下式土窑等，这类窑烧出的产品质量较低，品质不匀，而且能耗大。

连续窑有轮窑和隧道窑等。轮窑为环形，分成多个窑室，砖坯码放在窑室里不动。焙烧的火头由一个窑室渐次转移至另一窑室。烟气经过未培烧的砖坯时，使砖坯干燥和预热。隧道窑为隧道形，窑底设有轨道，砖坯码放在轨道上的砖车上，砖车徐徐前进，窑的中部为固定的焙烧带，砖车经预热、焙烧、保温，至冷却出窑。连续窑的生产效率高，能耗小，产品质量高。

7.2.2 烧结砖和烧结砌块

1. 主要种类和性能

烧结块体材料根据所用原料不同，可分为黏土砖和黏土砌块（符号为 N）、页岩砖和页岩砌块（Y）、粉煤灰砖和粉煤灰砌块（F）和煤矸石砖和煤矸石砌块（M）。页岩烧结砖是采用优质页岩为原料，粉煤灰烧结砖是在黏土原料中掺入 30%以上的粉煤灰，均经挤出成型、干燥和焙烧而成。煤矸石烧结砖是采用洗煤过程中排放的以含 Al_2O_3 和 SiO_2 为主的固体废弃物，经粉碎、筛选加工成合格物料，然后加水放置一段时间（该过程称为陈化），陈化后的物料制成砖坯，烘干后于隧道窑中烧成。根据外形及尺寸大小不同，将烧结砖和烧结砌块分为：主要用于承重结构的烧结普通砖、烧结多孔砖和烧结多孔砌块，以及主要用于非承重结构的烧结空心砖和烧结空心砌块等类型。

烧结多孔砖和烧结多孔砌块的主要区别在于：前者的规格尺寸比后者的要小；前者的孔洞率不小于 28%，后者的孔洞率不小于 33%；前者的密度等级分为 1000kg/m^3、1100kg/m^3、1200kg/m^3、1300kg/m^3，后者的密度等级分为 900kg/m^3、1000kg/m^3、1100kg/m^3、1200kg/m^3。烧结多孔砖和烧结多孔砌块的孔尺寸小而数量多。烧结空心砖和烧结空心砌块的孔洞率均不小于 40%，并且孔尺寸大而数量少，二者的主要区别仅在于空心砖的外型尺寸略小于空心砌块。

（1）烧结普通砖

烧结普通砖的外形为直角六面体，其公称尺寸为 240mm×115mm×53mm，见图 7-1。若加上砌筑灰缝厚度（10mm），则 4 个砖长、8 个砖宽、16 个砖厚都恰好是 1m。这样，每立方米砌体的理论需用砖数是 512 块。

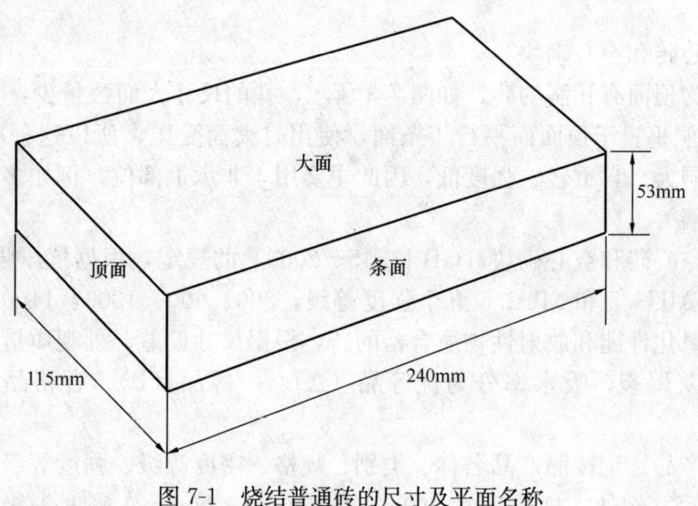

图 7-1 烧结普通砖的尺寸及平面名称

按照《烧结普通砖》(GB 5101－2003）的规定，根据抗压强度，其强度等级分为MU30、MU25、MU20、MU15和MU10。强度、抗风化性能和放射性物质合格的砖，根据尺寸偏差、外观质量、泛霜和石灰爆裂分为优等品（A）一等品；（B）合格品；（C）三个质量等级。

（2）烧结多孔砖和多孔砌块

烧结多孔砖为大面有孔洞的砖，见图 7-2。孔的尺寸较小（矩形条孔或矩型孔，宽度小于等于 13mm，孔长度小于等于 40mm；规格大的砖可设置手抓孔，孔尺寸为（30～40）mm×（75～85）mm，使用时孔洞垂直于受压面。孔洞率等于或大于 28%（烧结多孔砌块的孔洞率等于或大于 33%），因为它的强度较高，主要用于建筑物的承重部位。

按照《烧结多孔砖和多孔砌块》(GB 13544－2011）的规定，根据抗压强度分为 MU30、MU25、MU20、MU15 和 MU10 五个强度等级和 1000kg/m^3、1100kg/m^3、1200kg/m^3、1300kg/m^3 四个密度等级。

烧结多孔砖的产品标记按产品名称、品种、规格、强度等级、密度等级和标准编号顺序编写。例如，规格尺寸 290mm×140mm×90mm、强度等 MU25、密度 1200 级的黏土烧结多孔砖，其标记为：烧结多孔砖 N；290×140×90；MU25；1200；GB 13544。

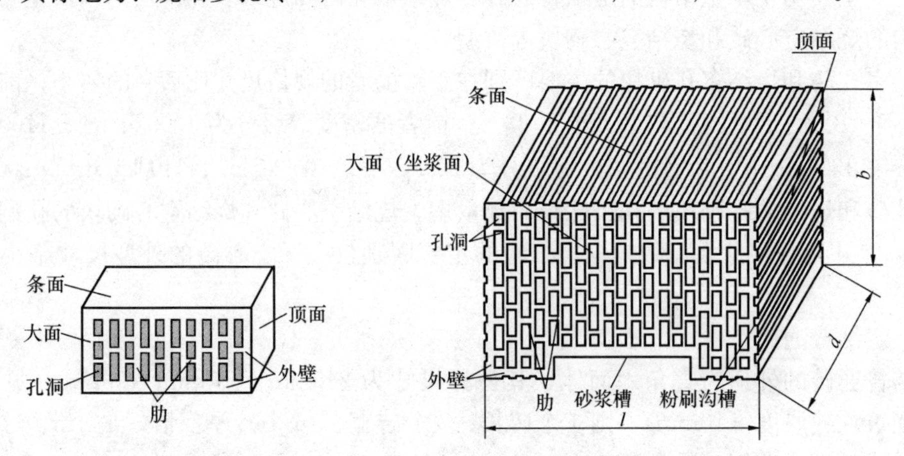

图 7-2　烧结多孔砖和多孔砌块孔排列示意及各部位名称

（3）烧结空心砖和空心砌块

烧结空心砖为顶面有孔洞的砖，如图 7-3 所示，孔的尺寸大而数量少，其孔洞率一般可达 40%以上。孔洞垂直于顶面而平行于条面，使用时大面受压，所以这种砖的孔洞与承压面平行。由于孔洞大、自重轻、强度低，因此主要用于非承重部位，例如多层建筑的内墙或框架结构的填充墙等。

按照《烧结空心砖和空心砌块》(GB 13545－2003）的规定，根据抗压强度分为 MU10、MU7.5、MU5、MU3.5 和 MU2.5 五个强度等级，800、900、1000、1100 四个密度等级。强度、密度、抗风化性能和放射性物质合格的砖，根据尺寸偏差、外观质量、孔洞排列及其结构、泛霜和石灰爆裂、吸水率分为优等品（A)、一等品（B)、合格品（C）三个质量等级。

烧结空心砖产品标记按照产品名称、类别、规格、密度等级、强度等级、质量等级和标准编号的顺序编写。例如，规格尺寸 290mm×190mm×90mm、密度等级 800，强度等级

MU7.5，优等品的页岩空心砖，则其标记为：烧结空心砖 Y；（290×190×90）800；MU7.5A；GB 13545。

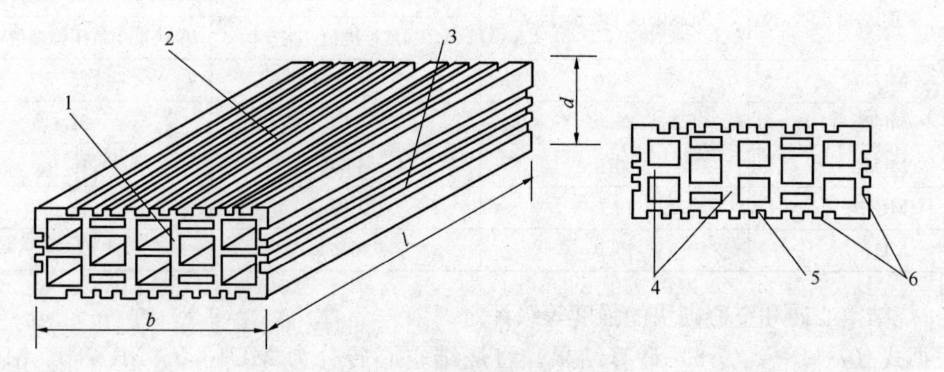

图 7-3 烧结空心砖外形图

1—顶面；2—大面；3—条面；4—肋；5—凹线槽；6—外壁

l—长度；b—宽度；d—高度

2. 烧结砖和烧结砌块的主要技术性能

(1) 强度等级

1) 强度等级评定相关参数的计算方法

烧结普通砖、烧结多孔砖和多孔砌块、烧结空心砖和空心砌块的强度等级试验方法为：随机抽取具有代表性的样砖10块，并按标准要求加工（详见本教材第13章），试验后根据式（7-4）～（7-6）计算标准差 S、强度变异系数 δ 和强度标准值 f_k。

$$S = \sqrt{\frac{1}{9}\sum_{i=1}^{10}(f_i - \overline{f})^2} \tag{7-4}$$

$$\delta = \frac{S}{f} \tag{7-5}$$

$$f_k = \overline{f} - aS \tag{7-6}$$

式中，f_i——单块砖试件抗压强度的测定值，精确至0.01MPa；

$\overline{f}$——10块砖试件的抗压强度算术平均值，精确至0.1MPa；

S——10块砖试件的抗压强度标准差，精确至0.01MPa；

δ——10块砖试件抗压强度的变异系数，精确至0.01；

f_k——强度标准值，精确至0.1MPa；

a——系数，对烧结普通砖、烧结空心砖和空心砌块取1.8，对烧结多孔砖和多孔砌块取1.83。

烧结普通砖、烧结空心砖和空心砌块强度等级的评定根据变异系数 δ 的大小，有平均值一标准值方法（$\delta \leqslant 0.21$）和平均值一最小值方法（$\delta > 0.21$）。

2) 烧结普通砖的强度等级评定

根据式（7-4）～（7-6）计算结果，将烧结普通砖分为MU30、MU25、MU20、MU15、MU10五个等级，其抗压强度应符合表7-6的规定。

表 7-6 烧结普通砖的强度等级（MPa）

强度等级	抗压强度平均值 $\bar{f} \geqslant$	变异系数 $\delta \leqslant 0.21$	变异系数 $\delta > 0.21$
		强度标准值 $f_k \geqslant$	单块最小抗压强度值 $f_{min} \geqslant$
MU30	30.0	22.0	25.0
MU25	25.0	18.0	22.0
MU20	20.0	14.0	16.0
MU15	15.0	10.0	12.0
MU10	10.0	6.5	7.5

3）烧结空心砖和空心砌块的强度等级评定

根据式（7-4）～（7-6）计算结果，将烧结空心砖分为 MU10.0、MU7.5、MU5.0、MU3.5、MU2.5 五个等级，其抗压强度应符合表 7-7 的规定。

表 7-7 烧结空心砖和烧结空心砌块的强度等级（MPa）

强度等级	抗压强度平均值 $\bar{f} \geqslant$	变异系数 $\delta \leqslant 0.21$	变异系数 $\delta > 0.21$	密度等级范围（kg/m^3）
		强度标准值 $f_k \geqslant$	单块最小抗压强度值 $f_{min} \geqslant$	
MU10.0	10.0	7.0	8.0	≤1100
MU7.5	7.5	5.0	5.8	
MU5.0	5.0	3.5	4.0	
MU3.5	3.5	2.5	2.8	
MU2.5	2.5	1.6	1.8	≤800

4）烧结多孔砖和多孔砌块的强度等级评定

根据式（7-4）～（7-6）计算结果，将烧结多孔砖分为 MU30、MU25、MU20、MUl5、MU10 五个等级，其抗压强度应符合表 7-8 的规定。

表 7-8 烧结多孔砖和烧结多孔砌块的强度等级

强度等级	抗压强度平均值 $\bar{f} \geqslant$	强度标准值 $f_k \geqslant$
MU30	30.0	22.0
MU25	25.0	18.0
MU20	20.0	14.0
MU15	15.0	10.0
MU10	10.0	6.5

（2）抗风化性能

抗风化性能是指产品能抵抗干湿变化、温度变化、冻融变化等物理因素作用而技术性能不劣化的能力。抗风化性与砖的使用寿命密切相关，抗风化性能好的砖其使用寿命长。砖和砌块的抗风化性能除了与材料本身性质有关外，尚与所处环境的风化指数有关。

风化指数是指日气温从正温降至负温或负温升至正温的每年平均天数与每年从霜冻之日起至消失霜冻之日止这一期间降雨总量（以 mm 计）平均值的乘积。风化指数大于等于 12 700为严重风化区，风化指数小于 12 700 为非严重风化区。

我国的风化区划分见表7-9。

表7-9　我国风化区的划分

严重风化区		非严重风化区	
1. 黑龙江省	11. 河北省	1. 山东省	11. 福建省
2. 吉林省	12. 北京市	2. 河南省	12. 台湾省
3. 辽宁省	13. 天津市	3. 安徽省	13. 广东省
4. 内蒙古自治区		4. 江苏省	14. 广西壮族自治区
5. 新疆维吾尔自治区		5. 湖北省	15. 海南省
6. 宁夏回族自治区		6. 江西省	16. 云南省
7. 甘肃省		7. 浙江省	17. 西藏自治区
8. 青海省		8. 四川省	18. 上海市
9. 陕西省		9. 贵州省	19. 重庆市
10. 山西省		10. 湖南省	

以烧结普通砖为例，严重风化区中的1、2、3、4、5地区的砖必须进行冻融试验，其他地区的砖抗风化性能符合表7-10的规定时可不做冻融试验，否则，必须进行冻融试验。冻融试验后，每块砖样不允许出现裂纹、分层、掉皮、缺棱、掉角等冻坏现象；质量损失不得大于2%。

表7-10　烧结普通砖的抗风化性能

砖种类	严重风化区				非严重风化区			
	5h沸煮吸水率（%），≤		饱和系数≤		5h沸煮吸水率（%），≤		饱和系数≤	
	平均值	单块最大值	平均值	单块最大值	平均值	单块最大值	平均值	单块最大值
黏土砖	18	20	0.85	0.87	19	20	0.88	0.90
粉煤灰砖	21	23			23	25		
页岩砖 煤矸石砖	16	18	0.74	0.77	18	20	0.78	0.80

注：①粉煤灰掺入量（体积比）小于30%时，抗风化性能指标按黏土砖规定。

②饱和系数为常温水24h吸水率与沸水5h吸水率之比。

（3）泛霜

泛霜是指黏土原料中的可溶性盐类，随着砖和砌块内水分蒸发而在砖表面产生的盐析现象，一般在砖和砌块表面形成絮团状斑点的白色粉末。轻微泛霜就会对清水墙建筑外观产生较大的负面影响。中等泛霜的砖和砌块用于建筑中的潮湿部位时，7～8年后因盐析结晶膨胀将使砖体表面产生粉化剥落，在干燥的环境中使用约10年后也将脱落。严重泛霜对建筑结构的破坏性更大。

（4）石灰爆裂

石灰爆裂是指砖和砌块内含有过烧生石灰时，过烧生石灰若在砖和砌块内吸水消解并产生体积膨胀，将导致砖砌体发生膨胀性破坏。

7.3 蒸压砖和蒸压砌块

由于烧结砖和烧结砌块的主要原料为黏土，其生产常常占用耕地，因此国家提倡采用蒸压养护工艺、以非黏土材料（如天然砂、粉煤灰等）为主要原料生产灰砂砖、加气混凝土等。

7.3.1 蒸压养护工艺

蒸压养护工艺是指以硅质材料（如石英砂等）和钙质材料（如水泥、石灰等）为原材料配料，在养护温度高于100℃的饱和蒸汽介质中进行水热合成反应，生成结晶度较好、强度较高的水化硅酸钙（即托勃莫来石）的生产方法。该水热合成反应在常温下速度极慢，在蒸压养护条件下反应速度大大加快，可使混合料在很短的时间内形成较高的强度。

蒸压加气混凝土砌块在上述蒸压养护的基础上，还需要在坯体制备过程中使用加气剂，以在浆体内引入大量均匀分布的小气泡，使该砌块具有较小的表观密度和较好的保温隔热效果。常用的加气剂为脱脂铝粉，铝粉在碱性条件下可产生以下化学反应：

$$2Al+2OH^-+2H_2O \xlongequal{} 2AlO_2^-+3H_2\uparrow$$

蒸压反应在蒸压釜内进行，整个生产过程分为静停、升温（升压）、恒温（恒压）、降温（降压）四个工序。静停过程可使石灰充分消解并形成初始结构；升温速度、降温速度均不宜过快，以免坯体内外温差、压差过大而开裂；恒温时间应视水热合成反应进程决定。蒸压养护的蒸汽压最低要达到0.8MPa，最高不超过1.5MPa，在0.8～1.5MPa压力范围内，相应的饱和蒸汽温度为170.42～198.28℃

7.3.2 蒸压砖和蒸压砌块的主要品种和性能

1. *蒸压灰砂砖*

蒸压灰砂砖的原材料为砂子和石灰。砂子可为河砂、海砂、风积砂、沉积砂和选矿厂的尾矿砂，要求砂中的SiO_2含量大于65%，级配良好。石灰为生石灰，其中CaO含量大于60%，另外要求该生石灰为消解速度快、消解温度高、过火和欠火石灰含量少的磨细钙质生石灰。

蒸压灰砂砖的生产工艺为：将原材料进行计量和搅拌后，进行充分消解，再进行二次搅拌，获得砖坯生产所需要的混合料。将混合料于压砖机模孔中，采用适当的压制压力和压制时间加压成型制得砖坯，砖坯经压蒸养护后成为成品。

根据《蒸压灰砂砖》（GB 11945—1999）规定，灰砂砖的公称尺寸为240mm×115mm×53mm；分为MU25、MU20、MU15、MU10等四个强度等级，抗压强度平均值分别不低于25MPa、20MPa、15MPa、10MPa，抗折强度平均值不低于5.0MPa、4.0MPa、3.3MPa、2.5MPa。

蒸压灰砂砖常用于工业与民用建筑中，MU25、MU20、MU15的灰砂砖可用于基础及其他建筑；MU10的仅用于防潮层以上的建筑。由于灰砂砖在长期高温作用下会发生破坏，故灰砂砖不得用于长期受200℃以上或受急冷急热和有酸性介质侵蚀的建筑部位，如不能砌筑炉衬或烟囱。

2. 蒸压粉煤灰砖

蒸压粉煤灰砖的原材料为粉煤灰、石灰、石膏和骨料。粉煤灰应符合《硅酸盐建筑制品用粉煤灰》（JC/T 409－2001）规定；对石灰的要求同蒸压灰砂砖；石膏可用天然石膏或工业副产品石膏，要求 $CaSO_4$ 含量大于 65%；骨料的种类与掺量直接影响到砖的强度和收缩值，可选用工业废渣、砂及细石屑等。

蒸压粉煤灰砖的生产工艺为：原材料经计量、配料和搅拌后，进行消解，随后进行轮碾。轮碾对混合料起到压实、均化和增塑作用，可提高砖坯的极限成型压力。同时轮碾又使粉煤灰在碱性介质中的活性得以激发。与蒸压灰砂砖相同，采用压制成型的方式制得砖坯，最后经蒸压养护后成为成品。

根据《粉煤灰砖》（JC 239—2001）规定，粉煤灰砖的公称尺寸为 240mm×115mm×53mm；分为 MU30、MU25、MU20、MU15、MU10 等五个强度等级，抗压强度平均值分别不低于 30MPa、25MPa、20MPa、15MPa、10MPa，抗折强度平均值不低于 6.2MPa、5.0MPa、4.0MPa、3.3MPa、2.5MPa。

粉煤灰砖可用于工业与民用建筑的墙体和基础，但用于基础或易受冻融和干湿交替作用的建筑部位时，必须使用一等砖或优等砖。不得用于长期受 200℃以上、受急冷急热和有酸性介质侵蚀的建筑部位。

3. 蒸压加气混凝土砌块

蒸压加气混凝土的原材料为钙质材料（水泥＋石灰或水泥＋矿渣）、硅质材料（石英砂或粉煤灰）、石膏、铝粉，其中钙质材料和硅质材料为主要原材料。石膏作为掺合料可改善料浆的流动性与制品的物理性能；铝粉为发气剂，与 $Ca(OH)_2$ 反应起发泡作用。

蒸压加气混凝土的生产工艺为：原材料经磨细、计量、配料、搅拌、浇注、发气膨胀、静停切割、蒸压养护、成品加工、包装等工序。

根据《蒸压加气混凝土砌块》（GB 11968—2006）规定，砌块按尺寸偏差与外观质量、干密度、抗压强度和抗冻性分为优等品（A）和合格品（B）两个等级。蒸压加气混凝土砌块的规格为：长度 600mm，宽度 100mm、120mm、125mm、150mm、180mm、200mm、240mm、250mm、300mm，高度 200mm、240mm、250mm、300mm。根据抗压强度分为 A1.0、A2.0、A2.5、A3.5、A5.0、A7.5、A10 七个级别（表 7-11），根据干密度分为 B03、B04、B05、B06、B07、B08 六个级别（7-12），不同强度级别与干密度级别的对应关系应符合表 7-13 的规定。砌块的干燥收缩、抗冻性、导热系数应符合表 7-14 的规定。

表 7-11　砌块抗压强度（GB/T 11968—2006）

强度级别	立方体抗压强度（MPa）	
	平均值不小于	单组平均值不小于
A1.0	1.0	0.8
A2.0	2.0	1.6
A2.5	2.5	2.0
A3.5	3.5	2.8
A5.0	5.0	4.0
A7.5	7.5	6.0
A10.0	10.0	8.0

表 7-12 砌块的干密度（GB/T 11968—2006）

<table>
<tr><td colspan="2">干密度级别</td><td>B03</td><td>B04</td><td>B05</td><td>B06</td><td>B07</td><td>B08</td></tr>
<tr><td rowspan="2">干密度</td><td>优等品（A）≤</td><td>300</td><td>400</td><td>500</td><td>600</td><td>700</td><td>800</td></tr>
<tr><td>合格品（B）≤</td><td>325</td><td>425</td><td>525</td><td>625</td><td>725</td><td>825</td></tr>
</table>

表 7-13 砌块的强度级别与密度级别的对应关系

<table>
<tr><td colspan="2">干密度级别</td><td>B03</td><td>B04</td><td>B05</td><td>B06</td><td>B07</td><td>B08</td></tr>
<tr><td rowspan="2">强度级别</td><td>优等品（A）≤</td><td rowspan="2">A1.0</td><td rowspan="2">A2.0</td><td>A3.5</td><td>A5.0</td><td>A7.5</td><td>A10.0</td></tr>
<tr><td>合格品（B）≤</td><td>A2.5</td><td>A3.5</td><td>A5.0</td><td>A7.5A</td></tr>
</table>

表 7-14 蒸压加气混凝土砌块的干燥收缩、抗冻性和导热系数

<table>
<tr><td colspan="3">干密度级别</td><td>B03</td><td>B04</td><td>B05</td><td>B06</td><td>B07</td><td>B08</td></tr>
<tr><td rowspan="2">干燥收缩值</td><td colspan="2">标准法/（mm/m）</td><td colspan="6">0.50</td></tr>
<tr><td colspan="2">快速法/（mm/m）</td><td colspan="6">0.80</td></tr>
<tr><td rowspan="3">抗冻性</td><td colspan="2">质量损失/%</td><td colspan="6">5.0</td></tr>
<tr><td rowspan="2">冻后强度/MPa≥</td><td>优等品（A）</td><td rowspan="2">0.8</td><td rowspan="2">1.6</td><td>2.8</td><td>4.0</td><td>6.0</td><td>8.0</td></tr>
<tr><td>合格品（B）</td><td>2.0</td><td>2.8</td><td>4.0</td><td>6.0</td></tr>
<tr><td colspan="3">导热系数(干态)/[W/(m·K)] ≤</td><td>0.10</td><td>0.12</td><td>0.14</td><td>0.16</td><td>0.18</td><td>0.20</td></tr>
</table>

加气混凝土砌块作为新型墙体材料，可减轻结构自重，有利于提高建筑物抗震能力。加气混凝土砌块的绝热性能优良，可减薄墙厚，增加使用面积。另外，加气混凝土砌块表面平整、尺寸准确，有利提高墙面平整度。

使用加气混凝土砌块，应对其强度不高、干缩大、表面易起粉等特性采取措施。例如，在运输、堆存中应防雨防潮；过大墙面应适当在灰缝中布钢丝网；墙面增挂一道钢丝网，网上抹灰浆等。

7.4 免烧免蒸压砖和免烧免蒸压砌块

烧结和蒸压的制砖（砌块）工艺，能耗都较高。为了节能降耗，制砖（砌块）除了烧结和蒸压工艺以外，还有常压常温养护和常压蒸汽养护工艺，即免烧免蒸压工艺。将水泥、石灰或建筑石膏等胶凝材料，砂石骨料或陶粒轻骨料，必要的粉煤灰或矿粉等掺合料，以及可能的建筑垃圾或尾矿砂等固体废弃物及外加剂，按一定比例拌合均匀，通过浇注成型或干压成型，经过常压常温养护和常压蒸汽养护一定龄期，便可得到免烧免蒸压砖和砌块。

该类砖和砌块有实心的、多孔的、空心的，实心和多孔的多用于承重结构，空心的多用于非承重结构。它们的种类很多，主要包括：混凝土实心砖或多孔砖、建筑垃圾尾矿砖、炉渣砖、混凝土空心砌块、石膏砌块等。

本节仅简单介绍砌墙常用的免烧免压蒸砖和砌块。

7.4.1 混凝土多孔砖

混凝土多孔砖是以水泥、砂、石等为主要原料，经配料、搅拌、成型、常压常温养护

（或常压蒸汽养护）制成，用于承重结构的多排孔混凝土砖。

按照《承重混凝土多孔砖》（GB 25779—2010）的规定，混凝土多孔砖的外型为直角六面体（见图 7-4），常用砖型长度为 360mm、290mm、240mm、190mm、140mm，宽度为 240mm、190mm、115mm、90mm，高度为 115mm、90mm。该类砖的孔洞率不小于 25%，不大于 35%，并且开孔方向应与砖砌筑上墙后的承受压力方向一致。按抗压强度，混凝土多孔砖分为 MU15、MU20、MU25 三个强度等级，其碳化系数和软化系数均不得小于 0.85。

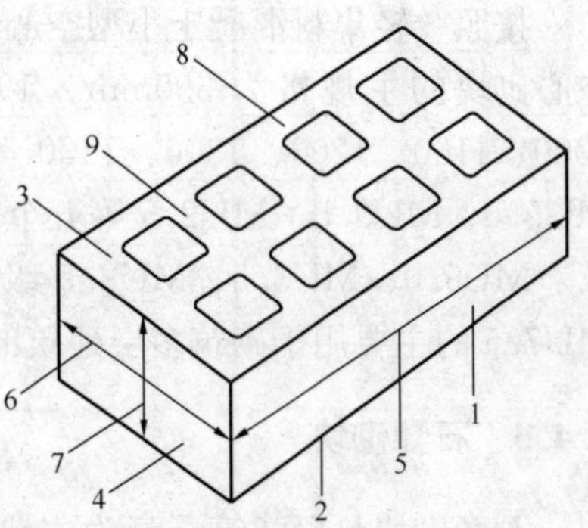

图 7-4　混凝土多孔砖各部位的名称

1—条面；2—坐浆面；3—铺浆面；4—顶面；5—长度；6—宽度；7—高度；8—外壁；9—肋

7.4.2　混凝土砌块

1. 普通混凝土小型空心砌块和粉煤灰混凝土小型空心砌块

混凝土小型空心砌块主要是以普通混凝土拌合物为原料，经成型、养护而成的空心砌块。粉煤灰混凝土小型空心砌块是以粉煤灰、水泥、骨料、水为主要组分（可加入适量外加剂）制成的混凝土小型空心砌块。

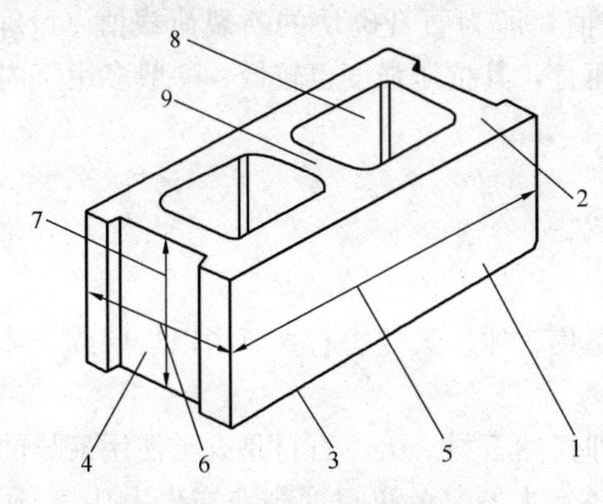

图 7-5　砌块各部位的名称

1—条面；2—坐浆面；3—铺浆面；4—顶面；5—长度；6—宽度；7—高度；8—外壁；9—肋

按照《普通混凝土小型空心砌块》(GB 8239—1997）的规定，混凝土小型空心砌块和粉煤灰混凝土小型空心砌块的主规格尺寸均为 390mm×190mm×190mm，砌块的外形如图 7-5 所示。根据尺寸偏差、外观质量可分为优等品（A）、一等品（B）、合格品（C），根据抗压强度可分为 MU20.0、MU15.0、MU10.0、MU7.5、MU5.0、MU 3.5 等六个等级。

按照《粉煤灰混凝土小型空心砌块》（JC/T 862—2008）的规定，根据抗压强度可分为 MU20.0、MU15.0、MU10.0、MU7.5、MU5.0、MU3.5 六个等级，根据砌块密度可分为 600、700、800、900、1000、1200、1400 七个等级。

混凝土小型砌块中，MU10.0、MU7.5、MU5.0、MU3.5 四个强度等级的砌块比较常用；MU15.0、MU20.0 多用于中高层承重砌体墙体。混凝土小砌块吸水率低（一般为 5%～8%），且吸水速度迟缓，故砌筑前不允许向上浇水；所用砌筑砂浆稠度应小于 50mm 为宜。混凝土小型砌块的干缩值为 2～3mm/m，应注意在墙体的敏感区采取抗裂措施。

2. 轻骨料混凝土小型空心砌块

轻骨料混凝土是采用轻粗骨料、轻砂（或普通砂）、水泥和水等原材料配制而成的干表观密度不大于 1950kg/m^3 的混凝土。以此混凝土为原料，经成型、养护而成的空心砌块为轻骨料混凝土小型空心砌块。

按照《轻集料混凝土小型空心砌块》（GB/T 15229—2011）的规定，轻骨料混凝土小型空心砌块的主规格为390mm×190mm×190mm，根据砌块密度可分为700、800、900、1000、1100、1200、1300、1400等八个等级，根据抗压强度可分为MU10.0、MU7.5、MU5.0、MU3.5、MU2.5等五个等级。

MU5.0、MU3.5、MU2.5级别的砌块用于砌筑非承重的隔墙和围护墙，MU10.0、MU7.5的主要用于砌筑多层建筑的承重墙体。

7.4.3 石膏砌块

石膏砌块是以建筑石膏为主要原料，经加水搅拌、浇注成型和干燥制成的建筑石膏制品。生产中允许加入纤维增强材料、发泡剂、憎水剂或其他骨料。按照《石膏砌块》（JC/T 698—2010）的规定，其尺寸规格为：长度600mm或666mm，高度500mm，厚度80mm、100mm、120mm或150mm。

根据砌块的结构分为实心石膏砌块和空心石膏砌块。实心石膏砌块表观密度不大于1100kg/m^3，空心石膏砌块表观密度不大于800kg/m^3。

根据砌块的防潮性能分为普通石膏砌块和防潮石膏砌块，前者的软化系数无具体要求，后者的的软化系数要求不小于0.6。

依据JC/T 698—2010标准，石膏砌块的力学性能是以断裂荷载表示，其测试方法为：将干燥后的试件平放在抗折机的圆形平行支杆上，支距为500mm，在跨据中央平行于支杆方向上施加荷载，三个试件的断裂荷载的算术平均值，即为石膏砌块的断裂荷载值（N），该值要求不小于2000N。石膏砌块的密度低，相对而言，其抗压强度也较低，一般多用于内隔墙。

7.5 天然石材

岩石是天然产出的由一种或多种矿物组成的固态集合体。天然岩石主要指以岩层或岩体形式构成的地壳及少量地幔的物质。

天然岩石经过人工开采和加工而成的建筑块材即天然石材。天然石材是人类使用最早的一种砌筑材料。人们熟知，古埃及的花岗岩砌金字塔，古罗马的可里西姆花岗岩大斗兽场，我国秦汉时期用剁斧料石砌筑的赤峰段古长城，隋代河北赵州石拱桥等，都是千古卓越之作。因天然石材具有一系列优良的性能，如强度高、硬度大、耐磨、耐久、不吸水、纹理与色泽美观大方，所以在国内外石材仍广为采用，且加工水平及应用效果有了很大提高。北京的天安门广场花岗岩地面、人民英雄纪念碑、人民大会堂门廊前的擎天立柱等是新中国成立后我们应用石材的佳作代表，其气派宏伟，端庄素丽。

7.5.1 天然石材分类

按地质成因，天然石材分为岩浆岩、沉积岩和变质岩三大类。每一大类中又有许多石材品种及花式色泽。石材的结构、构造是区分岩类及各岩类中不同品种岩石的标志之一。石材的结构、构造是指岩石中各组成矿物的结晶程度、颗粒大小、自形程度以及矿物的组合方式。三大类岩石的结构、构造和代表岩种列于表7-15。

表 7-15　三大类岩石的主要结构、构造和代表岩种

类别	结构类型	构造类型	代表岩种
岩浆岩	全晶质结构、半晶质结构、玻璃质结构、粗粒结构、中粒结构、细粒结构、斑状结构、自形晶结构	块状构造、条带状构造、流纹构造、气孔构造、杏仁构造、杂斑构造	花岗岩 辉绿岩 玄武岩
沉积岩	碎屑结构、泥质结构、化学结构、生物结构	层理构造、层面构造 结核构造、缝合线构造	石灰岩 白云岩 砂岩
变质岩	变晶结构、变余结构、碎裂结构	变余构造、变质构造（板状、片状、片麻状、条带状构造）	片麻岩 大理岩 石英岩

按用途，可分为：

1. 结构用材——砌筑建筑物或构筑物的墙体、柱、梁、拱、基础和勒脚等；

2. 构造用材——作栏杆、护板、护坡等；

3. 装饰石材——作建筑立面及室内饰面装修，如墙面、柱面、地面、台面、雕刻等；

4. 耐磨用材——作道路路面、道牙石、广场、台阶踏步及设备耐磨衬板等；

5. 其他用材——如混凝土集料，陶瓷、水泥、玻璃、无机轻集料等建筑材料的原材料，等。

按石材使用形态分，有散粒石材（如砂、卵石、碎石）、块状石材（如毛石、荞石）、整形石材（如料石、条石、石板、石梁）等几种。

7.5.2　天然石材的性能

土木工程用石材是优良的天然建筑材料。不论其物理性质、力学性质和工艺性能，多数为人们满意。

1. 物理性质

（1）表观密度：砌筑用石材都是表观密度大于 2000kg/m^3 的重石。

（2）吸水率：石材吸水率主要与组成矿物的亲水性、孔隙率及孔隙特征有关。一般讲，花岗岩等酸性岩石的吸水性，较石灰岩等碱性岩石的稍大。但密实石材吸水率仍属天然材料中较小的，是低吸水性材料。一般的石灰岩、花岗岩的吸水率都不超过 1%。

（3）耐水性：密实的石材软化系数 K_R 大于 0.90。

（4）抗渗性、抗冻性：密实的石材抗渗性很好。因其吸水率很小，强度又高，故石材具有良好的抗冻性。吸水率小于 0.5%的石材可免作抗冻性检验。

（5）耐热性：石材耐热性因岩种而异。但石材被分解或被破坏解体的温度仍较高，如石灰岩为 900℃，花岗岩为 700℃。

综上所述可确认，密实的岩石耐久，使用寿命长。

（6）导热性：密实的石材传热快，导热系数高达 2.9～3.5W/(m·K)。

2. 力学性能

（1）强度：密实的天然石材强度高，特别是抗压强度，高者达 200MPa，一般为 40～100MPa。评定石材抗压强度，是将石材制成边长为 70mm 的立方体试件，一组三块。在水饱和状态下用测得的抗压极限强度的平均值表示，强度等级代号为 MU。根据抗压强度值，

把建筑用石材划分为7个强度等级：MU20、MU30、MU40、MU50、MU60、MU80、MU100。

石材的抗拉强度不高。可以用抗折强度反映抗拉性能。一般密实石材的抗拉强度为抗压强度的1/14～1/5。

（2）冲击韧性 一般的石材，抗冲击韧性都较差，尤其是石英岩、硅质砂岩类的脆性大；辉长岩、辉绿岩则具有较高的抗冲击韧性。晶体结构的岩石较非晶体结构的岩石抗冲击韧性要好。

（3）硬度、耐磨性 密实的天然石材，多数硬度较高。石灰岩硬度与低碳钢相仿，莫氏硬度为5左右；石英岩、花岗岩则比较高，其莫氏硬度为6～7。一般讲，抗压强度高，硬度大且抗冲击韧性高的岩石，具有良好的耐磨性。例如花岗岩、辉绿岩等岩种耐磨性好。

3. *工艺性能*

虽然密实的石材强度及硬度较高，加工比较困难，但仍具有可加工性，特别是易劈、易凿，还可以锯、刨、钻、磨。

天然石材色调多样，花式和纹理变化莫测。表面加工毛糙的石材，给人一种自然、庄重、雄伟的观感；结构细腻的或含熔晶玻璃体成分的石材，抛光性极佳，表面抛光后，光滑如水似镜，显现高雅华贵情调。

加工后的密实石制品，尺寸、形貌稳定，耐久性优良。但石材自重大，性脆，石制品尺寸不宜过长、过薄。

7.5.3 建筑上常用的岩石

为了在土木工程中合理地选用石材，必须认识各种石材。对常用的代表性岩石的成因、分类、造岩矿物、岩石结构和构造以及物理力学特征，应有较全面的了解。

三大类岩石在砌石工程中都有应用。其地理分布按体积计算，岩浆岩和部分变质岩占95%，沉积岩仅占5%。但地壳表面沉积岩却广为覆盖，约占75%，也就是说沉积岩在地表分布广，易于开采。

1. *花岗岩、辉绿岩、玄武岩*

这几种属岩浆岩，又称火成岩，是由地壳深处或上地幔的岩浆或熔岩流冷凝形成的岩石。岩浆的主要成分是硅酸盐和一部分挥发分；熔岩流中的挥发分相对较少。火成岩的化学成分以SiO_2、Al_2O_3、Fe_2O_3、CaO、MgO、Na_2O、K_2O、TiO_2、H_2O等为主。

火成岩按产状分为深成岩——常用品种是花岗岩；浅成岩——常用品种是辉绿岩；喷出岩——常用品种是玄武岩。这三种岩石的主要岩性特征参见表7-16。

表7-16 三种火成岩岩性特征

<table>
<tr><th>岩石</th><th>产状</th><th>结构特征</th><th>主矿物成分</th><th>酸性（SiO_2%）</th><th>矿物色</th></tr>
<tr><td>花岗岩</td><td>深成</td><td>较粗粒结晶</td><td>石英、正长石、云母、角闪石</td><td>酸性岩（>70）</td><td rowspan="3">浅色多
↑
↓
暗色矿物多</td></tr>
<tr><td>辉绿岩</td><td>浅成</td><td>斑状或部分斑状</td><td rowspan="2">斜长石、辉石、角闪石、黑云母</td><td rowspan="2">基性岩（53～45）</td></tr>
<tr><td>玄武岩</td><td>喷出</td><td>隐晶或斑晶</td></tr>
</table>

深成火成岩结晶明显，结构致密，强度高，耐久性好。花岗岩是典型的深成火成岩。我国国土面积的9%贮藏着花岗岩，在华东地区分布较多。我国有300多种花岗岩，粗略划分为红系列、黑系列、绿系列和花系列。其中较好的品种有：中国红、贵妃红、橘红；黑金刚、建平黑、济南青；泰安绿、浅绿、青底绿花；菊花青、去里梅、白底黑花等。浅成岩、喷出岩是岩浆在地表或地表浅层冷凝而成的，冷却较快，结晶细小，强度高，坚硬，耐热性好。辉绿岩属于浅成火成岩，玄武岩属于喷出火成岩。上述三种岩石的物理、力学性能、用途见表7-17。

表7-17 常用岩石的性能和用途

种类	常用岩石	主要性能	用途
火成岩	花岗石	表观密度 2500～2800kg/m³，抗压强度 80～250MPa，吸水率 0.1%～0.7%，抗磨性、耐久性均高，呈灰白、红、粉红、黄等色。磨光光泽度达100～120度	基础、桥墩、勒脚、台阶、墙体、路面、护坡、沟渠、饰面板等
	辉绿岩	表观密度 2900～3300kg/m³，抗压强度 200～350MPa，较高的耐酸性、韧性、抗风化性好，多呈绿色	饰面板、化工设备内衬，溜槽、衬板等
	玄武岩	表观密度 2900～3300kg/m³，抗压强度 250～500MPa，细密，硬度高，色深	路面、高强混凝土集料等
沉积岩	砂岩（硅质）	表观密度2400～2650kg/m³，密实程度与强度均波动较大，抗压强度10～200MPa，有黄褐、浅绿黄、浅黄等色	基础、墙身、勒脚、踏步、沟渠等
	石灰岩	表观密度 2400～2700kg/m³，抗压强度 40～120MPa，吸水率小于砂岩，耐水性、抗冻性较好，有灰、绿灰、灰白等色	基础、勒脚、墙身、拱、柱、踏步、沟渠、路面、护坡、饰面板等
变质岩	石英岩	坚硬、致密，抗压强度250～400MPa，耐久性最好，呈白、浅灰、淡红色	地面、踏步、耐酸衬板等
	片麻岩	抗压强度（垂直于解理面）120～250MPa，沿解理面易加工，易风化。呈灰白、深灰、灰绿色	基础、勒脚、沟渠、护坡、路面、垫层等
	大理岩	表观密度 2600～2700kg/m³，抗压强度 100～310MPa，致密，硬度不大，色柔和，有白、灰、黄、绿、浅红等色	地面、墙面、柱面装饰，台面、栏杆、雕刻等

2. *砂岩、石灰岩*

砂岩、石灰岩属于沉积岩，又称水成岩。它们是在地表或近地表，在常温常压下由风化剥蚀作用、生物作用或火山作用提供的一些碎屑物质和溶解物质，在原地或经外力搬运后沉积、压实而形成坚固的岩石。按成因，沉积岩分为碎屑岩、黏土岩和化学、生物沉积岩三类。沉积岩为非结晶体，相对孔隙率大些，表观密度稍小，有的还具有化学活性。

土木工程常用的砂岩属碎屑岩。它是由原岩风化的0.1～0.2mm的石英粒、碳酸钙粒等碎屑，经胶结、压实而成岩的。其中多数属于硅质岩石。

由50%以上直径小于0.01mm黏土细粒组成了黏土岩，如质地较差的泥岩、页岩。

大部分由原岩经化学分解作用及生物遗骸直接堆积而成的岩石，称作化学沉积岩和生物沉积岩。其中分布最广的是石灰岩、白云岩等。大部分石灰岩构造紧密，应用广泛。

砂岩、石灰岩的性能和用途见表7-17。

3. *石英岩、片麻岩、大理岩*

这三种岩石属于比较常用的变质岩种类。变质岩是原岩（火成岩、沉积岩或早已变质的岩石）经岩浆活动，地壳构造运动中产生的高压、高温作用，部分矿物在固态下变质，产生再结晶作用，使矿物、构造、成分发生部分或全部改变，重新组合而成的另一种岩石。变质岩构造矿物较复杂而多样。形成条件影响矿物特征，晶体数量、排列及粒径。

石英岩由硅质砂岩变质而成，它致密、坚硬、均质。片麻岩由花岗岩变质而成，呈变晶层状结构，吸水性强，比原岩性能弱化了。大理岩是由石灰岩、白云岩变质成等粒细晶结构的细腻岩石。由于变质过程中的矿物接触扩散作用，大理岩内形成了多姿多彩的花纹。

7.6 轻质墙板

为改善墙体功能，减轻自重，减少能耗，以及减少工程现场湿作业，加快墙体施工进度，可采用普通混凝土或轻质混凝土墙板、轻质条板，以及薄板－龙骨组合板等，统称轻质墙板。

轻质墙板是工厂或施工现场预制的大板、条板、薄板，板高至少达一个楼层，直接现装或组装，成为一面墙体的板式墙体材料。轻质墙板可作现代装配式建筑的内墙、外墙、隔墙；可作框架结构建筑的围护墙、隔墙；可作混合结构的隔墙；还可作其他类型建筑的特殊功能型复面板；作无梁柱式拼装加层和活动房屋的墙体、屋面板、天棚板等。

轻质墙板是“墙改”及施工工艺改革的主流和方向。特别在大中城市，推广轻质墙板是实现建筑工业化的标志之一。各类轻质墙板已被确定为新型非承重墙体材料的重点。生产轻质墙板节土节能，减少污染，施工快捷，自重小，抗震性能提高，改善室内热环境，节约使用能耗，提高使用面积系数。近些年，我国的轻质墙板已取得长足发展，品种很多。

7.6.1 轻质墙板分类

按生产工艺可分为：

（1）成型类——均质材料型的（如PVC板）、纤维增强型的（如玻纤水泥板）、颗粒骨架型的（如膨胀珍珠岩水泥板）；

（2）组装类——薄板龙骨支撑型的（如石膏板－轻钢龙骨中空板）、夹芯复合型的（如钢丝网架水泥聚苯夹芯板）、型材拼装型的（如加气混凝土拼装大板）。

按用途可分为内墙板与外墙板，又可再分为承重的、自承重的、非承重的三种。

按构造可分为轻质薄板（如纸面石膏板）、轻质条板（如空心条板）、夹芯复合板（如彩钢聚苯夹芯板）、拼装大板（如泡沫水泥格构板）以及夹芯复合墙体。

按功能可分为内墙普通型（轻质、高强、安装方便）、防火型（耐热、不燃）、防水型（耐水、抗蚀、防霉），外墙普通型（高强、耐久）、外墙保温型（高强、轻质、隔声、抗震），功能覆面型（装饰、保温、吸声、防火覆面）。

7.6.2 常用轻质墙板简介

1. 石膏板－龙骨组装隔墙

这种墙体是纸面石膏板固定在轻钢龙骨（或石膏龙骨、木龙骨）上组装成的。必要时中间可填充矿棉或岩棉，主要作轻型隔墙。石膏板－龙骨组装隔墙，施工快捷，布置灵活，劳动强度小，不需抹面，没有现场湿作业，墙体质轻（单层石膏板的隔墙只有120厚砖墙质量的1/5），抗震性好，且防火、保温、调湿。

所用石膏板是粘贴了护面纸的薄型石膏制品。按用途纸面石膏板分为普通型（P）、耐水型（S）、耐火型（H）、与耐水耐火型（SH）四种。

纸面石膏板常用规格为：

板长（L）：1500mm、1800mm、2100mm、2400mm、2440mm、2700mm、3000mm、3300mm、3600mm、3660mm。

板宽（B）：600mm、900mm、1200mm、1220mm。

板厚（T）：9.5mm、12.0mm、15.0mm、18.0mm、21.0mm、25.0mm。

纸面石膏板外观要求板面应平整，不得有影响使用的波纹、沟槽、亏料、漏料和划伤、破损、污痕等缺陷。

按照《纸面石膏板》（GB/T 9775—2008）的规定，纸面石膏板的性能指标应满足表7-18要求。

表 7-18　纸面石膏板性能要求

板材厚度（mm）	单位面积质量（kg/m^2）	断裂荷载(N)，不低于		吸水率	表面吸水量	遇火稳定性
		纵向	横向			
9.5	9.5	360	140	不大于10%(仅适用于耐水纸面石膏板和耐水耐火纸面石膏板)	不大于 160g/m^2(仅适用于耐水纸面石膏板和耐水耐火纸面石膏板)	不小于20min(仅适用于耐火纸面石膏板和耐水耐火纸面石膏板)
12.0	12.0	460	180			
15.0	15.0	580	220			
18.0	18.0	700	270			
21.0	21.0	810	320			
25.0	25.0	970	380			

墙体组装用轻钢龙骨做骨架，有时也可用石膏龙骨或木制龙骨。轻钢龙骨主规格，墙高3.5m以下的选用Q50、Q75；墙高6～3.5m的选用Q100。龙骨按设计布局。对于普通隔墙，纸面石膏板可纵向安装，也可横向安装，但纵向安装效果好。纵向安装时，纸面石膏板允许的固定最大跨距为625mm。按使用性能要求（如隔热、防火性能）龙骨有单排或双排设置。如设双排龙骨，就相当于两个单排龙骨并置。石膏板也有单层或双层铺设之分。若是采用双层石膏板，则两层板缝应错开。石膏板与龙骨的连接，一般采用射钉、抽芯铆钉或自攻螺钉。

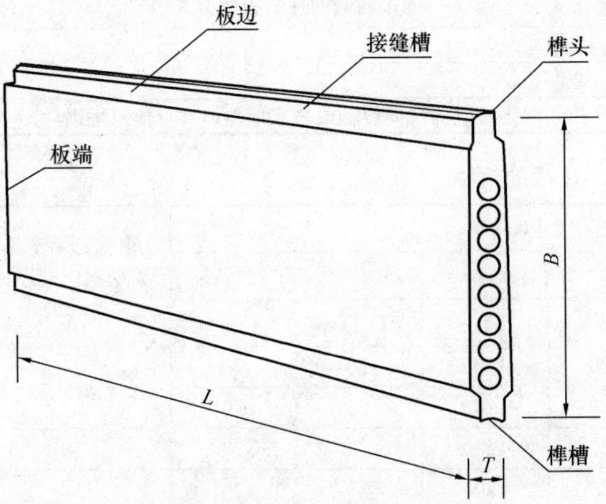

2. GRC轻质多孔隔墙条板

GRC轻质多孔隔墙条板（简称GRC板）是以低碱度水泥为胶凝材料，耐碱玻璃纤维为增强材料，膨胀珍珠岩为轻骨料，以及适当的外加剂，按比例配合，经搅拌、浇筑（或挤压）成型、养护、脱模等工序制成的轻质混凝土空心隔墙用条形板材，外形见图7-6。

图7-6　GRC轻质多孔隔墙条板外形

GRC板按板厚度分为90型、120型，按板型分为普通板、门框板、窗框板、过梁板等数种。GRC板（GB/T 19631—2005）产品规格尺寸见表7-19。

表 7-19　产品型号及规格尺寸（mm）

型号	长度 (L)	宽度 (B)	厚度 (T)	接缝槽深 (a)	接缝槽宽 (b)	壁厚 (c)	孔间肋厚 (d)
90	2500～3000	600	90	2～3	20～30	≥10	≥20
120	2500～3500	600	120	2～3	20～30	≥10	≥20

注：其他规格尺寸可由供需双方协商解决。

GRC板的特点是轻质、高强、保温、隔声、防火、使用方便（可锯、刨、钻、钉）、施工快捷（现场干作业，墙面不需抹灰，直接批嵌腻子即可，每个工日可安装 $10m^2$）。

GRC空心轻质墙板主要用于工业与民用建筑的内隔墙。

3. 钢丝网架夹芯板

钢丝网架夹芯板是用钢丝焊接成不同三维空间网架，内填MA型聚苯乙烯泡沫塑料板条（或整板）、半硬质岩棉板或玻纤板构成芯板，芯板两面分别喷抹水泥砂浆后形成的轻型复合板材。例如泰柏板、舒乐合板、万力板等。

钢丝网架水泥聚苯夹芯板（简称GSJ板，即泰柏板），是在钢丝网架聚苯乙烯芯板（简称GJ板）两面分别喷抹水泥砂浆后形成。该板材外壁由壁厚不小于25mm的三维空间焊接钢丝网架水泥砂浆作支承体，内填氧指数不小于30的聚苯乙烯泡沫塑料，周边有不小于25mm厚的水泥砂浆包边的板材，其具体构造见图7-7。

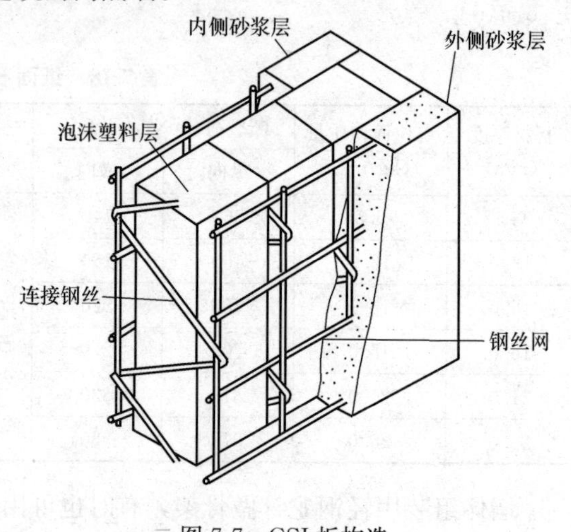

图 7-7　GSJ板构造

GJ板的分类（JC 623—1996）见表7-20，GSJ板的分类由GJ板的类别而定，采用代号与之相同。GJ板与GSJ板的规格见表7-21、表7-22。

表 7-20　GJ板的分类

代号	阻燃型聚苯乙烯泡沫塑料内芯型式	连接两侧网片的腹丝型式
T	板条拼接	之字条
TZ	整板	之字条
S	整板	相邻两排腹丝为反向斜插或之字形斜插（直插）短钢丝

表 7-21　GJ板的规格

名称	公称长度 (m)	实际尺寸(mm)						聚苯乙烯泡沫塑料内芯厚 (mm)
		长		宽		厚		
		T、TZ	S	T、TZ	S	T、TZ	S	
短板	2.2	2140	2150	1220	1200	76	70	50
标准板	2.5	2440	2450	1220	1200	76	70	50
长板	2.8	2750	2750	1220	1200	76	70	50
加长板	3.0	2950	2950	1220	1200	76	70	50

注：其他规格可根据用户要求协商确定。

表 7-22　GSJ 板的规格

板厚（mm）	两表面喷抹层做法	芯板构造
100	两面各有 25mm 厚水泥砂浆	各类 GJ 板
110	两面各有 30mm 厚水泥砂浆	
130	两面各有 25mm 厚水泥砂浆加两面各有 15mm 厚石膏涂层或轻质砂浆	

GJ 板质轻（<4kg/m²），搬运、安装方便，易裁剪，易拼接，构形可直可曲，施工快速，还可留洞、留槽或埋管。成型后的 GSJ 板整体性好、抗震、防水、耐火、保温、隔声、强度高。借用连接软件，可以实现 GSJ 墙板与楼、地面、顶板及其他结构间的连接。

GSJ 板主要用于工业与民用建筑的非承重墙，在一定条件下也可作承重墙或屋面板、楼板。坯板变形或弯折连接，即可形成曲面墙、折线墙。若抹面采用装饰砂浆或装饰作法，就实现带装饰面的 GSJ 板。

4. 超轻隔热夹层板

彩色压型钢板—发泡聚苯乙烯复合夹层板（简称 EPS 板）是超轻隔热板材。EPS 板是由 0.5～0.8mm 厚彩色镀锌钢板、铝合金板或不锈钢板压型后作面层板，用高强聚氨酯胶作胶粘剂，与聚苯乙烯泡沫塑料层叠合后，经加热、加压、固化，再修边、开槽而成的复合板。

EPS 板的规格：板长度 1500～12000mm，宽度 1000mm、1220mm，厚度 50mm、75mm、100mm、125mm、150mm、200mm、250mm 七种。

EPS 板的最大特点是质轻（一般为 15～25kg/m²），绝热（导热系数为 0.037～0.040W/（m·K）），使用温度范围广（－50～120℃）。同时，EPS 板阻燃（耐火极限 0.6h），防水，防潮，隔声，强度较高（抗压强度 0.19～0.23MPa），易加工（可锯、钻、钉），拆装方便，可重复使用，施工快速，板面自带装饰（色彩及凹凸棱），涂层耐久（寿命可长达 15 年以上）。

EPS 板可用于大、中、小型建筑的外墙板、屋面板、天棚板，一定条件下还可作楼板。特别适合在寒冷地区建造办公室、别墅、活动房屋、厂房、仓库、加层房屋以及车厢板等。

5. 纤维增强硅酸钙板

纤维增强硅酸钙板以无机矿物纤维或纤维素纤维等松散短纤维为增强材料，以硅质一钙质材料为主体胶结材料，经成型、在高温高压饱和蒸汽中加速固化反应，形成硅酸钙凝胶体而制成的板材，例如埃特板。以单一温石棉纤维或与其他增强纤维混合作为增强材料制成的纤维增强硅酸钙板，制品中含有温石棉成分。无石棉硅酸钙板代号为 NA，温石棉硅酸钙板代号为 A。

纤维增强硅酸钙板常用规格：长度为 500～3600mm，宽度为 500～1250mm，厚度为 4mm、5mm、6mm、8mm、9mm、10mm、12mm、14mm、16mm、18mm、20mm、25mm、30mm 和 35mm。

纤维增强硅酸钙表观密度小，具有防潮、防蛀、防霉与可加工性能好（可钉、可锯、可刨、可钻、可黏结等）等普通硅酸钙板也具有的各种优点外，纤维增强硅酸钙板材质稳定，受温、湿度引起的收缩率极小，具有强度高、干缩湿胀及挠曲变形小、防火等优良性能。由两侧各用厚度为 8mm 的纤维增强硅酸钙板，与轻钢龙骨、岩棉组成的隔墙，其耐火极限可达 90min 以上。

纤维增强硅酸钙板可用作各种条件下复合墙体的墙面板、轻质隔墙板、吊顶、天花板，是一种很有发展前途的建筑用薄板。经表面防水处理，也可用作建筑物的外墙屋面板。也适用于潮湿环境，如浴室、厨房、洗手间与地下室等。高档建筑应选用非石棉纤维增强硅酸钙板中的高级板（GN)。中档建筑宜选用非石棉纤维增强硅酸钙板中的高级板，亦可选用非石棉纤维增强的普通板（N）或石棉纤维增强的高级板（GA)。一般建筑可选用石棉纤维增强的普通板（A)。食品加工、医药等建筑内隔墙，不应选用含石棉的板材。

复习思考题

1. 试解释下列名词、术语

混合砂浆；M7.5 砌筑砂浆；红砖；青砖；烧结多孔砖；火成岩；水成岩；变质岩；泰柏板；GRC 板

2. 砂浆的和易性包括哪些含义？各用什么方法检测？用什么指标表示？

3. 某施工单位用带底钢试模成型一组（三块）标准试块（标准养护），测得破坏荷载分别为：520kN，530kN 和 690kN，试计算该组砂浆的抗压强度代表值并确定其强度等级。

4. 某工程砖砌体用混合砂浆强度等级为 M7.5，稠度 70～90mm，采用 P.C32.5R 水泥（实测 $f_{ce}=38.5$MPa)、中砂（含水率 0.5%，堆积密度 1450kg/m³)，石灰膏（稠度 120mm）配制，施工水平中等，已知 $\alpha=3.03$，$\beta=-15.09$。试计算该混合砂浆的质量配合比。(10 分)

5. 目前所用的墙体材料有哪几大类？举例说明它们各自的优缺点。

6. 烧结普通砖的产品质量等级与强度等级是怎样确定的？

7. 对某厂生产的烧结普通砖抽样检验强度，测定结果如表所列。试评定其强度等级。

抗压强度(MPa)	16.5	18.3	9.0	17.5	15.4
	20.0	19.8	21.0	18.8	19.0

8. 说明烧结多孔砖与烧结空心砖的优点、主要用途，如何确定烧结多孔砖的强度等级？

9. 按地质成因，天然石材可分为哪几类？各有何特征？

10. 试比较花岗石、石灰石、大理石、砂岩的造岩矿物、主要性能和用途。

11. 选择砌筑用天然石材时，对石材的基本性质有怎样的要求？

12. 蒸压加气混凝土砌块的干密度级别、强度等级及产品等级各如何划分？三者间有何相应要求？

13. 某地区烧结普通砖墙体热工设计厚度为 365mm，其导热系数为 0.81W/(m·K)，现改用 B05 级蒸压加气混凝土砌块墙体，应选择多厚的砌块？

第8章 金属材料

8.1 概述

金属材料是由一种或一种以上的金属元素或金属元素与非金属元素组成的合金的总称，是由原子核对自由电子的吸引而构成的材料。金属材料可分为黑色金属和有色金属两大类。黑色金属是指以铁、铬、锰等元素为主构成的金属及合金，主要是铁和钢；黑色金属以外的所有金属及合金统称为有色金属，如铜、铝、钛、锌、锡及其合金等。所谓合金是由两种或两种以上的元素（至少有一种为金属元素）组成的金属。

土木工程中应用的金属材料主要有钢材和铝合金两大类。

钢材是土木工程中使用量最大的金属材料，也是除水泥混凝土以外的最重要的建筑结构材料，主要是指用于钢结构中的各种型钢（如角钢、槽钢、工字钢、圆钢等）、钢板和钢管，以及用于钢筋混凝土结构中的各种钢筋、钢丝和钢绞线等。钢材的性能分为两大部分：一是力学性能（包括屈服强度、抗拉强度、冲击韧性和硬度等）；二是工艺性能（包括冷弯、焊接、热处理和冷加工强化等）。钢是由生铁冶炼而成的铁碳合金材料，本节首先对铁和钢的相关概念作简单介绍。

8.1.1 铁和钢的概念

铁是由氧化铁矿石（主要有红铁矿：Fe_2O_3，磁铁矿：Fe_3O_4等）经加碳还原冶炼而成的铁碳合金材料，其还原反应式如下：

$2Fe_2O_3 + 3C \longrightarrow 4Fe + 3CO_2$或$Fe_3O_4 + 2C \longrightarrow 3Fe + 2CO_2$（不完全反应则为CO）

铁矿石经还原冶炼生成的铁碳合金，碳含量一般高于2%，且硫、磷等杂质含量也较高。将含碳量大于2.11%的铁碳合金，称之为生铁。生铁中的碳若以渗碳体（Fe_3C）形式存在，则断口呈银灰色，将这类生铁称之为白口铁；若生铁中的碳以石墨状态游离存在，则断口呈暗灰色，将这类生铁称之为灰口铁。

白口铁硬度高、脆性大，冷却收缩大，铸造加工困难，故直接应用很少，主要作为炼钢原料使用。

灰口铁强度和硬度低，但冷却收缩小，适合于直接铸造，故又称为铸铁。

若铁碳合金中的碳含量低于0.04%，则将此类铁碳合金称之为熟铁，其柔软，易于加工，但强度很低。

将生铁，必要时加入其他少量合金元素，经氧化除碳、造渣除杂等工艺冶炼处理，使含碳量降至2.11%以下，有害杂质硫、磷含量也降至允许范围内，所形成的铁碳合金称之为钢。常用钢材的含碳量在1.3%以下，钢的密度为7.84～7.86g/cm^3。

8.1.2 钢材的优缺点

钢材具有以下主要优点：

(1) 质量均匀，性能可靠。钢材既可铸造、锻造、切割，又可进行压力加工，还可通过冷加工或热处理方法，在很大范围内改变或控制钢材的性能，另外还可以用焊接、铆接、螺栓连接等多种连接方式进行装配式施工。

(2) 强度、硬度高。钢材的抗拉、抗压、抗弯、抗剪强度以及硬度都很高，适用于制作各种承载较大的构件和结构，如钢结构、钢筋混凝土结构、预应力钢筋混凝土结构等；钢轨和机械加工用的切割工具都是由硬度很高的钢材制成的。

(3) 塑性、韧性好。常温下钢材能承受较大的塑性变形，便于冷弯、冷拉、冷拔、冷轧等各种冷加工；良好的韧性，使得钢材在常温下可以承受较大的冲击作用，适于制作吊车梁等承受动荷载的结构和构件。

钢材的主要缺点是：易锈蚀，耐化学腐蚀性和耐火性差，维修费用高。

8.2 钢材的冶炼及分类

8.2.1 钢的冶炼

由于铁和碳的化合力强，故生铁含碳量高，且其他杂质含量也高，钢的冶炼就是降低碳和杂质含量，并加入必要的少量合金元素的过程。

1. 冶炼原理

钢的冶炼主要包括三个过程，即除碳、造渣和脱氧。

(1) 除碳。通过氧化法，可将生铁中的一部分碳变为气体而逸出，使铁碳合金中的碳含量降至0.04%～2%范围内，其化学反应式如下：

$$2Fe + O_2 \longrightarrow 2FeO$$

$$FeO + C \longrightarrow Fe + CO\uparrow$$

(2) 造渣。在炼钢过程中，通过加入一定的造渣物质，如石灰石、白云石等，使铁水中的S、P等有害杂质，以及多余的硅、锰等杂质，进行以下氧化还原反应：

$$CaCO_3 \longrightarrow CaO + CO_2\uparrow$$

$$5FeO + 2P + 3CaO \longrightarrow 5Fe + Ca_3(PO_4)_2$$

$$FeS + CaO \longrightarrow FeO + CaS$$

$$FeO + Mn \longrightarrow Fe + MnO$$

$$2FeO + Si \longrightarrow 2Fe + SiO_2$$

$Ca_3(PO_4)_2$、CaS、MnO和SiO_2等与CaO一道形成钢渣，浮于钢水之上而排出。

(3) 脱氧。该过程主要是将FeO中的氧脱除，使亚铁离子还原为单质铁。由于锰、硅、铝与氧的结合能力大于氧与铁的结合能力，所以脱氧时给钢水中加入锰铁、硅铁或铝锭作为还原剂，将钢水中的FeO还原为铁，使氧变为Mn、Si或Al的氧化物而进入钢渣。其主要反应如下：

$$3FeO + 2Al \longrightarrow 3Fe + Al_2O_3$$

$$FeO + Mn \longrightarrow Fe + MnO$$
$$2FeO + Si \longrightarrow 2Fe + SiO_2$$

同时，还原剂还与钢水中的游离氧气反应生成氧化物，使游离氧也得以脱除进入钢渣。脱氧过程减少了钢材中的气泡并克服了元素分布不均，即偏析的缺点，可明显改善钢材的性能。

2. 冶炼方法

根据炼钢所用炉种的不同，可分为氧气顶吹转炉炼钢、平炉炼钢和电炉炼钢三种方法，平炉炼钢基本上已被淘汰，在此不作介绍。

(1) 氧气顶吹转炉炼钢

将熔融铁水倒入转炉，并加入适量的造渣剂，然后从转炉顶部吹入高纯度的高压氧气，使铁水中的C、S、P迅速氧化而被有效除去。由于氧气中不含氮、氢等有害气体，因而钢中杂质较少，钢材质量稳定，而且冶炼速度快，一般每炉只需20～40min，成本低，所以氧气转炉法是目前最主要的一种炼钢方法，广泛应用于生产优质碳素钢和合金钢。

(2) 电炉炼钢

以生铁或废钢为原料，加入适量的造渣剂和合金元素，以电为热源迅速加热，通过废钢中的氧或外吹氧进行炼钢的方法，叫做电炉炼钢法。电炉冶炼的钢质量最好，但成本也高。按炉种分为电弧炉钢、感应炉钢、电渣炉钢等，其中以电弧炉钢产量最大，应用最广。

电弧炉是利用电极末端与金属材料间产生的电弧来熔炼钢材，弧区温度可达3000℃以上，主要由电极及其升降装置、炉身及其倾动机构和供电系统组成，是目前炼钢的主要炉种之一。

8.2.2 钢材的分类

钢材的种类很多，化学成分和技术性能也各不相同，可以从不同角度对其进行分类。

1. 按化学成分分类

按化学成分，可将钢材分为碳素钢和合金钢两大类。

(1) 碳素钢

该类钢的主要成分是铁，其次是碳，还含有少量的硅、锰及少量的硫、磷等元素。其中，碳含量对钢的性质影响显著。依据含碳量不同，碳素钢又分为低碳钢（含碳量小于0.25%）、中碳钢（含碳量0.25%～0.60%）和高碳钢（含碳量大于0.60%）三种类型。

(2) 合金钢

该类钢是在碳素钢的基础上，加入少量一种或多种合金元素（如锰、钛、钒、铬、镍、钼等）后冶炼而成的钢材。少量合金元素的加入，可以显著改善钢材的力学性能、工艺性能和化学性能。按照合金元素的不同，合金钢又分为低合金钢（合金元素总含量小于5.0%）、中合金钢（合金元素总含量5.0%～10.0%）、高合金钢（合金元素总含量大于10.0%）三种类型。

2. 按杂质含量分类

碳素钢中的硫、磷为有害元素，它们会降低钢的性能。根据硫、磷含量的高低，将碳素钢分为普通碳素钢（硫含量0.055%～0.065%，磷含量0.045%～0.085%）、优质碳素钢（硫含量0.030%～0.045%，磷含量0.035%～0.040%）和高级优质钢（硫含量不大于

0.030%，磷含量不大于0.035%，钢号后加“高”或“A”）三种类型。

3. 按冶炼方法分类

按冶炼方法，将钢分为氧气转炉钢、平炉钢和电炉钢三种类型。电炉钢质量最好，但成本也最高；氧气转炉钢质量较好，但成本最低；平炉钢的质量和成本介于电炉钢和氧气转炉钢之间，目前基本上已不再生产。

4. 按冶炼时脱氧程度分类

炼钢时，吹入的氧气或加入的氧化物，在氧化脱除碳的同时，会有少量氧以游离氧或氧化亚铁形式存在于钢水中而影响钢的质量，因此要加入还原剂脱除。根据冶炼时钢水中脱氧的彻底程度，将钢分为镇静钢、特殊镇静钢和沸腾钢。

在炼钢过程中，当采用锰铁、硅铁和铝锭等作脱氧剂时，脱氧彻底，同时可起到去硫作用。这种钢水在铸锭时能平静地充满锭模并冷却凝固，故称为镇静钢。镇静钢虽成本高，但组织致密、成分均匀、性能稳定，故质量好，适用于预应力混凝土等重要的结构工程。

在炼钢过程中，当仅加入锰铁进行脱氧时，则脱氧不彻底。这种钢水浇入锭模时，会有大量一氧化碳从钢水中逸出，引起钢水沸腾，故称之为沸腾钢。沸腾钢组织不致密、成分不均匀，硫、磷等杂质偏析较严重，故质量较差。但沸腾钢成本低、产量高，故被广泛应用于一般建筑工程。

比镇静钢脱氧还要彻底的钢叫特殊镇静钢，质量更好，适用于特别重要的结构工程。

5. 按用途分类

按钢材的用途，可将其分为结构钢、工具钢和特殊钢三种类型。

（1）结构钢

用于制造承重和传力构件或零件的钢叫结构钢，主要用于工程结构及机械零件。其强度高，塑性、韧性、可焊性好。土木工程中常用的结构钢主要是普通碳素钢中的低碳钢和合金钢中的低合金钢。

建筑结构钢又分为钢结构工程用钢和钢筋混凝土工程用钢两类。前者包括角钢、槽钢、工字钢等型钢及钢板和钢管等；后者包括各种钢筋、钢丝和钢绞线等。

（2）工具钢

主要用于制造各种工具、量具和模具的钢，叫工具钢，一般为硬度较大的高碳钢。

（3）特殊钢

具有特殊物理、化学或机械性能的钢，叫特殊钢，如不锈钢、耐热钢、耐酸钢、耐磨钢、磁性钢等，一般为合金钢。土木工程中的桥钢和钢轨用钢即为特殊钢，它们的疲劳强度高，耐磨性好。

8.3 钢材的力学性能

钢材的力学性能主要包括有抗拉性能、冷弯性能、冲击韧性、耐疲劳性和硬度。

8.3.1 抗拉性能

拉伸是钢材的主要受力方式，特别是建筑钢材，所以抗拉性能是钢材的最为重要的力学性能。由抗拉试验测定的钢材的抗拉性能指标主要包括屈服强度、抗拉强度和伸长率。

低碳钢（软钢）是土木工程中广泛使用的一种钢材。由于其在常温下受拉时的应力-应变曲线较典型（见图 8-1），所以钢材的抗拉性能常以此图来阐述。依据应力-应变曲线，可将低碳钢受拉的全过程分为四个阶段，即弹性阶段（OA）、屈服阶段（AB）、强化阶段（BC）和颈缩阶段（CD）。

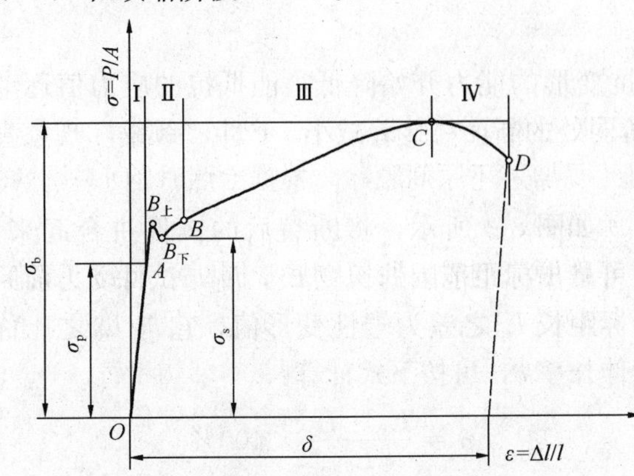

图 8-1　低碳钢受拉时的应力-应变图

1. 弹性阶段

在 OA 段，荷载较小，此时若卸去荷载，试件将恢复原状而无残余变形，这种性质称为弹性，这个阶段称为弹性阶段。

弹性阶段的最高点（A 点）所对应的应力称为比例极限或弹性极限，用 σ_p 表示。由图可见，OA 段为一直线，说明此阶段的应力 σ 和应变 ε 成正比关系，其比例常数，称为弹性模量，用 E 表示，即 $E=\sigma/\varepsilon$。弹性模量反映钢材的刚度，即产生单位弹性应变时所需应力的大小，它是计算钢结构变形的重要指标。土木工程中常用低碳素结构钢的弹性模量 $E=(2.0\sim2.1)\times10^5$ MPa，弹性极限 $\sigma_p=180\sim200$ MPa。

2. 屈服阶段

当钢材所受应力超过比例极限 σ_p 后，若卸去荷载，变形将不能得到完全恢复，表明试件中已有塑性变形产生。由图 8-1 可见，在 AB 阶段，应力和应变不再成正比关系，应力的增长滞后于应变的增长，且从 $B_{上}\rightarrow B_{下}$ 点甚至出现了应力减小的情况，这种现象称为屈服，故 AB 阶段称为屈服阶段。$B_{上}$ 点所对应的应力称为屈服上限或上屈服点，$B_{下}$ 点所对应的应力称为屈服下限或下屈服点。由于 $B_{下}$ 点比较稳定且容易测定，故常以 $B_{下}$ 点所对应的应力作为钢材的屈服强度，又叫屈服点或屈服极限，用 σ_s 表示。

钢材受力达到屈服强度后，尽管尚未断裂，但由于变形的迅速增长，已不能满足使用要求，故设计中一般以屈服强度作为钢材强度取值的依据。

对于中碳钢或高碳等硬钢，受拉时的应力-应变曲线不同于低碳钢的，其特点是抗拉强度高，塑性变形小，无明显屈服现象（见图 8-2）。这类钢材难以测定其屈服点，故相关标准规定以产生残余变形达到试件原始标距长度 L_0 的 0.2%时所对应的应力作为硬钢的屈服强度，称为条件屈服强度，用 $\sigma_{0.2}$ 表示。

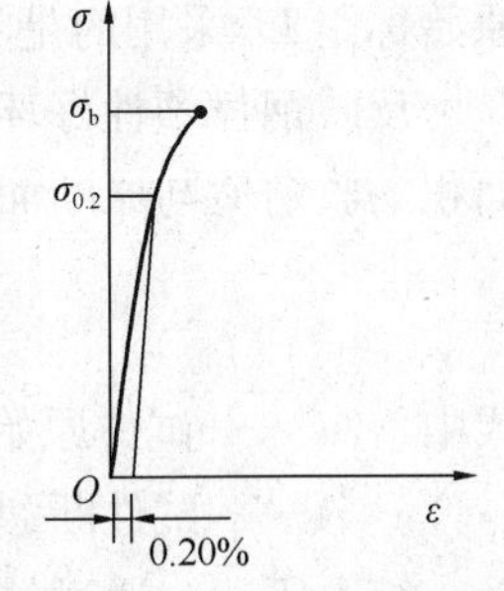

图 8-2　硬钢的屈服强度 $\sigma_{0.2}$

3. 强化阶段

经过屈服阶段，钢材内部发生晶格扭曲、晶粒破碎等组织结构变化，使滑移受阻，当继续受到外力作用时，其抵抗塑性变形的能力得到强化而重新提高，应力-应变曲线表现为从 $B_{下}$ 点开始继续上升直至最高点 C，这一过程通常称为强化阶段，对应于最高点 C 的应力称为极限抗拉强度或抗拉强度），用 σ_b 表示，它是钢材所能承受的最大拉应力，如 Q235 钢的屈服强度在 235MPa 以上，抗拉强度在 375MPa 以上。

抗拉强度在设计计算中虽然不能直接利用，但是屈服强度与抗拉强度之比 σ_s/σ_b，即屈强比，却是评价钢材受力特征的一个重要参数。屈强比σ_s/σ_b愈小，反映钢材受力超过屈服点工作时的可靠性愈大，安全性愈高；但是该比值过小，则钢材强度的利用率偏低，浪费钢材。钢材的屈强比一般为0.60～0.75。Q235钢的屈强比大约为0.58～0.63，普通低合金钢的屈强比约为0.65～0.75。

4. 颈缩阶段

当钢材强化达到最高点C之后，试件抵抗变形的能力开始降低，能抵抗的应力值逐渐减小，变形迅速增大，试件被拉长，在试件薄弱处的断面将显著减小，产生“颈缩”现象直到被拉断，故称CD段为颈缩阶段。

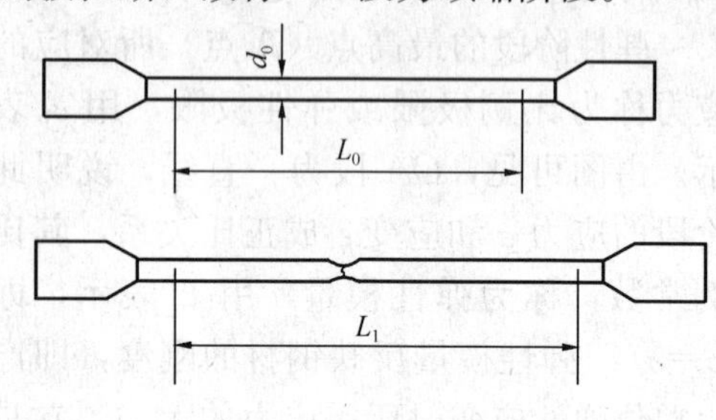

图8-3　断裂前后的试件

如图8-3所示，将断裂后的试件拼合起来，便可量出标距范围的长度L_1，L_1与试件受力前原始标距长L_0之差为塑性变形值，它与L_0之比称为伸长率δ，可按下式计算：

$$\delta=\frac{L_1-L_0}{L_0}\times 100\%$$

伸长率表示钢材塑性变形能力的大小，是钢材的重要技术指标。尽管结构是在弹性范围内使用，但其应力集中处的应力可能超过屈服点。良好的塑性变形能力，可使应力重新分布，从而避免结构过早破坏。

进行钢材拉伸试验时，试件原始标距长度通常取$L_0=5d_0$或$L_0=10d_0$（d_0为试件的直径或厚度），其伸长率分别以δ_5和δ_{10}表示。由于钢材的塑性变形在试件标距内的分布是不均匀的，颈缩处的变形最大，离颈缩部位越远则变形越小，所以原始标距L_0与直径d_0之比越小，则颈缩处伸长值在整个伸长值中的比重越大，计算出来的伸长率就会大些。因此，对于同一种钢材，其δ_5大于δ_{10}。

应该指出的是，对于直径小于3mm的钢丝，或者强度高、塑性变形小的高强钢丝，如预应力混凝土用冷拉钢丝、消除应力钢丝等，测定伸长率时，原始标距L_0不是取比例标距，而是采用定标距$L_0=100$mm，或者其他定标距；预应力混凝土用钢绞线，测定其伸长率时，原始标距L_0采用的是不小于400mm或500mm的定标距。

反映钢材塑性好坏的另一个技术指标是断面收缩率Ψ。它是试件断裂后，颈缩处断面面积的收缩值与原断面面积的百分比，即：

$$\Psi=\frac{A_0-A}{A_0}\times 100\%$$

式中　A_0——试件原始截面面积，mm^2；

　　　A——试件断裂后颈缩处的截面面积，mm^2。

综上所述，通过拉伸试验，可以测得钢材的三项重要指标，即屈服点σ_s，抗拉强度σ_b和伸长率δ。

8.3.2　冷弯性能

冷弯性能指钢材在常温下承受弯曲变形的能力，是钢材的工艺性能指标。

钢材的冷弯性能，常用弯曲的角度α和弯心直径d与试件直径（或厚度）a的比值d/a

来表示。弯曲角度 α 愈大，d/a 愈小，说明试件受弯程度愈高。钢材的技术标准中对不同钢材的冷弯指标均有具体规定。不同弯曲角度 α 对应的冷弯试验和不同 d/a 时的弯曲情况分别如图 8-4 所示。当按规定的弯曲角度 α 和 d/a 值对试件进行冷弯时，试件受弯处不发生裂缝、断裂或起层，即认为冷弯性能合格。

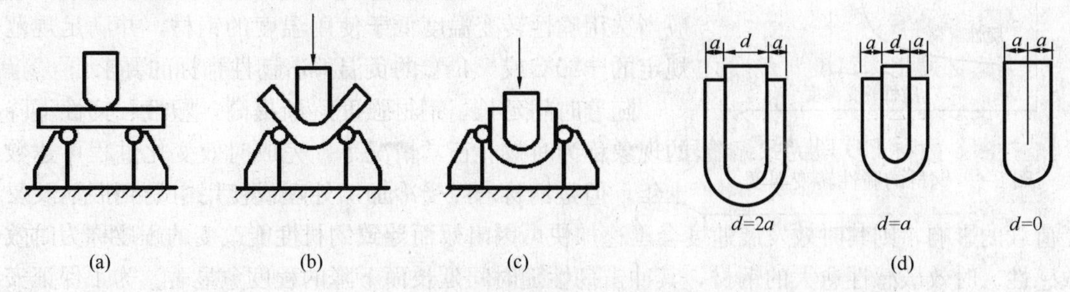

图 8-4 钢材冷弯试验

(a) 试件安装；(b) 弯曲 90°；(c) 弯曲 180°；(d) 弯曲 180°，$\frac{d}{a}$不同

钢材的冷弯性能和伸长率均是塑性变形能力的反映。但伸长率是在试件轴向均匀变形条件下测定的，而冷弯性能则是在试件轴向非均匀受力，产生局部变形的条件下测定的，是对钢材塑性变形更加严格的检验。它可揭示钢材内部是否存在结构不均匀、内应力和夹杂物，以及焊件的施焊部位是否存在未融合、微裂缝、夹杂物等缺陷。冷弯试验不仅能反映钢材的冶炼质量，而且能反映钢材的焊接质量。

8.3.3 冲击韧性

冲击韧性是指钢材抵抗冲击荷载作用的能力，其大小以冲击韧性指标 α_A 来表示。

冲击韧性指标是通过标准试件的弯曲冲击韧性试验确定的（见图 8-5）。试验时，将标准试件放置在固定的支座上，以摆锤冲击试件刻槽处的背面，使试件承受冲击弯曲而断裂。试件被冲断时，在 V 型或 U 型缺口处的单位截面积上所消耗的功即为钢材的冲击韧性指标 α_A（J/cm^2）。α_A 值越大，表明钢材的冲击韧性愈好。

钢材的冲击韧性对钢的化学成分、组织结构及冶炼、轧制质量都较敏感。例如，当钢中硫、磷含量较高，存在化学成分偏析，含有非金属夹杂物或焊接形成的微裂纹时，冲击韧性均会显著降低。

试验表明，冲击韧性随温度的下降而下降，其变化规律是开始时下降缓慢，当温度降至

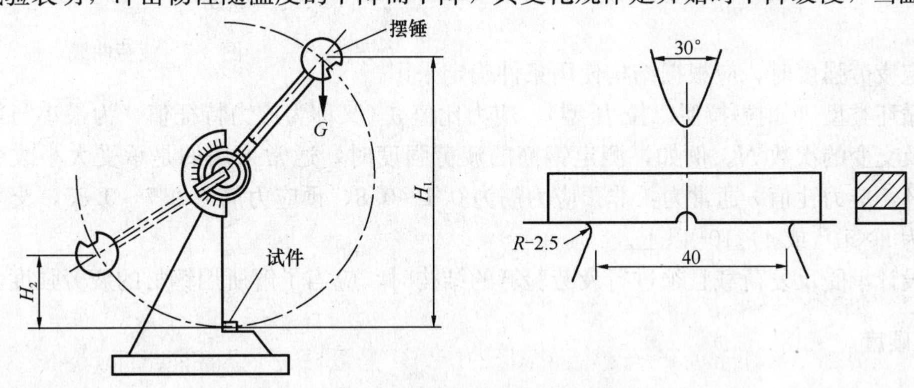

图 8-5 摆锤式冲击韧性试验

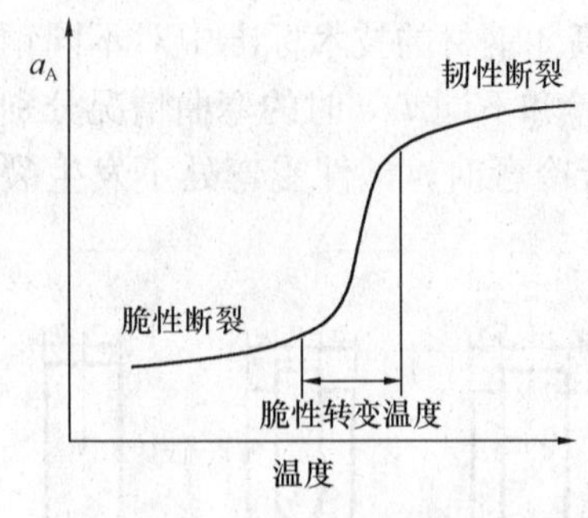

图 8-6　钢材的脆性转变温度

某一范围时，冲击韧性突然显著下降而呈现脆性，这一现象称为钢材的冷脆性，此时的温度范围称为脆性转变温度或脆性临界温度（见图 8-6）。脆性转变温度越低，表明钢材的低温冲击韧性越好，所以在负温条件下使用的结构，应当选用脆性转变温度低于使用温度的钢材，并满足规范规定的－20℃或－40℃的负温冲击韧性指标的要求。

随着时间延长，钢材强度逐渐提高，塑性、韧性下降的现象称为时效。正常情况下，完成时效变化过程可达数十年，但是钢材若经受冷加工处理或使用中受到振动及反复荷载的影响，则其时效发展速度会迅速加快。因时效而导致钢材性能改变的程度称为时效敏感性。时效敏感性愈大的钢材，其冲击韧性随时间延长而下降的程度愈显著。为了保证安全，对于承受动荷载的重要结构，如桥梁、吊车梁等，应选用时效敏感性小的钢材。

表 8-1 为在负温及时效后钢材的冲击韧性变化情况。

表 8-1　普通低合金结构钢冲击韧性指标

试验条件	常 温	－40℃	时效处理后
冲击韧性指标 α_A（J/cm^2）	58.8～69.6	29.4～34.3	29.4～34.3

8.3.4　耐疲劳性

钢材在交变荷载反复多次作用下，可在最大应力远低于屈服强度的情况下突然破坏，这种破坏称为疲劳破坏。钢材抵抗疲劳破坏的能力叫做疲劳强度，其内部的晶体结构、成分偏析及最大应力处的表面光洁程度等因素均会明显影响疲劳强度。

如图 8-7 所示，钢材承受的交变应力 σ 越大，则断裂时的交变次数 N 越小；相反，σ 越小则 N 越大。理论上将 N 值无限大也不会产生疲劳破坏所对应的最大，交变应力称为疲劳强度或疲劳极限，如图 8-7 中曲线水平部分对应的应力值 σ_n，即为疲劳强度或疲劳极限。实践中，一般将承受交变荷载达规定交变次数时或 10^7 周次时不破坏的最大应力定义为疲劳强度。

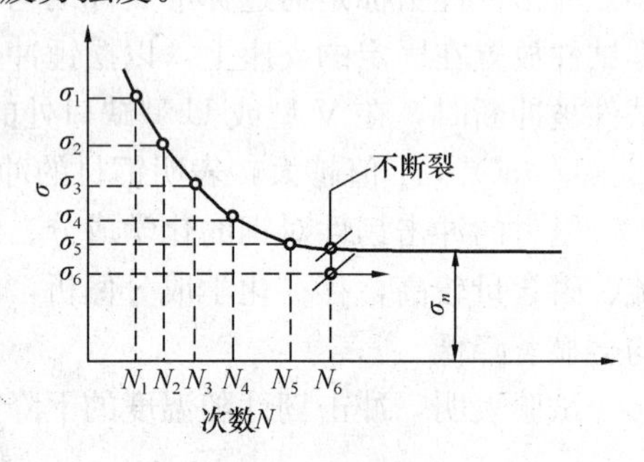

图 8-7　疲劳曲线

测定疲劳强度时，应根据结构使用条件确定采用的应力循环类型（如拉-拉型、拉-压型）、应力比值 ρ（又称为应力特征值，为最小与最大应力比）及交变的次数 N。例如，测定钢筋的疲劳强度时，通常采用的是承受大小改变的拉应力循环，应力比值 ρ 通常为：非预应力筋为 0.1～0.8，预应力筋为 0.7～0.85，交变次数 N 一般为 2×10^6 或 4×10^6 以上。

在设计承受反复荷载且须进行疲劳验算的结构时，应当了解所用钢材的疲劳强度。

8.3.5　硬度

钢材表面局部体积内抵抗硬物压入而产生塑性变形的能力，叫做钢材的硬度。测定钢材硬度的方法有布氏法、洛氏法和维氏法，常用方法为布氏法和洛氏法，即常用的钢材硬度指标为布氏硬度值或者洛氏硬度值。人为规定的特定试验条件下测定的硬度是一种工程量或技术量，硬度值通常不标注单位。

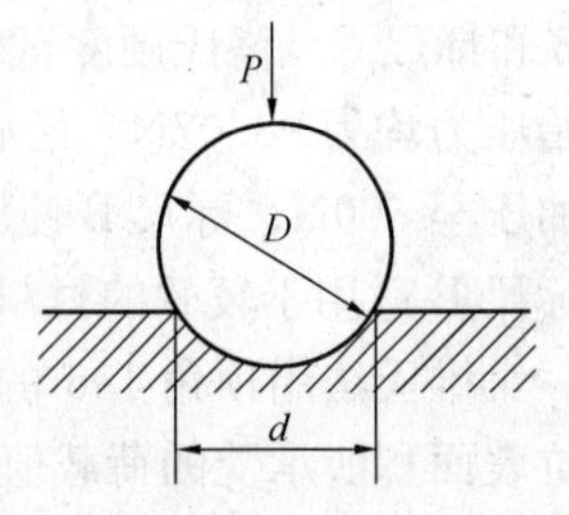

图 8-8　布氏硬度试验

1. 布氏硬度

布氏硬度的测定方法是用一直径为 D 的淬火钢球或碳化钨硬质合金球，在荷载 P 作用下将球压入试件表面并保持一定时间，然后卸去荷载，即得直径为 d、深度为 h 的压痕（见图 8-8）。试件单位压痕面积所承受的荷载即为钢材的布氏硬度值 HB，计算公式如下：

$$\mathrm{HB}=\frac{P}{S}=\frac{P}{\pi\times D\times h}$$

由图 8-9 可知，压痕深度 h 为：

$$h=\frac{D}{2}-\frac{1}{2}\sqrt{D^2-d^2}$$

所以

$$\mathrm{HB}=\frac{P}{\pi\times D\times h}=\frac{2P}{\pi\times D\times(D-\sqrt{D^2-d^2})}$$

式中　P——钢球上所加荷载，N；

S——钢材表面压痕球面积，mm^2；

D——钢球直径，mm；

d——压痕直径，mm。

由于布氏硬度试验方法简单，可用于测定软硬不同、厚薄不一的材料的硬度，所以应用十分广泛。其缺点是对不同材料和厚度的试样需要更换钢球和荷载，试验操作及压痕测量较费时间，工作效率较低，大批量检验时不宜采用。

钢材的布氏硬度值和抗拉强度 σ_b 之间有较好的相关关系。钢材的强度越高，抵抗塑性变形的能力越强，硬度值也越大。大量试验表明，对于碳素钢，当 HB$<$175 时，$\sigma_b\approx$ 3.5HB；当 HB$>$175 时，$\sigma_b\approx$3.6HB。

2. 洛氏硬度

当被测样品过小或者布氏硬度（HB）大于 450 时，就改用洛氏硬度计量。试验方法是用一个顶角为 120°的金刚石圆锥体或直径为 1.59mm 或 3.18mm 的钢球，在一定载荷下压入被测材料表面，由压痕深度表示材料的硬度。洛氏法的压痕较小，一般用于判断机械零件的热处理效果。根据试验材料硬度的不同，可分为三种不同标度来表示：

（1）HRA 是采用 600N 载荷和钻石锥压入器求得的硬度，用于硬度较高的材料。例如：硬质合金。

（2）HRB 是采用 1kN 载荷和直径 1.58mm 淬硬的钢球求得的硬度，用于硬度较低的材料。例如：退火钢、铸铁等。

（3）HRC 是采用 1.5kN 载荷和钻石锥压入器求得的硬度，用于硬度很高的材料。例如：淬火钢等。

洛氏硬度中 HRA、HRB、HRC 中的 A、B、C 为三种不同的标准。称为标尺 A、标尺

B和标尺C。洛氏硬度试验是现今所有使用的几种普通压痕硬度试验的一种。三种标尺的初始压力均为98.07N，最后根据压痕深度计算硬度值。标尺A使用的是球锥菱形压头，然后加压至600N；标尺B使用的是直径为1.588mm的钢球作为压头，然后加压至1kN，因此标尺B适用于较软的材料检测。标尺C适用于较硬的材料检测。

维氏法用顶角136°的金刚石方形锥，在一定荷载下压入材料表面，用材料压痕凹坑单位表面积所承受的荷载值表示材料的维氏硬度HV。

8.4 钢的化学成分及晶体组织

钢材中除铁、碳两种基本化学元素外，还含有硅、锰、硫、磷、氧、氮以及一些合金元素。铁和碳在不同条件下会形成不同的晶体组织。化学成分和晶体组织是影响钢材性能的内在因素。

8.4.1 化学成分对钢材性能的影响

1. 碳（C）

碳是钢的重要元素，对钢材的性质有很大的影响。图8-9给出了碳含量对钢材力学性能的影响，由图示结果可知，随着含碳量增加，钢的强度和硬度增加，塑性（δ、Ψ）和韧性（α_A）下降；但当含碳量大于1.0%后，由于钢材变脆，强度反而下降。

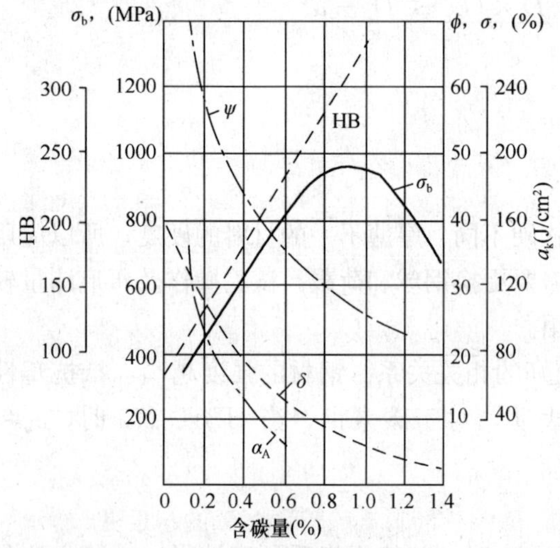

图8-9 含碳量对热轧碳素钢性能的影响

含碳量增加，还会使钢材的冷弯性能、焊接性能及耐锈蚀性能下降，并增加钢的冷脆性和时效敏感性。含碳量大于0.3%时，可焊性明显下降。

2. 硅（Si）

硅是在炼钢时为脱氧而加入的元素，它和氧的结合力大于铁与氧的结合力，所以可使有害的FeO中的氧与硅形成SiO_2而进入钢渣中。同时，硅也是钢的主要合金元素，当钢中含硅量小于1.0%时，少量的硅能显著提高钢材强度，而对塑性和韧性没有明显影响。在普通碳素钢中，硅含量一般不大于0.35%；在合金钢中，硅含量一般不大于0.55%。但是，当钢中含硅量大于1.0%时，钢的塑性和韧性会明显下降，冷脆性增加，可焊性和抗锈蚀性能下降。

3. 锰（Mn）

锰是在炼钢时为脱氧去硫而加入的，它与氧和硫的结合力大于铁与氧和硫的结合力，所以可使有害的FeO和FeS中的氧和硫分别与锰形成MnO及MnS而进入钢渣中。同时，锰也是钢的主要合金元素，锰能消除钢的热脆性，改善钢的热加工性能。当钢中含锰量为0.8%～1.0%时可显著提高钢的强度，而几乎不降低塑性和韧性。在普通碳素钢中，锰含量一般为0.25%～0.8%；在合金钢中，锰含量一般为0.8%～1.7%。但是，锰含量过高，会使钢的延伸率降低，焊接性能变差。

4. 硫（S）

硫是钢材中最主要的有害元素之一，它以 FeS 的形式存在，在 800～1000℃时熔化，焊接或热加工时会引起裂纹，使钢材变脆，称为热脆性。热脆性严重损害了钢的可焊性和热加工性。

硫还会降低钢材的冲击韧性、耐疲劳性、抗腐蚀性等，因此一般不得超过 0.055%。硫含量也是区分钢材品质的重要指标之一。

5. 磷（P）

磷是钢材的另一主要有害元素，含量一般不得超过 0.045%，也是区分钢材品质的重要指标之一。

虽然适量磷可提高钢材的强度、耐磨性及耐蚀性，尤其与铜等合金元素共存时效果更为明显，但是磷会使钢材在低温时变脆，引发裂纹，这种现象称为冷脆性，除此之外它还会大大降低钢材的塑性、韧性、冷弯性能和可焊性。

6. 氧（O）

钢材中残存的氧是指炼钢过程中带入的，脱氧过程中未除尽的部分氧。钢中残存的氧大部分以化合物存在，如 FeO 等，少量溶于铁素体中。残存氧会降低钢的强度、韧性，增加钢的热脆性，还会使冷弯性能和焊接性能变差。因此，残存氧是钢中的有害元素，其含量不得超过 0.05%

7. 氮（N）

在炼钢过程中会带入少量的氮元素进入钢材中，其大部分溶于铁素体中，少量以化合物形式存在。氮会降低钢材的塑性和韧性，相应降低冷弯性能，还会增加焊接时热裂纹的形成，降低可焊性。氮也会使钢材的冷脆性及时效敏感性增加。因此，氮是钢中的有害元素，含量不得超过 0.035%。

应该指出的是，适量的氮会使钢的强度提高，特别是当钢中存在少量铝、钒、锆等合金元素时，氮可与它们形成氮化物，使钢的晶粒细化，改善钢的性能，此时氮不应视为有害元素。

8. 钛（Ti）

钛是合金钢中常用合金元素。它是强脱氧剂，能细化晶粒，显著提高钢的强度并改善韧性，减少时效敏感性，改善可焊性。但是，钛会使钢的塑性稍有降低。

9. 钒（V）

钒是合金钢中常用的合金元素。它能细化晶粒，有效地提高钢的强度，减少钢材时效敏感性，能促进碳化物和氮化物的形成，减弱碳和氮的不利影响。但是，钒有增加焊接时的脆硬倾向。

8.4.2 钢的晶体组织

1. 铁的同素异构现象

钢的晶体结构中铁元素的各个原子是以金属键相结合的，这是钢材具有较高强度和良好塑性的基础。铁原子在晶粒中排列的规律不同可以形成不同的晶格，如体心立方晶格是原子排列在一个正六面体的中心和各个顶点而构成的空间格子；面心立方体晶格是原子排列在一个正六面体的各个顶点和六个面的中心而构成的空间格子。这种由于温度改变导致晶格随之变化的现象称为同素异构转变；同种元素以不同晶体结构形式存在的现象叫同素异构（或同素异晶）现象。

纯铁在从液态转变为固态晶体并逐渐冷却到室温的过程中，发生两次晶格形式的转变，即1394℃时为体心立方体晶格的δ-Fe；1394～912℃转变为面心立方晶格的γ-Fe；912℃以下又转变为体心立方晶格的α-Fe。

2. 钢的基本晶体组织

钢的基本成分是铁和碳，铁、碳两种元素的结合形态称为钢的晶体组织。基本的晶体组织有三种形式，即固溶体、化合物（渗碳体）及两者之间的机械混合物。温度不同，固溶体又有两种形式，即铁素体和奥氏体。

温度在727℃以下时，铁和碳合金存在的基本晶体组织有铁素体、渗碳体和珠光体三种；温度在727℃以上时，可形成奥氏体型的铁碳固溶体。

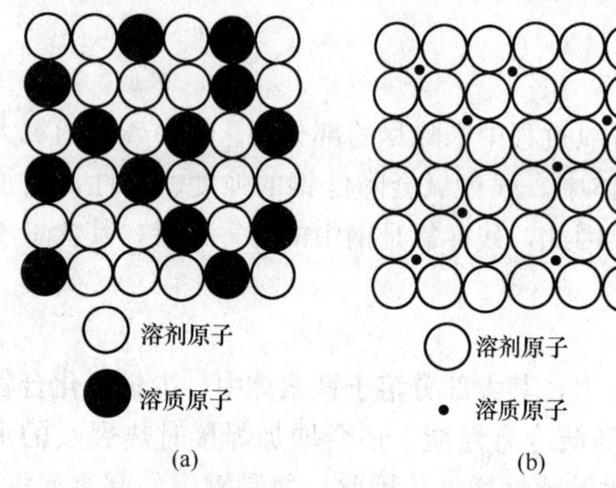

图 8-10　固溶体示意图

（a）置换固溶体；（b）间隙固溶体

（1）铁素体

铁素体是碳溶于α-Fe中的固溶体。所谓固溶体是一种单相“固态溶液”。即某种金属或非金属元素为溶质，溶入另外一种金属元素溶剂的晶格中（见图8-10）。由于α-Fe为体心立方体晶格，原子之间的空隙小于碳原子的直径，所以碳在铁素体中的溶解度极小，室温下小于0.05%。铁素体具有良好的塑性，但强度、硬度很低。

（2）渗碳体

渗碳体是铁与碳形成Fe_3C的化合物。渗碳体中含碳量极高（6.69%），故其塑性小而硬度高，伸长率$\delta\approx0\%$，布氏硬度HB可达800。但因过于硬脆，强度值较低。

（3）珠光体

珠光体是铁素体和渗碳体的机械混合物，平均含碳量为0.77%，通常是在铁素体基体上分布着硬脆的呈层状构造的渗碳体。

珠光体的性能除强度外，介于铁素体和渗碳体之间。

（4）奥氏体

奥氏体存在于727℃以上的钢中，它是碳溶于γ-Fe中的固溶体。奥氏体中碳的溶解度随温度而变化于0.77%～2.11%之间，其强度、硬度不高，但塑性好，故钢材在高温条件下容易轧制成材。

3. 晶体组织含量与含碳量的关系

如图8-11所示，当含碳量为0.8%时，钢的晶体组织完全为珠光体构成；当含碳量小于0.8%时，钢的晶体组织为铁素体和珠光体，并且随着含碳量增大，铁素体含量减小，珠光体含量增加；当含碳量大于0.8%时，钢的晶体组织为珠光体和渗碳体，并且随着含碳量增

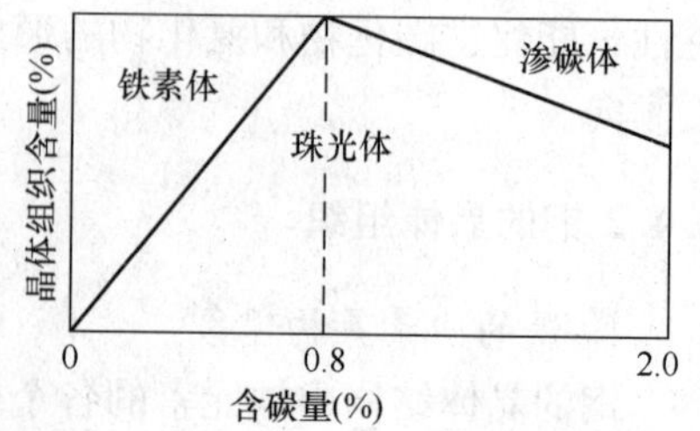

图 8-11　晶体组织相对含量与碳含量的关系

加，珠光体减少，渗碳体增加。因此，随着含碳量增加，钢的强度提高，塑性和韧性减小的规律，与随着含碳量增加，钢的晶体组织变化规律是完全一致的。

钢的晶体组织种类，各种晶体的组成、含碳量及性能比较如表 8-2 所示。

表 8-2　钢的晶体组织种类、组成及其性能

晶体组织种类	组　成	碳含量	性　能
铁素体	C 溶于 α-Fe 中的固溶体	小于 0.05%	塑性良好，强度、硬度很低
渗碳体	铁与碳形成碳化铁	6.69%	塑性小，硬度高，强度低
珠光体	铁素体与渗碳体的机械混合	0.77%	除强度外，其他性能介于铁素体和渗碳体之间
奥氏体	C 在 γ-Fe 中的固溶体	0.77%～2.11%	塑性好，强度、硬度不高

8.5　钢材的强化及连接

除了改变化学成分可以改变钢材的性能以外，在常温下仅对钢材进行不同形式的冷加工或用改变温度的办法对钢材进行热处理，也可以使钢材的性能发生明显变化。将能明显提高钢材强度或硬度的各种冷加工或热处理工艺过程，统称为钢的强化。

将不同的钢制工件通过适当的方法牢固地连接在一起，使其成为受力、传力整体，叫做钢材的连接。根据建筑结构形式的不同，钢材的连接可分为钢结构工程中的钢结构连接和钢筋混凝土结构工程中的钢筋连接。

本节就钢材的强化原理，以及常用的强化工艺、钢材连接方法作一介绍。

8.5.1　钢材的冷加工强化及时效处理

钢材使用前，在常温条件下对其进行各种机械加工（包括冷拉、冷拔、冷轧、冷扭、刻痕等），使之产生一定的塑性变形，强度明显提高，塑性和韧性有所降低，这个过程叫做钢材的冷加工强化，或冷作硬化。冷加工的主要目的是提高屈服强度，节约钢材。

土木工程中常用的冷加工形式有冷拉、冷拔和冷轧，以冷拉和冷拔应用最为广泛。

将冷处理后的钢材在常温下存放 15～20d 或在一定温度（100～200℃）下存放很短时间，则其强度会得到进一步提高，这一现象叫做时效，前者为自然时效，后者为人工时效，而将此过程叫做时效处理。钢材的时效是普遍而长期的过程，未经冷处理的钢材同样存在时效问题，冷处理只是加速了时效发展而已。在工程应用中，冷加工和时效处理一般同时采用。应通过试验确定冷拉控制参数和时效方式。一般来讲，强度较低的钢筋宜采用自然时效，强度较高的钢筋则采用人工时效。

1. *冷拉*

冷拉是土木工程中经常采用的一种冷加工方法。将钢筋一端固定，利用冷拉设备对其另一端张拉，使其伸长。

钢筋经冷拉强化及时效处理后的应力-应变曲线如图 8-12 所示。图中 $OBCD$ 为未经冷拉时的应力－应变曲线。将试件拉至超过屈服点 B 的 K 点，然后卸去荷载，由于试件已经产生塑性变形，故曲线沿 KO'下降而不能回到原点。如将此试件立即重新拉伸，则新的应力-应变曲线为 $O'KCD$，即以 K 点为新的屈服点。屈服强度得到了提高。若从 K 点卸荷后，不

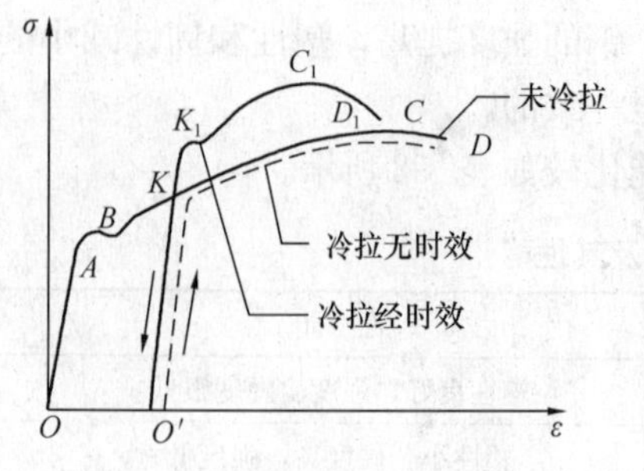

图 8-12 钢筋的冷拉及时效

立即重新拉伸，而将试件经过时效处理，然后重新拉伸，其应力-应变曲线为 $O'KK_1C_1D_1$，即 K_1 点成为新的屈服点，屈服强度和极限抗拉强度得到了进一步提高。时效还可使冷拉损失的弹性模量基本恢复，硬度增加，但塑性和韧性将进一步降低。

冷拉后屈服强度可提高 15%～20%以上，作为钢筋混凝土中的受力主筋，可适当减小设计截面或减少配筋量，节约钢材。

冷拉可简化施工工艺，使盘条钢筋的开盘、矫直、冷拉三道工序合为一道工序；使直条钢筋的矫直、除锈、冷拉合为一道工序。

2. 冷拔

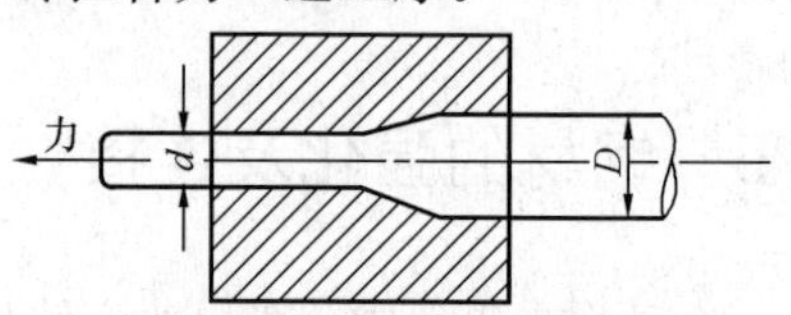

图 8-13 拔丝模

冷拔是预制构件厂经常采用的一种钢筋冷加工强化方法。它是将低碳热轧钢丝（ϕ6～8.5mm 圆盘条）从孔径略小于被拔钢丝直径的硬质拔丝模孔中强力拔出，使钢丝伸长变细的工艺过程（见图 8-13）。每次冷拔断面缩小应在 10%以下，经多次冷拔。钢筋在冷拔过程中，不仅受拉，同时还受到周围模具的挤压，因而冷拔的作用比冷拉更为强烈。经冷拔后的钢筋表面光洁度提高，屈服强度提高 40%～60%，但塑性降低较大，因而具有硬钢的性质。

3. 冷轧

冷轧工艺在钢材加工成型中广泛使用，一般是指以热轧钢卷为原料，经酸洗去除氧化皮后，在常温状态下，通过硬质轧辊的轧制，使钢材产生连续塑性冷变形的过程。冷轧可使钢材的强度和硬度提高，但塑性和韧性则会降低。建筑钢材加工中常用的冷轧工艺则是指将热轧钢丝（圆盘条）通过硬质轧辊，在钢丝表面轧制出呈一定规律分布的轧痕，从而使其强度和硬度得到提高，但塑性和韧性有所下降的工艺过程。

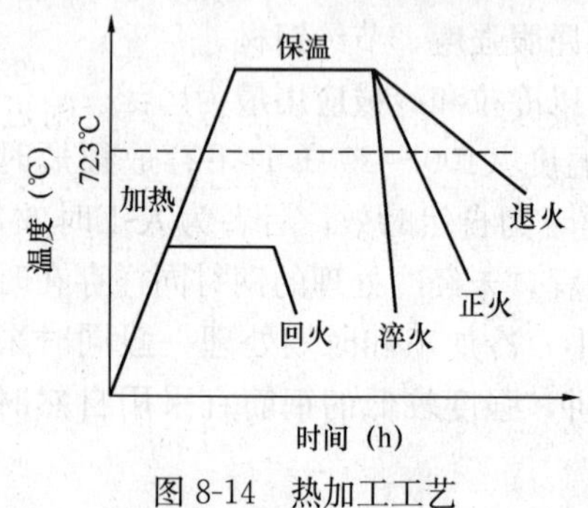

图 8-14 热加工工艺

8.5.2 钢材的热处理

热加工是将钢材按规定的温度制度，进行加热、保温和冷却处理，以改变其组织，得到所需要的性能的一种工艺（见图 8-14）。

热处理可改变钢的晶体组织及显微结构或消除由于冷加工在材料内部产生的内应力，从而改变钢材的力学性能。常用热处理方法包括淬火、回火、退火和正火四种。

1. 淬火

将钢材加热到 723～910℃以上（依含碳量而定），保温使其晶体组织完全转变后，立即在水或油中淬冷。淬火后的钢材，硬度大为提高，塑性和韧性明显下降。

2. 回火

将淬火后的钢材在 723℃以下的温度范围内重新加热，保温后按一定速度冷却至室温的过程叫回火。回火可消除淬火产生的内应力，恢复塑性和韧性，但硬度下降。根据加热温度可分为低温回火（150～300℃）、中温回火（300～500℃）和高温回火（500～650℃）。加热温度愈高，硬度降低愈多，塑性和韧性恢复愈好。在淬火后随即采用高温回火，称为调质处理。经调质处理的钢材，在强度、塑性和韧性方面均有改善。

3. 退火

将钢材加热到723～910℃以上（依含碳量而定），然后在退火炉中保温，缓慢冷却的过程叫退火。退火能消除钢材中的内应力，改善钢的显微结构，细化晶粒，以达到降低硬度、提高塑性和韧性的目的。

4. 正火

正火也称正常化处理，它是将钢材加热到723～910℃或更高温度，然后在空气中冷却的过程。正火处理后的钢材，能获得均匀细致的显微结构，与退火处理相比较，钢材的强度和硬度提高，但塑性下降。

8.5.3 钢结构连接

钢结构工程中常用的连接方法有焊接连接、铆钉连接和螺栓连接三种方式（见图8-15）。其中螺栓连接又可分为普通螺栓连接和高强螺栓连接。我国目前采用最多的是焊接，高强螺栓连接近年来也有了较大的发展，而铆钉连接已很少采用。

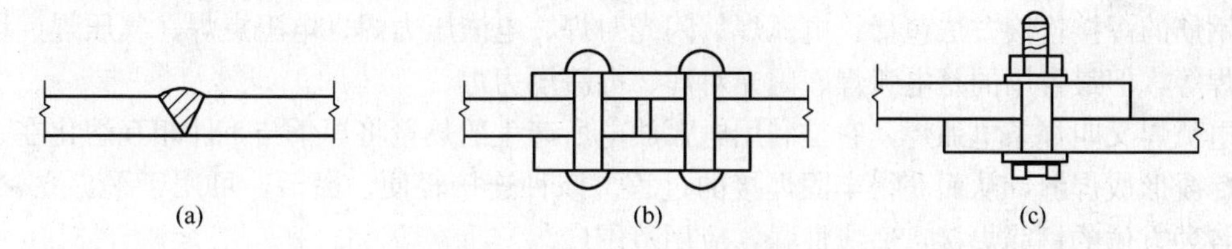

图8-15 钢结构连接方法

(a) 焊接；(b) 铆接；(c) 螺栓连接

1. 焊接连接

焊接连接具有不削弱构件截面，节约钢材，构造简单，加工方便，密封性好，刚度大，易采用自动化作业等优点，是目前我国钢结构的最主要连接方法。但焊接连接会使焊缝附近热影响区的材质变脆，同时在焊件中产生焊接残余应力和残余变形。由于焊接连接刚度大，对裂纹扩展很敏感，尤其对承受动荷载作用的结构更为不利，故在低温环境中结构容易发生脆性断裂。

2. 铆钉连接

铆钉连接具有良好的塑性和韧性，传力可靠，连接质量易于检查等优点，较适用于直接承受动荷载作用的结构。但铆接工艺复杂，技术要求高，而且会削弱构件截面，费工费料，现在已很少采用。

3. 螺栓连接

(1) 普通螺栓连接

普通螺栓一般都用Q235钢制成，分为A、B和C三个等级。螺栓连接的强度不仅与材质有关，同时还与螺栓及螺孔加工精度有关。A、B级属精制螺栓，C级属粗制螺栓；螺孔根据加工精度不同，分为Ⅰ类孔和Ⅱ类孔。A、B级螺栓配用Ⅰ类孔，C级螺栓配用Ⅱ类孔。Ⅰ类孔的孔径比螺栓直径大0.3～0.5mm，Ⅱ类孔的孔径比螺栓直径大1.0～1.5mm。

(2) 高强螺栓连接

高强螺栓有 8.8 级和 10.9 级两种。8.8 级采用 45 号或 35 号钢制成。10.9 级采用 40B 钢，35VB 钢，20MnTiB 钢制成，螺帽和垫圈可用 45 号或 35 号钢经热处理制成。级别代号中，小数点前的数字是螺栓材料经热处理后的最低抗拉强度，小数点后的数字是材料的屈强比（σ_s/σ_b）。如 8.8 级钢材最低抗拉强度为 800MPa，$\sigma_s/\sigma_b=0.80$。

高强螺栓连接按传力方式可分为摩擦型和承压型两种。前者适用于大型桥梁、高层钢结构和其他直接承受动荷载作用的重型钢结构连接，后者目前仅用于承受静荷载或间接承受动荷载结构的连接。

8.5.4 钢筋连接

钢筋连接是指钢筋的接长和固定相互交叉钢筋位置的方式。钢筋的连接方法有绑扎连接、焊接连接和机械连接。

1. 绑扎连接

钢筋绑扎是指采用 20～22 号铁丝（当铁丝过硬时，可经退火处理），将不同钢筋牢固捆绑在一起的连接方式。钢筋混凝土中的主筋和箍筋之间通常采用绑扎连接。

2. 焊接连接

钢筋的焊接连接方法包括：电弧焊、闪光对焊、电渣压力焊、电阻点焊、气压焊、埋弧压力焊等，但最常用的是电弧焊、闪光对焊、电渣压力焊。

电弧焊又叫焊条电弧焊，它是利用电弧放电所产生的热量将焊条与工件相互熔化在一起并经冷凝形成焊缝，从而获得牢固焊接的过程。该种连接轻便、灵活，可用于平、立、横、仰等各种方位的钢筋焊接，适应性强，应用范围广。

闪光对焊是将两钢筋安放成对接形式，利用焊接电流通过对接点接触电阻产生高热量使金属熔化，迅速施加顶压力将对接钢筋压焊在一起，焊接过程中伴有飞溅、闪光现象。闪光对焊质量好，效率高，可变短料长用，节省钢筋，适用于各级热轧钢筋的对接连接。

电渣压力焊是将两钢筋安放成竖向对接形式，利用焊接电流通过渣池在焊剂层下产生电弧热和电阻热，熔化钢筋，迅速加压将钢筋压焊在一起。电渣压力焊接效率高、成本低，适用于现浇混凝土结构中柱、墙等竖向或斜向的各级热轧钢筋的连接。

(1) 钢筋焊接应注意的问题

当对钢筋焊接实施时，在很短时间内焊接区会达到很高的温度使局部金属熔融，由于金属的高传热性，被焊接区域焊接后又急速冷却，所以焊接往往伴随着急剧的膨胀、收缩，使焊区产生内应力及组织变化，影响焊接头性能。正确选择焊接方法、控制焊接工艺参数都将直接影响到焊接质量。钢筋焊接特别应注意的问题如下：

1) 冷拉钢筋的焊接应在冷拉之前进行。冷拉过程中，如在焊接的接头处发生断裂时，可切除热影响区后（每边长度按 0.75 倍钢筋直径计算），再焊再拉。

2) 钢筋焊接之前，必须清除焊接部位的铁锈、熔渣、油污等；钢筋端部的扭曲、弯折应予以矫直或切除。

3) 应尽量避免不同国家的进口钢筋之间或进口钢筋与国产钢筋之间的焊接，因为不同国家的钢筋的可焊性不同，若焊接工艺不当容易影响焊接质量。如需进行这些钢筋之间焊接，必须经过试验，合格后方准焊接。

4）严禁在钢筋的非焊接部位上打火和电弧点焊，否则由于冷却速度快会产生淬硬现象而降低钢材的塑性，甚至使用中发生脆断事故，对含碳量较高的钢材危害更甚。

（2）钢筋焊接接头的质量要求

1）电弧焊接头的质量要求主要是抗拉强度。应从每批成品中切取3个接头试件进行拉伸试验。3个试件的抗拉强度均不得低于该级别钢筋规定的抗拉强度值，且3个接头均应断于焊缝之外，并至少有2个试件呈塑性断裂。若有1个试件的抗拉强度低于规定指标，或有2个试件发生脆性断裂时，应再取6个试件进行复验。复验结果若仍有1个试件的抗拉强度低于规定指标，或有1个试件断于焊缝，或有3个试件呈脆性断裂时，则该批接头即为不合格品。

2）闪光对焊接头的质量要求包括抗拉强度和弯曲性能。应从每批成品中切取6个试件，3个进行拉伸试验，3个进行弯曲试验。拉伸试验时，每1个试件的抗拉强度均不得低于该级别钢筋的规定抗拉强度值；至少有2个试件断于焊缝之外，并呈塑性断裂。当有1个试件的抗拉强度低于规定指标，或有2个试件在焊缝或热影响区发生脆性断裂时，应再取6个试件进行复验。复验结果，若仍有1个试件的抗拉强度低于规定指标，或有3个试件呈脆性断裂，则该批接头即为不合格品。弯曲试验时，使焊缝处于弯曲的中心点，预先去除受压面的金属毛刺和镦粗变形部分，按照规定的弯心直径将试件弯曲90°时，至少有2个试件不得断裂。当有2个试件未达到上述要求，应再取6个试件进行复验，若仍有3个试件不符合要求，该批接头即为不合格品。

3）电渣压力焊接头的质量要求主要是抗拉强度。应从每批成品中切取3个接头进行拉伸试验。3个试件的抗拉强度均不得低于该级别钢筋规定的抗拉强度值，若有1个试件的抗拉强度低于规定指标，应再取6个试件进行复验。复验结果若仍有1个试件的抗拉强度低于规定指标，则该批接头即为不合格品。

3. 机械连接

钢筋机械连接是通过连接件的直接或间接机械啮合作用或钢筋端面的承压作用，将一根钢筋中的力传递到另一根钢筋的连接方式。该种连接具有施工简单，工艺性能好，接头质量可靠，不受钢筋焊接性能的制约，可全天候施工，节约钢材和能源等优点。

（1）钢筋机械连接种类

常用的钢筋机械连接类型包括：挤压套筒连接、锥螺纹套筒连接、直螺纹套筒连接等。

1）挤压套筒连接。它是将需要连接的带肋钢筋，插于特制的钢套筒内，利用挤压机压缩套筒，使之产生塑性变形，靠变形后的钢套筒与带肋钢筋之间的紧密啮合来实现钢筋的连接（见图8-16）。该种连接的接头性能好，适用于ϕ16～40mm的带肋钢筋的连接。

2）螺纹套筒连接。该类连接又分为锥螺纹套筒连接和直螺纹套筒连接两种，前者是把钢筋的连接端加工成锥形螺纹（简称丝头），通过锥螺纹连接套把两根带丝头的钢筋，按规定的力矩值连接成一体，参见图8-17（a）；后者是把钢筋的连接端加工成直形螺纹，通过直螺纹连接套把两根带丝头的钢

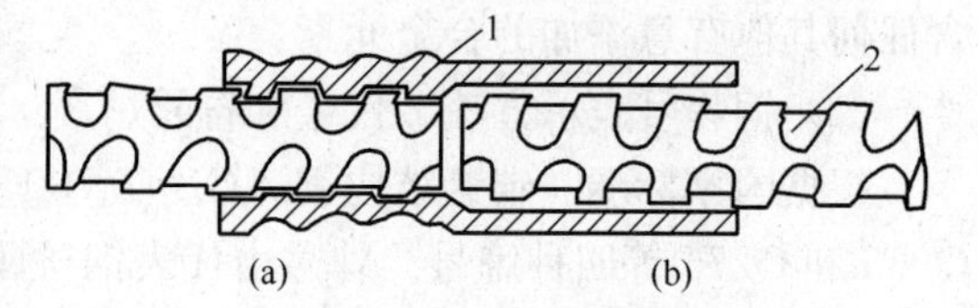

图8-16 钢筋挤压套筒连接

（a）已挤压部分；（b）未挤压部分

1—钢套筒；2—带肋钢筋

筋，按规定的力矩值连接成一体，参见图 8-17（b）。螺纹套筒连接工艺性能好，效率高，不受钢筋是否带肋的限制，适用于直径为 Φ16～40mm 的Ⅱ、Ⅲ级钢筋的竖向、斜向及水平向的连接。

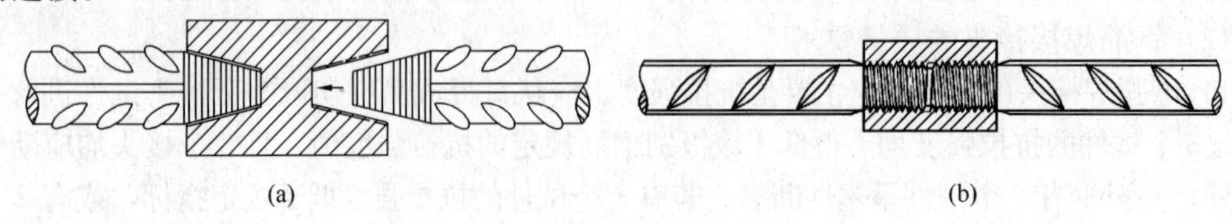

图 8-17　钢筋螺纹套筒连接

(a) 锥螺纹连接；(b) 直螺纹连接

(2) 钢筋机械连接质量等级

根据接头抗拉强度、残余变形以及高应力和大变形条件下反复拉压性能的差异，将钢筋机械连接分为下列三个质量等级。

Ⅰ级：接头抗拉强度等于被连接钢筋的实际拉断强度或不小于 1.10 倍钢筋抗拉强度标准值，残余变形小，并具有高延性及反复拉压性能。用于混凝土结构中要求充分发挥钢筋强度或对接头延性要求较高的部位。挤压套筒连接质量完全能达到Ⅰ级标准要求；螺纹套筒连接质量可以达到Ⅰ级标准要求。

Ⅱ级：接头抗拉强度不小于被连接钢筋抗拉强度标准值，残余变形较小并具有高延性及反复拉压性能。用于混凝土结构中钢筋受力小或对接头延性要求不高的部位。

Ⅲ级：接头抗拉强度不小于被连接钢筋屈服强度标准值的 1.25 倍，残余变形较小并具有一定的延性及反复拉压性能。接头仅能承受压力，用于非抗震设防和不承受动力荷载的混凝土结构中钢筋只承受压力的部位。

8.6　钢材的技术标准及选用

土木工程中使用的钢材主要分为钢结构用钢和钢筋混凝土结构用钢两大类。

8.6.1　钢结构用钢

钢结构用钢主要有碳素结构钢、优质碳素结构钢与低合金结构钢。

1. 碳素结构钢

碳素结构钢原称普通碳素结构钢，是钢铁生产中产量最大、品种最多和用途最广的钢类，是工程结构的主要原材料。碳素结构钢中只含有铁、碳、硅、锰及杂质元素磷和硫，不含任何其他有意添加的合金元素。

(1) 钢牌号表示方法、代号和符号

根据国家标准《碳素结构钢》(GB/T 700—2006) 规定，碳素结构钢分为 Q195、Q215、Q235 和 Q275 等四种牌号。牌号由代表钢材屈服强度的字母“Q”、屈服强度数值、质量等级符号和脱氧程度符号等四个部分按顺序组成。其中质量等级按冲击韧性划分为 A、B、C 和 D 四个等级。A 级为不要求冲击韧性，B 级为要求＋20℃冲击韧性，C 级为要求 0℃冲击韧性，D 级为要求－20℃冲击韧性。根据冶炼时脱氧程度分为沸腾钢和镇静钢两类。其中沸腾钢用“沸”字汉语拼音首位字母“F”表示；镇静钢用“镇”字汉语拼音首位字母“Z”表示；特殊镇静钢用“特镇”两字汉语拼音首位字母“TZ”表示。当为镇静钢或特殊镇静钢时，“Z”与“TZ”可以省略。

例如：Q235AF 表示屈服强度不小于 235MPa，质量等级为 A 级的沸腾碳素结构钢；Q235A 则表示屈服强度不小于 235MPa，质量等级为 A 级的镇静或特殊镇静碳素结构钢。

（2）技术要求

碳素结构钢的力学性能（包括拉伸、冲击韧性和弯曲性能等）应分别符合表 8-3 和表 8-4 的规定。

表 8-3　碳素结构钢的拉伸和冲击性能（GB/T 700—2006）

牌号	等级	拉伸性能												冲击试验（V 型缺口）	
		屈服强度 σ_s(MPa)，不小于						抗拉强度 σ_b (MPa)	断后伸长率 δ(%)，不小于					温度（℃）	冲击吸收功（纵向）(J) 不小于
		厚度（或直径）(mm)							厚度（或直径）(mm)						
		≤16	＞16～40	＞40～60	＞60～100	＞100～150	＞150～200		≤40	＞40～60	＞60～100	＞100～150	＞150～200		
Q195	—	195	185	—	—	—	—	315～430	33	—	—	—	—	—	—
Q215	A	215	205	195	185	175	165	335～450	31	30	29	27	26	—	—
	B													＋20	27
Q235	A	235	225	215	215	195	185	370～500	26	25	24	22	21	—	—
	B													＋20	27
	C													0	
	D													−20	
Q275	A	275	265	255	245	225	215	410～540	22	21	20	18	17	—	—
	B													＋20	27
	C													0	
	D													−20	

表 8-4　碳素结构钢的冷弯试验(GB/T 700—2006)

牌号	试样方向	冷弯试验 180°　$B=2a$	
		钢材厚度或直径(mm)	
		＜60	60～100
		弯心直径 d	
Q195	纵	0	—
	横	0.5a	
Q215	纵	0.5a	1.5a
	横	a	2a
Q235	纵	a	2a
	横	1.5a	2.5a
Q275	纵	1.5a	2.5a
	横	2a	3a

从表 8-3 和表 8-4 中可以看出，牌号越大，其含碳量越高，强度和硬度也越高，但伸长率、冲击韧性等塑性和韧性指标越低。其具体特点和应用如下：

1)Q195 和 Q215 钢强度低，塑性和韧性好，易于冷弯加工，常用作钢钉、铆钉、螺栓及钢丝等。

2)Q235 号钢含碳量为 0.14%～0.22%，属于低碳钢，具有较高的强度，良好的塑性、韧性和可焊性，能满足一般钢结构和钢筋混凝土结构用钢的要求，加之冶炼方便，成本较低，所以应用十分广泛。其中 Q235A 级钢一般仅适用于承受静载荷作用的结构，Q235B 和 Q235C 级钢可用于重要的焊接结构。另外，由于 Q235D 级钢含有足够的形成细晶粒结构的元素，同时对硫、磷有害元素控制严格，故其冲击韧性好，有较强的抵抗振动、冲击荷载的能力，尤其适用于负温条件。

3)Q275 号钢，强度高但塑性和韧性较差，可焊性也差，不易焊接和冷弯加工，可用于轧制钢筋、作螺栓配件等，更多地用于机械零件和工具等。

2. 优质碳素结构钢

优质碳素结构钢是较大的基础钢类，其硫和磷含量较低、钢质纯洁度较高，既要保证化学成分，又要保证力学性能。这类钢的碳含量在 0.05%～0.90%之间，包括低碳钢、中碳钢和高碳钢，钢中除含有碳、锰、硅，以及冶炼过程中不能完全清除的硫、磷等有害杂质和一些残余元素外，不含其他合金元素。

按国家标准《优质碳素结构钢》(GB/T 699—1999)的规定，根据其含锰量不同可分为：普通含锰量钢(含锰量为 0.25%～0.80%，共 20 个牌号)和较高含锰量钢(含锰量 0.70%～1.20%，共 11 个牌号)两组。优质碳素结构钢一般以热轧状态供应，硫、磷等杂质含量比普通碳素钢少，所以性能好，质量稳定。

优质碳素结构钢的钢号用两位数字表示，它表示钢中平均含碳量的万分数。如 45 号钢，表示钢中平均含碳量为 0.45%。数字后若有“锰”字或“Mn”，则表示属较高含锰量钢，否则为普通含锰量钢。如 35Mn 钢，表示平均含碳量为 0.35%，含锰量为 0.70%～1.20%。若是沸腾钢，还应在钢号后面加写“沸”(或“F”)。

优质碳素结构钢成本较高，建筑上应用不多，仅用于重要结构的钢铸件及高强度螺栓等。如用 30、35、40 及 45 号钢作高强度螺栓，45 号钢还常用作预应力钢筋的锚具。65、70、75 和 80 号钢可用来生产预应力混凝土用的碳素钢丝、刻痕钢丝和钢绞线。

3. 低合金结构钢

加入总量小于 5%的合金元素炼成的钢，称为低合金高强度结构钢，简称低合金结构钢。低合金结构钢规定的屈服强度不小于 275MPa，最高可达 1035MPa。这类钢是在碳素钢的基础上通过加入少量合金元素以使其热轧或热处理状态下除具有高的强度外，还具有韧性、焊接性能、成形性能和耐腐蚀性能等综合性能良好的特性。常用的合金元素有硅(Si)、锰(Mn)、钛(Ti)、钒(V)、铬(Cr)、镍(Ni)、铜(Cu)等。

(1)牌号及表示方法

按照国家标准《低合金高强度结构钢》(GB/T 1591—2008)规定低合金高强度结构钢有 Q345、Q390、Q420、Q460、Q500、Q550、Q620 和 Q690 八种牌号。牌号由代表钢材屈服强度的字母“Q”、屈服强度数值、质量等级三个部分按顺序组成。其中质量等级按冲击韧性划分为 A、B、C、D 和 E 五个等级。A 级为不要求冲击韧性，B 级为要求+20℃冲击韧性，

C级为要求0℃冲击韧性，D级为要求－20℃冲击韧性，E级为要求－40℃冲击韧性。

例如：Q500A，表示屈服强度不小于500MPa，质量等级为A级的低合金结构钢。

(2)技术要求

低合金高强度结构钢的力学性能应符合国家标准《低合金高强度结构钢》(GB/T 1591)中的规定。

(3)低合金结构钢的特性和应用

低合金结构钢的含碳量均小于或等于0.2%，有害杂质少，质量较高且稳定，具有良好的塑性、韧性与适当的可焊性。另外，由于合金元素的细晶强化作用和固溶强化作用，使低合金高强度结构钢与碳素结构钢相比，低合金钢的力学性能远高于普通碳素钢。例如，钢结构的常用牌号Q345级钢与碳素结构钢Q235相比，低合金高强度结构钢Q345的强度更高，等强度代换时可以节省钢材15%～25%。因此采用低合金结构钢可以减轻结构自重，减小跨度，节约钢材，经久耐用，特别适合于高层建筑或大跨度结构，是结构钢的发展方向。

8.6.2 钢筋混凝土结构用钢

钢筋混凝土中混凝土和钢筋之间有较大的握裹力，能牢固啮合在一起。钢筋抗拉强度高、塑性好，放入混凝土中能很好地改善混凝土的脆性，扩展混凝土的应用范围，同时混凝土的碱性环境又很好地保护了钢筋，使其免于受到外界环境的腐蚀。按生产方式不同，钢筋混凝土结构用钢可分为热轧钢筋、热处理钢筋、冷拉钢筋、冷轧带肋钢筋、冷轧扭钢筋、冷拔低碳钢丝、预应力钢丝与钢绞线等。

钢筋混凝土用钢筋的直径通常为8～40mm，小于8mm者为钢丝。

1. 热轧钢筋

根据表面特征不同，热轧钢筋分为光圆钢筋、带肋钢筋。根据强度的高低，热轧钢筋又分为不同的强度等级，各强度等级热轧钢筋的技术标准见表8-5。

表8-5 钢筋混凝土用热轧钢筋的力学性能（GB 1499.1—2008和GB 1499.2—2007）

表面形状	牌号	公称直径(mm)	屈服强度σ_s(MPa)	抗拉强度σ_b(MPa)	伸长率δ(%)	冷弯 d弯心直径 a钢筋公称直径
			不小于			
光圆	HPB300	6～22	300	420	25	180° $d=a$
带肋	HRB335	6～25	335	455	17	180° $d=3a$
		28～40				180° $d=4a$
		＞40～50				180° $d=5a$
	HRB400	6～25	400	540	16	180° $d=4a$
		28～40				180° $d=5a$
		＞40～50				180° $d=6a$
	HRB500	6～25	540	630	15	180° $d=6a$
		28～40				180° $d=7a$
		＞40～50				180° $d=8a$

根据国家标准《钢筋混凝土用钢 第 1 部分：热轧光圆钢筋》(GB 1499.1—2008)的规定，光圆钢筋的强度等级代号为 HPB300。“HPB”是英文“Hot rolled Plain Bars”的缩写，“300”表示强度特征值(MPa)。所谓特征值是指在无限多次的检验中，与某一规定概率相对应的分位值。光圆钢筋的强度低，但塑性和焊接性能好，便于各种冷加工，故广泛用作小型钢筋混凝土结构中的主要受力钢筋以及各种钢筋混凝土结构中的构造筋。

与热轧光圆钢筋相比较，热轧带肋钢筋表面有两条纵肋，并沿长度方向均匀分布有牙形横肋，如图 8-18 所示。根据国家标准《钢筋混凝土用钢 第 2 部分：热轧带肋钢筋》(GB 1499.2—2007)的规定，强度等级代号分别为 HRB335、HRB400 和 HRB500。“HRB”是英文“Hot rolled Ribbed Bars”的缩写，“335”“400”和“500”表示屈服强度特征值(MPa)。热轧带肋钢筋的强度较高，塑性和焊接性能较好，广泛用于钢筋混凝土结构的受力筋。

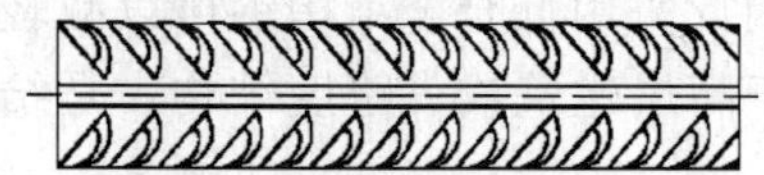
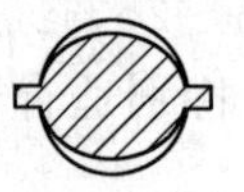

(a)

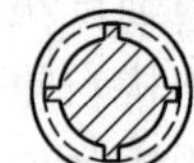

(b)

图 8-18 带肋钢筋外形图

(a)月牙肋；(b)等高肋

2. 冷轧带肋钢筋

冷轧带肋钢筋是以普通低碳钢或低合金钢热轧盘条为母材，经多道冷轧(拔)减径和一道压痕后，在其表面带有沿长度方向均匀分布的三面或两面横肋的钢筋。冷轧带肋钢筋按抗拉强度最小值分为 CRB550、CRB650、CRB800 和 CRB970 四种牌号，其中“CRB”是英文“Cold rolled Ribbed Bars”的缩写。

CRB550 钢筋的公称直径范围为 4～12mm，CRB650 及以上牌号钢筋的公称直径为 4mm、5mm 和 6mm。制造钢筋的盘条应符合《低碳钢热轧圆盘条》(GB/T 701)和《优质碳素钢热轧盘条》(GB/T 4354)或其他相关标准的规定。

冷轧带肋钢筋的力学性能应符合表 8-6 的要求。该钢筋的强屈比 $\sigma_b/\sigma_{p0.2}$ 比值应不小于 1.03。

表 8-6 冷轧带肋钢筋的力学和工艺性能(GB 13788—2008)

牌号	屈服强度 $\sigma_{0.2}$(MPa) 不小于	抗拉强度 σ_b (MPa) 不小于	伸长率(%) 不小于		弯曲试验 180°	反复弯曲次数	应力松弛 初始应力应相当于公称抗拉强度的 70%
			$\delta_{11.3}$	δ_{100}			1000h 松弛率(%) 不大于
CRB550	500	550	8.0	—	$D=3d$	—	—
CRB650	585	650	—	4.0	—	3	8
CRB800	720	800	—	4.0	—	3	8
CRB970	875	970	—	4.0	—	3	8

冷轧带肋钢筋与冷拉钢筋和冷拔钢丝相比，具有较高的强度和较大的伸长率，且粘结锚固性好。因此，在中、小型预应力混凝土结构构件和普通混凝土结构构件中得到了越来越广泛的应用。CRB550 为普通钢筋混凝土用钢筋，其他牌号为预应力混凝土用钢筋。

3. 冷轧扭钢筋

冷轧扭钢筋是低碳钢热轧圆盘条经专用钢筋冷轧扭机调直、冷轧并冷扭(或冷滚)一次成型具有规定截面形式和相应节距的连续螺旋状钢筋。冷轧扭钢筋按抗拉强度最小值分为CTB550和CTB650两种牌号，其中“CTB”是英文“Cold-rolled and Twisted Bars”的缩写。

冷轧扭钢筋刚度大，不易变形，与混凝土粘结握裹力强，可避免混凝土收缩裂缝，保证现浇构件质量，适用于小型梁和板类构件。采用冷轧扭钢筋可减小板类构件的设计厚度、节约混凝土和钢材用量，减轻自重。冷轧扭钢筋还可按下料尺寸成型，根据施工需要和计划进度，将成品钢筋直接供应现场铺设，免除现场加工钢筋的困难，变传统的现场钢筋加工为适度规模的工厂化和机械化生产，节约加工场地。

冷轧扭钢筋的力学性能应符合表8-7的要求。

表8-7 冷轧扭钢筋的力学性能(JG 190—2006)

强度级别	型号	抗拉强度 σ_b (MPa)	伸长率 δ (%)	180°弯曲试验(弯心直径=3d)	应力松弛率(%)	
					10h	100h
CTB550	Ⅰ	≥550	$\delta_{11.3}$≥4.5	受弯曲部位钢筋表面不得产生裂纹	—	—
	Ⅱ	≥550	δ≥10		—	—
	Ⅲ	≥550	δ≥12		—	—
CTB650	Ⅲ	≥650	δ_{100}≥4		≤5	≤8

4. 冷拔低碳钢丝

冷拔是将直径6.5～8mm的钢丝，通过拔丝机上钨合金制成的硬质拔丝模孔，拔制成直径在5mm以下的钢丝的加工过程。拔制一次可减小直径0.5～1.0mm，可根据所需钢丝直径拔制不同次数。但是，冷拔虽使强度大幅度提高(40%～60%)，塑性和韧性却明显下降，拔制次数越多程度越甚。冷拔一般以Q235号或Q215低碳钢盘条为原材料。主要用于中、小型预应力构件生产，也可绞捻成钢绞线以扩大应用范围。

冷拔低碳钢丝分为甲、乙两级。甲级钢丝主要用于预应力筋，乙级钢丝用于焊接网片、骨架、箍筋等。原材料质量及冷拔工艺条件对冷拔低碳钢丝质量有显著影响，因而其强度及塑性指标往往均匀性较差，离散性较大，使用中应予注意。

5. 预应力混凝土用钢丝与钢绞线

对于大型预应力混凝土构件，由于受力很大，常采用高强度钢丝或钢绞线作为主要受力筋。预应力混凝土用钢丝是用牌号为60～80号的优质碳素钢盘条，经酸洗、冷拉或冷拉再回火等工艺制成，故分为冷拉钢丝与消除应力钢丝两种供货名称。为了增加钢丝与混凝土间的握裹力，还可在碳素钢丝表面压痕，制成刻痕钢丝(图8-19)。钢绞线是用2根、3根或7根2.5～5.0mm的高强度钢丝，经绞捻后再经一定热处理消除内应力而制成的(图8-20)。

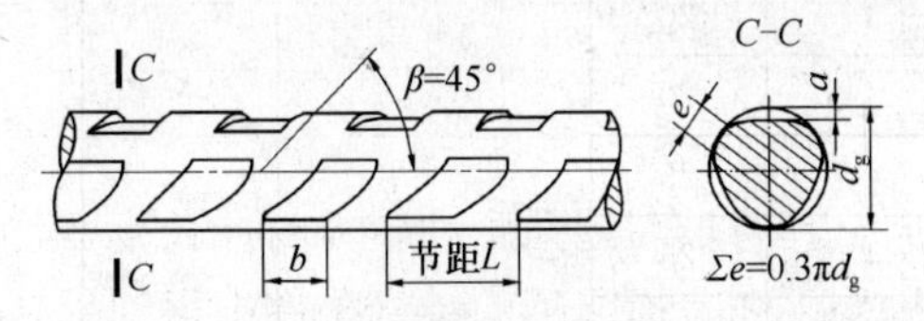

图8-19 刻痕钢丝外形

图8-20 钢绞线断面(7根)

(1)预应力混凝土用钢丝

根据国家标准《预应力混凝土用钢丝》(GB/T 5223—2002/XG2—2008)规定，钢丝按照加工状态可分为冷拉钢丝和消除应力钢丝两类，钢丝按外形分为光圆、螺旋肋和刻痕三种。这些预应力混凝土钢丝主要用作桥梁、电杆、轨枕、吊车梁的预应力钢丝。标准规定，冷拉钢丝、消除应力钢丝和消除应力刻痕钢丝的力学性能应分别符合表 8-8、表 8-9 和表 8-10 的规定。

表 8-8 冷拉钢丝的力学性能(GB/T 5223—2002/XG2—2008)

<table>
<tr><th>公称直径
d_n
(mm)</th><th>抗拉强度
σ_b
(MPa)
不小于</th><th>规定非比例伸长
应力 $\sigma_{p0.2}$
(MPa)
不小于</th><th>最大力下总伸
长率 δ_{gt}(%)
(L_0=200mm)
不小于</th><th>弯曲次数
(次/180°)
不小于</th><th>弯曲半径
R
(mm)</th><th>断面
收缩率 φ
(%)
不小于</th><th>每 210mm
扭距的
扭转次数
(n)
不小于</th><th>初始应力相当于
70%公称抗拉
强度时，1000h 后
应力松弛率 r
(%)
不大于</th></tr>
<tr><td>3</td><td rowspan="3">1470
1570
1670
1770</td><td rowspan="3">1100
1180
1250
1330</td><td rowspan="6">1.5</td><td>4</td><td>7.5</td><td>—</td><td>—</td><td rowspan="6">8</td></tr>
<tr><td>4</td><td>4</td><td>10</td><td rowspan="2">35</td><td>8</td></tr>
<tr><td>5</td><td>4</td><td>15</td><td>8</td></tr>
<tr><td>6</td><td rowspan="3">1470
1570
1670
1770</td><td rowspan="3">1100
1180
1250
1330</td><td>5</td><td>15</td><td rowspan="3">30</td><td>7</td></tr>
<tr><td>7</td><td>5</td><td>20</td><td>6</td></tr>
<tr><td>8</td><td>5</td><td>20</td><td>5</td></tr>
</table>

表 8-9 消除应力钢丝的力学性能 (GB/T 5223—2002/XG2—2008)

<table>
<tr><th rowspan="4">公称直径
d_n
(mm)</th><th rowspan="4">抗拉强度 σ_b
(MPa)
不小于</th><th colspan="2" rowspan="2">规定非比例
伸长应力
$\sigma_{p0.2}$ (MPa)
不小于</th><th rowspan="4">最大力下总
伸长率
δ (%)
(L_0=200mm)
不小于</th><th rowspan="4">弯曲次数
(次/180°)
不小于</th><th rowspan="4">弯曲半径
(mm)</th><th colspan="3">应力松弛性能</th></tr>
<tr><th rowspan="2">初始应力相当于
公称抗拉强度的
百分数 (%)</th><th colspan="2">1000h 后应力松弛率 r
(%)
不大于</th></tr>
<tr><th rowspan="2">低松弛
钢丝</th><th rowspan="2">普通松
弛钢丝</th><th>低松
弛钢丝</th><th>普通
松弛钢丝</th></tr>
<tr><th colspan="3">对所有规格</th></tr>
<tr><td>4.00</td><td rowspan="3">1470
1570
1670
1770
1860</td><td rowspan="3">1290
1380
1470
1560
1640</td><td rowspan="3">1250
1330
1410
1500
1580</td><td rowspan="11">3.5</td><td>3</td><td>10</td><td rowspan="11">60
70
80</td><td rowspan="11">1.0
2.0
4.5</td><td rowspan="11">4.5
8
12</td></tr>
<tr><td>4.80</td><td rowspan="2">4</td><td rowspan="2">15</td></tr>
<tr><td>5.00</td></tr>
<tr><td>6.00</td><td rowspan="3">1470
1570
1670
1770</td><td rowspan="3">1290
1380
1470
1560</td><td rowspan="3">1250
1330
1410
1500</td><td>4</td><td>15</td></tr>
<tr><td>6.25</td><td>4</td><td>20</td></tr>
<tr><td>7.00</td><td>4</td><td>20</td></tr>
<tr><td>8.00</td><td rowspan="2">1470
1570</td><td rowspan="2">1290
1380</td><td rowspan="2">1250
1330</td><td>4</td><td>20</td></tr>
<tr><td>9.00</td><td>4</td><td>25</td></tr>
<tr><td>12</td><td rowspan="2">1470</td><td rowspan="2">1290</td><td rowspan="2">1250</td><td>4</td><td>25</td></tr>
<tr><td>12</td><td>4</td><td>30</td></tr>
</table>

表 8-10　消除应力刻痕钢丝的力学性能（GB/T 5223—2002/XG2—2008）

公称直径 d_n（mm）	抗拉强度 σ_b（MPa）不小于	规定非比例伸长应力 $\sigma_{p0.2}$（MPa）不小于		最大力下总伸长率 δ（%）（L_0=200mm）不小于	弯曲次数（次/180°）不小于	弯曲半径（mm）	应力松弛性能		
							初始应力相当于公称抗拉强度的百分数（%）	1000h 后应力松弛率 r（%）不大于	
		低松弛钢丝	普通松弛钢丝					低松弛钢丝	普通松弛钢丝
							对所有规格		
≤5.0	1470	1290	1250	3.5	3	15	60	1.5	4.5
	1570	1380	1330						
	1670	1470	1410						
	1770	1560	1500				70	2.5	8
	1860	1640	1580						
>5.0	1470	1290	1250			20			
	1570	1380	1330						
	1670	1470	1410				80	4.5	12
	1770	1560	1500						

（2）钢绞线

钢绞线力学性能应符合《预应力混凝土用钢绞线》（GB/T 5224—2005/XG1—2008）的规定，参见表 8-11。

这些产品均属预应力混凝土专用产品，具有强度高、安全可靠、柔性好、与混凝土握裹力强等特点，主要用于薄腹梁、吊车梁、电杆、大型屋架、大型桥梁等预应力混凝土结构中。

表 8-11　部分钢绞线的力学性能（GB/T 5224—2005/XG1—2008）

钢绞线结构	钢绞线公称直径 D_n（mm）	抗拉强度 σ_b（MPa）不小于	整根钢绞线的最大力 F_m（kN）不小于	规定非比例延伸力 $F_{p0.2}$（kN）不小于	最大力总伸长率（L_0≥500mm）不小于	应力松弛性能	
						初始负荷相当于公称最大力的百分数（%）	1000h 后应力松弛率 r 不大于
					对所有规格	对所有规格	对所有规格
1×7	12.70	1720	170	153	3.5	60	1.0
		1860	184	166			
		1960	193	174			
	15.20	1470	206	185		70	2.5
		1570	220	198			
		1670	234	211			
		1720	241	217			
		1860	260	234			
		1960	274	247			
	17.8	1720	327	294			
		1860	353	318			

8.7　钢材的腐蚀与防腐

钢材长期暴露于空气或潮湿环境中将产生锈蚀，尤其是空气中含有污染成分时，腐蚀更为严重。腐蚀不仅使钢结构有效断面减小，浪费大量钢材，而且会形成程度不等的锈坑、锈斑，造成应力集中，加速结构破坏。若受到冲击荷载、反复交变荷载作用时情况更为严重，甚至出现脆性断裂。

影响钢材锈蚀的主要因素是环境湿度、侵蚀性介质数量、钢材材质及表面状况等因素。

8.7.1 钢材腐蚀的类型

钢材腐蚀分为化学腐蚀和电化学腐蚀两类。

1. 化学腐蚀

钢材的化学腐蚀是由于大气中的 O_2、CO_2 或工业废气中的 SO_2、Cl_2、H_2S 等与钢材表面作用引起的。化学腐蚀多发生在干燥的空气中，可直接形成锈蚀产物（如疏松的氧化铁等）。化学腐蚀一般进展比较缓慢，先使光泽减退进而颜色发暗，腐蚀逐步加深，但在温度和湿度较高的条件下，化学腐蚀发展很快。

2. 电化学腐蚀

电化学腐蚀的基本特征是由于金属表面发生了原电池反应而产生腐蚀。钢材属铁碳合金，其中还含有其他元素或晶体组织，这些元素或晶体组织的电极电位不同，如铁的电极电位为−0.44V，锰的电极电位为−1.10V，铁素体的电极电位低于渗碳体的电极电位。电极电位越低，越容易失去电子。钢材处于潮湿空气中时，由于吸附作用，钢材表面将覆盖一层薄的水膜，当水中溶入 SO_3、Cl_2、灰尘等即成为电解质溶液，这样就在钢材表面形成了无数微小的原电池，如铁素体和渗碳体在电解质溶液中变成了原电池的两极：铁素体活泼，易失去电子，成为阳极，渗碳体成为阴极。铁素体失去的电子通过电解质溶液流向阴极，在阴极附近与溶液中的 H^+ 离子结合成为氢气而逸出，O_2 与电子结合形成的 OH^- 离子再与 Fe^{2+} 离子结合形成氢氧化亚铁而锈蚀。

阴极：$2H^+ + 2e \rightarrow H_2\uparrow$ 阳极：$2(OH)^- + Fe^{2+} \rightarrow Fe(OH)_2$

$Fe(OH)_2$ 进一步氧化为 $Fe(OH)_3$，其脱水产物 Fe_2O_3 是红褐色铁锈的主要成分。

电化学腐蚀是最主要的钢材腐蚀形式。钢材表面污染、粗糙、凹凸不平、应力分布不均、元素或晶体组织之间的电极电位差别较大以及提高温度或湿度等均会加速电化学腐蚀。

8.7.2 防止腐蚀的措施

从以上对钢材腐蚀原因的分析可知，欲防止钢材的腐蚀，可采取以下三种措施。

1. 保护膜防腐

为使金属与周围介质隔离，既不产生氧化锈蚀反应，也不形成腐蚀性原电池，可在钢材表面涂刷各种防锈涂料、搪瓷、塑料以及喷镀锌、铜、铬、铅等防护层。

2. 电化学防腐

电化学防腐包括阳极保护和阴极保护，主要用于不易或无法涂敷保护层的钢结构或钢构件等处，如蒸汽锅炉、地下管道、港工结构等。

阳极保护是在钢结构附近安放一些废钢铁或其他难熔金属，如高硅铁、铅银合金等，外加直流电源（可用太阳能电池）：将负极接在被保护的钢结构上，正极接在难熔的金属上。通电后难熔金属成为阳极而被腐蚀，钢结构成为阴极得到了保护。阳极保护也称外加电流保护法。

阴极保护是在被保护的钢结构上接一块较钢铁更为活泼（电极电位更低）的金属如锌、镁，使锌、镁成为腐蚀电池的阳极被腐蚀，钢结构成为阴极得到了保护。

3. 选用合金钢

钢材冶炼中加入一些具有耐腐蚀能力的合金元素，如铬、镍、钛、铜等，可明显提高其防腐蚀能力，如在低碳钢或合金钢中加入适量铜，给铁合金中加入17%～20%的铬、7%～10%的镍，可制成不锈钢。

钢筋混凝土工程中大量应用的钢筋，由于水泥水化产生大量 $Ca(OH)_2$，pH值常达12以上，可在钢筋表面形成钝化膜，隔离有害介质，保护钢筋不锈蚀。随着混凝土的碳化逐渐深入，pH值下降，钢筋表面钝化膜遭到破坏，此时若具备了潮湿、供氧条件，钢筋将产生电化学腐蚀。

在实际工程中，混凝土中钢筋的防锈，通常是通过严格控制混凝土保护层的厚度，以保证设计年限内混凝土碳化深度不会到达钢筋表面；其次控制混凝土的最大水灰比和最小水泥用量，以保证混凝土具有较高的密实度，减缓碳化进程；第三是严格限制混凝土用原材料中的氯离子含量并掺用阻锈剂等外加剂，以延迟混凝土中钢筋的脱钝时间，从而有效地阻止钢筋锈蚀。

8.8 铝及铝合金

土木工程中除了大量使用钢材外，铝及铝合金也被广泛地应用于装饰装修工程及轻型结构。尤其是铝合金，因为具有轻质高强、不锈蚀、易着色、易加工等优点，同时具有独特的装饰效果，使其具有广阔的发展前景。

8.8.1 铝及铝合金

铝在自然界以化合物的形式存在。铝矾土是提炼铝的主要原料。从化学元素来讲，铝在地壳中的含量为8.13%，仅次于氧和硅，居第三位，自然资源极为丰富。

纯铝为银白色轻金属，密度为 $2.70g/cm^3$，是钢材的1/3，熔点低，仅为660℃。铝的化学性质活泼，易与氧化合形成氧化铝膜，使铝具有一定的耐腐蚀性。其强度、硬度较低，(σ_b=80～100MPa，HB=17～44)，塑性好（δ_{10}=40%，ψ=80%）。

铝的电极电位较低，如与高电极电位的金属接触并有电解质存在时，会形成原电池反应，引起电化学腐蚀。因此，铝合金门窗等铝合金制品的连接件，应采用不锈钢件。

纯铝还可压延成极薄的铝箔（0.006～0.025mm），它具有极高的反射率（87%～97%），是理想的绝热、装饰、隔蒸汽材料。另外，铝还可作为涂料的银色填料或生产加气剂的主要原料。

为了提高铝的强度等力学性质，可加入镁、锰、硅、铜等合金元素，形成铝合金。铝合金已在现代建筑中广泛应用，如用作梁、柱、屋架等结构材料；幕墙、门窗、外墙板、屋面板等装修材料。

铝及铝合金的主要缺点是弹性模量低，只有钢材的1/3，热膨胀系数大，约为钢材的2倍，因此铝合金刚度较低，温度变形较大，在结构设计中应予以考虑；耐热性低，焊接连接需采用惰性气体保护焊等焊接新技术，技术难度大。

8.8.2 铝合金的分类

1. 按加工方法分类

铝合金按加工方法可以分为铸造铝合金和变形铝合金。

- 铝合金
  - 铸造铝合金（用 LZ 表示）
  - 变形铝合金
    - 热处理非强化型铝合金（通称防锈铝）
    - 强化型铝合金（如硬铝、锻铝）

所谓变形铝合金就是通过冲压、弯曲、辊轧等工艺使其组织、形状发生变化的铝合金。热处理非强化型铝合金是不能用淬火等方法提高强度的铝合金，如铝-锰合金、铝-镁合金。热处理强化型铝合金是能用热处理的方法提高强度的铝合金。

各种变形铝合金的牌号分别用汉语拼音字母和顺序号表示，顺序号不直接表示合金元素的含量。代表各种变形铝合金的汉语拼音字母如下：

LF——防锈铝合金（简称防锈铝）；

LY——硬铝合金（简称硬铝）；

LC——超硬铝合金（简称超硬铝）；

LD——锻铝合金（简称锻铝）；

LT——特殊铝合金。

2. 按合金元素分类

常用铝合金如防锈铝中的 Al-Mn 合金、Al-Mg 合金，热处理强化铝合金中的 Al-Mg-Si 合金、Al-Zn-Mg 合金、A1-Cu-Mg 合金及 Al-Zn-Mg-Cu 合金。

8.8.3 土木工程用铝合金的性能

土木工程中应用最为广泛的铝合金是 Al-Mg-Si 铝合金，国际上通常以 6063 牌号为其代表。以四位数字作铝合金的牌号是美国标准规定的命名方法，其第一位数字为按合金成分划分的铝合金类属，如“6”为 Al-Mg-Si 系铝合金，后边的三位数字分别代表铝合金的原始状态等工艺特征。一般在四位数字的合金名称后面还有一个状态名称，如用“O”表示退火状态，“T”表示热处理状态，不同的热处理可用数字表示，写在“T”的后面，如 T5 表示局部固溶热处理，然后人工时效。

6063 铝合金相当于我国的锻铝 LD31。我国铝合金的状态用汉语拼音表示，如“R”表示热轧，“CS”表示淬火及人工时效，“M”表示退火等。LD31 铝合金的化学成分及力学性能如表 8-12 所列。

表 8-12 LD31（6063）铝合金的化学成分及力学性能

化学成分	Cu	Si	Fe	Mn	Mg	Zn	Cr	Ti	Al	其他
（%）	≤0.1	0.2～0.6	≤0.35	≤0.1	0.45～0.9	≤0.1	≤0.1	≤0.1	余量	≤0.15
力学性能	合金状态	抗拉强度 σ_b（MPa）		屈服强度 $\sigma_{0.2}$（MPa）		伸长率 δ（%）	弹性模量（MPa）	线膨胀系数（1/c）		密度（kg/m^3）
	RCS	155		110		8				
	R	205		175		8	0.69×10^5	23.4×10^{-6}		2690
	CS	205		175		10				

表 8-12 说明：LD31 具有与低碳钢相近的屈服强度和抗拉强度，但质量比钢轻 2/3，所以比强度远远超过低碳钢，是高层建筑、大跨度建筑的理想结构材料。

铝合金的弹性模量低，应用中可通过挤压成型做成各种断面的空心型材，以提高刚度，弥补弹性模量的不足。

8.8.4 铝合金的表面处理

铝合金表面的自然氧化膜很薄，因此耐腐蚀能力有限，通过表面处理可提高其耐腐蚀性和耐磨性，同时增强其装饰效果。铝合金表面处理有以下三种工艺：

1. 抛光处理

抛光处理有化学抛光和电解抛光两种方法。

化学抛光是利用铝合金表面的突起和凹陷处在酸液中的溶解速度不同，通过酸洗使其表面逐渐平整的过程。电解抛光则是通过电解作用加速上述过程的完成。抛光后的铝合金，表面光洁平整，金属光泽均匀鲜亮，具有很强的装饰效果。

2. 阳极氧化处理

装修用的铝合金板材及挤压完的空心型材必须经阳极氧化处理。阳极氧化处理的目的主要是通过控制氧化条件和工艺参数，使在铝合金表面形成比自然氧化膜（厚度小于 0.1μm）厚得多的氧化膜层（5～20μm），并进行“封孔”处理，以达到提高表面硬度、耐磨性、耐蚀性的目的。光滑、致密的膜层也为进一步着色创造了条件。

3. 着色处理

着色处理有自然着色法和电解着色法。

自然着色法可和阳极氧化同时进行，改变电解液成分和电解条件（温度、电流密度、电压、时间等）可获得不同颜色的氧化膜，如以磺基水杨酸为主要成分，加入适量硫酸，在不同的电解条件下可获得金色、青铜色、香槟酒色等多种色调的氧化膜。

电解着色本质是电镀，是通过电解将金属盐溶液中的金属离子沉积到铝阳极氧化膜针孔底部，当光线在这些金属粒子上漫射时形成不同的颜色。

8.8.5 常用铝合金制品

常用铝合金制品主要有铝合金门窗、铝合金装饰板等。

1. 铝合金门窗

铝合金门窗是将经过表面处理后的铝合金型材，经过一定工艺加工成门窗框构件，再加连接件、密封件、五金件等组合而成的。铝合金门窗的技术性能如下：

（1）强度：强度表示铝合金门窗的抗风压性能。风力荷载取决于建筑物的形状、高度及所在的地域，由压力、吸力和摩擦作用构成。风力荷载是设计铝合金门窗型材断面的依据，可分为若干级，单位是 N/m^2。它表示在某风力荷载下，窗扉中央最大位移量不大于窗框内沿高度的 1/70。

（2）气密性：气密性表示铝合金门窗防止空气渗透的性能。用门窗关闭时，在一定内外压力差条件下的漏气量表示，单位是 $m^3/(h \cdot m^2)$，可在专用压力箱内测定。一般铝合金门窗的气密性指标为 $6 \sim 16m^3/(h \cdot m^2)$。

（3）水密性：水密性表示铝合金门窗防止雨水渗透的性能，指已关闭的门窗在一定风力和雨水作用下，阻止雨水渗透到建筑物室内一侧的能力。一般在门窗外侧加以周期为 2s 的正弦波脉冲风压，同时向门窗以每分钟每平方米喷射 4L 的人工降雨，进行连续 10min 的风雨交加试验，室内立侧不应有可见的渗漏水。水密性用施加的平均脉冲风压力表示，常为 $50 \sim 600N/m^2$。

(4) 隔声性：隔声性表示铝合金门窗的空气隔声性能。在音响试验室内进行的音响透过损失试验发现，当音响频率达到一定值后，铝合金门窗的音响透过损失趋于恒定。铝合金门窗的隔声性一般为 20～40dB。

(5) 绝热性能：导热系数为 2～6.2W/(m·K)。

2. 铝合金装饰板

铝合金装饰板的品种和规格很多，按表面处理方式可分为阳极氧化处理板和喷涂处理板；按装饰效果可分为波纹板、压型板、花纹板、浅花纹板等；按色彩可分为银色、亚银色、米黄色、金色、古铜色、蓝色等多种颜色。

铝合金装饰板具有质量轻、安装方便、外形美观等优点，是优良的立面装饰材料。

复习思考题

1. 试解释下列名词、术语

黑色金属；有色金属；碳素钢；合金钢；屈服强度；条件屈服强度（$\sigma_{0.2}$）；抗拉强度；疲劳破坏；疲劳强度；铁的同素异构现象；铁素体；渗碳体；珠光体；奥氏体；钢材的时效；钢材的强化；钢材的时效处理；钢材的热处理；电弧焊；闪光对焊；电渣压力焊

2. 什么是铁？什么是钢？简述炼钢的三个主要过程及其特点。

3. 与混凝土相比，钢材有哪些优缺点？

4. 钢材可以从哪几个方面分类？土木工程中常用什么钢材？

5. 简述脱氧程度对钢材品质的影响。

6. 画出低碳钢拉伸时的应力-应变曲线，简述各阶段的特点，指出弹性极限 σ_p、屈服强度 σ_s 和抗拉强度 σ_b。

7. 结构设计中，是以钢材的什么强度作为设计依据的？说明屈强比的实用意义。

8. 什么是钢材的脆性临界温度？脆性临界温度与工作温度有什么关系？

9. 伸长率反映钢材的什么性质？对同一种钢材来讲，δ_5 和 δ_{10} 之间有何关系？为什么？

10. 何谓钢材的冷弯性能和冲击韧性？二者对钢材的应用有何实际意义？

11. 简述碳、硫、磷化学元素对钢材性能的影响规律。

12. 钢材有几种晶体组织？简述各晶体组织中碳的存在状态、含量及晶体组织的性能特点。

13. 冷加工在建筑钢材中应用可取得哪些技术经济效果？

14. 钢结构用钢材及钢筋混凝土用钢筋的连接形式各有哪些？各有何特点？

15. 钢筋的常用连接方式有哪些？钢筋焊接应注意什么问题？如何评定闪光对焊的焊接接头质量？

16. 碳素结构钢是如何划分牌号的？说明 Q235AF 和 Q235D 号钢在性能上有何

区别？

17. 碳素钢分几个钢号？钢号与力学性能之间有何关系？为什么 Q235 号钢应用最为广泛？

18. 钢筋混凝土用热轧钢筋按力学性能分为几级？各级钢筋的应用范围如何？

19. 何谓钢材的电化学腐蚀？防止钢材腐蚀的主要途径有哪些？

20. 简述铝合金的分类。土木工程中常用的铝合金是什么铝合金？

第9章 木 材

木材是土木工程中应用历史最悠久的材料之一。它既可用作木结构中的桁架、梁柱，也可用来制作门窗、室内饰件及混凝土模板等。它具有轻质高强、耐冲击、弹性和韧性好、导热性低、纹理美观，装饰性好、易加工等优点，其主要缺点是：构造呈各向异性，表观密度、强度等物理、力学性能因含水率变化而显著改变以及天然疵病较多、不耐腐等。

树木生长缓慢，且与人类生活环境质量息息相关，因此，节约木材、倡导综合利用就显得尤为重要。

9.1 木材的分类与构造

9.1.1 木材的分类

1. 按树种分类

木材是由树木加工而成的材料。虽然树木种类繁多，但一般将树木分为针叶树和阔叶树两大类。

针叶树的树叶细长如针，多为常绿树，树干一般通直高大，纹理平顺，材质均匀，易得大材。其木质较软而易于加工，故又称为软木材。针叶树木材的主要特点是：表观密度和胀缩变形较小，强度较高，树脂含量高，耐腐蚀性强。建筑工程中广泛用作承重构件和家具用材。针叶树主要是松柏类，品种有红松、落叶松、云杉、冷杉、柏木等。

阔叶树的树叶宽大，叶脉成网状，大都为落叶树，树干一般通直部分较短，材质较硬，较难加工，故又称为硬木材。阔叶树在温带为夏绿落叶树，在热带为常绿树木，我国各地均有出产，主要品种有榉木、椴木、桦木、水曲柳、榆木和杨木。除杨木外，多数阔叶木材均属硬木，具有强度高，纹理显著，图案美观的优点，但胀缩变形较大，易翘曲、干裂。在建筑工程中常用作家具和室内装修。

2. 按材种分类

木材按材种可分为原木、原条、板枋材及木质人造板材。

原木为除皮、根、树梢的木材，并已按一定尺寸加工成规定直径和长度的材料。建筑工程中直接使用原木制作屋架、檩等。

原条为除皮、根、树梢的木材，但尚未按一定尺寸加工成规定的品类。工程中常用做脚手架、建筑装修用材等。

板枋材为已加工成一定规格的木材。截面宽度为厚度的 3 倍或 3 倍以上的木材为板材；截面宽度不足厚度 3 倍的木材为方材。

木质人造板是利用木材、木质纤维、木质碎料或其他植物纤维为原料，加胶粘剂和其他添加剂制成的板材。如胶合板、细木工板、纤维板、刨花板等。

9.1.2 木材的构造

木材的性质取决于木材的构造（结构）。由于树种不同及生长环境的差异，因而构造相差很大，这些差异将直接影响木材的性质和应用。木材的构造通常分为宏观构造和微观构造。

1. 木材的宏观构造

木材的宏观构造是指用肉眼或借助放大镜所能观察到的构造特征。

由于木材构造的不均匀性，研究木材各种性能时，必须从不同方向观察其宏观结构。一般可从木材的横向、径向、弦向三个切面进行剖析研究，见图 9-1 所示。

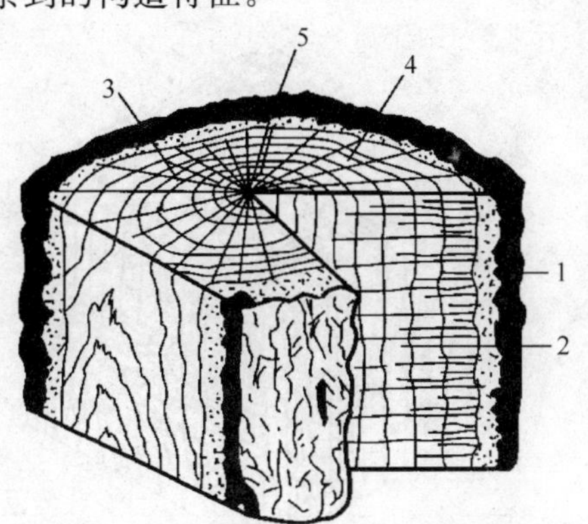

图 9-1 树干的三个切面

1—树皮；2—木质部；3—年轮；4—髓线；5—髓心

横切面：与树干主轴垂直的切面。在这个切面上可观察到若干以髓心为中心同心圆的年轮（生长轮）以及木髓线。

径切面：通过树心，与树干平行的纵切面。年轮在这个面上呈互相平行的带状。

弦切面：与树心有一定距离，与树干平行的纵切面。年轮在这个面上成“V”字形。

按横切面可以将木材分为树皮、髓心和木质部三个主要部分。

树皮：是木材外表面的整个组织，起保护树木作用，建筑上用途不大。厚的树皮有内外两层，即外层（外皮）和内层（韧皮）。

髓心：亦称树心，为树干中心的松软部分。易腐朽，强度低，故一般不用。由髓心呈放射状横向分布的纤维称为髓线。各种树木的髓线宽窄不同，针叶树的髓线非常细小，目力不易辨别，阔叶树髓线发达，有的目力可辨。髓线与周围连接较差，木材干燥时，易沿此开裂。

木质部：树皮与髓心之间的部分叫木质部，它是木材的主体，也是工程上使用的主要部分。木质部的颜色不均一，一般靠近髓心部分颜色较深，水分较少，称为心材，靠近树皮部分颜色较浅，水分较多，称为边材。心材的材质较硬，密度较大，渗透性较低，耐久性、耐腐性较高，因此，心材比边材的利用价值大。

年轮：从横切面上看在木材的木质部有深浅相同的同心圆环，称为年轮。一般，树木每年生长一圈。同一年轮内有深浅两部分。春天生长的木质，色浅，质软，称为春材；夏秋两季生长的木质，色深，质硬，称为夏材。相同树种，年轮越密越均匀，质量越好；夏材部分越多，木材强度愈高。通常，用横切面上沿半径方向一定长度中，所含夏材宽度总和的百分率，即夏材率，来衡量木材的质量。

2. 木材的显微构造

肉眼难以识别，需要借助显微镜等手段才能观察到的木材组织，称为木材的显微构造，又称微（尺度）构造。在显微镜下可以观察到，木材是由无数管状细胞紧密结合而成。

木材中纵向排列的细胞按功能分为：管胞、导管和木纤维。

不同的木材具有不同的构造特征，但其基本构成却具有相近的形式，如图 9-2 和图 9-3 所示。在细观状态下，木材是由无数管状细胞结合而成的集合体，其中，绝大部分细胞纵向排列，少数细胞横向排列（如髓线）。每个细胞均由细胞壁和细胞腔所构成，细胞壁是由更细的纤维所构成，其纵向连结较横向牢固。细纤维间具有极小的空间，能吸附和渗透水分。当木材的细胞壁越厚且细胞腔越小时，其材质越密实，表观密度和强度就越高，但其胀缩性也更明显。对于同一木材，夏材的细胞壁比春材厚，且细胞腔较小，故夏材的胀缩性也较明显。

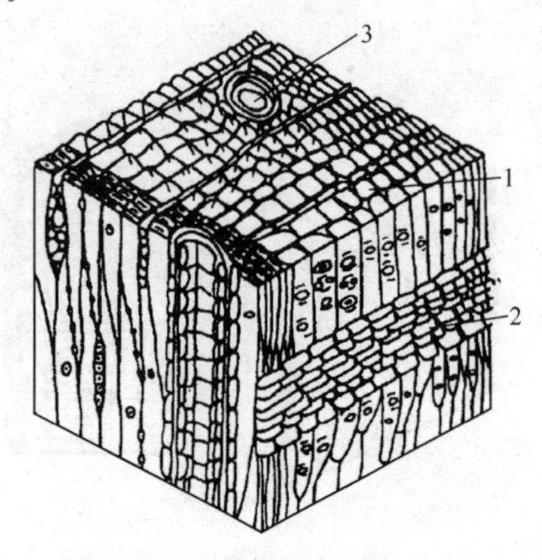

图 9-2　马尾松的微观构造

1—管胞；2—髓线；3—树脂道

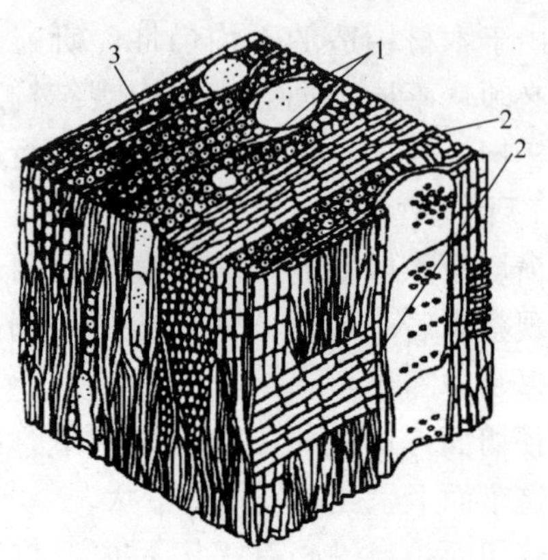

图 9-3　柞木的微观构造

1—导管；2—髓线；3—木纤维

针叶树的微观构造是由管胞和髓线组成。管胞起支撑作用，为树木生长输送养分。针叶树的髓线不明显。在某些针叶树中，夏材管胞之间有充满树脂的通道，称为树脂道，流出的树脂对树木起保护作用。

阔叶树的微观构造是由导管、木纤维及髓线组成。木纤维是由壁厚腔小的细胞组成，起支撑作用。导管是由壁薄腔大的细胞组成，有输送养分的作用。由于导管的分布不同，阔叶树又有散孔材和环孔材之分。散孔材的导管均匀分布在年轮上，如杨木、桦木等。环孔材的粗大导管都集中在早材上，如水曲柳、柞木等。

9.2　木材的技术性质

9.2.1　木材的化学性质

纤维素、半纤维素、木质素是木材细胞壁的主要组成，其中纤维素占 50%左右。此外，还有少量的油脂、树脂、果胶质、蛋白质、无机物等。由此可见，木材的组成主要是一些天然高分子化合物。

木材的化学性质复杂多变。在常温下木材对稀的盐溶液、稀酸、弱碱有一定的抵抗能力，但随着温度升高，木材的抵抗能力显著降低。而强氧化性的酸、强碱在常温下也会使木材发生变色、湿胀、水解、氧化、酯化、降解交联等反应。在高温下即使是中性水也会使木材发生水解等反应。

9.2.2 木材的物理性质

木材的物理和力学性能因树种、产地、气候和树龄的不同而异。

1. 密度与表观密度

各种树种的木材，其分子构造基本相同，因而木材的密度基本相同，一般为 1480～1560kg/m³，平均约为 1550kg/m³。

木材细胞组织中的细胞腔及细胞壁中存在大量微小孔隙，使得木材的表观密度较小，并且，不同树种的木材，其表观密度相差较大，例如泡桐的表观密度为 280kg/m³，而广西的蚬木则可高达 1128kg/m³。但大多数木材的表观密度都在 400～600kg/m³ 范围内，平均为 500kg/m³。

2. 吸湿性与含水率

木材中的纤维素、半纤维素、木质素具有大量的羟基（—OH）亲水性基团，因而木材的吸湿性很强，很容易从周围环境中吸附水分。木材的含水量以含水率表示，即木材中水分的质量占干燥木材质量的百分比。

木材的含水量对木材的加工利用有很大的影响，在生产和使用上常根据木材的含水量来区分木材：

生材：即树木刚伐倒时的木材，其含水量随季节而不同。

湿材：长期贮存于水中的木材，其含水率高于生材。

气干材：长期存放在大气中的木材，其平衡含水率与周围环境的温度和相对湿度有关，在 12%～18%之间。

窑干材：在干燥窑内，以控制的温度与相对湿度进行适当干燥后的木材，其含水率低于气干材，一般在 4%～12%之间。

绝干材：又称全干材或炉干材，是指把木材放在温度为 100～105℃的烘箱内干燥到质量不变为止时的木材。此时含水率理论上为 0%，所以称绝干材。

(1) 木材中水分的种类

木材中的水分，按其存在形式可分为自由水、吸附水和化学结合水三种类型。

自由水是存在于细胞腔中和细胞间隙中，与木材呈物理结合的水分。当木材处于较干燥环境时，自由水首先蒸发。通常木材中自由水含量随环境湿度不同，其变化幅度很大，它会直接影响木材的表观密度、抗腐蚀性和燃烧性。

吸附水是吸附在细胞壁内细纤维间的水，不可自由蒸发，其含量多少与细胞壁厚度有关。木材受潮时，细胞壁会首先吸水而使体积膨胀；而木材干燥时吸附水会缓慢蒸发而使体积收缩，因此，吸附水含量的多少直接影响到木材的强度和体积的胀缩。

化学结合水是木材化学组成中的结构水，同一树种的木材其化合水含量基本不变。因此，化合水的多少非环境影响所致，它对木材性质的影响也不大。

(2) 木材中水分的移动

木材干燥时首先是自由水蒸发，而后是吸附水蒸发；木材吸潮时，先是细胞壁吸水，细胞壁吸水达饱和后，自由水才开始吸入。当细胞腔和细胞间隙中无自由水，而细胞壁吸附水达饱和时的含水率，称为木材的纤维饱和点。它是一种特定的含水状态，其值一般为 25%～35%，平均值约为 30%，纤维饱和点是木材物理力学性质变化的转折点。

木材具有吸湿性，即干燥的木材会从周围的湿空气中吸收水分，而潮湿的木材也会向周围放出水分，木材的含水率随环境温度、湿度的改变而变化。当木材长时间处于一定温度和湿度的空气中时，就会达到相对稳定的含水率，即水分的蒸发和吸收趋于平衡，此时木材的含水率称为平衡含水率。显然，木材的平衡含水率是随周围环境温度及湿度而改变的可变参数，不同温度和相对湿度条件下，木材的平衡含水率见表 9-1。

表 9-1 木材平衡含水率（%）与空气相对湿度和温度的关系

相对湿度（%）	室内温度（℃）										
	0	5	10	15	20	25	30	35	40	45	50
30	7.87	7.55	7.22	6.90	6.57	6.25	5.93	5.60	5.28	4.95	4.63
35	8.62	8.28	7.94	7.60	7.26	6.92	6.57	6.23	5.89	5.55	5.21
40	9.43	9.07	8.72	8.36	8.01	7.65	7.29	6.94	6.58	6.23	5.87
45	10.4	9.96	9.59	9.22	8.84	8.47	8.10	7.73	7.36	6.99	6.62
50	11.3	10.9	10.5	10.2	9.76	9.38	8.99	8.61	8.22	7.84	7.45
55	12.5	12.1	11.7	11.3	11.3	10.4	10.0	9.63	9.23	8.82	8.42
60	13.5	13.2	12.7	12.3	12.3	11.5	11.1	10.7	10.3	9.88	9.48
65	14.8	14.4	14.0	13.6	13.6	12.8	12.3	11.9	11.5	11.1	10.7
70	16.3	15.9	15.5	15.1	15.1	14.2	13.8	13.4	12.9	12.5	12.1
75	17.7	17.3	16.9	16.5	16.5	15.7	15.3	14.9	14.4	14.0	13.6
80	19.4	19.0	18.6	18.2	18.2	17.4	17.0	16.6	16.2	15.8	15.4

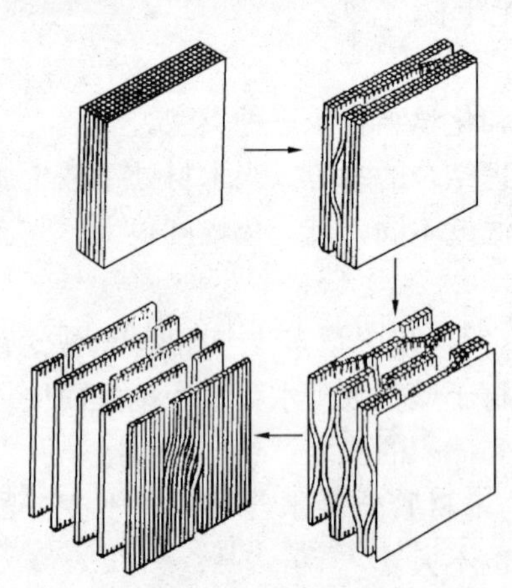

图 9-4 木材细胞壁层状结构受水膨胀的过程

通常，新伐木材的含水率一般在 35%以上，风干木材含水率为 15%～25%，室内干燥木材含水率常为 8%～15%。

3. 湿胀干缩

木材的纤维细胞组织构造使木材具有显著的湿胀干缩变形性。当木材从潮湿状态干燥至纤维饱和点时，其体积和尺寸不变化，仅仅是自由水蒸发，质量减少。继续干燥，含水率低于纤维饱和点而细胞壁中吸附水蒸发时，则发生体积收缩。反之，干燥木材吸湿时，将发生体积膨胀，直至含水量达到纤维饱和点时为止，此后继续吸湿，也不再膨胀。木材细胞壁层状结构受水膨胀的过程见图 9-4 所示。

由于木材构造不均匀，各方向的胀缩也不同。同一木材，弦向胀缩最大，径向次之，而顺纤维的纵向最小（如图 9-5 所示）。木材干燥时，弦向干缩为 5%～10%，径向干缩为 3%～6%，纤维方向干缩为 0.1%～0.35%。

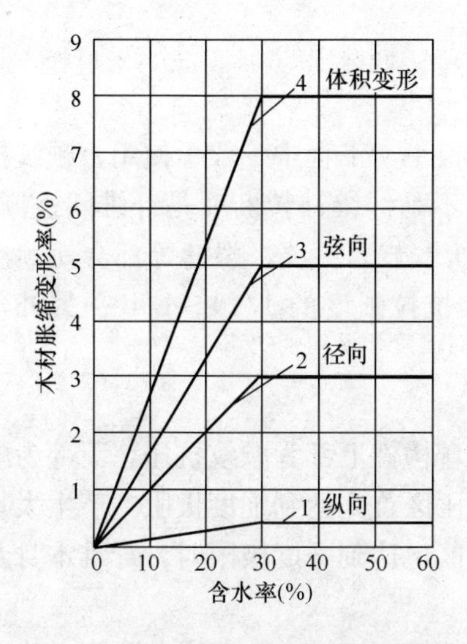

图 9-5　木材含水率与胀缩的关系图

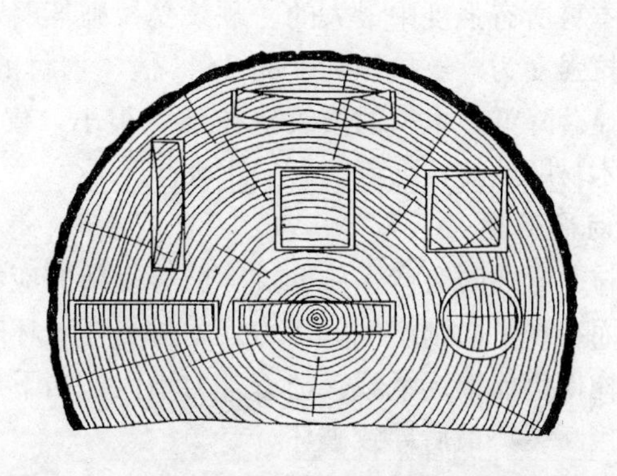

图 9-6　木材干燥后不同部位截面形状的改变

木材湿胀干缩程度随树种而异，一般情况下，表观密度大的，夏材含量多的，胀缩较大。

木材的湿胀干缩对木材的使用有严重影响，湿胀会造成木材凸起，干缩会导致木结构构件连接处产生缝隙而松动。若长期受到湿胀干缩的交替作用，会使木材产生翘曲开裂（如图 9-6 所示）。为了避免这种情况，潮湿的木材在加工或使用之前应预先进行干燥处理，使木材内的含水率与将来使用的环境湿度相适应。因此，木材应预先干燥至平衡含水率后才能加工使用。

4. 其他物理性质

木材的导热系数随其表观密度增大而增大。顺纹方向的导热系数大于横纹方向。木材具有较好的吸声性能，故常用软木板、木丝板、穿孔板等作为吸声材料。干木材具有良好的电绝缘性。当木材的含水量提高或温度升高时，木材的电阻率会降低，电绝缘性变差。

9.2.3　木材的强度

由于木材构造的不均匀性，致使木材的各种力学性能都具有明显的方向性。在顺纹方向，木材的抗压和抗拉强度都比横纹方向高得多，而横纹方向，弦向又不同于径向。木材的含水率、疵病及试件尺寸对木材强度都有显著影响。

1. 抗压强度

木材的抗压强度分为顺纹抗压强度和横纹抗压强度。顺纹抗压强度为作用力方向与木材纤维方向一致时的强度，这种受压破坏是细胞壁失去稳定而非纤维的断裂。横纹抗压为作用力方向与木材纤维垂直时的强度，这种受压破坏是木材横向受力压紧产生显著变形而造成的破坏。

木材的顺纹抗压强度比横纹抗压强度高，它是木材用于柱、桩、斜撑和桁架等承压构件时的主要力学性能，也是确定木材强度等级的依据。

木材的横纹抗压强度与顺纹抗压强度的比值因树种不同而异，一般针叶树横纹抗压强度约为顺纹的 10%，阔叶树则约为 15%～20%。

2. 抗拉强度

木材抗拉强度有顺纹和横纹两种，横纹抗拉强度值很小，工程中一般不使用，顺纹抗拉强度是木材所有强度中最大的。顺纹受拉破坏时，往往不是纤维被拉断而是纤维间被撕裂。顺纹抗拉强度为顺纹抗压强度的 2～3 倍。木材的疵病如木节、斜纹、裂缝等都会使顺纹抗拉强度显著降低。木材的横纹抗拉强度很小，仅为顺纹抗拉强度的 1/10～1/40。另外，含水率对木材顺纹抗拉强度的影响不大。

3. 抗弯强度

木材受弯曲时会产生压、拉、剪等复杂的应力。受弯构件上部为顺纹抗压，下部为顺纹抗拉，而在水平面则产生剪切力。木材受弯破坏时，受压区首先达到强度极限，产生大量变形，但构件仍能继续承载，随着外力增大，当下部受拉区也达到强度极限时，纤维本身及纤维间连接断裂，最后导致破坏。

木材的抗弯强度仅次于顺纹抗拉强度，为顺纹抗压强度的 1.5～2.0 倍。因此，建筑工程中常用作桁架、梁、桥梁及地板等。但木节、斜纹等对木材的抗弯强度影响很大，特别是当它们分布在受拉区时尤为显著。

4. 抗剪强度

木材受剪时，根据剪力与木材纤维之间的作用方向可分为顺纹剪切、横纹剪切和横纹剪断三种强度，如图 9-7 所示。

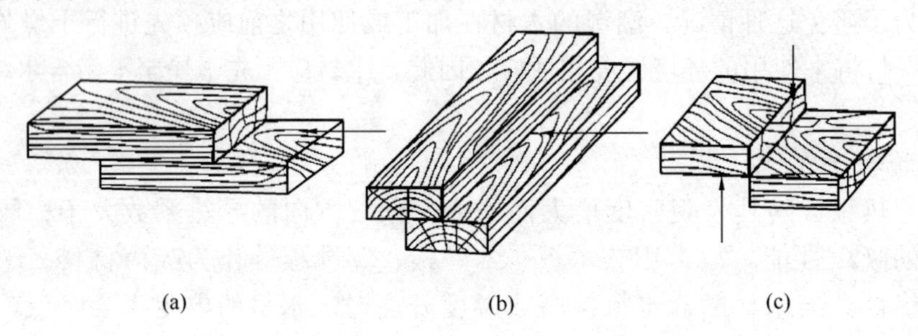

图 9-7 木材的剪切

(a) 顺纹剪切；(b) 横纹剪切；(c) 横纹切断

木材在不同剪力作用下，木纤维的破坏方式不同，因而表现为横纹剪断强度最大，顺纹剪切次之，横纹剪切最小。顺纹抗剪强度一般为同一方向抗压强度的 15%～30%，当木材中有裂纹、斜纹或交错纹理时，会明显影响木材的顺纹剪切强度。

当木材承受横纹剪力时，可表现出明显的屈服变形与切断。其屈服变形是在剪应力作用下剪切面中纤维的横向连接遭受破坏的结果，此时木材所能承受的外力很小，通常低于木材的顺纹剪切强度。但是，要使 木材横纹切断，需要产生较大的变形和较高的应力，必须将木纤维被局部拉断才能断开。因此，木材的横纹切断强度很高，一般为顺纹剪切强度的 4～5 倍。

综上所述，木材因各向异性，各种强度差异很大，为便于比较，各种强度之间比例关系见表 9-2。

我国建筑工程中常用木材的主要物理力学性质见表 9-3。

表 9-2　木材各种强度的大小关系

抗压		抗拉		抗弯	抗剪	
顺纹	横纹	顺纹	横纹		顺纹	横纹
1	1/10～1/3	2～3	1/20～1/3	1～3/2	1/7～1/3	1/2～1

注：以顺纹抗压强度为 1。

表 9-3　常用树种木材的主要物理力学性能

树种名称	产地	气干表观密度 (g/cm³)	干缩系数		顺纹抗压强度 (MPa)	顺纹抗拉强度 (MPa)	抗弯强度 (MPa)	顺纹抗剪强度（MPa）	
			径向	弦向				径面	弦面
针叶树：									
杉木	湖南	0.317	0.123	0.277	33.8	77.2	63.8	4.2	4.9
红松	四川	0.416	0.136	0.286	39.1	93.5	68.4	6.0	5.0
马尾松	东北	0.440	0.122	0.321	32.8	98.1	65.3	6.3	6.9
落叶松	安徽	0.533	0.140	0.270	419	99.0	80.7	7.3	7.1
鱼鳞云杉	东北	0.641	0.168	0.398	55.7	129.9	109.4	8.5	6.8
冷杉	东北	0.451	0.171	0.349	42.4	100.9	75.1	6.2	6.5
	四川	0.433	0.174	0.341	38.8	97.3	70.0	5.0	5.5
阔叶树：									
柞栎	东北	0.766	0.199	0.316	55.6	155.4	124.0	11.8	12.9
麻栎	安徽	0.930	0.210	0.389	52.1	155.4	128.0	15.9	18.0
水曲柳	东北	0.686	0.197	0.353	52.5	138.1	118.6	11.3	10.5
椰榆	浙江	0.818	—	—	49.1	149.4	103.8	16.4	18.4

9.2.4　影响木材强度的主要因素

1. 木材纤维组织

木材受力时，主要靠细胞壁承受外力，细胞纤维组织越均匀密实，强度就越高。如夏材比春材的结构密实、坚硬，当夏材含量高时，木材强度较高。

2. 含水率

木材的含水率对强度影响很大。当木材含水率在纤维饱和点以下变化时，含水率增大，强度降低，这是因为细胞壁的水分增加后使细胞壁及其中的亲水胶体变软的缘故；反之，则强度增大。但是，含水率在纤维饱和点以上变化时，木材强度不变，因为此时仅仅是自由水发生变化。

木材含水率变化一般对抗弯和顺纹抗压强度的影响较大，对顺纹抗剪强度影响较小，而对顺纹抗拉强度几乎没有影响。图9-8是木材含水率与松木顺纹抗压强度的关系曲线。

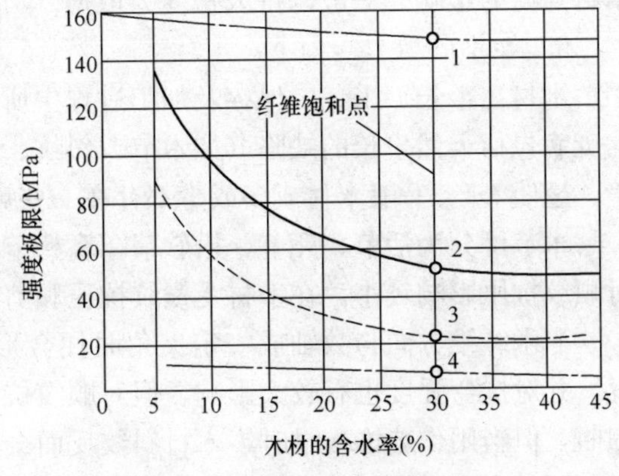

图 9-8　含水率对木材强度的影响

1—顺纹抗拉；2—抗弯；3—顺纹抗压；4—顺纹抗剪

为了便于比较，国家标准 GB1935—2009《木材顺纹抗压强度试验方法》中规定木材强度以含水率为12%时的强度为标准值，其他含水率时的强度，应按下式换算：

$$\sigma_{12}=\sigma_{w}[1+\alpha(W-12)]$$

式中 σ_{12} ——含水率12%时的强度，MPa；

σ_{w} ——含水率W%时的强度，MPa；

W ——含水率，%

α ——含水率校正系数，其值随树种和作用力形式而定，见表9-4。

表9-4 木材含水率校正系数

强度类型	树 种	α
顺纹抗压	红松、落叶松、杉榆、桦	0.05
	其他树种	0.04
静力弯曲	所有树种	0.04
抗剪	不分树种和剪切类型	0.03
顺纹抗拉	阔叶树	0.015

3. 温度

木材受热后，细胞壁中胶结物质会软化，从而引起木材强度降低。研究表明，当温度从25℃升高至50℃时，木材的顺纹抗压强度会降低20%～40%。温度高于100℃时，木材的纤维素会发生热裂解，变形明显并导致裂纹产生，强度急剧下降。因此，长期处于高温作用下（60℃以上）的建筑构件，不宜使用木材。当温度降至0℃以下时，其中水分结冰，木材强度增大，但变得较脆。

4. 负荷时间

木材的长期承载能力远低于暂时承载能力。这是因为在长期承载情况下，木材会发生纤维等速蠕滑，积累后产生较大变形而降低了承载能力的结果。因而木结构中木材许可应力值远低于木材强度。

木材在长期荷载作用下，能无限期负荷而不破坏的最大应力，称为木材的持久强度。持久强度仅为极限强度的50%～60%。

一切木结构都处于某一种负荷的长期作用下，因此，在设计结构时，应考虑负荷时间对木材强度的影响。一般以持久强度为依据。

5. 疵病

木材在生长、采伐、保存及加工过程中所产生的内部和外部的缺陷，统称为疵病。木材的疵病包括天然生长的缺陷（如木节、斜纹、腐朽和病虫害等）和加工后产生的缺陷（如裂缝、翘曲等）。一般木材或多或少都存在一些疵病，使木材的物理力学性质受到影响。

木节可分为活节、死节、松软节、腐朽节等几种。木节使木材顺纹抗拉强度显著降低，对顺纹抗压影响较小。在木材受横纹抗压和剪切时，木节反而增加其强度。

当木纤维方向与数轴成一定夹角时便会形成斜纹。斜纹可严重减低木材的顺纹抗拉强度，并对抗弯强度也有较大影响，但对顺纹抗压强度影响较小。斜纹还会使板材容易开裂和翘曲，但当用作装饰板材时，木材斜纹反而会形成各种花纹，从而表现出良好的装饰效果。

同一疵病对不同强度的影响不尽相同。如木节对顺纹抗拉强度影响显著，对顺纹抗压强度影响较小；斜纹易使木材开裂和翘曲，降低抗拉和抗弯强度；裂纹破坏木材的整体性，降低强度，在受弯构件中完全不能承受顺纹剪切作用。

9.2.5 木材的韧性

在建筑中木材通常表现出较高的韧性，因而木结构具有良好的抗震性。但是，木材的材质或所处环境条件不同时，其韧性也会表现出较大的差别。影响木材韧性的因素很多，如木材的密度愈大，冲击韧性愈好；高温会使木材变脆，韧性降低；而负温则会使湿木材变脆，降低韧性；任何缺陷的存在都会严重降低木材的冲击韧性。

9.2.6 木材的硬度和耐磨性

木材的硬度是指木材抵抗其他物体压入木材的能力。木材端面的硬度最大，弦面次之，径面稍小。木材的耐磨性指木材抵抗磨损的能力。

作木地板的国产阔叶材树种中以荔枝叶红豆耐磨性最大，南方的泡桐树耐磨性最小。

木材的硬度和耐磨性主要取决于其细胞组织的紧密程度，且不同切面上的硬度和耐磨性也有较大区别。木材横截面的硬度和耐磨性都较径切面的弦切面要高，对于木髓线发达的木材，其弦切面的硬度和耐磨性均比径切面高。

9.2.6 木材的规格和等级标准

建筑木材是根据不同荷载方式，以及各种疵点的多少、部位和大小来划分等级的，表9-5是承重木结构板材的等级标准。据承载特点，一等材用于受拉和受弯构件；二等材用于受弯和压弯构件；三等材用于受压构件。

表 9-5 承重木结构板材等级标准（《木结构设计规范》GB 50005—2003）

项次	缺陷名称	材质等级		
		Ⅰ等材	Ⅱ等材	Ⅲ等材
1	腐朽	不允许	不允许	不允许
2	木节：在构件任一面任何 150mm 长度上所有木节尺寸的总合，不得大于所在面宽的	1/4(连接部位为 1/5)	1/3	2/5
3	斜纹：任何 1m 材长上平均倾斜高度，不得大于	50mm	80mm	120mm
4	髓心	不允许	不允许	不允许
5	裂缝：在连接部位的受检面及其附近	不允许	不允许	不允许
6	虫蛀	允许表面有虫沟，不得有虫眼		

注：对于死结（包括松软节和腐朽节），除按一般木节测量外，必要时尚应按缺孔验算。若死节有腐朽迹象，则应经局部防腐处理后使用。

9.3 木材的应用

9.3.1 木材在建筑上的应用

在结构上，木材主要用作梁、柱、望板、桁檩、椽、斗措等，我国许多古建筑均为木结构，它在技术和艺术上都有很高的水平和独特的风格。

木材易于加工，性能优良，故又广泛用于房屋的门窗、天花板、扶手、栏杆、龙骨、隔断等。

木材表面经加工后，具有优良的装饰性能，其自然美丽的花纹及特有的色泽，给人以纯朴、古雅、温暖、亲切的质感。因此木材又广泛用作室内装饰的墙裙、隔断、隔墙以及地板等。

1. 木地板

木地板是由硬木树种和软木树种经加工处理而制成的木板面层。木地板一般可分为实木地板、强化木地板、实木复合地板、竹材地板和软木地板。

(1) 实木地板

绝大多数针叶材材质都较软，而阔叶材绝大多数材质都硬，加工成实木地板的主要是阔叶材，针叶材直接做实木地板的比较少，一般作为三层实木地板的芯材。

1) 平口地板：又称拼方木地板或平接地板。机械加工成表面光滑四周没有榫槽的长方形及六面体或工艺形多面体木地板。有的背面有透胶槽，加工精度比较高，整个板面观感尺寸较碎，图案显得零散。

2) 企口地板：又称榫接地板或龙凤地板，该地板的纵向和宽度方向都开有榫头和榫槽。地板间结合紧密，脚感好，工艺成熟。小于 300mm 的企口地板可直接用胶粘地，大于 400mm 的企口地板必须用龙骨铺设法。

3) 竖木地板：以木材横切面为板面，呈正四边形、正六边形或正八边形，可合理利用枝丫树、小径材以及胶合板、筷子、牙签等生产剩余的圆木芯，先在工厂把竖木地板的单元拼成图案，类似于马赛克。

4) 拼方、拼花地板：又称木质马赛克，由多块小块地板按一定的图案拼接而成，呈方形，其图案有一定的艺术性或规律性。可采用整张化的铺设方法，观赏效果好，工艺性高，但废品率极高。

5) 指接地板：就是企口地板，不同之处仅仅是原材料又经过指接加长，它是由一定数量相同截面尺寸的长短不一木料，沿着纵向指接成长料，再加工成地板，称其为指接地板。若同时在地板的两侧均加工成榫或槽，则称为指接企口地板。

6) 集成地板：它是由一定数量相同截面尺寸的长短不一木料，沿着纵向指接成长料，同时又用相同截面的毛料沿着横向胶接拼宽的板称为集成地板。再在该板的纵、横向加工榫和槽，称为集成企口地板。

(2) 强化木地板

强化木地板为三层结构，表层为含有耐磨材料的三聚氰胺树脂浸渍装饰纸，芯层为中、高密度纤维板或刨花板，底层为浸渍酚醛树脂的平衡纸。耐磨，经久耐用，尺寸稳定性和力学性能好，耐污染腐蚀，抗紫外线，耐灼烧，安装简捷，维护保养方便。

(3) 实木复合地板

实质上是利用优质阔叶材或其他装饰性很强的合适材料作表层，以材质较软的速生才或人造板为基材，经高温高压制成的多层结构复合地板。整体效果好，有较高的尺寸稳定性，铺设工艺简捷方便。应注意开胶现象和严格控制甲醛含量等问题。

(4) 软木地板

软木地板的原料是橡树的树皮，与实木地板比较更具环保性、隔音性，防潮效果也会更好些，带给人极佳的脚感。软木地板柔软、安静、舒适、耐磨，对老人和小孩的意外摔倒，可提供极大的缓冲作用，其独有的吸音效果和保温性能也非常适合于卧室、会议室、图书馆、录音棚等场所。

2. 墙体木材

(1) 木胶合板（夹板）

木胶合板是用椴、桦、杨、楸、水曲柳等树种的原木等经蒸煮、旋切或刨切成薄片单板，再经烘干、整理、涂胶后，将单板叠成奇数层，并每一层的木纹方向要求纵横交错、再经加热后制成的一种人造板材。

(2) 细木工板

又称大芯板，是以原木为芯，外贴面材加工而成的木材型材，大芯板具有规格统一、加工性强、不易变形、可粘贴其他材料等特点，是家庭装修中墙体、顶部和细木装修必不可少的木材制品。

(3) 贴面板

家庭装修中使用十分广泛的木材制品之一，是用木材的旋片压制而成的型材。主要用于结构装修的面层饰材及细木家具制作的表面装饰。

(4) 木装饰线条（木饰线）

木装饰线条选用质硬、材质好的木材，经过干燥处理后，用机械加工或手工加工而成。主要用于天花封边饰线、柱角线、墙角线、墙腰线、上楣线、覆盖线、挂画线等。

9.3.2 木材的综合加工利用

木材的综合利用，是提高木材利用率，避免浪费，物尽其用，节约木材的方向。而充分利用木材的边角废料，生产各种人造板材，则是对木材进行综合利用的重要途径。

1. 胶合板

胶合板又称层压板，是将原木旋切成大张薄片，各片纤维方向相互垂直交错，用胶粘剂加热压制而成。胶合板一般是3～13层的奇数，并以层数取名，如三合板、五合板等。

生产胶合板是合理利用木材，改善木材物理力学性能的有效途径，它能获得较大幅宽的板材，消除各向异性，克服木节和裂纹等缺陷的影响。

胶合板可用于隔墙板、天花板、门芯板，室内装修和家具等。

2. 胶合夹心板

胶合夹心板有实心板和空心板两种。实心板内部将干燥的短木条用树脂胶拼成，表皮用胶合板加压加热粘结制成。

胶合夹心板板幅面宽，尺寸稳定，质轻且构造均匀。它多用作门板、壁板和家具。

3. 纤维板

将板皮、刨花、树枝等木材废料经破碎、浸泡、研磨成木浆，再经热压成型，干燥处理而制成纤维板。因成型时温度和压力不同，纤维板分为硬质、半硬质和软质三种。

纤维板使木材达到充分利用，构造均匀，完全避免了木材的各种缺陷，胀缩小，不易开裂和翘曲。

硬质纤维板在建筑上应用很广，可代替木板用于室内墙壁、地板、门窗、家具和装修等。软质纤维板多用作吸声、绝热材料。

4. 刨花板

刨花板是利用施加胶料和辅助料或未施加胶料和辅助料的木材或非木材植物制成的刨花材料压制成的板材。刨花板属于中低档装饰材料，且强度较低，一般主要用作绝热、吸声材料，用于地板的基层，还可用于吊顶、隔墙、家具等。

5. 木装饰线条

木装饰线条简称木线，是选用质硬、结构细密、材质较好的木材，经过干燥处理后，再机械加工或手工加工而成。

木线具有表面光滑，棱角、棱边、弧面弧线垂直，轮廓分明，耐磨、耐腐蚀，不劈裂，上色性好、粘结性好等特点，室内装饰中主要起着固定、连接、加强装饰饰面的作用。

9.4 木材的腐蚀与防腐

9.4.1 木材的腐蚀

木材是天然有机材料，易受真菌侵害而腐朽变质。木材受到真菌侵害后，其细胞改变颜色，结构逐渐变松、变脆，强度和耐久性降低，这种现象称为木材的腐蚀（腐朽）。

木材中常见的真菌有霉菌、变色菌、腐朽菌三种。当空气相对湿度在90%以上、环境温度为25～30℃、木材含水率30%～50%时，真菌能在木材中大量繁殖，分解木材细胞壁作为养分从而破坏木材的组织，使木材丧失强度。

霉菌生长在木材表面，是一种发霉的真菌，通常对木材内部结构的破坏很小，经表面抛光后可去除。变色菌以木材细胞腔内含物为养料，不破坏细胞壁。所以霉菌、变色菌只使木材变色，影响外观，而不影响木材的强度。腐朽菌对木材危害严重，它以木质素为其养料，并通过分泌酶来分解木材细胞壁组织中的纤维素、半纤维素，使木材腐朽败坏。

此外，木材还易受到白蚁、天牛、蠹虫等昆虫的蛀蚀，它们在树皮内或木质部内生存、繁殖，会逐渐导致木材形成很多孔眼或沟道，甚至蛀穴，破坏木质结构的完整性而使强度严重降低。

9.4.2 木材的防腐

木材的防腐可以采用结构措施和化学处理措施，破坏真菌的生存及繁殖条件。

结构防腐措施是使木构件各部位都处在良好通风条件下，降低含水率，保证木构件经常处于干燥状态，从而避免或减少真菌的腐朽作用。当温度高于60℃或低于5℃；木材含水率高于150%或低于25%；隔绝空气时，真菌的生长繁殖就会受到抑制，甚至停止。

化学处理是采用涂刷、渗透和浸渍等方法使用药剂对木材进行处理，毒化木材，杜绝真菌的生存繁殖，达到防腐目的。防腐剂主要有水溶性防腐剂（主要有氟化钠、硼砂、亚砷酸钠等）、油剂防腐剂（主要有杂酚油、杂酚油-煤焦油混合液等）和复合防腐剂（主要有硼酚合剂、氟铬酚合剂、氟硼酚合剂等）。

9.4.3 木材的防虫

危害木材的昆虫有白蚁、天牛、蠹虫等。白蚁性喜蛀蚀潮湿的木材，在温暖和潮湿环境中生存繁殖；天牛主要侵害含水率较低的木材，它分解木质纤维素作为养分而破坏木材。较严重的虫害两三年内就可完全破坏木材，出现木结构崩溃。

木结构和木制品的防虫，以化学处理为主，一般与防腐结合同时进行。化学药剂处理方法根据所采用的药剂、树种、木构件尺寸及环境条件而定，常采用热力法、压力法和渗透法将药剂注入木材内部达到防虫目的。

9.4.4 木材的防火

当木材受到高温作用时，会分解出可燃气体并放出热量，当温度达到 260℃时即可发焰燃烧，因而木结构设计中将 260℃称为木材的着火危险温度。

木材易燃是其主要缺点之一。木构件在火的作用下，外层碳化，结构疏松，内部温度升高，强度降低。当强度于承载极限时，木结构即被破坏。

为防止木材着火，按防火规范应使木结构与热源保持防火间距或设置防火墙，设计时在构件表面也可以设置抹灰层起隔热作用。并且，在用木材作围护墙时，应避免形成空气流。

采用化学药剂也是木材防火的有效措施之一。防火剂一般有浸注剂和防火涂料两类。防火涂料遇火时能产生隔热层，阻止木材着火燃烧。

复习思考题

1. 试解释下列名词、术语

针叶树；阔叶树；心材；边材；夏材；春材；年轮；弦切面；径切面；平衡含水率；疵病；纤维饱和点

2. 木材的结构特点是什么？其对木材的物理力学性能有何影响？

3. 木材含水率的变化对其性能有何影响？

4. 什么是木材的湿胀干缩？其对木材性能有何影响？

5. 木材常用的强度有哪几种？影响木材强度的因素有哪些？

6. 某种木材含水率为 10%时的顺纹抗压强度为 35MPa，求此木材在标准含水率时的顺纹抗压强度？

7. 如何提高木材的防腐、防虫及防火性能？

第10章 合成高分子材料

10.1 概述

分子量为10^4以上的大分子叫高分子，由高分子化合物构成的材料叫高分子材料。一般将高分子材料划分为无机高分子材料和有机高分子材料两大类。无机高分子材料如石棉、石墨、金刚石等。有机高分子材料又划分为天然高分子材料和人工合成高分子材料两类。天然高分子材料是指其基本组成物质为生物高分子的各种天然材料，如棉、毛、丝、皮革等。而合成高分子材料则是指其基本组成物质为人工合成的高分子化合物的各种材料，如酚醛树脂、氯丁橡胶、醋酸纤维等。合成高分子材料通常分为合成树脂、合成橡胶、合成纤维三大类，它们在性质上的最大区别是弹性模量不同。橡胶的弹性模量最小，易变形，且弹性变形大；纤维的弹性模量最大，不易变形；树脂的弹性模量和变形能力介于橡胶和纤维之间，刚度大，难变形。

用作建筑材料的合成高分子化合物主要是合成树脂，它是组成塑料、涂料和胶粘剂的主要原料，其次是合成橡胶，而合成纤维则用得较少。

10.1.1 聚合物及其分类与命名

1. 聚合物的概念

高分子化合物又称高聚物或聚合物，其分子量很大。一个大分子往往由许多相同的、简单的结构单元通过共价键重复连接而成。例如，聚乙烯分子是由许多乙烯结构单元重复连接而成：

$$-CH_2-CH_2-CH_2-CH_2-CH_2-CH_2-$$

这种结构很长的大分子称为“分子链”，可简写为$\mathrm{+CH_2+_n}$，式中$-CH_2-$是重复结构单元。因为由$-CH_2-$重复连接而成的线型大分子像一条链子，故称重复结构单元为“链节”，而同一结构单元的重复次数n则称之为“聚合度”。聚合度可由几百至几千。聚合物的分子量则是重复结构单元的分子量与聚合度的乘积。

由单体（低分子化合物）结合起来形成聚合物的过程叫做聚合反应。应该指出，由于聚合反应本身及反应条件的控制等多方面原因，使合成高分子链的长短总是不同的，即同一种合成高聚物中各个分子的分子量大小总是不相同的。通常所讲的高聚物的分子量，只能是平均分子量，聚合度也只能是平均聚合度。高聚物中分子量大小不一的现象称为高分子化合物的分散性（即不均一性）。一般来说，分散性越大，高分子化合物性能越差。

2. 聚合物的分类

（1）按聚合反应类型分类

按合成高聚物时化学反应类型不同，可将高聚物划分为加聚树脂及缩聚树脂两大类。

加聚树脂又称聚合树脂，是由含有不饱和键的低分子化合物（称为单体），经加聚反应而得。加聚反应过程无副产品，加聚树脂的化学组成与单体的化学组成基本相同。

缩聚树脂又称缩合树脂，一般由两种或两种以上含有官能团的单体经缩合反应而得。缩合反应过程中有副产品——低分子化合物出现，缩聚树脂的化学组成与单体的化学组成完全不同。

（2）按聚合物的热行为分类

根据聚合物在受热作用时所表现出来的性质，即根据聚合物的热行为，可将聚合物划分为热塑性树脂和热固性树脂两类。

热塑性树脂是指具有受热软化，冷却后硬化的性能，而且在此过程中不发生任何化学变化，并可反复改变状态的一类聚合物。热塑性树脂的分子结构多为线型，包括所有的加聚聚合物和部分缩聚聚合物。

热固性树脂是指在加热成型过程中发生软化，并发生化学反应致使相邻的分子相互交联而逐渐硬化，但在加热成型之后，不再因受热而软化或熔融的一类聚合物。换句话说，热固性树脂的特点是其成型过程具有不可逆转的特性。热固性树脂的分子结构多为体型，包括绝大部分的缩聚聚合物。

3. 聚合物的命名

聚合物的命名方法比较多，有些也相当复杂，其中较为简单的是习惯命名法。该法主要是根据聚合物的化学组成来命名的。

由一种单体加聚而得的聚合物称为均聚物，其命名方法为在单体名称前冠以“聚”字，如由乙烯加聚而得的称为聚乙烯，由氯乙烯加聚而成的称为聚氯乙烯等。由两种或两种以上单体加聚而得的称为共聚物，其命名方法为在单体名称后加“共聚物”（也可采用各单体英文名称的第一个字母缀于共聚物之前），如由丙烯腈、丁二烯、苯乙烯共聚而得的称为丙烯腈—丁二烯—苯乙烯共聚物（又称为腈丁苯共聚物或 ABS 共聚物），由丙烯腈、苯乙烯共聚而得的称为丙烯腈—苯乙烯共聚物（又称为腈苯共聚物或 AS 共聚物）。但对于共聚物也常有仿照均聚物命名法而直接在两种单体名称之前冠以“聚”字的，如聚甲基丙酸甲酯（有机玻璃），聚对苯二甲酸乙二醇酯（俗称涤纶）等。

缩聚树脂的命名方法一般为在单体名称后加“树脂”，如由苯酚和甲醛缩合而得的称为酚醛树脂，由脲和甲醛缩合而得的称为脲醛树脂。此外，“树脂”二字在习惯上也用来泛指化工厂所合成的、尚未经加工成型的任何高分子化合物。

10.1.2 聚合物的结构与性质

1. 聚合物大分子链的形状与性质

（1）线型

线型聚合物的大分子链排列成线状主链［如图 10-1（a）］，有时带有支链［如图 10-1（b）］，且线状大分子间以分子间力结合在一起。具有线型结构的高聚物包括全部加聚树脂和部分缩聚树脂。一般来说，具有线型结构的树脂，强度较低，弹性模量较小，变形较大，耐热、耐腐蚀性较差，且可溶可熔。支链型聚合物因分子排列较松，分子间作用力较弱，因而密度、熔点及强度等低于线型聚合物。线型聚合物树脂，均为热塑性树脂。

（2）体型

线型大分子通过化学键交联作用而形成的三维网状结构，又称网型或体型结构［如图10-1（c）］。部分缩合树脂具有此种结构（交联或固化前也为线型或支链型分子）。由于化学键合力强，且交联形成一个“巨大分子”，故一般来说此类树脂的强度高，弹性模量较高，变形较小，较硬脆且多无塑性，耐热性、耐腐蚀性较好，不溶不熔。体型聚合物树脂均为热固性树脂。

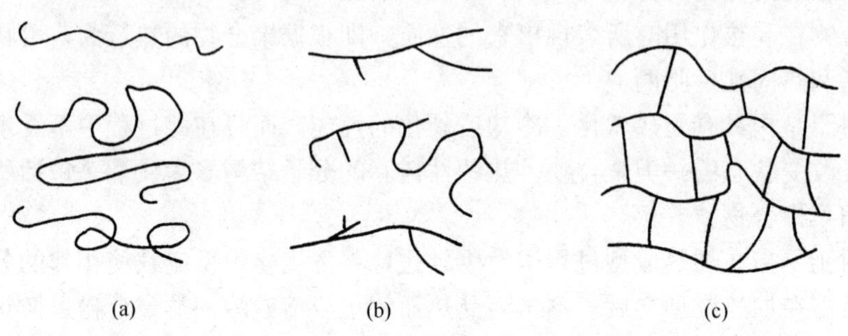

图 10-1　聚合物大分子链的形状

（a）线型；（b）支链型；（c）体型

2. 聚合物的结晶

固态聚合物也存在着晶态和非晶态两种聚集状态。但与低分子量晶体有很大的不同。由于线型高分子难免有弯曲，故聚合物的结晶为部分结晶，即在结晶聚合物中存在“晶区”和“非晶区”，且大分子链可以同时跨越几个晶区和非晶区。晶区所占的百分比称为结晶度。一般来说，结晶度越高，则聚合物的密度、弹性模量、强度、耐热性、折光系数等越高，而冲击韧性、黏附力、断裂伸长率、溶解度等越低。晶态聚合物一般为不透明或半透明状，非晶态聚合物则一般为透明状。体型聚合物只有非晶态一种。

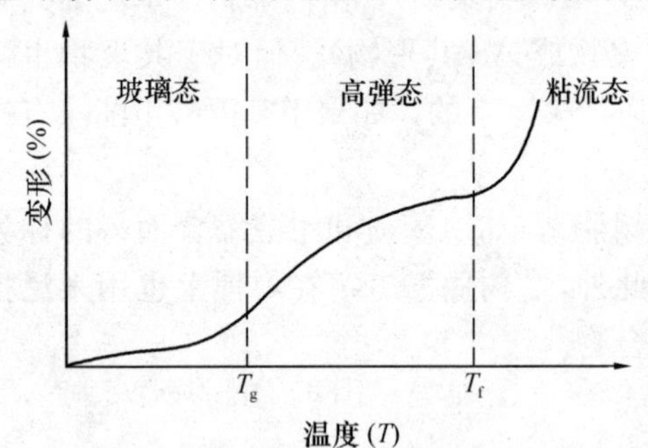

图 10-2　非晶态线型高聚物的变形与温度的关系

3. 聚合物的变形与温度

非晶态聚合物的变形与温度的关系如图 10-2 所示。非晶态聚合物在低于某一温度时，由于所有分子链段和大分子链均不能自由转动而成为硬脆的玻璃体，即处于玻璃态。聚合物转变为玻璃态的温度称为玻璃化温度 T_g。当温度超过 T_g 时，由于分子链段可以运动（大分子仍不能运动），使聚合物产生变形而具有高弹性，即进入高弹态。当温度继续升高至某数值时，分子链段和大分子链均发生运动，使聚合物产生塑性变形，即进入粘流态。此时温度称为粘流态温度 T_f。

玻璃化温度 T_g 低于室温的称为橡胶，高于室温的称为塑料。玻璃化温度是塑料的最高使用温度，但却是橡胶的最低使用温度。

4. 聚合物材料的老化

在使用过程中，聚合物会由于光、热、空气（氧和臭氧）等的作用而发生结构或组成的变化，从而出现各种性能劣化现象，如出现变色、变硬、龟裂、发粘、发软、变形、斑点，以及机械强度降低等，这种现象被称为合成高分子材料的老化。

合成高分子材料的老化是一个复杂的、包含众多因素和多种作用的过程。一般地，可将其分为两种类型，即聚合物分子的交联与降解。交联指的是聚合物的分子从线型结构变为体型结构的过程。当发生这种老化作用时，表现为聚合物失去弹性、变硬、变脆，并出现龟裂现象。降解指的是聚合物的分子链发生断裂，其分子量降低，但在这一过程中其化学组成并不发生变化。当老化过程以降解为主时，聚合物在性能上的变化是失去刚性，变软、发粘及出现蠕变等现象。

依据老化机理不同，可将合成高分子材料的老化分为热老化和光老化两类。光老化是指聚合物在阳光（特别是紫外线）的照射下，其中一部分分子（或原子）将被激活而处于高能的不稳定状态，并可与其他分子发生光敏氧化作用，致使聚合物的结构和组成发生变化，并且性能逐渐劣化的现象。热老化是指聚合物受热时，尤其是在较高温度下暴露于空气中时，聚合物的分子链会由于氧化、热分解等作用而发生断裂、交联，其化学组成与分子结构将发生变化，从而使其各项性能也随之发生变化的现象。因此，大多数合成高分子材料的耐高温及大气稳定性都较差。

目前，通过采用一些技术措施，可以防止或延缓聚合物的老化，从而延长合成高分子材料的使用寿命，在这方面的研究与实践已经取得了相当多的经验。

10.2 合成树脂

合成树脂的种类很多，而且随着有机合成工业的发展和新聚合方法的不断出现，合成树脂的品种还在继续增加。但是，真正获得广泛应用的合成树脂，不过 20 种左右。在此，仅介绍一些在土木工程材料中经常使用的合成树脂。

10.2.1 热塑性树脂

1. 聚乙烯（PE）

聚乙烯是由乙烯单体聚合而成，按合成时的压力分为高压聚乙烯和低压聚乙烯。高压聚乙烯又称低密度聚乙烯，分子量较小，支链较多，结晶度低，质地柔软。低压聚乙烯又称高密度聚乙烯，其分子量较高，支链较少，结晶度较高，质地较坚硬。

聚乙烯具有优良的电绝缘性、化学稳定性及耐低温性，吸水性和透水性很低，无毒，密度小，易加工，但强度不高，耐热性较差，且易燃烧。聚乙烯主要用于生产防水材料（薄膜、卷材等）、给排水管材（冷水）、电绝缘材料、水箱和卫生洁具等。

2. 聚氯乙烯（PVC）

聚氯乙烯是建筑材料中应用最为普遍的聚合物之一。在室温条件下，聚氯乙烯树脂是无色、半透明、坚硬而性脆的聚合物。但通过加入适当的增塑剂和添加剂，便可制得软硬和透明程度不同，色调各异的聚氯乙烯制品。

聚氯乙烯具有优良的电绝缘性和化学稳定性，机械强度较高，具有优异的抗风化性能及良好的抗腐蚀性，但耐热性较差，使用温度范围一般为－15～＋55℃。

硬质聚氯乙烯主要用作天沟、落水管、外墙覆面板、天窗及给排水管。软质聚氯乙烯常加工为片材、板材、型材等，如卷材地板、块状地板、壁纸、防水卷材和止水带等。

3. 聚苯乙烯（PS）

聚苯乙烯为无色透明树脂，易于着色，易于加工成型，耐水、耐光、耐腐蚀，绝热性好。但其性脆，耐热性差（不超过80℃），并且易燃。

聚苯乙烯在建筑中主要用于制作泡沫塑料，其隔热保温性能优异。此外，聚苯乙烯也常用于涂料和防水薄膜的生产。

4. 聚丙烯（PP）

聚丙烯为白色蜡状体，密度较小，约为0.90～0.91g/cm^3；其耐热性好（使用温度可达110～120℃），抗拉强度较高，刚度较好，硬度高，耐磨性好。但耐低温性差，易燃烧，离火后不能自熄。聚丙烯制品较聚乙烯制品坚硬，因此，聚丙烯常用于制作管材、装饰板材、卫生洁具及各种建筑小五金件。

5. 聚醋酸乙烯酯（PVAC）

聚醋酸乙烯酯在习惯上称为聚醋酸乙烯。这种聚合物的耐水性差，但粘结性能好。在建筑上，聚醋酸乙烯被广泛应用于胶粘剂、涂料、油灰、胶泥等的制作之中。

6. 聚甲基丙烯酸甲酯（PMMA）

聚甲基丙烯酸甲酯具有较好的弹性、韧性及耐低温性。其抗冲击强度较高，并具有极高的透光性。因此，广泛地用于制造有机玻璃。在建筑上则广泛地用于各种具有采光要求的围护结构中，以适当方式对其增强后，也可用于制作透明管材及其他建筑制品。

7. 丙烯腈－丁二烯－苯乙烯共聚物（ABS）

丙烯腈－丁二烯－苯乙烯共聚物是丙烯腈（A）、丁二烯（B）及苯乙烯（S）的共聚物，简称ABS共聚物或ABS树脂。它具有聚苯乙烯的良好加工性，聚丁二烯的高韧性和弹性，聚丙烯腈的高化学稳定性和表面硬度等。

ABS树脂为不透明树脂，具有较高的冲击韧性，且在低温下其韧性也不明显降低，耐热性高于聚苯乙烯。ABS树脂主要用于生产压有花纹图案的塑料装饰板和管材等。

8. 苯乙烯－丁二烯－苯乙烯嵌段共聚物（SBS）

苯乙烯－丁二烯－苯乙烯嵌段共聚物是苯乙烯（S）和丁二烯（B）的三嵌段共聚物（由化学结构不同的较短的聚合链段交替结合而成的线型共聚物称为嵌段共聚物）。SBS树脂为线型分子，是具有高弹性、高抗拉强度、高伸长率和高耐磨性的透明体，属于热塑性弹性体。

SBS树脂在建筑上主要用于石油沥青的改性。

10.2.2 热固性树脂

1. 酚醛树脂（PF）

酚醛树脂具有良好的耐热、耐湿、耐化学侵蚀性能，并具有优异的电绝缘性能。在机械性能上，表现为硬而脆，故一般很少单独作为塑料使用。此外，酚醛树脂的颜色深暗，装饰性差。

酚醛树脂除广泛用于制作各种电器制品外，在建筑上，主要用于制造各种层压板和玻璃纤维增强塑料，以及防水涂料、木结构用胶等。

2. 脲醛树脂（UF）

脲醛树脂是目前各种合成树脂中价格最低的一种树脂，其性能与酚醛树脂基本相仿，但耐热性和耐水性差。脲醛树脂着色性好，粘结强度比较高，而且固化以后相当坚固，表面光洁如玉，有“电玉”之称。

脲醛树脂主要用于生产木丝板、胶合板、层压板等。经发泡处理后，可制得一种硬质泡沫塑料，用作填充性绝缘材料。经过改性处理的脲醛树脂还可用于制造涂料、胶粘剂等。

3. 不饱和聚酯树脂（UP）

不饱和聚酯树脂的透光率高，化学稳定性好，机械强度高，抗老化性及耐热性好，并且可在室温下成型固化。但固化时收缩大（一般为7%～8%），不耐浓酸和浓碱的侵蚀。

不饱和聚酯树脂多以液态低聚物形式存在，被广泛地用于涂料、玻璃纤维增强塑料，以及聚合物混凝土的胶结料中。

4. 环氧树脂（EP）

环氧树脂实际上是线型聚合物，但由于环氧树脂固化后交联为网状结构，故将其归入热固性树脂之中，环氧树脂化学稳定性好（尤其以耐碱性突出），对极性表面或金属表面具有非常好的粘结性，且涂膜柔韧。此外，环氧树脂还具有良好的电绝缘性、耐磨性和较小的固化收缩量。

环氧树脂被广泛地应用于涂料、胶粘剂、玻璃纤维增强塑料及各种层压和浇铸制品中。在建筑上，环氧树脂还用于制备聚合物混凝土，以及用于修补和维护混凝土结构。

5. 有机硅树脂（SI）

分子主链结构为硅氧链（—Si—O—）的树脂称为有机硅树脂，亦称聚硅氧烷、聚硅醚、硅树脂等。有机硅树脂耐热性好400～500℃，耐寒性及化学稳定性好，有优良的防水、抗老化和电绝缘性能。有机硅树脂的另一个重要优点是能够与硅酸盐类材料很好地结合，这一特点，使得它作为一种特殊高分子材料而被广泛应用。

有机硅树脂主要用于层压塑料和防水材料。在各种有机硅树脂中，硅酮在建筑方面最具实际意义，且发展迅速，被广泛地应用于涂料、胶粘剂及弹性嵌缝材料中。

10.3 合成橡胶

10.3.1 橡胶的概念及其分类

1. 橡胶的概念

橡胶是一种在室温下具有高弹性的高分子材料，其玻璃化温度 T_q 较低。橡胶的主要特点是：在－50～＋150℃范围内能保持其极为优异的弹性，即在外力作用下的变形量可以达到百分之几百，并且外力取消后，变形可完全恢复，但不符合虎克定律。此外，橡胶还具有良好的抗拉强度、耐疲劳强度及良好的不透水性、不透气性、耐酸碱腐蚀性和电绝缘性等。由于橡胶具有上述良好的综合性能，故在土木工程中被广泛用作防水卷材及密封材料等。

2. 橡胶的分类

橡胶按其来源，可以分为天然橡胶、合成橡胶及再生橡胶三大类。

(1) 天然橡胶

天然橡胶是由橡胶类植物（如橡胶树）所得的胶乳经适当加工而成。其密度为0.91～0.93g/cm³，软化温度为130～140℃，熔融温度为220℃，分解温度为270℃。天然橡胶在常温下具有很高的弹性，且有良好的耐磨耗性能。目前，尚没有一种合成橡胶在综合性能方面优于天然橡胶。

(2) 合成橡胶

合成橡胶是以石油、天然气、木材等为原料制得各种单体，然后再以人工合成的方法制成的人造橡胶。因此，合成橡胶是具有橡胶特性的一类聚合物。

(3) 再生橡胶

再生橡胶，或称为再生胶，是将废旧橡胶制品或橡胶制品生产中的下脚料经机械加工、化学及高温处理后所制得的、具有生橡胶（简称生胶，一般指未经硫化的橡胶母体材料）某些特性的橡胶材料。这种再生橡胶由于再生处理的氧化解聚作用而获得了一定的塑性和黏性，它作为生胶的代用品用于橡胶制品生产中，可以节约生胶，降低成本，而且对改善工艺条件，提高产品质量也有益处。

10.3.2 常用合成橡胶

1. 丁基橡胶

丁基橡胶是由异丁烯和异戊二烯共聚而得，为无色弹性体。丁基橡胶的耐化学腐蚀性、耐老化性、不透气性、抗撕裂性能、耐热性和耐低温性好（使用温度范围：－58～＋204℃）。但丁基橡胶的弹性较低，工艺性能较差，而且硫化速度慢，黏着性和耐油性等也较差。

丁基橡胶在建筑上主要用作防水卷材和防水密封材料。

2. 氯丁橡胶

氯丁橡胶是由氯丁二烯单体聚合而成的弹性体，为浅黄色或棕褐色。这种橡胶的原料来源广泛，其抗拉强度较高，透气性、耐磨性较好，硫化后不易老化，耐油、耐热、耐臭氧、耐酸碱腐蚀性好，粘结力较强，难燃，脆化温度为－35～－55℃，密度为 1.23g/cm^3。但是，这种橡胶对浓硫酸及浓硝酸的抵抗力较差，且电绝缘性也较差。

在建筑上，氯丁橡胶被广泛地用于胶粘剂、门窗密封条、胶带等。

3. 三元乙丙橡胶

三元乙丙橡胶是由乙烯、丙烯、二烯炔（如双环戊二烯）共聚而得的弹性体。由于双键在侧链上，受臭氧和紫外线作用时主链结构不受影响，因而三元乙丙橡胶的耐候性很好。三元乙丙橡胶具有优良的耐热性、耐低温性、抗撕裂性、耐化学腐蚀性、电绝缘性、弹性和着色性。此外，该橡胶密度小，仅为 0.86～0.87g/cm^3。

三元乙丙橡胶价格便宜，在建筑上主要用作防水材料。

4. 丁腈橡胶

丁腈橡胶是由丁二烯与丙烯腈共聚而得的弹性体。在常用橡胶中，丁腈橡胶是耐油性最强的一种，因此常被用于制作耐油橡胶制品。该类橡胶具有良好的耐热性、耐老化性、耐磨性、耐腐蚀性和不透水性。但其耐寒性和耐酸性较差，抗拉强度和抗撕裂强度较低，且电绝缘性很差。

10.4 建筑塑料

塑料是指以合成树脂或天然树脂为主要原料，加入或不加添加剂，在一定温度、一定压力下，经混炼、塑化、成型、固化而制得的，可在常温下保持制品形状不变的一类高分子材料。但在本节中所讨论的，主要是以合成树脂为基本组成材料的各种塑料。在建筑上，塑料可作为结构材料、装饰材料、保温材料和地面材料等使用。

10.4.1 塑料的分类

按组成成分的多少，塑料可分为单组分塑料和多组分塑料。单组分塑料仅含合成树脂，如“有机玻璃”就是由一种被称为聚甲基丙烯酸甲酯的合成树脂组成。多组分塑料除含有合成树脂外，还含有填充料、增塑剂、固化剂、着色剂、稳定剂及其他添加剂。建筑上常用的塑料制品一般都属于多组分塑料。

按组成塑料的基本材料——合成树脂的热行为（热塑性树脂和热固性树脂）不同，塑料又分为热塑性塑料和热固性塑料两类。热塑性塑料经加热成形，冷却硬化后，再经加热还具有可塑性，即塑化和硬化过程是可逆的。热固性塑料经初次加热成形，冷却硬化后，再经加热则不再软化和产生塑性，即塑化和硬化过程是不可逆的。

按使用性能和用途不同，塑料又可分为通用塑料和工程塑料两类。通用塑料是指一般用途的塑料，其价格便宜、产量大、用途广泛，是建筑上使用较多的塑料。工程塑料是指具有较高机械强度和其他特殊性能的聚合物材料。

10.4.2 塑料的基本组成

塑料是由起胶结作用的树脂和起改性作用的添加剂所组成。合成树脂是塑料的主要成分，其质量占塑料的40%以上。塑料的性质主要取决于所采用的合成树脂的种类、性质和数量，并且塑料常以所用合成树脂命名，如聚乙烯塑料（PE），聚氯乙烯塑料（PVC）。由于在上一节已对各种合成树脂的性质作过介绍，故本节仅讨论塑料中的一些主要添加剂。

1. 填充料

填充料又称为填料、填充剂或体质颜料，其种类很多。按其外观形态特征，可将其分为粉状填料、纤维状填料和片状填料三类。一般来说，粉状填料有助于提高塑料的热稳定性，降低可燃性，而片状和纤维状填料则可明显提高塑料的抗拉强度、抗磨强度和大气稳定性等。

因为填料一般都比合成树脂便宜得多，故填料的主要作用是降低塑料成本。填料的另一重要作用是提高塑料的强度、硬度和耐热性，并减少塑料制品固化时的收缩量。

常用的填料主要有：木粉、滑石粉、硅藻土、碳酸钙粉、铝粉、炭黑及玻璃纤维等。而塑料中的气孔，也可视为一种特殊填料。

2. 增塑剂

增塑料可降低树脂的粘流态温度 T_f，使树脂具有较大可塑性以利于塑料的加工，少量的增塑剂还可降低塑料的硬度和脆性，使塑料具有较好的柔韧性。增塑剂通常是具有低蒸汽压和低分子量的不易挥发的固体或液体有机物，主要为酯类和酮类。常用的增塑料有邻苯二甲酸二丁酯，邻苯二甲酸二辛酯、磷酸二甲酚酯、磷酸二辛酯、环氧大豆油、樟脑油等。

3. 稳定剂

许多塑料制品在成型加工和使用过程中，由于受热、光、氧的作用，过早地发生降解、氧化断链及交联等现象，使塑料性能变差。为了稳定塑料制品的质量，延长使用寿命，通常要加入各种稳定剂，如抗氧剂（酚类化合物等）、光屏蔽剂（炭黑等）、紫外光吸收剂（2-羟基二苯甲酮、水杨酸苯酯等）及热稳定剂（硬脂酸铝、三盐基亚磷酸铅等）。

4. 固化剂

固化剂又称为硬化剂或熟化剂。其主要作用是使某些合成树脂的线型结构交联成体型结构，从而使树脂具有热固性。不同品种的树脂应采用不同品种的固化剂。酚醛树脂常用六亚甲基四胺，环氧树脂常用胺类、酚酐类和高分子类；聚酯树脂常用过氧化合物等。

5. 着色剂

为了使塑料制品具有特定的色彩和光泽，从而改善塑料制品的装饰性，可加入着色剂。常用的着色剂是一些有机和无机颜料。颜料不仅对塑料具有着色性，同时也兼有填料和稳定剂的作用。

此外，根据建筑塑料使用及成型加工中的需要，有时还加入润滑剂、抗静电剂、发泡剂、阻燃剂及防霉剂等。

10.4.3 塑料的特性

1. 塑料的优点

(1) 加工性能好

塑料可以根据使用要求加工成多种形状的产品，如薄膜、板材、管材、异型材等，并且加工工艺简单，宜于采用机械化大规模生产，生产效率高，产品精度高。

(2) 质轻

塑料的密度一般为 1.0～2.0g/cm^3，约为混凝土的 1/2～2/3，仅为钢材的 1/4～1/8。用于建筑工程，可以减轻施工强度和降低建筑物的自重。

(3) 比强度高

塑料的比强度（强度与体积密度之比）远高于水泥混凝土，接近或者超过钢材，属于一种轻质高强材料。

(4) 导热系数小

塑料的导热系数小，密实塑料的导热系数为 0.23～0.70W/（m·K），泡沫塑料的导热系数则接近空气 0.02～0.046W/（m·K）。因此，塑料是理想的绝热材料。

(5) 化学稳定性好

大多数塑料对酸、碱、盐等腐蚀性物质的作用具有较高的稳定性，比金属材料和一些无机材料好得多，特别适合于做化工厂的门窗、地面、墙体等。

(6) 电绝缘性好

一般塑料都是电的不良导体，其电绝缘性可与陶瓷、橡胶媲美。

(7) 装饰性好

由于塑料具有易于着色及易于加工成型的特点，所以塑料可被制成色彩鲜艳、线条清晰的各种制品，具有良好的装饰作用。

(8) 节能

无论在生产能耗还是使用能耗方面，建筑塑料的能耗水平比起其他建筑材料，均要低得多。除此而外，绝大多数建筑塑料制品实际上是免维护材料。施工时无需涂装保护，使用中也无需维修保养。因此，使用塑料建筑材料具有明显的经济效益。

（9）有利于建筑工业化

塑料的许多优异性能及易于加工成型的特点，使大多数建筑塑料制品或配件都可以在工厂生产，这样可大大提高施工效率。

2. 塑料的缺点

（1）易老化

在使用过程中，由于受到光、热、电等的作用，塑料和其他大多数聚合物材料一样，其性能会逐渐恶化，出现老化现象。塑料会失去弹性而变硬、变脆，出现龟裂；或者会失去刚性而变软、发粘，出现蠕变等。

（2）耐热性差

大多数塑料的耐热性都不高，使用温度一般在100～200℃，仅个别塑料的使用温度可达到300～500℃。热塑性塑料的耐热性低于热固性塑料。

（3）易燃

塑料不仅可燃，而且在燃烧时发烟量大，甚至产生有毒气体。但通过改进配方，如加入阻燃剂，无机填料等，可制成自熄的、难燃的产品。但总的来说，塑料仍属可燃材料，在建筑物某些容易蔓延火焰的部位可考虑不使用塑料制品。

（4）刚度小

塑料是一种黏弹性材料，弹性模量较低，约为钢材的1/10～1/20，同时具有徐变特性，而且温度越高，变形增大愈快。因此，用作承重结构应慎重。

（5）毒性

由于生产工艺的原因，合成树脂中可能残留有单体或低分子物质，这些物质对人体健康不利。生产塑料时加入的增塑剂、固化剂等低分子物质大多数都危害健康。液体树脂基本上都有毒，但完全固化后的树脂则基本无毒。当采用塑料制品作饮用水的设备时，要认真进行卫生安全性检查。

10.4.4 常用建筑塑料

1. 装饰装修塑料

（1）墙面装饰塑料

1）塑料面砖。塑料面砖是以PS、PVC、PP等为原料经热压、挤出或浇注成型，其尺寸、规格、外观、图案等均模仿传统陶瓷面砖。塑料面砖美观适用、厚度小、质量轻、施工方便（用胶粘贴即可），是一种较为理想的超薄型墙面装饰材料。可用于室内墙面、柱面装饰。

2）塑料壁纸。塑料壁纸是以聚氯乙烯为主，加入各种添加剂和颜料等，以纸或中碱玻璃纤维布为基材，经涂塑、压花或印花及发泡等工艺制成的塑料卷材。塑料壁纸的品种主要有单色压花壁纸、印花压花壁纸、有光印花壁纸、平光印花壁纸、发泡壁纸及特种壁纸（防水壁纸、防火壁纸、彩色砂粒壁纸等）。

塑料壁纸的花色品种多，可制成仿丝绸、仿织锦缎、仿木纹等花纹图案。塑料壁纸美观、耐用、易清洗、施工方便，发泡塑料壁纸还具有较好的吸声性，因而广泛地应用于室内墙面、顶棚等的装饰。塑料壁纸的缺点是透气性较差。

（2）地面装饰塑料

1）塑料地面卷材。目前生产的塑料地面卷材主要为聚氯乙烯（PVC）塑料地面卷材。它有两种类型，即无基层卷材和有基层卷材。

无基层卷材质地柔软，脚感较舒适，有一定弹性，但不能与烟头等燃烧物接触，适合于家庭地面装饰，但现在已较少应用。

有基层卷材一般由两层或多层复合而成，常见的是三层结构。面层为透明的聚氯乙烯塑料，基层为无纺布、玻璃纤维布，中层为印花的不透明聚氯乙烯塑料。若中层为聚氯乙烯泡沫塑料，则称为发泡塑料地面卷材，具有较好的隔声性和保温性。

2）塑料地面块材。塑料地面块材俗称塑料地面砖。主要采用聚氯乙烯树脂、重质碳酸钙及各种添加剂，经混炼、热压或压延等工艺制成。按材质有硬质、半硬质及软质之分；按结构有单层及多层复合之分。塑料地面砖的尺寸一般为300mm×300mm，厚1.5～3mm。塑料地面砖制作的地板图案丰富，颜色多样，并具有耐磨、耐燃、尺寸稳定、价格低等优点，适合于人流不大的办公室、家庭等的地面装饰。

2. 隔热保温塑料

（1）泡沫塑料

泡沫塑料是在聚合物中加入发泡剂，经发泡、固化或冷却等工序而制成的多孔塑料制品。泡沫塑料的孔隙率高达95%～98%，且孔隙尺寸小于1.0mm，因而具有优良的隔热保温性能。建筑上常用的有聚苯乙烯泡沫塑料、聚氯乙烯泡沫塑料、聚氨酯泡沫塑料、脲醛泡沫塑料、酚醛树脂泡沫塑料等。

聚苯乙烯泡沫塑料是建筑上应用最广的泡沫塑料。按其加工方法不同可分为模塑聚苯乙烯泡沫塑料（EPS）和挤塑聚苯乙烯泡沫塑料（XPS）。所谓模塑聚苯乙烯泡沫塑料，是将可发性聚苯乙烯珠粒加热预发泡后，在模具中加热成型而制得的具有闭孔结构的使用温度不超过75℃的泡沫塑料，其体积密度l5～60kg/m^3，导热系数为0.039～0.041W/（m·K），抗压强度60～400kPa；所谓挤塑聚苯乙烯泡沫塑料，是以树脂或其共聚物为主要成分，添加少量添加剂，通过加热挤塑成型而制得的使用温度不超过75℃具有闭孔结构的硬质泡沫塑料，导热系数为0.029～0.030W/（m·K），抗压强度150～500kPa。建筑上主要用作墙体和屋面、地面、楼板等的隔热保温，也可与纤维增强水泥、纤维增强塑料或铝合金板等复合制成夹层墙板。

建筑上使用的聚氯乙烯泡沫塑料主要用作吸声材料、装饰构件，也可作墙体、屋面等的保温材料，或作为夹层板的芯材。

聚氨酯泡沫塑料，一般以硬质型应用较多。其体积密度为20～200kg/m^3，抗弯强度为50MPa，极限使用温度为－160～＋150℃。与其他泡沫塑料相比，其耐热性好，强度较高。此外，这种泡沫塑料还可采用现场发泡的方法形成整体的泡沫绝热层。在绝热效果相同的条件下，这种无缝绝热层比拼成的绝热层厚度减少30%。

脲醛塑料是最轻的泡沫塑料之一，建筑上应用的脲醛泡沫塑料的体积密度为10～20kg/m^3，导热系数为0.030～0.035W/（m·K），极限使用温度为－200～＋100℃，但强度低，吸湿性大，应用时需注意防潮。脲醛塑料价格低廉，在建筑上主要用作空心墙和夹层墙板的芯材。脲醛泡沫塑料也可在现场发泡成为整体泡沫塑料。

酚醛树脂泡沫塑料体积密度为40～100kg/m^3，导热系数为0.022～0.030W/（m·K），极限使用温度为－196～＋200℃。该泡沫塑料最大特点是防火、遇明火不燃烧，且无烟、无毒、无滴落等，但价格较贵，它是目前最具发展潜力的防火、保温有机泡沫塑料。

(2) 蜂窝塑料板

蜂窝塑料板是由两张薄面板和一层较厚的蜂窝状孔形的芯材牢固黏合在一起的多孔板材，其孔的尺寸较大（5～20mm），孔隙率很高。蜂窝状芯材是由浸渍高聚物（酚醛树脂等）的片状材料（牛皮纸、玻璃布、木纤维板）经加工粘合成的形状似蜂窝的六角形空心板材。蜂窝塑料板的抗压强度、抗折强度高，导热系数低［0.046～0.056W/（m·K）］，抗震性能好，主要用作隔热保温材料和隔声材料。

3. 塑料门窗

目前使用的塑料门窗主要是改性硬质聚氯乙烯树脂（PVC），并加入适量的添加剂，经混炼、挤出等工艺而制成。塑料门窗属于异形制品（又称异形材，为断面形状复杂的制品，它充分利用了塑料易于挤出加工的特点）。改性后的硬质聚氯乙烯具有较好的可加工性、稳定性、耐热性和抗冲击性。常用的改性剂有ABS共聚物、氯化聚乙烯（CPE）、甲基丙烯酸酯－丁二烯－苯乙烯共聚物（MBS）和乙烯—醋酸乙烯共聚物（EVA）。

塑料门窗的外观平整美观，色泽鲜艳，经久不褪，装饰性好，并具有良好的耐水性、耐腐蚀性、隔热保温性、隔声性、气密性和阻燃性，使用寿命可达30年以上。

4. 纤维增强塑料

纤维增强塑料是一种树脂基复合材料。添加纤维的目的是为了提高塑料的弹性模量和强度。常用纤维材料除玻璃纤维外，还有石棉纤维、碳纤维、天然植物纤维、合成纤维及钢纤维等，但目前用得最多的仍是玻璃纤维。

玻璃纤维增强塑料（GRP），俗称玻璃钢，是由合成树脂胶结玻璃纤维或玻璃纤维布（带、束等）而成的。合成树脂的用量一般为30％～40％，常用的合成树脂有酚醛树脂、不饱和聚酯树脂、环氧树脂等，用量最大的为不饱和聚酯树脂。

玻璃纤维增强塑料的性能主要取决于合成树脂和玻璃纤维的性能、相对含量以及它们之间的粘结情况。合成树脂及玻璃纤维的强度越高，特别是玻璃纤维的强度越高，则玻璃纤维增强塑料的强度越高。

玻璃纤维增强塑料在性能上的主要优点是轻质高强、耐腐蚀，主要缺点是弹性模量小，变形大。

10.5 建筑涂料

涂料是指涂敷于物体表面，与基体材料能很好地粘结并形成完整而坚韧的保护膜的物质。由于在物体表面结成连续性干膜，故又称涂膜或涂层。建筑涂料则是指能涂于建筑物表面，对建筑物起到保护、装饰作用，或者能改善建筑物的使用功能的涂装材料。

10.5.1 涂料的基本组成

涂料最早是以天然植物油脂、天然树脂（如亚麻子油、桐油、松香、生漆等）为主要原料，故以前称为油漆。目前，许多新型涂料已不再使用植物油脂。合成树脂在很大程度上已取代了天然树脂。因此，我国已正式采用涂料这个名称，而油漆仅仅是一类油性涂料而已。

如图10-3所示，涂料的基本组成包括：基料（成膜物质）、颜料、液体（分散介质）以及辅料（助剂）。

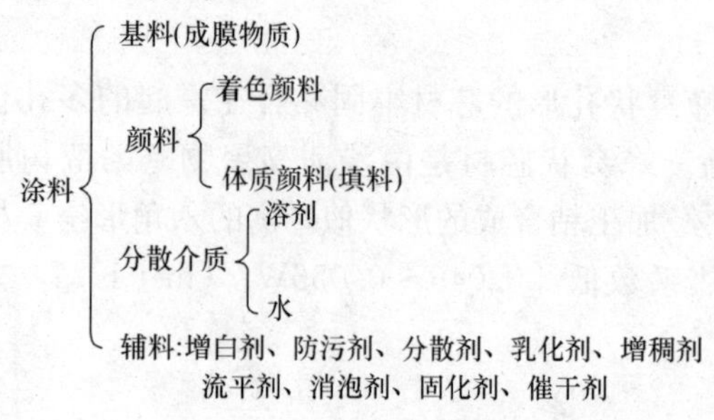

图10-3 涂料的基本组成

1. 基料

基料又称成膜物质，在涂料中主要起到成膜及粘结颜料的作用，使涂料在干燥或固化后能形成连续涂层。常用的成膜物质有油料、天然树脂和合成树脂。

油料是涂料工业中的一种主要原料，目前，植物油仍占较大比例。

建筑涂料常用树脂有聚乙烯醇、聚乙烯醇缩甲醛、丙烯酸树脂、环氧树脂、醋酸乙烯—丙烯酸酯共聚物（乙—丙乳液）、聚苯乙烯—丙烯酸酯共聚物（苯—丙乳液）、聚氨酯树脂等，以及无机聚合物水玻璃、硅溶胶等。

2. 颜料

按所起作用，颜料又分为着色颜料和体质颜料（又称填料）。

建筑涂料中使用的着色颜料一般为无机矿物颜料。常用的有氧化铁红、氧化铁黄、氧化铁绿、氧化铁棕、氧化铬绿、钛白、锌钡白、群青蓝等。

体质颜料，即填料，主要起改善涂膜的机械性能，增加涂膜的厚度，降低涂料的成本等作用，常用的填料为重晶石粉、轻质碳酸钙、重质碳酸钙、高岭土及各种彩色小砂粒等。

3. 分散介质

分散介质（液体）包括溶剂和水，是液态建筑涂料的主要成分，主要起溶解或分散基料、改善涂料施工性能的作用，对保证涂膜质量也有较大作用。涂料应具有一定的流动能力，以便于施工，因此涂料应具有足够的分散介质。涂料涂装后，一部分分散介质被基底吸收，大部分分散介质挥发掉或蒸发掉，并不保留在涂膜中。涂料常用的有机溶剂有醇类、酮类、醚类、酯类和烃油类。

涂料按分散介质及其对成膜物质作用的不同分为溶剂型涂料、水溶性涂料和乳液型涂料（又称乳胶漆或水乳型涂料）。水溶性涂料和乳液型涂料又称水性涂料。

4. 辅料

辅料，又称助剂或添加剂，是为了进一步改善或增加涂料的某些性能，而加入的少量物质。通常使用的有增白剂、防污剂、分散剂、乳化剂、稳定剂、润湿剂、增稠剂、消泡剂、流平剂、固化剂、催干剂等。

10.5.2 涂料的分类与命名

涂料分类方法很多，如根据涂料使用部位，分为外墙涂料、内墙涂料、地面涂料；根据涂料功能分为防水涂料、防火涂料、防霉涂料等；根据涂料使用成膜物质的类型及涂料的分散特性，分为油性涂料、溶剂型涂料、无机建筑涂料、有机—无机复合型建筑涂料。其中，水性涂料又分为乳液型涂料和水溶性涂料。

目前一般多采用习惯命名法，即由成膜物质的名称、涂料的类型、涂料的特点三项顺序构成涂料的名称。如聚氯乙烯外墙涂料、钾水玻璃无机建筑涂料、丙烯酸外墙复层花纹涂料、聚氨酯地面弹性涂料、苯丙外墙浮雕涂料等。

10.5.3 涂料的技术性质

涂料的技术性质包括三个方面的内容，即涂料涂饰前呈液态时的性能，如：透明度、颜色、比重、不挥发性、黏度、流变性、贮存稳定性等；涂料涂到物体表面上的施工性能，如：流平性、打磨性、遮盖力、干燥时间等；涂料硬化后的涂膜质量，如：漆膜厚度、光泽、颜色、硬度、冲击强度、柔韧性、附着力、耐磨性、耐洗刷性、耐变黄性等。现择要介绍如下：

1. 流变性

涂料是一种复杂的具有各种不同流变性质的液体。其流变性包括黏度、触变性和屈服值等。

在某些涂料中，存在着这样的性质，即当搅拌或摇动时，涂料黏度降低，但在停止搅拌静置一段时间后，黏度又上升，这种性质就是触变性。涂料在贮存过程中，单靠增加黏度并不能防止颜料的沉降和结块，而具有一定程度的触变性就能得到良好的稳定性。同样在涂料施工时，要想得到理想的涂刷性能，就需加入稀料，降低黏度，然而过多的稀料将导致漆膜厚度减薄，且易造成流挂等弊病。一定程度的触变性，就能使涂刷容易，且随触变结构的恢复而有足够的时间使涂层流平。

2. 干燥时间

涂料从液态层变成固态涂膜所需时间称为干燥时间，根据干燥程度的不同，又可分为表干时间、实干时间和完全干燥时间三项。干燥时间的长短还要受到环境湿度等的影响。

3. 流平性

流平性是指涂料被涂于基层表面后能自动流展成平滑表面的性能。流平性好的涂料，在干燥后不会在涂膜上留下刷痕，这对于罩面层涂料来讲是很重要的。

4. 遮盖力

遮盖力是指有色涂料所成涂膜遮盖被涂表面底色的能力。遮盖力的大小，与涂料中所用颜料的种类、颜料颗粒的大小和颜料在涂料中的分散程度等有关。涂料的遮盖力越大，则在同等条件下的涂装面积也越大。

5. 附着力

附着力是指涂料涂膜与被涂饰物体表面间的黏附能力。附着强度的产生是由于涂料中的聚合物与被涂表面间极性基团的相互作用。因此，一切有碍这种极性结合的因素都将使附着力下降。

6. 硬度

硬度是指涂膜耐刻划、刮、磨等的能力大小，它是表示涂膜机械强度的重要性能之一。一般来说，有光涂料比各种平光涂料的硬度高，而各种双组分涂料的硬度更大。

7. 耐磨性

耐磨性是那些在使用过程中经常受到机械磨损的涂膜的重要特性之一，其指的是涂膜经反复摩擦而不脱落和褪色的能力。耐磨性实际上是涂膜的硬度、附着力和内聚力综合效应的体现，与底料种类、表面处理、涂膜在干燥过程中的温度和湿度有关。

10.5.4 选择涂料的主要考虑因素

由于涂料的品种繁多且性能各不相同，不同的工程对涂料性能的要求也不尽相同，因此，如何选择既满足工程需要又经济合理的涂料品种，是一个非常值得注意的问题。下面是选用涂料时需要考虑的一些主要因素。

1. 基层材料

基层材料的性质是涂料选择的重要影响因素，应根据各种建筑材料的不同特性而分别选择适用的涂料。例如：用于混凝土、水泥砂浆等基层的涂料，应具有较好的耐碱性等。

2. 环境条件

因为各种涂料具有各不相同的耐水性、耐候性、成膜温度等。所以选择涂料时应考虑使用时的环境条件，即应按照地理位置和施工季节的不同而分别选择合适的涂料。

3. 使用部位

内墙与外墙、墙面与地面等不同的部位对涂料的要求是不一样的，应根据不同部位的性能要求选择合适的涂料。

4. 建筑标准及其造价

涂料的选用，除满足上述几方面的要求及建筑标准外，还要考虑建筑物的造价。在保证工程技术性能及质量要求的前提下，应根据建筑物的造价，选择经济适用的涂料。

10.5.5 常用建筑涂料

下面分别就外墙涂料、内墙涂料及地面涂料的常用品种作一介绍。

1. 外墙涂料

(1) 苯乙烯-丙烯酸酯乳液涂料

苯乙烯-丙烯酸酯乳液涂料，简称苯-丙乳液涂料，是以苯-丙乳液为基料的乳液型涂料，它具有优良的耐水性、耐碱性、耐湿擦洗性，外观细腻，色彩艳丽，质感好，与水泥混凝土等大多数建筑材料的黏附力强，并具有丙烯酸酯类涂料的高耐光性、耐候性和不泛黄性。适合用于公用建筑的外墙等。

(2) 丙烯酸酯系外墙涂料

丙烯酸酯系外墙涂料是以热塑性丙烯酸酯树脂为基料的外墙涂料，分为溶剂型和乳液型。丙烯酸酯外墙涂料的耐水性、耐高低温性、耐候性良好，不易变色、粉化或脱落，具有多种颜色，可采用刷涂、喷涂、滚涂等施工工艺。丙烯酸酯外墙涂料的装饰性好，寿命可达10年以上。丙烯酸酯外墙涂料主要用于外墙复合涂层的罩面涂料。溶剂型涂料在施工时需注意防火、防爆。丙烯酸酯外墙涂料主要用于商店、办公楼等公用建筑。

(3) 聚氨酯系外墙涂料

聚氨酯系外墙涂料是以聚氨酯树脂或聚氨酯与其他树脂复合物为主要成膜物质，加入填料、助剂组成的优质溶剂型外墙涂料。该涂料弹性及抗疲劳性好，并具有极好的耐水、耐碱、耐酸性能。其涂层表面光洁度高，呈瓷质感，耐候性、耐玷污性能好，使用寿命可达15年以上。聚氨酯系外墙涂料一般为双组分或多组分涂料，现场调配需防火、防爆，主要用于办公楼、商店等公用建筑。

(4) 合成树脂乳液砂壁状外墙涂料

合成树脂乳液砂壁状外墙涂料又称彩砂涂料，是以合成树脂乳液为成膜物质，加入彩色骨料（粒径小于2mm的高温烧结彩色砂粒、彩色陶粒或天然带色石屑）以及其他助剂配制而成的粗面厚质涂料。彩砂涂料采用喷涂法施工，涂层具有丰富的色彩和良好质感，保色性、耐热性、耐水性及耐化学腐蚀性能良好，使用寿命可达10年以上。合成树脂乳液砂壁状涂料主要用于办公楼、商店等公用建筑的外墙面等。

2. 内墙涂料

（1）聚醋酸乙烯乳液涂料

聚醋酸乙烯乳液涂料是以聚醋酸乙烯乳液为基料的乳液型内墙涂料。该涂料无毒、不燃、涂膜细腻、平滑、色彩鲜艳、装饰效果良好，施工方便，但耐水性及耐候性较差，适合于住宅、一般公用建筑的内墙面、顶棚装饰。

（2）醋酸乙烯-丙烯酸酯有光乳液涂料

醋酸乙烯-丙烯酸酯有光乳液涂料，也是一种乳胶漆，简称乙-丙有光乳液涂料。该涂料是以乙-丙共聚乳液为基料的乳液型内墙涂料，其耐水性、耐候性、耐碱性优于聚醋酸乙烯乳液涂料，并且有光泽，是一种中高档的内墙装饰涂料。乙-丙有光乳液涂料主要用于住宅、办公室、会议室等的内墙面、顶棚装饰。

（3）多彩涂料

多彩内墙涂料是以合成树脂及颜料等为分散相，以含有乳化剂和稳定剂的水为分散介质的乳液型涂料，按其介质特性又分为水中油型和油中水型。其中以水中油型的贮存稳定性最好，通常所用的多彩涂料均为水中油型。涂粉分为磁漆相和水相两部分。磁漆相由硝化棉、马来酸树脂及颜料组成。水相由甲基纤维素和水组成。将不同颜色的磁漆相分散在水相中，互相掺混而不互溶，外观呈现不同颜色的粒滴。该涂料喷涂到墙面上后，能形成具有两种以上色泽的多彩涂层，即经一次喷涂可获得多彩色的涂膜。

多彩涂料具有良好的耐水性、耐油性、耐化学药品性、耐刷洗性，并具有较好的透气性，主要应用于住宅、办公室、会议室、商店等的内墙面、顶棚等的装饰。

3. 地面涂料

（1）聚氨酯厚质弹性地面涂料

聚氨酯厚质弹性地面涂料是以聚氨酯为基料的双组分溶剂型涂料。其整体性好，色彩多样，装饰性好，并具有良好的耐油性、耐水性、耐酸碱性及优良的耐磨性，此外还有一定的弹性，脚感舒适。聚氨酯厚质弹性地面涂料的缺点是价格较贵，且原材料有毒，施工时应采取防护措施。该涂料主要适用于水泥砂浆或水泥混凝土地面，如高级住宅、会议室、手术室、试验室、放映厅的地面装饰，以及地下室、卫生间等的防水装饰或工业厂房的耐磨、耐油、耐腐蚀地面装饰。

（2）环氧树脂厚质地面涂料

环氧树脂厚质地面涂料是以环氧树脂为基料的双组分常温固化溶剂型涂料。环氧树脂厚质地面涂料与水泥混凝土等基层材料的粘结性能优良，涂膜坚韧、耐磨，具有良好的耐化学腐蚀、耐油、耐水等性能，以及优良的耐老化和耐候性，装饰性良好。环氧树脂厚质地面涂料主要用于高级住宅、手术室、试验室、公用建筑、工业厂房车间等的地面装饰。

（3）聚醋酸乙烯水泥地面涂料

聚醋酸乙烯水泥地面涂料是由聚醋酸乙烯乳液、普通硅酸盐水泥及颜料配制而成的一种地面涂料。可用于新旧水泥地面的装饰，是一种新颖的水性地面涂料。该涂料质地细腻，对人体无毒害，施工性能良好，早期强度高，与水泥地面基层粘接牢固。涂层具有优良的耐磨性、抗冲击性，色彩美观大方，表面有弹性，外观类似塑料地板。聚醋酸乙烯水泥地面涂料，原材料来源广泛，价格便宜，涂料配制工艺简单。该涂料适用于民用住宅室内地面装饰，亦可代塑料地板或水磨石地坪，用于某些试验室、仪器装配车间等地面装饰。

10.6 建筑胶粘剂

10.6.1 胶粘剂

1. 胶粘剂的基本概念及其分类

能够将两种固体材料牢固地连接在一起的中介粘结物质，称之为胶粘剂。使用胶粘剂粘接各种材料、构件等具有工艺简单、省工省料、接缝处应力分布均匀，密封性好和耐腐蚀等优点。因此，胶粘剂越来越广泛地用于建筑构件、材料等的连接，并且随着有机合成高分子材料的发展，品种越来越多，分类方法各异，常用的有以下几种：

(1) 按胶粘剂的热行为分类，可分为热塑性胶粘剂和热固型胶粘剂。

(2) 按粘接接头的受力情况分类，可分为结构型胶粘剂和非结构型胶粘剂。结构型胶粘剂具有较高的粘结强度，其粘接接头可以承受较大荷载。而非结构胶粘剂一般用于粘接接头不承受较大荷载的场合。一般来说，热固性胶粘剂多为结构型，而热塑性胶粘剂则多为非结构型。

(3) 按固结温度分类，可分为低温硬化型、室温硬化型和高温硬化型胶粘剂。

(4) 按合成胶粘剂的聚合物性质，可分为有机型和无机型胶粘剂。

2. 对胶粘剂性质的基本要求

为将材料牢固地粘接在一起，无论哪一类胶粘剂都必须具备以下基本性质：

(1) 在室温下，或者通过加热、加溶剂或加水而具有适宜的黏度，可成为易流动的物质。

(2) 具有良好的浸润性，能充分浸润被粘物的表面，均匀地铺展和填没被粘物表面凹凸不平的部分。

(3) 在一定的温度、压力、时间等条件下，可通过物理和化学作用而固化，从而将被粘材料牢固地粘接在一起。

(4) 具有足够的强度和较好的其他物理力学性质。

3. 胶粘剂的粘接强度及其影响因素

胶粘剂之所以能够将材料牢固地粘接在一起，是因为胶粘剂与材料间存在有黏附力，以及胶粘剂本身具有内聚力。黏附力和内聚力的大小，直接影响胶粘剂的粘接强度。当黏附力大于内聚力时，粘接强度主要取决于内聚力；当内聚力高于黏附力时，粘接强度主要取决于黏附力。一般认为黏附力主要来源于以下几个方面：

(1) 机械粘接力。胶粘剂涂敷在材料表面后，能渗入材料表面的凹陷处和表面的孔隙内，胶粘剂在固化后如同镶嵌在材料内部。正是靠这种机械锚固力将材料粘接在一起。对非极性多孔材料，机械粘接力常起主要作用。

(2) 物理吸附力。胶粘剂分子和被粘材料分子之间存在着物理吸附力，即范德华力和静电引力。

(3) 化学键力。某些胶粘剂分子与被粘材料分子间能发生化学反应，即在胶粘剂与材料间存在有化学键力，是化学键力将材料粘接为一个整体。

对不同的胶粘剂和被粘材料，黏附力的主要来源也不同，当机械黏附力、物理吸附力和化学键力共同作用时，可获得很高的粘接强度。

就实际应用而言，一般认为影响粘接强度的因素主要有：胶粘剂性质、被粘物性质、被粘物的表面粗糙度、被粘物的表面处理方法、胶粘剂对被粘物表面的浸润程度、被粘物表面含水状况、粘结层厚度、粘结工艺等。

4. 胶粘剂的基本组成

胶粘剂一般由以下几种组分组成：

（1）粘剂

粘剂主要起基本的粘结作用，是胶粘剂的主要成分。胶粘剂的粘结性能主要由粘剂所决定。粘剂可由一种或几种聚合物构成，常用粘剂有天然高分子化合物、合成高分子化合物和无机化合物。

（2）固化剂与硫化剂

固化剂用于热固性树脂，使线型分子转变为体型分子。硫化剂用于橡胶，使橡胶形成网型结构。实践中，根据所用粘剂的品种和特性，以及对固化后或硫化后的胶膜性能（如硬度、韧性、耐热性等）要求，选择固化剂与硫化剂的品种。

（3）填料

填料的作用在于改善胶粘剂的某些物理力学性能及降低成本，如在胶粘剂中加入填料后，可增加胶粘剂的黏度、强度和耐热性，并可降低热膨胀系数和收缩率等。常用的填料有石英粉、石棉粉、滑石粉等。

（4）稀释剂

稀释剂为调节胶粘剂黏度，增强其涂敷润湿性，便于使用操作而加入的溶剂。稀释剂有活性和非活性两类。前者参与固化与硫化反应，后者仅起稀释作用。根据所用溶剂的不同，可将胶粘剂分为溶剂型和水乳型两类，后者以水为分散介质。

除了上述的四种主要组分外，为了满足对粘结材料性能的某些特殊要求，还可加入一些其他添加剂，如增塑剂、防霉剂、稳定剂、促进剂、抗老剂和乳化剂等。

5. 土木工程常用胶粘剂

（1）结构型胶粘剂

结构型胶粘剂的组成材料一般为合成树脂、固化剂、填料、稀释剂、增韧剂等。

1）环氧树脂胶粘剂。由于所用环氧树脂中含有环氧基、羟基等多种极性基团，因此其粘结强度很高。该胶粘剂在低温、室温、高温条件下均可固化，并且耐水性、耐酸碱侵蚀性好。目前这种胶粘剂被广泛应用于金属、玻璃、塑料、木材、陶瓷及混凝土（或水泥制品）等材料的粘接中，尤其是在粘接混凝土方面，其性能远远超过其他胶粘剂。但这种胶粘剂所用固化剂一般都具有较强的毒性。

2）不饱和聚酯树脂胶粘剂。这种胶粘剂的特点是粘结强度高，抗老化性及耐热性好，可在室温和常压下固化，但固化时的收缩大，使用时须加入填料或玻璃纤维等。这种胶粘剂可用于粘接陶瓷、玻璃、木材、混凝土和金属结构构件。

（2）非结构型胶粘剂

非结构型胶粘剂的组成与结构型胶粘剂基本相同，但由于所用树脂多为热塑性树脂，因此一般只能用于在室温条件工作的非结构性粘接。

1）聚醋酸乙烯胶粘剂。这种胶粘剂俗称白乳胶，其特性是使用方便、价格便宜、润湿能力强，最适用于粘接亲水性多孔材料，有较好的黏附力并适用于多种粘接工艺。但这种胶粘剂的耐热性、对溶剂作用的稳定性及耐水性较差，只能作为室温下使用的非结构胶，用于粘接玻璃、陶瓷、混凝土、纤维织物、木材、塑料层压板、聚苯乙烯板、聚氯乙烯板及塑料地板。

2）聚乙烯醇缩脲甲醛胶粘剂。这种胶粘剂的商品名为801建筑胶，它是一种经过改性的107胶（聚乙烯醇缩甲醛胶）。107胶为聚乙烯醇在酸性条件下与醛类反应而得，属水溶性建筑工程常用胶。但在其胶液中含有大量对人体有害的游离甲醛。801建筑胶是通过在107胶的制备过程中加入脲素而制得。由于脲素与游离甲醛在缩合反应的过程中可以生成一羟基脲、二羟基脲乃至羟甲基脲等缩合物，所以游离甲醛量可以大幅度降低，而且胶液的粘结能力也得以增强。

（3）橡胶型胶粘剂

建筑工程中广泛使用的橡胶型胶粘剂，既可在室温下固化，也可在高温高压条件下固化；既可作非结构粘接，也可用于结构型粘接。

1）氯丁橡胶胶粘剂。这种胶粘剂是目前应用最广的一种橡胶型胶粘剂，主要由氯丁橡胶、氧化锌、氧化镁、填料、抗老化剂和抗氧化剂等组成。氯丁橡胶胶粘剂对水、油、弱酸、弱碱、脂肪烃和醇类都具有良好的抵抗力，可在－50～＋80℃的温度下工作，但具有徐变性，且易老化。为改善性能常掺入油溶性的酚醛树脂，配成氯丁酚醛胶。氯丁酚醛胶可在室温下固化，建筑上常用于水泥混凝土或水泥砂浆的表面粘贴塑料或橡胶制品等。

2）丁腈橡胶胶粘剂。这种胶粘剂最大优点是耐油性好，剥离强度高，对脂肪烃和非氧化性酸具有良好的抵抗力。根据配方不同，它可以冷硫化，也可以在加热和加压过程中硫化。为获得较高的强度和良好的弹性，可将丁腈橡胶与其他树脂混合使用。丁腈橡胶胶粘剂，主要用于粘接橡胶制品，及橡胶制品与其他金属材料或非金属材料的粘接中。

复习思考题

1. 试解释下列名词、术语

高分子材料；聚合物；链节；聚合度；加聚反应；缩聚反应；树脂；玻璃化温度；老化；橡胶；塑料；涂料；胶粘剂

2. 什么是线型聚合物和体型聚合物？它们的性质有什么不同？

3. 什么是热塑性树脂和热固性树脂？它们的性质有什么不同？

4. 什么是共聚物和缩聚物？各举例三种，并说明其性质与用途。

5. 橡胶有哪几种类型？每种类型的橡胶在性能和应用上有什么特点？

6. 塑料与传统的建筑材料相比有哪些优缺点？

7. 试列举几种用作装饰、绝热等用途的建筑塑料制品，并说明其特性。

8. 简述涂料的组成及各组分的作用。

9. 试述如何选择涂料？

10. 溶剂型涂料和乳液型涂料在性能和应用上有什么不同？

11. 何谓玻璃钢？它有何优点？

12. 胶粘剂应具备的基本性质有哪些？简述影响胶粘剂粘接强度的主要因素。

13. 土木工程中常用胶粘剂有哪几种？其使用特点如何？

第11章　功能性材料

根据材料在土木工程实际使用中发挥的主要功能不同，除以力学性能为特征的结构材料以外的材料，统称为功能性材料。土木工程中使用的功能性材料种类很多，如：防水材料、绝热保温材料、吸声及隔声材料、防火材料、装饰装修材料、加固修复材料、光学材料、防辐射材料等，但使用最多、最广泛的建筑功能材料主要是：防水材料、绝热保温材料、吸声及隔声材料、装饰材料。因此，本章仅对上述主要功能材料的基本组成、分类、基本特性、规格及相关标准、使用中注意事项等作一介绍。

由于沥青是防水材料重要原材料之一，所以在防水材料中首先介绍了沥青。装饰材料种类非常多，本章也仅介绍其中的陶瓷和玻璃。

11.1　沥青及防水材料

11.1.1　沥青

沥青是由高分子碳氢化合物及其衍生物组成的黑色或深褐色、不溶于水而几乎全溶于二硫化碳的非晶态有机胶凝材料，常温下呈固体、半固体或黏性液体。沥青按产源可分为地沥青和焦油沥青两大类，其中，地沥青是天然沥青和石油沥青的总称。天然沥青是石油在自然条件下，长时间经受各种地球物理作用而形成的，在自然界中主要以沥青脉、沥青湖及浸泡在多孔岩石或沙土中而存在；石油沥青是指将石油原油加工，经蒸馏等提炼出各种轻质油（如汽油、柴油等）以及润滑油后的残余物，或由这些残余物加工而得的产品；焦油沥青则是多种有机物（煤、页岩、木材等）经干馏得到的焦油，再经加工得到的产物，并分别称之为煤沥青、页岩沥青和木沥青等。

沥青属憎水性材料，具有良好的防水、抗渗、耐化学腐蚀性，并与混凝土、石料、钢材、木材等材料有较强的粘结力，广泛用于土木工程中的道面工程、屋面或地下防水工程、防腐蚀工程等。目前，土木工程中应用最多的是石油沥青，煤沥青等其他沥青则应用较少。

1. 石油沥青的分类

依据不同的分类方法，石油沥青可分为以下类别。

（1）按原油基属的不同可分为石蜡基沥青、环烷基沥青和中间基沥青。

石蜡基沥青是指由石蜡基原油分馏出的含蜡量大于5%的石油沥青。因原油中含有大量烷烃，其石蜡含量较高，一般大于5%，高者可达10%以上。由于蜡在常温下往往以结晶体存在，使得沥青的粘结性和塑性下降。

环烷基沥青是指由环烷基原油分馏出的含蜡量小于3%的沥青，又称沥青基沥青，通常含有较多的环烷烃和芳香烃，而其含蜡量较小，具有较好的粘结性、塑性与温度稳定性。

中间基沥青是指含蜡量在3%～5%的沥青。其烃类成分和沥青性质介于石蜡基沥青和环烷基沥青之间，其性能也比石蜡基沥青好，比环烷基沥青差。

（2）按获取石油沥青的加工方法不同可分为直馏沥青、蒸馏沥青、氧化沥青、裂化沥青和酸洗沥青等。通过氧化加工等加工工艺，可使沥青获得更好的技术性能。

（3）按石油沥青在常温下的物理状态可分为黏稠沥青和液体沥青。黏稠沥青是指在常温下为固态或半固态的沥青。液体沥青是指常温下处于液体状态的沥青，它通常是用溶剂将黏稠沥青稀释配制而成的液体，故又称为稀释沥青。由于对沥青加热给施工带来困难，采用溶剂稀释沥青又会增大成本和污染环境，故工程实际中可采用乳化沥青，它是将沥青分散于含有乳化—稳定剂的水中而形成沥青水乳液。

（4）按石油沥青的主要用途分为道路石油沥青、建筑石油沥青和普通石油沥青。

道路石油沥青是石油蒸馏的残余物或由残余物氧化而得的产品，主要适用于沥青路面或制作屋面防水层的粘结剂。

建筑石油沥青是由原油蒸馏后的重油经氧化而制成的产品，主要用于建筑工程中屋面及地下防水的胶结料、涂料以及制造油纸、油毡等沥青类防水卷材和防腐绝缘材料等。

普通石油沥青（又称多蜡沥青）是由石蜡基原油减压、蒸馏后的残渣经空气氧化而得的产品。其蜡含量高，黏度低，塑性差，在土木工程中很少单独使用，可与建筑石油沥青掺配或经改性处理后使用。

2. 石油沥青的组成

石油沥青是由多种碳氢化合物及其非金属（氧、硫、氮）的衍生物组成的混合物。它的组成元素主要是碳（82%～88%）、氢（8%～11%），其次是硫（<6%）、氧（<1.5%）、氮（<1%）等和微量的金属元素。但沥青的化学成分极为复杂，将其分离为纯粹的化合物单体，目前分离技术还有一定困难，而且沥青的元素组成与其物理性质的关系不甚密切，因此通常采用组分分离法将沥青分离为化学性质相近且与技术性质有一定联系的几个组，即沥青的化学组分。沥青采用不同的分析方法可得到不同的组分。我国常用的是三组分分析法和四组分分析法。

三组分分析法（又称溶解—吸附分析法）是用规定的溶剂及吸附剂，采用抽提法将沥青分成沥青质、胶质与油分（包含蜡）等三个组分。三组分的优点是组分界限明确，组分含量能在一定程度上说明它的性能，其主要缺点是分析流程复杂，分析时间长。沥青的许多性质都是由三大组分的相对含量所决定的，它们的主要特征和作用见表 11-1。

表 11-1　石油沥青三组分分析法的主要组分特征及作用

组分	含量	分子量	碳氢比	密度	特　征	在沥青中的主要作用
油分	45%～60%	100～500	0.5～0.7	0.7～1.0	无色至淡黄色，黏性液体，可溶于大部分溶剂，不溶于酒精	是决定沥青流动性的组分。油分多，流动性大，而黏性小，温度敏感性大
树脂	15%～30%	600～1000	0.7～0.8	1.0～1.1	红褐至黑褐色的黏稠半固体，多呈中性，少量酸性，熔点低于 100℃	是决定沥青塑性的主要组分，树脂含量增加，沥青塑性增大，温度敏感性增大
地沥青质	5%～30%	1000～6000	0.8～1.0	1.1～1.5	黑褐至黑色的硬而脆固体微粒，加热后不溶解，而分解为坚硬的焦炭，使沥青带黑色	是决定沥青黏性的组分，含量高，沥青黏性大，温度敏感性小，塑性降低，脆性增大

四组分分析法（又称 SARA 分析，见图 11-1）是用规定的溶剂及吸附剂，采用溶剂

沉淀及色谱柱法将沥青试样分成沥青质（As）、胶质（R）、饱和分（S）及芳香分（Ar）。SARA分析是按沥青中各化合物的化学组成结构来进行分组的方法，所以它与沥青的使用性能更为密切，其主要组分特征见表11-2。

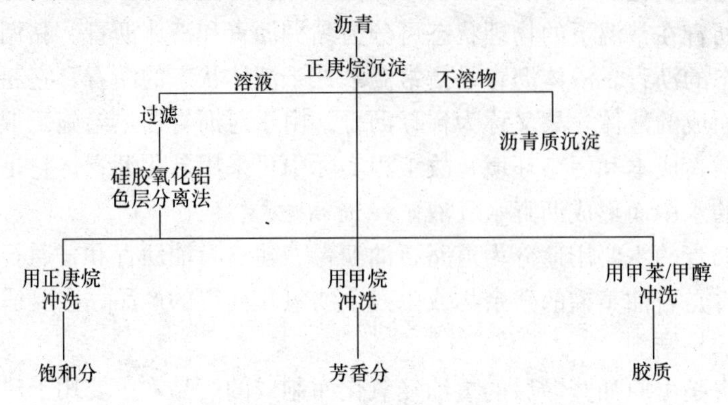

图11-1　沥青四组分的分析图解说明

表11-2　石油沥青四组分分析法的主要组分特征

组分	外观特征	平均相对密度	分子量	主要化学结构
饱和分	无色液体	0.89	300～2000	烷烃、环烷烃
芳香分	黄色至红色液体	0.99	300～2000	芳香烃、含S衍生物
胶质	棕色黏稠液体	1.09	500～50000	多环结构，含S，O，N衍生物
沥青质	深棕色至黑色固体	1.15	1000～100000	缩合环结构，含S，O，N衍生物

沥青的性质与沥青中各组分的含量比例有密切关系：饱和分含量增加，可使沥青黏性降低；胶质含量增大，可使沥青塑性增加；沥青质含量提高，会使沥青温度敏感性降低；胶质和沥青质的含量增加，可使沥青的黏性提高。

石油沥青中尚含有少量蜡。蜡对沥青的温度敏感性有较大影响，高温时沥青容易发软，低温时沥青变得脆硬易裂。此外，蜡会使沥青与骨料的黏附性降低。

3. 石油沥青的胶体结构

在沥青胶体结构中，固态的沥青质为胶核，在沥青质周围吸附着极性的半固态胶质，并逐渐向外扩散形成胶团，胶团再分散于芳香分和饱和分中，形成稳定的胶体结构体系。沥青胶体结构的稳定性主要取决于胶团与分散介质之间的界面性质。其中，作为胶团核心的沥青质分子量很大，本身不能直接胶溶于分子量很低的芳香分及饱和分中。强极性的沥青质分子团首先吸附极性较强的胶质，胶质极性最强部分吸附在沥青质表面，极性次之部分向外扩散，直至形成由内至外极性逐渐减少的胶团。在此胶体结构中，离胶团核心越远，胶团极性就越小，使得胶团最外层表面的性质与无极性的饱和分相近，从而形成稳定的沥青胶溶体系。因此，在沥青胶溶体系中，由沥青质到胶质，然后再到芳香分与饱和分，其极性是逐渐递变的，并无明显界面存在。

根据沥青中各组分的含量和性质，可将沥青胶体结构分为三种类型，如图11-2所示。

（1）溶胶结构

沥青中沥青质的含量很少（10%以下），沥青胶团由于胶质的胶溶作用，沥青胶团完全胶溶分散于芳香分和饱和分的介质中，胶团之间没有吸引力或者吸引力极小，从而形成溶胶型结构。溶胶型沥青的特点是具有较高的流动性和塑性，开裂后自行愈合能力较强；但温度敏感性强，温度稳定性较差，温度过高时易发生流淌。液体沥青多属溶胶型结构。

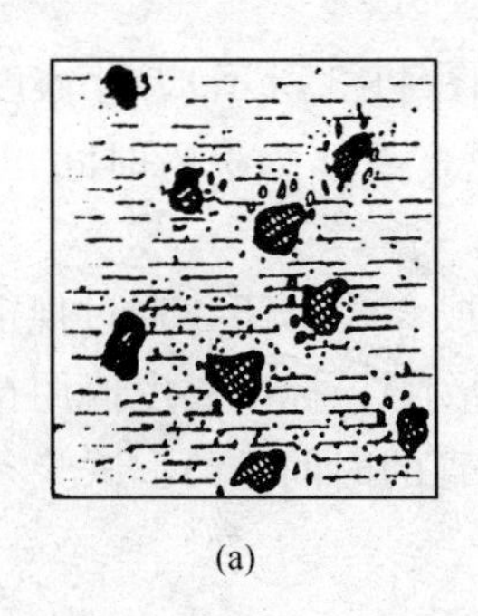

(a)

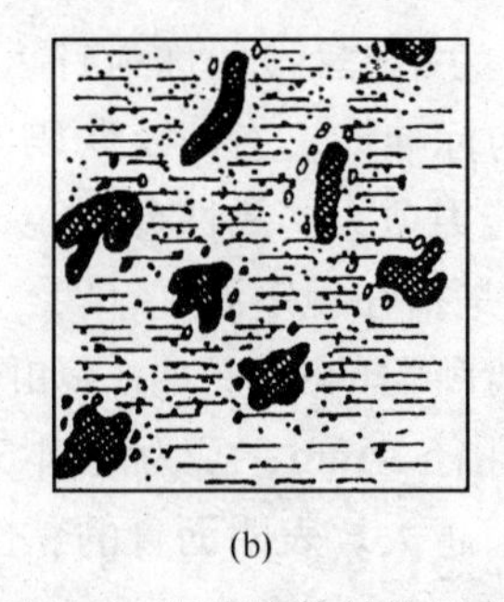

(b)

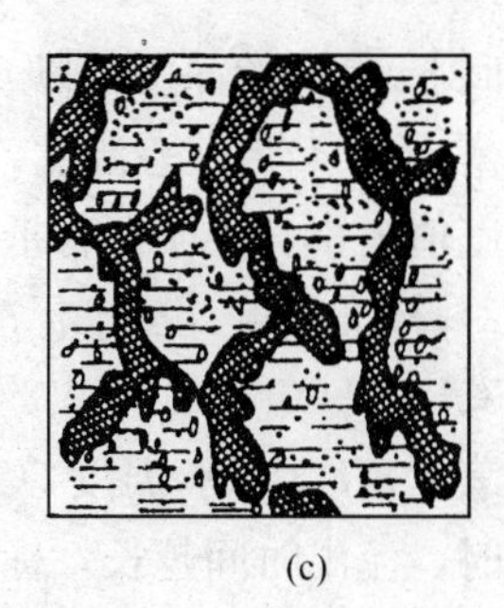

(c)

图 11-2 沥青胶体结构示意图

(a) 溶胶结构；(b) 溶—凝胶结构；(c) 凝胶结构

(2) 溶-凝胶结构

沥青中沥青质含量适当（15%～25%之间），并有较多的胶质作为保护物质，胶团数量较多，胶团浓度较大，胶团之间有一定的吸引力，形成溶—凝胶结构。这类沥青在高温时具有较好的稳定性，低温时又有较好的抗裂性能。由于这种结构的沥青性能比较稳定，在土木工程中最为常用。

(3) 凝胶结构

沥青中沥青质含量很高（大于 30%），并有相当数量的胶质来形成胶团，胶团浓度很大，胶团互相接触而形成空间网络结构。此时，液态的芳香分与饱和分仅作为胶团网络中的分散相填充于间隙中，而连续的胶团却成了分散介质，这种胶体结构称为凝胶型结构。这种结构的沥青具有明显的弹性效应，温度较高时具有较好的稳定性，但流动性、塑性较低，低温时变形能力较差，开裂后自愈合能力差。

温度是影响石油沥青结构性能的重要因素，因为沥青的某些成分，特别是树脂中的某些成分的温度敏感性较强。当温度升高时，这些成分会转变为流动性更好的液体，使其胶体结构向溶胶结构方向发展。当温度降低时，这些成分会转变为更为黏稠的固体或半固体，其胶体结构向凝胶结构方向发展。因此，石油沥青的结构特征通常是指常温状态下的表现，若指非常温时的状态，应注明具体温度。

4. 石油沥青的技术性质

石油沥青的技术性质主要包括黏滞性、塑性、温度敏感性、黏附性、大气稳定性、施工安全性等。这些性质直接决定了沥青在土木工程中的施工和易性、物理力学性能及耐久性。

(1) 黏滞性

黏滞性（简称黏性）是指沥青材料在外力作用下抵抗变形的能力。沥青的黏性不但与沥青的组分有关，而且受温度的影响较大，一般随沥青质含量增加黏性增大，随温度升高而黏性降低。沥青的黏性通常用黏度表示，黏度是沥青等级（称为牌号或标号）划分的主要依据。

沥青黏度的测定方法可分为两类：一类为绝对黏度法，如用毛细管法测定运动黏度，用真空减压毛细管法测定动力黏度；另一类为条件黏度法（或称相对黏度法），如针入度法和标准黏度法。绝对黏度测定比较麻烦，不便于在工程上应用，工程中通常只测定沥青的条件黏度作为划分沥青标号的依据。这里重点介绍针入度法和标准黏度法。对于黏稠或固体石油沥青的相对黏度，可用针入度仪测定并以针入度表示。对于液体石油沥青、乳化石油沥青和煤沥青等的相对黏度，可用标准黏度计法测定。

1）针入度法。以规定质量 100g 的标准针，贯入规定温度 25℃的沥青试样中，经历规定时间 5s 贯入的深度（以 1/10mm 为单位计），称为针入度（如图 11-3 所示）。针入度用 $P_{T,m,t}$ 表示（T 为试验温度,℃；m 为标准针、连杆及砝码的总质量，g；t 为贯入时间，s）。针入度值愈小，表明沥青抵抗变形能力愈大，黏性愈大。

2）标准黏度计法。标准黏度值是指在规定温度（20、25、30 或 60℃）下，通过规定孔径（3、5 或 10mm）流出 50mL 沥青所需的时间（s）（如图 11-4 所示）。标准黏度值用符号 C_t^dT 表示（t 为试验温度,℃；d 为孔径，mm；T 为流出 50mL 沥青的时间，s）。试验条件相同时，流出时间越长，标准黏度值越大，表明沥青的黏性越大。

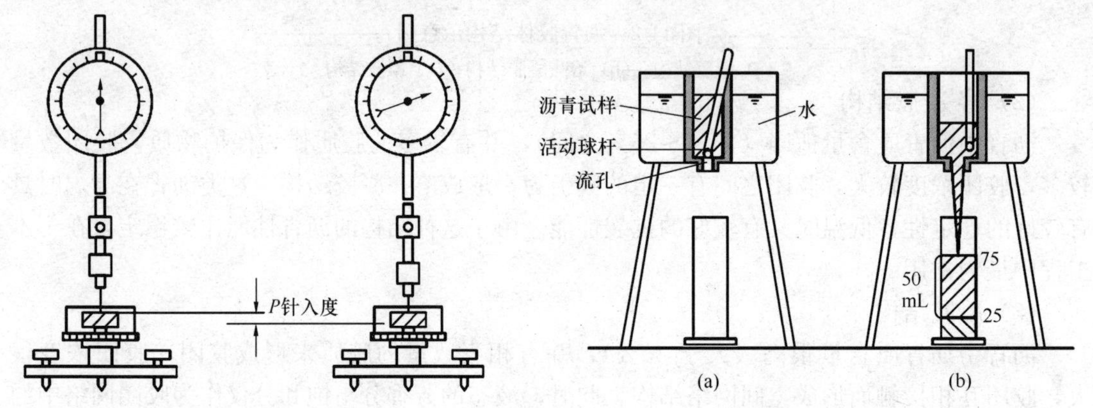

图 11-3　针入度测定示意图　　图 11-4　标准稠度测定示意图

（2）塑性

塑性指石油沥青在外力作用下，产生变形而不破坏，除去外力后，仍保持变形后形状的性质，也称为延性或延展性。沥青的塑性与其组分含量、环境温度等因素有关。沥青质的含量增加，黏性增大，塑性降低；胶质含量较多，沥青胶团膜层增厚，则塑性提高；沥青塑性随温度的升高而增大。在常温下，塑性较好的沥青在产生裂缝时，也可能由于特有的黏塑性而自行愈合。故塑性还反映了沥青开裂后的自愈能力。沥青的塑性对冲击振动荷载有一定吸收能力，并能减少摩擦时的噪声，故沥青除用于制造防水材料外也是一种优良的路面材料。

用以衡量塑性的指标是延度。延度的试验方法是将沥青试样制成 8 字形标准试件，在规定温度下以规定拉伸速度拉断试件时的伸长值（以 cm 计）称为延度（如图 11-5 所示）。沥青的延度用延度仪来测定。沥青的延度越大，其塑性越好。沥青的延度决定于沥青的胶体结构和流变性质。沥青中含蜡量增加，会使其延度降低。

（3）温度敏感性

温度敏感性是指石油沥青的黏性和塑性随温度升降而变化的性能，主要包括石油沥青的高温稳定性和低温抗裂性。

沥青在外力作用下所发生的变形实质上是由分子运动产生的，因此，显著地受温度影响。当温度很低时，沥青分子不能自由运动，好像被冻结一样，这时在外力作用下所发生的变形很小，如同玻璃一样硬脆，一般称作“玻璃态”。随着温度升高，沥青分子获得了一定的能量，活动能力也增强了，这时在外力作用下，表现出很高的弹性，称“高弹态”。当温度继续升高时，沥青分子获得了更多能量，分子运动更加自由，从而使分子间发生相对滑动，此时沥青就像液体一样可黏性流动，称“黏流态”。由“玻璃态”到“高弹态”进而变

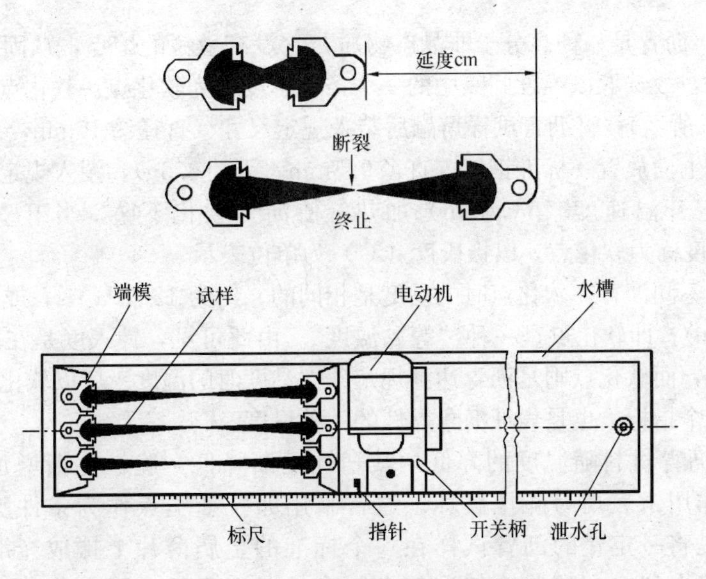

图 11-5　石油沥青延度测试示意图

为“黏流态”反映了沥青的黏性和塑性随温度变化而变化的过程。变化的温度间隔越小，则温度稳定性愈低。温度稳定性低的沥青，在温度降低时，很快变为脆硬的固体，受外力作用极易产生裂缝而破坏；当温度升高时，又很快变软而流淌。土木工程中宜选用温度稳定性较高的沥青。一般认为，沥青的温度稳定性取决于沥青的组分和掺入沥青中的矿物颗粒，石油沥青中沥青质的含量增多，在一定程度上能提高其温度稳定性。在工程使用时往往加人滑石粉、石灰石粉或其他矿物填料来提高温度稳定性。在组分不变的情况下，矿物颗粒愈细，分散度愈大，则温度稳定性愈高。沥青中含蜡量较多时，其温度稳定性会降低，因此多蜡沥青不能直接用于土木工程。

软化点和脆点分别反映沥青在高温时的稳定性和低温时的抗裂性。

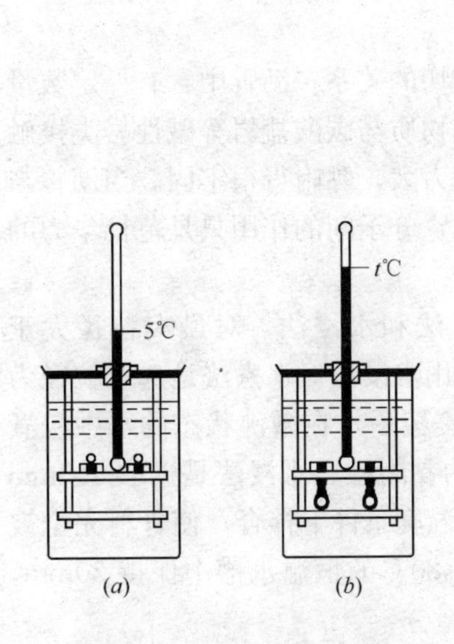

图 11-6　软化点测试示意图
(a) 起始温度；(b) 软化点温度

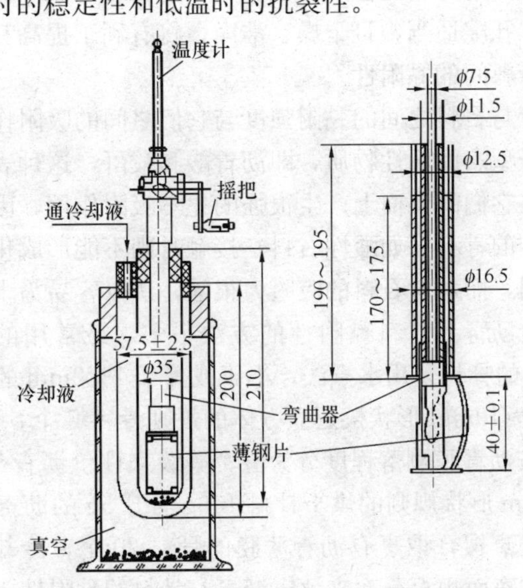

图 11-7　弗拉斯脆点仪及弯曲器

1）软化点。沥青是一种高分子非晶态物质，它没有敏锐的熔点，从固态转变为液态有很宽的温度间隔，故选取该温度间隔中的一个条件温度作为软化点。软化点一般采用环球法测定（如图11-6所示）：将沥青试样熔融后装入规定尺寸（直径约16mm，高约6mm）的铜环内，冷却后在上面放置一标准钢球（直径9.5mm，重约3.5g），浸入规定温度的蒸馏水或甘油中，以规定升温速度（5℃/min）加热，使沥青软化下坠，当下坠到规定高度为25.4mm时的温度称为软化点，以摄氏度（℃）为单位表示。

研究认为，不同沥青在软化点时的黏度是相同的，约为1200Pa·s，或相当于针入度值为800（1/10mm）。即软化点是一种“等黏温度”。由此可见，针入度是在规定温度下测定沥青的条件黏度，而软化点则是沥青达到规定条件黏度时的温度。所以软化点既是反映沥青温度敏感性的一个指标，也是表征沥青黏性的一种量度。

2）脆点。沥青材料随温度的降低，其塑性逐渐降低，脆性逐渐增加。低温时沥青受到瞬时荷载作用常表现为脆性破坏。通常采用弗拉斯脆点作为条件脆性指标。弗拉斯脆点的测定是将一定量的沥青试样在一个标准的金属薄片上摊成光滑的薄膜，置于有冷却设备的脆点仪内。随着冷却设备中制冷剂温度降低，沥青薄膜的温度亦逐渐降低，当降至某一温度时，沥青薄膜在规定弯曲条件下产生裂缝时的温度，即为沥青的弗拉斯脆点，其测定方法见图11-7。弗拉斯脆点反映了沥青丧失其塑性的温度，因此它也是表征沥青材料塑性的一种量度。

（4）黏附性

道路沥青的主要功能之一是作为黏结剂将骨料粘结成为一个整体。沥青与矿质骨料的黏附性影响沥青路面的质量和耐久性，因此，黏附性是沥青的重要性质。

沥青与骨料的相互作用是一个复杂的物理化学过程。极性组分含量愈高的沥青，其黏附性愈好；黏性高的沥青，黏附性好。沥青裹覆骨料后的抗水性不仅与沥青的性质有密切的关系，而且亦与骨料的性质有关。憎水性骨料与亲水性骨料相比有更好的抗剥落性能；骨料表面粗糙、孔隙适当，且干燥、洁净，将有利于提高其与沥青的黏附性。掺加抗剥离剂可提高沥青与骨料间的黏附性。

沥青与石料之间的黏附强度与它们之间的吸附作用有密切的关系。沥青中含有一定数量的阴离子型表面活性物质，即沥青酸和酸酐，这种表面活性物质与碳酸盐岩等碱性岩类接触时，能在它们的界面上产生很强的化学吸附作用，因而黏附力大，黏附得很牢固。当沥青与其他类型的骨料（如酸性石料）接触时则不能形成化学吸附，分子间的作用只是范德华力的物理吸附，而水对石料的吸附力很强，所以容易为水所剥落。

评价沥青与骨料黏附性的方法很多，最常用的是水煮法和水浸法，对最大粒径大于13.2mm的骨料采用水煮法；小于或等于13.2mm的骨料采用水浸法。水煮法是选取粒径为13.2mm～19mm形状接近立方体的规则骨料5个，经沥青裹覆后，在微沸状态的水中浸煮3min，按沥青膜剥落程度分为五个等级来评价沥青与骨料的黏附性。水浸法是选取9.5mm～13.2mm形状规则的烘干骨料100g与5.5g的沥青在规定温度条件下拌合，使骨料完全被沥青薄膜裹覆，取裹有沥青薄膜的骨料20个，冷却后浸入80℃的恒温水槽中保持30min，然后按剥离面积百分率来评定沥青与骨料的黏附性。

（5）耐候性

沥青在自然因素（热、氧、光和水）的作用下，产生不可逆的化学变化，导致其性能劣化的过程，通常称之为“老化”。沥青在各种自然因素长期综合作用下抵抗老化的性能，称为沥青的耐候性（或大气稳定性）。沥青在老化过程中，其组分会发生明显变化，表现为饱和分变化不大，但芳香分明显转变为胶质，而胶质又转变为沥青质，由于芳香分转变为胶质的量不足以补偿胶质转变为沥青质的量，最终导致胶质显著减少，而沥青质显著增加。因此，沥青老化后，其塑性降低，脆性增大，黏附性减弱，性能变差。

沥青耐候性可采用加热老化的方法来评定，即测定沥青加热前后质量、针入度及延度等技术指标的变化，变化越小，表明耐候性越好。

（6）安全性

黏稠沥青材料在使用时必须加热，当加热至一定温度时，沥青材料中挥发的油分蒸气与周围空气组成混合气体，此混合气体遇火焰则发生闪火。若继续加热，油分蒸气的饱和度增加，此种蒸气与空气组成的混合气体遇火焰极易燃烧，而引起火灾或导致沥青烧坏，为此，必须测定沥青加热出现闪火和开始燃烧的温度，即所谓闪点和燃点。闪点和燃点的高低反映了沥青可能引起火灾或爆炸的安全性差别，它直接关系到石油沥青运输，贮存和加热使用等方面的安全性。石油沥青熬制时应严格控制其加热温度（不得达到闪点），并尽可能与火焰隔离。

黏稠石油沥青、煤沥青用克利夫兰开口杯法测定闪点和燃点，液体石油沥青用泰格式开口杯法测定其闪点。克利夫兰开口杯法是将沥青试样注入试样杯中，按规定的升温速度加热试样，用规定的方法使点火器的试焰与试样受热时所蒸发的气体接触，初次发生一瞬即灭的蓝色火焰时的试样温度为闪点（℃），试样继续加热时，蒸气接触火焰能持续燃烧时间不少于5s时的试样温度为燃点（℃）。

5. 石油沥青的技术标准及应用

不同的建筑物或不同使用部位的工程对所用石油沥青的主要技术性能与指标要求不同，根据用途不同，石油沥青一般可分为道路石油沥青、建筑石油沥青和普通石油沥青等。在土木工程中使用的主要是道路石油沥青和建筑石油沥青。石油沥青一般按针入度来划分牌号，牌号数字约为针入度的平均值。常用的建筑石油沥青和道路石油沥青的牌号与主要性质之间的关系是：牌号愈高，其黏性愈小（即针入度越大），塑性愈大（即延度越大），温度稳定性愈低（即软化点愈低）。

（1）道路石油沥青

按道路的交通量，道路石油沥青分为重交通道路石油沥青和中、轻交通道路石油沥青。

重交通道路石油沥青主要用于高速公路、一级公路、机场道面和城市快速路、主干道路路面等工程，石油沥青材料的质量要求应符合表11-3的规定。其他等级的公路与城市道路，石油沥青材料的质量要求应符合表11-4的规定。道路石油沥青标号越大，其针入度越大，延展性越好。针对沥青路面的温度敏感性和老化等弱点，选择石油沥青重点考虑的技术性质是高温稳定性和低温抗裂性，即避免石油沥青路面出现高温下流淌、低温下脆裂以及拥包、推移、车辙等永久变形。一般来说，南方高温地区宜选用低标号石油沥青，如AH-50，AH-70，AH-60，AH-100等；北方寒冷地区宜选用高标号石油沥青，如AH-90，AH-110，A-140，A-180等。

当沥青牌号不符合使用要求时，可采用几种不同牌号掺配的混合沥青，其掺配比例应由试验决定。掺配时应混合均匀，掺配后的混合沥青应符合表11-3或表11-4的要求。

表 11-3　重交通道路石油沥青质量要求(GB/T 15180—2010)

项目			质量指标					
			AH-130	AH-110	AH-90	AH-70	AH-50	AH-30
针入度(25℃，100g，5s)0.1mm			120～140	100～120	80～100	60～80	40～60	20～40
延度(15℃)/cm		不小于	100				80	报告 a
软化点/℃			38～51	40～53	42～55	44～57	45～58	50～65
溶解度/%		不小于	99.0					
闪点/℃		不小于	230					260
密度(25℃)/(kg/m³)			报告					
蜡含量/%		不大于	3.0					
薄膜烘箱试验(163℃，5h)	质量变化/%	不大于	1.3	1.2	1.0	0.8	0.6	0.5
	针入度比/%	不小于	45	48	50	55	58	60
	延度(15℃)/cm	不小于	100	50	40	30	报告[a]	报告[a]

a 报告应为实测值。

表 11-4　中、轻交通道路石油沥青质量要求(GB 50092—1996)

试验项目		标号						
		A-200	A-180	A-140	A-100 甲	A-100 乙	A-60 甲	A-60 乙
针入度(25℃，100g，5s)(0.1mm)		201～300	161～200	121～160	81～120	81～120	41～80	41～80
延度(25℃，5cm/min)不小于(cm)		—	100	100	80	60	80	40
软化点(环球法)(℃)		30～45	35～45	38～48	42～52	42～52	45～55	45～55
溶解度(三氯乙烯)，(%)不小于		99.0	99.0	99.0	99.0	99.0	99.0	99.0
蒸发损失试验，163℃，5h	质量损失(%)，　不大于	1	1	1	1	1	1	1
	针入度比(%)，　不小于	50	60	60	65	65	70	70
闪点(COC)(℃)，不小于		180	200	230	230	230	230	230

沥青贮运站及沥青混合料拌合厂应将不同来源、不同牌号的沥青分开存放，不得混杂。在使用期间，贮存沥青的沥青罐或贮油池中的温度不宜低于 130℃，并不得高于 180℃。在冬季停止施工期间，沥青可在低温状态下存放。经较长时间存放的沥青在使用前应抽样检验，不符合质量要求的不得使用。

此外，黏性较大、软化点较高的道路石油沥青还可用作密封材料、胶粘剂或沥青涂料。

(2) 建筑石油沥青

建筑石油沥青（质量要求应符合表 11-5 的规定）主要用于屋面及地下防水、沟槽防水和防腐工程。在屋面防水工程中，建筑沥青防水层的沥青胶膜较厚，对温度的敏感性较强，沥青表面又是较强的吸热体，一般同一地区沥青屋面的表面温度可比当地最高气温高 25～30℃。为避免夏季流淌，屋面防水用沥青材料的软化点应比本地区屋面最高温度高 20℃以上。当软化点偏低时，在夏季高温时沥青容易流淌；而软化点过高时，在冬季低温时沥青易产生硬脆甚至开裂。因此，选用石油沥青时要考虑地区、使用环境及要求等因素。对寒冷地区，不仅要考虑冬季低温时沥青易脆裂而且要考虑受热软化，故宜选用中等牌号的沥青；对不受大气影响的部位，可选用牌号较高的沥青，如用于地下防水工程的沥青，其软化点可不低于40℃。当缺乏所需牌号的沥青时，可用不同牌号的同产源沥青进行掺配。

表 11-5　建筑石油沥青（GB/T 494—2010）的技术标准

项　目		质量指标		
		10号	30号	40号
针入度（25℃，100g，5s）0.1mm		10～25	26～35	36～50
针入度（46℃，100g，5s）0.1mm		报告a		
针入度（0℃，200g，5s）0.1mm	不小于	3	6	6
延度（25℃）/cm	不小于	1.5	2.5	3.5
软化点/℃	不低于	95	75	60
溶解度/%	不小于	99.0		
蒸发后质量变化（163℃，5h）/%		1		
蒸发后25℃针入度比/%	不小于	65		
闪点/℃	不小于	260		

注：a　报告应为实测值。

b　测定蒸发损失后样品的25℃针入度与原25℃针入度之比乘以100后，所得的百分比，称为蒸发后针入度比。

（3）普通石油沥青

普通石油沥青含有害成分的石蜡较多，一般含量大于5%，有的达20%以上，故又称多蜡石油沥青。普通石油沥青温度敏感性较大，达到液态时的温度与其软化点温度相差很小。与软化点大体相同的建筑石油沥青相比，黏性较小，塑性较差，故在土木工程上不宜直接使用。普通石油沥青可以采用吹气氧化法改善其性能，该法是将沥青加热脱水，加入少量（约1%）的氧化锌，再加热（不超过280℃）吹气进行处理的，使蜡氧化和挥发。处理过程以沥青达到要求的软化点和针入度为止。

（4）其他沥青

1）煤沥青

煤沥青是将烟煤在隔绝空气条件下进行干馏，制取焦碳或煤气后所得副产品—煤焦油，再经蒸馏提取轻油、中油、重油和蒽油后所剩的残渣，故亦称煤焦油沥青。煤沥青根据蒸馏程度不同又分为低温沥青、中温沥青（软煤沥青）和高温沥青（硬煤沥青）。

① 煤沥青的化学组成及结构特点。煤沥青的化学组成主要是芳香族碳氢化合物及其与氧、氮、硫的衍生物的混合物。按化学性质相似且与技术性质有关划分，其主要组分是：游离碳，又称自由碳，是高分子的有机化合物的固态碳质微粒，不溶于苯，加热不熔，但高温分解。煤沥青的游离碳含量增加，可提高其黏度和温度稳定性，但随着游离碳含量增加，其低温脆性也增加；树脂，分为硬树脂和软树脂，前者类似石油沥青中的沥青质，可提高煤沥青的黏滞性，后者为赤褐色粘－塑性物，溶于氯仿，使煤沥青具有塑性，类似石油沥青中的胶质；油分，主要由较低分子量的液态芳香族碳氢化合物组成。它赋予煤沥青流动性，降低黏度。

此外，煤沥青中还含有少量的碱性物质（吡啶、喹啉）和酸性物质（酚）等，它们能改善煤沥青与酸、碱性矿物的粘结力。

煤沥青的胶体结构特点与石油沥青相类似，也是一种复杂胶体分散系，游离碳和硬树脂组成的胶体微粒为分散相，油分为分散介质，而软树脂则吸附于固态分散胶粒周围，逐渐向外扩散，并溶解于油分中，使分散系形成稳定的胶体体系。

② 煤沥青的技术性质。煤沥青与石油沥青相比，在技术性质上有以下差异：

A. 温度稳定性低。煤沥青是较粗的分散系，其中软树脂的温度敏感性较高，所以煤沥青受热易软化。因此加热温度和时间都要严格控制，更不宜反复加热，否则易引起性质急剧劣化。

B. 黏附性较好。煤沥青组成中含有较多数量的表面活性物质，所以它与矿质骨料具有较好的黏附性。

C. 耐候性较差。煤沥青中含有较多的不饱和芳香烃，这些化合物有较大的化学潜能，它们在氧气、日照、紫外线及降水的作用下，容易产生老化，塑性较差。煤沥青由于含有较多的游离碳，塑性降低，易因变形而开裂。

D. 防腐性能较好。煤沥青中含有蒽、酚等，故有毒性和臭味，防腐蚀能力较好，适用于木材的防腐处理。

2）乳化沥青

乳化沥青是将黏稠沥青加热至流动态，经机械作用使之在有乳化剂、稳定剂的水中分散成为微小液滴（粒径 2～5μm），而形成的稳定乳状液。

① 组成材料。乳化沥青由沥青、水、乳化剂及稳定剂组成。

沥青是乳化沥青中的基本成分，在乳化沥青中占 55%～70%。沥青的化学组成和结构等对乳化沥青的制作和性质有重要影响。一般认为沥青中活性组分较高者较易乳化，含蜡量较高的沥青较难乳化，且乳化后储存稳定性差。相同油源和生产工艺的沥青，针入度较大者易于形成乳液。

水是乳化沥青中的第二大组分，水的性质会影响乳化沥青的形成。一般要求水质不应太硬，并且不应含有其他杂质，水的 pH 值和钙、镁等离子对乳化都有影响。

乳化剂是乳化沥青的关键组分，它的含量虽低，但对乳化沥青的形成起关键作用。乳化剂分为无机和有机两类。无机乳化剂常用的有膨润土、高岭土、石灰膏等；有机乳化剂一般为表面活性剂，常用有机乳化剂有十二烷基磺酸钠、十八烷基三甲基氯化铵、十六烷基三甲基溴化铵等。

稳定剂可改善沥青乳液的均匀性，减缓颗粒之间的凝聚速度，提高乳液的稳定性，增强与石料的黏附能力。掺加稳定剂还可降低乳化剂的使用剂量。稳定剂分为无机和有机两类。常用无机稳定剂有氯化钙、氯化镁和氯化铵等，有机稳定剂有聚乙烯醇、聚丙烯酰胺、糊精等。

② 乳化机理。水是极性分子，沥青是非极性分子，两者表面张力不同，因而两者在一般情况下是不能互相溶合的。当靠高速搅拌使沥青成微小颗粒分散在水中时，形成的沥青——水分散体系是不稳定的，因为颗粒间的相互碰撞，会自动聚结，最后同水分离。当加入一定量的乳化剂时，由于乳化剂是表面活性物质，在两相界面上产生强烈的吸附作用，形成吸附层。吸附层中的分子有一定取向，极性基团朝水，与水分子牢固结合，形成水膜；非极性基团朝沥青，形成乳化膜。当沥青颗粒互相碰撞时，水膜和乳化膜共同组成的保护膜就能阻止颗粒的聚结，使乳液获得稳定。

③ 特点与应用。乳化沥青具有无毒、无臭、不燃、干燥快、粘结力强等特点，特别是

它在潮湿基层上使用，于常温下作业，不需加热，不污染环境，同时避免了操作人员受沥青挥发物的危害，并且加快了施工速度。在建筑防水工程中采用乳化沥青粘结防水卷材做防水层，造价低、用量省，即可减轻防水层质量，又有利于防水构造的改革。

在道路建筑工程中，乳化沥青可以与湿骨料黏附，粘结力强，且施工和易性好，易于拌合，可节约沥青用量，是一种有广阔发展前景的筑路材料。道路用乳化沥青类型的选用应根据使用目的、矿料种类、气候条件选用。对酸性骨料，以及当石料处于潮湿状态或在低温下施工时，宜采用阳离子乳化沥青；对碱性石料，且石料处于干燥状态，或与水泥、石灰、粉煤灰共同使用时，宜采用阴离子乳化沥青。乳化沥青制造后应及时使用。

3）改性沥青

当石油沥青不能完全满足土木工程中对其性能要求时，可通过某些途径改善其性能。目前石油沥青的改性途径大致可分为两类：一类是工艺改性，即从改进工艺着手改进沥青性能；另一类是材料改性，即掺入高聚物等改进其性能。

工艺改性主要是氧化工艺，给熔融沥青吹入少量氧气可产生新的氧化和聚合作用，使其聚合成更大的分子。在氧化时，这种反应将进行多次，从而形成越来越大的分子，分子变大，则沥青的黏性得到提高，温度稳定性得到改善。

材料改性主要是在沥青中掺入橡胶、树脂、矿物填充料等以进行改性，所得沥青胶结料分别是橡胶沥青、树脂沥青，矿物填充料改性沥青。

4）橡胶沥青

橡胶是沥青的重要改性材料。掺入后能使沥青具有橡胶的很多优点，如高温变形小，低温柔性好。用于改性的橡胶品种很多，常用的有如下几种：①氯丁橡胶沥青。氯丁橡胶属合成橡胶类，在沥青中掺入此种橡胶，可使沥青的气密性、低温柔性、耐化学腐蚀性、耐燃烧性、耐候性得到明显改善。氯丁橡胶掺入沥青中的方法有溶剂法和水乳法两种。溶剂法是将氯丁橡胶溶于一定的溶剂中形成溶液，然后掺到沥青（液态）中，混合均匀即为氯丁橡胶沥青。水乳法是将氯丁橡胶和沥青分别制成乳液，再混合均匀即可使用。氯丁橡胶与沥青相互作用的机理是：橡胶可看做沥青的外加剂，它起着促进沥青结构形成的作用，它分布在沥青胶体结构的分散介质或在沥青中形成本身的结构网，一方面保证强度，高温下不产生流动；另一方面保证低温下的变形，从而扩大了胶结料的工作范围。②丁基橡胶沥青。丁基橡胶沥青具有优异的耐分解性，并有较好的低温抗裂性和耐热性能，多用于道路路面工程和制作密封材料和涂料。丁基橡胶沥青的配制方法与氯丁橡胶沥青的配制方法类似。③再生橡胶沥青。再生橡胶掺入沥青中，可大大提高沥青的气密性、低温柔性、耐候性。再生橡胶与石油沥青的作用机理和氯丁橡胶与石油沥青的作用机理相似，且更为复杂。制备再生橡胶沥青时，先将废旧橡胶加工成1.5mm以下的颗粒，然后与沥青混合，经加热搅拌脱硫后混合均匀即可。

5）树脂沥青

将树脂掺入沥青中，可以改进沥青的气密性、粘结性和耐低温性。常用的树脂有：古马隆树脂、聚乙烯树脂和聚丙烯树脂等。①古马隆树脂沥青。古马隆树脂又名香豆桐树脂，呈黏稠液体或固体状，浅黄色至黑色，易溶于氯化烃、酯、硝基苯和苯胺等有机溶剂，能耐酸、碱，为热塑性树脂。掺入方法是将沥青加热熔化脱水，在150～160℃的情况下，把古马隆树脂加入熔化的沥青中，并不断搅拌，再把温度提高到185～190℃，保持足够的时间，以便使树脂和沥青充分混合均匀。古马隆树脂掺量在40%左右。掺入后的沥青黏性得到明显改善。②聚乙烯树脂沥青。沥青中聚乙烯的掺量为7%～10%，采用胶体磨法或高速剪切法即可制得聚乙烯树脂沥青。此沥青的耐高温性和耐疲劳性有明显改善，低温柔性也有所改善。③聚丙烯树脂沥青。无规聚丙烯在常温下呈黄白色固体，不溶于水，无明显熔点，加入到沥青中可使沥青的软化点明显提高，针入度趋于平衡或稍有增大，在低温下的韧性得到改善。在沥青中单纯加入无规聚丙烯树脂，其混合物粘结性较差，在防水施工中易产生气泡。如加入占无规聚丙烯树脂量20%～40%的古马隆树脂则能显著地改善粘结性和耐候性。

6）橡胶和树脂改性沥青

同时掺入橡胶和树脂两种改性材料，可使沥青同时具有橡胶和树脂的特性，取得比单掺某一种改性材料更好的改性效果。

7）矿物填充料改性沥青

为了提高沥青的黏性和温度稳定性，常常在沥青中加入一定数量的矿物填充料。

①矿物填充料的种类。矿物填充料按形状可分为粉状和纤维状，按化学组成可分为含硅化合物类、碳酸盐类等。主要有以下几种：滑石粉，它是由滑石经粉碎、筛选而制得的，主要化学成分为含水硅酸镁（$3MgO \cdot 4SiO_2 \cdot H_2O$）。它的亲油性好，易被沥青润湿，可提高沥青的机械强度和耐候性。可用于具有耐酸、耐碱、耐热和绝缘性能的沥青制品中；石灰石粉，由天然石灰石粉碎、筛选而制成，主要成分为碳酸钙，属亲水性岩石，但亲水性较弱。它与沥青有较强的物理吸附力和化学吸附力，是较好的矿物填充料；云母粉，天然云母矿经粉碎、筛选而成，具有优良的耐热性、耐酸碱性和电绝缘性，用于屋面防护层有反射作用，可降低屋面温度，反射紫外线防止老化，延长沥青使用寿命；石棉粉，一般由低级石棉经加工而成，主要成分是钠、钙、镁、铁的硅酸盐，呈纤维状，富有弹性，具有耐酸、耐碱性和耐热性，是热和电的不良导体，内部有很多微孔，吸油量大，掺入沥青后可提高沥青的抗拉强度和温度稳定性。此外，可用作沥青矿物填充料的还有白云石粉、磨细砂、粉煤灰、水泥、硅藻土等。

② 矿物填充料的作用机理。在沥青中掺入矿物填充料后，矿物颗粒能否被沥青包裹，并有牢固的粘结能力，必须具备两个条件：一是矿物颗粒能被沥青所润湿，二是沥青与矿物颗粒间具有较强的吸附力，并不为水所剥离。

一般具有共价键或分子键结合的矿物属憎水性即亲油性矿物，此种矿物颗粒表面能被沥青所包裹而不会被水所剥离，例如滑石粉，对沥青的亲合力大于对水的亲合力，故能被沥青包裹形成稳定的混合物。

另外，具有离子键结合的矿物如碳酸盐、硅酸盐等亲水性矿物有憎油性。但是，因沥青中含有酸性树脂，它是一种表面活性物质，能够与矿物颗粒表面产生较强的物理吸附作用。如石灰石粉颗粒表面上的钙离子和碳酸根离子，对树脂的活性基团有较大的吸附力，还能与沥青酸或环烷酸发生化学反应形成不溶于水的沥青酸钙或环烷酸钙，产生了化学吸附力，故石灰石粉与沥青也可形成稳定的混合物。

根据以上分析认为，由于沥青对矿物填充料的润湿和吸附作用，沥青可呈单分子状排列在矿物颗粒（或纤维）表面，形成牢固结合的沥青薄膜，称之为“结构沥青”。结构沥青有较高的黏性和温度稳定性。由此可见，掺入矿物填充料的数量要适当，以形成恰当的结构沥青膜层，如图11-8所示。

另外，矿物填充料的种类、用量和细度不同，形成结构沥青的情况亦不同。例如，在石油沥青中掺入35%的滑石粉或云母粉，用于屋面防水时，气候稳定性可提高1～1.5倍；当掺量少于15%时，则不会提高。一般矿物填充料掺量为20%～40%。矿物填充料的颗粒越细，颗粒表面积越大，形成的结构沥青越多，并可避免从沥青中沉积，但太细时，矿粉易结块，不易与沥青搅匀，也不能发挥结构沥青的作用。

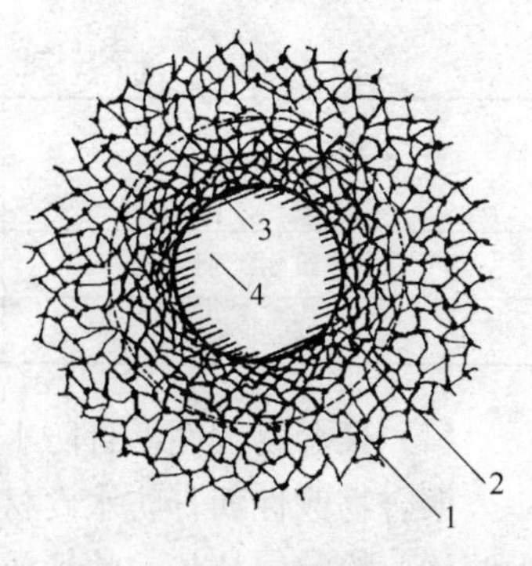

图 11-8　沥青与矿粉相互作用的结构图示

1—自由沥青；2—结构沥青；3—钙质薄膜；4—矿粉颗粒

11.1.2　防水材料

防水工程是土木工程的重要组成部分。防水材料作为防水工程的物质基础，其质量好坏直接影响工程的使用质量和使用寿命。

防水材料是指是经过施工形成整体封闭防水层阻断水的通路，以达到防水目的或增强抗渗漏能力的材料。土木工程中常用的防水材料一般分为三类：柔性防水材料、刚性防水材料及瓦片防水材料。柔性防水材料主要有防水卷材、有机防水涂料和有机止水密封材料等；刚性防水材料主要有防水混凝土、防水砂浆、水泥基防水涂料等；瓦片防水材料一般包括黏土瓦、石棉瓦及水泥瓦等。本节重点介绍防水卷材、防水涂料及止水密封材料。

1. 防水卷材

防水卷材是防水材料的重要品种之一，广泛用于各类建筑物屋面、地下和构筑物等处的防水工程中。主要包括沥青系防水卷材、聚合物改性沥青防水卷材、合成高分子防水卷材三大系列（图 11-9）。沥青防水卷材：属传统防水卷材，资源充足，价格低廉；拉伸强度低，延伸率小，高温稳定性、低温抗裂性差；使用寿命短；必须热施工，工作条件恶劣；须多层铺设。聚合物改性沥青防水卷材：价格适中，属中档防水卷材；温度稳定性、防水卷材低温抗裂性好，抗拉强度高，延伸率大；使用寿命长；施工可采用热熔法、冷粘法和自粘法；单层或多层铺设。合成高分子防水卷材：价格高，属高档防水卷材；高温稳定性、低温抗裂性好，抗拉强度高，延伸率大，耐腐蚀；使用寿命长；施工可采用冷粘法和自粘法；一般单层铺设。不同屋面防水等级和设防要求如表 11-6 所示。

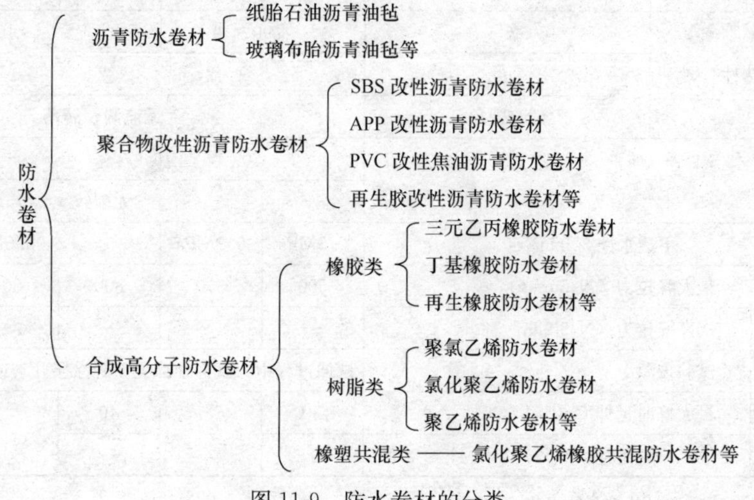

图 11-9　防水卷材的分类

表 11-6　屋面防水等级和设防要求（GB 50345—2012）

项　目	屋面防水等级	
	Ⅰ级	Ⅱ级
建筑物类别	重要建筑和高层建筑	一般建筑
设防要求	两道防水设防	一道防水设防

（1）聚合物改性沥青防水卷材

聚合物改性沥青防水卷材是以合成高分子聚合物改性沥青为涂盖层，纤维织物或纤维毡为胎体，粉状、粒状、片状或薄膜材料为覆面材料制成的卷曲片状防水材料。常见的聚合物改性沥青防水卷材有 SBS 改性沥青防水卷材、APP 改性沥青防水卷材、PVC 改性焦油沥青防水卷材、再生胶改性沥青防水卷材等。

1）SBS 改性沥青防水卷材。SBS 改性沥青防水卷材属弹性体沥青防水卷材中的一种。弹性体沥青防水卷材是用热塑性弹性体（如苯乙烯-丁二烯-苯乙烯嵌段共聚物 SBS）改性沥青浸渍胎基，两面涂以弹性体沥青涂盖层，上表面撒以细砂、矿物粒（片）料或覆盖聚乙烯膜，下表面撒以细砂或覆盖聚乙烯膜所制成的一类防水卷材。该类卷材使用玻纤毡（G）、聚酯毡（PY）或玻纤增强聚酯毡（PYG）三种胎基，广泛适用于各类建筑防水、防潮工程，尤其适用于寒冷地区和结构变形频繁的建筑物防水。弹性体沥青防水卷材的技术指标见表 11-7。

表 11-7　弹性体沥青防水卷材技术性能（GB 18242—2008）

序号	项　目		指　标				
			Ⅰ		Ⅱ		
			PY	G	PY	G	PYG
1	可溶物含量（g/m²）≥	3mm	2100				—
		4mm	2900				—
		5mm	3500				
		试验现象	—	胎基不燃	—	胎基不燃	—
2	耐热性	℃	90		105		
		≤mm	2				
		试验现象	无流淌、滴落				
3	低温柔（℃）		−20		−25		
			无裂纹				
4	不透水性 30min		0.3MPa	0.2MPa	0.3MPa		
5	拉力	最大峰拉力（N/50mm）≥	500	350	800	500	900
		次高峰拉力（N/50mm）≥	—	—	—	—	800
		试验现象	拉伸过程中，试件中部无沥青涂层开裂或与胎基分离现象				
6	延伸率	最大峰时延伸率（%）≥	30	—	40	—	—
		第二峰时延伸率（%）≥	—		—		15

注：表中所列为 SBS 卷材的部分技术指标。

2）APP 改性沥青防水卷材。APP 改性沥青防水卷材属塑性体沥青防水卷材中的一种。塑性体沥青防水卷材是用热塑性塑料（如无规聚丙烯 APP）改性沥青浸渍胎基，两面涂以塑性体沥青涂盖层，上表面撒以细砂、矿物粒（片）料或覆盖聚乙烯膜，下表面撒以细砂或覆盖聚乙烯膜所制成的一类防水卷材。该类卷材也使用玻纤毡或聚酯毡两种胎基，广泛适用于各类建筑防水、防潮工程，尤其适用于高温或有强烈太阳辐照地区的建筑物防水。塑性体沥青防水卷材的技术指标见表 11-8。

表 11-8　塑性体沥青防水卷材技术性能（GB 18243—2008）

<table>
<tr><th rowspan="3">序号</th><th rowspan="3" colspan="3">项　目</th><th colspan="5">指　标</th></tr>
<tr><th colspan="2">Ⅰ</th><th colspan="3">Ⅱ</th></tr>
<tr><th>PY</th><th>G</th><th>PY</th><th>G</th><th>PYG</th></tr>
<tr><td rowspan="4">1</td><td rowspan="4">可溶物含量（g/m²）≥</td><td colspan="2">3mm</td><td colspan="4">2100</td><td>—</td></tr>
<tr><td colspan="2">4mm</td><td colspan="4">2900</td><td>—</td></tr>
<tr><td colspan="2">5mm</td><td colspan="5">3500</td></tr>
<tr><td colspan="2">试验现象</td><td>—</td><td>胎基不燃</td><td>—</td><td>胎基不燃</td><td>—</td></tr>
<tr><td rowspan="3">2</td><td rowspan="3">耐热性</td><td colspan="2">℃</td><td colspan="2">110</td><td colspan="3">130</td></tr>
<tr><td colspan="2">≤mm</td><td colspan="5">2</td></tr>
<tr><td colspan="2">试验现象</td><td colspan="5">无流淌、滴落</td></tr>
<tr><td rowspan="2">3</td><td rowspan="2" colspan="3">低温柔性（℃）</td><td colspan="2">−7</td><td colspan="3">−15</td></tr>
<tr><td colspan="5">无裂纹</td></tr>
<tr><td>4</td><td colspan="3">不透水性 30min</td><td>0.3MPa</td><td>0.2MPa</td><td colspan="3">0.3MPa</td></tr>
<tr><td rowspan="3">5</td><td rowspan="3">拉力</td><td>最大峰拉力（N/50mm）</td><td>≥</td><td>500</td><td>350</td><td>800</td><td>500</td><td>900</td></tr>
<tr><td>次高峰拉力（N/50mm）</td><td>≥</td><td>—</td><td>—</td><td>—</td><td>—</td><td>800</td></tr>
<tr><td colspan="2">试验现象</td><td colspan="5">拉伸过程中，试件中部无沥青涂层开裂或与胎基分离现象</td></tr>
<tr><td rowspan="2">6</td><td rowspan="2">延伸率</td><td>最大峰时延伸率（%）</td><td>≥</td><td rowspan="2">25</td><td rowspan="2"></td><td>40</td><td rowspan="2">—</td><td>—</td></tr>
<tr><td>第二峰时延伸率（%）</td><td>≥</td><td>—</td><td>15</td></tr>
</table>

注：表中所列为 APP 卷材的部分技术指标。

（2）合成高分子防水卷材

合成高分子防水卷材是以合成橡胶、合成树脂或它们两者的共混体为基料，加入适量的化学助剂和填充料等，经混练、压延或挤出等工序加工而制成的可卷曲的片状防水材料。其中又可分为加筋增强型与非加筋增强型两种。合成高分子防水卷材具有拉伸强度和抗撕裂强度高、断裂伸长率大、耐热性和低温柔性好、耐腐蚀、耐老化等一系列优异的性能，是新型高档防水卷材。常见的有三元乙丙橡胶防水卷材、聚氯乙烯防水卷材、氯化聚乙烯防水卷材、氯化聚乙烯一橡胶共混防水卷材等。

1）三元乙丙（EPDM）橡胶防水卷材。三元乙丙橡胶防水卷材是以三元乙丙橡胶为主体，掺入适量的硫化剂、促进剂、软化剂和补强剂等，经过配料、密炼、拉片、过滤、压延或挤出成型、硫化、检验和分卷包装等工序加工制成的一种高弹性防水卷材。

三元乙丙橡胶由于其分子结构中的主链没有双键，当其受到臭氧、光和湿热作用时，主链不易断裂，故该卷材耐老化性能比其他类型卷材优越且使用寿命长。此外，这种卷材还具有质量轻、使用温度范围宽、抗拉强度高、延伸率大、对基层变形适应性强、耐酸碱腐蚀等特点，广泛适用于防水要求高、使用年限长的工业与民用建筑的防水工程。三元乙丙橡胶卷材技术性能见表 11-9。

表 11-9　三元乙丙橡胶防水卷材技术性能（HG 2401—1992）

序号	项目		指标	
			一等品	合格品
1	拉伸强度（MPa）≥		8	7
2	扯断伸长率（%）≥		450	
3	直角撕裂强度/（N/cm）≥		280	245
4	不透水性	0.3MPa×30min	不透水	—
		0.3MPa×30min	—	不透水
5	加热伸缩量（mm）	延伸＜	2	
		收缩＜	4	

注：表中所列为三元乙丙橡胶防水卷材的部分技术指标。

2）聚氯乙烯（PVC）防水卷材。聚氯乙烯防水卷材是以聚氯乙烯树脂为主要原料，掺加填充料及适量的改性剂、增塑剂、抗氧化剂和紫外线吸收剂等，经过混炼、压延、冷却、分卷包装等工序制成的防水卷材。这种卷材由于掺入了适量改性剂，可使聚氯乙烯分子间距增大，从而提高了卷材的变形能力，其断裂延伸率为纸胎沥青油毡延伸率的 100 倍以上，而且对基层变形的适应性较强；增塑剂使聚氯乙烯分子链柔顺性提高，使卷材的低温柔性大为改善；填充料除起填充作用外，还能吸收聚氯乙烯分解出的氯化氢，防止其降解反应，同时还起光屏蔽剂作用，吸收光能，防止聚氯乙烯分子链老化断裂，使卷材的耐老化性显著提高。聚氯乙烯防水卷材根据其组成分为均质卷材（代号 H）、带纤维背衬卷材（代号 L）、织物内增强卷材（代号 P）、玻璃纤维内增强卷材（代号 G）和玻璃纤维内增强带纤维背衬卷材（代号 GL）。聚氯乙烯防水卷材的尺寸稳定性、耐热性、耐腐蚀性、耐细菌性等均较好，适用于各类建筑的屋面防水工程和水池、堤坝等防水抗渗工程。聚氯乙烯防水卷材的技术性能见表 11-10。

表 11-10　聚氯乙烯防水卷材物理力学性能（GB 12952—2011）

序号	项目		指标				
			H	L	P	G	GL
1	拉伸性能	最大拉力（N/cm）≥	—	120	250	—	120
2		拉伸强度（MPa）≥	10.0	—	—	10.0	—
3		最大拉力时伸长率（%）≥	—	—	15	—	—
4		断裂伸长率（%）≥	200	150	—	200	100
5	热处理尺寸变化率（%）≥		2.0	1.0	0.5	0.1	0.1
6	低温弯折性		−25℃，无裂纹				
7	不透水性		0.3MPa，2h 不透水				
8	抗冲击性能		0.5kg·m，不渗水				

注：表中所列为聚氯乙烯防水卷材的部分技术指标。

2. 防水涂料

防水涂料是一种流态或半流态物质，涂布在基层表面，经溶剂或水分挥发或各组分间的化学反应，形成有一定弹性和一定厚度的连续薄膜，使基层表面与水隔绝，起到防水、防潮作用。防水涂料固化成膜后的防水涂膜具有良好的防水性能，特别适合于各种复杂不规则部位的防水，能形成无接缝的完整防水膜。它大多采用冷施工，不必加热熬制，既减少了环境污染，改善了劳动条件，又便于施工操作，加快了施工进度。此外，涂布的防水涂料既是防水层的主体，又是粘结剂，因而施工质量容易保证，维修也较简单。但是，防水涂料须采用刷子或刮板等逐层涂刷（刮），故防水膜的厚度较难保持均匀一致。防水涂料广泛适用于工业与民用建筑的屋面防水工程、地下室防水工程和地面防潮、防渗等。

防水涂料按成膜物质的主要成分可分为沥青类、高聚物改性沥青类和合成高分子类三类，按液态类型可分为溶剂型、水乳型和反应型三种。沥青基防水涂料是以沥青为基料配制而成的水乳型或溶剂型防水涂料。这类涂料用沥青基本没有改性或改性作用不大，有石灰乳化沥青、膨润土沥青乳液和水性石棉沥青防水涂料等。高聚物改性沥青防水涂料是以沥青为基料，用合成高分子聚合物进行改性，制成的水乳型或溶剂型防水涂料。这类涂料在柔韧性、抗裂性、拉伸强度、耐高温及低温性能、使用寿命等方面比沥青基涂料有很大改善。品种有再生橡胶改性沥青防水涂料、水乳型氯丁橡胶沥青防水涂料、SBS橡胶改性沥青防水涂料等。合成高分子防水涂料是以合成橡胶或合成树脂为主要成膜物质制成的单组分或多组分的防水涂料。这类涂料具有高弹性、高耐久性及优良的耐高、低温性能，品种有聚氨酯防水涂料、丙烯酸酯防水涂料和有机硅防水涂料等。

（1）石灰乳化沥青。石灰乳化沥青涂料是以石油沥青为基料，石灰膏为乳化剂，在机械强制搅拌下将沥青乳化制成的厚质防水涂料。石灰乳化沥青涂料为水性、单组分涂料，具有无毒、不燃、可在潮湿基层上施工等特点。其技术性能见表11-11。

表11-11　水性沥青基防水涂料质量指标（JC/T 408—2005）

<table>
<tr><th>项　目</th><th>L</th><th>H</th></tr>
<tr><td>固体含量（%）≥</td><td colspan="2">45</td></tr>
<tr><td rowspan="2">耐热度（℃）</td><td>80±2</td><td>110±2</td></tr>
<tr><td colspan="2">无流淌、滑动、滴落</td></tr>
<tr><td>不透水性</td><td colspan="2">0.1MPa，30min无渗水</td></tr>
<tr><td>粘结强度（MPa）≥</td><td colspan="2">0.3</td></tr>
<tr><td>表干时间（h）≤</td><td colspan="2">8</td></tr>
<tr><td>实干时间（h）≤</td><td colspan="2">24</td></tr>
<tr><td>低温柔度（℃）（标准条件）</td><td>−15</td><td>0</td></tr>
<tr><td>断裂伸长率（%）（标准条件）≥</td><td colspan="2">600</td></tr>
</table>

注：表中所列为石灰乳化沥青涂料的部分技术指标。

（2）水乳型氯丁橡胶沥青防水涂料。水乳型氯丁橡胶沥青防水涂料是以阳离子氯丁胶乳与阳离子石油沥青乳液混合，稳定分散在水中而制成的一种水乳型防水涂料。由于用氯丁橡胶进行改性，与沥青基防水涂料相比，水乳型氯丁橡胶沥青防水涂料无论在柔性、延伸性、拉伸强度，还是耐高低温性能、使用寿命等方面都有很大改善，具有成膜快、强度高、耐候性好、抗裂性好，且难燃、无毒等特点。

(3) 聚氨酯防水涂料。聚氨酯防水涂料属双组分型防水涂料。甲组分是含有异氰酸酯基的聚氨酯预聚物，乙组分由含有多羟基的固化剂、增韧剂、防霉剂、填充剂和稀释剂等配制而成的。甲、乙组分按一定比例混合均匀，形成常温反应固化型黏状物质，涂布在基层上经固化可形成柔软、耐水、抗裂和富有弹性的整体防水涂层。聚氨酯防水涂料是以化学反应成膜，几乎不含溶剂、体积收缩小、易做成较厚的涂膜，整体性好；涂膜具有橡胶弹性，延伸性好，耐高、低温性好，耐油、耐化学药品，抗拉强度和抗撕裂强度均较高；对基层变形有较强的适应性。该涂料固化前为黏稠状液体，可在任何复杂的基层表面施工。适用于各种有保护层的屋面防水工程、地下防水工程、浴室、卫生间以及地下管道的防水、防腐等。聚氨酯防水涂料的技术性能见表11-12。

表11-12 单组分聚氨酯防水涂料的主要技术性能（GB/T 19250—2003）

序号	项　目		Ⅰ	Ⅱ
1	拉伸强度（MPa）	≥	1.9	2.45
2	断裂伸长率（%）	≥	550	450
3	撕裂强度（N/mm）	≥	12	14
4	低温弯折性（℃）	≤	−40	
5	不透水性（0.3MPa，30min）		不透水	
6	固体含量（%）	≥	80	
7	表干时间（h）	≤	12	
8	实干时间（h）	≤	24	

注：表中所列为聚氨酯防水涂料的部分技术指标。

3. 建筑密封材料

建筑密封材料是能承受位移以达到气密、水密目的而嵌入建筑接缝中的定形和非定形材料。非定形密封材料（密封膏）又称密封胶，是黏稠状的密封材料，它可分为溶剂型、乳液型、化学反应型等。定形密封材料是将密封材料按密封工程部位的不同要求制成带、条、垫片等形状。建筑密封材料按性能分为弹性密封材料和塑性密封材料；按使用时的组分分为单组分密封材料和多组分密封材料；按组成材料分为改性沥青密封材料和合成高分子密封材料。

为保证防水密封的效果，建筑密封材料应具有水密性和气密性，良好的粘结性，良好的耐高、低温性和耐老化性能，一定的弹塑性和拉伸—压缩循环性能。密封材料的选用，应首先考虑它的粘结性能和使用部位。密封材料与被粘基层的良好粘结，是保证密封的必要条件，因此，应根据被粘基层的材质、表面状态和性质来选择粘结性良好的密封材料；建筑物中不同部位的接缝，对密封材料的要求不同，如室外的接缝要求较高的耐候性，而伸缩缝则要求较好的弹塑性和拉伸—压缩循环性能。

(1) 非定形密封材料

目前，常用的非定形密封材料有：沥青嵌缝油膏、丙烯酸酯密封膏、聚氨脂密封膏、硅酮密封膏和有机硅橡胶密封膏等。

1) 沥青嵌缝油膏。沥青嵌缝油膏是以石油沥青为基料，加入改性材料（废橡胶粉和硫化鱼油等）、稀释剂（松焦油、松节重油和机油等）及填充料（石棉绒和滑石粉等）混合制成的密封膏。沥青嵌缝油膏主要作为屋面、墙面、沟槽的防水嵌缝材料。建筑防水沥青嵌缝油膏的技术性能见表 11-13。

表 11-13 建筑防水沥青嵌缝油膏的技术性能（JC/T 207—2011）

项目		技术指标	
		702	801
密度（g/cm³）		规定值±0.1	
施工度（mm）≥		22.0	20.0
耐热性	温度（℃）	70	80
	下垂度（mm）≤	4.0	
低温柔性	温度（℃）	−20	−10
	粘结状况	无裂纹、无剥离	
拉伸粘结性（%）≥		125	
浸水后拉伸粘结性（%）≥		125	
渗出性	渗出幅度（mm）≤	5	
	渗出张数（张）≤	4	
挥发性（%）≤		2.8	

注：规定值由厂方提供或供需双方商定。

2）聚氨酯密封膏。聚氨酯密封膏一般用双组分配制。使用时，将甲乙两组分按比例混合，经固化反应成弹性体。聚氨酯密封膏的弹性、粘结性及耐候性特别好，与混凝土的粘结性也很好。所以聚氨酯密封材料可作屋面、墙面的水平或垂直接缝。尤其适用于水池、公路及机场跑道的补缝、接缝，也可用于玻璃、金属材料的嵌缝。聚氨酯密封膏的技术性能见表 11-14。

表 11-14 聚氨酯建筑密封膏技术性能（JC/T 482—2003）

项目		技术指标		
		20HM	25LM	20LM
密度 g/cm³）		规定值±0.1		
表干时间（h）		≤24		
挤出性（mL/min）		≥80		
弹性恢复率（%）		≥70		
适用期（h）		≥1		
流动性	下垂度（N 型）（mm）	≤3		
	流平性（L 型）	光滑平整		
拉伸模量（MPa）	23℃	>0.4 或 >0.6	≤0.4 和 ≤0.6	
	−20℃			
定伸粘结性		无破坏		
冷拉—热压后粘结性		无破坏		
浸水后定伸粘结性		无破坏		
质量损失率/%		≤7		

注：表中所列为部分指标。

3）硅酮密封膏。硅酮密封膏是以聚硅氧烷为主要成分的单组分或双组分室温固化型的建筑密封材料。目前大多为单组分系统，它以硅氧烷聚合物为主体，加入硫化剂、硫化促进剂以及增强填料组成。硅酮密封膏具有优异的耐热、耐寒性和良好的耐候性；与各种材料都有较好的粘结性能；耐拉伸—压缩疲劳性强，耐水性好。硅酮建筑密封膏分为F类和G类两种类别。其中，F类为建筑接缝用密封膏，适用于预制混凝土墙板、水泥板、大理石板的外墙接缝，混凝土和金属框架的粘结，卫生间和公路接缝的防水密封等；G类为镶装玻璃用密封膏，主要用于镶嵌玻璃和建筑门、窗的密封。硅酮密封膏的技术性能见表11－15。

表 11-15　硅酮建筑密封膏技术性能（GB/T 14683—2003）

项　目		技术指标			
		25HM	20HM	25LM	20LM
密度（g/cm³）		规定值±0.1			
表干时间（h）		≤3			
挤出性（mL/min）		≥80			
弹性恢复率（%）		≥80			
下垂度（mm）	垂直	≤3			
	水平	无变形			
拉伸模量（MPa）	23℃	＞0.4 或 ＞0.6		≤0.4 和 ≤0.6	
	－20℃				
定伸粘结性		无破坏			
冷拉—热压后粘结性		无破坏			
浸水后定伸粘结性		无破坏			
质量损失率/%		≤10			

注：表中所列为硅酮密封膏的部分技术指标。

（2）定形密封材料

定形密封材料包括密封条带和止水带，如铝合金门窗橡胶密封条、丁腈胶－PVC门窗密封条、自黏性橡胶、水膨胀橡胶、橡胶止水带、塑料止水带等。定形密封材料按密封机理的不同可分为遇水膨胀型和遇水非膨胀型两类。

遇水膨胀型密封材料常见的是遇水膨胀止水条，又称复合止水带，该材料以天然橡胶作为复合止水带主体的主原料，用天然橡胶和高吸水聚合物等制成遇水膨胀橡胶，复合在止水带主体上制成复合遇水单向膨胀橡胶止水带。遇水膨胀止水条具有优良的粘结力和延伸率，能快速封闭结构内部空隙或裂缝，起到以水止水的作用。遇水膨胀止水条适用于储水池、沉淀池、游泳池、渠道、地下铁路等各种地下建筑工程的变形缝及结构接缝的防水密封，其性能见表11-16。

表 11-16　腻子型遇水膨胀止水条性能（GB 18173.3—2002）

项　目	性能指标		
	PN-150	PN-220	PN-300
体积膨胀倍率（%）≥	150	220	300
高温流淌性（80℃（5h）	无流淌		
低温试验（－20℃（2h）	无脆裂		

止水带也称为封缝带，是处理建筑物或地下构筑物接缝（伸缩缝、施工缝、变形缝等）用的一种定形防水密封材料。是以天然橡胶或合成橡胶为主要原料，掺入各种助剂及填料加工制成。它具有良好的弹性、耐磨性及抗撕裂性能，适应变形能力强，防水性能好。一般用于地下工程、小型水坝、贮水池、地下通道等工程的变形接缝部位的隔离防水以及水库、输水洞等处的闸门密封止水，不宜用于温度过高、受强烈氧化作用或受油类等有机溶剂侵蚀的环境中。塑料止水带目前多为软质聚氯乙烯塑料止水带，是由聚氯乙烯树脂、增塑剂、稳定剂等原料加工制成。塑料止水带的优点是原料来源丰富、价格低廉、耐久性好，可用于地下室、隧道、涵洞、溢洪道、沟渠等水工构筑物的变形缝的防水。橡胶止水带的性能见表11-17。

表11-17　橡胶止水带性能（GB 18173.2—2002）

项　目		指　标		
		B	S	J
硬度（邵尔A，度）		60±5	60±5	60±5
拉伸强度（MPa）≥		15	12	10
扯断伸长率（%）≥		380	380	300
压缩永久变形	70℃（24h（%）≤	35	35	35
	23℃（168h（%）≤	20	20	20
撕裂强度（kN/m）≥		30	25	25
脆性温度（℃）≤		−45	−40	−40

注：表中所列为橡胶止水带的部分技术指标。

11.2　绝热材料及吸声材料

11.2.1　绝热材料

在建筑上，将主要作为保温、隔热用的材料通称为绝热材料。绝热材料的导热系数(λ)值通常应不大于0.23W/(m·K)，热阻(R)值应不小于4.35(m^2·K)/W。此外，绝热材料尚应满足：表现密度不大于600kg/m^3、抗压强度大于0.3MPa、构造简单、施工容易、造价低等。

绝热材料是指用于建筑围护或者热工设备、阻抗热流传递的材料或者材料复合体，既包括保温材料，也包括保冷材料。绝热材料一方面满足了建筑空间或热工设备的热环境，另一方面也节约了能源。因此，有些国家将绝热材料看做是继煤炭、石油、天然气、核能之后的“第五大能源”。

在建筑中合理地使用绝热材料，可取得以下几个方面的效果：提高建筑物的使用效能，更好地满足使用要求。减小外墙厚度，减轻屋面体系的自重及整个建筑物的质量。同时，也节约了材料，减少了运输和安装施工的费用，使建筑造价降低。在采暖及装有空调的建筑以及冷库等特殊建筑中，采用适当的绝热材料可减少能量损失，节约能源。

1. 影响材料导热系数的因素

绝热材料的性能主要用导热系数表示。不同种类的材料，其导热系数不同。即使是同种材料，其导热系数也不是固定不变的。一般来说，材料的导热系数取决于材料成分、内部结构、构造情况及表观密度等，同时也与介质温度和材料的含水率等因素有关。

（1）显微结构的影响

一般来说，呈晶体结构的材料导热系数最大，微晶体结构次之，而玻璃体结构最小。同一种材料内部结构不同时，其导热系数亦将不同。但多孔绝热材料显微结构对其导热系数的影响并不显著，因为起主要影响作用的是其孔隙率的大小。

（2）结构特征的影响

是指材料内部的孔隙率、孔隙构造、孔隙分布等对导热系数的影响。一般来说，孔隙率越大，则导热系数越小。在孔隙率相同的条件下，孔隙尺寸越大，且孔隙相互联通，则导热系数越大，这是由于空气对流的影响。

（3）表观密度的影响

由于材料中固体物质的导热能力要比空气的导热能力大得多，因此，表观密度小的材料，其导热系数也较小。但表观密度很小的材料（尤其是纤维状的材料）常常存在着一个与最小λ值相对应的最佳表观密度值，当表观密度大于或小于最佳值时，λ值都将会增大。这是由于表观密度值较小时，材料中所存在的对流作用对λ值产生了很大的影响。

（4）湿度的影响

由于$\lambda_{空气}=0.025$W/（m·K），$\lambda_{水}=0.60$W/（m·K），$\lambda_{冰}=2.20$W/（m·K），因此，当材料吸湿受潮后，其导热系数将会增大。如孔隙中的水又结成冰，则导热系数将更大。这种情况多孔材料最明显。这是由于在材料的孔隙中吸有水分之后，除了孔隙中剩余的空气分子的导热、对流以及部分孔壁的辐射作用外，孔隙中水蒸气的扩散和水分子的热传导将对传热过程起主要的作用

（5）温度的影响

当温度升高时，材料中分子的平均热运动水平有所提高，同时材料孔隙中空气的导热和孔壁间的辐射作用也有所增加。因此，材料的导热系数将随温度的升高而增大，但当温度在0～50℃的范围内变化时，这种影响并不很大。只是在处于高温或负温下的材料，才有必要考虑这种温度变化对导热系数所产生的影响。

（6）热流方向的影响

对于各向异性的材料，尤其是纤维质的材料，当热流的方向平行于纤维延伸方向时，所受到的阻力最小；而当热流方向垂直于纤维延伸方向时，热流受到的阻力最大。以松木为例，当热流垂直于纤维方向时，$\lambda=0.17$ W/(m·K)，而当热流平行于纤维方向时，$\lambda=0.35$ W/(m·K)。

在上述的各项因素中，以表观密度和湿度的影响最大。表观密度是由材料本身的组成与结构所决定的，而各种材料的组成与结构又很不相同，因此，表观密度是决定材料导热性的一个重要因素。在实用中，可以将其作为推断各种材料导热性相对大小及变化规律的一个重要依据。至于湿度的影响，则应根据材料在建筑中的实际使用条件来估计。使用条件包括当地的气候条件、房间的朝向、围护结构的构造方式及房间的使用性质等。在一般情况下，可取空气的相对湿度为80％～85％时的材料平衡湿度来测定绝热材料的导热系数。

2. 建筑材料及制品燃烧性能分级

《建筑材料及制品燃烧性能分级》（GB 8624—2012）将建筑材料及制品的燃烧性能分为：A（不燃）、B_1（难燃）、B_2（可燃）、B_3（易燃）四个级别。

简单的检测方法，取一小块材料 用打火机去烧烤一会儿，将打火机拿开，看材料是否有继续燃烧现象：

B_1 级　打火机火焰离开后材料没有燃烧现象，只有被打火机烧烤的现象，质量损失较小。

B_2 级　打火机火焰离开后材料燃烧时间较长，滴落物较多。

B_3 级　不停燃烧。

建筑墙体外保温是绝热材料应用的重要方面之一，是实现建筑节能的重要手段。目前国内的外墙保温中保温层约80％采用的是可燃有机绝热材料，并时有发生保温层火灾事故的案例，加之我国城市建筑密度和人口密度大，高层建筑的比例大量增加，特别是在部分大城市的新建住宅中，中高层、高层住宅已有相当大的比例，使得外墙保温系统的防火安全问题显得尤为重要。为此，当以泡沫塑料类材料作为外墙保温系统中的绝热材料时应进行可靠的阻燃处理并设置防火隔离带。

3. 常用绝热材料

（1）常用绝热材料简介

绝热材料的种类很多，其中泡沫塑料、加气混凝土及吸热玻璃、热反射玻璃、中空玻璃等在其他章节中进行介绍。因此，下面仅简要介绍一些常用的，而在其他章节中又尚未提及的绝热材料，详见表11-18、表11-19。

表11-18　无机绝热材料

名　　称	特　　性
玻璃棉及其制品	绝热、不燃、吸声，导热系数(0.033～0.050)W/(m·K)
矿物棉及其制品	含岩棉及矿渣棉，其允许使用温度高、吸水性大、弹性小，不燃、导热系数(0.044～0.052)W/(m·K)
膨胀蛭石及其制品	允许使用温度高、吸水性较大、绝热、隔声，导热系数(0.046～0.070)W/(m·K)
膨胀珍珠岩及其制品	吸水性小、无毒、无味、不燃、抗菌、耐腐蚀及吸声性能好，导热系数(0.046～0.070)W/(m·K)
泡沫玻璃	适用范围宽(－270～430℃)、孔隙率大(94％～95％)，具有良好的机械强度、不透气、不吸水、不燃、不受鼠啮，导热系数(0.058～0.128)W/(m·K)

表11-19　有机绝热材料

名　　称	特　　性
软木及其制品	表观密度小、防腐和防水性好、且具有优良的吸声、防震材料，导热系数（0.046～0.070）W/（m·K）
软质纤维板	绝热性好、抗压强度高（1～3MPa），吸声性好、可用于天花板直接装饰，导热系数一般低于0.05W/（m·K）
硬质泡沫橡胶	导热系数小、强度较高，耐热不好（65℃左右开始软化），具有良好的低温性能

（2）泡沫混凝土

由于材料燃烧性能成为绝热材料在建筑墙体保温应用中的关键性因素，而多数泡沫塑料的燃烧性能欠佳，故无机绝热材料在建筑墙体保温中的应用受到重视。如矿物棉及其制品、玻璃棉及其制品等。泡沫混凝土也由此得到了迅速发展。

用物理方法将泡沫剂制备成泡沫，再将泡沫加入到由水泥、骨料、掺合料、外加剂和水制成的料浆中，经混合搅拌、浇注成型、养护而成轻质微孔混凝土称为泡沫混凝土。其主要原料有水泥、石灰、水、泡沫剂等，在此基础上掺加一些填料、骨料及外加剂。常用的填料及骨料为：砂、粉煤灰、陶粒、碎石屑、膨胀聚苯乙烯、膨胀珍珠岩，常用的外加剂为减水剂、防水剂、缓凝剂等。

泡沫混凝土的生产方法有湿砂浆法和干砂浆法两种。湿砂浆法通常是在混凝土搅拌站将水泥、砂与水等搅拌成砂浆，并用汽车式搅拌机车运至工地，再将单独制成的泡沫加入砂浆，搅拌机将泡沫及砂浆拌匀，然后将制备好的泡沫混凝土注入泵车输送或现场直接施工。干砂浆法是将各干组分（水泥、粉煤灰等）通过散装运输或传动系统输送至施工现场，干组分与水在施工现场拌合，然后将单独制成的泡沫加入砂浆，两者在匀化器内拌合，然后用于现场施工。

1）按干密度分类

泡沫混凝土按干密度分为11个等级，分别用符号A03、A04、A05、A06、A07、A08、A09、A10、A12、A14、A16表示。

表11-20　泡沫混凝土干密度和导热系数（JG/T 266－2011）

干密度等级	A03	A04	A05	A06	A07	A08	A09	A10	A12	A14	A16
干密度(kg/m³)	300	400	500	600	700	800	900	1000	1200	1400	1600
导热系数(W/(m·k))	0.08	0.10	0.12	0.14	0.18	0.21	0.24	0.27			

2）按强度等级分类

泡沫混凝土按强度等级分为11个等级，分别用符号C0.3、C0.5、C1、C2、C3、C4、C5、C7.5、C10、C15、C20表示。

表11-21　泡沫混凝土强度等级（JG/T 266－2011）　　（MPa）

强度等级		C0.3	C0.5	C1	C2	C3	C4	C5	C7.5	C10	C15	C20
强度	每组平均值	0.30	0.50	1.00	2.00	3.00	4.00	5.00	7.50	10.00	15.00	20.00
	单块最小值	0.225	0.425	0.850	1.700	2.550	3.400	4.250	6.375	8.500	12.760	17.000

4. 外墙外保温层构造

外墙外保温层构造如表11-22所示。

表11-22　外墙保温层构造

分类		构造示意图	系统的基本构造				
			①基层墙体	②粘结层	③保温层	④抹面层	⑤饰面层
A1型	涂料饰面	①②③④⑤	钢筋混凝土墙各种砌体墙（砌体墙需用水泥砂浆找平）	胶粘剂（粘贴面积不得小于保温板面积的40%）（锚栓）	EPS板 PUR板（板两面需刷界面剂）XPS板（板两面需使用界面砂浆时，宜使用水泥基界面砂浆）	抹面砂浆复合玻纤网格布（加强型增设一层耐碱玻纤网格布）	涂料或饰面砂浆

续表

分类		构造示意图	系统的基本构造				
			①基层墙体	②粘结层	③保温层	④抹面层	⑤饰面层
A2型	面砖饰面	① ② ③ ④ ⑤	钢筋混凝土墙各种砌体墙（砌体墙需用水泥砂浆找平）	胶粘剂（粘贴面积不得小于保温板面积的50%）（锚栓）	EPS板	第一遍抗裂砂浆＋一层耐碱网格布，用塑料锚栓与基层墙体锚固＋第二遍抗裂砂浆（抹面层厚度 3mm ～ 7mm）	面砖粘结砂浆＋面砖＋勾缝剂

绝热材料的导热系数 λ 值并不是恒定的，因为任何一种绝热材料在常规使用环境下都会吸湿，而水的导热系数远远高于绝热材料的初始导热系数，所以绝热材料本体中进入了水蒸气（或水），势必使材料的导热系数不断增大，最终失掉其绝热功能。所以，绝热材料不仅应导热系数小、不燃，而且应具有憎水性或在保温层上加防水层。

11.2.2 吸声材料

1. 吸声材料的概念

吸声材料是一种能够较大程度地吸收由空气传递的声波能量的建筑材料。由于这类材料具有控制混响时间、抑制噪声和减弱声波反射的作用，因此用于室内墙面、地面、顶棚等部位能够改善声波在室内的传播质量，保持良好的音响效果。

吸声材料的种类很多，其中最重要的是多孔性吸声材料，其内部有大量微孔和气泡，在材料的表面具有大量的开口孔隙，而且这些微孔是内外连通的。因此，当声波入射到材料表面时，便会很快地顺着微孔进入材料内部，引起孔隙内的空气振动，由于摩擦、空气黏滞阻力和材料内部的热传导作用，使相当一部分声能被转化为热能而被吸收。这种多孔性吸声材料具有良好的高频吸声性能。

另一类比较重要的吸声材料是柔性吸声材料，这类材料的特点是具有密闭气孔和一定的弹性。这类材料虽然也是多孔材料，但因其孔隙多为闭孔，由声波引起的空气振动不易直接传递至材料内部，因此其吸声机理也不相同。这种材料的吸声机理是孔壁在空气振动的作用下相应地发生振动，在振动过程中由于克服材料内部的摩擦而消耗声能，引起声波的衰减。这种柔性材料的吸声特性是在一定的频率范围内会出现一个或多个吸声频率。

另外，有些本来吸声性能较差的材料（如胶合板、纤维板、石膏板、金属板等），也常常通过打孔、开缝等简单的处理，或与上述两类吸声材料复合而作为吸声材料使用。但严格地说，这些应属于通过一定的加工方法或构造处理而形成的吸声结构。

2. 材料吸声性能的评价

材料的吸声性能通常以吸声系数来表示。可用公式表示如下：

$$\alpha = E/E_0$$

式中 E_0——传递给材料的全部入射声能；

E——被材料吸收的声能；

α——吸声系数。

由上式可以看出，吸声系数 α 表示当声波遇到材料表面时，被吸收的声能与入射声能之比。显然，吸声系数越大，则材料的吸声效果越好。

同种材料对不同频率的声波和不同入射方向的声波，其吸声系数也是不一样的，即材料的吸声系数与声波的频率和入射方向有关。为了全面地反映材料的吸声特性，通常以在125Hz、250Hz、500Hz、1000Hz、2000Hz、4000Hz 这六个特定频率下，声波以各个方向入射时的吸收平均值来表示材料的吸声特性。凡在上述六个频率下的平均吸声系数大于 0.2 的材料，称为吸声材料。

3. 影响材料吸声性能的因素

下面主要针对多孔性吸声材料加以讨论。而对于其他吸声材料与吸声结构，亦可仿此对影响吸声性能的因素加以考虑。

(1) 材料表观密度的影响。表观密度的增大，意味着微孔的减少。这将使低频吸声效果改善，但高频吸声效果有所下降。而且当表观密度的增加超过一定限度后，由于空气流阻增大，还会引起平均吸声系数的降低。因此，多孔材料表观密度的合理选择对获得最佳吸声效果是十分重要的。

(2) 孔隙构造的影响。一般来说，相互连通的、细小的、开放性的孔隙越多，则材料的吸声效果越好。而较为粗大的孔和较多的封闭微孔，对吸声都是不利的。

(3) 材料厚度的影响。一般来说，增加多孔吸声材料的厚度可以提高其低频吸声系数，但对高频吸声性能的影响不大。此外，这种吸声系数随厚度的增加而提高是有限的，所以为提高吸声能力而无限制地增加厚度是不适宜的。

(4) 背后空气层的影响。吸声材料背后留置空气层与将该空间用吸声材料填充时所取得的吸声效果是相似的。根据这一原理，可通过调整空气层厚度的方法，达到既提高吸声系数又节省吸声材料的目的。

(5) 表面特征的影响。吸声材料表面的孔洞和开口孔隙对吸声是有利的。根据这一原理，可以通过在材料表面作开孔处理及控制开孔率来改善和调节材料的吸声性能。但当材料吸湿或表面喷涂涂料等而将孔口堵塞之后，材料的吸声性能将大幅度下降。

除了上述几项因素之外，影响吸声材料吸声性能的因素还有许多，如材料中的空气流阻的大小，入射声波的频率和声波的入射条件等。

4. 吸声材料的选择及使用

为了合理地选择和有效地使用吸声材料，除应对材料的吸声性能有所了解外，尚需对材料强度、吸湿性、加工特性等有所了解。这样才能在综合分析的基础上根据具体的使用条件(或使用环境) 做出选择。在这方面，应注意下述几点：

(1) 吸声系数是表征材料吸声能力大小的量值，因此应尽可能选用 α 值较大的吸声材料。但由于绝大多数吸声材料在高频时总有较大的吸声系数，所以应根据中、低频范围内所需要的吸声系数来选择材料。

(2) 应将吸声材料安装在最容易接触声波和反射次数最多的部位的表面。但亦需注意使其在室内各表面上比较均匀地分布。

(3) 吸声材料的强度一般都比较低，因此一般应将其设置在护壁台度以上，以防损坏。

(4) 多孔吸声材料往往具有一定的吸湿膨胀性，安装时应考虑胀缩影响预留一定缝隙。

(5) 所选用的吸声材料应能防火、阻燃、不易腐蚀、虫蛀和霉变。

(6) 应注意区分绝热材料和吸声材料。有的吸声材料和绝热材料所用原料相同，名称相同，而且都是多孔性材料。但应注意，这是两类完全不同的材料。绝热材料的孔隙特征是具有封闭的、互不连通的气孔，而吸声材料的孔隙特征则是具有开放的、互相连通的气孔。

(7) 应注意吸声材料的安装使用方法，以便最大限度地发挥其吸声作用。如对于悬吊式的空间吸声体来说，由于有效吸声面积大于投影面积，则可出现吸声系数大于 1 的情况。

5. 常用吸声材料简介

常用吸声材料及吸声结构的构造见表 11-23，常用吸声材料及部分常用吸声结构的吸声性能和装置情况见表 11-24。

表 11-23　常用吸声结构的构造图例及材料构成

类别	多孔吸声材料	薄板振动吸声结构	共振吸声结构	穿孔板组合吸声结构	特殊吸声结构
构造图例					
举例	玻璃棉矿棉 木丝板 半穿孔纤维板	胶合板 硬质纤维板 石棉水泥板 石膏板	共振吸声器	穿孔胶合板 穿孔铝板 微穿孔板	空间吸声体帘幕体

表 11-24　常用建筑吸声材料及结构的吸声系数

序号	名　称	厚度 (cm)	表观密度 (kg/m³)	各频率下的吸声系数						装置情况
				125	250	500	1000	2000	4000	
1	石膏砂浆（掺有水泥、玻璃纤维）	2.2		0.24	0.12	0.09	0.30	0.32	0.83	粉刷在墙上
2	石膏砂浆（掺有水泥、石棉纤维）	1.3		0.25	0.78	0.97	0.81	0.82	0.85	喷射在钢丝网板条上，表面滚平，后有 15cm 空气层
3	水泥膨胀珍珠岩板	2	350	0.16	0.46	0.64	0.48	0.56	0.56	贴实
4	矿渣棉	3.13 8.0	210 240	0.10 0.35	0.21 0.65	0.60 0.65	0.95 0.75	0.85 0.88	0.72 0.92	贴实
5	沥青矿渣棉毡	6.0	200	0.19	0.51	0.67	0.70	0.85	0.86	贴实
6	玻璃棉 超细玻璃棉	5.0 5.0 5.0 15.0	80 130 20 20	0.06 0.10 0.10 0.50	0.08 0.12 0.35 0.80	0.18 0.31 0.85 0.85	0.44 0.76 0.85 0.85	0.72 0.85 0.86 0.86	0.82 0.99 0.86 0.80	贴实
7	酚醛玻璃纤维板（去除表面硬皮层）	8.0	100	0.25	0.55	0.80	0.92	0.98	0.95	贴实
8	泡沫玻璃	4.0	1260	0.11	0.32	0.52	0.44	0.52	0.33	贴实
9	脲醛泡沫塑料	5.0	20	0.22	0.29	0.40	0.68	0.95	0.94	贴实

续表

序号	名称	厚度(cm)	表观密度(kg/m³)	各频率下的吸声系数						装置情况
				125	250	500	1000	2000	4000	
10	软木板	2.5	260	0.05	0.11	0.25	0.63	0.70	0.70	贴实
11	木丝板	3.0		0.10	0.36	0.62	0.53	0.71	0.90	钉在木龙骨上，后留 10cm 空气层
12	穿孔纤维板穿孔率 5%，孔径 5mm	1.6		0.13	0.38	0.72	0.89	0.82	0.66	钉在木龙骨上，后留 5cm 空气层
13	胶合板（二夹板）	0.3		0.21	0.73	0.21	0.19	0.08	0.12	钉在木龙骨上，后留 5cm 空气层
14	胶合板（三合板）	0.3		0.60	0.38	0.18	0.05	0.05	0.08	钉在木龙骨上，后留 10cm 空气层
15	穿孔胶合板（五夹板）（孔径 5mm，孔心距 25mm）	0.5		0.02	0.25	0.55	0.30	0.16	0.19	钉在木龙骨上，后留 5cm 空气层
16	穿孔胶合板（五夹板）（孔径 5mm，孔心距 25mm）	0.5		0.23	0.69	0.86	0.47	0.26	0.27	钉在木龙骨上，后留 5cm 空气层，但在空气层内填充矿物棉
17	穿孔胶合板（五夹板）（孔径 5mm，孔心距 25mm）	0.5		0.20	0.95	0.61	0.32	0.23	0.55	钉在木龙骨上，后留 10cm 空气层，但在空气层内填充矿物棉
18	工业毛毡	3	370	0.10	0.28	0.55	0.60	0.60	0.59	张贴在墙上
19	地毯	厚		0.20		0.30		0.50		铺于木格栅楼板上
20	帷幕	厚		0.10		0.50		0.60		有折叠、靠墙装置
21	木条子			0.25		0.65		0.65		4cm 木条，钉在木龙骨上，木条之间空出 0.5cm，后填 2.5cm 矿物棉

注：①表中名称前有 * 者表示系用混响室法测得的结果；无 * 者系用驻波管法测得的结果，混响室法测得的数据比驻波管法大 0.20 左右；

②穿孔板吸声结构，以穿孔率为 0.5%～5%，板厚为 1.5～10mrn，孔径为 2～15mm，后面留腔深度为 100～250mm 时，可得较好效果；

③序号前有 * 者为吸声结构。

11.2.3 隔声材料及隔声处理

1. 隔声材料的概念

在实际工程中已有这样的经验：即以轻质、疏松、多孔的材料填充空气间层，或以这些多孔材料将密实材料加以分隔，均能有效地提高建筑物（或构件）的隔声能力。但前述的绝热材料、吸声材料等多孔性材料并不能简单地作为隔声材料使用。

通常认为隔声材料是指用来构成以隔声为目的的建筑构配件的材料。这些隔声结构用于隔绝在空气中传播的声波，阻止声波的入射，尽量减弱从结构背面发射出来的声波（透射波）的强度。

由上述定义可以看出，隔声材料是用以隔绝空气声的。在建筑中所需隔绝的声音，除以空气传声方式传播的空气声外，还有以固体传声方式传播的撞击声。下面，拟就这两种声音的隔绝作一简单的讨论。

2. 隔声处理的原则

（1）空气声的隔绝。空气声的隔绝主要由质量定律所支配。即墙壁、楼板等隔声能力的大小，主要取决于其单位面积质量的大小。质量越大，材料越不易受激振动，因此对空气声的反射越大，透射越小，同时还有利于防止发生共振现象和出现低频吻合效应。因此，为了有效地隔绝空气声，应尽可能选用密实、沉重的材料。当必须使用轻质墙体材料时，则应辅以填充吸声材料或采用夹层结构，这样处理后的隔声量比相同质量的单层墙体的隔声量可以提高很多。但应注意使各层材料质量不等，以避免谐振。

（2）撞击声的隔绝。隔绝撞击声的方法与隔绝空气声的方法是有区别的，因为在这种情况下，建筑构件（材料）本身成为声源而直接向四周传播声能。在建筑中，对撞击声隔绝是一个十分重要的问题，因为撞击声噪声干扰往往比空气声更为强烈。这是由于声波沿固体材料传播时，声能衰减极少的缘故。

对于撞击声的隔绝作用原理及其控制措施，虽然已有一定的研究，但由于该问题本身的复杂性，目前尚无行之有效的解决办法。一般来说，可采用加设弹性面层、弹性垫层等方法来予以改善，这主要是因为当撞击作用发生时，这些材料发生了变形，即产生了机械能与热能的转换，而使传递过去的声能大大降低。常用的弹性衬垫材料有橡胶、软木、毛毡、地毯等。而像混凝土等刚性材料，一般认为其对撞击声的隔绝基本上是无能为力的。

11.3 装饰材料——陶瓷与玻璃

陶瓷与玻璃是现代建筑不可缺少的两大类装饰材料。陶瓷制品相对于其他饰面材料（如塑料、金属材料）具有许多优点，易清洗、耐磨、耐腐蚀和维修费用低等，因此获得广泛的应用；而玻璃正在向多品种多功能方面发展，兼具装饰性与功能性的玻璃不断问世，如平板玻璃已由过去单纯作为采光材料，而向控制光线、调节热量、节约能源、控制噪音及降低结构自重、改善环境等多种功能方面发展，同时用着色、磨光等办法提高装饰效果。

11.3.1 陶瓷

在现代装饰工程中应用的陶瓷制品主要包括：陶瓷墙地砖、建筑陶瓷、园林陶瓷、琉璃陶瓷制品等。但应用最为广泛的仍是陶瓷墙地砖。因此本节以干压陶瓷墙地砖为代表来叙述陶瓷制品的一般问题。

1. 陶瓷的基本概念

传统的陶瓷产品是由黏土类及其他天然矿物原料经过粉碎加工、成型、焙烧等过程制成的。有上釉和不上釉的，可一次烧成，也可以素烧坯施釉后进行二次烧成。

陶瓷是陶器和瓷器的总称。陶器以陶土为原料，所含杂质较多，烧成温度较低，断面粗糙无光，不透明，吸水率较高。瓷器以纯的高岭土为原料，焙烧温度较高，坯体致密，几乎不吸水，有一定的半透明性。介于陶瓷和瓷器二者之间的产品为炻器，也称为石胎瓷、半瓷。炻器坯体比陶器致密，吸水率较低，但与瓷器相比，断面多数带有颜色而无半透明性，吸水率也高于瓷器。

陶器又可分为粗陶和精陶。粗陶坯体一般由含杂质较多的黏土制成，工艺较粗糙，建筑上用的砖、瓦以及陶管等均属此类。精陶系指坯体焙烧后呈白色、象牙色的多孔性陶制品，所用原料为可塑黏土或硅灰石。通常两次烧成，素烧温度多为1250～1280℃，釉烧温度为1050～1150℃。建筑内饰面用的釉面内墙砖即属此类。

炻器按其坯体的致密性、均匀性以及粗糙程度分为粗炻器和细炻器两大类。外墙用砖、铺地砖多为粗炻器，按吸水率大小又可将其分为炻瓷砖、细炻砖和炻质砖，一些日用炻器为细炻器。釉是附着于陶瓷坯体表面的连续玻璃质层。它具有与玻璃相类似的某些物理与化学性质。如釉无固定熔点，具有光泽、透明及各向同性。施釉的目的在于改善坯体的表面性能并提高力学强度，使坯体表面变得平滑、光亮，由于封闭了坯体孔隙而减小了吸水率，使耐久性提高。釉不仅具有各种鲜艳的色调，而且可以通过控制其成分、黏度和表面张力等参数，制成装饰效果各异的流纹釉、珠光釉、乳浊釉等艺术釉料，使建筑陶瓷大放异彩。

釉的原料分天然原料和化工原料两类。常用天然原料有石英、长石、石灰石、高岭土、滑石等矿物原料。常用化工原料主要用作熔剂、着色剂和乳浊釉中的SiO_2、ZrO_2、$ZrSiO_4$等乳浊剂。

釉料成分应严格选择，以保证釉料熔化后既具有适当的黏度、表面张力、硬化后又能和坯体牢固结合并具有相近的膨胀系数。

2. 常用陶瓷墙地砖

陶瓷墙地砖外形多样，花色繁多，有上釉的，也有不上釉的；有单色的，也有彩釉砖，还有图案砖、麻石砖等。经过精心设计，尚可用陶瓷墙地砖制成陶瓷壁画，它既可以镶嵌在高层建筑上，也可铺贴在候机室、大型会客室、候车室等公共建筑中，给人们以美的享受。

（1）釉面内墙砖

釉面内墙砖是建筑物内墙面装饰用的薄板状精陶制品。按釉面的颜色分为单色、花色和图案砖，俗称瓷砖、瓷片。按形状分为正方形、长方形和配件砖。正方形砖常用规格为108mm×108mm×5mm、152mm×152mm×5mm。配件砖包括阳角条、阴角条、阳三角、阴三角等，用于铺贴一些特殊部位。

釉面内墙砖多用于卫生间、试验室、医院、厨房、精密仪器车间等处的室内墙面、墙裙、工作台的装修。由于釉面砖属于陶质制品，吸水率大，抗热震性要求不高，所以不得用于室外墙面、柱面等处，否则容易出现脱落、开裂等现象。

为了保证釉面内墙砖与基层粘结牢固，砖的背面留有浅的凹槽，以便和基层砂浆充分粘结。釉面内墙砖在镶贴前还应做浸水处理，以免干砖过多吸收灰浆中的水分而影响粘贴质量。

（2）彩色釉面陶瓷墙地砖

外墙面砖及地砖多属于炻器，有上釉或不上釉的，有单色或彩釉的，表面除光面外，还可制成仿石的、麻石的、带线条的等多种质感。大尺寸地砖有全瓷质玻化砖，焙烧后表面抛光呈镜面，车削四边。

外墙面砖及地砖有长方形、正方形多种规格，厚度一般在12mm以下。

（3）陶瓷锦砖

陶瓷锦砖俗称马赛克，是以优质瓷土焙烧而成小块瓷质砖。按表面性质分为有釉和无釉两种。单块成品边长不大于 50mm，厚度多为 4～5mm，有正方、长方、六角、菱形、斜长方等多种外形，颜色有单色和拼花等多种，表面有凸面和平面。由于单块成品尺寸较小，不便于施工，更不便于在建筑物上构成符合实际要求的装饰图案，因此出厂前必须经过铺贴工序，将不同形状、不同颜色的单块成品，按一定图案和尺寸铺贴在专用纸上，构成形似织锦、又名锦砖的“成品联”，然后装箱供施工单位使用。

成品联有正方形和长方形两种，每联面积为 300mm×300mm 左右。由于锦砖贴在纸上，也叫“纸皮石”。

锦砖在生产厂铺贴时所用粘结剂能够保证锦砖与纸粘贴牢固并易干燥、不发霉变质；固化后的粘结剂遇水易溶解，以保证联纸湿水后在较短时间内分离。

陶瓷锦砖结构致密，吸水率小，具有优良的抗冻性、耐酸、碱腐蚀性及耐磨性，且表面光洁，易清洗，多作为地面及外墙面装修的优良材料。

陶瓷锦砖常用于卫生间、门厅、走廊、餐厅、浴室、化验室、医院等处的地面工程或外墙装修，也可用于内墙面的装修。

3. 陶瓷墙地砖的应用

在工程中应用陶瓷墙地砖时应注意以下问题。

（1）根据建筑物的装修部位正确选用陶瓷墙地砖的品种。

1）墙地砖的品种不同其性能也不同。如前所述，釉面内墙砖多为精陶制品，外墙面砖和地砖多属炻器，而锦砖则属于瓷器。墙地砖的吸水率指标反映了坯体烧结的致密程度，一般来说，吸水率越低，则表明坯体烧结程度越好，坯体越致密，不仅强度较高，耐磨性较好，而且抗冻性也较好。所以外墙面砖及地砖的吸水率不得超过 10%，严寒地区的外墙面砖和地砖的吸水率常在 6%以下。而陶质釉面内墙砖的吸水率很高，故不得用于外墙面。

抗热震性是墙地砖抵抗外界温度剧烈变化而不破坏的能力，抗热震性越好，抵抗后期龟裂的能力越强，这也是陶质釉面内墙砖不能用于外墙装修的重要原因。

2）同一墙地砖品种，按其表面颜色大致可分为红、黄、白、绿、蓝、黑、橙、灰、紫等九大系列，每个系列又有数十种以上的深浅色调。按其釉面装饰尚可分为：

无光、半无光釉面：釉面柔和，具有丝绒或蜡状光泽，强烈阳光照射下不刺眼；

平面造粒釉面：表面呈凹凸状，立体感强；

平面有光釉面：釉面光亮浑厚；

大理石彩釉面：釉面仿天然大理石；

金属光泽釉面及珠贝光泽釉面：质感诱人，金碧辉煌；

丝网印花釉面：彩色图案印于釉面焙烧而成；

浮雕彩釉面：坯体表面压成凹凸图案后施釉，立体感强，釉色多变，给人以豪华、雅致的感觉，作为地砖还有防滑作用。

在建筑装修设计中，应根据周围环境、建筑物用途、等级等正确选用。

（2）陶瓷墙地砖镶贴的基层应润湿、干净、坚实、平整，并应根据不同的基体，进行不同的处理，以保证牢固粘结。如在混凝土基体上镶贴墙地砖，可将其表面凿毛湿水后刷一道聚合物水泥浆，再抹水泥砂浆；在砖墙上镶贴地砖时，先将基体用水湿透后，再用水泥砂浆打底。

（3）墙地砖的镶贴形式和接缝宽度直接影响装修效果，镶贴前应根据其尺寸偏差及颜色差异等，选砖预排，以使拼缝均匀，色差最小。

外墙面砖的接缝宽度一般较宽，多在10～30mm，其宽窄常取决于建筑物的高低和主要人流视点的远近，高者宽，视点远者宽，反之依然。

留较宽的面转接缝本身就是一种装饰手法。尤其是浅色调面转配以深色调凹形接缝时，使凸者更凸，凹者更凹，线条显得更为挺拔通畅。较宽的接缝还可节省大量面砖，也便于调整由于尺寸偏差所造成接缝宽窄不均的缺陷。

（4）釉面砖和外墙面砖镶贴前应将砖的背面清理干净并浸水2h以上，待表面晾干后方可镶贴。

在同一面墙上的横竖排列，不宜有一行以上的非整砖。非整砖行应排在次要部位或阴角处，以提高整体装饰效果。

（5）镶贴墙裙、浴盆、水池等上口和阴阳角处应使用相应的配件砖。

镶贴墙地砖宜用水泥浆和聚合物水泥浆。

锦砖镶贴完毕应即时揭去面纸，揭纸方向应平行于镶贴面，以免将锦砖揭起。

11.3.2 建筑玻璃

在土木工程中，玻璃是一种重要的建筑材料。它除了透光、透视、隔声和绝热外，还有艺术装饰作用，特种玻璃还具有防辐射、防弹、防爆等用途。此外，玻璃还可制成玻璃幕墙、玻璃空心砖以及泡沫玻璃等作为轻质建筑材料以满足隔声、绝热、保温等方面特殊要求。现代建筑物立面大面积采用玻璃制品，尤其是采用中空玻璃、镜面玻璃、热反射玻璃和夹层玻璃等，可减轻建筑物自重，改善采光效果，提高建筑的艺术观感。

1. 玻璃的基本知识及性质

玻璃是以石英砂、纯碱、石灰石和长石等主要原料以及一些辅助性材料在高温下熔融、成型、急冷而形成的一种无定形非晶态硅酸盐物质。其主要化学成分为SiO_2、Na_2O和CaO等。

（1）玻璃的制造工艺简介

建筑玻璃一般为平板玻璃，制造方法有垂直引上法、水平引拉法和浮法。垂直引上法使用引上机将从耐火材料槽子砖中央狭缝中冒出的玻璃熔融体垂直拉起，经石棉轮上引成薄片状，冷却硬化后裁成所需的尺寸。水平引拉法是将引上约1m处的原板转向为水平方向引拉，经退火冷却，切割成一定规格的平板玻璃。浮法生产的成形过程是在锡槽中完成的，高温玻璃液通过溢流口流到锡液表面上，在重力及表面张力的作用下，玻璃液摊成玻璃带，向锡槽尾部拉引，经抛光、拉薄、硬化和冷却后退火。浮法是现代较先进的生产平板玻璃的方法，生产的玻璃表面光洁平整、厚度均匀、光学畸变极小，可生产特厚和极薄（0.55～25mm）的多种规格的玻璃。

（2）玻璃的性质

1）物理性质

玻璃的密度为2.45～2.55g/cm^3，其孔隙率接近于零。玻璃没有固定熔点，液态时有极大的黏性，冷却后形成非结晶体，其质点排列的特点是短程有序而长程无序，即宏观均匀，体现各向同性性质。

2）力学性质

玻璃在建筑中常受到弯曲、拉伸和冲击作用，所以其主要力学指标为抗拉强度和脆性指数。

普通玻璃的抗压强度一般为600～1200MPa，抗拉强度为40～80MPa，其弹性模量为(6～7.5)$\times10^4$MPa，脆性指数（弹性模量与抗拉强度之比）为1300～1500（建筑用钢为400～160，混凝土为4200～9350，橡胶为0.4～0.6），玻璃是脆性较大的材料。

3）光学性质

玻璃的基本光学性质包括透光性、光折射、光反射、光散射等。2～6mm的普通窗玻璃光透射比为80%～82%，随厚度增加而降低，随入射角增大而减小。折射率为1.50～1.52，光反射比反射率为7%～9%。玻璃对光波吸收有选择性，因此，内掺入少量着色剂，可使某些波长的光波被吸收而使玻璃着色。

4）热工性质

玻璃的比热与化学成分有关，在室温至100℃内，玻璃的比热为0.33～1.05kJ/(kg·K)，导热系数为0.40～0.82W/(m·K)，热膨胀系数为(9～15)$\times10^6$K^{-1}。玻璃的热稳定性差，原因是玻璃的热膨胀系数虽然不大，但玻璃的导热系数小，弹性模量高，所以，当产生热变形时，在玻璃中产生很大的应力，而导致炸裂。

5）化学性质

玻璃的化学稳定性很强，除氢氟酸外，能抵抗各种介质腐蚀作用。

2. 常用的建筑玻璃

(1) 平板玻璃

平板玻璃是平板状玻璃制品的统称，其化学成分一般属于钠钙硅酸盐玻璃。

1）规格

根据《平板玻璃》(GB 11614—2009）平板玻璃按颜色属性分为无色透明平板玻璃和本体着色平板玻璃；按公称厚度分为：2mm、3mm、4mm、5mm、6mm、8mm、10mm、12mm、15mm、19mm、22mm、25mm。

普通平板玻璃产量以重量箱计量，即以50kg为一重量箱，即相当于2mm厚的平板玻璃10m^{2}的质量，其他规格厚度的玻璃应换算成重量箱。

2）质量要求

平板玻璃的质量受到生产方法和生产过程控制的影响，常出现点状缺陷、线道、裂纹、划伤、光学变形和断面缺陷等外观缺陷，根据外观质量，平板玻璃分为优等品、一级品与合格品三个等级。平板玻璃的弯曲度应不超过0.2%。

3）应用

平板玻璃大部分直接用于建筑上，一部分用作深加工玻璃的原片材料。

建筑采光用的平板玻璃多为3mm厚，用作玻璃幕墙、栏、采光屋面、商店柜台、橱窗时多采用5mm和6mm的钢化玻璃。公共建筑的大门玻璃，常用经钢化处理后的8mm以上的厚玻璃。制镜用玻璃、高级建筑用玻璃，以及某些深加工玻璃，可使用浮法玻璃。

(2) 毛玻璃

毛玻璃又称磨砂玻璃，系用机械喷砂、手工研磨或氢氟酸溶蚀等方法将平板玻璃表面处理成毛面。由于表面粗糙，使光线柔和且呈漫反射，只有透光性而不能透视，不眩目。常用于不需透视的门窗，如卫生间、浴厕、走廊等，也可用作黑板的板面。

(3) 花纹玻璃

根据花纹加工方法的不同，可分为压花玻璃和喷花玻璃。

压花玻璃又称滚花玻璃，是在玻璃硬化前，用刻有花纹图案的辊筒，在玻璃的一面或两面压出深浅不等的花纹。由于花纹图案凹凸不平而使光线漫射，失去透视性，也减低了透光度。改变辊筒表面的图案花纹，即可滚压出具有不同装饰效果的花纹玻璃图案。

压花玻璃集透光不透视和装饰效果于一身，在宾馆、大厦、办公楼等现代建筑装修工程中有着广泛的应用。

喷花玻璃又称胶花玻璃，是在平板玻璃表面贴上花纹图案，抹以护面层，经喷砂处理而成。适用于门窗玻璃、家具玻璃装饰之用。最大加工尺寸为 2200mm×1000mm，厚度一般为 6mm。

(4) 安全玻璃

安全玻璃包括钢化玻璃、夹层玻璃和加丝玻璃。

1) 钢化玻璃

钢化玻璃是将平板玻璃加热到接近软化点温度（610～650℃），随后用冷空气喷吹，使表面迅速冷却，从而在玻璃中产生了均匀的预加压应力，有效地改善了脆性。与普通玻璃相比较，抗弯强度提高 5～6 倍，韧性提高 5 倍，在温差为 120～130℃条件下不裂。由于内应力的存在，当钢化玻璃一旦破损时即会粉碎成圆钝的碎片，但不至于伤人，故称为安全玻璃。钢化玻璃不能切割磨削，边角不能碰击，使用时需选择现成的尺寸规格或提出具体的设计图纸。根据不同的用途还可制成磨光钢化玻璃和吸热钢化玻璃。它主要用于需要耐震、耐温度剧变或易受到冲击破坏的部位，如车船门窗、采光天棚、天窗、玻璃门、隔墙、幕墙等。

2) 夹层玻璃

夹层玻璃是用两片或多片平板玻璃之间嵌夹透明塑料薄片，经加热、加压、黏合而成的平面或弯曲的复合玻璃制品。目前应用最为广泛的夹层材料是聚乙烯醇缩丁醛，它具有无色透明、吸湿性小、弹性大、粘结力强、光稳定性强及耐候性强等优点。平板玻璃可以是普通玻璃，也可以是钢化玻璃等。

夹层玻璃的品种：

①减薄夹层玻璃

这种夹层玻璃是采用厚度为 1～2mm 的薄玻璃和弹性胶片制成的。该产品具有较高的机械强度、挠曲性及破坏时的安全性，质量轻，并能在破碎时保持一定的能见度。

②遮阳夹层玻璃

这种夹层玻璃由热反射或吸热玻璃制成，或者在两块玻璃之间加入有色条带的膜片制成。这种玻璃可减少或能吸收太阳光的辐射，减少日照量及日光造成的眩目，可提高安全性和舒适性。

③电热夹层玻璃

电热夹层玻璃分为三种类型：一种是玻璃表面镀有透明的导电薄膜；第二种是带有以硅酸盐银膏带条排列在玻璃表面，并通过加热粘结起来的线状电热丝；第三种是带有很细的压在夹层玻璃之间的金属丝电热元件，通电后可保持玻璃表面干燥，适用于在寒冷地带车辆、采光面积大的建筑用橱窗等处使用。

④防弹夹层玻璃

这种玻璃是由多层夹层组成，主要用于特种车辆、银行及具有强暴振动的地方。

⑤玻璃纤维增强玻璃

它是在两层平板玻璃中间夹一层玻璃纤维制成的。玻璃板周围用密封剂和抗水性好的弹性带镶边。这种玻璃可以提供散射光照，减少太阳辐射，是一种透视材料。主要用作建筑物的门窗及隔断等材料。

⑥报警夹层玻璃

报警夹层玻璃是在两块玻璃中间胶片上再接上一个警报驱动装置，一旦破碎，即可发出警报，主要用于银行、办公室及商业中心等。

⑦防紫外线夹层玻璃由一块或多块着色玻璃及一层或多层特殊成分的夹层组成。这种玻璃可大大减少紫外线穿透，避免室内物品如家具、工艺品、书籍等褪色。

⑧隔声玻璃

隔声玻璃是在两片玻璃间加内层能承受大负荷的薄胶片，用它把玻璃粘结起来，成为具有较高隔声效果的复合材料，总厚度为20mm，隔声值达38dB；如再结合充气，效果更佳。

夹层玻璃受到冲击破坏时产生辐射状或同心圆形裂纹，碎片不易飞出伤人。

3）夹丝玻璃

夹丝玻璃是将预先编织成一定形状并经预热处理的钢丝网压入呈软化状态的红热玻璃中而制成的安全玻璃。钢丝网在夹丝玻璃中起增强作用，故抗弯强度，抗冲击强度提高，即使损坏时，也具有破而不缺、裂而不散的优点，从而避免了尖锐棱角玻璃碎片飞出伤人。当火灾蔓延夹丝玻璃受热炸裂时，由于裂而不散，保持了固定形状，起到隔绝火势、阻止蔓延的作用，故谓安全玻璃。

夹丝玻璃适用于天窗、天棚、楼梯、电梯、井、阳台、防火门等处。彩色夹丝玻璃还有一定的装饰效果。

使用夹丝玻璃时应注意以下问题：

①由于钢丝和玻璃的热膨胀系数、导热系数差别较大，因此应尽量避免将夹丝玻璃用于两面温差较大、局部受热或冷热剧烈交换等部位。如冬季室内采暖室外冰冻、夏天曝晒或火源、热源附近的部位等。

②玻璃中镶嵌入金属丝实际上削弱了玻璃的均一性，降低了抗压强度。因此安装夹丝玻璃的窗框尺寸应适当，不得使夹丝玻璃受挤压。如用木窗框应防止日久变形使玻璃受力；如用金属窗框应防止窗框的温度变形传给玻璃。最好使玻璃不直接与窗框接触，用塑料或橡胶等作为缓冲材料。

③当裁切夹丝玻璃时，在玻璃已断而丝网仍相互连接，需要上下反复折挠多次而掰断时，应小心避免两块玻璃在边缘处相互挤压，造成微小缺口引起使用时破损。裁口处最好做防锈处理，以免钢丝遇水生锈并向玻璃内部延伸，由于锈蚀膨胀而导致玻璃的“锈裂”。

（5）吸热玻璃

吸热玻璃是一种能吸收大量红外线辐射能而又保持良好可见光透过率的平板玻璃。在普通钠钙玻璃中引入着色作用的氧化物，如氧化铁、氧化镍、氧化钴以及硒等，或者在玻璃表面喷涂氧化锡、氧化锑、氧化铁、氧化钴等着色氧化物薄膜，均可制得吸热玻璃。引入着色氧化物不同，吸热玻璃的颜色不同。常见的有灰色、蓝色、古铜色、绿色等。

吸热玻璃的性能特点：

1）吸收太阳光谱中的辐射能，产生冷房效应，节约冷气能耗。

2）吸收太阳光谱中的可见光能，具有良好的防眩作用。

3）吸收太阳光谱中的紫外光能，减轻了紫外线对人体和室内物品的损害，特别是室内的塑料等有机材料物品，在紫外线作用下更易产生光氧老化而褪色、老化。

（6）热反射玻璃

对太阳辐射能具有较高反射能力而又保持良好透光性的平板玻璃称为热反射玻璃。由于高反射能力是通过在玻璃表面镀覆一层极薄的金属或金属氧化物膜来实现的，所以也称镀膜玻璃。

热反射玻璃的性能特点：

1）对太阳辐射热有较高的反射能力。普通平板玻璃的辐射热反射率为7%～10%，热反射玻璃可达25%～40%。因此采用热反射玻璃可以产生很好的“冷房效应”，从而节约大量的冷气能耗。

2）遮光系数小，遮光性能好

3）具有单向透视性。从室内可透视室外景物，从室外却不能透视室内的陈设与人员。它像一面巨大的镜子，将室外的建筑、人流、汽车等映现其中，而且每时每刻随着天气而变化，这就给人以静中有动、变幻莫测的感觉。

4）对可见光的透过率小，6mm热反射玻璃比同厚度的浮法玻璃减少75%以上，比吸热玻璃也减少60%。

使用热反射玻璃应十分注意对反射膜的保护。如建筑设计、构造处理应尽量避免热反射玻璃受到污染并容易清扫；安装施工中必须在玻璃上加贴保护薄膜，竣工后方可去除，以避免施工中污染或划伤；使用过程中应经常清扫，不得使用非中性或含研磨粉的洗涤剂擦拭热反射玻璃。

（7）中空玻璃

双层中空玻璃是用两片玻璃原片与空心金属隔离框、密封胶加压制成的玻璃构件一。玻璃原片可为普通浮法玻璃、吸热玻璃、热反射玻璃、压花玻璃、夹丝玻璃、夹层玻璃、钢化玻璃等，厚度范围3～18mm。空心金属隔离框和玻璃原片之间用两种不同的专用粘结剂分次胶结密封。隔离框内装有高效干燥剂，干燥剂通过隔离框的开口与空腔中的空气相同，使空气始终保持极高的干燥度。两片玻璃原片之间的空腔厚度及隔离框厚度可根据需要设置，一般在6～24mm范围内，常用6mm和12mm两种。

中空玻璃也可用3～4片玻璃原片分别构成2～3个空腔，总厚度12～42mm。

改变中空玻璃的原片种类、片数、厚度及空腔厚度，可以得到具有不同光学、热学、声学等性能的中空玻璃，以满足不同工程的需要。

中空玻璃的主要技术性能特点如下：

1）遮光性好

中空玻璃的结构不同其光学性质不同，可见光的透过率为12%～76%；遮光系数为0.26～0.84。如两片6mm普通浮法玻璃和6mm空腔组成的中空玻璃的可见光透射率为76%，遮光系数为0.84；一片6mm热反射玻璃，一片普通浮法玻璃和6mm空腔构成的中空玻璃，其可见光透过率为38%，遮光系数为0.55。

2）绝热性能好

使用中空玻璃的主要目的是解决传统建筑中墙体和门窗热学性质不同的问题，即提高门窗的绝热性能，减少门窗的热量损失，形成舒适的室内环境并节约取暖的能耗。如单层3mm普通玻璃的传热系数为5.9W/(m^2·K)，240mm砖墙为2.8 W/(m^2·K)，两片6mm浮法玻璃构成的中空玻璃的传热系数为2.7～3.0 W/(m^2·K)，若将其中一片玻璃换为热反射玻璃，其传热系数可降至1.6 W/(m^2·K)。

3）隔声性能好

中空玻璃有极好的隔声性能，一般可使噪声下降39～44dB，即可将一般街道汽车噪声降低到学校教室的安静程度。

4）防结露性能好

在室内一定的相对湿度条件下，当玻璃表层的温度达到露点以下时势必结露，若低于零度，还将结霜，这将严重地影响透视和采光，并引起其他一些不良后果。若采用中空玻璃则可使这种情况得到改善。在通常情况下，中空玻璃接触室内高湿空气的玻璃表面温度较高，而外侧玻璃温度虽然较低，但所接触的空气湿度也低，所以不会结露。

中空玻璃空腔中空气的干燥度是中空玻璃优异性能的重要保证。密封良好的中空玻璃可保证内部露点在－40℃以下。但若密封不良或密封材料失效而导致水汽进入中空玻璃的空腔，空腔中的干燥剂将吸水而失效，使空气温度上升，这时候很容易发生结露现象。

5）提高室内面积的利用率

由于普通玻璃绝热、隔声、防结露性能差，因此室内靠近窗户的部分建筑面积往往不能很好利用，在一些特殊要求的房间内，甚至成为“不可用”面积，使用中空玻璃以后即可解决这一问题。

中空玻璃多用于玻璃幕墙、采光天棚、温室，也可用于运输车辆的挡风玻璃及冷冻设备中。

复习思考题

1. 试解释下列名词、术语

油分；沥青质；凝胶结构；针入度；SBS防水卷材；三元乙丙高分子防水卷材；聚氨酯防水涂料；瓷器；陶器；吸声材料；隔声材料；钢化玻璃；中空玻璃；热反射玻璃；吸热玻璃

2. 试述石油沥青的主要组分及其特性。组分、结构、性质三者之间有何关系？

3. 石油沥青的主要技术性质是什么？影响这些性质的主要因素各是什么？这些性质相应的指标各为什么？如何测定？

4. 石油沥青的老化与组分有何关系？沥青性质在老化过程中发生哪些变化？对工程有何影响？

5. 划分与确定石油沥青牌号的依据是什么？牌号大小与主要性质间有何规律？

6. 建筑中选用石油沥青的原则是什么？在屋面防水及地下防水工程中宜选用哪几种牌号的石油沥青？

7. 与石油沥青比较，煤沥青在组成、结构、性质上有何不同？其主要用途是什么？

8. 为什么要对沥青进行改性？改性沥青的种类及其特点有哪些？
9. 试述沥青黏度的含意，何谓绝对黏度和条件黏度？
10. 试述针入度指数的含意及其与沥青胶体结构的关系。
11. 为满足防水要求，防水卷材应具有哪些技术性能？
12. 与传统沥青防水材料相比，合成高分子卷材有何突出优点？
13. 试述防水涂料的特点。
14. 试述建筑密封材料的性能要求和使用特点。
15. 何谓绝热材料？选用绝热材料有哪些基本要求？
16. 影响建筑材料绝热性能的因素有哪些？
17. 为什么对绝热材料必须有一定的防水、避潮及强度要求？
18. 常用绝热材料有哪几种？它们各有何特性？
19. 何谓吸声系数？它有何物理意义？
20. 试述吸声材料的作用原理、要求与选用原则。
21. 吸声材料与绝热材料在结构特征上的异同点是什么？
22. 试述影响多孔性吸声材料吸声效果的因素有哪些？
23. 常见吸声材料有哪些种类？其性能如何？有哪些用途？
24. 何谓隔声材料？
25. 试述对空气声和撞击声隔绝的处理有何差异？

第12章 沥青混凝土

沥青混合料是指矿料（粗、细骨料和填料）与沥青拌和而成的混合料的总称，经压实成型后称为沥青混凝土。根据沥青混合料压实后剩余空隙率的不同，可分为两大类：剩余空隙率小于10%的称为沥青混凝土混合料（以AC表示），剩余空隙率大于10%的称为沥青碎石混合料（以AM表示）。沥青混合料根据其矿料的级配类型，又可分为连续级配和间断级配两大类。连续级配的沥青混合料按其摊铺、压实后的剩余空隙率大小还可分为密实式、半密实式、半开式和开式级配沥青混合料等。沥青混凝土混合料按剩余孔隙率不同可分为Ⅰ型和Ⅱ型两类，Ⅰ型沥青混凝土混合料剩余空隙率较小（3%～6%，行人道路为2%～6%），属于密实式沥青混合料；Ⅱ型沥青混凝土混合料剩余空隙率较大（4%～10%），属于半密实式沥青混合料。沥青碎石混合料属于半开式沥青混合料。

此外，按矿料粒径可将沥青混合料分为：①砂粒式沥青混合料（最大骨料粒径等于或小于4.75mm）也称为沥青石屑或沥青砂。②细粒式沥青混合料（最大骨料粒径为9.5mm或13.2mm）。③中粒式沥青混合料（最大骨料粒径为16mm或19mm）。④粗粒式沥青混合料（最大骨料粒径为26.5mm或31.5mm）。⑤特粗式沥青碎石混合料（最大骨料粒径等于或大于37.5mm的沥青碎石混合料）。

按胶结料温度可将沥青混合料路面分为：①热拌热铺沥青混合料路面：沥青与矿料在热态下拌和、热态下铺筑施工成型的沥青路面；②常温沥青混合料路面：采用乳化沥青或稀释沥青与矿料在常温状态下拌和、铺筑的沥青路面。

根据沥青路面的材料组成和施工工艺的不同，常见的沥青混合料类型主要有沥青混凝土、沥青碎石、沥青贯入式和沥青表面处治四种。沥青混合料是现代高等级道路应用的主要路面材料，它具有以下一些特点：沥青混合料是一种粘弹塑性材料，具有良好的力学性质，一定的高温稳定性和低温柔韧性，铺筑路面无须设置接缝，减震吸声，行车舒适；路面平整并具有一定的粗糙度，且无强烈反光，有利于行车安全；施工方便，不需养护，能及时开放交通；便于分期修建和再生利用。

热拌沥青混合料是经人工组配的矿质混合料与黏稠沥青在专门设备中加热拌合而成，用保温运输工具运送至施工现场，并在热态下进行摊铺和压实的混合料，通称“热拌热铺沥青混合料”，简称“热拌沥青混合料”。热拌沥青混合料是沥青混合料中最典型的品种。本章主要详述热拌沥青混合料的结构、技术性质、组成材料和设计方法，对其他品种沥青混合料作概要介绍。

12.1 沥青混凝土的结构与性能

12.1.1 沥青混凝土的结构

压实成型的沥青混合料是由石质骨料、沥青胶结料和残余空隙所组成的一种具有空间网络结构的多相分散体系，其材料属性为颗粒性材料。颗粒性材料的强度构成起源于内摩阻力和粘结力。对于沥青混合料，它的力学强度主要取决于骨料颗粒间的摩擦力和嵌挤力、沥青胶结料的粘结性以及沥青与骨料之间的黏附性等方面。不同级配骨料组成的沥青混合料，具有不同的空间结构类型，也就具有不同的内摩阻力和粘结力。因而，沥青混合料的结构组成对其强度构成又起着举足轻重的作用。

按沥青混合料强度构成原则的不同，其结构可分为按嵌挤原理构成的结构和按密实级配原理构成的结构两大类。按嵌挤原理构成的沥青混合料，要求采用较粗的、颗粒尺寸较均匀的骨料，沥青在混合料中起填隙作用，并把骨料粘结成为一个整体。这种材料的结构强度主要依赖于骨料颗粒之间相互嵌挤所产生的内摩阻力，而对沥青的粘结作用依赖性不大，沥青贯入式路面、沥青表面处治以及沥青碎石路面均属此类结构。这些路面的性能受温度的影响相对较小。按密实级配原理构成的沥青混合料，是指骨料和沥青按最大密实原则进行配合以后而形成的一种材料，其结构强度是沥青与骨料之间的粘结力，以及骨料颗粒间的嵌挤力和内摩阻力共同构成的。沥青混凝土路面属于此类，这种路面的性能受温度的影响相对较大。按这种混合料网络结构中“嵌挤成分”和“密实成分”所占的比例不同，沥青混合料的组成结构形态有三种典型类型，如图 12-1 所示。

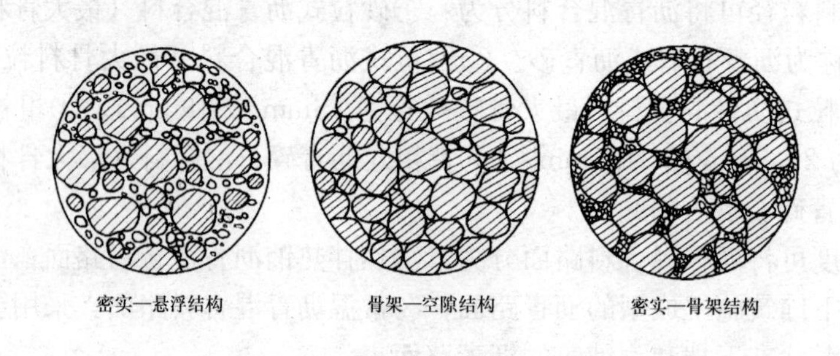

图 12-1　沥青混合料的典型组成结构

1. 密实悬浮结构

当采用连续型密级配矿质混合料（图 12-2 中曲线 a）与沥青组成的沥青混合料时，矿质材料由大到小形成的连续型密实混合料，但因较大颗粒都被小一档颗粒挤开，因此，大颗粒以悬浮状态处于较小颗粒之中。连续型密级配沥青混凝土都属此类型。这种沥青混合料表现为粘接力高，而内摩阻力较小。用这种沥青混合料修筑的路面，由于受沥青材料性质的影响较大，故其稳定性较差。

2. 骨架空隙结构

当采用连续开级配矿质混合料（图 12-2 中曲线 b）与沥青组成的沥青混合料时，较大粒径石料彼此紧密相接，而较小粒径石料的数量较少，不足以充分填充空隙，形成骨架空隙结构，沥青碎石混合料多属此类型。这种材料的内摩阻力较大，因而这种沥青混合料受沥青材料性质的变化影响较小，热稳定性较好，但是粘结力较小，空隙率大，耐久性较差。

3. 密实骨架结构

当采用间断型密级配矿质混合料（图 12-2 中曲线 c）与沥青组成的沥青混合料时，是综

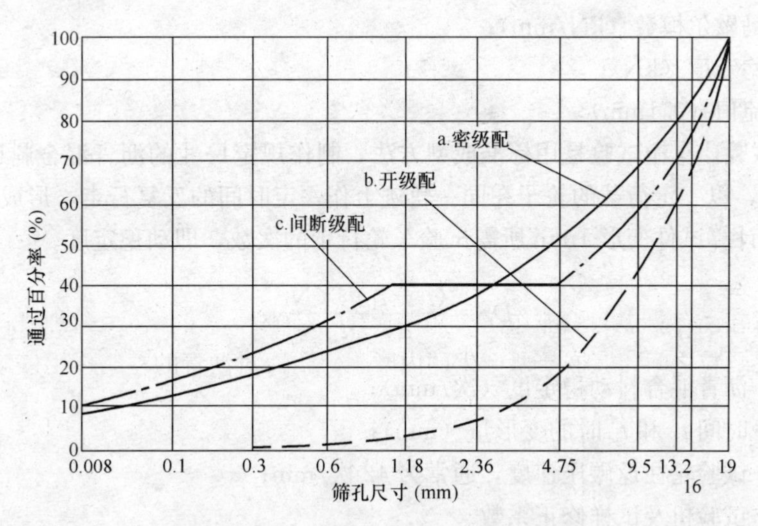

图 12-2　三种类型矿制混合料级配曲线

合以上两种类型组成的结构。它既有一定量的粗骨料形成骨架，又根据粗骨料空隙的数量加入适量细骨料，使之填满骨架空隙，形成较高密实度的结构，这种沥青混合料同时具有较高的粘结力和内摩阻力，其密实度、强度和稳定性都较好，是一种比较理想的结构类型。间断级配即按此原理构成。

12.1.2　热拌沥青混合料的技术性质

沥青混合料在路面中直接承受车辆荷载的作用，首先应具备有一定的力学强度；除了交通的作用外，还受到各种自然因素的影响，因此还必须具备抵抗自然因素作用的耐久性；为保证行车安全、舒适，还需要具备表面抗滑性；为便利施工还应具备施工的和易性。

1. 高温稳定性。沥青混合料是一种典型的流变性材料，其强度和劲度模量随着温度的升高而降低。所以沥青混凝土路面在夏季高温时，在重交通的重复作用下，由于交通的渠化，在轮迹带逐渐形成变形下凹、两侧鼓起的所谓“车辙”，这是高等级沥青路面最常见的病害。

沥青混合料高温稳定性，是指沥青混合料在夏季高温条件下，经车辆荷载长期重复作用后，不产生车辙和波浪等病害的性能。评价沥青混合料高温稳定性的方法很多，我国采用马歇尔稳定度试验（包括稳定度、流值、马歇尔模数）来评价沥青混合料高温稳定性，对高速公路、一级公路、城市快速路、主干路用的沥青混合料，还应通过动稳定度试验检验其抗车辙能力。

① 马歇尔稳定度试验。马歇尔稳定度试验方法自马歇尔提出迄今已半个多世纪，经过许多研究者的改进，目前普遍是测定马歇尔稳定度（MS）、流值（FL）和马歇尔模数（T）三项指标。稳定度是指标准尺寸试件在规定温度和加荷速度下，在马歇尔仪中最大的破坏荷载（kN）；流值是达到最大破坏荷载时试件的垂直变形（以 0.1mm 计）；而马歇尔模数为稳定度除以流值的商，即

$$T=\frac{MS \cdot 10}{FL} \tag{12-1}$$

式中，T——马歇尔模数（kN/mm）；

MS——稳定度（kN）；

FL——流值（0.1mm）。

② 车辙试验。车辙试验是用标准成型方法，制作规定尺寸的沥青混合料试件，在 60℃的温度条件下，以一定荷载的轮子在同一轨迹上作一定时间的反复行走，形成一定程度的车辙深度，然后计算试件变形 1mm 所需试验车轮行走的次数，即动稳定度。

$$DS=\frac{(t_2-t_1)\times N}{d_2-d_1}c_1c_2 \tag{12-2}$$

式中，DS——沥青混合料动稳定度（次/mm）；

d_1，d_2——时间 t_1 和 t_2 时的变形量（mm）；

N——试验轮往返碾压速度，通常为 42 次/min；

c_1，c_2——试验机及试样修正系数。

2. 低温抗裂性。由于沥青混合料是黏－弹－塑性材料，在高温时塑性变形能力较强，而低温时较硬脆，变形能力较差，所以裂缝多在低温条件下发生，特别是在气温骤降时，沥青表层受基层和周围材料的约束而不能自由收缩，而产生很大的拉应力，当该拉应力超过了沥青混合料的允许拉应力时，就会产生开裂。因此，沥青混合料不仅应具备高温的稳定性，同时还要具有低温的抗裂性，以保证路面在冬季低温时不产生裂缝。

评价沥青混凝土低温性能可采用纯拉试验，即求出沥青混合料的抗拉强度，与沥青面层可能出现的拉应力进行对比，预估沥青面层出现低温缩裂的可能性；也可以采用劈裂抗拉试验、低温弯曲蠕变试验、低温收缩试验、温度应力试验等。

3. 耐久性。沥青混合料在路面结构中，长期受自然因素的作用，为保证路面具有较长的使用年限，必须具备有较好的耐久性。影响沥青混合料耐久性的因素很多，如沥青的化学性质、矿料的矿物成分、沥青混合料的组成结构（残留空隙、沥青填隙率）等。

沥青的化学性质和矿料的矿物成分，对耐久性的影响已如前述。就沥青混合料的组成结构而言，首先是沥青混合料的空隙率。空隙率的大小与矿质骨料的级配、沥青材料的用量以及压实程度等有关。从耐久性角度出发，希望沥青混合料空隙率尽量减少，以防止水的渗入和紫外线对沥青的老化作用等，但是一般沥青混合料中均应残留 3%～6%空隙，以备夏季沥青材料膨胀。

沥青混合料空隙率与水稳定性有关。空隙率大，且沥青与矿料粘附性差的混合料，在饱水后石料与沥青黏附力降低，易发生剥落，同时颗粒相互推移产生体积膨胀以及出现力学强度显著降低等现象，引起路面早期破坏。

此外，沥青路面的使用寿命还与混合料中的沥青含量有很大的关系。当沥青用量较正常的用量减少时，则沥青膜变薄，混合料的延伸能力降低，脆性增加，且使混合料的空隙增大，沥青膜暴露较多，加速了老化作用，同时增加了渗水率，加剧了水对沥青的剥落作用。

评价沥青混合料的耐久性可采用浸水马歇尔试验或真空饱水马歇尔试验。其他方法还有浸水劈裂试验、冻融劈裂试验、浸水车辙试验等。

4. 抗滑性。随着现代高速公路的发展，对沥青混合料路面的抗滑性提出更高的要求。

沥青混合料路面的抗滑性与矿质骨料的微表面性质、混合料的级配组成以及沥青用量等因素有关。为保证长期高速行车的安全，配料时要特别注意粗骨料的耐磨光性，应选择表面粗糙、坚硬耐磨有棱角的碱性骨料。酸性石料与沥青的黏附性不好，应用抗剥剂或采用石灰水处理石料表面，同时沥青混合料中的沥青含量也应严格控制，特别是应选用含蜡量低的沥青，以免沥青路面面层打滑。

5. 施工和易性。沥青混合料应具备良好的施工和易性，使混合料易于拌合、摊铺和碾压。影响沥青混合料施工和易性的因素很多，诸如气温、施工机械条件及混合料性质等。

单纯从混合料性质而言，影响沥青混合料施工和易性的首先是混合料的级配情况，如粗细骨料的颗粒大小相距过大，缺乏中间尺寸，混合料容易分层层积（粗粒集中于表面，细粒集中于底部）；如细骨料太少，沥青层就不容易均匀地分布在粗颗粒表面；细骨料过多，则使拌合困难。此外，当沥青用量过少，或矿粉用量过多时，混合料容易产生疏松不易压实。反之，如沥青用量过多，或矿粉质量不好，则容易使混合料粘结成团块，不易摊铺。

12.1.3 热拌沥青混合料的技术标准

我国的现行国标《沥青路面施工及验收规范》(GB 50092—1996) 对热拌沥青混合料马歇尔试验提出了明确的技术标准（表 12-1）所示。该标准按交通性质可分为：① 高速公路、一级公路、城市快速路、主干道；② 其他等级公路和城市道路；③ 行人道路等三个等级，对马歇尔试验指标（包括稳定度、流值、空隙率、沥青饱和度和残留稳定度等）提出不同要求。而对不同组成结构的混合料（如沥青混合料或沥青碎石混合料；Ⅰ型沥青混凝土和Ⅱ型沥青混凝土等）按类型分别提出不同的要求。

表 12-1 热拌沥青混合料马歇尔试验技术指标

试验项目	沥青混合料类型	高速公路、一级公路、城市快速路、主干路	其他等级公路与城市道路	行人道路
击石次数（次）	沥青混凝土	两面各 75	两面各 50	两面各 35
	沥青碎石、抗滑表层	两面各 50	两面各 50	两面各 35
稳定度①（kN）	Ⅰ型沥青混凝土	＞7.5	＞5.0	＞3.0
	Ⅱ型沥青混凝土、抗滑表层	＞5.0	＞4.0	—
流值（0.1mm）	Ⅰ型沥青混凝土	20～40	20～45	20～50
	Ⅱ型沥青混凝土、抗滑表层	20～40	20～45	—
空隙率②（%）	Ⅰ型沥青混凝土	3～6	3～6	2～5
	Ⅱ型沥青混凝土、抗滑表层	4～10	4～10	—
	沥青碎石	＞10	＞10	—

续表

试验项目	沥青混合料类型	高速公路、一级公路、城市快速路、主干路	其他等级公路与城市道路	行人道路
沥青饱和度（%）	Ⅰ型沥青混凝土 Ⅱ型沥青混凝土、抗滑表层 沥青碎石	70～85 60～75 40～60	70～85 60～75 40～60	75～90 — —
残留稳定度（%）	Ⅰ型沥青混凝土 Ⅱ型沥青混凝土、抗滑表层	＞75 ＞70	＞75 ＞70	＞75 —

注：①粗粒式沥青混凝土可降低 1kN；

②Ⅰ型细粒式及砂粒式沥青混凝土的空隙率为 2%～6%；

③沥青混凝土混合料的矿料间隙率（VMA）宜符合下表要求：

最大骨料粒径（mm）									
	方孔筛	37.5	31.5	26.5	19	16	13.2	9.5	4.75
	圆孔筛	50	35 或 40	30	25	20	15	10	5
VMA ≮（%）		12	12.5	13	14	14.5	15	16	18

④当沥青碎石混合料试件在 60℃水中浸泡即发生松散时，可不进行马歇尔试验，但应测定密度、空隙率、沥青饱和度等指标；

⑤残留稳定度可根据需要采用浸水马歇尔试验或真空饱水后浸水马歇尔试验进行测定。

12.2 沥青混凝土的组成材料及配合比设计

12.2.1 沥青混凝土的组成材料

沥青混合料的技术性质决定于组成材料的性质、组成配合的比例和混合料的制备工艺等因素。组成材料的质量是首先需要关注的问题。

1. 沥青

沥青的技术性质，随气候条件、交通性质、沥青混合料的类型和施工条件等因素而异。炎热的气候区，繁重的交通，细粒式或砂粒式的混合料应采用稠度较高的沥青；反之，采用稠度较低的沥青。在条件相同的情况下，较黏稠的沥青配制的混合料具有较高的力学强度和稳定性，但如果稠度过高，则沥青混合料的低温变形能力较差，沥青路面容易产生裂缝。反之，采用稠度较低的沥青虽然配制的混合料在低温时具有较好的变形能力，但在夏季高温时往往稳定性不足而使路面产生推移现象。

对高速公路、一级公路、城市快速路、主干路用沥青混合料的沥青，应采用符合《重交通道路石油沥青质量要求》规定的沥青（如 AH－50～AH－130 等），对于其他道路用沥青混合料的沥青，应符合《中、轻交通道路石油沥青质量要求》规定的沥青（如 A－60～A－100）。煤沥青不得用于面层热拌沥青混合料。

沥青路面面层所用的沥青标号，宜根据气候条件、施工季节、路面类型、施工方法和矿料类型等按表 12-2 选用。通常面层的上层宜用较稠的沥青，下层或连接层宜用较稀的沥青。对于渠化交通（固定车流向，易产生车辙、波浪及拥包现象）的道路，宜采用较稠的沥青。

表 12-2 热拌沥青混合料用沥青标号的选用（GB 50092—1996）

气候分区	最低月平均气温（℃）	沥青种类	沥青标号	
			沥青碎石	沥青混凝土
寒区	低于－10	石油沥青	AH－90，AH－110，AH－130，A－100，A－140	AH－90，AH－110，AH－130，A－100，A－140
		煤沥青	T－6，T－7	T－7，T－8
温区	0～－10	石油沥青	AH－90，AH－110，A－100，A－140	AH－70，AH－90，A－60，A－100
		煤沥青	T－7，T－8	T－7，T－8
热区	高于 0	石油沥青	AH－50，AH－70，AH－90，A－100，A－60	AH－50，AH－70，A－60，A－100
		煤沥青	T－7，T－8	T－8，T－9

2. 粗骨料

沥青混合料用粗骨料，可以采用碎石、破碎砾石和矿渣等。沥青混合料用粗骨料应该洁净、干燥、无风化、无杂质。在力学性质方面，相关性能指标，如压碎值和洛杉矶磨耗率等应符合相应道路等级的要求，如表 12-3 所示。

表 12-3 沥青面层用粗骨料质量要求（GB 50092—1996）

指标		高速公路、一级公路、城市快速路、主干路	其他等级公路与城市道路
石料压碎值	不大于（%）	28	30
洛杉矶磨耗损失	不大于（%）	30	40
视密度	不小于（t/m^3）	2.50	2.45
吸水率	不大于（%）	2.0	3.0
对沥青的黏附性	不小于	4 级	3 级
坚固性	不大于（%）	12	—
细长扁平颗粒含量	不大于（%）	15	20
水洗法<0.075mm 颗粒含量	不大于（%）	1	1
软石含量	不大于（%）	5	5
石料磨光值	不小于（BPN）	42	实测
石料冲击性	不大于（%）	28	实测
破碎砾石的破碎面积	不小于（%）		
拌和的沥青混合料路面表面层		90	40
中下面层		50	40
贯入式路面		—	40

注：①坚固性试验可根据需要进行；

②当粗骨料用于高速公路、一级公路和城市快速路、主干路时，多孔玄武岩的视密度可放宽至 $2.45t/m^3$，吸水率可放宽至 3%，并应得到主管部门的批准；

③石料磨光值是为高速公路、一级公路和城市快速路、主干路的表面抗滑需要而试验的指标，石料冲击性可根据需要进行。其他公路与城市道路如需要时，可提出相应的指标值；

④钢渣的游离氧化钙的含量不应大于 3%，浸水后的膨胀率不应大于 2%。

对用于抗滑表层沥青混合料的粗骨料，应该选用坚硬、耐磨、抗冲击性好的碎石或破碎砾石，而筛选砾石、矿渣及软质骨料不得用于防滑表层。用于高速公路、一级公路、城市快速道路、主干路沥青路面表面层及各类道路抗滑层用的粗骨料，应符合表 12-3 中磨光值和冲击值的要求。坚硬石料来源缺乏时允许掺加一定比例普通骨料作为中等或小颗粒的粗骨料，但掺加比例不应超过粗骨料总质量的 40%。

破碎砾石应采用粒径大于 50mm 的颗粒破碎，筛选砾石仅适用于三级及三级以下公路和次干路。钢渣作为粗骨料时，应经过试验论证取得许可后使用。钢渣破碎后应有 6 个月以上的存放期，质量应符合表 12-3 的要求。

经检验属于酸性岩石的石料如花岗岩、石英岩等用于高速公路、一级公路、城市快速路、主干路时，宜使用针入度较小的沥青，为使其对沥青粘附性符合表 12-3 的要求可采用下列抗剥离措施：①用干燥的磨细生石灰或消石灰粉、水泥作为填料的一部分，其用量宜为矿料总量的 1%～2%；②在沥青中掺加抗剥离剂；③将粗骨料用石灰浆处理后使用。

粗骨料的粒径规格应按表 12-4 的规定选用。如粗骨料不符合表 12-4 的规格要求，但与其他骨料配合后的级配符合沥青混合料矿料级配（表 12-5）要求时，可以使用。

表 12-4　沥青面层用粗骨料规格（方孔筛）（GB 50092—1996）

规格名称	公称粒径（mm）	通过下列筛孔（mm）的质量百分率（%）												
		106	75	63	53	37.5	31.5	26.5	19.0	13.2	9.5	4.75	2.36	0.6
S1	40～75	100	90—100	—	—	0—15	—	0—5						
S2	40～60		100	90—100	—	0—15	—	0—5						
S3	30～60		100	90—100	—	—	0—15	—	0—5					
S4	25～50			100	90—100	—	—	0—15	—	0—5				
S5	20～40				100	90—100	—	—	0—15	—	0—5			
S6	15～30					100	90—100	—	—	0—15	—	0—5		
S7	10～30					100	90—100	—	—	—	0—15	0—5		
S8	10～25						100	90—100	—	0—15	—	0—5		
S9	10～20							100	90—100	—	0—15	0—5		
S10	10～15								100	90—100	0—15	0—5		
S11	5～15								100	90—100	40—70	0—15	0—5	
S12	5～10									100	90—100	0—15	0—5	
S13	3～10									100	90—100	40—70	0—20	0—5
S14	3～5										100	90—100	0—25	0—5

表 12-5　沥青混合料矿料及级配沥青用量范围（GB 50092—1996）

级配类型				通过下列筛孔（方孔筛，mm）的质量百分数（%）															沥青用量（%）
				53	37.5	31.5	26.5	19	16	13.2	9.5	4.75	2.36	1.18	0.6	0.3	0.15	0.075	
沥青混凝土	粗粒	AC-30	Ⅰ		100	90～100	79～92	66～82	59～77	52～72	43～63	32～52	25～42	18～32	13～25	8～18	5～13	3～7	4.0～6.0
			Ⅱ		100	90～100	65～85	52～70	45～65	38～58	30～50	18～38	12～28	8～20	4～14	3～11	2～7	1～5	3.0～5.0
		AC-25	Ⅰ			100	95～100	75～90	62～80	53～73	43～63	32～52	25～42	18～32	13～25	8～18	5～13	3～7	4.0～6.0
			Ⅱ			100	90～100	65～85	52～70	42～62	32～52	20～40	13～30	9～23	6～16	4～12	3～8	2～5	3.0～5.0
	中粒	AC-20	Ⅰ				100	95～100	75～90	62～80	52～72	38～58	28～46	20～34	15～27	10～20	6～14	4～8	4.0～6.0
			Ⅱ				100	90～100	65～85	52～70	40～60	26～45	16～33	11～25	7～18	4～13	3～9	2～5	3.5～5.5
		AC-16	Ⅰ					100	95～100	75～90	58～78	42～63	32～50	22～37	16～28	11～21	7～15	4～8	4.0～6.0
			Ⅱ					100	90～100	65～85	50～70	30～50	18～35	12～26	7～19	4～14	3～9	2～5	3.5～5.5
	细粒	AC-13	Ⅰ						100	95～100	70～88	48～68	36～53	24～41	18～30	12～22	8～16	4～8	4.5～6.5
			Ⅱ						100	90～100	60～80	34～52	22～38	14～28	8～20	5～14	3～10	2～6	4.0～6.0
		AC-10	Ⅰ							100	95～100	55～75	38～58	26～43	17～33	10～24	6～16	4～9	5.0～7.0
			Ⅱ							100	90～100	40～60	24～42	15～30	9～22	6～15	4～10	2～6	4.5～6.5
	砂粒	AC-5	Ⅰ								100	95～100	55～75	35～55	20～40	12～28	7～18	5～10	6.0～8.0
沥青碎石	特粗	AM-40		100	90～100	50～80	40～65	30～54	25～50	20～45	13～38	5～25	2～15	0～10	0～8	0～6	0～5	0～4	2.5～4.0
	粗粒	AM-30			100	90～100	50～80	38～65	32～57	25～50	17～42	8～30	2～20	0～15	0～10	0～8	0～5	0～4	2.5～4.0
		AM-25				100	90～100	50～80	43～73	38～65	25～55	10～32	2～20	0～14	0～10	0～8	0～6	0～5	3.0～4.5
	中粒	AM-20					100	90～100	60～85	50～75	40～65	15～40	5～22	2～16	1～12	0～10	0～8	0～5	3.0～4.5
		AM-16						100	90～100	60～85	45～68	18～42	6～25	3～18	1～14	0～10	0～8	0～5	3.0～4.5
	细粒	AM-13							100	90～100	50～80	20～45	8～28	4～20	2～16	0～10	0～8	0～6	3.0～4.5
		AM-10								100	85～100	35～65	10～35	5～22	2～16	0～12	0～9	0～6	3.0～4.5
抗滑表层		AK-13A							100	90～100	60～80	30～53	20～40	15～30	10～23	7～18	5～12	4～8	3.5～5.5
		AK-13B							100	85～100	50～70	18～40	10～30	8～22	5～15	3～12	3～9	2～6	3.5～5.5
		AK-16						100	90～100	60～82	45～70	25～45	15～35	10～25	8～18	6～13	4～10	3～7	3.5～5.5

3. 细骨料

用于拌制沥青混合料的细骨料，可以采用天然砂、人工砂或石屑。

细骨料应洁净、干燥、无风化、无杂质，并有适当的颗粒级配。对细骨料质量的技术要求见表12-6。

表 12-6 沥青面层用细骨料质量要求（GB 50092—1996）

项　目	单位	高速公路、一级公路	其他等级公路
表观相对密度，不小于	t/m^3	2.50	2.45
坚固性（>0.3mm部分）不小于	%	12	—
含泥量（小于0.075mm的含量），不大于	%	3	5
砂当量，不小于	%	60	50
亚甲蓝值，不大于	g/kg	25	—
棱角性（流动时间），不小于	s	30	—

注：①坚固性试验可根据需要进行；

②当进行砂当量试验有困难时，也可用水洗法测定小于0.075mm部分的含量（仅适用于天然砂），对高速公路、一级公路和城市快速路、主干路要求该含量不大于3%，对其他公路与城市道路要求该含量不大于5%。

热拌沥青混合料的细骨料宜采用优质的天然砂或人工砂，在缺砂地区，也可使用石屑，但用于高速公路、一级公路、城市快速路、主干路沥青混凝土面层及抗滑表层的石屑用量不宜超过砂的用量。

细骨料应与沥青有良好的粘结能力，高速公路、一级公路、城市快速路、主干路沥青面层使用与沥青粘结性能很差的天然砂及用花岗岩、石英岩等酸性岩石破碎的人工砂或石屑时，应采用前述粗骨料的抗剥离措施。

细骨料的级配，天然砂宜按表12-7中的粗砂、中砂或细砂的规格选用，石屑宜按表12-8的规格选用。但细骨料的级配在沥青混合料中的适用性，应以其与粗骨料和填料配制成砂制混合料后，判定其是否符合表12-5矿质混合料的级配要求来决定。当一种细骨料不能满足级配要求时，可采用两种或两种以上的细骨料掺合使用。

表 12-7 沥青面层用天然砂规格（GB 50092—1996）

筛孔尺寸（mm）	通过各孔筛的质量百分率（%）		
	粗砂	中砂	细砂
9.5	100	100	100
4.75	90～100	90～100	90～100
2.36	65～95	75～90	85～100
1.18	35～65	50～90	75～100
0.6	15～30	30～60	60～84
0.3	5～20	8～30	15～45
0.15	0～10	0～10	0～10
0.075	0～5	0～5	0～5
细度模数 Mx	3.7～3.1	3.0～2.3	2.2～1.6

4. 填料

沥青混合料的填料宜采用石灰岩或岩浆岩中的强基性岩石等憎水性石料经磨细得到的矿粉。矿粉要求干燥、洁净，其质量应符合表 12-8 的要求，当采用水泥、石灰、粉煤灰作填料时，其用量不宜超过矿料总量的 2%。

表 12-8　沥青面层用石屑规格（GB 50092—1996）

规格	公称粒径（mm）	水洗法通过各筛孔的质量百分率（%）							
		9.5	4.75	2.36	1.18	0.6	0.3	0.15	0.075
S15	0～5	100	90～100	60～90	40～75	20～55	7～40	2～20	0～10
S16	0～3		100	80～100	50～80	25～60	8～45	0～25	0～15

表 12-9　沥青面层用矿粉质量要求

项　目	单　位	高速公路、一级公路	其他等级公路
表观相对密度　不小于	t/m^3	2.50	2.45
含水量　不大于	%	1	1
粒度范围 <0.6mm	%	100	100
<0.15mm	%	90～100	90～100
<0.075mm	%	75～100	70～100
外观		无团粒结块	
亲水系数		<1	

粉煤灰作为填料使用时，其烧失量应小于 12%，塑性指数应小于 4%，其他质量要求与矿粉相同。粉煤灰的用量不宜超过填料总量的 50%，并应经试验确认与沥青有良好的粘结力，沥青混合料的水稳性能须满足要求。高速公路、一级公路和城市快速路、主干路的沥青混凝土面层不宜采用粉煤灰作填料。

12.2.2　沥青混凝土配合比设计

热拌沥青混合料配合比设计包括试验室配合比（也称目标配合比）设计、生产配合比设计及生产配合比验证（即试拌试铺）三个阶段。这里着重介绍试验室配合比设计，试验室配合比设计可分为矿质混合料组成设计和沥青最佳用量确定两部分。

1. *矿质混合料组成设计*

（1）矿质混合料组成设计的步骤

矿质混合料组成设计的目的，是选配一个具有足够密实度、并且有较高内摩阻力的矿质混合料。可以根据级配理论，计算出需要的矿质混合料的级配范围；但是为了应用已有的研究成果和实践经验，通常是采用规范推荐的矿质混合料级配范围来确定。一般按以下步骤进行：

1）确定沥青混合料类型。沥青混合料的类型，根据道路等级、路面类型及所处的结构层位，按表 12-10 选定。

表 12-10　沥青混合料类型（GB 50092—1996）

结构层次	高速公路、一级公路和城市快速路、主干路		其他等级公路		一般城市道路及其他道路工程	
	三层式沥青混凝土路面	两层式沥青混凝土路面	沥青混凝土路面	沥青碎石路面	沥青混凝土路面	沥青碎石路面
上面层	AC-13	AC-13	AC-13	AC-13	AC-5	AM-5
	AC-16	AC-16	AC-16	—	AC-10	AM-10
	AC-20				AC-13	
中面层	AC-20	—	—	—	—	—
	AC-25	—	—	—	—	—
下面层	AC-25	AC-20	AC-20	AM-25	AC-20	AC-20
	AC-30	AC-25	AC-25	AM-30	AM-25	AM-30
		AC-30	AC-30		AM-30	AM-40
			AM-25			
			AM-30			

2）确定矿质混合料的级配范围。根据已确定的沥青混合料类型，查表 12-5 确定所需的级配范围。

3）矿质混合料配合比例计算。

① 组成材料的原始数据测定。根据现场取样，对粗骨料、细骨料和矿粉进行筛析试验，按筛析结果分别绘出各组成材料的筛分曲线。同时测出各组成材料的相对密度，以供计算物理常数用。

② 计算组成材料的配合比。根据各组成材料的筛析试验资料，采用图解法或试算法，计算出符合要求级配范围的各组成材料用量比例。

③ 调整配合比。计算出的矿质混合料合成级配应根据以下要求作必要的调整。

A. 通常情况下，矿质混合料合成级配曲线应尽量接近设计级配中限，尤其应使0.075mm、2.36mm 和 4.75mm 筛孔的通过量尽量接近设计级配范围的中限；

B. 对高速公路、一级公路、城市快速路、主干路等交通量大、轴载重的道路，宜偏向级配范围的下(粗)限；对一般道路、中小交通量或人行道路等宜偏向级配范围的上(细)限；

C. 矿质混合料合成级配曲线应接近连续的或合理的间断级配，但不应有过多的犬牙交错。当经过再三调整，仍有两个以上的筛孔超过级配范围时，必须对原材料进行调整或更换原材料重新试验。

(2) 矿质混合料组成设计计算方法

天然或人工破碎的一种骨料的级配往往很难完全符合某一级配范围的要求，因此必须采用两种或两种以上的骨料配合起来才能符合级配范围的要求。矿质混合料配合组成设计的任务就是确定组成混合料各种骨料的比例。确定混合料配合比的方法很多，但是归纳起来主要可分为数解法与图解法两大类。这里主要介绍图解法中的修正平衡面积法。

1）修正平衡面积法。多种骨料的合成级配常采用“修正平衡面积法”确定。其具体步骤如下：

① 绘制级配曲线坐标图。在设计说明书上按一定的尺寸绘一矩形图框，连接对角线 $0O'$（图 12-3）作为设计级配中值线。按算术标尺在纵坐标上标出通过量百分率（0～100%）位置。将设计级配中值（如表 12-11）要求的各筛孔通过百分率，标于纵坐标上，并从纵坐标引水平线与对角线相交，再从交点作垂线与横坐标相交，其交点即为各相应筛孔尺寸的位置。

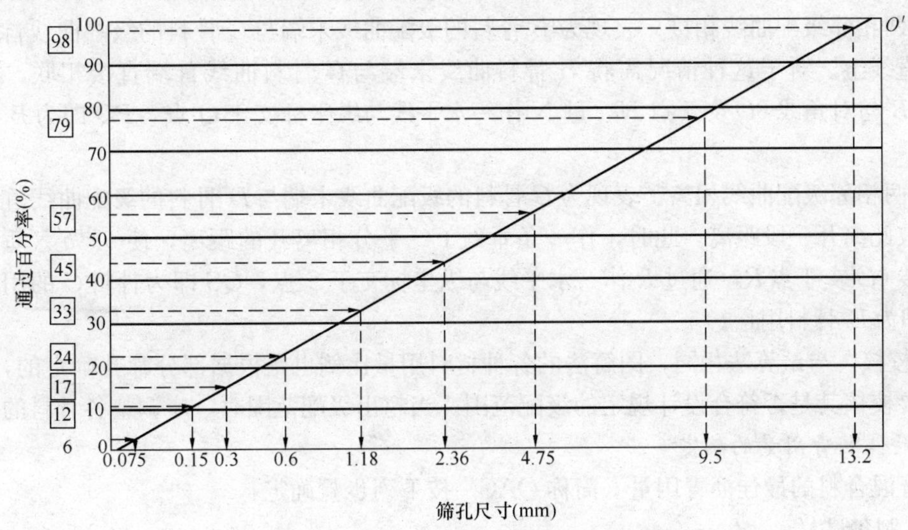

图 12-3　图解法用级配曲线坐标图

② 确定各种骨料用量。将各种骨料的通过量绘于级配曲线坐标图上（如图 12-4）。相邻骨料级配曲线之间的关系只有下述三种情况，可根据各骨料之间的关系来确定其用量。

表 12-11　细粒式 AC－13I 沥青混合料用矿料级配范围

筛孔尺寸（mm）	16.0	13.2	9.5	4.75	2.36	1.18	0.6	0.3	0.15	0.075
级配范围（mm）	100	95～100	70～88	48～68	36～53	24～41	18～30	12～22	8～16	4～8
级配中值（mm）	100	98	79	57	45	33	24	17	12	6

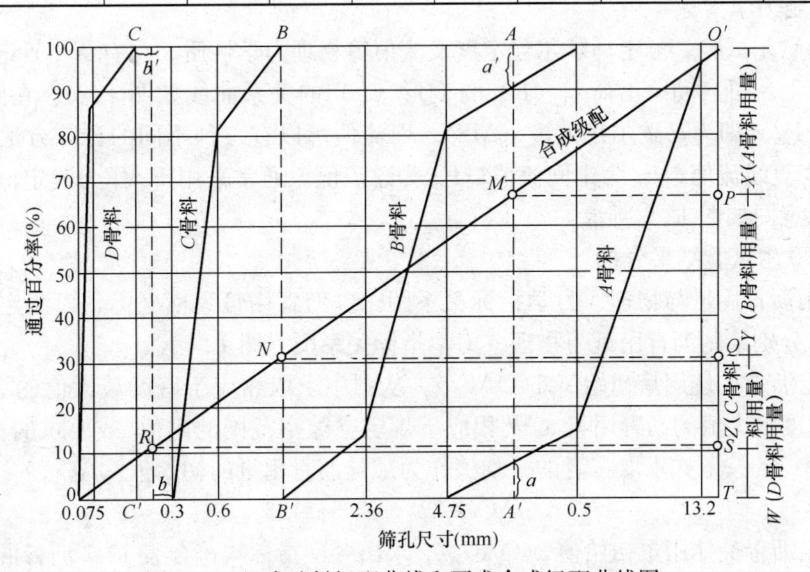

图 12-4　组成矿料级配曲线和要求合成级配曲线图

A. 两相邻级配曲线重叠　表现为 A 骨料级配曲线的下部与 B 骨料级配曲线上部搭接。此时，在两级配曲线之间引一根垂线 AA'，使之与 A 骨料和 B 骨料的级配曲线截距相等，即 $a=a'$。垂线 AA' 与对角线 $0O'$ 交于点 M，通过 M 作一水平线与纵坐标交于 P 点，$O'P$ 即为 A 骨料的用量。

B. 两相邻级配曲线相接　表现为 B 骨料的级配曲线末端与 C 骨料的级配曲线首端正好在一垂直线上。对于这种情况需将 B 骨料曲线末端与 C 骨料曲线首端直接相联，得垂线 BB'。BB' 与对角线 $0O'$ 交于点 N，过 N 作一水平线与纵坐标交于 Q 点，PQ 即为 B 骨料的用量。

C. 两相邻级配曲线相离　表现为 C 骨料的级配曲线末端与 D 骨料的级配曲线首端在水平方向彼此离开一段距离。此时，作一条垂线 CC' 平分相离开的距离，使 $b=b'$。垂线 CC' 与对角线 $0O'$ 交于点 R，通过 R 作一水平线与纵坐标交于 S 点，QS 即为骨料 C 的用量。剩余 ST 即为 D 骨料用量。

③ 校核。与试算法相同，图解法的各种材料用量比例也是根据部分筛孔确定的，所以，通常需要校核其是否符合设计规定的级配范围。当超出级配范围时，应调整各骨料的用量。

2. 最佳沥青用量的确定

沥青混合料的最佳沥青用量（简称 OAC）按下列步骤确定：

(1) 制备试样

1) 按确定的矿质混合料配合比，计算各种矿质材料的用量。

2) 根据表 12-5 推荐沥青用量范围及实践经验估计适宜的沥青用量（或油石比）。

3) 以估计的沥青用量为中值，按 0.5%间隔变化，取 5 个不同的沥青用量，将沥青与矿料用小型拌和机拌合，按表 12-1 规定的击实次数成型马歇尔试件。

(2) 测定物理指标

为确定沥青混合料的沥青最佳用量，需测定沥青混合料试件的密度，并计算空隙率、沥青饱和度、矿料间隙率等物理指标（详见试验部分），进行体积组成分析。

(3) 测定力学指标

进行马歇尔试验，测定马歇尔稳定度及流值等物理力学性质。在有 $X-Y$ 记录仪的马歇尔稳定度仪上，可自动绘出荷载（P）与变形（F）的关系曲线如图 12-5。在图 12-5 中曲线的峰值（P_m）即为马歇尔稳定度（MS）。而流值可以有三种不同的计算方法，如图 12-5 中的：F_1 为直线流值；F_x 为中间流值；F_m 为总流值。通常采用 F_x 作为测定流值。马歇尔稳定度仪示意图如图 12-6 所示。

(4) 马歇尔试验结果分析

1) 绘制沥青用量与物理、力学指标关系图。以沥青用量为横坐标，以测定的各项指标为纵坐标，分别绘制沥青用量与物理、力学指标关系图（图 12-7）。

2) 确定沥青最佳用量初始值 1(OAC_1)。从图中求取相应于密度最大值的沥青用量 a_1，相应于稳定度最大值的沥青用量 a_2 及相应于规定空隙率范围的中值(或要求的目标空隙率)的沥青用量 a_3，按下式求取三者的平均值作为最佳沥青用量的初始值 OAC_1。

$$OAC_1=(a_1+a_2+a_3)/3$$

3) 确定沥青最佳用量初始值 2(OAC_2)。求出各项指标均符合表 12-1 沥青混合料技术标准的沥青用量范围 $OAC_{min}\sim OAC_{max}$，按下式求取中值 OAC_2。

$$OAC_2=(OAC_{min}+OAC_{max})/2$$

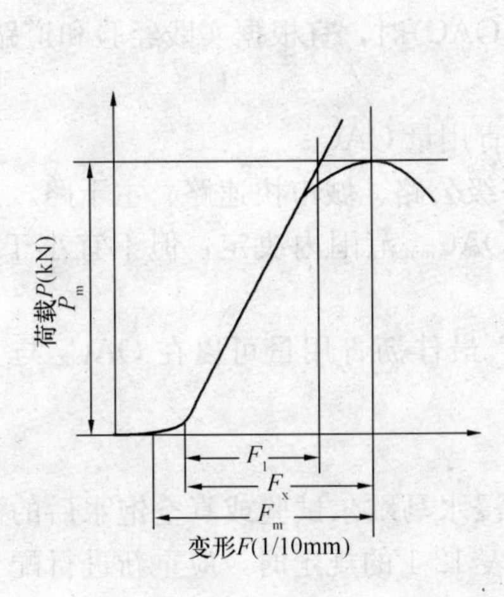

图12-5　马歇尔稳定度试验荷载与变形速度曲线

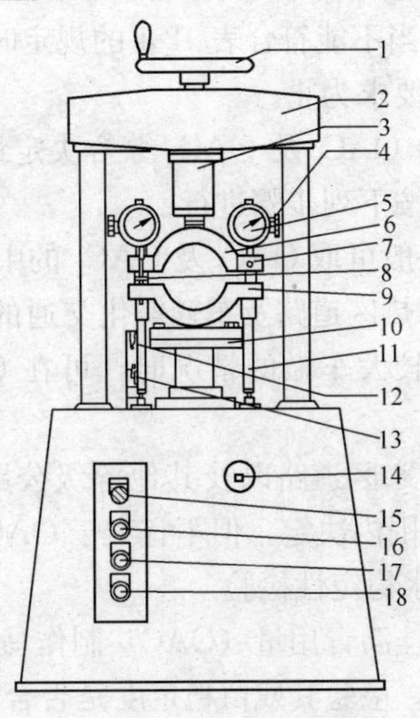

图 12-6　马歇尔稳定度仪

1—手摇装置；2—上载荷架；3—载荷控制传感器；4—千分表固定螺丝；5—千分表；6—上压头；7—固定螺丝；8—支架；9—下压头；10—承压板；11—支柱；12—上微动螺丝；13—下微动螺丝；14—手轮轴；15—电源开关；16—上升开关；17—下降开关；18—停止开关

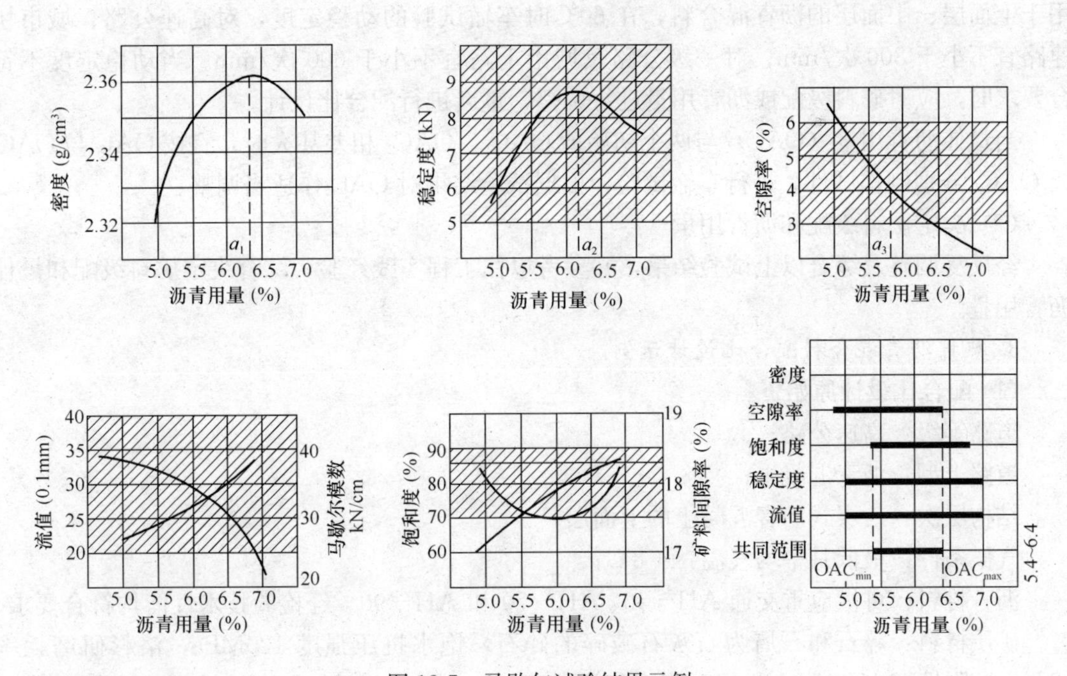

图 12-7　马歇尔试验结果示例

注：图中阴影范围为设计要求范围。图中：$a_1=6.35\%$，$a_2=6.2\%$，$a_3=5.7\%$，$OAC_1=6.08\%$，$OAC_{min}=5.4\%$，$OAC_{max}=6.4\%$，$OAC_2=5.9\%$，$OAC=6.0\%$。

4）确定沥青最佳用量(OAC)。在图 12-7 中求取相应的各项指标值，当各项指标均符合

表 12-1 规定的马歇尔设计配合比技术标准时，由 OAC_1 及 OAC_2 综合决定最佳沥青用量（OAC）。当不能符合表 12-1 的规定时，应调整级配，重新进行配合比设计，直至各项指标均能符合要求为止。

5）由 OAC_1 及 OAC_2 综合决定最佳沥青用量（OAC）时，宜根据实践经验和道路等级、气候条件按下列步骤进行：

① 一般可取 OAC_1 及 OAC_2 的中值作为最佳沥青用量 OAC。

② 对热区道路及车辆渠化交通的高速公路、一级公路、城市快速路、主干路，预计有可能造成较大车辙的情况时，可在 OAC_2 与下限 OAC_{min} 范围内决定，但不宜小于 OAC_2 的 0.5%。

③ 对寒区道路以及其他等级公路与城市道路，最佳沥青用量可以在 OAC_2 与上限值 OAC_{max} 范围内决定，但不宜大于 OAC_2 的 0.3%。

（5）水稳定性检验

按最佳沥青用量（OAC）制作马歇尔试件进行浸水马歇尔试验或真空饱水后的浸水马歇尔试验，检验其残留稳定度是否合格。如不符合表 12-1 的规定时，应重新进行配合比设计，或采取抗剥离措施重新试验，直至符合要求为止。

当最佳沥青用量（OAC）与两个初始值 OAC_1、OAC_2 相差甚大时，宜按 OAC 与 OAC_1 或 OAC_2 分别制作试件，进行残留稳定度试验，根据试验结果对 OAC 作适当调整。

（6）高温稳定性检验

按最佳沥青用量（OAC）制作车辙试验试件，用车辙试验机检验其高温抗车辙能力。用于上面层、中面层的沥青混合料，在 60℃时车辙试验的动稳定度，对高速公路、城市快速路宜不小于 800 次/mm；对一级公路及城市干路宜不小于 600 次/mm。当动稳定度不符合要求时，应对矿料级配或沥青用量进行调整，重新进行配合比设计。

当最佳沥青用量（OAC）与两个初始值 OAC_1、OAC_2 相差甚大时，宜按 OAC 与 OAC_1 或 OAC_2 分别制作试件，进行车辙试验，根据试验结果对 OAC 作适当调整。

（7）决定矿料级配和沥青用量

经反复调整及综合以上试验结果，并参考以往工程实践经验，综合决定矿料级配和最佳沥青用量。

3. 热拌沥青混合料配合比设计示例

（1）配合比设计原始资料

道路等级：高速公路；

道路类型：沥青混凝土；

结构层次：三层式沥青混凝土的上面层；

气候条件：最低月平均气温：−8℃；

沥青材料：可供应重交通 AH−50、AH−70 和 AH−90。经检验技术性能均符合要求。

矿质材料：碎石和石屑为石灰石破碎的碎石，饱水抗压强度 120MPa，洛杉矶磨耗率 12%，黏附性（水煮法）：Ⅴ级，表观密度 $2.70g/cm^3$。砂为洁净河砂，中砂，含泥量及泥块含量均 $<1\%$，表观密度 $2.65\ g/cm^3$。矿粉为石灰石磨细石粉，粒度范围符合技术要求，无团粒结块，表观密度 $2.58\ g/cm^3$。

（2）配合比设计基本要求

根据道路等级、路面类型和结构层位确定沥青混凝土的矿质混合料级配范围。根据现有各种矿质材料的筛析结果，用图解法确定各种矿质材料的配合比。

根据与选定的矿质混合料类型相对应的沥青用量范围，通过马歇尔试验确定最佳沥青用量。

根据高速公路的沥青混合料要求，对矿质混合料的级配进行调整，沥青用量按水稳定性检验和抗车辙能力校核。

(3) 矿质混合料配合组成设计

① 确定沥青混合料类型。由道路级别为高速公路，路面类型为沥青混凝土，路面结构为三层式沥青混凝土上面层，为使上面层具有较好的抗滑性，按表 12-5 选用细粒式（AC—13Ⅰ）沥青混凝土混合料。

② 确定矿质混合料级配范围。细粒式 AC－13Ⅰ型沥青混凝土的矿质混合料级配范围如表 12-12 所示。

表 12-12　矿制混合料要求级配范围

级配类型	筛孔尺寸（方孔筛），(mm)									
	16.0	13.2	9.5	4.75	2.36	1.18	0.6	0.3	0.15	0.075
细粒式沥青混凝土（AC－13Ⅰ）	100	95～100	70～88	48～68	36～53	24～41	18～30	12～22	8～16	4～8

③ 矿质混合料配合比设计计算。

A. 组成材料筛析试验。根据现场取样，碎石、石屑、砂和矿粉原材料筛分结果如表 12-13。

B. 组成材料配合比计算。用图解法计算组成材料配合比，如图 12-8。由图解法确定各种材料用量为碎石∶石屑∶砂∶矿粉＝36％∶31％∶25％∶8％。各种材料组成配合比计算如表 12-14。将表 12-14 计算得合成级配绘于矿质混合料级配范围（图 12-9）中。

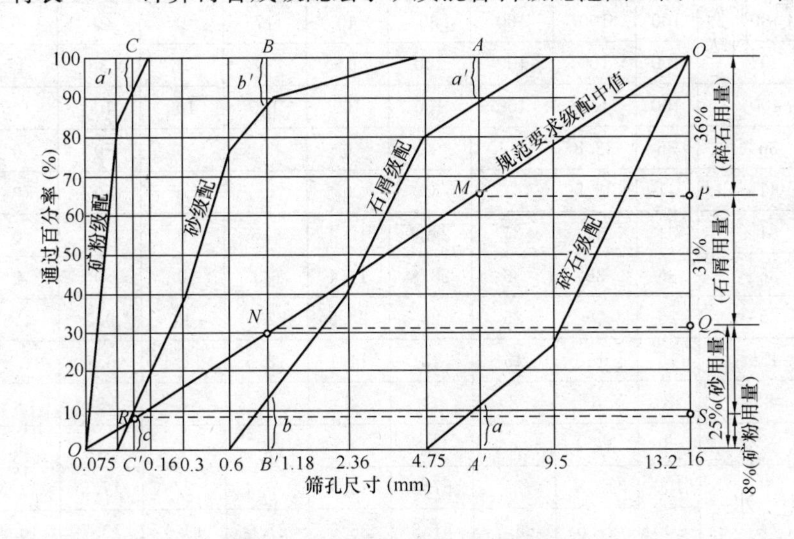

图 12-8　矿质混合料配合比计算图

从表 12-14 中可以看出，计算结果的合成级配曲线接近级配范围中值。

表 12-13 组成材料筛析试验结果

级配类型	筛孔尺寸（方孔筛），(mm)									
	16.0	13.2	9.5	4.75	2.36	1.18	0.6	0.3	0.15	0.075
	通过百分率（%）									
碎石	100	94	26	0	0	0	0	0	0	0
石屑	100	100	100	80	40	17	0	0	0	0
砂	100	100	100	100	94	90	76	38	17	0
矿粉	100	100	100	100	100	100	100	100	100	83

C. 调整配合比。由于高速公路交通量大、轴载重，为使沥青混合料具有较高的高温稳定性，合成级配曲线应偏向级配曲线范围的下限，为此应调整配合比。

经过组成配合比的调整，各种材料用量为碎石：石屑：砂：矿粉=41%：36%：15%：8%。按此计算结果如表 12-14 中括号内数字。并将合成级配绘于图 12-9 中，由图可以看出，调整后的合成级配曲线为一光滑平顺接近级配曲线下限的曲线。确定矿质混合料组成为：

矿料组成配比：　碎石：　41%

石屑：　36%

砂：　15%

矿粉：　8%

表 12-14 矿质混合料组成级配计算表

材料组成			筛孔尺寸（方孔筛）(mm)									
			16	13.2	9.5	4.75	2.36	1.18	0.6	0.3	0.15	0.075
			通过百分率（%）									
原材料级配	碎石 100%		100	94	26	0	0	0	0	0	0	0
	石屑 100%		100	100	100	80	40	17	0	0	0	0
	砂 100%		100	100	100	100	94	90	76	38	17	0
	矿粉 100%		100	100	100	100	100	100	100	100	100	83
各矿料在混合料中的级配	碎石	36%	36	33.8	9.4	0	0	0	0	0	0	0
		41%	41	38.5	10.7	0	0	0	0	0	0	0
	石屑	31%	31	31	31	24.8	12.4	4.3	0	0	0	
		36%	36	36	36	28.8	14.4	6.1	0	0	0	0
	砂	25%	25	25	25	25	23.5	23	19	9.5	4.3	0
		15%	15	15	15	15	14.1	13.5	11.4	5.7	2.6	0
	矿粉	8%	8	8	8	8	8	8	8	8	8	6.6
		8%	8	8	8	8	8	8	8	8	8	6.6
合成级配			100	97.5	73	57.8	43.9	35.3	27	17.5	12.3	6.6
			100	97.5	69.7	51.8	36.5	27.6	19.4	13.7	10.6	6.6
级配范围（AC—13I）			100	95～100	70～88	48～68	36～53	24～41	18～30	12～20	8～16	4～8
级配中值			100	98	79	58	45	33	24	17	12	6

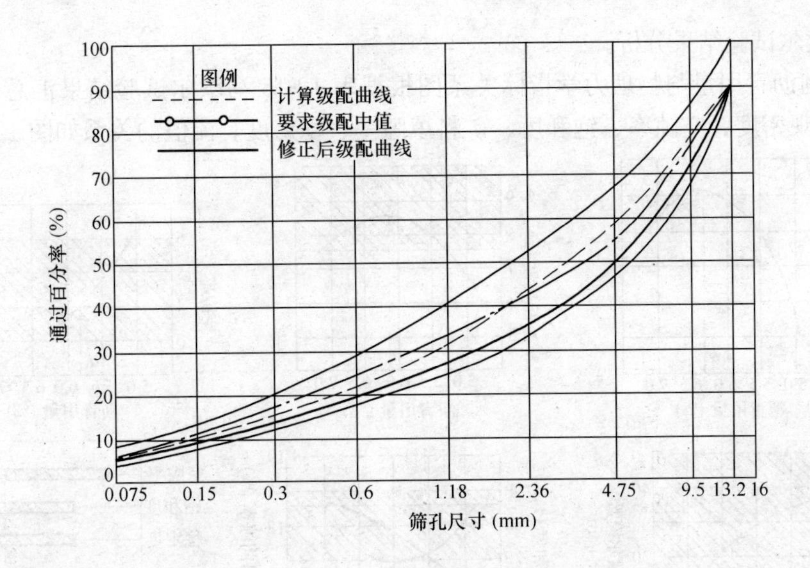

图 12-9 矿质混合料级配范围与合成级配曲线图

(4) 沥青最佳用量确定。

① 试件成型。根据当地气候最低月平均温度－8℃属于温区，采用 AH－70 沥青。

按表 12-5 推荐的沥青用量范围，细粒式沥青混凝土（AC－13 Ⅰ）的沥青用量为 5.0%～7.0%。采用 0.5%间隔变化，与前计算的矿质混合料配合比制备 5 组试件，按规定每面各击实 75 次的方法成型。

② 马歇尔试验。

物理指标测定：按上述方法成型的试件，经 24h 后测定其表观密度、空隙率、矿料间隙率、沥青饱和度等物理指标。

力学指标测定：测定物理指标后的试件，在 60℃温度下测定其马歇尔稳定度和流值，并计算马歇尔模数。

马歇尔试验结果如表 12-15，并将规定要求的高速公路用细粒式Ⅰ型沥青混凝土各项指标的技术标准也列于表 12-15 供对照评定。

表 12-15 马歇尔试验物理－力学指标测定结果汇总表

试件组号 No	沥青用量 (%)	技术性质						
		视密度 ρ_s (g/cm³)	空隙率 VV (%)	矿料间隙率 VMA (%)	沥青饱和度 VFA (%)	稳定度 MS (kN)	流值 FL (0.1mm)	马歇尔模数 T (kN/mm)
1501	5	2.328	5.8	17.9	64.5	6.7	21	31.9
1502	5.5	2.346	4.7	17.6	71.8	7.7	23	33.5
1503	6	2.354	3.6	17.4	79.5	8.3	25	33.2
1504	6.5	2.353	2.9	17.7	82	8.2	28	29.3
1505	7	2.348	2.5	18.4	85.5	7.8	37	21.1
技术标准 (GB 50092—96)		—	3～6	不小于 15	70～85	7.5	20～40	—

③ 马歇尔试验结果分析。

A. 绘制沥青用量与物理力学指标关系图根据表 12-15 马歇尔试验结果汇总表，绘制沥青用量与表观密度、空隙率、饱和度、矿料填隙率、稳定度。流值的关系如图 12-10。

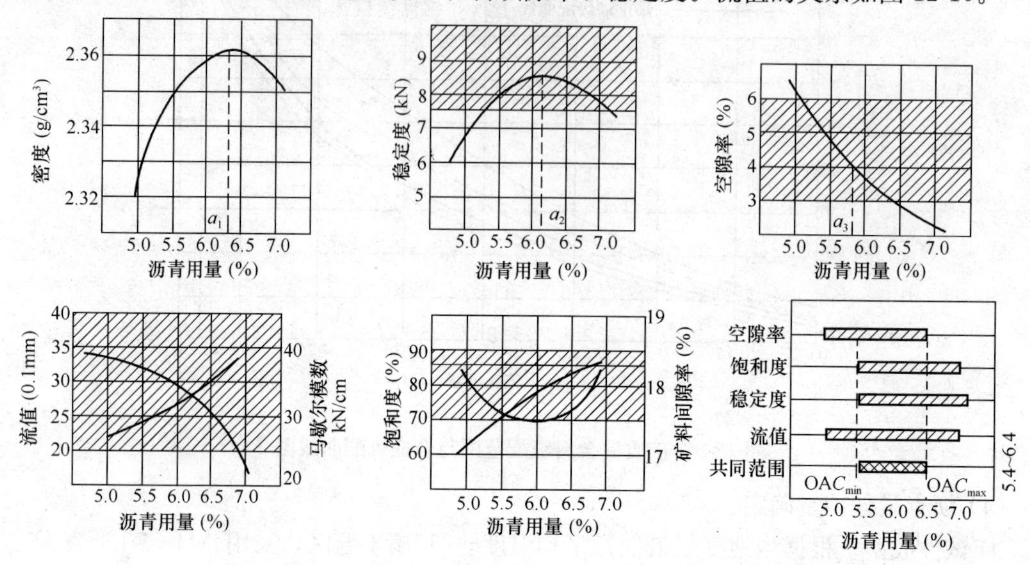

图 12-10 马歇尔试验沥青用量与物理—力学指标关系图

B. 确定沥青用量初始值 1（OAC_1），从图 12-10 得相应于稳定度最大值的沥青用量 a_1＝6.20％，相应密度最大的沥青用量 a_2＝6.20％，相应于规定空隙率范围的中值的沥青用量 a_3＝5.60％。

$$OAC_1 = (6.20\% + 6.20 + 5.60\%) / 3 = 6.0\%$$

C. 确定沥青用量初始值 2（OAC_2），由图 12-10 得各指标符合沥青混合料技术指标的沥青用量范围：

$$OAC_{min} = 5.30\% \quad OAC_{max} = 6.45\%$$

$$OAC_2 = (5.30\% + 6.45\%) / 2 = 5.9\%$$

D. 综合确定最佳沥青用量（OAC）按沥青最佳用量初始值 OAC_1＝6.0％检查各项指标均能符合要求，由 OAC_1 和 OAC_2 综合确定沥青最佳用量取 OAC＝6.0％。

当地气候属于温区，并考虑高速公路渠化交通，预计有可能出现车辙，再选择在中值 OAC_2 与下限值 OAC_{min} 之间选取一个沥青最佳用量 OAC′＝5.6％。

④ 水稳定性检验。采用沥青用量为 6.0％和 5.6％制备试件，在浸水 48h 后测定马歇尔稳定度，试验结果如表 12-16。

从表 12-16 试验结果可知，OAC＝6.0％和 OAC＝5.6％两种沥青用量浸水残留稳定度均大于 75％，符合Ⅰ型沥青混凝土稳定性要求。

表 12-16 沥青混合料水稳定性试验结果

沥青用量（％）	马歇尔稳定度 MS（kN）	浸水马歇尔稳定度 MS_1（kN）	浸水残留稳定度 MS_0（％）
OAC＝6.0	8.3	7.6	92
OAC′＝5.6	8	6.8	85

⑤ 抗车辙能力校验。同样，以沥青用量 6.0%和 5.6%进行抗车辙试验，试验结果如表 12-17。

表 12-17　沥青混合料抗车辙试验结果

沥青用量（%）	试验温度 T（℃）	试验轮压 P（MPa）	试验条件	动稳定度 DS（次/mm）
OAC=6.0	60	0.7	不浸水	1030
OAC′=5.6	60	0.7	不浸水	1320

从表 12-17 中试验结果可知，OAC=6.0%和 OAC=5.6%两种沥青用量的动稳定度均大于 800 次/mm，符合高速公路车辙的要求，但沥青用量为 5.6%时，动稳定度较高。

从以上试验结果认为采用沥青用量为 6.0%时耐久性较佳，采用沥青用量 5.6%时抗车辙能力较强，应根据以往工程实践经验综合决定。

12.3　沥青混凝土的应用

12.3.1　沥青混凝土在道路工程中的应用

1. 常温沥青混合料

与热拌沥青混合料相对应的是常温沥青混合料（或称冷铺沥青混合料），这类混合料的胶结料可以采用液体沥青或乳化沥青。为了节约能源、保护环境，我国较少采用液体沥青。采用乳化沥青为胶结料，可拌制乳化沥青混凝土混合料或乳化沥青碎石混合料。我国目前经常采用的常温沥青混合料，主要是乳化沥青拌制的沥青碎石混合料。

常温沥青碎石混合料的骨料与填料要求与热拌沥青碎石混合料相同。胶结料采用乳化沥青，其类型和规格应符合标准要求。常温沥青碎石混合料的类型，按其结构层位决定，通常路面的面层采用双层式时，下层采用粗粒式（或特粗）沥青碎石 AM30（或 AM40），上层选用较密实的细粒式（或中粒式）沥青碎石 AM10、AM13（或 AM16）。

乳化沥青碎石混合料的矿料级配组成，与热拌沥青碎石混合料相同（见表 12-5）。乳化沥青碎石混合料的乳液用量，参照热拌沥青碎石混合料的用量（表 12-5）折算。实际的沥青用量通常可比同规格热拌沥青碎石混合料的沥青用量减少 15%～20%。确定沥青用量时，应根据当地实践经验以及交通量、气候、石料情况、沥青标号、施工机械等条件综合考虑确定。

乳化沥青碎石混合料适用一般道路的沥青路面面层，也适用于修补旧路坑槽，并作一般道路旧路改建的加铺层用。对于高速公路、一级公路、城市快速路、主干路等，常温沥青碎石混合料只适用于沥青路面的联结层或平整层。

2. 沥青稀浆封层混合料

沥青稀浆封层混合料，简称沥青稀浆混合料，是由乳化沥青（常用阳离子慢凝乳液）、石屑（或砂）、水泥和水等拌制而成的一种具有流动性的沥青混合料。另外，为提高骨料的密实度，需掺加石灰或粉煤灰和石粉等填料；为调节稀浆混合料的和易性和凝结时间需添加各种助剂，如氯化铵、氯化钠、硫酸铝等。

沥青稀浆封层混合料按其用途和适应性分为三种类型，其矿料级配组成和沥青用量列于

表 12-18。

其中 ES－1 型为细粒式封层混合料，沥青用量较高（＞8%），具有较好渗透性，有利于治愈裂缝。适用于大裂缝的封缝，或中轻交通的一般道路薄层罩面处理；ES－2 型为中粒式封层混合料，是最常用级配，可形成中等粗糙度，用于一般道路路面的磨耗层，也适用于旧高等级路面的修复罩面；ES－3 型为粗粒式封面混合料，其表面粗糙，适用作抗滑层；亦可作二次抗滑处理，可用于高等级路面。

表 12-18　乳化沥青稀浆封层的矿料级配及沥青用量范围（GB 50092—1996）

	筛孔（mm）		级配类型		
	方孔筛	圆孔筛	ES－1	ES－2	ES－3
通过筛孔的质量百分率（%）	9.5	10		100	100
	4.75	50	100	90～100	70～90
	2.36	2.5	90～100	65～90	45～70
	1.18	1.2	65～90	45～70	28～50
	0.6		40～65	30～50	19～34
	0.3		25～42	18～30	12～25
	0.15		15～30	10～21	7～18
	0.075		10～20	5～15	5～15
沥青用量（%）			10～16	7.5～13.5	6.5～12
稀浆混合料用量（kg/m2）			3～5.5	5.5～8	＞8
稀浆封层厚度（mm）			2～3	3～5	4～6

目前多采用试验的方法来确定沥青稀浆封层混合料的配合比，其主要试验内容包括稠度试验、初凝时间试验、稳定时间、湿轮迹试验和负荷车轮试验等。通过以上试验，确定用水量、沥青用量、骨料和填料用量即可计算出配合比。

沥青稀浆封层混合料可以用于旧路面的养护维修，亦可作为路面加铺抗滑层、磨耗层。由于这种混合料施工方便，投资费用少，对路况有明显改观，所以得到广泛应用。

3. 桥面铺装材料

桥面铺装又称车道铺装，其作用是保护桥面板，防止车轮或履带直接磨耗桥面，并可分散车轮集中荷载，通常有水泥混凝土和沥青混凝土铺装，这里主要介绍沥青混凝土桥面铺装。

（1）钢筋水泥混凝土桥的沥青混凝土桥面铺装

中型钢筋水泥混凝土桥（包括高架桥、跨线桥、立交桥）用沥青铺装层，应与混凝土桥面很好地粘结，并具有防止渗水、抗滑及有较高抵抗振动变形的能力。对于小桥桥面铺装只要与相接路段的车行道路面面层结构一致即可。对立交桥或防水要求高或在桥面板位于结构受拉区而可能出现裂缝的桥梁上，要求采用防水层铺装。

1）防水层。厚度约 1.0～1.5mm，可采用下列形式之一。

① 沥青涂胶类防水层。采用沥青或改性沥青，分两次撒布，总用量 0.4～0.5kg/m^2，然后撒布一层洁净中砂，经碾压成下封层。

② 高聚物涂胶类防水层。采用聚氨酯胶泥、环氧树脂、各种高聚物（CR 和 SBR 等）

胶乳与乳化沥青制成的改性沥青胶乳等防水层。这类防水层由于施工方便，目前用得较多。

③ 沥青卷材防水层。采用各种化纤胎的改性沥青卷材和改性沥青胶粘剂做成三毡四油或两毡三油等结构的防水层，可以用油毡或其他防水卷材。

2）保护层。为了保护防水层免遭损坏，在其上应加铺保护层。保护层采用 AC－10（或 AC－5）型沥青混凝土（或沥青石屑、或单层表面处治），厚约 1.0cm。

3）面层。面层分承重层和抗滑层。承重层直采用高温稳定性好的 AC－16（或 AC－20）型中粒式热拌沥青混凝土，厚度 4～6mm。抗滑层（或磨耗层），宜采用抗滑表层结构，厚度 2.0～2.5mm. 为提高桥面铺装的高稳定性，承重层和抗滑层胶结料宜采用高聚物改性沥青。

（2）公路钢桥的沥青混凝土桥面铺装

钢桥面铺装应满足防水性好、稳定性好、抗裂性好、耐久性好以及层间粘结性好的性能要求。应根据不同地区道路等级以及铺装的功能要求，选择适当的钢桥面铺装结构型式，一般可采用图 12-11 型式。

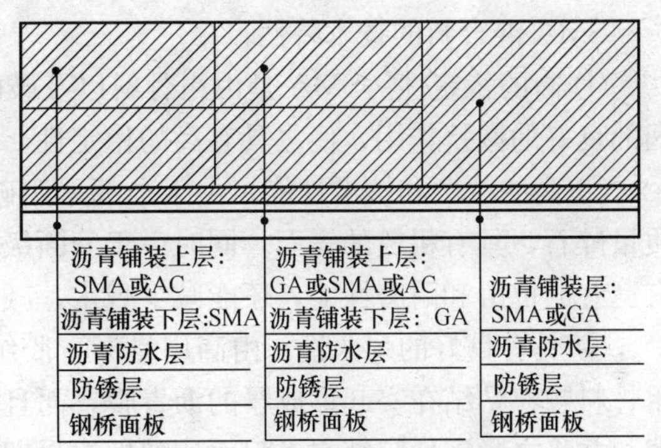

图 12-11　钢桥面沥青铺装

1）防锈层。必须对钢桥面采取防锈措施。

2）防水层。在防锈层上应采用适当的防水层，可采用反应性树脂防水层或沥青防水层。

3）钢桥面沥青铺装。钢桥面沥青铺装层直为 40～80mm，并宜分两层铺筑，当铺装厚度低于 60mm 时则应一层铺筑。沥青铺装必须采用沥青混凝土混合料铺筑。混合料类型应选用沥青玛蹄脂碎石（SMA）、浇注式沥青混凝土（GA）或密级配沥青混凝土（AC）混合料。沥青铺装层混合料的选择应充分考虑钢桥面板受力特点、沥青铺装层的功能以及气候环境因素。沥青铺装下层混合料应具有较好的变形能力，能适应钢桥面板的各种变形，上层混合料应具有较好的热稳性，抗车辙能力强。同时混合料还应满足耐久、抗车辙、抗水损害、防水性能等多方面要求。沥青铺装层胶结料应采用能满足铺装层混合料性能要求的材料。其中 SMA、AC 混合料的胶结料应采用改性沥青，GA 混合料的胶结料应采用硬质沥青。

4. 水泥混凝土路面填缝料

水泥混凝土路面板因受温度应力的影响或施工的原因，必须修筑纵向的和横向的接缝，温度缝多为横向的，分为膨胀缝和收缩缝两种，工作缝有纵向的和横向的，为使表面水不致渗入接缝而降低路面基层的稳定性，必须在这些接缝处嵌填接缝材料。

水泥混凝土路面接缝材料包括：接缝板和填缝料。接缝板可用木材（如松木、杉木、桐木、白杨板）、合成板材（如软木板、木屑板）及泡沫树脂（如聚苯乙烯泡沫板）等。填缝料可用树脂沥青（如聚氯乙烯胶泥填缝料）、橡胶沥青（如氯丁橡胶沥青填缝料）及聚氨脂类填缝料（如聚氨脂改性沥青填缝胶、聚氨脂焦油、密封胶）等。

作为水泥混凝土路面接缝的填缝料，首先要求它与混凝土板具有很好地粘结性；在低温时有较大的延性，以适应混凝土板的收缩而不开裂；在高温时有较好的热温定性，抗老化性、不软化、不流淌；此外，还要具有一定的抗砂石嵌入的能力。填缝料的技术性能可以通过高温流变值、低温延伸量、弹性复原率、砂石嵌入度及耐久性等技术指标来评定。

5. SMA 混合料

SMA 混合料是由沥青玛蹄脂填充沥青碎石组成的混合料。它是具有高比例的粗骨料和高的矿粉含量的间断级配混合料。矿质骨料中 4.75～16mm 的粗骨料高达 70%～80%，矿粉用量为 8%～13%，一般 0.075mm 的通过率高达 10%，细骨料很少。由于粗骨料之间的接触形成了具有抵抗永久变形能力的骨架结构，高比例的、单一粒径的粗骨料使颗粒之间有很好的嵌锁。SMA 混合料沥青胶结料用量多，为 6.5%～7.0%，要求沥青黏度大，软化点高，温度稳定性好，最好采用改性沥青。其组成特点是三多一少，即粗骨料多，矿粉多，沥青多，细骨料少，并掺有纤维稳定剂。

SMA 混合料的技术特性：

① 高的稳定性。SMA 是由粗骨料以及破碎的石料的间断级配混合料形成石料与石料之间的良好的嵌挤作用，使之具有高的稳定性，可以抵抗永久变形。

② 高的抗磨和抗滑性能。由于全部采用破碎的具有粗糙表面的高磨光值低压碎值的高质量碎石，具有粗糙的表面，同时由于间断级配混合料形成构造深度大的沥青面层，因此具有良好的抗滑和耐磨性能，还能减少溅水，减少噪音。

③ 具有良好的耐久性。由高用量沥青胶结料、矿质填料和稳定添加剂组成的玛蹄脂将粗骨料颗粒粘结在一起形成厚的沥青膜，而且黏稠的没有孔隙的玛蹄脂部分填充矿料骨架空隙，并将之紧密地胶结在一起而达到抵抗早期开裂、松散及水损害的能力。

④ 良好的施工性能。采用了稳定剂保证了 SMA 间断级配混合料在生产、运输和摊铺过程中保持均匀而不离析。稳定剂可以防止骨料结构的位移，因而也增进了表面层的稳定性。

12.3.2 沥青混凝土在水利工程中的应用

随着沥青路面铺设技术的发展和对沥青性能的认识，沥青在水利工程中逐步得到推广应用，并逐步发展为较成熟的水工沥青混凝土防渗技术。

水工沥青混凝土是应用于水工建筑物结构领域的沥青混凝土的统称，其应用形式很多，主要应用于土石坝的防渗，也有应用于渠道、水池等方面建设的实例。水工沥青混凝土防渗墙从结构上说，大体可分为两类：沥青混凝土防渗面板及沥青混凝土防渗心墙。

沥青混凝土防渗心墙修筑在大坝内部，防渗体所承受的水压力，只能由坝体来支撑，受力条件也较面板结构复杂。沥青混凝土心墙土石坝的整个坝体断面可以用来作稳定分析，坝体的抗滑动能力要大于沥青混凝土心墙面板坝。

沥青混凝土防渗墙面板直接修筑在上游坡面上，可以代替护坡，抵御风浪冲击。沥青混凝土防渗面板结构必须修筑护坡，设置反滤层，防止坝体颗粒被带走，保证坝体安全，而沥青混凝土心墙坝上游面的堆石边坡，可陡于沥青混凝土面板防渗坝。

随着石油工业的更进一步发展，水工沥青混凝土应用理论研究的深入和成熟，水工沥青混凝土防渗应用的范围将越来越广泛，具体表现在防渗类型越来越多，防渗结构也越来越先进、防渗面积越来越大，防渗结构的应用范围如沥青混凝土心墙防渗墙的高度不断突破等方面。沥青混凝土心墙防渗以其较佳的防渗性能及无可比拟的适应变形能力、甚至在裂缝产生后的自愈能力，正逐步发展成为土石坝防渗主体结构类型。在我国，随着一大批水工沥青混凝土工程的成功应用，使我国水工沥青混凝土的发展应用前景越来越广阔。

复习思考题

1. 试解释下列名词、术语

沥青混合料；沥青混凝土；沥青碎石混合料

2. 沥青混合料可分为哪几类？

3. 沥青混合料按其组成结构可分为哪几种类型，各种结构类型的沥青混合料的特点？

4. 试述沥青混合料强度形成的原理，并从内部材料组成参数和外界影响因素加以分析。

5. 试论述路面沥青混合料应具备的主要技术性。

6. 热拌混合料质量评定有哪几项指标？并说明各项指标用以控制沥青混合料的技术性质。

7. 沥青混合料所用各种原材料应具备哪些主要技术要求？

8. 试述热拌沥青混合料配合组成的设计方法。

9. 沥青最佳用量（OAC）是怎样确定的？

10. 马歇尔法设计沥青混凝土配合比时，为什么要进行浸水稳定度和车辙试验？

11. 试设计一级公路沥青路面面层用细粒式沥青混凝土混合料配合组成。

[原始资料]

（1）道路等级：一级公路；

（2）路面类型：沥青混凝土；

（3）结构层位：两层式沥青混凝土的上面层；

（4）气候条件：7月份平均最高气温20～30℃，年极端最低气温＞－7℃。

（5）材料性能

① 沥青材料：可供应重交通沥青AH－70，经检验各项指标符合要求。

② 碎石和石屑：Ⅰ级石灰岩破碎碎石，饱水抗压强度137MPa，洛杉矶磨耗率16%，粘附性（水煮法）Ⅳ级，表观密度2.71g/cm^3。

③细骨料：洁净河砂，粗度属中砂，含泥量小于1%，表观密度2.68 g/cm^3。

④矿粉：石灰石粉，粒度范围符合要求，无团粒结块，表观密度2.58 g/cm^3。

粗细骨料和矿粉级配组成经筛分试验结果列入表12－19。

表12-19　组成材料筛析结果

材料组成	筛孔尺寸（方孔筛）（mm）									
	16	13.2	9.5	4.75	2.36	1.18	0.6	0.3	0.15	0.075
	通过百分率（%）									
碎石	100	95	18	0	0	0	0	0	0	0
石屑	100	100	100	82.5	36.1	15.2	3.0	0	0	0
砂	100	100	100	100	91.5	82.2	71.0	35	15	3.0
矿粉	100	100	100	100	100	100	100	100	100	87

[设计要求]

（1）根据道路等级、路面类型和结构层次确定沥青混凝土的类型和矿质混合料的级配范围。根据现有各种矿质材料的筛析结果，用图解法或试算（电算）法确定各种矿质材料的配合比。

(2) 根据规范推荐的相应沥青混凝土类型的沥青用量范围，通过马歇尔试验的物理-力学指标，确定沥青最佳用量。

(3) 根据一级公路路面用沥青混合料要求，对矿质混合料的级配进行调整，并对沥青最佳用量按水稳定性检验和抗车辙能力校核。

马歇尔试验结果汇总如表 12-20。

表 12-20　马歇尔试验物理-力学指标测定结果汇总表

试件组号	沥青用量（%）	技术性质						
		表观密度 ρs（g/cm³）	空隙率 VV（%）	矿料间隙率 VMA（%）	沥青饱和度 VFA（%）	稳定度 MS（kN）	流值 FL（0.1mm）	马歇尔模数 T（kN/mm）
1	5.0	2.366	6.2	17.6	68.5	8.2	20	41.0
2	5.5	2.381	5.1	17.3	75.5	9.5	24	39.6
3	6.0	2.398	4.0	16.7	84.4	9.6	28	34.3
4	6.5	2.382	3.2	17.1	88.6	8.4	31	27.1
5	7.0	2.378	2.6	17.7	88.1	7.1	36	19.7

第 13 章　土木工程材料试验

土木工程材料试验是土木工程材料课程理论教学的重要实践性环节。通过试验应加深对理论知识的理解，熟悉常用土木工程材料的主要技术性能，熟悉常用材料试验仪器的原理和操作，掌握基本的试验技能，为今后从事材料试验和科学研究打下良好基础。

为了取得客观、正确的测试结果，材料的取样必须具有代表性，试验操作和数据处理必须按照国家现行标准和规范进行。为此，试验者必须具备实事求是的科学态度，正确分析试验过程中出现的各种现象，去伪存真，务求真实。

1. 取样方法

试样是被测材料的代表。通过对试样某项性能指标的测试就可以确定被测材料的某种性能。因此试样必须具有充分的代表性。

随机取样是确保试样代表性的基本方法。所谓随机取样，就是指被测材料中的任何一点（或部分）被抽取作为试样的概率是相同的。

2. 样品处理

（1）均化　在试验之前，对于随机采集的混合样，必须充分均化。大块的固体材料，在均化之前应先行粉碎。松散材料的均化，可将各堆材料平摊并叠加起来，然后垂直切取成数堆，再将各堆平摊并叠加，反复数次直至均匀。液体材料经充分搅拌即可达均化目的。

（2）缩分　随机抽取并均化的试样数量往往多于试验所需数量，此时需对采集的试样进行缩分。如土木工程材料中的水泥、砂、石试样常用四分法缩分：将试样拌合均匀后在平板上摊平成“圆饼”状，然后沿相互垂直的两条直径把“圆饼”分成大致相等的四份，取其对角的两份重新拌匀，再摊平成“圆饼”状。重复上述过程，直至把试样缩分到试验所需数量为止。

3. 误差的产生与分类

材料试验数据是材料质量的量化反映。然而由试验所测得的数据并不完全等于被测材料质量的真正数值（称为真值），它只是客观质量的近似结果。试验数据与真值之间的差异称为误差。按误差产生的原因可分为系统误差，过失误差和偶然误差。

由于试验仪器、设备的不准确，试验条件的非随机性变化，试验方法的不合理以及试验人员不良的操作习惯而产生的误差称为系统误差。由于试验人员的错误操作而产生的误差叫过失误差。系统误差和过失误差之外的误差统称为偶然误差。产生偶然误差的原因都具有无规则性：例如试验人员对仪器度盘最小分格的判读，试验条件（温度、湿度、电压等）的无规则变化以及仪器性能的不稳定等。由于偶然误差的随机性特点，它必然服从正态分布规律，因此可以运用数学方法对试验数据进行处理，以达到提高试验准确度的目的，使试验结果最大限度地接近真值。而系统误差和过失误差只能通过对试验过程规范化管理来解决。

4. 试验数值的修约

试验数据和结果都有一定的精确度要求，对精确度范围之外的数字，应按照《数值修约规则及极限数值的表示和判定》（GB/T 8170—2008）进行修约，常用修约规则如下：

（1）拟舍弃数字的最左一位数字小于5时，则舍去。

例：将12.1498修约到个位数，得12；将12.1498修约到一位小数，得12.1。

（2）拟舍弃数字的最左一位数字大于5，则进一，即保留数字的末位数加1。

例：将1268修约到“百”中位数，得13×10^2。

（3）拟舍弃数字的最左一位数字为5，且其后有非0数字时进一，即保留数字的末位数加1。

例：将10.5002修约到个位数，得11。

（4）拟舍弃数字的最左一位数字为5，且其后无数字或皆为0时，若保留的末位数字为奇数（1，3，5，7，9）则进一，既保留数字的末位数字加1；若保留的末位数字为偶数（0，2，4，6，8），则舍去。

例：将0.35、0.4500和1.0500修约精确至0.1，修约后分别得0.4、0.4和1.0。

（5）拟修约数字应在确定修约间隔或指定修约数位后一次修约获得结果，不得多次连续修约。

例：15.4546修约至整数，正确修约得15，不正确修约15.4546→15.455→15.46→15.5→16。

修约规则可概括为：“四舍六入五考虑，五后非零应进一，五后皆零视奇偶，五前为偶应舍去，五前为奇则进一”。

本教材试验部分是根据教学内容选材，并依据现行国家最新标准和规范编写，属于建材常规试验内容。随着科学技术的进步和生产技术水平的提高，材料试验的范围和方法以及材料质量的要求都在不断地变更，因而在学习中应注意有关标准和规范的修订。

试验一　木工程材料基本物理性质试验

一、密度测定

1. 主要仪器

（1）瓶：形状和尺寸（图13-1）。

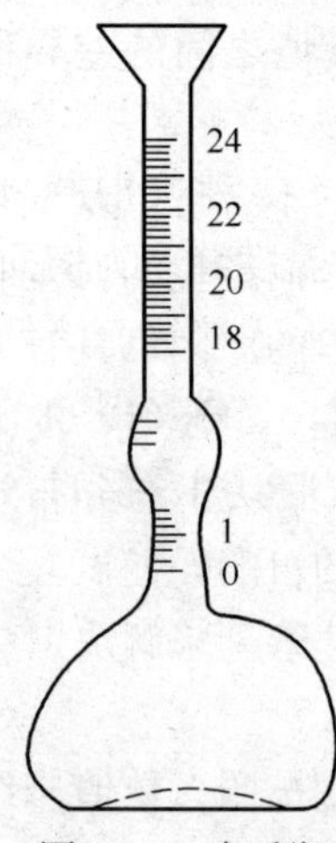

图13-1　李氏瓶

（2）称量500g，感量0.01g。

（3）筛子（孔径0.20mm）、温度计等。

2. 试样制备

将试样（如砖块）研碎，全部通过筛子，在不超过110℃的烘箱中烘至恒重，取出在干燥器中冷却至室温备用。

3. 试验步骤

（1）将煤油注入李氏瓶至突颈下部，再将李氏瓶放入20℃的水浴中恒温，记下煤油刻度值V_1。

（2）称取60～90g试样，用漏斗逐渐将试样送入李氏瓶中，注意避免在突颈处形成气泡阻碍试样继续下落。当液面升至20cm^3刻度附近时，停止送入试样，并称量剩下试样，计算送入试样质量G。

（3）将李氏瓶再放入20℃水浴中恒温，读取送入试样后煤油刻度值V_2。

4. 试验结果

(1) 试样密度 ρ（精确至 0.01g/cm^3）

$$\rho=\frac{G}{V_2-V_1}$$

式中，ρ——试样密度，g/cm^3；

G——送入李氏瓶中试样质量，g；

V_1——未送试样时煤油刻度值，cm^3；

V_2——送入试样后煤油刻度值，cm^3。

(2) 以两个试样的试验结果的平均值作为密度测定结果。两次试验结果之差不得大于 0.02g/cm^3，否则重新取样进行试验。

二、表观密度测定

1. 主要仪器

天平、烘箱、游标卡尺、直尺等。

2. 试验步骤

(1) 将试件放入（105±5）℃的烘箱中烘至恒重，取出冷却至室温称质量 m。

(2) 测量试件外形尺寸，计算表观体积：

如试件为矩形体，分别在长、宽、高三个方向的两边缘和中部各测量一次，取其平均值作为长度、宽度和高度，计算表观体积 V_0：

$$V_0=L\times b\times h$$

式中，V_0——试件表观体积，cm^3；

L——试件平均长度，cm；

b——试件平均宽度，cm；

h——试件平均高度，cm。

如试件为圆柱体，可在试件两个平行底面上，通过中心作两条相互垂直的直线，沿线测量出上下底面和高度中央共 6 个直径和 4 个高度，各取平均值作为试件的平均直径和平均高度，表观体积 V_0：

$$V_0=\frac{\pi d^2 h}{4}$$

式中，V_0——试件表观体积，cm^3；

d——试件平均直径，cm；

h——试件平均高度，cm。

3. 试验结果

(1) 试件表观密度 ρ_0（精确至 0.02g/cm^3）

$$\rho_0=\frac{m}{V_0}$$

式中，ρ_0——试件表观密度，g/cm^3；

m——试件质量，g；

V_0——试件表观体积，cm^3。

（2）以三次试验结果的平均值作为表观密度测定结果。

三、孔隙率计算

试件孔隙率 P 为：

$$P=\left(1-\frac{\rho_0}{\rho}\right)\times 100\%$$

式中，P——试件孔隙率，

ρ——试件密度，g/cm^3；

ρ_0——试件表观密度，g/cm^3。

四、吸水率测定

1. 主要仪器

天平、烘箱、容器等。

2. 试验步骤

（1）将试件清洗干净放入（105±5)℃的烘箱中烘至恒重，称量质量 G 。

（2）将试件放入容器底部篦板上，注满水煮沸 3h 后放在流水中冷却至室温或在水中浸泡 24h，然后取出试件用湿毛巾将表面水分擦除并称质量 G_1。

3. 试验结果

计算试件吸水率 W（精确至 0.1%）

$$W_{质量}=\frac{G_1-G}{G}\times 100\% \text{ 或 } W_{体积}=W_{质量}\times\rho_0\times 100\%$$

式中，$W_{质量}$——试件质量吸水率，%；

$W_{体积}$——试件体积吸水率，%；

G——试件烘干质量，g；

G_1——试件吸水饱和质量，g；

ρ_0——试件表观密度，g/cm^3。

吸水率 $W_{质量}$、$W_{体积}$ 以 3 个试件的算数平均值为测定结果。

试验二　水　泥　试　验

一、试验依据

《通用硅酸盐水泥》GB 175—2007

《水泥细度检验方法　筛析法》GB/T 1345—2005

《水泥比表面积测定方法　勃氏法 》GB/T 8074—2008

《水泥标准稠度用水量、凝结时间、安定性检验方法》GB/T 1346—2011

《水泥胶砂强度检验方法（ISO 法)》GB/T 17671—1999

二、取样方法

水泥出厂前按同品种、同强度等级编号取样。袋装水泥和散装水泥应分别进行编号和取样。每一编号为一取样单位。取样方法按 GB 12573 进行。可连续取，亦可从 20 个以上不同部位取等量样品，总量至少 12kg。

三、水泥细度试验

硅酸盐水泥和普通硅酸盐水泥的细度以比表面积表示，不小于 $300m^2/kg$；矿渣硅酸盐水泥、火山灰质硅酸盐水泥、粉煤灰硅酸盐水泥和复合硅酸盐水泥以筛余表示，80μm 方孔筛筛余不大于 10％或 45μm 方孔筛筛余不大于 30％。

1. 负压筛法（筛余百分数测定）

主要仪器：

试验筛、烘箱、天平（最小分度值不大于 0.01g）。

试验筛由圆形筛框和筛网组成。分负压筛、水筛和手工筛。负压筛、水筛结构尺寸如图 13-2。

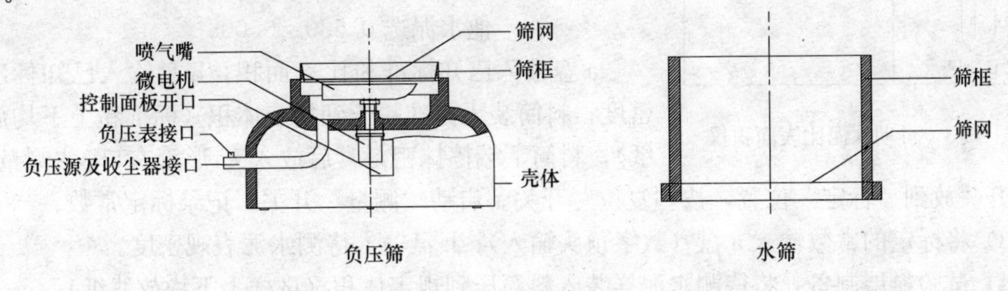

图 13-2　细度试验筛

(2) 试验步骤

1) 用 80μm 筛进行筛析试验时称取试样 25g，45μm 筛析试验称取试样 10g，精确至 0.01g。

2) 将负压筛放在筛座上，盖上筛盖，接通电源检查控制系统，调节负压至 4000Pa～6000Pa。

3) 开动负压筛析仪，连续筛析 2min，在此期间如有试样附着在筛盖上可轻轻敲击筛盖使试样下落。筛毕，称量全部筛余物。

(3) 结果计算及处理

水泥筛余率按下式计算（精确至 0.1％）：

$$F = \frac{R_t}{W}$$

式中，F——水泥筛余百分数，％；

R_t——水泥筛余物质量，g；

W——水泥试样质量，g。

(4) 筛余结果修正

将计算结果乘于所用筛的修正系数 C，即筛析法的最终结果。C 值的有效范围：0.80～1.20。

2. 勃氏法（比表面积测定）

(1) 主要仪器

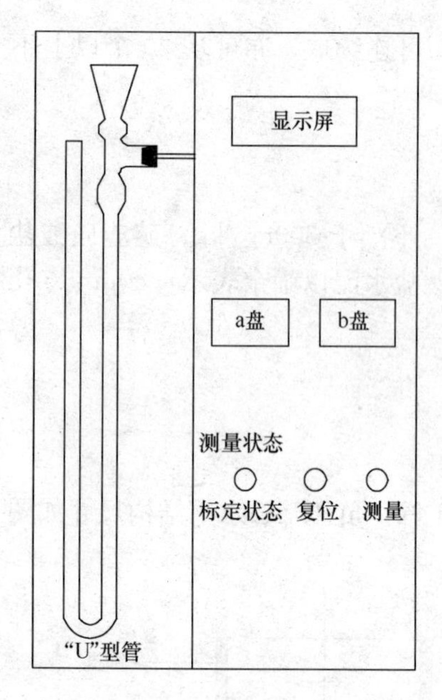

图 13-3　自动水泥比表面积仪

自动水泥比表面积仪（如图 13-3）、烘箱、分析天平（0.001g）。

（2）试验步骤

1）打开电源，U 形管加水至仪器显示“good”，按“复位”开关。封闭 U 形管，检查 U 形管气密性。

2）仪器常数标定

用水银标定料筒体积 V（0.001cm^3）；计算标定用标准粉质量 m（0.001g）；

$$m=\rho \cdot V \cdot (1-\varepsilon)$$

式中，m——标准粉质量，g；

ρ——标准粉密度，g/cm^3；

ε——P·Ⅰ、P·Ⅱ型水泥选 0.500±0.005，其他水泥选 0.530±0.005。

a 盘输入已知标准粉比表面积，b 盘输入已知标准粉密度；料筒装入标准粉压到规定体积（标准粉上下均放滤纸），料筒下端擦抹密封膏后放入 U 形管右口。“测量/标定”开关放到“标定”位置，按“复位”开关。启动“测量”开关。记录标定常数。

3）将标定的常数输入 a 盘（数字顶头输入）；b 盘输入待测水泥表观密度。

4）试验料层制备：将待测水泥样装入料筒压到规定体积（试样上下均放滤纸）。

5）透气试验：仪器“测量/标定”开关放到“测定”位置，料筒擦密封膏就位后按“复位”开关。启动“测量”开关，自动测得比表面积。

四、水泥标准稠度用水量试验

1. 主要仪器

（1）水泥净浆搅拌机：搅拌叶片公转：慢速（62±5）r/min，快速（125±10）r/min。搅拌叶片自转：慢速（140±5）r/min，快速（285±10）r/min。

（2）标准法维卡仪：滑动部分总质量（300±1）g，与试杆和试针连接的滑动杆表面光滑，能够靠重力自由下落，不得有紧涩和晃动现象。（图 13-4）

（3）量筒：精度±0.5mL。

（4）天平：最大量程不小于 1000g，分度值不大于 1g。

2. 试验步骤

（1）使用前检查仪器是否处于正常工作状态。

（2）搅拌锅和叶片用湿抹布擦过，将拌合水到入搅拌锅中。

（3）5～10s 将称好的水泥 500g 加入水中并防止水和水泥溅出。

（4）搅拌锅放在锅座上，升至搅拌位置。

（5）选择搅拌程序，启动搅拌机，低速搅拌 120s、停机 15s、高速搅拌 120s、停机。

（6）关闭电源、取下搅拌锅进行标准稠度测定：立即将搅拌好的水泥净浆取适量，一次性装入已置于玻璃板的试模中，浆体超过试模上端，用宽 25mm 的直边刀轻轻拍打超出试模部分的浆体 5 次以排除浆体中的空隙，然后在试模上表面约 1/3 处，略倾斜于试模表面分

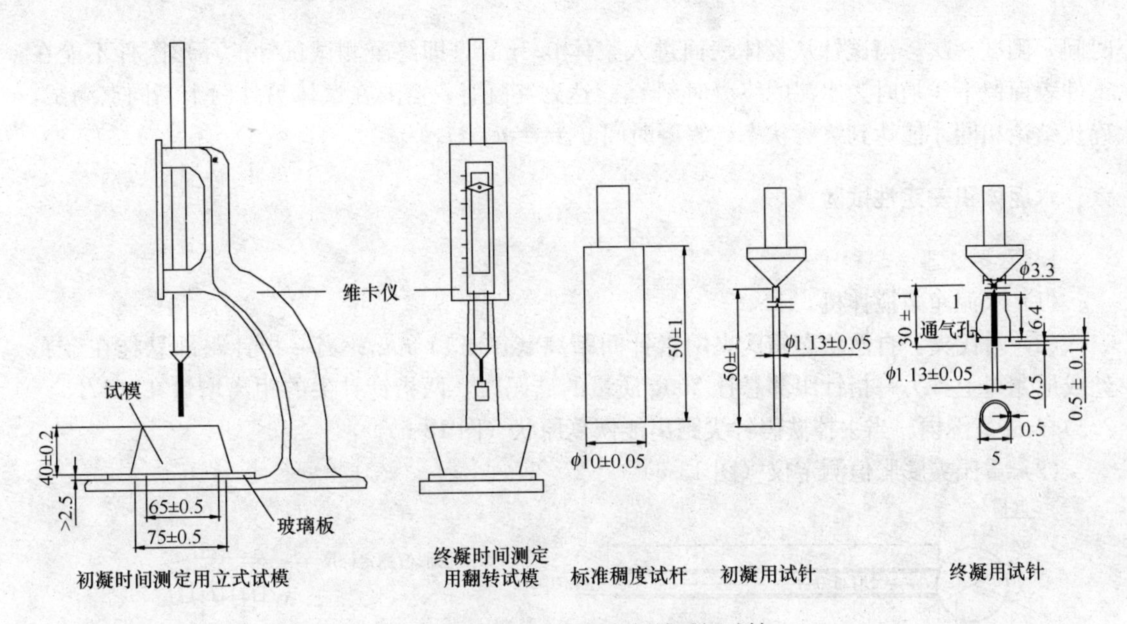

图 13-4　标准法维卡仪和凝结时间试针

别向外轻轻锯掉多余净浆后，再沿试模边轻抹顶部一次，使净浆表面光滑。在锯掉多余净浆和抹平的操作过程中，不要压实净浆；抹平后迅速将试模和底板移至维卡仪下，并将其中心定在试杆下，降低试杆直至与水泥净浆表面接触，拧紧螺丝后 1～2s 突然松动，使试杆垂直自由地沉入水泥净浆中。在试杆静止或沉入 30s 时记录试杆距玻璃板的距离，升起试杆擦净。整个操作过程在 1.5min 中内完成。

3. 试验结果

试杆沉入水泥净浆距玻璃板（6±1）mm 的水泥净浆为标准稠度净浆。其拌合水量为该水泥的标准稠度用水量 P%。以拌合水量占水泥试样质量的百分比表示。

五、水泥凝结时间试验

1. 主要仪器

标准法维卡仪、凝结时间试针、水泥湿气养护箱［温度（20±1)℃，相对湿度不低于 90%］。

2. 试验步骤

（1）将维卡仪的试杆换成水泥初凝测试试针，调整试针接触玻璃板时指针对准零点。

（2）将制备好的标准稠度水泥净浆一次装满试模，抹平，放入湿气养护箱中。记录水泥全部加入水中的时刻为凝结时间的起始时刻 t_n。

（3）试件在湿气养护箱中养护至加水 30min 中后进行第一次测定。试针与浆体上表面接触时，拧紧螺丝 1～2s 后，突然松动螺丝，试针垂直自由地沉入水泥净浆中，试针停止下沉或 30s 时读取数值。临近初凝时每隔 5min（或更短时间）测一次，试针沉入水泥净浆距底板（4±1）mm 时为水泥的初凝状态，此时记录初凝时刻 t_{n1}。达到初凝时应立即重复测一次，两次结论相同时才能确定到达初凝状态。初凝时间 $\Delta t_c = t_{n1} - t_n$。

（4）初凝测完，将试件水平平移从玻璃板上取下，翻转 180°直径大端向上放在玻璃板上，试件移入湿气养护箱中。维卡仪换上终凝测试试针。临近终凝时刻每隔 15min（或更短时间）测试一次。当试针从浆体表面进入浆体 0.5mm，即终凝测试试针的环形附件不能在试件表面留下压痕时为水泥的终凝时刻 t_{n2}。达到终凝时，需要在试体另外两个不同点测试，确认结论相同才能达到终凝状态。终凝时间：$\Delta t_c = t_{n2} - t_n$。

六、水泥体积安定性试验

1. 主要仪器

（1）水泥净浆搅拌机。

（2）雷氏夹：自然状态雷氏夹两指针间距离（10±1）mm；当一指针跟部悬挂在金属丝或尼龙绳上，另一指针跟部悬挂 300g 质量的砝码时，两指针针尖的距离增量在（17.5±2.5）mm 范围内。当去掉砝码针尖距离能恢复原状（图 13-5）。

（3）雷氏夹膨胀值测定仪（图 13-6）。

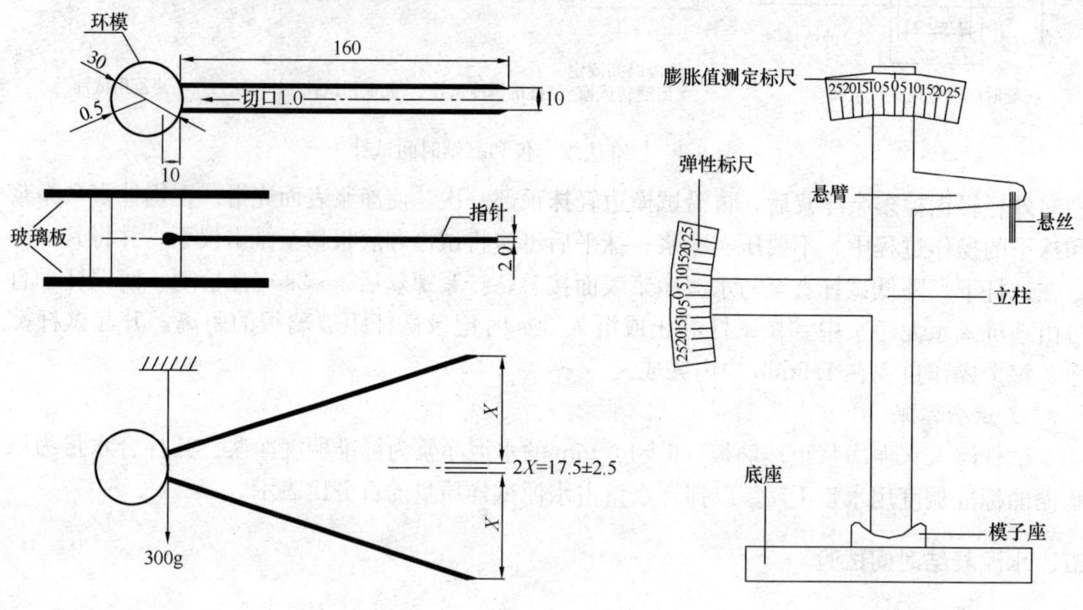

图 13-5　雷氏夹及受力示意图

图 13-6　雷氏夹膨胀值测定仪

（4）沸煮箱：自动控制（30±5）min 内将（20±2）℃的水加热至沸且恒沸（180±5）min 后停止。手动控制可以在任意情况下关闭或开启大功率电热管。

（5）玻璃板。

2. 试验步骤

（1）标准法

1）将雷氏夹及与水泥浆体接触的玻璃板涂油，雷氏夹静放于玻璃板上。玻璃板两个，边长或直径 80mm，厚度约 4～5mm。

2）将标准稠度的水泥净浆一次性分别装入两只雷氏夹中。装浆时一只手轻抚雷氏夹，另一只手用宽度约 25mm 的直边刀在浆体表面轻轻插捣 3 次，然后抹平后用玻璃板盖上。

3）特雷氏夹试件移入湿气养护箱中，养护（24±2）h 后取出脱去玻璃板，用雷氏夹膨胀值测定仪量取雷氏夹指针尖端的初值（A），精确至 0.5mm。

4）将雷氏夹试件移入盛水沸煮箱中，指针尖端向上，（30±5）min 内加热至沸且恒沸

(180±5) min。

(2) 代用法

1) 两片约 100mm×100mm 的玻璃板表面涂抹油。

2) 用标准稠度的水泥净浆制备两个大小基本相等的球分别放在两个玻璃板上，轻轻振动，用小刀由边缘向中心抹成直径约 70～80mm、中心约 10mm、边缘渐薄、表面光滑的试饼。

3) 养护同标准法。

4) 将试饼从玻璃板上取下，在无缺陷的情况下放入蒸煮箱水中的篦板上。(30±5) min 中加热至沸且恒沸 (180±5) min。

3. 试验结果

蒸煮时间结束，放掉水，冷却至室温取出试件。

标准法：用雷氏夹膨胀值测定仪量取雷氏夹指针尖端的距离终值 (C)，精确至 0.5mm。计算两个试件终值与初值之差 (C－A) 为雷氏夹膨胀值。两个试件膨胀值平均值不超过 5.0mm 时，则为水泥安定性合格，反之则不合格。两个试件膨胀值的平均值大于 5.0mm 时，应用同一样品重新试验，再如此则该判水泥安定性不合格。

代用法：目测试饼无裂纹，直尺检查试饼背面无弯曲，则为安定性合格，反之则不合格。当两个试饼判定有矛盾时，则为安定性不合格。

七、水泥胶砂强度试验

1. 主要仪器

(1) 行星式水泥胶砂搅拌机：搅拌叶片公转：慢速 (62±5) r/min，快速 (125±10) r/min。搅拌叶片自转：慢速 (140±5) r/min，快速 (285±10) r/min。

(2) 水泥胶砂振实台：由可以跳动的台盘和使其跳动的凸轮等组成；振实台振幅为(15±0.3)mm，振动频率为 60 次/(60±2)s。臂杆、模套和卡具总质量(13.75±0.25)kg。

(3) 水泥三联试模：质量 (6.25±0.25) kg；模腔尺寸：长 (160±0.8) mm，宽 (40±0.2) mm，高 (40.1±0.1) mm。

(4) 水泥胶砂试体养护箱：0～35℃条件下，养护空间温度自动控制在 (20±1)℃，相对湿度不低于 90%。

(5) 水泥抗折试验机：抗折夹具的加荷和支撑圆柱直径应为 (10±0.1) mm。两个支撑圆柱中心距离为 (100±0.1) mm。加荷速度 (50±5) N/s[(0.1170±0.0117)MPa]。

(6) 压力机：抗压试验机以 200～300kN 为宜。在接近 4/5 量程范围内使用时，记录的荷载为 1%精度，可控加荷速率 (2400±200) N/s。

(7) 40mm×40mm 水泥抗压夹具，符合 JC/T 683—2005。夹具上放 2300g 砝码时，上下压板的距离应在 37～42mm。

(8) 天平：精度±1g。

(9) 播料器、刮平尺。

2. 试验步骤

(1) 水泥胶砂试体成型、养护

环境条件：成型室的环境温度 (20±2)℃，相对湿度不低于 50%。

1）检查水泥胶砂搅拌机工作状态。将空试模和模套固定在振实台上。

2）秤取：水泥450g，标准砂1350g，水225g。对火山灰质硅酸盐水泥、粉煤灰硅酸盐水泥、复合硅酸盐水泥和掺火山灰质混合材的普通硅酸盐水泥其用水量按0.5水灰比和胶砂流动度不小于180mm来确定。当流动度小于180mm时，须以0.01的整数倍递增的方法将水灰比调整到胶砂流动度不小于180mm。

3）将标准砂加入加砂漏斗中。

4）将水加入搅拌锅中，再加入水泥；把锅放在固定架上，升至固定位置。

5）选择搅拌程序立即开机，低速搅拌30s后，在第二个30s开始的同时加入标准砂，（30±1）s加完标准砂，再高速搅拌30s，停90s，再高速搅拌60s。总计搅拌时间240s。

6）取下搅拌锅。将准备好的胶砂料分两层装入试模中成型、装第一层每个槽里约放300g胶砂料，用大拨料器来回一次将料拨平，启动振实台，振动60次。

7）将剩余的胶砂料均匀地装入3个槽中，用小拨料器来回一次拨平，振动60次，取下试模刮抹平，编号后放入水泥胶砂试体养护箱。两个龄期以上的试体，在编号时应将同一试模中的三条试体分在两个以上龄期内。

8）用塑料锤或橡皮榔头或专用脱模器脱模。对24h龄期的，应在破型前20min脱模；对于24小时以上龄期的，应在成型后20～24h之间脱模。

9）脱模后胶砂试体立即水平或竖直放在（20±1）℃水中养护，水平放置时刮平面朝上。养护期间试体之间间隔或试体上表面的水深不得小于5mm。

（2）水泥胶砂强度测定

除24小时龄期或延迟至48小时脱模的试体外，任何到期的试体应在破型前15min从水中取出，擦去试体表面沉淀物，并用湿布覆盖至试验为止。试体龄期从水泥加水搅拌开始算起。不同龄期强度试验在下列时间进行：

24h±15min；48h±30min；72h±45min；7d±2h；大于28d±8h。

1）抗折强度

将水泥胶砂试体一个侧面放在试验机支撑圆柱上，试体长轴垂直于支撑圆柱，通过加荷圆柱以(50±5)N/s[(0.1170±0.0117)MPa]的速度均匀地将荷载垂直的加在棱柱体相对侧面上，直至折断。

2）抗压强度

抗压前保持半截棱柱体处于湿润状态。抗压在半截棱柱体侧面进行。半截棱柱体逐一放入40mm×40mm水泥抗压夹具进行试验。半截棱柱体中心与压力机压板受压中心差应在±0.5mm内，棱柱体露在压板外的部分约10mm。整个加荷过程以（2400±200）N/s的速度均匀地加荷直至破坏。

3. 试验结果

抗折强度以三个试体结果的算数平均值作为试验结果。当三个值中有超过平均值±10%时，应剔除后再取平均值作为抗折强度试验结果。

抗折强度计算（精确至0.1MPa）：

$$R_f = \frac{1.5F_f \cdot L}{b^3}$$

式中，R_f——抗折强度，MPa；

F_f——抗折破坏荷载，N；

L——支撑圆的距离，100mm；

b——棱柱体正方形界面边长，mm。

抗压强度以六个半截棱柱体抗压强度的算术平均值作为试验结果。如果六个值中有一个超过平均值的±10%时，剔除该值，以剩余五个的平均值作为试验结果。如果五个测定值中再有超过它们平均值±10%的，则此组结果作废。

抗压强度计算（精确至0.1MPa）：

$$R_c = \frac{F_c}{A}$$

式中，R_c——抗压强度，MPa；

F_c——破坏时最大荷载，N；

A——受压面积，mm。

试验三　普通混凝土骨料试验

一、试验依据

《普通混凝土用砂、石质量及检验方法标准》（JGJ 52—2006）

二、取样方法及数量

1. 细骨料

细骨料的取样应按批进行，大型运输工具（火车）每批总量不宜超过400m^3或600t。

取样时应先将取样部位表层铲除，然后由料堆或车船上不同部位或深度抽取大致相等的试样共8份，组成一组试样。进行各项试验的每组试样应不小于表13-1规定的最少取样质量。

试验时需按四分法分别缩取各项试验所需的数量，试样缩分也可用分料器进行。

2. 粗骨料

粗骨料的取样也按批进行，大型运输工具（火车）每批总量不宜超过400m^3或600t。

取样时先将料堆的顶部、中部和底部均匀分布的各5个部位的表层铲除，然后由各部位抽取大致相等的试样共16份组成一组试样。进行各项试验的每组份数应不小于表13-1规定的最少取样质量。

试验时需将每组试样分别缩取各项试验所需的数量，试样的缩分也可用分料器进行。

表13-1　每项试验所需试样的最少取样质量

骨料种类 / 试验项目	普通砂（g）	碎石与卵石（kg）							
		骨料最大粒径（mm）							
		10.0	16.0	20.0	25.0	31.5	40.0	63.0	80.0
筛分析	4400	8	15	16	20	25	32	50	64
表观密度	2600	8	8	8	8	12	16	24	24
堆积密度	5000	40	40	40	40	80	80	120	120

三、砂的筛分析试验

1. 主要仪器

（1）试验筛：包括筛孔公称直径为 10.0mm、5.00mm、2.50mm、1.25mm、0.63mm、0.315mm、0.16mm 的方孔筛，以及筛的底盘和盖各一个；

（2）天平：称量 1kg，感量 1g；

（3）摇筛机；

（4）烘箱：能控制温度在（105±5)℃；

（5）浅盘、毛刷等。

2. 试样制备

用于筛分析的试样应先筛除大于 10mm 颗粒，并记录其筛余百分率。如试样含泥量超过 5%，应先用水洗。然后将试样充分拌匀，用四分法缩分至每份不少于 550g 的试样两份，在（105±5)℃下烘干至恒重，冷却至室温后备用。

3. 试验步骤

（1）准确称取烘干试样 500g，置于按筛孔大小顺序排列的套筛最上一只筛上，将套筛装入摇筛机上摇筛约 10min（无摇筛机可采用手摇）。然后取下套筛，按孔径大小顺序逐个在清洁的浅盘上进行手筛，直至每分钟的筛出量不超过试样总重的 0.1%时为止。通过的颗粒并入下一号筛中一起过筛。按此顺序进行，至各号筛全部筛完为止。

（2）试样在各号筛上的筛余量均不得超过下式的量，否则应将该筛余试样分成两份或数份，再次进行筛分，并以其筛余量之和作为该号筛的筛余量。

$$m_{\tau}=\frac{A\sqrt{d}}{300}$$

式中，m_{τ}——筛余量，g；

d——筛孔尺寸，mm；

A——筛的面积，mm^2。

（3）称量各号筛筛余试样的质量，精确至 1g。所有各号筛的筛余试样质量和底盘中剩余试样质量的总和与筛余前的试样总重相比，其差值不得超过 1%。

4. 试验结果

（1）分计筛余：各号筛上的筛余量除以试样总质量的百分率（精确至 0.1%）；

（2）累计筛余：该号筛上的分计筛余与大于该号筛的各号筛上的分计筛余之和（精确至 0.1%）；

（3）根据各筛的累计筛余，绘制筛分曲线，评定颗粒级配；

（4）计算细度模数 μ_f，精确至 0.01；

$$\mu_f=\frac{(\beta_2+\beta_3+\beta_4+\beta_5+\beta_6)-5\beta_1}{100-\beta_1}$$

式中　μ_f——砂的细度模数；

β_1、β_2、β_3、β_4、β_5、β_6——依次为 5.0mm、2.5mm、1.25mm、0.63mm、0.315mm、0.16mm 筛上累计筛余。

（5）筛分析试验应采用两份试样进行，并以其试验结果的算术平均值作为测定值，精确至0.1。如两次试验所得细度模数之差大于0.20，应重新取试样进行试验。

四、砂的表观密度试验

1. 主要仪器

(1) 天平：称量1kg，感量1g。

(2) 容量瓶：容量500mL。

(3) 烘箱、干燥器、温度计、料勺等。

2. 试样制备

将缩分至约650g的试样在（105±5）℃烘箱中烘至恒重，并在干燥器中冷却至室温后备用。

3. 试验步骤

(1) 称取烘干试样（m_0）300g，装入盛有半瓶冷开水的容量瓶中，摇动容量瓶，使试样充分搅动以排除气泡，塞紧瓶塞。

(2) 静置24h后打开瓶塞，用滴管添水使水面与瓶颈刻线平齐。塞紧瓶塞，擦干瓶外水分，称其质量（m_1）。

(3) 倒出容量瓶中的水和试样，清洗瓶内外，再注入与上项水温相差不超过2℃的冷开水至瓶颈刻线。塞紧瓶塞，擦干瓶外水分，称其质量（m_2）。

(4) 试验过程中应测量并控制水温。各项称量可以在15～25℃的温度范围内进行。

4. 试验结果

(1) 表观密度ρ应按下式计算（精确至10kg/m³）：

$$\rho=\left(\frac{m_0}{m_0+m_2-m_1}-\alpha_1\right)\times 1000\text{kg/m}^3$$

式中，ρ——砂的表观密度，kg/m³；

m_1——瓶＋试样＋水共重，g；

m_2——瓶＋水共重，g；

m_0——烘干试样重，g；

α_t——水温对水相对密度修正系数（表13-2）。

表13-2　水温修正系数α_t

水温（℃）	15	16	17	18	19	20	21	22	23	24	25
α_t	0.002	0.003	0.003	0.004	0.004	0.005	0.005	0.006	0.006	0.007	0.008

(2) 以两次试验结果的算术平均值为测定结果。如两次结果之差大于20kg/m³时，应重新取样进行试验。

五、砂的堆积密度测定

1. 主要仪器

(1) 台称：称量5kg，感量5g。

(2) 烘箱、漏斗或料勺、直尺、浅盘。

（3）容量筒：金属制圆柱形，内径 108mm，净高 109mm，筒壁厚 2mm，容积为 1L，筒底厚为 5mm。容量筒应先校正容积。以（20±2）℃的饮用水装满容量筒，用玻璃板沿筒口滑移，使其紧贴水面并擦干筒外壁水分，然后称重。用下式计算容积（V）：

$$V = m'_2 - m'_1$$

式中，V——容量筒的容积，L；

m'_1——筒和玻璃板总重，kg；

m'_2——筒、玻璃板和水总重，kg。

2. 试样制备

取缩分试样约 3L、在（105±5）℃的烘箱中烘干至恒重，取出冷却至室温，分成大致相等的两份备用。烘干试样中如有结块，应先捏碎。

3. 试验步骤

（1）称容量筒质量 m_1，将试样通过漏斗徐徐装入容量筒内，出料口距容量筒口不应超过 5cm，直到试样装满超出筒口成锥形为止。

（2）用直尺将多余的试样沿筒口中心线向两个相反方向刮平。称容量筒连试样总质量 m_2。

4. 试验结果

（1）计算砂的堆积密度 ρ_L（精确至 $10kg/m^3$）

$$\rho_L = \frac{m_2 - m_1}{V} \times 1000$$

式中，P_L——砂的堆积密度，kg/m^3；

m_1——容量筒质量，kg；

m_2——容量筒连试样质量，kg；

V——容量筒容积，L。

（2）以两次试验结果的算术平均值作为测定结果。

六、碎石或卵石的筛分析试验

1. 主要仪器

（1）方孔筛：各级筛的筛孔公称直径列于表 13-3，筛框直径 300mm。

表 13-3　粗骨料筛分析用筛

公称直径 (mm)	100.0	80.0	63.0	50.0	40.0	31.5	25.0	20.0	16.0	10.0	5.00	2.50

（2）天平：称量 5kg，干量 5g；

（3）秤：称量 20kg，干量 20g；

（4）烘箱、浅盘等。

2. 试样制备

试验所需的试样质量按最大粒径应不少于表 13-4 的规定。

表 13-4　试验所需试样的最少质量

最大公称粒径（mm）	10.0	16.0	20.0	25.0	31.5	40.0	63.0	80.0
筛分析试样质量（kg）	2.0	3.2	4.0	5.0	6.3	8.0	12.6	16.0
表观密度试样质量（kg）	2.0	2.0	2.0	2.0	3.0	4.0	6.0	6.0
堆积密度试样质量（kg）	40.0	40.0	40.0	40.0	80.0	80.0	120.0	120.0
含水量试样质量（kg）	2.0	2.0	2.0	2.0	3.0	3.0	4.0	4.0

用四分法把试样缩分到略重于试验所需的质量，烘干或风干后备用。

3. 试验步骤

（1）称取试样质量，依筛孔大小顺序过筛，直至每分钟的通过量不超过试样总量的0.1%。但在每号筛上的筛余层厚度应不大于试样最大粒径值，如超过此值，应将该号筛上的筛余分成两份再次进行筛分，当试样粒径大于20.0mm时，筛分时允许用手拨动颗粒。

（2）称取各筛筛余的质量。

4. 试验结果计算

（1）计算分计筛余和累计筛余（精确至0.1%）。计算方法同砂的筛分析。

（2）根据各筛的累计筛余，评定试样的颗粒级配。

七、碎石或卵石的表观密度测定

1. 主要仪器

（1）秤：称量20kg，感量20g；

（2）广口瓶：容积1000mL，磨口并带玻璃片；

（3）烘箱、浅盘、筛（孔径5mm）等。

2. 试样制备

将试样筛去5mm以下的颗粒，用四分法缩分至标准要求，洗刷干净后，分成两份备用。

3. 试验步骤

（1）按表13-4规定数量称取试样浸水饱和后，装入广口瓶中。装试样时，广口瓶应倾斜一定角度。然后注满饮用水，用玻璃板覆盖瓶口，以上下左右摇晃的方法排除气泡。

（2）气泡排尽后，向瓶中再注入饮用水至水面凸出瓶口边缘，然后用玻璃板沿瓶口迅速滑行，使其紧贴瓶口水面。擦干瓶外水分，称取试样、水、瓶和玻璃板的质量 m_1。

（3）将瓶中试样倒入浅盘中，放在（105±5）℃的烘箱中烘至恒重。取出试样放入带盖的容器中冷却至室温后称取试样质量 m_0。

（4）将广口瓶洗净，重新注入饮用水，用玻璃板紧贴瓶口水面，擦干瓶外水分后称出质量 m_2。

4. 试验结果

（1）计算碎石或卵石的表观密度 ρ_0（精确至 10kg/m^3）：

$$\rho_0 = \left(\frac{m_0}{m_0 + m_2 - m_1} - \alpha_t\right) \times 1000$$

式中，ρ_0——石或卵石的表观密度，kg/m^3；

m_1——试样＋水＋瓶＋玻璃板质量，g；

m_2——瓶＋水＋玻璃板质量，g；

m_0——烘干试样质量，g；

α_t——水温对表观密度影响的修正系数（表 3-2）。

（2）以两次试验结果的算术平均值为测定结果。如两次结果之差大于 20kg/m^3 时，应重新取样进行试验。

八、碎石或卵石的堆积密度测定

1. 主要仪器

（1）秤：称量 100kg，感量 100g。

（2）容量筒：金属制，规格见表 13-5。试验前应先校正其容积，方法同砂的表观密度试验。

（3）烘箱、平头铁铲等。

表 13-5　容量筒规格要求

粗骨料最大粒径（mm）	容量同容积（L）	容量筒规格（mm）		筒壁厚度（mm）
		内径	净高	
10.0，16.0，20.0，25	10	208	294	2
31.5，40.0	20	294	294	3
63.0，80	30	360	294	4

2. 试样制备

用四分法缩取试样不少于表 3-4 规定的数量，在（105±5）℃的烘箱中烘干或在清洁的地面上风干，拌匀后分为大致相等的两份备用。

3. 试验步骤

（1）称取容量筒质量 m_1；

（2）将试样置于平整、干净的地板（或铁板）上，用铁铲将试样从距筒口 5cm 处左右自由落入。装满容量筒后除去凸出筒口表面的颗粒，并以较合适的颗粒填入凹陷空隙，使表面凸起部分和凹陷部分的体积大致相等。称取容量筒连试样总重 m_2。

4. 试验结果

（1）计算碎石或卵石的堆积密度 ρ'_0（精确至 10kg/m^3）：

$$\rho'_0=\frac{m_2-m_1}{V}\times 1000$$

式中，ρ'_0——碎石或卵石的堆积密度，kg/m^3；

m_1——容量筒质量，kg；

m_2——试样连容量筒质量，kg；

V——容量筒容积，L。

（2）以两次试验结果的算术平均值作为测定结果。

九、碎石或卵石的含水率测定

1. 主要仪器

（1）秤：称量 100kg，感量 100g。

(2) 烘箱、浅盘等。

2. 试样制备

取质量约等于表 13-4 规定的数量，分为两份备用。

3. 试验步骤

(1) 将试样放入已知质量为 m_1 的浅盘中，称取试样和浅盘的总重 m_2。

(2) 将试样和浅盘放入 (105±5)℃的烘箱中烘至恒重，取出冷却至室温后再称取试样和浅盘的总重 m_3。

4. 试验结果

(1) 计算碎石或卵石的含水率 W（精确至 0.1%）

$$\omega = \frac{m_2 - m_1}{m_3 - m_1} \times 100(\%)$$

式中，ω——含水率，%；

m_1——浅盘质量，g；

m_2——试样和浅盘质量，g；

m_3——烘干试样和浅盘质量，g。

(2) 以两次试验结果的算术平均值作为测定结果。

试验四　普通混凝土试验

一、试验依据

《普通混凝土拌合物性能试验方法标准》GB/T 50080—2002；

《普通混凝土力学性能试验方法标准》GB/T 50081—2002；

《超声回弹综合法检测混凝土强度技术规程》CECS 02—2005。

二、普通混凝土试验室拌合方法

1. 主要仪器

(1) 搅拌机：容量 30～100L，转速为 18～22r/min。

(2) 磅秤：称量 50kg，感量 50g。

(3) 拌铲、量筒、拌板等。

2. 材料准备

(1) 拌合混凝土的各项材料应提前运入室内，室内温度应保持在 (20±5)℃。

(2) 拌合混凝土的材料称量以质量计。精确度为：骨料为±1%，水、水泥和外加剂均为±0.5%。

3. 拌合步骤

(1) 人工拌合法

1) 按所定配合比称取各材料用量。

2) 将拌板和拌铲用湿布润湿后，将砂倒在拌板上，然后倒入水泥，用铲自拌板一端翻拌至另一端，如此重复至充分混合，颜色均匀，再加上粗骨料，翻拌至混合均匀为止。

3）将干混合物堆成堆，中间作一凹槽，将称量好的水倒一半左右在槽中，仔细翻拌，并勿使水流出，然后徐徐倒入剩余的水，继续翻拌，每翻拌一次，用铲在拌合物上铲切一次，直至拌合均匀止。

4）混凝土拌合好后，根据要求立即进行拌合物各项试验。

（2）机械搅拌法

1）按所定配合比称取各材料用量。

2）用按配合比称量的水泥、水和砂组成的砂浆及少量石子在搅拌机中预拌一次，使水泥砂浆黏附搅拌机的筒壁，并刮去多余砂浆，其目的是避免正式拌合时影响拌合物的配合比。

3）开动搅拌机，向搅拌机内依次加入石子、砂和水泥，搅拌均匀，再将水徐徐加入，全部加料时间不超过 2min，加完水后再继续搅拌 2min。

4）将拌合物自搅拌机内卸出，在拌板上再经人工拌合 1～2min，然后立即进行拌合物各项试验。

三、普通混凝土拌合物稠度试验

1. 坍落度法

本方法适用于骨料最大粒径不大 40mm、坍落度值不小于 10mm 的混凝土拌合物的稠度测定。

（1）主要仪器

1）坍落度筒由薄钢板或其他金属制成（图 13-7）。

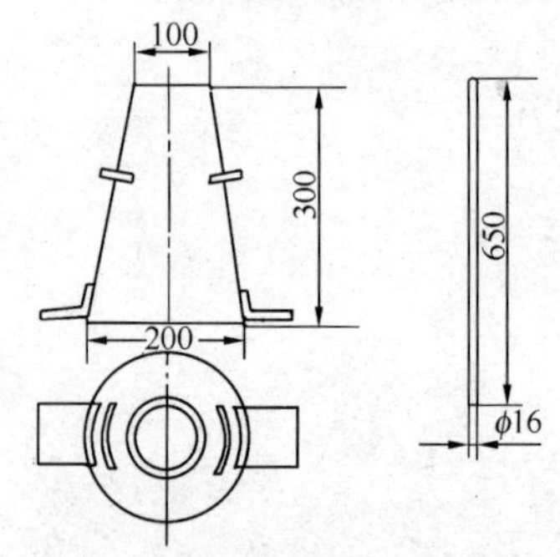

图 13-7　坍落筒和捣棒

2）捣棒、小铲、钢尺等。

（2）试验步骤

1）湿润坍落度筒及其他工具，将筒放在不吸水的刚性地板上，用脚踩住脚踏板以固定坍落度筒。

2）将混凝土拌合物分三层装入筒内，每层高度约为筒高的 1/3。每层用捣棒沿螺旋方向由外向中心插捣 25 次，各次插捣应在截面上均匀分布。插捣筒边混凝土时捣棒可以稍微倾斜。插捣底层时，捣棒应贯穿整个深度，插搞第二层和顶层时，捣棒应穿透本层至下一层的表面；浇灌顶层时，混凝土应灌到高出筒口。顶层插捣完后，用抹刀刮去多余混凝土并抹平。

3）清除筒外混凝土，在 5～10s 内垂直平稳地提起坍落度筒。从开始装料到提坍落度筒的整个过程应在 150s 内完成。如提起坍落度筒后，拌合物发生崩坍或一边剪坏现象，应重新进行试验。如第二次仍出现这种现象，则表示该拌合物和易性不好。

4）测量筒高与混凝土坍落后最高点之间的高度差（mm），即为混凝土拌合物的坍落度值。

（3）试验结果

1）稠度：以坍落值表示，单位 mm，精确至 5mm。

2）黏聚性：以捣棒轻敲混凝土锥体侧面，如锥体逐渐下沉，表示黏聚性良好；如锥体倒塌、崩裂或离析，表示黏聚不好。

3）保水性：提起坍落度筒后如底部有较多稀浆析出，骨料外露，表明保水性不好；如无稀浆或少量稀浆析出，表明保水性良好。

2. 维勃稠度法

本方法适用于骨料最大粒径不大于 40mm，维勃稠度在 5～30s 之间的混凝土拌合物稠度测定。

（1）主要仪器

1）维勃稠度仪形状和结构如图 13-8。

2）坍落度筒、捣棒、秒表等。

（2）试验步骤

1）将维勃稠度仪放在坚实水平的地面上，用湿布将容器、坍落度筒等用具擦湿。正确安装容器、坍落度筒和喂料斗，并拧紧固定螺丝。

2）将混凝土拌合物按与坍落度法相同的装料及插捣方法经喂料斗装入坍落度筒中。

3）将喂料斗转离并垂直平稳提起坍落度筒，再将圆盘转到混凝土上方，放松螺丝使圆盘降下并轻轻接触混凝土顶面。

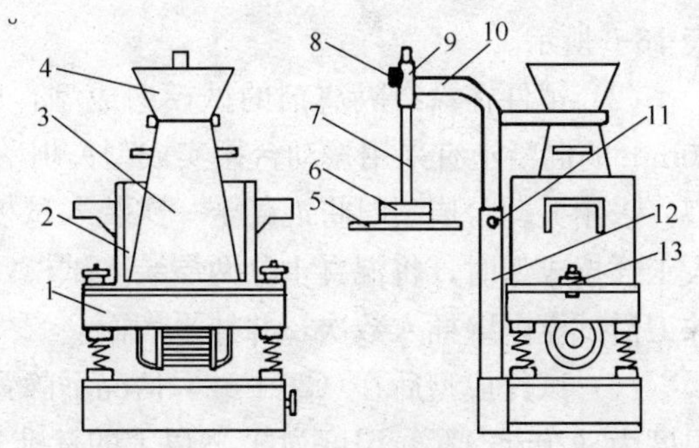

图 13-8　维勃稠度仪

1—振动台；2—容器；3—坍落度筒；4—下料斗；5—透明圆盘；6—荷重；7—测杆；8—测杆螺丝；9—套筒；10—旋转架；11—定位螺丝；12—支柱；13—固定螺丝

4）拧紧旋转架螺丝，同时开启振动台和秒表，当振动到圆盘的底面被水泥浆布满时的瞬间关闭振动台和秒表，记录秒表读数。

（3）试验结果

维勃稠度以秒表读数表示，精确至 1s。

四、普通混凝土立方体抗压强度测定

1. 主要仪器

（1）压力试验机：精度应不低于±1%，量程应能使试件的预期破坏荷载不小于全量程的 20%，也不大于全量程的 80%。

常用液压摆锤式压力机主要由加载机构和测力机构组成。加载机构主要有机架、油缸、活塞、上下承压板。测力机构如图 13-9 所示。试验时测力油缸充油，测力活塞下降，活塞上的拉板拉动曲柄使摆杆倾斜，推动蜗杆和蜗轮，使刻度盘指针转动。调整摆杆上摆锤质量，可以改变刻度盘的量程。使用压力机时，首先调整摆锤，选择量程，使预估的试件极限破坏荷载在量程最大值的 20%～80%范围内。再将刻度盘侧边的缓冲阀旋到与摆锤相适应的位置，以使摆杆在试验后卸载时能缓慢无冲击地下降。将试件在下承压板中心放好，接通电源，开动油泵，关闭回油阀，缓慢打开送油阀，当下承压板活塞略有上升后，调整刻度盘—测蜗杆使主指针对零，并旋转副指针与主指针重合。然后按规定加载速度调送油阀的大小进行试验，当试

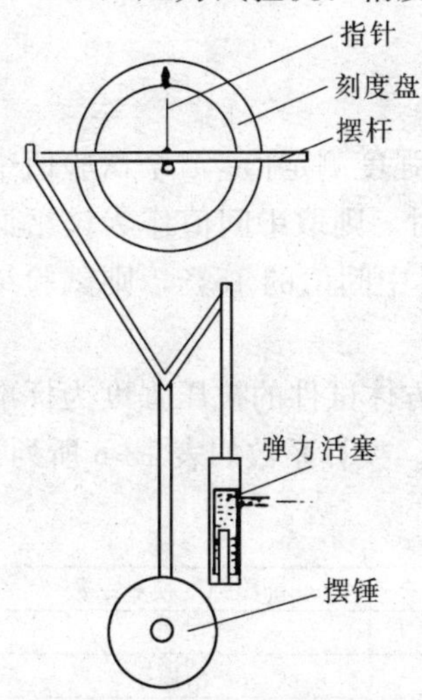

图 13-9　测力机构示意图

件达到承载极限时，主指针退回，副指针停留在极限破坏荷载处。打开回油阀，关闭送油阀，读取荷载数值，更换试件，即可重新试验。

（2）振动台、试模、捣棒等。

2. 试件制作

（1）采用立方体试件，以龄期分组，每组 3 个试件。试件尺寸按骨料最大粒径确定，如表 13-6 所示。

（2）试件在涂有隔离剂的试模内成型，成型方法根据混凝土稠度而定。坍落度不大于 70mm 的混凝土宜采用振动台振实成型；坍落度大于 70mm 的混凝土宜采用人工捣棒捣实成型。采用振动台成型时将混凝土一次装入试模，振动到混凝土表面泛浆为止，并抹平表面。人工插捣成型时，将混凝土分两层装入试模，每层插捣次数不少于每 $100cm^2$ 12 次，同时用抹刀沿试模内壁插入数次，并抹平表面。

（3）试件成型后在（20±5）℃情况下静置 1～2 昼夜，然后编号拆模。拆模后试件放入温度为（20±2）℃、湿度为 95%以上的标准养护室养护，直至试验龄期。无标准养护室时，试件可在（20±2）℃不流动的 $Ca(OH)_2$ 饱和溶液中养护。

3. 抗压强度测定

（1）试件自养护室取出后擦干表面并测量尺寸，精确至 1mm，并计算试件受压面积 A。

（2）将试件放在压力机的承压板中心，并使试件成型时的侧面作为受压面。开动试验机，当上压板与试件接近时，调整球座使接触均衡。

（3）加荷时，应连续而均匀，加荷速度为：混凝土强度等级低于 C30 时，取 0.3～0.5MPa/s；混凝土强度等级高于或等于 C30 且小于 C60 时，取 0.5～0.8MPa/s；混凝土强度等级高于 C60 时，取 0.8～1.0MPa/ s。加荷至试件破坏，记录极限破坏荷载 F。

4. 试验结果

（1）计算试件抗压强度 f_{cc}（精确至 0.1MPa）

$$f_{cc}=\frac{F}{A}$$

式中，f_{cc}——混凝土立方体试件抗压强度，MPa；

F——试件极限破坏荷载，N；

A——试件受压面积，mm^2。

（2）以 3 个试件抗压强度的算术平均值作为该组试件的抗压强度测定值。3 个试验值中最大值或最小值中如有一个与中间值的差值超过中间值的 15%时，则取中间值作为该组试件的抗压强度测定值；如最大值和最小值与中间值的差值均超过中间值的 15%，则试验结果无效。

（3）混凝土抗压强度以边长 150mm×150mm×150mm 的立方体试件的抗压强度为标准值，采用其他尺寸立方体试件时应乘以换算系数，换算成标准值。换算系数如表 13-6 所列。

表 13-6　混凝土强度的换算系数

试件尺寸（mm）	骨料最大粒径（mm）	每层插捣次数	抗压强度换算系数
100×100×100	30	12	0.95
150×150×150	40	25	1
200×200×200	60	50	1.05

五、普通混凝土劈裂抗拉强度测定

1. 主要仪器

(1) 压力机：精度应不低于±1%。

(2) 钢制垫块：形状和尺寸如试图 13-10 所示。

(3) 试模、垫条（木质三合板）等。

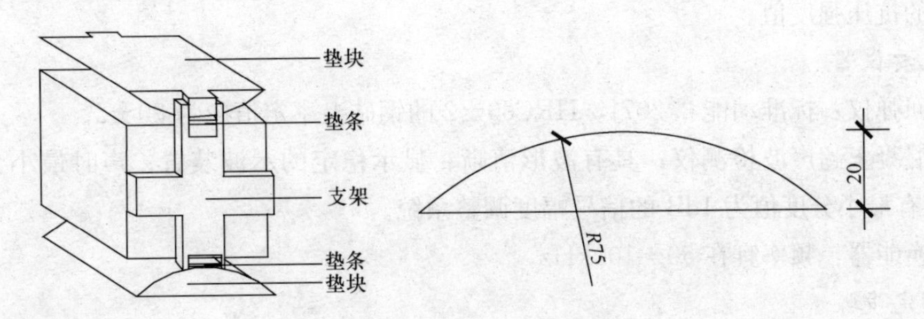

图 13-10 劈裂垫块及支架

2. 试件制作

采用 150mm×150mm×150mm 立方体标准试件，制作及养护方法同抗压强度试验。

3. 试验步骤

(1) 从养护室取出试件，将表面擦干净，在试件侧面中部划线定出劈裂面位置，劈裂面应与试件成型表面垂直。

(2) 测量劈裂面边长，精确至 1mm，计算劈裂面面积 A。

(3) 将试件放在压力机下压板中心位置，在上、下压板与试件之间垫以圆弧形垫块和垫条各一条，垫条应与试件成型表面垂直。

(4) 开动试验机，使试件与压板接触均衡后，连续均匀地加荷，加荷速度为：混凝土强度等级低于 C30 时，取 0.02～0.05MPa/s；强度等级高于或等于 C30 时且小于 C60 时，取 0.05～0.08MPa/s；当强度等级不小于 C60 时，取 0.08～0.10MPa/s。加荷至试件破坏，记录极限破坏荷载 F。

4. 试验结果

(1) 计算试件劈裂抗拉强度 f_{ts}（精确至 0.01MPa）

$$f_{ts}=\frac{2F}{\pi A}=0.637\times\frac{F}{A}$$

式中，f_{ts}——试件劈裂抗拉强度，MPa；

F——极限破坏荷载，N；

A——劈裂面面积，mm^2。

(2) 以 3 个试件劈裂抗拉强度的算术平均值作为该组试件的劈裂抗拉强度测定值。异常数据取舍与抗压强度试验相同。

(3) 如采用 100mm×100mm×100mm 立方体试件时，试验所得强度值应乘以换算系数 0.85；当混凝土强度等级不小于 C60 时，非标准试件的换算系数应由试验确定。

六、普通混凝土超声-回弹综合法测强

1. 应用原则

（1）本方法适用于无法按正常情况对混凝土强度检验和评定，而对结构的混凝土强度有怀疑时，进行混凝土强度的测定。

（2）本方法测定的混凝土强度值相当于被测结构所处条件及龄期下，边长为150mm立方体试件的抗压强度值。

2. 主要仪器

（1）回弹仪：标准动能2.207J，HRC60±2的钢砧上率定值应为80±2。

（2）混凝土超声波检测仪：具有波形清晰、显示稳定的示波装置；声时最小分度值为0.1μs；具有最小分度值为1dB的信号幅度调整系统。

（3）换能器：频率宜在50～100kHz。

3. 测定步骤

（1）测区布置在混凝土构件成型时的两侧面，尺寸宜为200mm×200mm。每个构件测区要均匀分布，两邻测区间距不大于2m，测区总数不少于5个

（2）回弹值测定用回弹仪在测区两测试面垂直于测试面水平弹击各8次共16次，记录回弹值 N_i（精确至1.0）。弹击点布置如图13-11。

如测试面不是构件成型时的侧面，以及弹击方向不能保持水平，应按表13-7和表13-8进行修正，修正公式为：

$$N'_i = N_i + \Delta N_i$$

式中，N'_i——修正后回弹代表值；

N_i——回弹值；

ΔN_i——回弹修正值。

（3）超声波声时测定时，将换能器在测区两侧试面用黄油良好耦合，并使两换能器保持在同一轴线上，每一测区测试3点，测点布置如图13-12。测量两换能器之间距离 L_i，测量误差应不大于±1%。记录超声波声时值 t_i 精确至0.1μs。

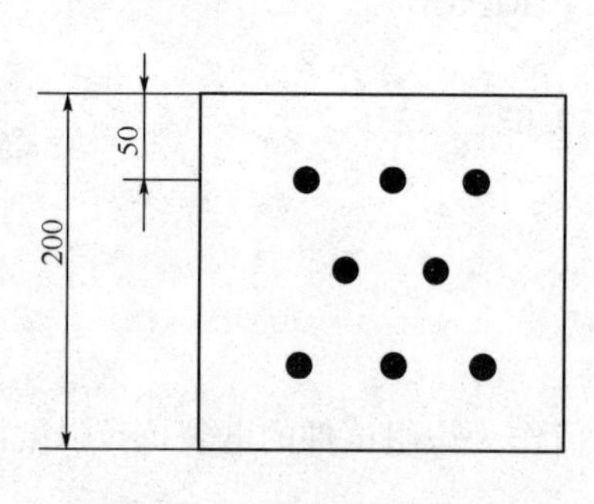

图13-11　回弹测定弹击点

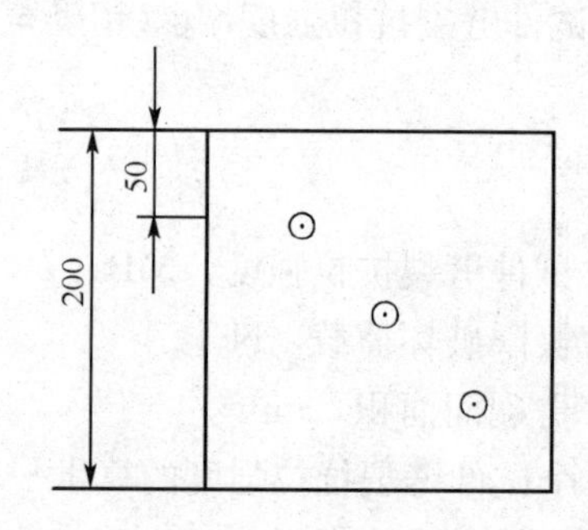

图13-12　超声测试点

表 13-7 非水平状态测得的回弹修正值 ΔN_i

N	测定角度							
	α向上				α向下			
	+90	+60	+45	+30	−30	−45	−60	−90
20	−6.0	−5.0	−4.0	−3.0	+2.5	+3.0	+3.5	+4.0
30	−5.0	−4.0	−3.5	−2.5	+2.0	+2.5	+3.0	+3.5
40	−4.0	−3.5	−3.0	−2.0	+1.5	+2.0	+2.5	+3.0
50	−3.5	−3.0	−2.5	−1.5	+1.0	+1.5	+2.0	+2.5

注：①当测定角度 $\alpha=0^{\circ}$，修正值为 0；② 表中未列数值，可用内插法求得。

表 13-8 由混凝土浇灌的顶面或底面测得的回弹修正值 ΔN_i

N	测 试 面	
	顶 面	底 面
20	+2.5	−3.0
25	+2.0	−2.5
30	+1.5	−2.0
35	+1.0	−1.5

注：① 在侧面测试时，修正值为 0；

② 表中未列数值，可用内插法求得。

4. 测试结果

(1) 回弹值将 16 个回弹值中 3 个最大值和 3 个最小值剔除，余下的 10 个回弹值取其平均值作为该测区的回弹值（精确至 0.1）。

$$N=\frac{1}{10}\sum_{i=1}^{10}N'_{\mathrm{i}}$$

式中，N——测区回弹值；

N'_{i}——修正后的回弹值。

(2) 超声波声速值 ν（精确至 0.01 km/s）

$$\nu_{\mathrm{i}}=\frac{L_{\mathrm{i}}}{t_{\mathrm{i}}}\times 1000$$

式中，ν_{i}——超声波声速，km/s；

L_{i}——两换能器之间距离，mm；

t_{i}——声时，μs。

以 3 个测点声速的算术平均值作为该测区的声速测定值。

5. 混凝土强度推定

(1) 测区强度推定 R_{i}（精确至 0.1MPa）

混凝土粗骨料为卵石时：$R_{\mathrm{i}}=0.0056\nu^{1.439}N^{1.769}$

混凝土粗骨料为碎石时：$R_{\mathrm{i}}=0.0162\nu^{1.656}N^{1.410}$

(2) 结构或构件的混凝土强度推定

1) 当结构或构件的测区抗压强度换算值中出现小于 10.0MPa 的值时，该构件的混凝土抗压强度推定值取小于 10MPa。当结构或构件中测区数少于 10 个时，取结构或构件最小的测区混凝土抗压强度换算值，精确至 0.1MPa。

2）当结构或构件中测区数不少于 10 个或按批量检测时。

$$R=\overline{R}-1.645\sigma$$

式中，R——该批混凝土强度推定值，MPa；

$\overline{R}$——结构或构件测区混凝土抗压强度换算值的平均值，MPa；

σ——结构或构件测区混凝土抗压强度换算值的标准差，MPa。

试验五　建筑砂浆试验

一、试验依据

《建筑砂浆基本性能试验方法》JGJ/T 70—2009

二、砂浆稠度和分层度的测定

1. 主要仪器

（1）砂浆稠度测定仪：由支架、底座、带滑杆圆锥体、刻度盘及圆锥形金属筒组成，形状和结构（图 13-13）。

（2）砂浆分层度测定仪：形状和尺寸（图 13-14）。

（3）ϕ10 钢制捣棒、拌铲、抹刀等。

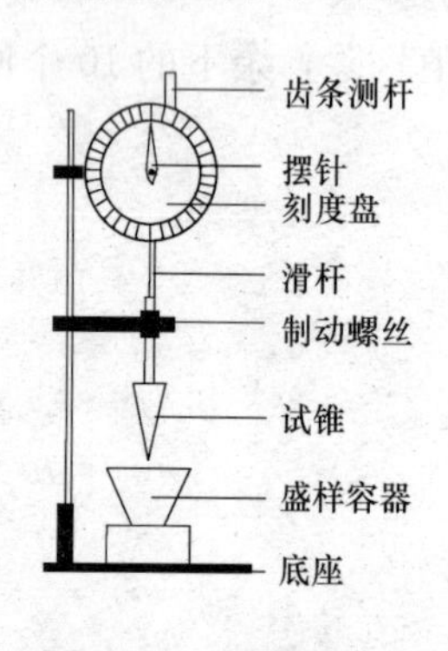

图 13-13　砂浆稠度仪

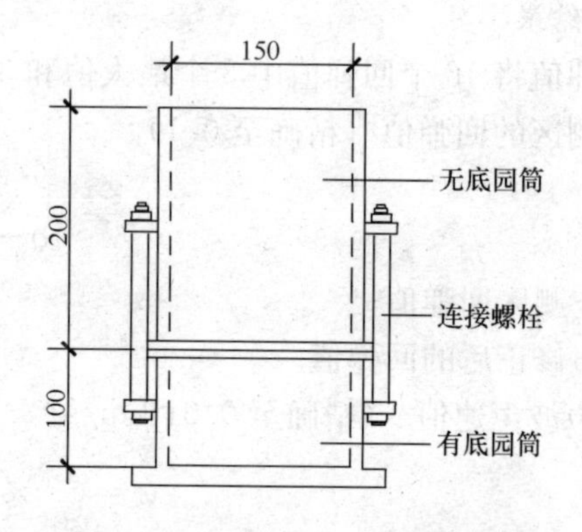

图 13-14　砂浆分层度测定仪

2. 试验步骤

（1）将按配合比称好的水泥，砂和混合料拌合均匀，然后逐次加水，和易性凭观察符合要求时，停止加水，再拌合均匀。一般共拌约 5min。

（2）将拌合好的砂浆一次注入稠度测定仪的金属筒内，砂浆表面低于筒口约 10mm。用捣棒自筒边向中心插捣 25 次，然后轻轻地将容器摇动或敲击 5～6 下，使砂浆表面平整。

（3）将容器置于砂浆稠度测定仪的底座上，向下移动滑杆使圆锥体与砂浆中心表面接触，固定滑杆，调整刻度盘指针指零。

（4）松开制动螺丝，同时计时间，10s 时立即拧紧螺丝，将齿条测杆下端接触滑杆上端，读取刻度盘示值，即试锥沉入度。

（5）将筒中砂浆倒出与同批砂浆重新拌合均匀，并一次注满分层度筒。

（6）静置30min后，去掉上中层圆筒200mm砂浆，取出底层100mm砂浆重新拌匀，再次用砂浆稠度仪测定试锥沉入度。

3. 试验结果

（1）试锥在砂浆中的沉入度即为砂浆的稠度（精确至1mm），以两次试验的平均值作为稠度测定值。当两次试验值之差大于10mm时，应重新取样测定。

（2）砂浆静置前后的稠度值之差即为分层度（精确至1mm）。以两次试验的平均值作为分层度测定值。两次分层度测定值之差如大于10mm，应重做试验。

三、砂浆抗压强度测定

1. 主要仪器

（1）试模：内壁边长为70.7mm×70.7mm×70.7mm的带底试模。

（2）压力机（精度为1%）、捣棒、刮刀等。

（3）振动台：空载台面垂直振幅为（0.5±0.05）mm，频率（50±3）Hz。

2. 试件制作

（1）将试模内壁涂一薄层机油（脱模剂）。

（2）将砂浆一次装满试模，当稠度大于50mm时，应用捣棒插捣25次，并用刮刀沿试模内壁插入数次。待砂浆表面出现麻斑后，将高出试模的砂浆刮去并抹平，当稠度小于50mm时，宜采用振动台成型，振动5～10s后抹平。

（3）试件制作好后，应在（20±5）℃温度条件下停置（24±2）h，然后编号和拆模。试件拆模后立即放入温度为（20±2）℃、相对湿度90%以上的标准养护室养护至规定龄期。

3. 试验步骤

取出试件，将表面刷净擦干。以试件的侧面作为受压面进行加荷，加荷速度为每秒钟0.25～1.5kN。加荷至试件破坏，记录极限破坏荷载N_u。

4. 试验结果

（1）计算试件的抗压强度$f_{m,cu}$

$$f_{m,cu}=\frac{N_u}{A}$$

式中，$f_{m,cu}$——试件立方体抗压强度，MPa；

N_u——试件极限破坏荷载，N；

A——试件受压面积，mm^2。

（2）以三个试件测值的算术平均值的1.35倍作为该组砂浆立方体抗压强度（精确至0.1MPa）。当最大值或最小值与中间值的差值超过中间值的15%时，则取中间值作为该组砂浆立方体抗压强度；当最大、最小值均超过中间值的15%时，该组试验结果无效。

试验六　砌墙砖强度等级测定试验

一、试验依据

《烧结普通砖》GB 5101—2003

《烧结多孔砖和多孔砌块》GB 13544—2011

《砌墙砖试验方法》GB/T 2542—2003

二、取样方法

检验批的构成原则和批量大小按 JC/T 466 规定。3.5 万～15 万块为一批，不足 3.5 万块按一批计。

三、抗压强度试验

1. 主要仪器

（1）压力机：量程 300～600kN。

（2）锯砖机、直尺、灰刀等。

2. 试件制作

烧结普通砖和烧结多孔砖强度等级的测试试件各制作 10 件。

（1）烧结普通砖

在试样制备平台上将已切开的半截砖放入室温的净水中浸 10～20min 后取出，并使断口以相反方向叠放，两者中间抹以厚度不超过 5mm 的水泥净浆粘结，上下两面用厚度不超过 3mm 的同种水泥浆抹平，水泥浆稠度要适宜。制成的试件上、下两面须相互平行，并垂直于侧面。

（2）烧结多孔砖

试件制作采用坐浆法操作。即用玻璃板置于试件制备平台上，其上铺一张湿的垫纸，纸上铺一层厚度不超过 5mm，稠度适宜的水泥净浆。再将在水中浸泡 10～20 min 的试样平稳地放在水泥浆上（孔与浆面垂直）。在另一受压面上稍加压力，使整个水泥层与砖的受压面相互粘结，砖的侧面应垂直于玻璃板。待水泥浆适当凝固后，连同玻璃板翻放在另一铺纸放浆的玻璃板上，再进行坐浆，其间用水平尺校正玻璃板使之水平

3. 养护

制成的抹面试件应置于温度不低于 10℃的不通风室内养护 3d。

4. 试验步骤

测量每个试件连接面或受压面的长、宽尺寸各 2 个，分别取其平均值（精确至 1mm）。将试件平放在下压板的中央，垂直于受压面加荷，以（5±0.5）kN/s 加荷速度直至试件破坏为止，记录最大破坏荷载 P。

5. 试验结果

（1）单块试样的抗压强度按下式计算（精确至 0.1MPa）：

$$f=\frac{P}{A}$$

式中，f——砖样试件的抗压强度，MPa；

P——最大破坏荷载，N；

A——试件受压面面积，mm^2。

（2）试样的抗压强度标准值按下式计算（精确至 0.1MPa）。

$$f_k = \overline{f} - KS$$

式中，f_k——强度标准值，MPa；

$\overline{f}$——10 块试样抗压强度平均值，MPa；

S——10 块试样抗压强度标准差，MPa。

K——系数，烧结普通砖 K=1.8；烧结多孔砖 K=1.83。

(3) 烧结普通砖的强度等级按本教材表 7-6 评定，烧结空心砖的强度等级按本教材表 7-7 评定，烧结多孔砖的强度等级按本教材表 7-8 评定。

试验七　钢　筋　试　验

一、试验依据

《钢筋混凝土用钢　第 1 部分：热轧光圆钢筋》GB 1499.1—2008

《钢筋混凝土用钢　第 2 部分：热带肋圆钢筋》GB 1499.2—2007

《金属材料　室温拉伸试验》GB/T 228.1—2010

《金属材料　弯曲试验》GB/T 232—2010

二、取样方法

钢筋取样单位由同一牌号、同一炉罐号、同一规格尺寸的钢筋组成，质量不大于 60 吨的钢筋为一个检验批。每批任选两根钢筋，每根钢筋截 500mm 长作为拉伸试样，再截 400mm 长作为弯曲试样，两根钢筋共截两根拉伸试样、两根弯曲试样。

三、拉伸试验

1. 主要仪器

(1) 游标卡尺。

(2) 钢筋标距打点机。

(3) 金属材料拉伸试验机或万能材料试验机，载荷示值精度为±1%。

2. 试件制备

(1) 钢筋试件直接从钢筋原材上截取，不许车削加工试样。

(2) 用钢筋标距打点机将试件分为 N 等份，一般每等份 a 为 10mm 或 5mm。

3. 试验步骤

(1) 测量试件标距长度 L_0，精确至 0.1mm。

(2) 选择试验机量程：根据钢筋公称直径计算试件截面面积 S_0（精确至 0.01mm^2），并以 S_0 与钢筋强度极限值估算钢筋拉断荷载，选择试验机合适的量程。

(3) 将钢筋试件固定在试验机夹头内，开动试验机加荷载，试件屈服前，试验机夹头的分离速率应尽可能保持恒定，试件的应变速率应控制在 0.00025～0.0025/s 或加荷载速度为 6～60MPa/s，试件屈服后，试件的应变速率不应超过 0.0025/s。

(4) 加荷载拉伸时，当试验机读数盘指针停止在恒定荷载或不计初始效应指针回转时

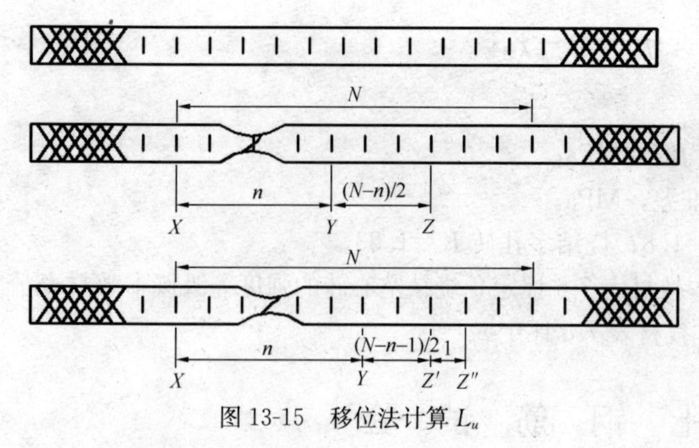

图 13-15　移位法计算 L_u

的最小荷载，就是屈服点荷载 F_s。

（5）继续加荷载至试件拉断，记录试验机读数盘指针的最大荷载 F_b。

（6）将拉断的试件在断裂处对齐并保持在同一轴线上，测量拉断后 5a 或 10a 标距的长度 L_u，精确至 0.1mm，并以所测得的 L_u 计算断后伸长率 A_5（A_{10}）。如果所得试件断后伸长率不合格且断裂处距标距两端点中任一端点的距离小于原标距长度的 1/3 内时，应按移位法计算 L_u，如图 13-15 所示：

当 N－n 为偶数时，$L_u = XY + 2YZ$；

当 N－n 为奇数时，$L_u = XY + YZ' + YZ''$。

4. 结果计算

（1）以测得的 F_s、F_b 及 S_0 计算屈服强度 σs 及抗拉强度 σ_b（精确至 5MPa）。

（2）接下式计算试件拉断后伸长率 A（精确至 1%）。

$$A_5\ (A_{10})\ = \frac{L_u - L_0}{Lv_0} \times 100$$

式中，A_5（A_{10}）——分别表示 $L_0 = 5a$ 或 $L_0 = 10a$ 时的断后伸长率，%；

L_0——原标距长度，mm；

L_u——试件拉断后直接测量得到或按移位法测量得到的断后长度，mm。

四、弯曲试验

1. 主要仪器

弯曲压头，万能材料试验机或压力机。

2. 弯曲试样

试样长度（L）和弯曲跨长（l）计算：

$$L = 0.5\pi\ (D + a)\ + 140\ ;\ l = \ (D + 3a)\ \pm a/2$$

式中，D——弯心直径，mm；

a——试样直径，mm。

3. 试验步骤

（1）根据钢筋强度等级选择弯心直径和弯曲角度。

（2）根据钢筋直径选择弯曲压头的弯心直径 D 和支辊间距（弯曲跨长 l），将试件放在试验机上，如图 13-16。

（3）开动试验机加荷载直至试件达到规定的弯曲角度，如图 13-17。

4. 试验结果

以试件弯曲处外表面无肉眼可见裂纹评定为弯曲合格。

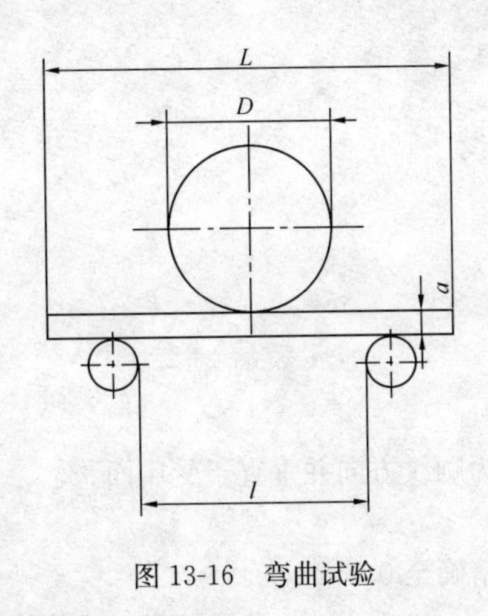

图 13-16　弯曲试验

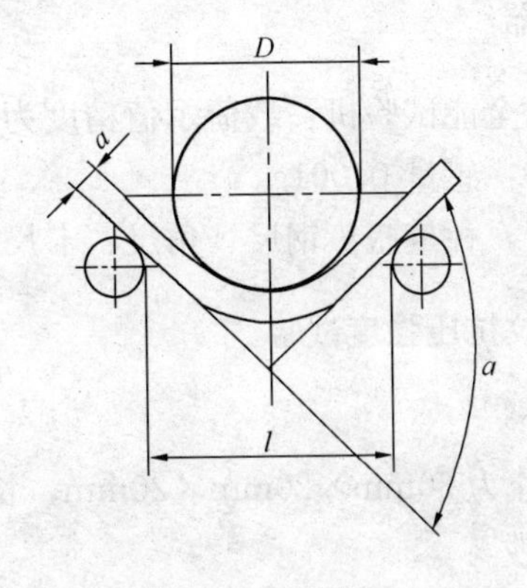

图 13-17　弯曲 90°

五、质量评定

屈服强度、抗拉强度、断后伸长率和弯曲试验均达到标准要求，则判定该批钢筋质量合格；如有一项试验结果不符合标准求时，则应从同一批钢筋中再随机抽取双倍数量的试件进行该不合格项目的复验。复验合格则判定该批钢筋质量合格，复验结果即使有一项指标不合格，则判走该批钢筋质量不合格。

试验八　木　材　试　验

一、试验依据

《木材物理力学试验方法总则》GB/T 1928—2009

《木材物理力学试材锯解及试样截取方法》GB/T 1929—2009

《木材含水率测定方法》GB/T 1931—2009

《木材顺纹抗压强度试验方法》GB/T 1935—2009

《木材抗弯强度试验方法》GB/T 1936.1—2009

《木材顺纹抗剪强度试验方法》GB/T 1937—2009

《木材顺纹抗拉强度试验方法》GB/T 1938—2009

二、取样方法及试样制备

试条及试样毛坯按《木材物理力学试材锯解及试样截取方法》GB/T 1929—2009 的规定制作，试样毛坯达到当地平衡含水率时，即可制作试样。按《木材物理力学试验方法总则》GB/T 1928—2009 规定，试样的各面加工均应平整，端部相对的边棱应与试样断面的年轮大致平行，并与另一相对的边棱垂直。除试验方法有具体的规定外，各相邻面均应成准确的直角。试样上不允许有明显可见缺陷，每个试样应清楚注明编号。

试样尺寸允许误差：长度、宽度和厚度为±0.5mm；整个试样上各尺寸的相对偏差，应不大于 0.1mm。

三、主要仪器

1. 木材全能试验机：载荷示值精度为±1%。

2. 天平：感量 0.001g。

3. 烘箱，秤量瓶、钢尺、角尺、卡尺。

四、木材顺纹抗压强度试验

1. 试样

试样尺寸为 30mm×20mm×20mm，长轴为顺纹方向并垂直于受压面。

2. 试验步骤

(1) 在试样长度中央，测量宽度及厚度，精确至 0.1mm。

(2) 试样放在试验机承压板中央，在 1.5min～2.0min 内均匀加荷，记录破坏荷载，精确至 100N。

(3) 试样破坏后，对整个试样参照《木材含水率测定方法》GB/T 1931—2009 进行含水率测试。

3. 试验结果

(1) 试样含水率为 W%时的顺纹抗压强度（精确至 0.1MPa)

$$\sigma_w = \frac{P_{max}}{b \cdot t}$$

式中，σ_w——试样含水率为 W%时的顺纹抗压强度，MPa；

P_{max}——破坏荷载，N；

b——试样宽度，mm；

t——试样厚度，mm。

(2) 试样含水率为 12%时顺纹抗压强度（精确至 0.1MPa)

$$\sigma_{12} = \sigma_w[1 + 0.05(W - 12)]$$

式中，σ_{12}——试样含水率为 12%时顺纹抗压强度，MPa；

W——试样含水率，%。

试样的含水率在 9%～15%范围内计算有效。

五、木材抗弯强度试验

1. 试样

试样尺寸为 300mm×20mm×20mm，长度为顺纹方向。允许与抗弯弹性模量的测量用同一试样，先测定弹性模量，后进行抗弯强度试验。

2. 试验步骤

(1) 抗弯强度只做弦向试验。在试样的长度中央，测量径向尺寸为宽度，弦向为高度，准确至 0.1mm。

(2) 采用中央加荷，将试样放在试样装置的两支座上，在支座试样中部的径面以匀速加荷，1～2min 使试样破坏。

(3) 试样破坏后，立即在试样靠近破坏处截取长约 20mm 的木块一个进行含水率测试。

3. 试验结果

(1) 试样含水率为 W%时的抗弯强度（精确至 0.1MPa）

$$\sigma_{bw}=\frac{3P_{max}\cdot L}{2b\cdot h^2}$$

式中，σ_{bw}——试样含水率为 W%时的抗弯强度，MPa；

P_{max}——破坏荷载，N；

L——支座跨距，mm；

b——试样宽度，mm；

h——试样厚度，mm。

(2) 试样含水率为 12%时抗弯强度（精确至 0.1 MPa）

$$\sigma_{b12}=\sigma_{bw}[1+0.04(W-12)]$$

式中，σ_{b12}——试样含水率为 12%时抗弯强度，MPa；

W——试样含水率，%。

试样的含水率在 9%～15%范围内计算有效。

六、木材顺纹抗剪强度试验

1. 试样

试样形状、尺寸如图 13-18 所示。试样的受剪面应为径面或弦面，长度为顺纹方向。试样缺角的部分角度应为 106°42′，允许误差±20′。

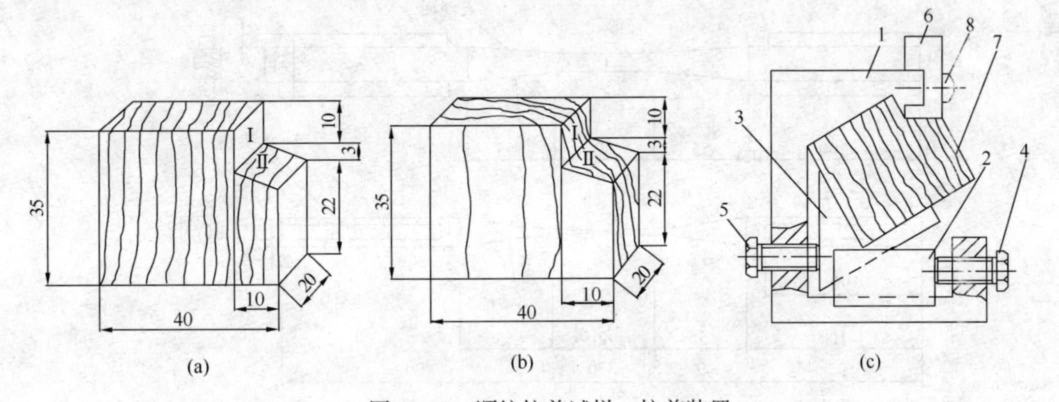

图 13-18 顺纹抗剪试样、抗剪装置

(a) 弦面试样；(b) 径面试样；(c) 顺纹抗剪试验装置

1—附件主杆；2—楔块；3—形垫块；4、5—螺杆；6—压块；7—试样；8—圆头螺钉

2. 试验步骤

(1) 测量试样受剪面的宽度和长度，准确至 0.1mm。

(2) 将试样装于抗剪装置上，调整完毕后连同抗剪装置一同放在压力机上，使压块 6 的中心对准压力机上压头中心位置。

(3) 在 1.5～2min 内均匀加荷直至破坏，荷载读数精确至 10N，记录破坏荷载。

(4) 将试样破坏后的小部分测定含水率。

3. 试验结果

(1) 试样含水率为 W%时的弦面或径面顺纹抗剪强度（精确至 0.1MPa）

$$\tau_w = \frac{0.96 P_{max}}{b \cdot L}$$

式中，τ_w——试样含水率为W%时弦面或径面顺纹抗剪强度，MPa；

P_{max}——破坏荷载，N；

L——试样受剪面长度，mm；

b——试样受剪面宽度，mm。

（2）试样含水率为12%时的弦面或径面顺纹抗剪强度（精确至0.1）

$$\tau_{12} = \tau_w \left[1 + 0.03 \left(W - 12\right)\right]$$

式中，τ_{12}——试样含水率为12%时弦面或径面顺纹抗剪强度，MPa；

W——试样含水率，%。

试样的含水率在9%～15%范围内计算有效。

七、木材顺纹抗拉强度试验

1. 试样

试样的纹理必须通直，生长轮的切线方向应垂直于试样有效部分（指中部60mm一段）的宽面。试样有效部分与两端夹持部分之间过渡弧表面应平滑，并与试样中心线对称。软质木材试样，应在夹持部分的窄面用胶粘剂附以90mm×14mm×8mm的硬木夹垫。顺纹抗拉强度试样如图13-19所示。

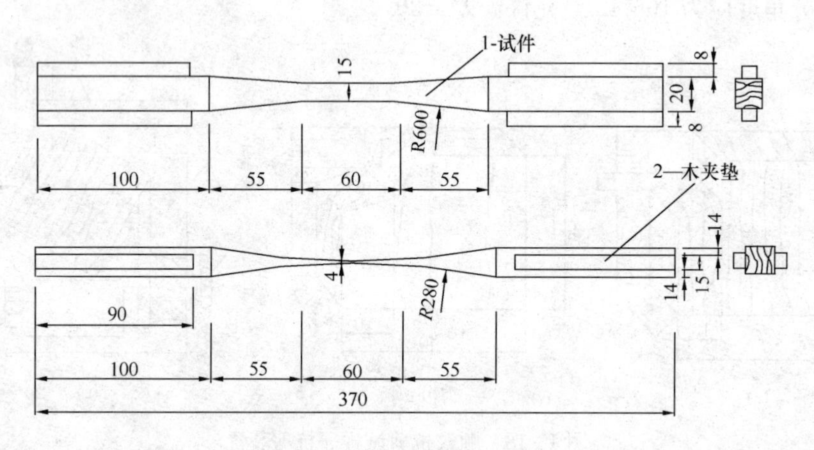

图13-19　顺纹抗拉强度试样

2. 试验步骤

（1）在试样有效部分中央，测量厚度和宽度，精确至0.1mm。

（2）将试样的两端夹紧在试验机的钳口中，试样的宽面与钳口相接触，两端靠近弧形部分露出20～25mm，竖直地安装在试验机上。

（3）在1.5～2.0min内均匀加荷直至试样破坏，记录破坏荷载，精确至100N。

（4）试样破坏后，立即在试样有效部分选取一段木块进行含水率测试。

3. 试验结果

拉断处不在试样的有效部分，结果应舍去。

（1）试样含水率为W%时顺纹抗拉强度（精确至0.1MPa）

$$\sigma_w = \frac{P_{max}}{b \cdot t}$$

式中，σ_W——试样含水率为W%时的顺纹抗拉强度，MPa；

P_{max}——破坏荷载，N；

b——试样宽度，mm；

t——试样厚度，mm。

（2）试样含水率为12%时阔叶材的顺纹抗拉强度（精确至0.1MPa）

$$\sigma_{12} = \sigma_W [1 + 0.015 (W - 12)]$$

式中，σ_{12}——试样含水率为12%时顺纹抗拉强度，MPa；

W——试样含水率，%。

试样的含水率在9%～15%范围内计算有效。

试样的含水率在9%～15%范围内时，对针叶材可取$\sigma_{12} = \sigma_w$。

八、木材含水率试验

1. 试样

在需要测定含水率的试材、试条上，或在物理力学试验后试样上，按照所对应标准试验方法规定的部位截取。试样尺寸约为20mm×20mm×20mm。

2. 试验步骤

（1）截取试样编号后立即称重，精确至0.001g。

（2）将试样放入（103±2）℃的烘箱中烘8h后，任取2～3个试样进行试称，以后每隔2h试称一次，以最后两次称量之差不超过试样质量的0.5%时，可认为试样达到全干。

（3）将试样从烘箱中取出，放入装有干燥剂的干燥器中的称量瓶中，盖好称量瓶和干燥器盖。

（4）试样冷却至室温后，自称量瓶中取出称量。

（5）如试样是含较多挥发性物质的木材，宜改为真空干燥测定木材含水率。

3. 试验结果（精确至0.1%）

$$W = \frac{m_1 - m_0}{m_0} \times 100\%$$

式中，W——试样含水率，%；

m_1——试样试验时的质量，g；

m_0——试样全干时的质量，g。

试验九　沥　青　试　验

一、试验依据

《沥青软化点测定法（环球法）》GB/T 4507—1999

《沥青延度测定法》GB/T4508—2010

《沥青针入度测定法》GB/T 4509—2010

二、取样方法

按《石油沥青取样法》GB/T 11147—2010 进行，试样约 1～2kg，混合均匀作为检验和留样。

三、针入度测定

1. 主要仪器

（1）针入度仪：形状和结构如图 13-20。

（2）标准针：由硬化淬火不锈钢制成，形状和尺寸图 13-21。

（3）试样皿、恒温水浴、温度计、秒表等。

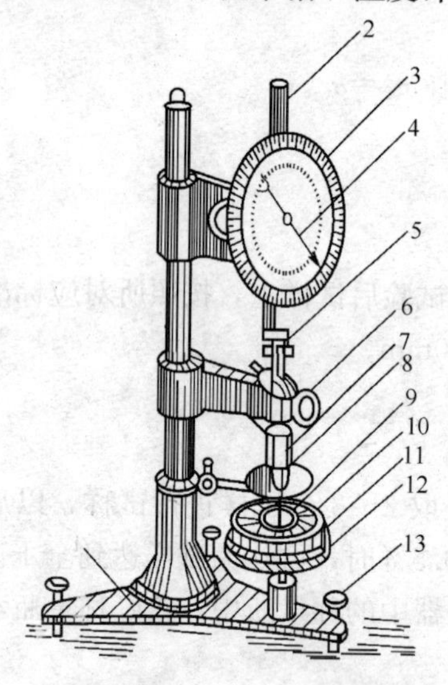

图 13-20 针入度测定仪

1—底座；2—活杆；3—刻度盘；4—指针；5—连杆；6—按钮；7—砝码；8—小镜；9—标准针；10—试样；11—保温皿；12—平台；13—调平螺丝

2. 试样制备

石油沥青加热温度不超过软化点的 90℃，焦油沥青加热温度不超过软化点的 60℃。加热脱水，用筛过滤除去杂质，注入盛样皿中，深度不少于 30mm。然后遮盖盛样皿在 15～30℃的室内冷却 1～2h，放入（25±0.1）℃的水浴中恒浴 1～2h，水浴时水面应高于试样表面 25mm 以上。

3. 试验步骤

（1）调节针入度仪至水平，将标准针清洗干净擦干，并插入仪器连杆中固紧。

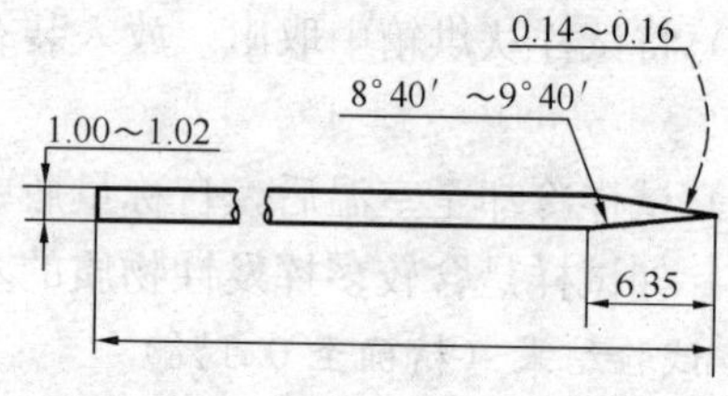

图 13-21 沥青针入度试验用针

（2）将试样皿从恒温水浴中取出，放入水温为 25℃的平底保温皿中，水面应高出盛样皿 10mm 以上。再将保温皿放在针入度仪的平台上。

（3）慢慢放下标准针连杆，使针尖恰好与试样表面接触。压下活杆与标准针连杆顶端接触，调节刻度指针指零位。

（4）用手紧压按钮，使标准针自由穿入试样，5s 后停压按钮。压下活杆与标准针连杆顶端接触，读取刻度盘指针读数，得到针入度（1/10mm 为 1 度）。

（5）同一试样重复测定 3 次，每次测定前应将保温皿放入恒温水浴，标准针应取下清洗干净并擦干。各测定点之间及测定点与盛样皿边缘之间的距离不应小于 10mm。

4. 测定结果

（1）刻度盘指针读数即为试样针入度。以 3 次测定针入度的平均值（取整数）作为测定结果。

（2）每个试样 3 次测定的针入度相差不应大于表 13-9 所列数值，如超过应重做试验。

表 13-9　针入度的允许偏差　1/10mm

针入度	允许偏差	针入度	允许偏差
0～49	2	250～350	8
50～149	4	350～500	20
150～249	6		—

四、延度测定

1. 主要仪器

（1）延度仪：由丝杆带动滑板移动，速度每分钟（50±2.5）mm，滑板指针在标尺上显示移动距离。

（2）试模：黄铜制成，有两个端模和两个侧模，形状如图 13-22。

（3）温度计、小刀、隔离剂等。

2. 试样制备

（1）将隔离剂拌匀涂在磨光的金属板上和侧模的内侧面，将试模在金属板上组装好。

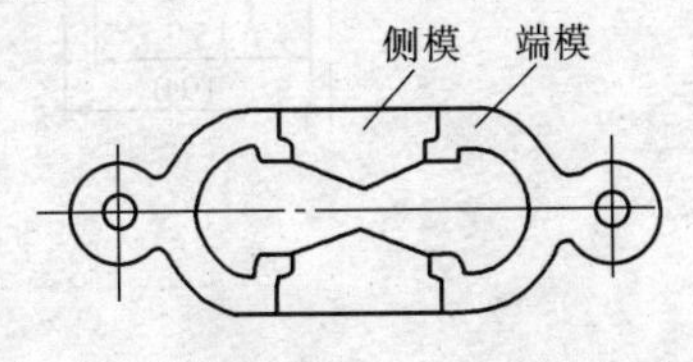

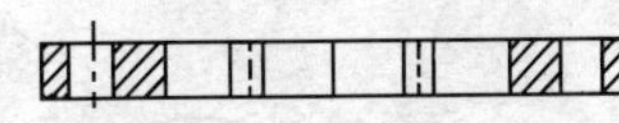

图 13-22　延度试模

（2）石油沥青加热温度不超过软化点的 90℃，焦油沥青加热温度不超过软化点的 60℃。加热，软化，过筛，并充分搅拌排除气泡。然后将沥青呈细流状自模的一端至它端往返注入，并略高出试模表面。

（3）浇注好的试样在 15～30℃的空气中冷却 30min，然后放入（25±0.5）℃的水浴中保持 30min 后用热刀自试模的中间向两边将高出试模的沥青刮去，使沥青面与试模面齐平，表面十分光滑。试件制备好后再放入（25±0.5）℃的水浴中恒浴 1～1.5h。

3. 试验步骤

（1）取出试样放入延度仪水槽中，将试模两端的孔分别套在滑板及槽端的金属柱上，取下侧模，保持水槽中水面高出试样表面不少于 25mm。

（2）调节延度水槽水温为（25±0.5）℃，将滑板指针对零，开动延度仪，滑板移动，至试样拉断时记录指针在标尺寸的读数。

（3）在试验时，如发现沥青细丝浮于水面或沉入槽底中，则应在水中加入乙醇或食盐水调整水的密度与试样的密度相近后，再进行试验。

4. 试验结果

（1）指针在标尺上的读数即为试样的延度，以 cm 表示。以 3 个试样的延度平均值作为测定结果。

（2）3 个试样的延度与其平均值相差不得超过平均值的±5%；若三个试件测定值不在其平均值的 5%以内，但其中 2 个较高值在平均值的 5%之内，则弃去最低测定值，取两个较高值的平均值作为测定结果，否则重新测定。

五、软化点测定

1. 主要仪器

（1）沥青软化点测定仪：包括烧杯、测定架、试样环，钢球和钢球定位器，结构如图13-23。

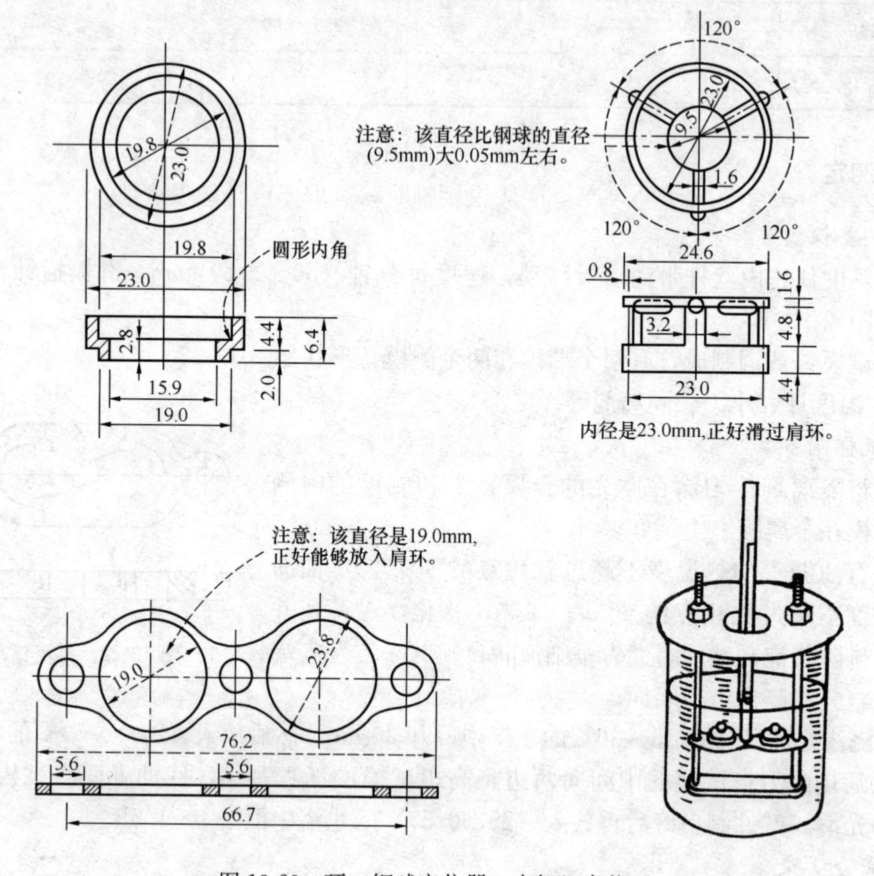

图 13-23　环、钢球定位器、支架组合装置

（2）金属板、刮刀、隔离剂等。

2. 试样制备

（1）将试样环放在涂有隔离剂的金属板上。石油沥青样品加热至倾倒温度的时间不超过2h，其加热温度不超过预计沥青软化点110℃，煤焦油沥青样品加热至倾倒温度的时间不超过30min，其加热温度不超过煤焦油沥青预计软化点55℃，加热软化，搅拌过筛后注入试样环内，使沥青略高出环面。如估计软化点在120℃以上时，应将环与金属板预热至80～100℃。

（2）试样在15～30℃的空气中冷却30min后，用热刀刮去高出环面的沥青，使表面齐平。

（3）估计软化点不高于80℃的沥青，将试样环和金属板放在水温为（5±0.5）℃的保温槽中恒温15min；估计软化点高于80℃的沥青，将试样环及金属板放在盛有温度为（32±1）℃的甘油保温槽中恒温15min。钢球也应同条件恒温15min。

3. 试验步骤

（1）在烧杯内注入新煮沸并冷却至约（5±1)℃的蒸馏水，或注入约（30±1)℃的甘油（估计软化点高于80℃的试样），使水面或甘油面略低于连杆上的深度标记。

（2）从水或甘油保温槽中取出试样环放在测定架中层的圆孔中，套上钢球定位器后将测定架放入烧杯内，调整水面或甘油面至深度标记，注意测定架上任何部分不得有气泡。将温度计由上层板中心孔垂直插入，使水银球底部与试样环下面平齐。

（3）将烧杯移放至有石棉网的三脚架或电炉上，然后将钢球放在试样环上立即加热，试样环平面在加热时间内应处于水平状态。开始加热后3min内应控制温升为（5±0.5)℃/min，否则应重做。

（4）试样受热软化下坠至与下层底板接触时，读取温度计的温度值。

4. 试验结果

（1）温度计的温度值即为试样的软化点。以两个试样的软化点平均值作为测定结果。

（2）两个试样的软化点之差不大于1℃，重新试验。

试验十　沥青混合料试验

一、试验依据及试样制备原则

《公路工程沥青及沥青混合料试验规程》JTG E20—2011。

沥青混合料的制备和试件成型是按照设计的配合比，采用实际工程所用的粗骨料、细骨料、填料和沥青，在试验室内按规定的拌制温度制备沥青混合料，再在规定的成型温度下用击实法制成直径为101.6mm，高为63.5mm的圆柱体试件，然后按规定方法测定所成型试件的物理性能指标和高温稳定性及抗变形能力。上述试验称为沥青混合料试验或沥青混合料的马歇尔试验。

二、沥青混合料的制备和试件成型（击实法）

1. 主要仪器

（1）天平：分度值不大于0.1g；电子秤，分度值不大于0.5g。

（2）温度计，分度值不大于1℃。

（3）布洛克菲尔德黏度计。

（4）烘箱、电炉、沥青熔化锅、试验筛、脱模器等。

（5）沥青混合料拌合机：容量不小于10L，搅拌叶自转速度为70～80r/min，公转速度为40～50r/min，搅拌时间可控。

（6）击实仪：标准击实锤质量为（4536±9)g。

（7）试模：高碳钢或工具钢制成内径（101.6±0.2）mm，高87mm。

2. 试验步骤

（1）确定制作沥青混合料试件的拌合及压实温度

按规定方法测定沥青的黏度，绘制黏-温曲线，按表13-10的要求确定适宜于沥青混合料拌合及压实的等黏温度。

表 13-10　适宜于沥青混合料拌合及压实的沥青等黏温度

沥青混合料种类	黏度与测定方法	适宜于拌合的沥青结合料合度	适宜于压实的沥青结合料黏度
石油沥青（含改性沥青）	表观黏度，T0625	(0.17±0.02) Pa.s	(0.28±0.03) Pa.s
	运动黏度，T0619	(170±20) mm/s	(280±30) mm/s
	赛波特黏度，T0622	(85±10) s	(145±15) s
煤沥青	恩格拉黏度	25±3	40±5

当缺乏沥青黏度测定条件时，试件的拌合及压实温度可按表 13-11 选用

表 13-11　沥青混合料拌合及压实温度参考表

沥青结合料种类	拌和温度（℃）	压实温度（℃）
石油沥青	140～160	120～150
改性沥青	160～175	140～170

（2）拌制沥青混合料

1）原材料准备

将各种规格的矿料置于（105±5)℃的烘箱中烘干至恒重；分别测定不同粒径规格粗、细骨料及填料（矿粉）的密度和沥青的密度。

将烘干的粗细骨料按每个试件设计级配要求称其质量（一般按一组试件 4～6 个备料），在金属盘中混合均匀，矿粉置于烘箱中单独预热至沥青拌合温度以上约 15℃备用。

将沥青试样用恒温烘箱或油浴、电热套熔化加热至沥青混合料拌合温度备用，但不得超过 175℃。

2）试模准备

用沾有少许黄油的棉纱擦净试模、套筒及击实座等，置 100℃左右烘箱中加热 1 小时备用。

3）黏稠石油沥青混合料的拌制

将沥青混合料、拌合机预热至拌合温度以上 10℃左右，将预热至拌合温度的粗细骨料加入拌合机中，再将已加热至拌合温度的沥青加入拌合机，拌合 1～1.5min 后，再加入预热好的矿粉继续拌合均匀为止，总拌合时间为 3min。已拌合好的沥青混合料应保持其温度在要求的拌合温度范围内。

4）液体石油沥青混合料的拌制

将称量好的每组试件的矿料和液体石油沥青置于已加热至 55～100℃的沥青混合料拌和机中，并将混合料边加热边拌和，使液体沥青中的溶剂挥发至 50%以下，拌和时间由试拌确定。

5）乳化沥青混合料的拌制

将称量好的每组试件的粗细骨料，置于沥青混合料拌合机中（不加热），注入计算的用水量（阴离子乳化沥青不加水）后，拌合均匀并使矿料表面完全湿润，再注入设计的沥青乳液，在 1min 内使混合料拌匀，然后加入矿粉后迅速拌和，使混合料拌成褐色为止。

（3）试件成型（马歇尔标准击实法）

1）将拌好的沥青混合料，均匀称取一个试件所需的用量（约 4050g）。当已知沥青混合

料的密度时，可根据试件的标准尺寸计算值，并乘以 1.03 系数得到要求的混合料数量。当一次成型几个试件时，宜将混合料倒入经预热的金属盘中，用小铲拌匀并分成几份，分别入模成型。在成型过程中，为防止混合料温度下降，应连盘放在烘箱中保温。

2）从烘箱中取出预热的试模及套筒，用沾有少许黄油的棉纱擦拭套筒、底座及击实锤底面，将试模安装在底座上，垫一张圆形的吸油性小的纸张，按四分法从四个方向用小铲将混合料装入试模，用插刀沿周边插捣 15 次，中间插捣 10 次。插捣后使沥青混合料表面呈现凸圆弧形。

3）将温度计插入混合料中心附近，待其温度符合要求的压实温度后，将试模连同底模一起放在击实台上固定，在混合料上表面垫一张圆形的吸油性小的纸张，再将装有击实锤及导向棒的压实头插入试模中，开机（或人工击实）击实规定次数（击实锤落差 457mm，击实 75、50 或 35 次）。

4）试件击实一面后，取下套筒，将试模调头，装上套筒，以同样方法和次数击实另一面。乳化沥青混合料试件在两面击实后，将一组试件在室温下横向放置 24h；另一组试件置温度为（105±5)℃的烘箱中养生 24h。将养生试件取出后再立即两面各击实 25 次。

5）用镊子去掉试件上下面上的纸张，用卡尺测量试件离试模上口的高度，进而计算试件高度，如高度不符合要求时，试件应作废，并按下式调整试件的混合料用量，以保证试件高度符合（63.5±1.3)mm 的要求。

调整后混合料质量＝（要求试件高度×原用混合料质量）/所得试件的高度

6）卸去套筒和底座，将装有试件的试模横向放置冷却至室温（不少于 12h），置脱模机上脱出试件，将试件置于干燥洁净的平面上备用。

三、沥青混合料的物理性能测定

用击实法制成的沥青混合料试件至室温后，用水中称重法测定其表观密度，并根据组成材料有关数据计算其空隙率、沥青体积百分率、矿料间隙率和沥青饱和度等物理性能指标。

1. 主要仪器

（1）浸水天平或电子秤：当最大称量在3kg以下时，分度值不大于 0.1g；最大称量 3kg 以上时，分度值不大于 0.5g；最大称量 10kg 以上时，分度值不大于 5g。

（2）网篮、溢流水箱。

（3）试件悬吊装置、秒表、电扇、烘箱。

2. 试验方法

（1）所用浸水天平或电子秤最大量程应不小于被测试件质量的 1.25 倍，且不大于试件质量的 5 倍。

（2）除去试件表面的浮粒，称取干燥试件在空气中的质量 m_a。

（3）挂上网篮并浸入溢流水箱的水中，调节水位，将天平调平或复零，把试件置于网篮中（注意不要使水晃动），浸水约 1min，称取水中质量 m_w（如果天平读数持续变化，不能在数秒内稳定，说明试件吸水较严重，不适用于此法测定，应改用表干法或封蜡法测定。

3. 物理性能计算

（1）表观密度 ρ_s

密实沥青混合料试件的表观密度按下式计算（精确至 0.001g/cm^3）。

$$\rho_s = \frac{m_a}{m_a - m_w} \times \rho_w$$

式中，m_a——干燥试件在空气中的质量，g；

m_w——试件在水中的质量，g；

ρ_w——常温水的密度，取$1g/cm^3$。

(2) 理论密度ρ_t

1) 当试件沥青按油石比P_a计时，试件的理论密度ρ_t按下式计算（精确至$0.001g/cm^3$）：

$$\rho_t = \frac{100 + P_a}{\frac{P'_1}{\gamma_1} + \frac{P'_2}{\gamma_2} + \cdots + \frac{P'_n}{\gamma_n} + \frac{P_a}{\gamma_a}} \times \rho_w$$

2) 当试件沥青按沥青含量P_b计时，试件的理论密度ρ_t按下式计算（精确至$0.001g/cm^3$）：

$$\rho_t = \frac{100}{\frac{P'_1}{\gamma_1} + \frac{P'_2}{\gamma_2} + \cdots + \frac{P'_n}{\gamma_n} + \frac{P_b}{\gamma_b}} \times \rho_w$$

式中，$P_1 \cdots\cdots P_n$——各种矿料的配合比，$\sum_1^n P_i = 100$；

$P'_1 \cdots\cdots P'_n$——各种矿料的配合比，矿料和沥青之和为$\sum_1^n P_i + P_b = 100$；

$\gamma_1 \cdots\cdots \gamma_n$——各种矿料与水的表观相对密度（对吸水率＞1.5%的粗骨料可采用表观相对密度与表干相对密度的平均值）；

P_a——油石比（沥青与矿料的质量比），%；

P_b——沥青含量（沥青与混合料的质量比），%；

γ_b——沥青的相对密度（35/25℃）。

(3) 空隙率VV

试件的空隙率按下式计算（精确至0.1%）；

$$VV = (1 - \rho_s/\rho_t) \times 100$$

式中，ρ_s——试件的表观密度，g/cm^3；

ρ_t——实测沥青混合料最大密度或前述表观密度或理论密度。

(4) 沥青体积百分率VA

试件中沥青的体积百分率按下式计算（精确至0.1%）；

$$VA = \frac{P_b \rho_s}{\gamma_b \rho_w} \text{或} VA = \frac{100 P_a \rho_s}{(100 + P_a)\gamma_b \rho_w}$$

(5) 矿料间隙率VMA

试件的矿料间隙率按下式计算（精确至0.1%）；

$$VMA = VA + VV$$

(6) 沥青饱和度VFA

试件沥青饱和度按下式计算（精确至0.1%）；

$$VFA = \frac{VA}{VA + VV} \times 100$$

四、沥青混合料马歇尔稳定度试验

本试验是在沥青稳定度仪上测定沥青试件的稳定度和流值，以这两项指标来表征其高温稳定性和抗变形能力。

1. 主要仪器

（1）沥青混合料马歇尔试验仪：该仪器应符合《马歇尔稳定度试验仪》（JT/T 119—2006）的技术要求，但允许采用带数字显示或用X/Y记录荷载-位移曲线的自动马歇尔试验仪。试验仪最大荷载不小于25kN，测定精度100N，加荷速度（50±5）mm/min，并附有测定荷载与变形的压力环（或传感器）、流值计（或位移计）钢球（直径16mm）和上下压头（曲度半径为56.8mm）等组成。

（2）恒温水槽：槽深不小于150mm，可控温±1℃。

（3）真空饱水容器：由真空泵和真空干燥器组成。

（4）天平：分度值不大于0.1g。

（5）温度计：分度值不大于1℃。

（6）烘箱、卡尺、棉纱、黄油等。

2. 试验方法

（1）标准马歇尔试验方法

1）用卡尺测量试件高度和直径，当试件高度不符合（63.5±1.3）mm或两侧高差大于2mm时，该试件作废。

2）按前述测定试件的物理性能指标。

3）将恒温水浴（或烘箱）调节至要求的试验温度，对黏稠石油沥青混合料为（60±1)℃。将试件置于已达规定温度的恒温水槽（或烘箱）中保温30～40min，试件应垫离容器底部不小于5cm。

4）将马歇尔试验仪的上下压头放入水槽（或烘箱）中达到同样温度后取出，擦干净内表面。将试件置于压头上，盖上上压头并装在加载设备上。为保上下压头滑动自如，可在下压头导棒上涂少量黄油。

5）将流值测定装置安装在导棒上，使导向套管轻轻地压住上压头，同时将流值计调零。在上压头的球座上放妥钢球，并对准荷载应力环（或传感器）的压头，然后调整应力环中百分表为零或将传感器的读数复位为零。

6）启动加载装置，使试件受荷，加荷速度为（50±5）mm/min。当试件荷载达到最大值时，取下流值计并读取百分表（或荷载传感器）读数和流值计的流值读数。从恒温水槽中取出试件至测出最大荷载值的时间不应超过30s。

7）试验结果

A、稳定度 *MS*

由荷载测定装置测得的最大值即为试件的稳定度。当用应力环百分表测定时，根据应力环标定曲线，将百分表读数换算为荷载值，即为试件的稳定度 *MS*，以kN计。

B、流值 *FL*

由流值计及位移传感器测定装置读取的试件垂直变形，即为试件的流值FL，以0.1 mm计。

C、马歇尔模数 T

试件的马歇尔模数按下式计算（kN/mm）：

$$T = \frac{MS}{FL}$$

8）试验报告

当一组测定值中，某个数据与平均值之差大于标准差的 K 倍时，该测定值应予舍弃，并以其余测定值的平均值作为试验结果。（当试验数目 n 为 3、4、5、6 个时，K 值分别为 1.15、1.46、1.67 和 1.82）。

（2）浸水马歇尔试验方法

1）将沥青混合料试件在规定温度［黏稠沥青混合料为（60±1)℃］的恒温水槽中保温 48h，然后测定其稳定度。其余方法与标准马歇尔试验方法相同。

2）根据试件的浸水马歇尔稳定度和标准马歇尔稳定度，可按下式求得试件浸水残留稳定度 MS_0（%）：

$$MS_0 = \frac{MS_1}{MS} \times 100$$

式中，MS_1——试件浸水 48h 后的稳定度，kN。

a）真空饱和马歇尔试验方法

1）将试件先放入真空干燥器中，关闭进水胶管，开动真空泵，使干燥器的真空度达到 97.3kPa（730mmHg）以上，维持 15min，然后打开进水胶管，靠负压使冷水流入，并将试件全部浸入水中，浸水 15 min 后恢复常压，取出试件再放入规定稳定度的恒温水槽［黏稠沥青混合料为（60±1)℃］中保温 48h，进行马歇尔试验，其余与标准马歇尔试验方法相同。

2）根据试件的真空饱水稳定度和标准稳定度，可按下式求得试件真空饱水残留稳定度 MS'_0（%）：

$$MS'_0 = \frac{MS_2}{MS} \times 100$$

式中，MS_2——试件真空饱水后浸水 48 h 的稳定度，kN。

参 考 文 献

[1] 吴中伟，廉慧珍. 高性能混凝土 [M]. 北京：中国铁道出版社，2001.

[2] 库马梅塔（P. Kumar Merta），保罗 J. M. 蒙特罗（PauIo J. M. Monteiro）. 混凝土 [M]. 覃维祖，王栋民. 丁建彤译. 北京：中国电力出版社，2008.

[3] 钱觉时. 粉煤灰特性与粉煤灰混凝土 [M] 北京：科学出版社，2002.

[4] 陈建奎. 混凝土外加剂原理与应用 [M]. 北京：中国计划出版社，2004.

[5] 赵洪义. 全国水泥及混凝土外加剂应用技术文集 [G]. 北京：中国建材工业出版社，2003.

[6] 覃维祖. 结构工程材料 [M]. 北京：清华大学出版社，2000.

[7] 宋少民. 土木工程材料 [M]. 北京：武汉理工大学出版社，2010.

[8] 王福川. 土木工程材料 [M]. 北京：中国建材工业出版社，2001.

[9] 彭小芹. 土木工程材料（第二版）[M]. 重庆：重庆大学出版社，2010.

[10] 黄政宇. 土木工程材料 [M]. 北京：高等教育出版社，2002.

[11] 何廷树. 混凝土外加剂 [M]. 西安：陕西科学技术出版社，2003.

[12] 尚建丽. 土木工程材料 [M]. 北京：中国建材工业出版社，2010.

[13] 严家伋. 道路建筑材料 [M]. 北京：人民交通出版社，1996.